国家自然科学基金煤炭联合基金重点项目 U1361209
国家重点基础研究发展计划（"973"计划）2013CB227903
国家自然科学基金项目 51410105002
王宽诚教育基金会资助项目

煤矿岩层控制理论与技术进展
——33届国际采矿岩层控制会议（中国）论文集

主　编　王家臣　Syd S.Peng

副主编　李　杨　左建平　陈　磊

北　京
冶金工业出版社
2014

内 容 提 要

本书收录了国际与国内煤矿开采岩层控制领域的学术论文80余篇，集中展示了国际采矿岩层控制领域近年来的发展方向与技术创新。会议主要议题包括采场围岩与岩层控制、巷道围岩控制、冲击地压及其防治、科学采矿理论与技术、围岩移动监控设备与软件开发、数值模拟、开采沉陷与控制、矿山岩石力学基础等。

本书可供煤矿开采方面的研究人员、工程技术人员、设计人员、管理人员阅读参考，也可作为高等院校采矿工程专业本科生和研究生的教学参考书。

图书在版编目(CIP)数据

煤矿岩层控制理论与技术进展：33届国际采矿岩层控制会议（中国）论文集 / 王家臣等主编. —北京：冶金工业出版社，2014.10
　ISBN 978-7-5024-6746-3

Ⅰ. ①煤… Ⅱ. ①王… Ⅲ. ①煤矿开采—岩层控制—文集
Ⅳ. ① TD325-53

中国版本图书馆 CIP 数据核字 (2014) 第 232381 号

出 版 人　谭学余
地　　址　北京市东城区嵩祝院北巷39号　邮编　100009　电话　(010) 64027926
网　　址　www.cnmip.com.cn　电子信箱　yjcbs@cnmip.com.cn
责任编辑　李培禄　美术编辑　彭子赫　版式设计　孙跃红
责任校对　石　静　责任印制　牛晓波
ISBN 978-7-5024-6746-3

冶金工业出版社出版发行；各地新华书店经销；北京百善印刷厂印刷
2014年10月第1版，2014年10月第1次印刷
210mm×297mm；28.75印张；950千字；450页
130.00元

冶金工业出版社　投稿电话　(010)64027932　投稿信箱　tougao@cnmip.com.cn
冶金工业出版社营销中心　电话　(010)64044283　传真　(010)64027893
冶金书店　地址　北京市东四西大街46号(100010)　电话　(010)65289081(兼传真)
冶金工业出版社天猫旗舰店　yjgy.tmall.com
　　　　　(本书如有印装质量问题，本社营销中心负责退换)

大会顾问委员会

钱鸣高　Syd S.Peng　宋振骐　周世宁　谢和平　张铁岗　彭苏萍
袁　亮　李晓红　蔡美峰　何满潮　何鸣鸿　吴　健　周心权

大会学术委员会

主　席：

　　钱鸣高　中国工程院院士

　　Syd S.Peng　美国工程院院士

　　杨仁树　中国矿业大学(北京) 教授、校长

副主席：

　　王家臣　缪协兴　周　英　朱德仁　王金华　刘　峰　姜耀东
　　何学秋　谢广祥　潘一山　冯　涛　郝传波　吴爱祥　翟桂武
　　于　斌　刘建功　张忠温　李　伟　马　耕

委　员：（按拼音字母顺序排列）

　　陈忠辉　傅　贵　冯国瑞　何富连　贺志宏　华心祝　姜德义
　　姜福兴　康红普　李化敏　李全生　梁卫国　孟国营　马念杰
　　马植胜　孟祥瑞　齐庆新　秦跃平　石必明　谭云亮　屠世浩
　　伍永平　王来贵　王卫军　许延春　杨忠东　张　农　张宏伟
　　赵庆彪　赵毅鑫　朱红青　周宏伟　左建平

大会组织委员会

主　席：
　　王家臣
副主席：
　　缪协兴　周　英　Tom Barczak　朱旺喜　宋　为　王红梅
委　员：（按拼音字母顺序排列）
　　Anton Sroka　Axel Preusse　杜莉莉　Gerry Finfinger
　　郭文兵　侯运炳　Hani Mitri　Hua Guo　Jinsheng Chen
　　刘万会　刘洪涛　李成武　李振华　毛德兵　聂百胜
　　潘卫东　宋彦波　王春来　王　凯　许家林　杨　英
　　杨宝贵　杨胜利　杨大鹏　张　勇

前　言

煤矿开采首先要依靠科学的工程设计，并以安全、充分的岩层控制为基础，因此采矿岩层控制是采矿工程学科和工程实践的重要研究内容。采矿过程中不仅仅是要保证工作面、运输和通风巷道等围岩稳定和工作安全，还要研究和控制开采对环境的不利影响。如果不进行开采，地面就不会塌陷，地下水系不会被破坏，煤炭中赋存的瓦斯也不会析出和流动，也就不会发生瓦斯事故等。因此，所有的一切都是采矿开挖引起的，应该说采矿岩层控制是采矿工程中最关键和最基础的研究内容和技术。

国际采矿岩层控制会议（International Conference on Ground Control in Mining，简称ICGCM）自1981年起在美国举办，至今已成功举办33届。鉴于我国煤炭开采技术的飞速发展，为了便于我国学者与国际采矿岩层控制领域的学者进行广泛交流，增强我国在采矿岩层控制领域的研究与应用水平，提升我国在国际采矿行业的国际影响力，经与ICGCM组委会协商，将定期在中国举办"国际采矿岩层控制会议（中国）"。

此次国际会议是第一次在中国召开。会议的目标是创建一个在煤炭开采岩层控制方面技术分享与讨论的平台。会议主席团由国内外采矿岩层控制领域权威专家组成，包括中国工程院院士与美国工程院院士。会议的交流内容不仅注重采矿岩层控制的基础理论，而且也重视煤炭开采方面的实际问题与前沿技术，将为世界采矿技术的发展产生重要的理论和实际意义。

会议从2014年4月开始征收论文至2014年9月，共收到来自中国、美国、加拿大、澳大利亚、德国、巴西、印度、埃及、英国等世界各地的论文125篇文章，通过大会学术委员会筛选，收录80篇论文。其中中文62篇，英文18篇。大会论文集分为两本，一本英文论文集，一本中文论文集。其中中文论文筛选出18篇文章，精简后由Syd S. Peng院士逐字修改并翻译成英文与18篇英文论文全文收录于本次大会英文论文集中。中文论文集收录了国际与国内煤矿开采岩层控制领域的中文论文62篇与18篇英文论文摘要。

会议组织会秘书李杨、左建平、陈磊、赵毅鑫等做了许多具体工作，尤其是李杨博士在会议的组织、论文征集与出版等方面做了大量工作，并于今年7月专程到美国33届ICGCM上宣讲会议筹备情况。Syd S. Peng院士给出了许多建设性建议和指导，亲自翻译了17篇中文文章摘要，广泛宣传这次会议，对提升会议的国际性做出了重要贡献。

编委会
2014年9月

目 录

国际采矿岩层控制会议背景与中国煤矿岩层控制进展 …………… 王家臣　Syd S. Peng　康红普　1

1　采场围岩与岩层控制

错层位巷道布置新技术的应用与岩层控制理论 …… 赵景礼　田　柯　刘宝珠　王志强　宋　平　崔　帅　9
液压支架承载特性及其适应性分析 ……………………………… 李化敏　蒋东杰　Syd S. Peng　冯军发　14
近距离煤层群下向开采应力-裂隙场演化叠加效应试验研究
　　　　　　　　　　　　　　　　　　　　　　　　杨　科　刘千贺　刘钦节　闫书缘　孙　力　22
覆岩结构完整性对沟谷中浅埋煤层开采矿压影响规律的模拟研究
　　　　　　　　　　　　　　　　　　　　　　　　张志强　许家林　赵红超　刘洪林　吕金星　29
浅埋煤层采场矿压研究综述与展望 ………………………………………………………… 汪华君　朱恒忠　35
深部岩层渐进破断机理及塑性铰理论研究 ………… 左建平　魏　旭　杨胜利　王春来　李　杨　苏海成　41
近距离上保护层开采卸压效果研究 ………………………………… 张　村　屠世浩　袁　永　刘安秀　47
断层相似模拟试验的声发射信号特性研究 ………… 张宁博　齐庆新　欧阳振华　赵善坤　王永仁　53
深井大采高工作面超前支承压力分布规律研究 …………………………… 程志恒　吴　波　李文博　61
分层放顶煤开采区段煤柱留设对冲击矿压影响分析 ……………… 苏振国　窦林名　焦　彪　丁言露　卢　昊　68
工作面顶板灾害预测预警技术 ……………………… 徐军见　郭江涛　刘亚辉　蔺增元　汪开元　74
钱家营矿综采面冒顶影响因素分析及控制措施 …………………………………………… 李　擎　于子江　79
大采高综采工作面末采阶段来压规律与顶板控制技术 …………… 孙中光　李良红　李少刚　田灵涛　83
近距煤层重复开采覆岩三带的划分与地表沉陷观测 ……………… 王志强　张嘉文　陈福勇　胡　勇　赵德义　91
巨厚含水岩层顶板损伤破断冲击隔水层突水机理分析 …………………… 魏立科　李宏杰　毕忠伟　96
浅埋深综放工作面支架运转特性及适应性分析 …………………… 师皓宇　田　多　徐嘉荣　姚瑞强　103
松散承压含水层下采煤覆岩结构失稳致灾机理及防治 …………………… 王晓振　许家林　朱卫兵　107
汾源煤矿 5 号煤层顶煤冒放性分析及煤壁片帮的防治措施 …………………………………………… 孟旭刚　120
综放工作面注浆加固风氧化端面顶板理论与实践 ………… 田　多　师皓宇　赵启峰　徐嘉荣　姚瑞强　128
大采高综放煤壁片帮及支架结构参数影响分析 …………………………………………… 庞义辉　王国法　134

2　巷道围岩控制

薄煤层沿空留巷巷旁充填体参数的合理确定 ……………………… 卢前明　槐衍森　王海洋　王明明　143
潞新矿区冲击性巷道矿压显现特征及大变形控制技术 …………………………………… 褚晓威　吴拥政　149
断层破碎带近灰岩掘进巷道破坏机理分析及围岩修复控制技术 …………… 陈　贵　陶金勇　孙荣贵　156
上巷充填开采巷道稳定性研究 ……………………………………………………………………… 杜学领　164
深部软岩巷道长锚杆支护技术 ……………………………………………………………… 李　飞　刘克安　172

软岩大断面交岔点整体锚杆支护技术及工程应用 ································ 石建军　张　军　王金国　郭志彪	177
汾源煤业 5 号煤层大巷保护煤柱合理尺寸的计算研究 ·· 张红义	185
坚硬顶板沿空留巷巷旁支护技术研究 ·· 蔡来生　庞绪峰	192
弯曲式可伸长锚杆拉伸力学性能试验研究 ········ 王　斌　曾泽民　曾国正　王卫军　赵伏军　樊宝杰	198
沿底掘进厚煤层巷道围岩变形特征与控制对策研究 ·· 方树林	203
含水率变化引起软岩巷道围岩应力场演变规律研究 ······················ 王　波　刘德民　左建平　李　杨	209

3　科学采矿理论与技术

千万吨矿井安全高效绿色开发评价模型 ··· 王国法　庞义辉	217
固体充填采煤回收房式煤柱理论研究 ·· 张吉雄　周　楠　严　红　曹远威　黄艳丽	223
浅埋煤田采空区地下水库水资源转移存储技术 ···················· 马立强　梁继猛　王　飞　孙　海　苗乾坤	230
隐马尔可夫模型在煤矿事故案例推理中的应用探究 ··· 魏永强	237
采空区隔离充填开采方法 ··· 轩大洋　许家林	244

4　围岩移动监控设备与软件开发

井下水力压裂煤层顶板应力监测及其演化规律 ···················· 卢义玉　程　亮　葛兆龙　丁　红　陈久福	257
多重交向近景摄影测量在相似材料模型中的应用 ···················· 杨福芹　戴华阳　邹定辉　杨国柱　王　潇	263
煤矿采空区覆岩破坏井地联合立体监测及控制技术 ······················ 黎　灵　李　文　张　彬	269
基于地质雷达的浅埋煤层群开采相互影响 ···················· 张春雷　郁志伟　魏春臣　刘亚东	276

5　数值模拟

近水体下采煤三维动画仿真 ·· 许延春　李卫民　刘世奇	287
条带充填与沿空留巷开采技术的数值模拟 ··· 潘卫东　张　通　贾尚伟	293
单口放煤崩落开采的有限-离散元数值模型 ···················· 胡邵凯　张振宇　陈燕伟　冯吉利	303
基于摩擦滑动的顺层偏压隧道大变形数值模拟 ···················· 顾义磊　李清淼　吴文杰　史配鸟	308
树脂锚杆锚固体损伤无损检测的实验与数值模拟研究 ·· 李青锋　朱川曲	314
煤层气协调开采数值模拟分析 ··· 张凤达	321
"三软"厚煤层综放工作面护巷煤柱尺寸的数值模拟研究 ··· 李金贵	328
富水覆岩采动裂隙导水特性模拟分析 ·· 王　文　李化敏　黄祖军　李东印	334
CDEM 数值方法在煤矿采场矿压及岩层运动中的应用 ·· 袁瑞甫	342

6　开采沉陷与控制

"三软"煤层开采地表沉陷规律及参数研究 ·················· 郭文兵　白二虎　马晓川	357
基于地表建筑物允许变形的充填量优化计算 ············ 姜　岩　Axel Preusse　Anton Sroka　姜　岳	365
文明煤矿地表建筑保护煤柱尺寸的留设 ·· 姚建伟	369
立井下采煤上覆岩层沉陷控制标准及应用研究 ··· 唐　海　黄靖龙	376
"采-充-留"耦合单侧充填开采煤柱失效宽度试验 ··············· 郭俊廷　戴华阳　杨国柱　吕小龙	383

7 矿山岩石力学基础

卸荷条件下预制裂纹大理岩的破坏过程试验 …… 宋彦琦　李　名　王　晓　郝亮钧　孙　川　周　涛　393

泥岩遇水损伤的微观机理 …………………………………… 杨建林　王来贵　李喜林　张　鹏　400

不等长双裂隙相互作用下岩石破坏规律研究 ……………… 马　宁　陈忠辉　朱帝杰　李　博　张闪闪　406

基于CT数字体散斑法的岩石内部三维应变场测量
……………………………………… 毛灵涛　刘海洲　牛慧雅　邓淋升　周开渊　张　毅　413

岩石蠕变损伤模型 …………………………………………………………… 魏　霞　万　玲　齐正磐　420

采动裂隙宽度与岩体变形关系探讨 ………………………………………… 张广伟　李凤明　李树志　425

高压水射流钻切煤岩效率的相似试验研究 ………………………… 刘佳亮　司　鹄　薛永志　周　维　432

8 国外论文摘要

In Situ Assessment of Roof Bolt Performance——A New Load Monitoring Technology
　　　　　　　　　　　　　　　　　　　　　　　　　Hani Mitri　Wenxue Chen　441

Performance of Chock Shield Supports in Longwall Mining——A Case Study
　　　　　　　　　　　　　　S Jayanthu　Lalit Kumar. D　Samarth S　Sukanth. T　441

A Method for the Design of Gateroad Roof Support with Case Studies
　　　　　　　　　　　　　　　　　　　Lawrence William　Collins Enwere　Arthur Dybowicz　442

Numerical Modelling Methodolgy for Design of Coal Mine Roof Support ……… Lawrence William　442

Field Monitoring of Roof Strata and Longwall Overburden in Underground Coal Mines
　　　　　　　　　　　　　　　　　　　　　　　Baotang Shen　Hua Guo　Xun Luo　443

Soviet Experience of Underground Coal Gasification Focusing on Subsurface Subsidence
　　　　　　　　　　　　　　Y. G. Derbin　J. Walker　D. Wanatowski　A. M. Marshall　443

Comprehensive Yieldable Support System in Deep Mine ……… Yajie Wang　Li Tan　Dongyin Chen　444

Analysis of Blasting Damage in Adjacent Mining Excavation ……………… Nick Yugo　Woo Shin　444

3D Time Dependant Numerical Model for Simulation of Soft Floors in European Mining Situation
　　　　　　　　　　　　Dariusz Wanatowski　Alec Marshall　Rod Stace　Yudan Jia
　　　　　　　　　　　　　　　　　　　Yang Geng　Raveed Aslam　LinTao Yang　445

Selection of Pumpable Cribs for Longwall Gate and Bleeder Entries ……… Alan A. Campoli　Jennmar　445

Current Geotechnical Issues in Open Cut Mining of Desert Area in Mongolia
　　　　　　　　　　　　Akihiro Hamanaka　Tsedendorj Amarsaikhan　Naoya Inoue
　　　　　　　　　　　　　　　Takashi Sasaoka　Hideki Shimada　Kikuo Matsui　446

Support of Solving the Problems of Abandoned Mining Areas in Germany by Improvement of the University Education ……………………………………………………………… Michael Hegemann　446

Study on Surface Subsidence due to Longwall Mining Operation under Weak Geological Condition in Indonesia
　　　　　　　　　　　　Hiroshi Takamoto　Takashi Sasaoka　Hideki Shimada
　　　　　　　　　　　　　　　　Jiro Oya　Akihiro Hamanaka　Kikuo Matsui　447

The Gate-raod Support in Yunjialing Mine under Soft Strata and Deep Cover
　　　　　　　　　　　　　　　　　　　　　Yonghui Chen　Yajie Wang　Bin Zhao　447

Development of Ground Strain Predictions due to Longwall Mining in the Illinois Basin
.... Michael Karmis   Zacharias Agioutantis   Daniel Barkley   448

Rock Characterization while Drilling and Application of Roof Bolter Drilling Data for Evaluation of Ground Conditions .... Jamal Rostami   Sair Kahraman   Ali Naeimipour   Craig Collins   448

A Holistic Examination of the Geotechnical Design of Longwall Shields and Associated Mining Risks
.... Russell Frith   449

Update: Analysis and Case Study of Impact-Resistant (IR) Steel Sets for Underground Roof Fall Rehabilitation
.... Dakota Faulkner   Jinrong Kevin Ma   John C.Stankus   450

国际采矿岩层控制会议背景与中国煤矿岩层控制进展

王家臣[1]　Syd S.Peng[2]　康红普[3]

(1. 中国矿业大学（北京），中国；2. 西弗吉尼亚大学，美国；3. 天地科技股份有限公司，中国)

1　国际采矿岩层控制会议背景

国际采矿岩层控制会议（International Conference on Ground Control in Mining，简称 ICGCM）是由美国西弗吉尼亚大学、美国工程院院士 Syd S.Peng 创立的，并于 1981 年召开了第一届会议，每年一次会议，至今已经召开了 33 届。

Syd S. Peng 经过在中国台湾的 4 年井下煤矿工作后，1965 年到美国，1970 年获斯坦福大学采矿工程专业博士学位。1974 年，进入美国西弗吉尼亚大学工作，1978 年到 2006 年担任采矿工程系主任，从事煤矿开采的研究工作。在阿巴拉契亚的煤矿研究时，Peng 发现很多从业者不知道什么是岩层控制技术，也不知道什么岩层控制技术可行。与此同时，许多研究成果也和阿巴拉契亚煤田的生产实际不一致。由于美国的煤矿全部是机械化开采，所以矿井设计首先是根据开采技术装备进行的，其次是岩层控制。大部分岩层控制的设备都是由制造商开发的，任何新产品在煤矿使用之前都必须由监管机构批准。因此，为了岩层控制技术与设备的发展，迫切需要建立一个供大家交流的平台，这个平台能为研究人员、从业人员（煤矿和相关咨询公司）、设备制造商和政府监管部门人员提供定期交流的机会，并且能及时交换岩层控制领域相关信息，因此就有了每年举办一次会议的想法。在向美国采矿工程师学会(SME)、美国矿业局(USBM)、美国岩石力学学会请求在他们的年会中多加入采矿岩层控制的论文失败后，在 1981 年夏天，Peng 决定独自举办第一届采矿岩层控制会议（这里强调的是"采矿"）。第一届和第二届会议举办得非常成功，因此美国岩石力学大会主办方邀请 Peng 加入他们的行列。因此，第三届会议与第 24 届美国岩石力学大会在西北大学联合举办。由于来自矿山企业的参会人员非常少，Peng 决定还是单独举办专注于"采矿"的会议，这才是对采矿岩层控制发展唯一可行的道路。为了寻找相应的赞助，1984 年的会议没有举办。在 1985 年，美国矿业局和美国矿山安全与健康监察局（MSHA）联合赞助了第四届的会议。至此之后的会议确定在西弗吉尼亚州的摩根敦 (Morgantown,WV)，每年举行。1989 年，西弗吉尼亚大学作为第 30 届美国岩石力学大会的主办单位与第八届采矿岩层控制会议同时举行。因此，第八届会议论文集合并在美国岩石力学大会的论文集中。

伴随着会议的成长，有越来越多来自世界各地的参会者。为了反映会议的国际性，在 1987 年第六届会议上，Peng 将会议的名称改为"国际采矿岩层控制会议"（ICGCM）。

在过去的 33 年里，只有三届会议没有在摩根敦举行。除了 1983 年的第三届会议在美国西北大学举办外，还有 1992 年的第 11 届会议由澳大利亚卧龙岗大学主办、1996 年的第 15 届会议由科罗拉多矿业学院主办。1997 年，组委会认为西弗吉尼亚州摩根敦是 ICGCM 最好的举办地，并一致投票决定永久留在西弗吉尼亚州摩根敦。

ICGCM 大胆地处理各种采矿相关问题，并促进了许多采矿相关的创新理念，包括法律、勘探、地质、露天和地下开采等各个方面；也已经向美国采矿行业推出了很多新的岩层控制技术，其中一些至今已经成为了美国行业标准。因此，ICGCM 已真正被公认为岩层控制技术创新的最佳论坛。

每一届参会人员都来自于世界各国与矿业开采相关的行业，包括学术界、企业与顾问公司、政府人员、制造商、矿业生产者、研究人员，以及采矿技术服务供应商等。事实上，过去的 33 年里，参会的采矿专业人员来自 35 个国家共计 6 千多人次。会议中会有许多激烈的辩论。每届参会者大多会坚持参加完所有的技术交流与讨论直到会议结束。它是真正的年度论坛专业人士之间的交流。

对于 ICGCM 的会议论文集，Peng 教授会亲自认真阅读每一篇文章，无论在论文的学术上还是论文撰写与编辑，都会提出修改意见，并与作者交流互动，使文章更加流畅，格式统一，最重要的是，在技术理论上是正确的。近年来，组委会成员会协助审核一些论文。

ICGCM 促进了采矿设计中岩层控制的核心地位，岩层控制成为了采矿工程的标准术语，它取代了传统的"顶板管理"。岩层控制不仅涵盖了顶板、两帮和底板控制，也包括从煤层底板直到地表的各岩层开采运动。有了这个概念和思想路线，当面对一个岩层控制问题时，正确的思路是，应考虑更广泛、更合适、更持久的解决方案。

"岩层控制"是采矿工程的主要理论和技术学科，但是仍然需要面对许多挑战，许多相关的基础问题仍然没有解决，产学研相结合的理论与实践尚需继续改进。为此，Peng 与美国采矿工程师学会（SME）于 2005 年建立了每年的 Syd S. Peng 采矿岩层控制奖和奖学金，以促进和鼓励岩层控制技术和教育的持续发展。

ICGCM 作为国际性会议，每年都有来自世界各国的 250~350 名代表参加会议，会期 3 天，会议不设分会场，每届会议有 50~55 人做大会报告。中国作为矿业大国，尤其是煤炭开采产量占到了全世界煤炭产量的 48%，对 ICGCM 十分关注，钱鸣高院士、宋振骐院士、李鸿昌教授、朱德仁教授、吴健教授、王悦汉教授、侯朝炯教授、史元伟教授等老一代采矿与岩层控制专家都参加过 ICGCM，并作了有关岩层控制方面的报告。近年来一些中青年采矿科技工作者也踊跃参加 ICGCM，每年大约有 5~10 名来自中国的参会者。在今年的美国 33 届会议上，首次设立了中国单元（Chinese Delegation Presentation and Conference Update），我被邀请作为中国单元主席，冀中能源集团刘建功副董事长作了"中国煤矿充填开采技术进展和在地表控制中的作用"、我作了"中国煤矿地下开采技术进展"、中国矿业大学王方田作了"浅埋煤层房柱采空区下长壁开采的覆岩运动规律"的大会报告，中国矿业大学(北京)李杨详细介绍了今年的 ICGCM（中国）准备情况，受到与会者好评，并认为设置中国单元很成功。

随着中国煤矿开采与岩层控制技术发展，借鉴世界先进的矿山岩层控制理论和技术、与世界各国进行广泛交流越来越迫切，为此我在 2011 年参加第 30 届 ICGCM 时，与 Syd S. Peng 和 ICGCM 组委会协商，决定在中国举办 ICGCM（中国），由中国矿业大学（北京）、中国矿业大学、河南理工大学轮流主办，为中国广大采矿科技工作者、从业人员等提供与世界采矿界学术交流的平台，也可以展示近年来中国在采矿与岩层控制方面的进展，为此有了这次 ICGCM（中国）的成功举办。

2 煤矿岩层控制的研究内容与方法

2.1 煤矿岩层控制的研究内容

众所周知，煤矿及其他固体矿床开采分为地下开采和露天开采。在中国，煤矿地下开采占主体，大约全国煤炭产量的 85%来自于地下开采，2013 年约为 32 亿吨。美国的地下开采产量约为全部煤炭产量的 40%，产量为 3.7 亿吨。世界各国煤炭地下开采的比例不同，一般为 40%~60%。无论是地下开采还是露天开采，都可以归结为大规模开挖岩体活动，这必然涉及开挖空洞的围岩及上覆岩体活动规律与有效控制问题。由于煤炭的沉积形成原因，煤系地层主要是层状岩层，偶尔会有一些岩浆等侵入改变岩体性状，所以在煤矿的开挖空间围岩与上覆岩体控制中，通常称为岩层控制。在一般的意义上，人们通常将涉及采矿开挖空间周围的、对开挖空间围岩变形等有直接影响的岩层控制问题称为采矿围岩控制，而对于开挖空间上面的、且对开挖空间直接影响较小的、直至地表的岩层控制问题称为岩层控制。在中国一般情况下，煤矿的围岩控制问题主要是由从事采矿的人员进行研究，而岩层控制主要是由从事"三下"开采的人员研究，当然这里面有很多是相互交叉的。在欧美等国，这种研究界限十分模糊，或者说都是由从事采矿的人员进行研究。在中国的金属矿山领域，围岩与岩层控制问题也同属于采矿工程领域。

在这里，岩层控制是指围岩与上覆岩层控制的统称。对于地下开采而言，岩层控制涉及采场、巷道、硐室及井筒的顶底板与四周的围岩控制，以及开挖空间，主要是指采空区上覆岩层和地表的变形控制问题。对于露天开采而言，岩层控制主要是露天矿采场边坡和排土场边坡的稳定控制，有些露天矿也会涉及在边坡岩体中掘进的运煤、运岩巷道或者溜井、破碎硐室等工程的围岩控制问题。

岩层控制的核心就是以少的人力、物力、资金等的投入，利用采矿和矿山压力科学规律，控制采矿开挖空间及上覆岩层的变形、移动与破坏等，保证采矿作业人员、设备等的安全；保证采矿开挖的各种工程正常发挥其效能；减少对地面的沉降与损害，保证地面农田、森林、建构筑物等正常使用。

岩层控制的基本对象是岩体，岩体运动和破坏的根本原因是采矿动态开挖工程活动，因此岩层控制研究必然涉及到工程地质与水文地质学、岩体力学、采矿学、弹性力学、材料力学、结构力学等众多基础和工程学科，以此来进行采矿引起的岩层活动理论分析、工程分析等。同时保证采矿工程活动有效进行是岩层控制的主要目的，因此岩层控制的装备与技术也是岩层控制的主要研究对象。更一般地，可以把岩层控制归结为如下一些研究内容：（1）岩石与岩体的力学属性与强度理论；（2）原岩应力（地应力）分布规律与特点；（3）采矿开挖空间围岩内应力分布规律与特点，以及开挖围岩的力学属性变化；（4）采场顶板、底板岩层活动规律及特征；（5）采场支架与围岩相互作用原理及围岩控制技术；（6）巷道围岩变形与破坏规律、控制原理与控制技术；（7）采矿开挖上覆岩层的移动、破坏规律与控制技术；（8）地表移动规律与控制原理及技术；（9）煤矿动压现象及控制技术；（10）围岩及岩层活动规律的基本特征参数实测技术与装备。

随着开采技术及社会发展，岩层控制研究的内容也会更加宽泛，而一些已经基本解决的传统研究内容也会逐渐萎缩，研究方法和手段也会不断更新和发展。

2.2 岩层控制研究的基本方法

岩层控制的基本问题是岩层移动、破坏、稳定与控制岩层移动的问题，借鉴工程地质学、采矿学和固体力学的研究方法是其研究的基本思路。

2.2.1 现场观测方法

现场观测与研究是岩层控制研究中必不可少的基础工作，也是岩层控制效果的最直接检验方法。现场观测的主要内容有支架工作阻力、工作面煤壁与端面顶板破坏情况、巷道顶底板与两帮变形量、顶板离层量、支架或锚杆的受力大小、煤柱或者煤体压力、上覆岩层移动与破裂、顶煤冒落、地表变形、煤岩破裂等。现场观测具有工作量大、观测条件差等缺点，而且若想获得准确的观测数据，难度也较大。但是近年来，观测的手段和仪器有了很大进展，观测仪器已由过去单一的机械扩大到电、声、光、磁等多种技术的综合应用，观测方式也从人工就地读数向遥控和自动监测过渡，观测的自动化程度和观测数据的无线传输有了很大发展，但是在开发适应煤矿井下环境和精度高的观测仪器、提高现场观测数据的准确性、正确分析和使用观测数据等方面还需要继续努力。

2.2.2 室内试验方法

由于采矿工程规模巨大、时间长、条件复杂，进行现场观测的成本高，以及受生产影响大，现场观测到的表面现象多等，在进行采矿岩层控制研究时，室内试验也是常用的方法。室内试验通常分为两种情况，一种是进行岩石或岩体的基本物理、力学性质实验，如强度、弹性模量、应力应变关系、电导率、水理性质等；另一种是进行现场开采的模拟试验，通过相似理论，根据现场开采的情况构建试验模型，通过模型试验开采，测试模型内的应力、应变等，同时可以直观观测到上覆岩层垮落与移动情况。模型试验时要尽可能地按照相似理论选取模型材料的物理与力学参数，模型受力条件也要尽可能地与现场实际相似，但是事实上严格地满足相似条件是很难的，因此到目前为止相似模拟试验主要还是定性的。

2.2.3 理论分析

岩层控制的理论分析是必不可少的，虽然实际的采矿岩层介质属性、几何边界条件、力学条件等不会完全符合经典力学或者数学假设，但是从宏观上仍然可以引用经典力学、数学或者统计学的一些理论来研究采矿中的某些岩层控制问题。比较常见的有圆形巷道围岩中应力分布规律、利用胡克定律求解自重作用下的原岩应力分布、利用材料力学求解老顶破断条件等。同时也建立了一些岩层控制特有的理论，如"砌体梁"理论、"关键层"理论、"传递岩梁"理论、概率积分等。近 20 余年来，除了采用经典的力学、数学等方法外，一些近代的力学、数学等理论也用于岩层控制研究，如概率数学、模糊数学、非线性力学等，对促进岩层控制的多元发展起到了重要作用。

2.2.4 数值计算方法

目前数值计算方法已经成为岩层控制研究的主要方法。数值计算的优点是适应各种几何与力学边界条件，通过数值逼近获得相对精确的模拟结果，而且计算成本低、时间短，可以反复变换计算条件等。数值计算的准确性与岩层介质属性选取、力学条件施加、计算方法选取、计算技巧等有很大关系。目前主要的数值计算方法有有限元（FEM）、边界元（BEM）、离散元（DEM）和有限差分（FLAC）等。有限元和有限差分法适用于连续介质，离散元适合于相对破裂的松散介质，DDA 属于离散元的范畴。根据岩层控制研究问题的需要，上述各种方法也可以耦合使用。

3 中国煤矿岩层控制进展

3.1 学术交流

岩层控制是采矿的核心,中国在煤矿岩层控制的理论研究和实践方面做了大量工作,也取得了一些重要的标志性学术成果。在学术交流方面,也组织召开了一系列具有标志性的学术会议,如 1979 年 4 月 26 日在中国矿业大学成立了煤炭工业部矿山压力情报中心站,并下设综采矿压分站、单体支柱工作面分站、井巷地压分站、矿压仪表分站、冲击地压分站、矿山支护与设备分站、软岩工程分站、放顶煤开采矿压分站 8 个分站。于 1981 年 8 月 21 日在中国矿业大学组织召开了首届矿压理论与实践研讨会,每两年召开一次,目前已经召开 17 届会议。矿压理论与实践研讨会成为了中国煤矿岩层控制广泛学术交流、研讨的重要平台,对促进中国煤矿岩层控制理论与技术的发展做出了重要贡献。为了更加广泛促进岩层控制的学术交流,1984 年 10 月创刊了《矿山压力与顶板管理》杂志,2006 年更名为《采矿与安全工程学报》,是目前中国煤炭行业被 EI 收录的四种刊物之一。

中国矿业大学(北京)于 1995 年、2000 年、2005 年等组织召开的全国放顶煤开采技术研讨会,对放顶煤开采的岩层控制进行了广泛的研究和讨论,如顶煤破碎机理、放煤理论、矿压显现规律、地表沉降等,对促进放顶煤开采的岩层控制起到了积极作用。

3.2 顶板事故概述

岩层控制的目的是保证井下作业人员安全、维持各种采矿开挖工程正常发挥效能、减少对地表等环境损害等。

避免顶板事故是煤矿岩层控制的首要出发点。1990 年前,中国煤矿顶板事故死亡人数占全部事故死亡人数的 45%,随着支护技术的进步,这一比例下降到 35%。但是近年来随着开采深度不断增加,以及瓦斯事故的下降等,顶板事故所占比例又开始上升,2000 年和 2012 年,顶板事故起数及死亡人数占事故总起数及死亡人数的 51.2%和 35.8%,事故起数和死亡人数在煤矿各类事故中居首位。同时由于开采引起地表沉降、建筑物、水系、交通道路、农田破坏等现象也相当严重。

美国由于顶板事故造成的死亡人数也占据着煤矿开采死亡人数的首位。来自美国矿山安全与健康监察局(MSHA)的统计数据表明,在 2003~2007 年间,地下煤矿共死亡 116 人,其中顶板事故死亡人数占 35.3%,运输事故占 22.4%,瓦斯、粉尘爆炸和燃烧事故 18.1%,机械事故占 10.3%,电力事故占 4.3%,人员摔倒和坠落事故占 4.3%,其他事故占 5.2%。美国矿山安全与健康监察局(MSHA)劳工部副部长(Assistant Secretary of Labor) David Dye 曾说过,"国际采矿岩层控制会议"(ICGCM)为美国煤矿顶板事故减少做出了重大的贡献,拯救了无数生命。

3.3 中国煤矿岩层控制的主要成果

中国煤矿技术进步主要始于新中国(1949 年 10 月 1 日)成立以后,1949 年中国的煤炭产量只有 3000 万吨,2013 年产量达 38 亿吨。但是在 1964 年以前都是单体支柱、爆破落煤的炮采工作面(长壁为主,也有一些房柱开采),中国 1964 年装备了当时的第一个普通机械化长壁工作面。1970 年 11 月 28 日,在大同煤矿峪口矿 8710 工作面装备了第一个综合机械化采煤工作面,1974 年、1978 年分别从德国、匈牙利引进了 43 套和 100 套综采设备,促进了中国综采技术与装备的发展,使工作面岩层控制有了重要进展,采煤的安全性有了很大提高。在 20 世纪 90 年代以前,中国的综采程度不足 60%,目前可以达到 90%。岩层控制技术与研究的对象与采煤技术是密切相关的,取得的主要成果如下。

3.3.1 老顶结构模型的提出与建立

20 世纪 70 年代,钱鸣高院士提出了上覆岩层开采后呈"砌体梁"式平衡的结构力学模型,给出了"砌体梁"滑落失稳和转动变形失稳条件,为采场顶板压力计算给出了具体边界,也为采场矿山压力控制参数确定奠定了基础。在此基础上,提出岩层断裂前后的弹性基础梁力学模型及各种不同支撑条件下板的力学模型,为老顶来压预报提供了理论依据。90 年代中期,随着对岩层控制研究的不断深入和为了解决采动对环境的影响,在研究开采引起岩体裂隙场的改变和更准确地描述开采对地表移动的影响方面,提出了"关键层"理论[1]。宋振骐院士提出了"传递岩梁"理论,认为支架阻力大小与所控岩梁的位态有关,支架作用可以改变岩梁位态,若支架控制岩梁下沉变形量越小，则支架所受的顶板压力越大，据此提出了"给定变形"和"限定变形"岩梁运动形态[2]。

在支架工作阻力确定方面，除按上述理论计算外，煤炭科学研究总院通过长时间现场观测，在统计分析了70多个综采工作面矿压观测结果后，建立了一种求解支架—围岩临界工作阻力的经验统计方法[3]。

3.3.2 采场"支架—围岩"关系与支护质量监测

通过试验和现场观测，提出了支架工作阻力 P 与顶板下沉量 ΔL 之间存在着类双曲线关系，在中厚煤层采高条件下，P-ΔL 这种类双曲线关系已经成为普遍规律；对于放顶煤条件，P-ΔL 类双曲线关系不再存在。

在煤矿岩层控制中，实际支护阻力和设计阻力往往是两回事，尤其是工作面不断推进，顶板条件不断变化，这常常是导致工作面顶板事故的主要原因。自20世纪80年代开始，中国大规模地进行了采煤工作面顶板和支护质量监测，运用岩层控制理论确定监测指标，形成了"支架—围岩"稳定性诊断技术。

3.3.3 采煤工作面顶板与顶板事故分类

煤矿生产地质条件复杂多样，为了适应采场围岩控制需要，在汇集大量实测资料和生产经验基础上，对工作面直接顶、老顶进行了分类和分级，提出了"缓倾斜煤层回采工作面顶板分类"方案，一直指导着工作面岩层控制。

根据顶板事故发生的力学原因和危害程度，对顶板事故进行了科学分类，分为压垮型冒顶（发生在老顶来压期间）、漏冒型冒顶、推垮型冒顶和综合类型冒顶[4]；提出了各种类型顶板事故发生的地点、岩层条件、力学条件、可能造成的危害、防止技术等；提出了在控制顶板方面支架初撑力与工作阻力具有同等的重要性，并将初撑力写入顶板控制规范中，尤其是对单体支柱工作面。

3.3.4 基于顶板和煤壁控制的支架阻力确定方法

为了更好地指导高效开采工作面顶板与煤壁控制问题，建立了平衡顶板载荷和保持煤壁稳定的确定支架工作阻力二元准则。分析了顶板压力等对煤壁稳定的影响以及支架工作阻力在减缓煤壁压力方面的作用。煤壁上的顶板压力是影响煤壁稳定的主要因素，提出了在保持煤壁稳定时支架工作阻力应满足的准则。当老顶结构失稳时，会对支架产生冲击，根据能量理论，提出了通过计算控制顶板的支架工作阻力确定的动载荷计算法，同时提出了薄基岩厚松散层条件下的支架阻力计算方法[5~8]。

3.3.5 长壁工作面充填采煤技术

充填开采技术是控制地表塌陷、保护地表及环境的有效技术。中国已经形成了矸石充填、高水材料充填、膏体材料充填、高浓度胶结材料充填等充填开采技术，不同材料的充填技术有各自的优缺点。矸石充填技术是以煤矸石为主要充填材料，在地面加工后，直接运至井下充填材料仓，然后通过皮带、专用刮板输送机、专用充填支架等运至采空区并充填；高水材料充填是采用高水速凝固结材料作为充填材料的一种充填采煤技术；膏体材料充填是把煤矸石、粉煤灰、工业炉渣等固体废物在地面加工成膏状浆体，膏体料浆的真实质量浓度为81%~88%，通过充填泵及重力的作用经管道送到井下工作面充填采空区；高浓度胶结充填是指以煤矸石、粉煤灰、水泥及外加剂，加适量的水作为充填材料，通过活化搅拌，将充填料浆制备成高浓度料浆，料浆的真实质量浓度为74%~82%。

3.3.6 巷道围岩控制理论与技术

掌握了巷道从开挖到开采结束全过程围岩变形、破坏随时间、空间的变化规律，根据中国巷道围岩地质条件，深入研究了围岩与支护相互作用关系，提出多个采准巷道围岩控制理论，形成了比较完善的巷道合理布置系统，沿空留巷、沿空掘巷理论与技术得到发展和广泛应用。

岩石巷道普遍采用锚喷支护，采准巷道也广泛使用锚杆与锚索支护技术。在深入研究锚杆支护作用的基础上，逐步形成了中国煤矿巷道锚杆支护的基础理论，如锚杆支护围岩强度强化理论[9]、高预应力锚杆支护理论等[10]。

软岩巷道支护技术有了长足进展，在软岩定义、分类、支护理论与技术方面形成了相对较为有效的体系，如锚喷网支护技术、U形钢支架与壁后充填技术、注浆加固技术、防治底鼓的封闭支护技术、各种联合支护与加固技术，以及爆破、钻孔及切缝等围岩卸压技术等[11]。

3.3.7 围岩控制的装备与技术

采场围岩控制的主要装备是液压支架，近十余年来，中国的液压支架研制有了很大进步，在支架能力和尺寸方面发展很快。2000年，最大支架阻力为10000kN左右，目前中国最大支架工作阻力达到21000kN，平均每年以 1000 kN 的速度增加。支架的高度也达到了 7.2m，中心距 2.05m，目前在试图开发 8m 高度的支架。

巷道围岩控制方面研发了高强度锚杆和锚索、高延伸率大变形锚杆、可接长锚杆、桁架锚杆、桁架锚索等，水泥类、高分子类注浆材料，及多种形式的 U 型钢、钢管混凝土支架等。

在覆岩变形控制方面，除了充填开采技术外，也形成了离层注浆、条带注浆、条带开采等技术。在缓倾斜和极倾斜煤层的地表移动规律及预测、地表变形控制等方面都取得了很大进展。

相似物理相似模拟试验方面，在试验数据采集、处理、分析方面进步明显。同时开发了一些专用试验装备，如放顶煤装置、充填开采装置、煤与瓦斯共采设备等。

围岩活动实测方面，除传统的方法外，钻孔电视、内窥仪、光栅、无线传输、离层监测等，使得现场监测更加方便，数据更加准确。

4 中国煤矿岩层控制展望

岩层控制是服务于采矿生产的，采矿技术进步需要岩层控制的理论与技术支持，同时新的采矿技术也会为岩层控制提出新的研究课题，结合我国煤矿开采技术的发展和需求，岩层控制需要在如下几个方面加强研究：

(1) 特厚煤层开采的岩层控制理论与技术。

我国的厚(>3.5m)及特厚（≥12m）煤层开采取得了重要进展，大采高开采、放顶煤开采技术已经广泛应用，但是相对于开采技术来说，岩层控制技术的理论研究还相对滞后，主要表现在大采动空间的覆岩运动规律与控制技术、散体顶煤运动与放出规律、大断面巷道围岩控制、无煤柱或者小煤柱开采理论与技术。

(2) 煤层群或者小煤窑破坏区开采的岩层控制理论与技术。

煤层群开采是我国煤层赋存的特点之一，小煤窑破坏区煤炭资源高效安全开采是我们必须面对的一个现实问题，近年来资源整合与兼并重组，使原有许多大矿都得开采一些小煤窑开采后遗留的煤炭资源，因此需要研究煤层群开采的岩层控制、顶板灾害防治、小煤窑破坏区开采的岩层控制理论与技术。

(3) 急倾斜煤层的覆岩移动规律。

相比而言，缓倾斜煤层开采的覆岩移动规律研究比较成熟，而急倾斜煤层要差很多，随着西部及大量难采煤层开采，急倾斜煤层开采量会有所增加，在未来有必要对急倾斜煤层开采的围岩控制、工作面支架与围岩相互作用关系、覆岩移动与地面沉降规律等加强研究。

(4) 深部开采。

我国的深部开采资源会越来越多，深部开采主要面临的问题是高应力、多煤层联合或顺序开采，导致采动应力集中和叠加，需要高效安全的开采方法；高应力诱发冲击地压、采场与巷道难以支护问题；高温导致矿石、煤炭自燃、炸药自爆、高温作业问题等，因此深部开采研究需要加强。

(5) 开采对底板的扰动与破坏。

开采对底板的扰动与破坏研究相对较少，但是随着煤层群开采、深部开采增加，研究开采对底板扰动规律越来越重要，可以用来指导煤层群开采的采掘布置、底板有承压水威胁煤层安全开采等。

参 考 文 献

[1] 钱鸣高. 20 年来采场围岩控制理论与实践的回顾[J]. 中国矿业大学学报, 2000(1).
[2] 宋振骐. 实用矿山压力控制[M]. 徐州：中国矿业大学出版社, 1998.
[3] 史元伟. 采煤工作面围岩控制原理和技术[M]. 徐州：中国矿业大学出版社, 2003.
[4] 芩传鸿, 窦林名. 采场顶板控制及监测技术[M]. 徐州：中国矿业大学出版社, 2004.
[5] 王家臣. 极软厚煤层煤壁片帮与防治机理[J]. 煤炭学报, 2007, 32(8): 785~788.
[6] Wang Jiachen, Yang Shengli, Li Yang, et al. A dynamic method to determine the supports capacity in longwall coalmining[J]. International Journal of Mining, Reclamation and Environment, 2014: 1~12.
[7] 王家臣, 王蕾, 郭尧. 基于顶板与煤壁控制的支架阻力确定[J]. 煤炭学报, 2014, (8).
[8] 王家臣. 厚煤层开采理论与技术[M]. 北京：冶金工业出版社, 2009.
[9] 侯朝炯, 等. 巷道围岩控制[M]. 徐州：中国矿业大学出版社, 2012.
[10] 康红普, 王金华, 等. 煤巷锚杆支护理论与成套技术[M]. 北京：煤炭工业出版社, 2007.
[11] 钱鸣高, 石平五, 许家林. 矿山压力与岩层控制[M]. 徐州：中国矿业大学出版社, 2010.

（执笔人：王家臣）

1 采场围岩与岩层控制

错层位巷道布置新技术的应用与岩层控制理论

赵景礼　田　柯　刘宝珠　王志强　宋　平　崔　帅

（中国矿业大学（北京）资源与安全工程学院，北京　100083）

摘　要　厚煤层长壁式开采的巷道布置一直以来都是把连接回采工作面两端的区段进风巷与区段回风巷布置在同一层位，与相邻工作面的巷道形成平面回采系统。在工程实践中，长期存在厚煤层无煤柱开采、大倾角条件下工作面设备下滑、深部开采冲击地压等重大传统技术难题。针对这一背景，论文指出了采用把区段进、回风巷道分别布置在不同层位的错层位立体化巷道布置技术，通过创新巷道系统解决实际问题的方法。结合工程实际，提出了采空区一侧煤（柱）体铅直应力分布的分区方法。

关键词　错层位　巷道布置　采煤方法　岩层控制　科学问题

The Application of Offset Gateroad Layout and Its Ground Control Theory

Zhao Jingli　Tian Ke　Liu Baozhu　Wang Zhiqiang　Song Ping　Cui Shuai

(China University of Mining & Technology (Beijing), College of Resources and Safety Engineering, Beijing 100083, China)

Abstract　In the conventional longwall mining method in thick coal seams, there are several serious technical problems including face equipment downdip sliding in pillarless mining of steeply-inclined seams and bumps in deep-seam mining. In order to solve these problems, this paper proposes a new technique in which the gateroads on both ends of the panel are offset and located in different levels and that a method of zoning the vertical stress distribution in the coalblock (pillar) on one side of the gob. A new method is developed for roadway maintenance and coal bumps control in deep seam mining.

我国煤炭工业采用的长壁式开采技术体系，始于20世纪50年代，主要引用与借鉴了前苏联等国家较为先进成熟的采煤方法。长期以来无论在国内还是国外，长壁式采煤方法的巷道布置一直都是把连接回采工作面两端的区段进风巷与区段回风巷布置在同一层位，工作面之间需要留设区段煤柱。相邻工作面的巷道均处于同一层位，形成平面系统。对于厚煤层，区段煤柱煤损严重。厚煤层无煤柱开采在实际工程中难于实现。

1　厚煤层错层位采煤法的起源

我国厚煤层赋存范围广，储量与产量均占有40%以上的比重。自1984年开始应用放顶煤采煤法以来，现已成为与分层采、大采高并列的厚煤层三种主要采煤方法之一。但放顶煤采煤法存在的回采率、瓦斯、着火、煤尘四大问题备受关注而一直未能解决。其中放顶煤开采的回采率问题在上述3种采煤方法中最为严重。针对厚煤层开采普遍存在的煤柱损失难题和放顶煤开采的特殊问题，笔者于20世纪90年代提出了厚煤层错层位巷道布置采煤法，并获得国家发明专利[1]。

以近水平煤层为例，传统的放顶煤巷道布置如图1所示。错层位巷道布置如图2所示。

作者简介：赵景礼（1952—），男，山西太原人，教授，博士生导师，错层位采煤法和三段式回采工艺的发明人。研究方向：厚煤层采煤方法，错层位巷道布置，矿山压力及回采工艺等。

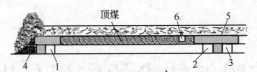

图 1 传统放顶煤开采的典型巷道布置

1—区段进风(运输)巷；2—区段回风巷；3—下区段运输巷；4—上区段回风平巷位置；5—损失的T形煤柱；6—专用排瓦斯巷

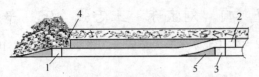

图 2 错层位采煤法的立体化巷道布置

1—区段进风(运输)巷；2—区段回风巷；3—下区段运输巷；4—上区段回风平巷；5—丢失的三角煤

在图1所示的放顶煤开采平面巷道系统中，上一工作面巷道4周围均为巷道以及过渡支架上方顶煤垮落后形成的松散浮煤，为避免漏风引发这部分浮煤着火，需要留设煤柱，在实践中难以实现完全无煤柱开采。工作面两端头的巷道1、巷道2附近同样是顶煤不放形成的大量浮煤。这些浮煤是造成放顶煤开采火患严重的根本原因。此外，巷道托顶煤布置，不利于掘进维护，并容易造成顶煤高冒区着火。回风巷道2沿底板布置，则不利于瓦斯排放，需增加巷道6弥补这一不足。

在图2的巷道系统中，实现了错层位立体化。回风巷道2沿顶板布置，便于巷道掘进维护，也便于排放瓦斯。在图2的巷道系统中，不仅取消了煤柱，也使图1系统中损失的大量松散浮煤在这里成为少量的实体煤损失，既提高了回采率，同时降低了自然发火危险。图2中巷道1在采用三段式工艺局部预先铺网的条件下掘进[2]，顶部为矸石。工作面端头支护时的产尘量比托顶煤巷道条件下作业也有所改善。与通常留设15m或更宽煤柱相比，可大幅度提高回采率。

当煤层倾角较大时，区段进风（运输）巷道沿上部层位布置。仍然形成错层位立体化系统，其布置原理相似，如图3所示。当煤层厚度较大时，可以有更加灵活多样的布置形式[3]。

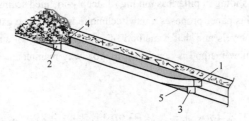

图 3 较大煤层倾角的错层位巷道布置

1—区段进风(运输)巷；2—区段回风巷；3—下区段回风巷；4—上区段运输巷；5—丢失的三角煤

图3中巷道布置形式体现了错层位立体化巷道布置方式对不同倾角煤层适应性强的特点。在煤层倾角较小的条件下，既可以将进风巷道布置在上部层位，也可以布置在下部层位，结合工程条件可以进行相关参数的具体设计。由于进风（运输）巷道沿上部层位布置，工作面前部角度逐步变缓变平，可有效防治工作面设备下滑[4]。倾角越大这一优点越突出。当倾角超过35°时，错层位巷道布置减缓工作面前部倾角的措施成为工作面能够控制设备下滑，维持正常生产的核心关键技术。目前，35°以上大倾角综放工作面普遍采用了错层位巷道布置。

换言之，是该项发明专利技术把长壁式综放开采的应用范围扩展到倾角35°以上的条件。

2 错层位采煤法的有关科学问题

开采方法及工艺是采矿学科发展的主题和中心[5]。错层位采煤法与三段式回采工艺的出现，同样带来了采矿学科相关科学问题的发展。这里简要分析错层位采煤法在巷道矿压与岩层控制理论方面带来的变化。提出按照上覆岩层垮落特征进行煤（柱）体应力分区与传统分区理论相结合的观点，初步描述了上覆岩层已垮区的煤（柱）体应力特点，扩大了巷道位置的选择范围，丰富了巷道矿压控制理论。

2.1 上覆岩层未垮落区

《矿山压力与岩层控制》是采矿学科的经典教科书[6]，对采矿涉及的科学问题有着权威的论述。在"巷道维护原理与支护技术"一章，给出一侧采空煤（柱）体弹塑性变形区及铅直应力的分布情况，如图4所示。这是长期以来指导煤柱留设和确定巷道位置的基本依据。

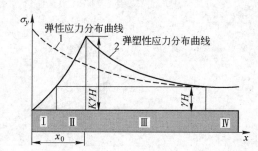

图4 煤柱（体）的弹塑性变形与铅直应力分布
Ⅰ—破裂区；Ⅱ—塑性区；Ⅲ—弹性区应力升高部分；Ⅳ—原始应力区

在图4给定的系统下，曲线1和曲线2均位于给定平面直角坐标系的第一象限。即巷道总会处于四个分区中的某一个位置，同时也决定了煤柱宽度在坐标原点右方的 x 轴上取值，煤柱宽度大于等于零。这一思想普遍影响着现场工程技术人员，在生产实践中，采用如图1所示的平面巷道系统，综放开采难以实现零煤柱，煤柱尺寸均为正值。

图4中，4个分区的共同特点是均在上覆岩层未垮落区，均与煤层埋藏深度密切相关。图中曲线2的Ⅰ区为破裂区，铅直应力取值在零到原始应力 γH 之间， H 即为埋藏深度。这只是岩层移动稳定后的情形。图中曲线1为相邻工作面刚刚采过的情形，表现出的弹性应力与埋藏深度密切相关，其应力值大于稳定后曲线2中的峰值 $K\gamma H$ 。这时如果在Ⅰ区的范围内开挖巷道，掘进、支护都比较困难。除了Ⅰ区外，其他Ⅱ、Ⅲ、Ⅳ3个分区的铅直应力均含有因子 H ，也就是都与埋藏深度有关。埋藏越深巷道受压越大。

然而，当采用如图2所示的错层位立体化相邻工作面搭接布置时，图中的巷道2并不在图4所示的4个分区中任何一个区内。换言之，图4所表达的经典理论尚不包括这一新的巷道所处位置的铅直应力分布。

2.2 上覆岩层已垮落区

如图2中所示的巷道2，由于其上部的顶煤已由相邻的上一个工作面采出，该巷道及其邻近煤体上方的岩层具有已经垮落的特征，把这一区域命名为上覆岩层已垮区，如图5所示。

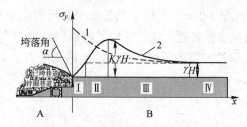

图5 按照上覆岩层垮落特征进行应力分布分区
A—上覆岩层已垮区；B—上覆岩层未垮区

如图5所示，研究一侧采空的煤（柱）体铅直应力分区时，可分为两步进行。首先按照上覆岩层的垮落特征分为A区与B区两个大区。第二步分别讨论A区B区，在图中所示的B区，即为上覆岩层未垮区，采用传统理论再分为4个区，如图4所示。在图中所示的A区，即上覆岩层已垮区，位于采空区下的未采动实体煤部分。这一部分的巷道位置也有不同的选择。总体上都在垮落角保护之下，其所受的铅直应力与开采深度无关。这对于深部开采等高应力条件下的巷道掘进维护，以及巷道周边围岩应力释放，减轻动力灾害事故，都有特别重要的工程应用价值。

该区域所受铅直应力类似于回采工作面的情形，如图6所示。

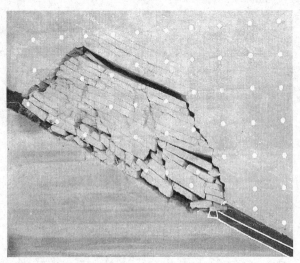

图 6 上覆岩层已垮区巷道所受铅直应力

从图 6 所示的相似模拟实验结果，可以直观地看出上覆岩层已垮区巷道所受铅直应力与采深无关。

与此同时，我们注意到，图 5 中待掘巷道（即图 2 中的巷道 1）已突破图 4 所用平面直角坐标系的第 1 象限，进入第 2 象限。用以界定相邻工作面距离的区段煤柱宽度，也随同巷道 1 进入第 2 象限而离开了 x 横轴的正值区间。

3 工程实例

错层位采煤法自 1998 年发明以来，进行了积极的宣传与技术推广，在当年的全国第三届放顶煤开采理论实践研讨会上[7]，关于错层位采煤法的研讨交流得到业界的广泛关注。鹤壁八矿于 2000 年在南翼三采区 25°的倾斜煤层中即设计了错层位巷道布置综放工作面，2001 年投产，获得成功[8]。提供了在倾斜煤层采用错层位立体化巷道系统的范例。

同时，1998 年撰文针对性地指出靖远、平庄等较大倾角条件的矿区适用于采用错层位采煤方法，有利于防治设备下滑[4]。2003 年后，该方法作为靖远等地摒弃旧的水平分段放顶煤实现长壁式放顶煤的核心、关键技术，获得巨大的综合效益。平庄古山矿也在煤厚 7.5m、倾角 36°的条件下应用错层位采煤法，解决了生产技术难题[9]。

目前，错层位巷道布置采煤法已成为大倾角的倾斜厚煤层实现长壁式综放开采的根本技术途径，得到普遍采用。

特别指出，西山镇城底矿在煤厚 5.02m，倾角 4°的近水平易燃煤层条件下，采用了相邻工作面搭接的错层位巷道布置技术，两巷分别沿顶底板布置，成功实现了厚煤层综放的完全无煤柱开采，提高回采率 10%以上[10]，成为实现厚煤层完全无煤柱开采的范例。从生产实践角度对本文的巷道矿压控制理论研究提供了支持。

4 结语

错层位采煤法以创新生产系统为特征，实现了回采巷道布置从二维平面到三维立体化的转变，相邻工作面之间可以实现无煤柱搭接。从而，改变了传统巷道布置系统下一侧采空煤（柱）体弹塑性变形区及铅直应力的分布情况。得出以下结论。

(1) 提出先按照上覆岩层垮落特征进行巷道所在位置的应力大分区，分为上覆岩层已垮区（A 区）和未垮区（B 区）。

(2) 然后，在上覆岩层未垮区（B 区）使用传统方法分为 4 个区。指出该区域内 4 个分区的铅直应力都与煤层埋藏深度密切相关。

(3) 在上覆岩层已垮区（A 区），该区域内巷道所受铅直应力仅为已垮落矸石的重量，与煤层埋藏深度无关。

(4) 在上覆岩层已垮区（A 区）布置错层位巷道可实现完全无煤柱开采。在深部开采等高应力条件下，对释放巷道围岩应力与缓解冲击地压有独特的工程技术优势。

错层位采煤法对巷道矿压控制理论的发展有积极的推动作用，对工程实践有直接的指导意义。通过理论与实践的结合，可望使错层位采煤法在现有放顶煤开采的各种条件下都得到推广应用，并为解决高应力条件下的巷道维护与冲击地压问题提供新的技术途径。

参 考 文 献

[1] 赵景礼, 吴健. 厚煤层错层位巷道布置采全厚采煤法[J]. 中国发明专利, ZL98100544.6.
[2] 赵景礼. 厚煤层全高开采的三段式回采工艺[J]. 中国发明专利, ZL200410039575.0.
[3] 赵景礼. 厚煤层全高开采新论[M]. 北京：煤炭工业出版社, 2004: 194~195.
[4] 赵景礼, 李报. 提高综放回采率的研究——兼论错层位巷道布置系统 [J]. 辽宁工程技术大学学报, 1998, 6(3): 237~239.
[5] 徐永圻. 采矿学[M]. 徐州：中国矿业大学出版社, 2003.
[6] 钱鸣高, 石平五. 矿山压力与岩层控制[M]. 徐州：中国矿业大学出版社, 2003: 218~221.
[7] 赵景礼, 孟宪锐. 综放开采可持续发展的探索[J]. 矿山压力与顶板管理, 1998, 12 专刊: 29~31.
[8] 刘德民, 康守昌. 错层位巷道布置系统在放顶煤工作面的应用[J]. 中州煤炭, 2003, 6(2): 8~9.
[9] 孙占国, 娄金福. 大倾角特厚煤层综放支架防倒防滑安全保障技术 [J]. 煤矿开采, 2011, 16(6): 39~41.
[10] 范新民, 赵景礼, 王玉宝, 等. 厚煤层错层位巷道布置采全厚采煤法在西山矿区的应用研究[M]. 北京：煤炭工业出版社, 2013: 73~78.

液压支架承载特性及其适应性分析

李化敏[1]　蒋东杰[1]　Syd S. Peng[2]　冯军发[1]

（1. 河南理工大学能源科学与工程学院，河南焦作　454000；2. 美国西弗吉尼亚大学）

摘　要　通过对两柱、四柱支架结构特征分析，研究了不同阻力两柱支架、同阻力两柱和四柱液压支架承载特性和影响支架承载特性的因素，并对液压支架适应性进行分析。研究认为：液压支架的结构特性决定其承载特性，两柱式支架平衡千斤顶机构决定其有效承载范围在顶梁柱窝附近，增大平衡千斤顶、立柱阻力能增大其承载能力；四柱支架两排立柱与顶梁铰接位置决定其有效承载范围与立柱排距相当，增大前柱阻力降低后柱阻力能提高支架顶梁前段支撑能力，使支架有效承载范围前移；液压支架承载特性决定其适应性，平衡千斤顶能适时调节支架顶梁上顶板荷载作用的位置，使其能适应综采、大采高综采、厚煤层综放工作面，特厚煤层大采高综放面顶板荷载受顶煤放出影响作用位置多变，四柱式支架有效承载范围较宽使其能适应之。

关键词　两柱液压支架　四柱液压支架　承载特性　支架适应性

The Loading Characteristics and Its Applicability of 2-leg and 4-leg Shields

Li Huamin[1]　Jiang Dongjie[1]　Syd S. Peng[2]　Feng Junfa[1]

(1. Henan Polytechnic University, Henan Jiaozuo 454000, China;
2. West Virginia University, USA)

Abstract　Shield is the only equipment for roof control in the longwall face, mainly for supporting the surrounding rocks, keeping the mining area safe and pushing the face equipment to move forward. Shield's reliability and applicabililty is one of the key elements that determine whether or not the face can operate safely in high production. There are two factors for determining the shield's reliability and applicability, one is the type of shield and the other is load density. The determination of the type of shield takes precedent of the load density. By analyzing the special features of the shield structures, this papers studies the loading characteristics and its influencing factors of 2-leg and 4-leg shields by comparing two shields of same type but with different load density and two shields of same load density but with different type. Furthermore, it studies shield applicability by analyzing the differences in shield type and loading characteristics.

液压支架是综放工作面控制顶板的唯一设备，主要作用是支护采场顶板，维护安全作业空间，推移工作面采运装置，可靠性和适应性是决定工作面能否安全高效生产的关键因素之一[1,2]。经过30多年的吸收、创造，国内生产的液压支架的可靠性已能满足现场要求，而液压支架的适应性主要包含两方面内容：一是架型；二是支护强度，并且架型是要先于支护强度确定的，支架的架型决定承载特性。支架承载特性的研究较多，文献[3]通过现场实测及理论计算认为两柱掩护式支架左、右立柱受力分布均衡，支护效率较高；文献[4~7]研究了两柱掩护式综放支架的承载规律，认为两柱掩护式支架工作阻力的循环以增阻为主，支撑效率大幅提高，平衡千斤顶可以保持支架位态的稳定，提供更高的工作阻力和水平初撑力有利于控制顶板；文献[8]通过现场实测分析表明，在放煤过程中，四柱支撑掩护式放顶煤液压支架的承载具有动态变化特征，后柱阻力普遍小于前柱阻力，支护强度降低降低，致使支架不能充分发挥其有效支护作用；文献[9]以四柱式综放支架为例，对总阻力及阻力作用点位置的确定进行了相关分析；文献[10]提出将四柱支架前

基金项目：国家自然科学基金煤炭联合基金重点资助项目（U1261207）。
作者简介：李化敏（1957—），男，河南镇平人，教授，博士生导师。电话：0391-3987921；E-mail:lihm@hpu.edu.cn
通信作者：蒋东杰（1984—），男，河南永城人，博士研究生。电话：0391-3987937；E-mail:jiangdongjie306@126.com

立柱的顶梁上柱窝尽量前移防止拔后柱现象发生的方法。以上分析多是就单个支架承载特性进行分析，本文在两柱、四柱支架结构特征分析的基础上，研究不同阻力两柱、四柱支架、同阻力两柱和四柱支架以及影响支架承载特性的因素，并对支架适应性进行分析，为支架选型提供基础。

1 两柱液压支架承载特性

1.1 两柱液压支架结构特征

目前，常用的两柱支架主要有综采放顶煤液压支架和综采支架两种类型，其典型的结构如图1所示。

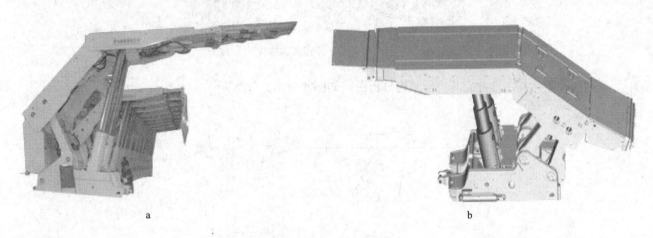

图1 典型的液压支架
a—ZY18000/32/70D型两柱液压支架；b—ZFY18000/25/39D两柱放顶煤支架

两柱式支架的一个重要特征是顶梁与掩护梁之间安设了平衡千斤顶，能对顶板荷载作用位置进行调节。放顶煤支架与综采支架结构的差异在于放顶煤支架掩护梁尾部有一套由尾梁、尾梁千斤顶、插板、插板千斤顶组成的放煤机构，就其承载特性而言二者并无实质区别。

1.2 两柱支架承载特性

某矿42煤层一盘区煤层平均厚度6.7m，采用综放技术回采煤层，42104综放工作面ZFY18000/25/39D两柱放顶煤支架（图1b），42103综放工作面使用ZFY12000/25/39D两柱放顶煤支架（图2），初次来压期间曾经发生过个别平衡千斤顶损坏的现象，如图3所示。

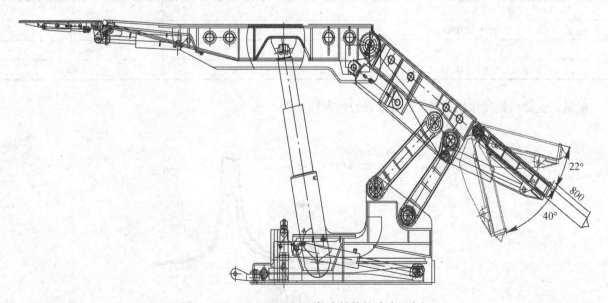

图2 ZFY12000/25/39D两柱支撑掩护式液压支架

图 3 平衡千斤顶损坏情况

依两柱支架结构特性建立其力学结构分析图，如图 4 所示。

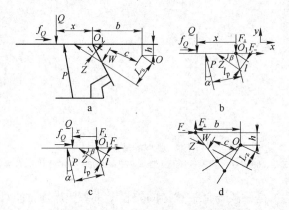

图 4 两柱液压支架受力分析图

其中，二支架主要参数见表 1。

表 1 ZFY18000/25/39D 和 ZFY12000/25/39D 支架主要尺寸

名 称	ZFY18000	ZFY12000
支架顶梁 L/mm	5330	4840
立柱倾角 α/(°)	9	10
立柱与 O_1 点垂距 l_p/mm	1500	1532
平衡千斤顶与顶梁夹角 β/(°)	26	33
平衡千斤顶力矩 l/mm	500	430
支架瞬心位置 h, b/mm	94, 2546	-63, 2554
瞬心与平衡千斤顶垂距 L_z/mm	1550	1860

根据二支架结构尺寸和力学特征其承载特性曲线如图 5 所示。

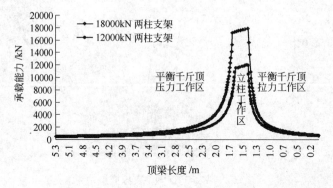

图 5 ZFY12000 和 ZFY18000 支架的承载特性曲线

根据计算结果和承载特性曲线可知,两柱式支架平衡千斤顶机构决定其有效承载范围在顶梁柱窝附近;ZFY18000 两柱放顶煤支架有效承载范围为 1.47~1.65m,ZFY12000 两柱放顶煤支架有效承载范围为 1.48~1.67m,范围基本相同;两柱支架梁端支撑力普遍较小,但随着支架工作阻力增大梁端支撑力增大,ZFY12000 两柱支架梁端支撑力为 555kN,ZFY18000 两柱支架梁端支撑力为 696kN,提高范围有限;结合早期关于两柱式平衡千斤顶对支架承载特性的影响的研究[11~13],两柱式支架有效承载范围在顶梁柱窝前后 100~200mm,承载特性曲线形状基本相同。

1.3 两柱支架承载特性影响因素

从图4、图5可以看出,影响两柱支架承载特性的主要影响因素为立柱和平衡千斤顶承载能力大小及装配尺寸。两柱支架立柱阻力增大对有效承载范围改变有限,但承载能力随着支架立柱工作阻力的增大而增大。

两柱式支架的平衡千斤顶能对顶板荷载合力作用位置进行调节,当顶板荷载作用顶梁前端时,平衡千斤顶受压促使顶板荷载后移,当顶板荷载作用与顶梁后端时,平衡千斤顶受拉,促使顶板荷载前移而作用于立柱与顶梁铰接点附近。但平衡千斤顶有一定的额定工作阻力而使其调节能力受限,因此,固定顶板荷载值,考察顶板荷载作用于顶板位置时所需平衡千斤顶提供的平衡力如图6所示。

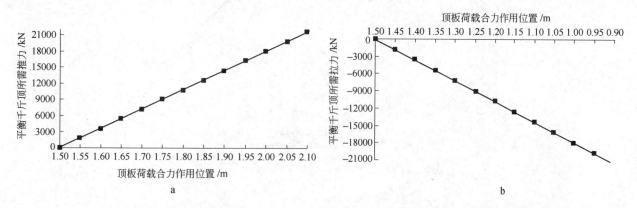

图6 顶板荷载 18000 kN 时平衡千斤顶随顶板荷载作用于顶梁位置的受力变化曲线
a—顶梁合力作用于立柱前侧;b—顶梁合力作用于立柱后侧

由图6可见,当18000 kN 顶梁合力作用于掩护梁与顶梁铰接点前侧1.60 m时,平衡千斤顶需要提供3000 kN 压力才能对顶板荷载进行调节,以目前能提供 2700 kN 的平衡千斤顶来说很难满足顶梁荷载调节要求;当18000kN 顶梁合力作用于掩护梁与顶梁铰接点前侧1.45 m 时,平衡千斤顶需要提供 2200 kN 拉力才能对顶板荷载进行调节,以目前能提供 1500 kN 拉力的平衡千斤顶来说也较难满足顶梁荷载调节要求;即目前平衡千斤顶提供阻力对顶板荷载调节能力有限,但平衡千斤顶阻力的增大适当提高了支架的支撑能力。

1.4 两柱支架承载能力

支架承载特性曲线实质是反映支架的承载能力,因此当顶板荷载作用在两柱式支架有效承载范围之外时,支架承载能力急剧下降。

对于放顶煤工作面来说,易造成过度放煤致使顶梁集中荷载往支架顶梁前部移动,以 ZFY18000 支架为例,以顶梁集中荷载的方式作用支架顶梁不同位置,考察不同位置时支架承载能力如图7所示。

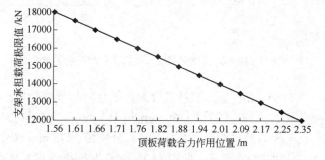

图7 ZFY18000 支架承载能力随顶板荷载合力位置变化曲线

由图 7 可见，ZFY18000/25/39 两柱放顶煤支架当顶板荷载作为位置在顶梁与掩护梁铰接点前方 1.56m 时，支架可以承载 18000kN 的顶板荷载；若顶板合力作用点位置前移，支架承载能力下降，至顶板合力作用点位置前移至顶梁与掩护梁铰接点前方 2.35m 时，支架仅能承受 12000 kN 的顶板荷载，此位置时若顶板合力超过 12000 kN，则容易引起支架"栽头"、平衡千斤顶受压损坏。若过大的顶板集中荷载作用在顶梁后端则容易造成支架"高射炮"、平衡千斤顶耳板拉坏。

2 四柱放顶煤支架承载特性

2.1 四柱支架结构特征

四柱式支架与两柱式支架结构较大差异为四柱支架与顶梁铰接有两排四根立柱，而无与掩护梁和掩护梁铰接的平衡千斤顶。为分析相同工作阻力两柱式与四柱式支架承载特性的差异，本节以 ZFY12000/25/38D 四柱支架为例进行分析，其结构图如图 8 所示。

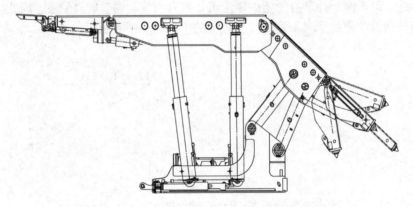

图 8　ZFY12000/25/38D 四柱支撑掩护式液压支架

2.2 四柱支架承载特性

依据 ZFY12000/25/38D 四柱放顶煤支架结构特性建立其力学结构分析图如图 9 所示。

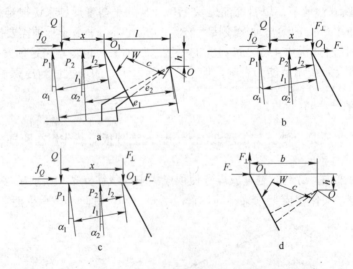

图 9　ZFY12000/25/38D 四柱放顶煤支架结构受力分析图

其中：支架顶梁长度 L 为 5365 mm；最大支撑高度前后排立柱与垂线夹角 α_1 和 α_2 分别为 8° 和 0°，前后排立柱与顶梁和掩护梁铰接点垂距 l_1、l_2 分别为 2360 mm 和 715 mm；支架瞬心位置为 b/l，h 为 213 mm，l 为 1752 mm；前后排立柱与支架瞬心的垂距分别为 e_1、e_2，分别为 2472 mm 和 4100 mm。

依据上述结构参数和支架结构力学分析图，得到 ZFY12000 四柱放顶煤支架承载特性曲线如图 10 所示。

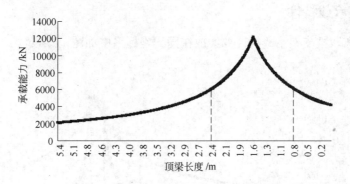

图 10　ZFY12000 四柱放顶煤支架承载曲线

可见，ZFY12000 四柱放顶煤支架有效承载范围为 0.718~2.36 m，宽度为 1.642 m，提高立柱的工作阻力能提高支架的支撑能力。

2.3　四柱支架承载特性影响因素

影响四柱支架承载特性的主要影响因素为立柱承载能力大小及铰接位置。

四柱式支架有效承载范围为前后排支柱与顶梁和掩护梁的铰接点之间距离，增大前后排柱距可以增大四柱支架的有效承载范围。

改变立柱阻力值也可改变四柱承载特性，同时增大前后立柱能增大承载能力。非同步增大立柱阻力则可以改变支架承载特性，以前柱阻力增大至 7000 kN、8000 kN，后柱阻力降低至 5000 kN、4000 kN 为例，其他参数不变，其承载特性如图 11 所示。

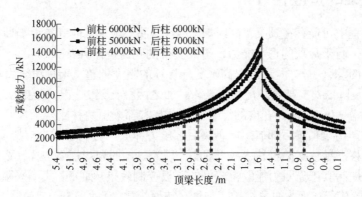

图 11　四柱支架改变前后立柱阻力承载特性对比

从图 11 可以看出，四柱式支架增大前柱压力支架后端支撑能力降低，前端支撑能力增大，如前柱 8000kN、后柱 4000kN 情况下，在顶梁 1.55~1.72m 段支架能承载 12000~16000kN 顶板荷载；改变前后增大前柱阻力使支架有效承载范围前移，如前柱 8000kN、后柱 4000kN 情况下，有效承载范围较两柱均为 6000kN 时前移 0.6m。因此，从理论上来说，合力调整前后立柱的工作阻力能提高其承载性能。

3　两柱与四柱液压支架对比分析

3.1　两柱与四柱支架结构特征对比

（1）两柱支架与四柱支架结构的最主要差异在于少了一排两根立柱而多了平衡千斤顶。

（2）在相同的尺寸条件下，两柱式放顶煤支架较四柱式放顶煤支架放煤空间稍大、增大放煤空间，而通风断面较四柱式放顶煤支架稍小[14]。

（3）相同阻力条件下，四柱支架立柱较多，降低了支架动作速度和支架的可靠性，两柱式支架便于运输、安装和拆卸、重量轻。

3.2 两柱与四柱支架承载特性

将同工作阻力两柱和四柱支架承载特性曲线放在同一坐标系中如图12所示。

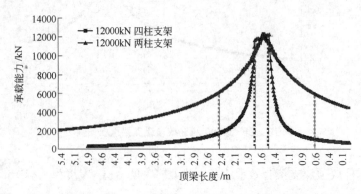

图12　12000 kN 两柱和四柱支架承载特性对比图

（1）在相同的工作阻力条件下，两柱支架提供主动水平力，对顶板控制有利，四柱支架比两柱支架提供的梁端支撑力大。

（2）同阻力四柱式支架范围比两柱式支架承载范围大，且无论两柱还是四柱支架提高立柱的阻力都能增大支架的支撑能力，提高支架的控顶能力。

（3）对于放顶煤工作面来说，四柱放顶煤支架受放煤因素影响，前后排立柱受力不均，一般前排大、后排小，降低了立柱的实际支撑效率，当顶梁荷载超出平衡千斤顶调节能力之外，支架支撑效率都会快速降低。

4　两柱和四柱支架的适应性分析

两柱支架在使用过程中可能存在顶梁"高射炮"或"栽头"现象，前者是由于顶板荷载后移，后者是由于顶板荷载前移，超出平衡千斤顶的调节能力，造成支架的几何位态异常。

对于一般顶板条件的综采工作面，通过提高平衡千斤顶的阻力调整支架顶梁合力与顶板荷载作用位置相吻合，坚硬顶板可以预裂降低对支架切顶能力的要求，加之两柱支架更易电液控制，因此，目前国内包含大采高（如大柳塔、补连塔 7.0m 采高）在内的综采工作面基本都采用两柱支架。

对于放顶煤工作面，由于顶梁后部放煤，顶梁后部压力释放，有利于减少支架顶梁"高射炮"的现象，但放煤导致顶板压力前移，导致支架容易造成"栽头"现象，一般厚煤层综放面（煤层厚度不大于12.0m），通过反置平衡千斤顶和提高其工作阻力能取得较好的顶板控制效果，如兖矿集团兴隆庄煤矿和东滩矿、神华保德矿、中煤平朔安家岭矿等。而大采高综放工作面（特厚煤层，平均15m），如蒙泰不连沟、伊泰酸刺沟、大同塔山、同忻特厚煤层，针对两柱式放顶煤支架平衡千斤顶调节能力有限，放煤过程顶板荷载作用在前梁而超出平衡千斤顶调节能力易造成损坏的问题，则选用有效承载范围较大的 15000 kN 的高阻力四柱放顶煤支架，取得较好的控顶效果。随着液压支架装配技术的发展，液压支架阻力的增大，控顶能力提高，两柱放顶煤支架也会逐步在大采高综放工作面应用。

5　结论

（1）液压支架的结构特性决定其承载特性，承载特性决定液压支架的适应性。

（2）两柱支架平衡千斤顶调节有效承载范围宽度能力有限，增大平衡千斤顶阻力、立柱阻力能提高支架的控顶能力。

（3）四柱支架存在前后立柱受力不均的缺点，其有效承载范围大，承载能力强，可通过合理优化前后立柱阻力值改善受力不均的缺点。

（4）两柱支架适应能力强，综采工作面宜选用两柱支架。

（5）对于综放工作面来说，一般厚煤层综放面宜选用两柱放顶煤支架，特厚煤层大采高综放工作面由于目前平衡千斤顶调节能力限制则选用四柱放顶煤支架。

参 考 文 献

[1] 王国法. 两柱掩护式放顶煤液压支架设计研究[J]. 煤炭科学技术, 2003(4):36~37,41.
[2] 王国法. 液压支架技术体系研究与实践[J]. 煤炭学报, 2010, 35(11): 1903~1908.
[3] 张震, 闫少宏, 毛德兵, 等. 两柱及四柱放顶煤支架适应性对比分析[J]. 煤炭工程, 2012(3): 80~82, 86.
[4] 杨培举, 刘长友, 韩纪志, 等. 平衡千斤顶对放顶煤两柱掩护支架适应性的作用[J]. 采矿与安全工程学报, 2007, 24(3): 278~282.
[5] 杨培举. 两柱掩护式放顶煤支架与围岩关系及适应性研究[D]. 徐州: 中国矿业大学, 2009.
[6] 杨培举, 刘长友, 金太. 两柱掩护式综放支架的承载规律及工艺研究[J]. 采矿与安全工程学报, 2010,27 (4): 512~516.
[7] 马端志, 王恩鹏. 两柱掩护式大采高强力放顶煤液压支架的研制[J]. 煤炭科学技术, 2013, 41(8): 84~86, 91.
[8] 刘长友, 金太. 放顶煤液压支架的动态承载特征及可靠性分析[J]. 矿山压力与顶板管理, 2010(1): 1~6.
[9] 韩光远, 刘长友, 杨伟. 四柱综放支架总阻力及其作用点位置确定探讨[J]. 煤炭工程, 2011(4): 38~40.
[10] 王彪谋. 四柱放顶煤液压支架主要技术问题研究[J]. 煤矿开采, 2009, 14(5): 56~57.
[11] 钱鸣高, 刘双跃. 两柱掩护式支架的工作状态及其对直接顶稳定性的影响[J]. 煤炭学报, 1985 (4): 1~11.
[12] 钱鸣高, 刘双跃. 殷建生. 综采工作面支架与围岩相互作用关系研究[J]. 矿山压力, 1989(2): 1~8.
[13] 王国彪. 二柱掩护式支架承载能力区理论的研究[J]. 矿山压力, 1993(10): 46~49.
[14] 孙公赞, 张晓东, 樊军. 两柱与四柱放顶煤液压支架架型及结构浅析[J]. 矿山机械, 2009, 30(3): 167~169.

近距离煤层群下向开采应力-裂隙场演化叠加效应试验研究

杨 科[1,2]　刘千贺[1,2]　刘钦节[1,2]　闫书缘[1,2]　孙 力[1,2]

(1. 安徽理工大学煤与瓦斯共采实验室，安徽淮南　232001；
2. 安徽理工大学煤矿安全高效开采省部共建教育部重点实验室，安徽淮南　232001)

摘　要　根据淮南矿区近距离煤层群（B组煤）下行开采工程地质条件，设计了近距离煤层群多煤层下向开采的相似模拟试验和数值模拟试验模型，研究多煤层开采过程中覆岩变形、采动应力和裂隙分布特征，分析多次开采对围岩应力场和裂隙场演化的影响机制。试验研究表明，随着开采次数增多，层间距、采厚、岩层结构等参数变化对采动应力-裂隙演化叠加效应影响的程度有所降低，获得了特定条件下支承压力、覆岩变形、下沉等变量与开采次数的关系表达式。研究为淮南矿区深部近距离高瓦斯煤层群下行卸压开采和煤与瓦斯共采参数设计提供了参考数据。

关键词　近距离煤层群　应力-裂隙场　多次开采效应　煤与瓦斯共采　试验研究

Experimental Study on Mining Stress and Fracture Field Evolution and Superposition Mechanism with Down Relieving Multi-mining in Closed Coal Seams

Yang Ke[1,2]　Liu Qianhe[1,2]　Liu Qinjie[1,2]　Yan Shuyuan[1,2]　Sun Li[1,2]

(1. Lab. of Coal and Gas Simultaneous Extraction, Anhui Huainan, 232001, China;
2. Key Lab. of Mining Coal Safety and Efficiently Constructed by Anhui Province and Ministry of Education, Anhui University of Science and Technology, Anhui Huainan, 232001, China)

Abstract　According to the engineering geological conditions of down relieving multi-mining in closed coal seams(group B) of Huainan mining area, the similar simulation and numerical simulation models of down relieving multi-mining were designed in closed coal seams to investigate overlying strata deformation and mining-induced stress and fracture evolution characteristics during those coal seams mining. Experimental investigation show that, with the mining number increasing, degree of spacing of layers and exploiting thickness and rock structure parameters changing affecting on mining stress and fracture field evolution and superposition mechanism have been decreased. And the formulas with the relationship between abutment pressure, deformation, and subsidence factors and the number of mining have been deduced. Research provides reference data for deep multi-closed coal seams with high gassy level down relieving multi-mining in Huainan mine and parameter design for coal and gas co-mining.

Keywords　closed coal seams, stress and fracture field, multi-mining effect, gas and coal co-mining, experimental investigation

我国大多数矿区为多组煤层群开采，如淮南矿区有A、B、C三组共12~15层可采煤层，多煤层开采尤其是近距离高瓦斯低渗透煤层群安全高效开采、煤与瓦斯在淮南矿区和类似矿区已进行很多试验开采，并在覆岩运移规律、煤柱应力演化、采准巷道位置选择、动压巷道围岩稳定性控制等进行了大量试验研究工作[1~10]，但多针对2层煤开采条件进行的研究。随着开采深度增加和开采强度增大，深部近距

基金项目：国家自然科学基金(51374011)；国家重点基础研究发展计划(973)项目(2010CB226806)。
作者简介：杨科（1979—），男，四川人，博士，教授。电话：18255401572；E-mail: yksp2003@163.com
通信作者：刘千贺（1988—），男，山东人，硕士研究生。电话：18255411772；E-mail: qianhe0904@163.com1

离煤层群开采出现了采准巷道难支护、顶底板难控制、冲击地压易发生、瓦斯抽采难实施、煤柱难留设等技术难题[11~22]。因此，急需多次开采采动应力演化及其对围岩位移、变形、破坏规律影响的作用机理等方面的基础理论支持，用于更好地指导近距离煤层群的安全高效开采，实现煤与瓦斯共采，提高资源采出率。

1 工程背景

潘二矿西四采区 B 组煤主采煤层为 8-1 煤、7-1 煤、6-1 煤、5-2 煤、4-1 煤，煤系地层柱状见图 1，煤岩物理力学参数见表 1。

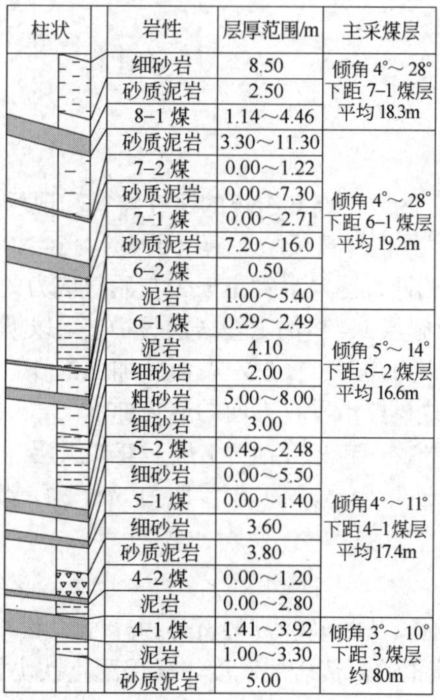

柱状	岩性	层厚范围/m	主采煤层
	细砂岩	8.50	倾角 4°~28° 下距 7-1 煤层 平均 18.3m
	砂质泥岩	2.50	
	8-1 煤	1.14~4.46	
	砂质泥岩	3.30~11.30	倾角 4°~28° 下距 6-1 煤层 平均 19.2m
	7-2 煤	0.00~1.22	
	砂质泥岩	0.00~7.30	
	7-1 煤	0.00~2.71	
	砂质泥岩	7.20~16.0	
	6-2 煤	0.50	
	泥岩	1.00~5.40	
	6-1 煤	0.29~2.49	
	泥岩	4.10	倾角 5°~14° 下距 5-2 煤层 平均 16.6m
	细砂岩	2.00	
	粗砂岩	5.00~8.00	
	细砂岩	3.00	
	5-2 煤	0.49~2.48	
	细砂岩	0.00~5.50	倾角 4°~11° 下距 4-1 煤层 平均 17.4m
	5-1 煤	0.00~1.40	
	细砂岩	3.60	
	砂质泥岩	3.80	
	4-2 煤	0.00~1.20	
	泥岩	0.00~2.80	
	4-1 煤	1.41~3.92	倾角 3°~10° 下距 3 煤层 约 80m
	泥岩	1.00~3.30	
	砂质泥岩	5.00	

图 1 潘二矿西四采区 B 组煤综合柱状图

Fig. 1 B group seams geo-gram of the 4th west mining district in Pan'er mine

表 1 煤岩物理力学参数

Table 1 Physical and mechanical paramenters of coal and rock

序号	岩性	厚度/m	密度/kg·m^{-3}	体积模量/GPa	剪切模量/GPa	内聚力/MPa	内摩擦角/(°)	抗拉强度/MPa
1	顶板岩层	50	2600	3.33	2	0.85	30	1.22
2	细砂岩	8.5	2794	20.14	16.27	3.8	43	6.75
3	砂质泥岩	2.5	2520	10.76	5.7	1.18	35	1.17
4	8-1 煤	2.87	1420	1.9	0.93	0.2	20	0.28
5	砂质泥岩	9.4	2446	10.76	5.7	1.18	35	1
6	砂质泥岩	6.6	2417	10.76	5.7	1.18	35	1.64
7	7-1 煤	2.39	1370	2.8	1.2	0.6	27	0.4
8	砂质泥岩	13.5	2549	10.76	5.7	1.18	35	1.31
9	泥岩	3.9	2437	4.3	2.8	0.7	30	1.8
10	6-1 煤	1.8	1390	2	0.88	0.42	24	0.3
11	泥岩	4.1	2545	5.8	3.2	1.2	30	3.25
12	细砂岩	2	2800	16.04	12.02	3.47	43	4.96
13	粗砂岩	5.9	2700	7.35	6.32	3.04	40	4.34
14	细砂岩	3	2800	16.04	12.02	3.47	43	4.96
15	5-2 煤	1.6	1410	1.73	0.82	0.18	20	0.2

续表1

序号	岩 性	厚度/m	密度/kg·m^{-3}	体积模量/GPa	剪切模量/GPa	内聚力/MPa	内摩擦角/(°)	抗拉强度/MPa
16	细砂岩	3	2597	15.28	11.2	3.1	42	3.48
17	5-1煤	1.1	1410	1.73	0.82	0.18	20	0.2
18	细砂岩	3.6	2586	18.02	14.02	3.8	43	5.13
19	砂质泥岩	3.8	2520	4.9	3.2	1.18	35	1.8
20	泥岩	2.8	2567	4.3	2.8	0.7	30	1.68
21	4-1煤	3.1	1460	2.12	0.93	0.5	24	0.35
22	泥岩	2.8	2463	3.94	2.6	0.68	30	0.98
23	底板岩层	20	2463	3.94	2.6	0.68	30	0.98

2 试验模型

2.1 数值模拟模型设计

采用FLAC^{3D}根据潘二矿西四采区近距离B组煤的赋存特征和现场钻孔统计数据为依据，建立近距离缓倾斜煤层群走向长壁开采FLAC^{3D}数值计算模型，模型长×宽×高＝300m×200m×250m。

边界条件及开采方案：潘二矿西四采区，最大主应力与垂直应力的比值平均为1.4，最小主应力与垂直应力比值平均为0.8，模型前后面施加1.4倍的上覆岩层重力，用以模拟最小水平主应力的作用，并以正梯形的加载方式模拟沿垂直方向的应力梯度；模型左右面施加0.8倍的上覆岩层重力，用以模拟最大水平主应力的作用，以正梯形的加载方式模拟沿垂直方向的应力梯度。

数值模型进行应力平衡后进行开挖，首先开挖8-1煤，其他煤层开采方式主要为下行开采，开采顺序为8-1煤→7-1煤→6-1煤→5-2煤→4-1煤，每次开挖步距为8m，每层煤共开挖25次，开采长度为200m。

2.2 相似模拟模型设计

试验选取平面旋转架型试验平台，其长×宽×高=2m×0.2m×2m，按平均倾角10°铺设各煤岩层，模拟的煤岩层垂高为140m，模型上未能模拟的上覆岩层厚度，采用配重铁块加载实现（图2）。试验采用几何相似系数C_l=1:100，时间相似系数C_t=1:10，弹性模量相似系数C_E=1:160，泊松比相似系数C_μ=1，应力相似系数C_σ=1:160。

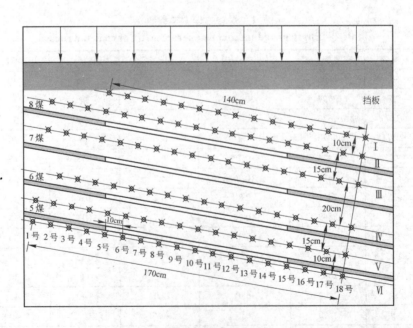

图2 试验模型及位移测线布置示意图
Fig. 2 Sketch of model and displacement survey lines

3 试验结果分析

3.1 多煤层开采应力演化特征分析

数值模拟分析表明（图 3）：随着煤层间垂直距离的增加，上煤层开采对下煤层的煤岩层扰动影响效应越来越弱。开采 8-1 煤造成下煤层煤岩产生局部卸压环形区域，但随着煤层间距的增大这种卸压效果逐渐减弱，特别是对 4-1 煤顶底板卸压影响程度较小。

图 3 下行顺序开采各煤层后垂向应力分布云图
a—8-1 煤开采 200 m; b—7-1 煤开采 200 m; c—6-1 煤开采 200m; d—5-2 煤开采 200 m
Fig. 3 Vertical stress distribution after descending mining coal seams

开采 7-1 煤造成下煤层岩体应力场进一步发生转移和重新分布，采空区四周应力增高区范围进一步减小，采空区应力释放区仍呈现环形分布特点，7-1 煤开采较 8-1 煤开采对 4-1 煤层顶底板应力场扰动程度强，应力释放范围有所增大。6-1、5-2 煤开采所造成的应力场具有与上煤层开采相似的演化特征。横向比较图 3a~d 可以看出，多次采动对各煤层的应力影响程度逐渐累积，说明多煤层采动时造成煤层应力分布的叠加效应。

3.2 多煤层开采覆岩运移时空演化特征

表 2 统计了近距离煤层群多次开采覆岩运移与上层煤采空区连通的时间和空间位置，其与开采次数、开采厚度、层间距及层间岩性均有密切关系。

表 2 覆岩连通统计表
Table 2 Statistical table of overlying strata connectivity

连通时开采时间/h	连通时开采位置/m	开采次数	开采厚度/m	层间距/m	层间岩性
90	45	2	2.4	16	砂质泥岩
110	55	3	1.8	17.4	砂质泥岩
140	70	4	1.6	15	细砂岩

随着开采次数的增多、开采厚度的降低，达到与上方采空区连通的时间逐渐增长，连通时开采位置距切眼的距离越远；层间岩性强度的增加也会导致连通的时间和开采位置滞后。近距离煤层群下行多次开采

结束后整体覆岩运移情况如图4所示。

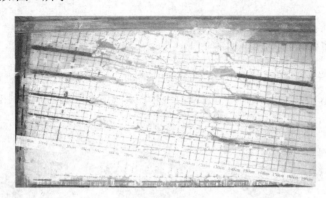

图 4 近距离煤层群多次开采结束后覆岩运移情况
Fig.4 Overlying strata movement after closed distance coal seam group mining repeatedly

3.3 多次开采覆岩下沉系数

由试验测量数据分析得到，随着近距离煤层群开采次数增多，同一层位的覆岩下沉系数逐渐减小，不同层位下沉系数与开采次数之间线性回归：

$$Q_{\mathrm{I}}=0.573-0.016n \qquad (n=1,2,3,4)$$

$$Q_{\mathrm{II}}=0.647-0.023n \qquad (n=1,2,3,4)$$

$$Q_{\mathrm{III}}=0.705-0.041(n-1) \qquad (n=1,2,3,4)$$

式中，Q_{I}、Q_{II}、Q_{III} 分别为 I、II、III 测线所在层位的覆岩下沉系数；n 为煤层群开采次数。由于煤层群煤层数有限，IV、V 测线所在层位覆岩下沉系数受开采影响变化次数少，线性回归规律性不能得以体现，故未能得到回归方程。

从图 5 和回归方程可得出，I、II、III 测线的初始下沉系数呈逐渐增大的趋势，这是因为 II 测线较 I 测线距离 8 煤较近，III 测线所在层位岩性为砂质泥岩较测线，而 I、II 测线所在层位岩性为细砂岩，所以下沉系数的大小受距开采煤层的距离和上覆岩层的岩性共同影响。IV、V 测线处的下沉系数也符合这一特点。

覆岩下沉系数与煤层开采次数呈线性关系，开采次数越多，同一层位覆岩下沉系数越小；在垂直方向上，覆岩下沉系数随与开采煤层距离的增大而减小。

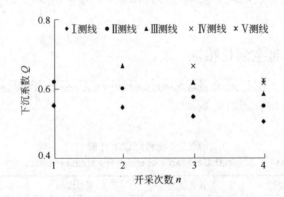

图 5 下沉系数与开采次数
Fig. 5 Subsidence coefficient and the number of coal mining

4 主要结论

（1）分析获得了近距离多煤层开采过程中覆岩变形、采动应力和裂隙分布特征，研究了多次开采对围岩应力场和裂隙场演化的叠加效应影响机制。

（2）试验研究表明，随着开采次数增多，层间距、采厚、岩层结构等参数变化对采动应力-裂隙演化叠加效应影响的程度有所降低。

（3）获得了特定条件下支承压力、岩层垮落角、"两带"高度与开采次数的关系表达式，为淮南矿区深部近距离高瓦斯煤层群下行卸压开采和煤与瓦斯共采参数设计提供了参考数据。

参 考 文 献

[1] 何满潮, 钱七虎, 等. 深部岩体力学基础[M]. 北京: 科学出版社, 2010.
    He Manchao, Qian Qihu. The basis of deep rock mechanics[M]. Beijing: Science Press, 2010.

[2] 闫书缘, 杨科, 廖斌琛, 等. 潘二矿下向卸压开采高应力演化特征试验研究[J]. 岩土力学, 2013, 34(9): 2551~2556.
    Yan Shuyuan, Yang Ke, Liao Binchen, et al. Experimental study on high mining-induced stress evolution characteristics of downward relieving mining in Paner coal mine[J]. Rock and Soil Mechanics, 2013, 34(9): 2551~2556.

[3] 沈荣喜, 王恩元, 刘贞堂, 等. 近距离下保护层开采防冲机理及技术研究[J]. 煤炭学报, 2011, 36(1): 63~67.
    Shen Rongxi, Wang Enyuan, Liu Zhentang,et al. Rockburst prevention mechanism and technique of close-distance lower protective seam mining [J]. Journal of China Coal Society ,2011, 36(1): 63~67.

[4] 石永奎, 莫技. 深井近距离煤层上行开采巷道应力数值分析[J]. 采矿与安全工程学报, 2008, 24(4): 473~476.
    Shi Yongkui, Mo Ji. Numerical analysis of road stress in a scending mining close distance coal seams in deep coal mines[J]. Journal of Mining & Safety Engineering, 2008, 24(4): 473~476.

[5] 黄汉富, 闫志刚, 姚邦华, 等. 万利矿区煤层群开采覆岩裂隙发育规律研究[J]. 采矿与安全工程学报, 2012, 29(5): 619~624.
    Huang Hanfu, Yan Zhigang, Yao Banghua, et al. Research on the process of fracture development in overlying rocks under coal seams group mining in Wanli mining area [J]. Journal of Mining & Safety Engineering, 2012, 29(5): 619~624.

[6] 龚红鹏, 李建伟, 陈宝宝. 近距离煤层群开采覆岩结构及围岩稳定性研究 [J]. 煤矿开采, 2013, 18(5): 90~92.
    Gong Hongpeng, Li Jianwei, Chen Baobao. Overlying strata structure and surrounding rock stability of mining near-distance coalseams [J]. Coal Mining Technology, 2013, 18(5): 90~92.

[7] 袁亮. 卸压开采抽采瓦斯理论及煤与瓦斯共采技术体系[J]. 煤炭学报, 2009, 34 (1): 1~8.
    Yuan Liang. Theory of pressure-relieved gas extraction and technique system of integrated coal production and gas extraction[J]. Journal of China Coal Society, 2009, 34 (1): 1~8.

[8] 袁亮, 郭华, 沈宝堂, 等. 低透气性煤层群煤与瓦斯共采中的高位环形裂隙体[J]. 煤炭学报, 2011, 36(3): 357~365.
    Yuan Liang, Guo Hua, Shen Baotang, et al. Circular overlying zone at longwall panel for efficient methane capture of mutiple coal seams with low permeability[J]. Journal of China Coal Society, 2011, 36(3): 357~365.

[9] 李树清, 何学秋, 李绍泉,等. 煤层群双重卸压开采覆岩移动及裂隙动态演化的实验研究[J]. 煤炭学报, 2013, 38 (12): 2146~2152.
    Li Shuqing. He Xueqiu, Li Shaoquan, et al. Experimental research on strata movement and fracture dynamic evolution of double pressure-relief mining in coal seams group[J]. Journal of China Coal Society , 2013, 38 (12): 2146~2152.

[10] 王露, 许家林, 吴仁伦. 采动煤层瓦斯充分卸压应力判别指标理论研究[J]. 煤炭科学技术, 2012, 40(3): 1~5.
    Wang lu, Xu Jialin, Wu Renlun. Theoretical study on stress distinguishing index of gas pressure fully released in mining seam[J]. Coal Science and Technology, 2012, 40(3): 1~5.

[11] 袁亮. 松软低透煤层群瓦斯抽采理论与技术[M]. 北京: 煤炭工业出版社, 2004.
    Yuan Liang. Theory and technology of gas drainage and capture in soft multiple coal seams of low permeability [M]. Beijing: Coal Industry Press, 2004.

[12] 哈迪森, 哈里森. 工程岩石力学（上卷: 原理导论）[M]. 冯夏庭等译. 北京: 科学出版社, 2009.
    Hudson J A, Harrison J P. Engineering rock mechanics: an introduction to the principles [M]. Beijing: Coal Industry Press, 2009.

[13] 袁亮. 低透高瓦斯煤层群安全开采关键技术研究[J]. 岩石力学与工程学报, 2008, 27(7): 1370~1379.
    Yuan Liang. Key technique of safe mining in low permeability and methane-rich seam group[J]. Chinese Journal of Rock Mechanics and Engineering, 2008, 27(7): 1370~1379.

[14] 张农, 袁亮, 王成, 等. 卸压开采顶板巷道破坏特征及稳定性分析 [J]. 煤炭学报, 2011, 36(11): 1784~1789.
    Zhang Nong, Yuan Liang, Wang Cheng, et al. Deformation characteristics and stability analysis of roof roadway in destressed mining[J]. Journal of China Coal Society, 2011, 36(11): 1784~1789.

[15] 李振雷, 窦林名, 蔡武, 等. 深部厚煤层断层煤柱型冲击矿压机制研究[J]. 岩石力学与工程学报, 2013, 32(2): 333~342.
    Li Zhenlei, Dou Linming, Cai Wu, et al. Fault-pillar induced rock burst mechanism of thick coal seam in deep mining[J]. Chinese Journal of Rock Mechanics and Engineering. 2013, 32(2): 333~342.

[16] 王海锋, 方亮, 程远平, 等. 基于岩层移动的下邻近层卸压瓦斯抽采及应用[J]. 采矿与安全工程学报, 2012, 30(1): 128~131.
    Wang Haifeng, Fang Liang, Cheng Yuanping, et al. Pressure-relief gas extraction of lower adjacent coal seam based on strata movement and its application [J]. Journal of Mining &Safety Engineering, 2012, 30(1): 128~131.

[17] 薛俊华. 近距离高瓦斯煤层群大采高首采层煤与瓦斯共采[J]. 煤炭学报, 2012, 37(10): 1682~1687.
Xue Junhua, Integrated coal and gas extraction in mining the first seam with a high cutting height in multiple gassy seams of short intervals[J]. Journal of China Coal Society, 2012, 37(10): 1682~1687.

[18] 方新秋, 郭敏江, 吕志强. 近距离煤层群回采巷道失稳机制及其防治[J]. 岩石力学与工程学报, 2009, 28(10): 2059~2067.
Fang Xinqiu, Guo Minjiang, Lü Zhiqiang. Istability mechanism and prevention of roadway under lose-distance seam group mining[J]. Chinese Journal of Rock Mechanics and Engineering, 2009 28(10): 2059~2067.

[19] 曹树刚, 邹德均, 白燕杰, 等. 近距离"三软"薄煤层群回采巷道围岩控制[J]. 采矿与安全工程学报, 2012, 28(4): 524~529.
Cao Shugang, Zou Dejun, Bai Yanjie, et al. Surrounding Rock Control of Mining Roadway in the Thin Coal Seam Group with Short Distance and "Three Soft"[J]. Journal of Mining & Safety Engineering, 2012, 28(4): 524~529.

[20] 王芝银, 李云鹏, 张恩强. 急斜煤层巷道稳定性数值模拟[J]. 岩石力学与工程学报, 2000, 19(6): 718~721.
Wang Zhiyin, Li Yunpeng, Zhang Enqiang Numerical simulation on the stability of opening in steep coal seam[J]. Chinese Journal of Rock Mechanics and Engineering, 2000, 19(6): 718~721.

[21] 屠世浩, 王方田, 窦凤金, 等. 上层煤柱下综放沿空回采巷道矿压规律研究 [J]. 中国矿业大学学报, 2010, 39(1): 1~5.
Tu Shihao, Wang Fangtian, Dou Fengjin, et al. Fully mechanized top-coal caving:underground stress at gateways under barrier pillars of an upper coal seam[J]. Journal of China University of Mining & Technology, 2010, 39(1): 1~5.

[22] 白庆升, 屠世浩, 王方田, 等. 浅埋近距离房式煤柱下采动应力演化及致灾机制[J]. 岩石力学与工程学报, 2012, 31(2): 3772~3778.
Bai Qingsheng, Tu Shihao, Wang Fangtian, et al. Stress evolution and induced accidents mechanism in shallow coal seam in proximity underlying the room mining residual pillars[J]. Chinese Journal of Rock Mechanics and Engineering, 2012, 31(2): 3772~3778.

覆岩结构完整性对沟谷中浅埋煤层开采矿压影响规律的模拟研究

张志强[1]　许家林[2]　赵红超[1]　刘洪林[1]　吕金星[1]

(1. 新疆大学地质与矿业工程学院，乌鲁木齐　830046；
2. 中国矿业大学煤炭资源与安全开采国家重点实验室，江苏徐州　221008)

摘　要　针对神东矿区活鸡兔矿煤层在沟谷地形下采动过程中工作面发生多起动载矿压灾害事故，通过数值模拟实验，深入研究了沟谷地形中覆岩主关键层（PKS）被侵蚀对浅埋煤层动载矿压的影响。结果表明：在沟谷地形上坡段浅埋煤层开采过程中，当主关键层块体被侵蚀后，由于临坡面主关键层块体水平力较小，块体不能形成稳定的砌体梁结构状态，块体滑落失稳使亚关键层结构块体承受的载荷迅速增大，导致工作面片帮冒顶和活柱急剧下缩而发生动载矿压；当主关键层块体完整时，块体之间能够提供一定的水平力而保持稳定的砌体梁结构状态，工作面没有产生动载矿压。模拟结果在活鸡兔井21306工作面过沟谷地形得到了验证。

关键词　覆岩结构完整性　沟谷地形　浅埋煤层　关键层侵蚀

Simulation Study of Strata Structural Integrity of Gully on Strata Pressure Influence Law of Working Face in Shallow Coal Seams

Zhang Zhiqiang[1]　Xu Jialin[2]　Zhao Hongchao[1]　Liu Honglin[1]　Lü Jinxing[1]

(1. School of Geology & Exploration Engineering, XinJiang University, Urumqi, 830046, China;
2. State Key Laboratory of Coal Resource and Mine Safety, Jiangsu Xuzhou 221008, China)

Abstract　Based on the dynamic accident caused by the working panel caving passed through the gully terrain in Huojitu coal mine of Shendong mining area, this paper analyzes the relationship between the being eroded primary key strata(PKS) of gully and the movement of upper strata in terms of dynamic pressure for shallow mining. Results show that, while the upper seam caving of working panel through gully, the horizon stress effected on the block of PKS facing the slope is too small to form the stable-beam structure when the PKS is eroded. With slide of blocks, the support load on sub-key strata (SKS) blocks support increase rapidly which will leads to series of dynamic pressure disasters and accidents on the working faces; These accidents will not emerge if the PKS is not eroded which means that the horizon stress can keep the upper strata stability by forming the stable-beam structure. The simulation result has been effectively verified by the field experiment in 21306# working panel in Huojitu coal mine.

Keywords　strata structural integrity, gully terrain, shallow coal seam, eroded key strata

神东活鸡兔矿区赋存着浅埋煤层[1]，矿区1^{-2}煤21304面在经过沟谷地形上坡段时曾发生多起严重威胁安全高效生产的动载矿压灾害事故。虽然从20世纪90年代后对浅埋深工作面矿压问题研究较多[2~9]，但基于地面地貌为沟谷地形对开采影响研究不足，这方面文献相对较少。主要有汪青仓等对浅埋深工作面矿压进行了观测[10,11]，朱卫兵博士研究了浅埋深重复采动工作面过沟谷地形上坡段关键层结构失稳机理[12]，许家林教授研究了沟谷地形对浅埋煤层开采矿压显现的影响机理。但是基于覆岩结构变化对沟谷中的浅埋煤层工作面产生动载矿压显现的影响缺乏研究。本文运用数值模拟实验的方法进行了深入研究，得出的结论在现场得

基金项目：新疆大学校院联合基金资助（XY110144），新疆大学博士毕业生科研启动基金资助（BS120133）。
作者简介：张志强（1969—），新疆石河子人，讲师，博士。电话：13899865556；E-mail: gooddream5086@126.com
通信作者：赵红超（1988—），陕西眉县人，讲师，硕士。电话：15299459465；E-mail: xjuzhc@163.com

到了验证，研究对于类似条件的煤矿安全生产有理论指导和实际意义。

1 工作面地貌和地质条件

活鸡兔井田西北部冲沟发育，沟谷较多。三盘区是神东矿区浅埋煤层重复开采的第一个盘区，该区内 $1^{-2上}$ 煤已采完，开采的 1^{-2} 煤平均采高 4.5m，两层煤间距 6~27m，均采用一次采全高后退式综采。煤层倾角为 0°~5°，埋深 40~110m，沟谷上坡段的坡角平均为 30°。

由于采面矿压主要和上覆岩层破断规律及其形成结构的稳定性密切相关[2]，因此根据岩层控制的关键层理论对工作面上覆岩层柱状进行关键层判别[3~5]（图1），得出工作面覆岩结构类型为上煤层已采单一关键层结构[9]。同时通过对面钻孔主关键层位置标高与对应区内沟谷谷底标高对比，结果显示主关键层位置都处于谷底标高之上（表1），表明覆岩主关键层因受地质侵蚀作用部分缺失。

层号	厚度	埋深	岩性	关键层位置	备注
22	7	7	黄土		
21	1.87	8.87	粉砂岩		
20	1.88	10.75	粉砂岩		
19	3.18	13.93	细粒砂岩		
18	11.46	25.39	中粒砂岩		
17	1.74	27.13	粉砂岩		
16	21.8	48.93	粉砂岩	主关键层	硬岩层
15	1.4	50.33	细粒砂岩		
14	2.52	52.85	粉砂岩		
13	20.03	72.88	中粒砂岩	亚关键层	硬岩层
12	0.2	73.08	1^{-1} 煤		
11	0.87	73.95	粉砂岩		
10	2	75.95	粉砂岩		
9	3.29	79.24	中粒砂岩		
8	1.64	80.88	细粒砂岩		
7	4.74	85.62	中粒砂岩		
6	3.15	88.77	$1^{-2上}$ 煤		
5	1.2	89.97	细粒砂岩		
4	2	91.97	中粒砂岩		
3	13.94	105.91	粗粒砂岩	亚关键层	硬岩层
2	0.98	106.89	粉砂岩		
1	5.4	112.29	1^{-2} 煤		

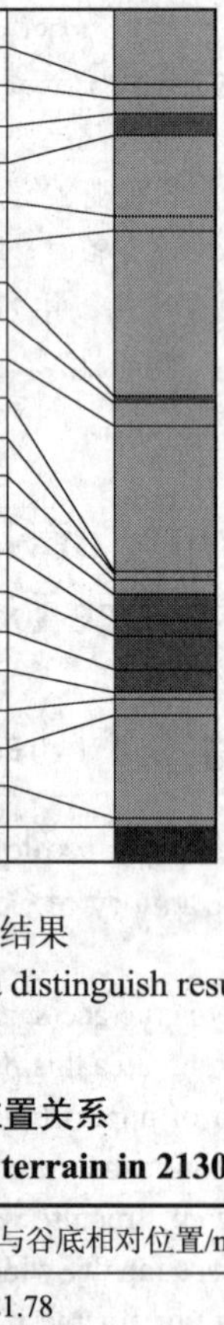

图1 三盘区 65 钻孔柱状及关键层判别结果

Fig.1 65 partial drilling in the third panel and key strata distinguish results

表1 21304 面覆岩主关键层与沟谷谷底位置关系

Table 1 Location relationship between PKS and bottom of gully terrain in 21304 working face

工作面	沟谷序号	沟谷落差/m	主关键层底界面与谷底相对位置/m	主关键层
21304	1	62.8	+21.78	缺失
	2	54.5	+26.80	缺失
	3	53.7	+25.98	缺失

2 覆岩结构完整性对浅埋煤层开采矿压影响的理论分析

从地质学理论地表的地质作用主要形式之一——河流的侵蚀来说，地表的山丘沟谷地带是由于河流的侵蚀主要是机械侵蚀作用的结果。河流侵蚀中河水一方面是侧向侵蚀——以自身动力以及挟带的砂石对河床两侧的谷坡进行破坏（可溶岩地区比较明显），另一方面是河水的下蚀作用——河水向下冲刷切割河床。因此，活鸡兔井田发育的沟谷地貌较多主要是河水下蚀作用的结果。由于侵蚀深度不一，对地表岩层的破坏情况不尽相同，主要与岩层的厚度、岩性、密度等因素有关，但总体来说，沟谷沟深越深，PKS 被侵蚀的可能性越大；反之，则越小。PKS 在沟谷段被侵蚀后缺失是造成浅埋煤层开采矿压异常显现的主要原因[11,12]。

3 覆岩结构完整性对沟谷中浅埋煤层开采工作面矿压影响的模拟研究

为了掌握覆岩结构完整性对沟谷地形下浅埋煤层工作面动载矿压的影响规律,特别是在易于发生动载矿压的沟谷上坡段,在埋深、坡角、沟深一定的情况下,采用数值模拟实验进行研究与分析。

3.1 相似模拟实验设计

实验制定了两个数值模型方案,分别研究不同沟深条件下对工作面采动的矿压影响。二维数值计算模型边界条件采用位移固定边界,其中两侧边界为单向约束,底部边界为双向约束,模型采用摩尔–库仑模型。模型中各岩层岩性、厚度、力学参数参考实验室岩石测试参数(略)。

方案一:模拟沟谷地形中沟深39m(PKS 被完全侵蚀)对浅埋煤层工作面采动的矿压影响。模型如图2所示(此模型为基本模型),模型长350m,高86m,沟谷坡角30°。模型中PKS(厚6.0m)划分为12.0m×6.0m的块体,两层亚关键层(厚度4.0m)块体大小划分为8.0m×4.0m,煤层块体都为4.0m长,高度与煤层高度一致,上煤层直接顶都划分为2.0m×2.0 m 的块体,1^{-2}煤直接顶划分为2.0m×2.5 m 的块体,SKS1 上厚12.0m 的泥岩划分为4.0m×2.0m。开采 $1^{-2上}$煤层和 1^{-2}煤层过程中,每次开挖4m,从左往右依次将 $1^{-2上}$煤层全部采出,工作面进行及时支护,上、下煤层支架控顶距都为4.5m,上煤最大支护强度为0.9MPa,下煤最大支护强度为1.2MPa。

方案二:模拟沟谷地形中沟深21m(PKS 未被侵蚀),其他条件和方案一相同。

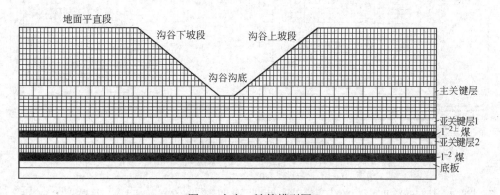

图 2 方案一计算模型图
Fig. 2 Calculation model of scheme one

3.2 模拟结果及分析

由图3可知,$1^{-2上}$和 1^{-2}煤层工作面过沟谷地形期间,在地面平直段、沟谷下坡段和沟谷坡底期间,工作面矿压显现不明显,主要表现在活柱下缩量和地面台阶(PKS 块体的滑落错距反映)都较小,沟深21m(PKS 未被侵蚀),上坡段也如此(见图3a 和图3c、图4a 和图4b)。分析原因是在开采上、下煤层时,工作面上方的 PKS 和 SKS 都形成了稳定的砌体梁结构。但在沟深39m(PKS 被侵蚀)工作面在沟谷上坡段期间,工作面则发生多次动载矿压(见图3b 和图3d、图4a 和图4b)。上煤层开采时,支架活柱下缩最大490mm,最大地面台阶高度量为430mm,裂缝宽度最大50mm。下煤层开采时,支架活柱下缩最大1180mm,最大地面台阶高度量为2100mm,裂缝宽度最大250mm。分析认为:开采 $1^{-2上}$煤层在240m 位置上方 PKS 块体产生滑落失稳,工作面产生了动载矿压显现;当 1^{-2}煤层工作面回采到240m 附近时,垮落的 PKS 破断块体受到二次采动影响,载荷会迅猛向下传递到SKS2,导致SKS2 块体结构失稳,从而使 1^{-2}煤层工作面产生动载矿压。由此得到:$1^{-2上}$煤开采过程中,关键层结构失稳会给 1^{-2}煤层开采带来很大的安全隐患,当 SKS2 与PKS、SKS1 块体的破断位置在垂直方向上基本处于一条断裂线位置时,1^{-2}煤层工作面易产生动载矿压;而当SKS2 与PKS、SKS1 块体的破断位置在垂直方向上没有处于一条断裂线位置时,PKS 破断块体虽然受到二次采动影响,但SKS2 块体形成了稳定的砌体梁结构,1^{-2}煤层工作面矿压显现正常。可归纳为以下结论:

(1)覆岩结构完整时,在沟谷地形下开采浅埋煤层对工作面矿压影响很小。工作面无论首采面还是重复采动工作面,在过沟谷地形期间,由于关键层结构始终保持稳定的结构状态,所以活柱下缩量和地表台阶高度都很小。

(2) 覆岩结构不完整主关键层被侵蚀时，工作缩量和地表台阶高度都很大。主要是主关键层结构受到侵蚀，其受采动的影响，关键层块体被侵蚀而缺少水平应力，稳定性也差。在上、下煤层工作面过沟谷地形上坡段期间关键层块体易滑落失稳而使工作面产生动载矿压。

(3) 1^{-2}煤工作面过沟谷上坡段每次发生动载矿压的位置与$1^{-2上}$煤层工作面在上坡段是否发生动载矿压有很大关系，可以以此作为预测预报的重点，并在以后加以研究。

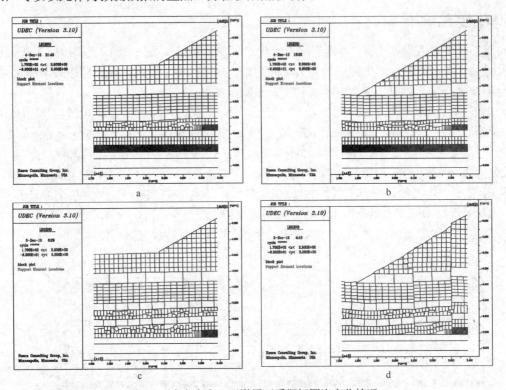

图3 两个方案上、下煤层开采期间围岩变化情况

a—$1^{-2上}$煤层沟深21m 工作面推进到240m；b—$1^{-2上}$煤层沟深39m 工作面推进到240m；
c—1^{-2}煤层沟深21m 工作面推进到240m；d—1^{-2}煤层沟深39m 工作面推进到240m

Fig. 3 The movement of overlying strata during the upper and lower seam mining of two scheme

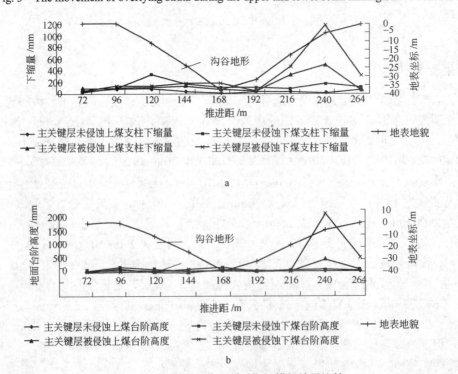

图4 上、下煤层工作面采动期间模拟结果比较

a—上、下煤层工作面采动期间周期来压时活柱下缩量对比；b—上、下煤层工作面采动期间周期来压时地面台阶高度对比

Fig. 4 Comparison of the periodic weighting during the face of upper and lower seam mining on simulation results

4 工程实践验证

活鸡兔矿 21306 面所采 1^{-2} 煤结构简单，一般不含夹矸，顶板岩性以粉砂岩为主。对应地面标高 1170.0~1257m，底板标高 1098.96~1114.51m，工作面长 255.7m，推进长 2699.3m，煤层平均厚 4.75m，设计采高 4.3m，煤层倾角 0°~5°，容重 1.29t/m³。21306 工作面采用北京煤机厂额定工作阻力为 1200kN 的掩护式液压支架（21304 面支架工作阻力为 8638kN）。

该面的 $1^{-2上}$ 煤底板标高为 1131m，1^{-2} 煤为 1105.5m，该面有两个较大的沟谷，其地形特征见表 2 和图 5。

表 2 21306 工作面沟谷特征
Table 3 Characteristic of 21306 working face in different gully terrain area

工作面位置		沟谷沟底标高/m	坡顶标高/m	沟深/m	PKS 是否缺失
21306	1	1202	1238	36	未缺失
	2	1172	1238	66	缺失

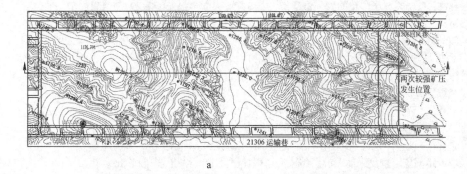

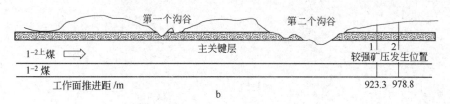

图 5 21306 工作面沟谷地段平、剖面图
a—平面图；b—剖面图
Fig.5 The plane and profile graph of 21306 face under gully

在 21306 工作面采取了以下几点技术措施来防治工作面动载矿压灾害：(1)工作面动载矿压危险区域预测（图 5b 中框定区域）；(2)对重复采动工作面沟谷上坡段的地表台阶和裂缝进行人工注浆加固，强化主关键层结构块体稳定性；(3)进行来压预报和工作面支护质量监测；(4)提高支架工作阻力。

通过对两个沟谷上坡段现场实测统计，得到工作面矿压显现情况(见表 3)。

表 3 覆岩结构不同时矿压显现特征
Table 3 Pressure characteristic of working face in different depth of gully

沟谷上坡覆岩结构	来压步距/m	来压持续长/m	最大工作阻力/kN	增载系数	最大活柱下缩量/m	最大片帮深度/m	最大冒顶高度/m	地面台阶/m
未被侵蚀	6~13.1/10.6	1.6~8.0/3.9	11045	1.52	<0.05	<0.6	<0.6	<1
被侵蚀	6.2~15.6/9.6	1.6~8.0/3.9	11892	1.69	<0.2	<1.2	<2.0	<2.1

由表 3 可知，当沟深从 21m（PKS 未被侵蚀）到 39m（PKS 被侵蚀）时，工作面过两沟谷上坡段工作面支架末阻力增大 7.7%，增载系数增加 17%，而工作面平均来压步距随着覆岩中 PKS 被侵蚀却减小了 1m。

随着覆岩中 PKS 被侵蚀，工作面在上坡面矿压显现增加，但由于采取了防范措施，工作面没有产生动载矿压，活柱下缩量最大达 200mm，来压对工作面没有产生大的影响。

5 结论

（1）通过不同覆岩结构的模拟实验结果得出：沟谷地形下浅埋煤层开采过程中，覆岩中 PKS 被侵蚀，工作面在沟谷上坡段动载矿压显现越强烈；当覆岩中 PKS 没有被侵蚀时，工作面矿压显现一般不明显。

（2）在沟谷地形下浅埋煤层开采过程中，由于地质作用对地表的侵蚀造成覆岩中主关键层可能被侵蚀。当主关键层块体未被侵蚀时，块体结构易形成稳定的砌体梁结构状态，工作面矿压显现不明显。当主关键层块体被侵蚀后，由于临坡面主关键层块体水平力较小不易形成稳定的砌体梁结构状态，导致了主关键层块体结构的滑落失稳，当亚关键层与主关键层块体的破断位置在垂直方向上基本处于一条断裂线位置时，易产生滑落失稳的切顶现象，引发工作面产生动载矿压灾害事故；而当亚关键层与主关键层块体的破断位置在垂直方向上不在同一断裂线位置时，工作面矿压显现正常。

参 考 文 献

[1] 黄庆享. 浅埋煤层矿压特征与浅埋煤层定义[J]. 岩石力学与工程学报, 2002, 21(8): 1174~1177.
[2] 钱鸣高, 石平五, 许家林. 矿山压力与岩层控制[M]. 徐州: 中国矿业大学出版社, 2010: 66~90.
[3] 许家林, 钱鸣高. 覆岩关键层位置的判别方法[J]. 中国矿业大学学报, 2000, 29 (5): 463~467.
[4] 钱鸣高, 缪协兴, 许家林, 等. 岩层控制的关键层理论[M]. 徐州: 中国矿业大学出版社, 2000: 17~18.
[5] 许家林, 吴朋, 朱卫兵. 关键层判别方法的计算机实现[J]. 矿山压力与顶板管理, 2000 (4): 29~31.
[6] 李晓红, 卢义玉, 康永, 等. 岩石力学实验模拟技术[M]. 北京: 科学出版社, 2007.
[7] 钱鸣高, 缪协兴, 何富连. 采场"砌体梁"结构的关键块分析[J]. 煤炭学报, 1994, 19(6): 557~563.
[8] 侯忠杰. 浅埋煤层关键层研究[J]. 煤炭学报, 1999, 24 (4): 359~363.
[9] 许家林, 朱卫兵, 王晓振, 伊茂森. 浅埋煤层覆岩关键层结构分类[J]. 煤炭学报, 2009(7): 865~870.
[10] 汪青仓, 赵永飞. 浅埋深工作面矿压观测[J]. 矿山压力与顶板管理, 2004 (3): 82~84.
[11] 张志强, 许家林, 王晓振, 等. 沟谷地形下浅埋煤层工作面矿压规律研究[J]. 中国煤炭, 2011, 37(6): 55~58.
[12] 朱卫兵, 浅埋近距离煤层重复采动关键层结构失稳机理研究[D]. 徐州: 中国矿业大学, 2010.

浅埋煤层采场矿压研究综述与展望

汪华君[1] 朱恒忠[2,3]

(1. 毕节学院矿业工程学院，贵州毕节 551700；2. 贵州大学矿业学院，贵州贵阳 550025；
3. 贵州省非金属矿产资源综合利用重点实验室，贵州贵阳 550025)

摘 要 为更好地研究浅埋煤层矿压规律与顶板控制，在全面总结矿压理论、技术应用、工程实践的基础上，总结了浅埋煤层采场矿压在关键层理论、顶板结构运动、顶板控制技术等方面的研究成果与现状，分析了研究不足，提出了研究建议，建立了赋存环境分类体系。研究结果表明：(1) "短砌体梁"和"台阶岩梁"结构力学模型以及"关键层理论"为指导浅埋煤层采场顶板控制提供了理论依据。(2)岩土(基岩与松散层)耦合作用机理、松散层动态结构理论、"采煤—保水—保生态—控制地表沉陷" 4 者优化组合管理理论与成套技术体系等问题是需要深入研究的方向。(3)以川、滇、黔为代表的西南浅埋煤层分布区矿压研究利于发展与完善浅埋煤层采场矿压理论体系。

关键词 浅埋煤层 采场矿压 研究现状 研究不足 研究方向

Research Review and Advance on Mining Face Rock Pressure of Shallow Buried Coal Seam

Wang Huajun[1]   Zhu Hengzhong[2,3]

(1. Bijie University College of Mining engineering, Guizhou Bijie 551700, China;
2. Guizhou University of Mining College, Guizhou Guiyang 550025, China;
3. Key laboratory of Guizhou Province for Comprehensive Utilization of Non-metallic
Mineral Resources, Guizhou Guiyang 550025, China)

Abstract In order to research the law of mine pressure and roof control in shallow coal seam, based on a comprehensive summary of mine pressure theory, technology application, engineering practice, summarized research results and status on key layer theory, roof structure movement, roof control technology, analyzed research shortage, proposed research proposals, established occurrence environment classification system. The results show that: (1) "short voussoir beam" and "step beam" structure mechanical model and "key stratum in shallow seam theory" has provided the theory basis for the coal seam roof control shallow guidance. (2) Rock and soil (bedrock and alluvium) coupling mechanism, loose layer dynamic structure theory, management theory and technical system of "coal-water retention-ecology conservation-surface subsidence control"4 optimization portfolio is required study direction. (3) Sichuan, Yunnan, Guizhou, the representative of the Southwest Mountainous shallow buried coal seam mining pressure research is conducive to the development and improvement of shallow coal seam mining pressure theory system.

Keywords shallow buried coal seam, mining face rock pressure, research status, research shortage, research direction

随着国家西部发展战略深入实施，中西部煤炭能源迎来了长久的发展契机。我国中西部赋存有大量埋深在 200m 以内的浅埋煤田，具有代表性的是神府、东胜煤田，探明储量 2236 亿吨，占到了全国的三分之一[1]。浅埋煤田的赋存格局形成了以陕西、内蒙古为代表的西北分布区和以川、滇、黔为代表的西南分布区。西北浅埋煤层的赋存特点为基岩薄、表土层厚，地表地形较为平缓；与西北特点不同，西南赋存地表地形为山区，起伏变化大，且为薄松散层厚基岩。浅埋煤层采场开采动载强烈，同时带来地表沉陷强烈、地表生态破坏、建筑物受损、地下水流失严重等一系列生态环境问题[2~5]。形成的次生灾害不仅严重破坏了生态环境，也为此付出了巨大代价。20 世纪 90 年代以来，专家学者就浅埋煤层矿山压力与岩层控制进行了卓有成效的研究。

基金项目：贵州省科学技术基金项目（黔科合 J 字[2011]2011 号）；贵州省教育厅自然科学基金项目（黔教高发[2011]278 号）。

但是由于浅埋煤层赋存环境种类多样,矿压显现表现出多样性,矿压显现机制与次生灾害致灾因素多变。随着开采强度的不断增加,浅埋煤层采场的岩层控制与次生灾害预防依然面临诸多挑战。浅埋煤层采场的矿山压力与岩层控制依然是重要的科研课题。

1 研究成果

1.1 关键层理论

(1) 丰富和完善了关键层理论,提出了"组合关键层"的概念[6~12]。基于浅埋煤层矿压特点,建立了符合浅埋煤层顶板覆岩运动实际的关键层理论,指出了覆岩整体全厚切落的运动形式,研究了关键层运动作用机制,为深入研究顶板活动规律与采动损害奠定了基础。

(2) 在系统总结大量浅埋煤层现场矿压观测的基础上,划分和研究了浅埋煤层关键层结构类型及破断特征[13]。浅埋煤层关键层结构分类目的在于分析不同关键层结构赋存环境下的矿压显现,从而针对性指导岩层控制、地表塌陷、保水开采等预测防治工作。

(3) 关键层理论由定性向定量发展。浅埋煤层关键层理论提出后,专家学者先后对关键层的岩块回转接触面尺寸、组合关键层的弹性模量、承受载荷和极限跨距等参数[9,10,12,14]进行了研究,为定量化确定关键层破断形式奠定了基础。

1.2 顶板结构运动研究

(1) 建立了浅埋煤层采场基本顶周期来压的"短砌体梁"和"台阶岩梁"结构模型[15]。基于顶板结构运动特征,指出滑落失稳是采场矿压强烈和顶板台阶下沉的内在致因,支架处于"给定失稳载荷"状态[16]。该成果对顶板运动结构进行了定性,同时也为支架选型与顶板控制提供了参考依据。

(2) 形成了不同赋存条件下的顶板结构运动模型。单一关键层下顶板运动的"承压砌块"模型[17]、考虑关键层与表土层耦合基础上的"拱"模型[18]、厚砂土层下的"拱梁"和"弧拱岩柱"[19]模型,这些顶板结构模型的建立在一定程度上推进了顶板结构运动机理研究。

(3) 研究了浅埋煤层采场矿压显现的基本规律及影响因素。依据采场实测,发现了基本顶初次破断的非对称现象[20];运动数值模拟及相似材料模拟试验,得出基本顶"离层—断裂—垮落"的顺序,并指出了初次冒落破坏状态为拱形,周期冒落为拱形与全厚切落交替发生的基本顶破断形态[21]。松散层厚度、顶板基岩厚度、支架工作阻力、采高及推进度[22]是影响矿压显现的重要因素。

1.3 顶板运动控制研究

(1) 膏体充填技术。基于浅埋煤层采场矿压显现强烈、地表大面积塌陷的特点,利用煤壁和充填体的不间断接力支护,缩小顶板运动空间,限制顶板变形。不仅减缓了矿压显现,也可控制地表沉降。对再利用矸石、保护地表生态环境也具有重要意义。

(2) 合理控制采高和掌握推进速度、实现分层开采。大量实践表明采高是影响顶板运动的重要因素之一。针对浅埋煤层而言,合理采高可以减缓顶板变形程度,改变关键层结构运动状态,从而可以直接有效减轻矿压显现。

(3) 确定支架合理工作阻力,匹配"支架—围岩"作用关系。根据矿压显现基本规律及顶板赋存情况判断关键层结构类型及性质、确定顶板的初次来压步距和周期来压步距,确定支架合理的工作阻力是当前控制浅埋煤层顶板的主要措施。

(4) 地面钻孔爆破强制放顶技术[23]。该技术主要用于坚硬顶板。坚硬顶板通常来压猛烈、顶板来压速度快、来压强度大、冲击性强等特点。采用地面钻孔爆破强制放顶,有效减缓顶板来压强度及速度问题。

(5) 关键区域加强支护技术[24,25]。已有研究表明浅埋煤层初次来压的顶板控制关键区域在采场中部,根据顶板空间结构动态的不平衡,对关键区域进行加强支护,可有效控制顶板下沉。

2 研究成果总体评述

主要成果体现如下:

(1) 浅埋煤层矿压理论体系是随薄基岩厚松散层浅埋煤层采场顶板灾害机理及控制的课题应运而生的。在传统矿压与岩层控制理论的基础上，形成了一套适合浅埋煤层采场矿压及岩层控制的理论体系。该理论体系涵盖了顶板结构与力学模型、关键层到覆岩活动及控制各方面，为有效指导浅埋煤层采场安全高效开采提供了理论基础和技术支撑。

(2) 建立了以顶板结构及力学作用机理为核心的顶板控制理论框架，将顶板控制从定性分析发展到定量化分析，为采场支撑体系优选及设施配套研究提供了参考。

(3) 在"砌体梁"及"关键层"理论基础上，创造性地提出了符合浅埋煤层实际的"短砌体梁"和"台阶岩梁"理论以及"组合关键层"理论。

3 亟需解决主要问题

(1) 尚未将岩土(覆岩与松散层)作为时空体系进行耦合作用机理的研究。浅埋煤层动载明显源于关键层的台阶式下沉。关键层运动直接影响着上覆岩层和松散层的运移。考虑关键层的情况下，浅埋煤层采场矿压显现与上覆厚松散层息息相关。厚松散层直接作为不等非均匀载荷作用于关键层之上，影响着关键层的运动特征及采场矿压显现。因此，应在研究覆岩运动特征的同时，研究覆岩与厚松散层相互作用机理具有重要意义。

(2) "采煤—保水—保生态—控制地表沉陷"4者优化结合的管理理论和成套技术体系尚未建立和形成。浅埋煤层西北区以陕西、山西为主，该地区属于干旱半干旱气候区，降水量少，生态环境脆弱。该地区煤层厚、埋深浅，大采高条件下的控水、保地质环境、保生态系统的压力非常大。当前浅埋煤层开采已经造成了严重的生态破坏。地表沉陷严重、建筑物受损、植被破坏严重等一系列问题提醒我们实施煤矿绿色开采技术尤为必要。因此，如何形成一套适用于浅埋煤层的绿色开采技术体系？如何解决采煤、控水、保生态、控制地表沉陷4者之间的矛盾与冲突？值得我们深思。

(3) 尚未形成一套完整有效的浅埋煤层顶板控制与地表沉陷预测与防治技术体系。浅埋煤层开采引起的剧烈地表沉陷依然没有得到很好解决。地表沉陷剧烈主要是关键层台阶式下沉、顶板滑落失稳、顶板运移空间大所致。传统的控制采高、提高支架工作阻力、加强支护等措施是从减缓采场矿压显现的角度出发，忽略了采空后对覆岩运动及松散层沉陷的次生灾害影响。研究既能减缓矿压显现，又能控制地表沉陷的成套技术体系的现实意义重大。

(4) 尚未建立浅埋煤层赋存环境分类体系。浅埋煤层矿压显现之所以与普通采场显著差异，源于采场赋存环境的不同。不同覆岩结构、不同岩层岩性、不同岩土比例，造成的采场矿压显现肯定不同。建立赋存环境分类体系，研究不同赋存环境下的采场矿压更有助于丰富与发展浅埋煤层矿压理论。当前西北浅埋煤层分布区进行了大量研究，而以川、滇、黔为主的西南浅埋煤层分布区研究较少。

(5) 缺乏对松散层动态结构理论、不同基载比下的矿压理论研究。关键层运动不仅影响松散层的运移，同时也受控于松散层运动影响。松散层运动不仅影响地下采场的矿压显现，而且影响着地表沉陷、裂缝发育。可见松散层与关键层扮演着"承上启下"的重要角色。通过各种手段研究松散层动态结构理论尤为重要。当前对薄基岩厚松散层该类赋存环境下的采场矿压进行了大量研究。然而西南浅埋煤层分布区属于厚基岩薄松散层的赋存环境，对该情况下的研究还较少。因此研究不同基载比下的矿压显现更具丰富性与全面性。

(6) 研究方法单一传统，缺乏大型相似材料物理再现实境模拟。目前我们过分依赖数值模拟、相似试验模拟。上述两种模拟方法因人为设定参数的因素与现实环境相差较大。缺乏从多种矿压孕育因素、多场耦合和多种验证手段等方面开展综合研究。

4 研究建议与展望

从现有研究成果看，对浅埋煤层采场矿压的研究主要有以下三个方面：一是通过大量现场测试对矿压显现特征、顶板运动特征进行了定性解释；二是利用数学、力学等工具对覆岩层运移机制进行了定量化研究；三是通过数值模拟、相似材料模拟等方法对物理模型进行了仿真模拟研究。

针对主要问题和研究现状，提出以下研究方向与建议：

(1) 加强浅埋煤层绿色开采体系成套技术的研发。我国浅埋煤层矿区普遍存在采煤、保水、生态环保、地表沉陷4者间的矛盾与冲突。实现保水开采、控制地表沉陷、充分利用矸石、优化采煤工艺、研发相关成套设备与工艺是解决上述问题的有效方法与具体途径。将浅埋煤层采场矿压显现场、覆岩运动场、裂隙发育场、地表沉陷场作为一个时空体系，研究各场变特征及各场相互作用关系，从中研发相关核心技术。

(2) 建立浅埋煤层赋存环境分类体系，为研究不同赋存环境下的采场矿压与控制提供分类指导。经查阅大量文献[13,26]，笔者就浅埋煤层赋存环境建立了分类体系。其中按地表起伏分为3类8种；按覆岩空间分布及组合分为5类；按关键层结构分为单一采动和重复采动两种情况，其中按单一采动分为2类4种，按重复采动分为3类4种，如图1所示。

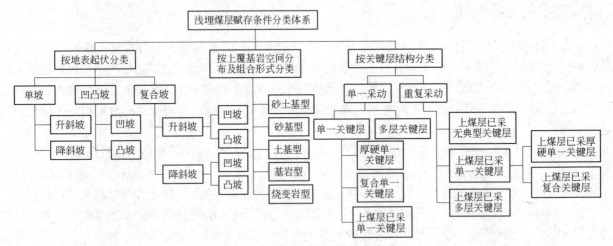

图1　浅埋煤层赋存环境分类体系
Fig. 1　Shallow buried coal seam occurrence environment classification system

(3) 建立浅埋煤层充填理论与充填技术体系，研发相关配套充填设备、充填材料、充填工艺。实践证明：充填开采缩小采掘空间，限制了覆岩运移。浅埋煤层顶板台阶式下沉是造成动压明显、地表沉陷严重的主要因素。如何在架后顶板切落前选择合理时机、监测顶板台阶下沉的高精度定位是进行充填的首要前提。

(4) 研发采场变形、含水层裂隙发育、地表沉陷监测等功能为一体的监测预警技术体系。研究顶板台阶下沉的具体监测参数是控制台阶式下沉的基础。研发高新技术实现监测系统的全方位覆盖，实现采煤、保水、保生态于一体将成为可能。

5　结论

(1) 经过长期大量关于浅埋煤层矿压的现场观测与研究，掌握了浅埋煤层顶板的运动特征、矿压显现规律，成熟运用了浅埋煤层"短砌体梁"和"组合关键层"理论，定量定性分析了浅埋煤层矿压显现特点。关键层和厚松散层充当"承上启下"的角色，对顶板运动、地表沉陷有重要影响。

(2) 浅埋煤层采场矿压规律研究处在理论应用阶段，同时又有新的理论观点不断出现。岩土耦合作用机理、"采煤—保水—保生态—控制地表沉陷"4者优化组合的管理理论与成套技术体系、顶板控制与地表沉陷预测防治技术体系、松散层动态结构理论、西南浅埋煤层分布区矿压显现规律研究是今后需要深入研究的方向。

参考文献

[1] 钱鸣高, 石平五. 矿山压力与岩层控制[M].徐州:中国矿业大学出版社, 2003.
Qian M G, Shi P W. Mining Pressure and Strata Control [M]. Xuzhou: China University of Mining and Technology Press, 2003.

[2] 黄庆享.浅埋煤层覆岩隔水性与保水开采分类[J]. 岩石力学与工程学报, 2010, 29(2): 3623~3627.
Huang Q X. Impermeability of Overburden Rock and Water Preserving Mining Classification about Shallow Buried Coal Seam [J]. Journal of Rock Mechanics and Engineering, 2010, 29(2): 3623~3627.

[3] 管俊才, 鞠金峰. 元堡煤矿浅埋特厚煤层开采地表沉陷规律研究[J]. 中国煤炭, 2013, 39(5):37~40.
Guan J C, Ju J F. Shallow Buried Extra Thick Coal Seam Mining Subsidence Regularity of Yuan Bao Mine[J]. China Coal, 2013,

[4] 王双明, 黄庆享, 范立民, 杨泽元, 申涛. 生态脆弱矿区含(隔)水层特征及保水开采分区研究[J].煤炭学报, 2010, 35(1): 7~14.
Wang S M, Huang Q X, Fan L M, Yang Z Y, Shen T.Ecological Fragile Mining Area Containing (Aquiclude) Water Features and Water Preserving Mining Division Research[J].Journal of Coal Science&Engineering, 2010, 35(1):7~14.

[5] 李文平, 叶贵钧, 张莱, 等. 陕北榆神府矿区保水采煤工程地质条件研究[J]. 煤炭学报, 2000, 25(5):449~454.
Li W P, Ye G J, Zhang L, et al. Study on Water Conservation Mining Engineering Geological Conditions in Yushenfu Mining Area[J]. Journal of Coal Science & Engineering, 2000, 25(5):449~454.

[6] 侯忠杰. 浅埋煤层关键层研究[J].煤炭学报, 1999, 24(4):359~363.
Hou Z J. Study on Key Stratum in Shallow Buried Seam[J]. Journal of Coal Science & Engineering, 1999, 24(4): 359~363.

[7] 黄庆享. 浅埋煤层长壁开采顶板控制研究[D]. 西安:西安矿业学院, 1999.
Huang Q X.The Shallow Seam Longwall Face Roof Control [D]. Xi'an: Xi'an Institute of Mining, 1999.

[8] 侯忠杰, 吕军. 浅埋煤层中的关键层组探讨[J]. 西安科技学院学报, 2000, 20(1):5~8.
Hou Z J, Lü J. Shallow Buried Coal Seam of Key Stratum in Group Discussion[J]. Journal of Xi'an Institute of Technology, 2000, 20(1): 5~8.

[9] 侯忠杰. 地表厚松散层浅埋煤层组合关键层的稳定性分析[J]. 煤炭学报, 2000, 25 (2):127~131.
Hou Z J. Stability Analysis of combinatorial key strata of Shallow Buried Coal Seam with Thick Loose Bed[J]. Journal of Coal Science & Engineering, 2000, 25 (2):127~131.

[10] 谢胜华, 侯忠杰. 浅埋煤层组合关键层失稳临界突变分析[J]. 矿山压力与顶板管理, 2002, 59(1): 67~72.
Xie S H, Hou Z J. Critical Instability Mutation Analysis of Combinatorial Key Strata in Shallow Buried Coal Seam[J].Ground Pressure and Strata Control, 2002, 59(1):67~72.

[11] 谢胜华, 侯忠杰.突变理论在浅埋煤层组合关键层中的应用[J]. 力学与实践, 2002, 24:42~44.
Xie S H, Hou Z J. Application of Catastrophe Theory to Combinatorial Key Strata in Shallow Buried Coal Seam[J].Mechanics and Practice, 2002, 24: 42~44.

[12] 李凤仪, 王继仁, 刘钦德. 薄基岩梯度复合板模型与单一关键层解算[J]. 辽宁工程技术大学学报, 2006, 25(4):524~526.
Li F Y, Wang J R, Liu Q D. Thin Bedrock Gradient Composite Plate and Single Key Layer Solution[J]. Journal of Liaoning Technical University, 2006, 25(4): 524~526.

[13] 许家林, 朱卫兵, 王晓振, 等. 浅埋煤层覆岩关键层结构分类[J]. 煤炭学报, 2009, 34 (7): 865~870.
Xu J L, Zhu W B, Wang X Z, et al. Shallow Buried Coal Seam key stratum structure classification[J]. Journal of Coal Science & Engineering, 2009, 34 (7): 865~870.

[14] 侯忠杰.组合关键层理论的应用研究及其参数确定[J]. 煤炭学报, 2001, 26(6):611~615.
Hou Z J. Application of Combinatorial Key Stratum Theory and Parameters Determine[J].Journal of Coal Science& Engineering, 2001, 26(6): 611~615.

[15] 黄庆享, 钱鸣高, 石平五. 浅埋煤层采场基本顶周期来压的结构分析[J]. 煤炭学报, 1999, 24(6): 581~585.
Huang Q X, Qian M G, Shi P W. Structure Analysis of Basic Roof Periodic Pressure of Shallow Buried Coal Seam[J].Journal of Coal Science & Engineering, 1999, 24(6):581~585.

[16] 黄庆享. 浅埋煤层长壁开采顶板结构理论与支护阻力确定[J]. 矿山压力与顶板管理, 2002 (1):70~72.
Huang Q X. Theory of Mining Roof Structure and Support Resistance in Shallow Seam Longwall Mining[J]. Ground Pressure and Strata Control, 2002(1): 70~72.

[17] 李凤仪, 梁冰, 董尹庚. 浅埋煤层工作面顶板活动及其控制[J]. 矿山压力与顶板管理, 2005, 7(4):78~81.
Li F Y, Liang B, Dong Y G.. Roof Movement and Its Control in Shallow Buried Coal Seam Mining Working Face[J]. Ground Pressure and Strata Control, 2005, 7(4):78~81.

[18] 董爱菊, 张沛, 杨化娥, 杨渭清. 浅埋煤层厚沙土层采动卸荷破坏的"拱"状数学模型[J]. 河南师范大学学报(自然科学版), 2007. 35(1): 183~185.
Dong A J, Zhang P, Yang H E, Yang W Q. Thick Sand Stratum Mining Unloading Failure "Arch" Shaped Mathematical Model in Shallow Buried Coal Seam[J].Journal of Henan Normal University(Natural Science Edition) , 2007. 35(1):183~185.

[19] 黄庆享, 张沛, 董爱菊. 浅埋煤层地表厚砂土层"拱梁"结构模型研究[J]. 岩土力学, 2009, 30(9): 2722~2726.
Huang Q X, Zhang P, Dong A J. Research on Surface Thick Sandy Soil Layer "Arch" Structure Model of Shallow Buried Coal Seam[J]. Rock and Soil Mechanics, 2009, 30(9): 2722~2726.

[20] 黄庆享, 祈万涛, 杨春林. 采场基本顶初次破断机理与破断形态分析[J].西安矿业学院学报, 1999, 19(3): 193~197.
Huang Q X, Qi W T, Yang C L. Basic Roof Initial Rupture Mechanism and Fracture Morphology Analysis[J]. Journal of Xi'an Institute of Mining, 1999, 19(3): 193~197.

[21] 朱庆华, 王继承, 马占国. 浅埋煤层厚硬顶板破断与冒落的数值模拟[J]. 矿山压力与顶板管理, 2004, 17(3): 17~19.
Zhu Q H, Wang J C, Ma Z G. Numerical Simulation of Thick and Hard Roof Breakage and Collapse of Shallow Buried Coal Seam[J]. Ground Pressure and Strata Control, 2004, 17(3):17~19.

[22] 吕军, 侯忠杰. 影响浅埋煤层矿压显现的因素[J]. 矿山压力与顶板管理, 2000, 39(2):39~43.
Lv J, Hou Z J. Effect Factors of Shallow Buried Coal Seam Pressure Behavior[J]. Ground Pressure and Strata Control, 2000, 39(2):39~43.

[23] 张杰, 侯忠杰. 厚土层浅埋煤层覆岩运动破坏规律研究[J].采矿与安全工程学报, 2007, 24(1):56~59.
Zhang J, Hou Z J. Thick Shallow Buried Coal Seam Overburden Motion Failure Law[J].Journal of Mining & Safety Engineering, 2007, 24(1):56~59.

[24] 杨治林. 浅埋煤层长壁开采顶板结构稳定性分析[J]. 矿山压力与顶板管理, 2005 (2):07~09.
Yang Z L. Shallow Buried Coal Seam Longwall Roof Structure Stability Analysis[J].Ground Pressure and Strata Control, 2005 (2):07~09.

[25] 李正昌.浅埋综采面矿压显现及其控制[J]. 矿山压力与顶板管理,2001,26(1):26~27.
Li Z C. Pressure Behavior and Control of Shallow Longwall Mining Face[J].Ground Pressure and Strata Control, 2001, 26(1):26~27.

[26] 朱卫兵. 浅埋近距离煤层重复采动关键层结构失稳机理研究[D].徐州:中国矿业大学,2010.
Zhu W B.Shallow Close Distance Coal Repeated Mining Key Stratum Instability Mechanism Research[D]. Xuzhou: China University of Mining and Technology, 2010.

深部岩层渐进破断机理及塑性铰理论研究

左建平[1,2]　魏　旭[1]　杨胜利[2,3]　王春来[2,3]　李　杨[2,3]　苏海成[1]

（1. 中国矿业大学(北京)力学与建筑工程学院，北京　100083；
2. 中国矿业大学煤炭资源与安全开采国家重点实验室，北京　100083；
3. 中国矿业大学(北京)资源与安全工程学院，北京　100083）

摘　要　深部矿井岩层破坏出现了与浅部岩层不同的破坏特征，通过深孔多点位移计的监测揭示了顶板渐进破坏机理，该渐进破坏导致深部岩层破断过程局部形成亚结构模型，并且由于深部高围压应力作用会在岩块之间形成类塑性铰连接，由此建立了深部岩类塑性铰的力学模型，并分析了深部岩层破断过程，以期对深部煤炭开采提供指导。

关键词　深部岩层　岩层移动　渐进破断　塑性铰

1　引言

随着煤层被大面积采掘后，工作面顶板岩层在其自重、上覆岩层的作用及采动的综合作用下将导致离层、弯曲下沉和周期性破断、冒落，顶板的这种周期性运动是造成工作面周期来压等矿压显现的主要原因。长期以来，国内外很多学者一直在寻求合理描述采场上覆岩层可能形成的结构，因为它直接涉及到诸如采场事故形成的原因、顶板压力的来源、采场支护设计及各项参数的确定等采场岩层控制的基本问题。

针对上述问题的研究人员提出了各种采场矿山压力的假说，每种假说都以不同方式回答了一定条件下上覆岩层结构的形式问题。从早在1916年Stoke提出的悬臂梁假说，到20世纪50年代的铰接岩块假说和预成裂隙假说，近30年得到发展的砌体梁、传递岩梁和关键层理论，使得人们对岩层的破断和移动规律有了更深层次的认识[1~5]。但目前这些对顶板岩层运动和矿压规律的描述主要是建立在弹性基础梁(板)基础上的[6]，这在我国浅部开采工程中起到了非常重要的作用。但随着浅部资源开采的逐渐枯竭，我们的煤炭开采正在或者说很多煤矿已经进入了深部开采，与矿山压力相关的重大灾害逐渐增多，诸如顶板来压剧烈、巷道持续大变形、底鼓严重等，很多煤岩体表现出塑性变形破坏特征，因此有必要重新认识矿山压力的计算模型和事故发生的机理，推动采场上覆岩层结构理论的进一步发展。事实上，有关岩块(或岩体)力学表明：随着围压的增加，岩石的力学性质有由脆性逐渐向延性转变的趋势，并且通常而言围压越大，峰值强度越大，并且所承受的应变也较大。例如，Paterson(1958)在伺服控制试验机上研究了Wombegan大理岩不同围压下破坏的情形，发现当围压增大到一个脆-延转变临界围压值时，岩石将发生脆性到延性的转变[7]。Mogi(1966)发表过类似的实验结果，并指出脆-延转化通常与岩石强度有关。在深部高应力和高温环境作用下，岩石具有强的时间效应，表现为明显的流变或蠕变特性[8]。Malan对南非深部开采的研究表明深部环境下即便是硬岩同样也能产生明显的时间效应[9, 10]。有关岩石的力学行为可以从几本经典的岩石力学书中找到详细的评述[11~14]。总之，在深部环境地质环境下，不管岩石，还是岩层的破断都表现出渐进破坏的特点，并且随着围压的升高表现出一定的塑性或者延性特性。本文在对一些深部采矿工程做了细致的现场调研之后，提出了深部裂隙覆岩移动破坏过程可能存在的一种"塑性铰"概念，并对其形成的机理以及其对覆岩结构的影响进行了探讨和分析。

2　深部岩层渐进破断机理

为了获得深部岩层移动的基本规律，选择某典型工作面进行了监测，该回采工作面走向长1372m，倾向

基金项目：国家自然基金项目(51374215、11102225)，国家重点基础研究发展计划(973)项目(2010CB732002)，山东省矿山灾害预防控制国家重点实验室培育基地(山东科技大学)开放基金(MDPC2012KF03)和霍英东教育基金会第十四届高等院校青年教师基金应用课题(142018)联合资助。

作者简介：左建平(1978—)，男，博士，教授，主要从事裂隙煤岩体的宏细观破坏及本构理论研究。E-mail: zjp@cumtb.edu.cn

长 238.5m，煤层最大埋深约 550m，煤层平均倾角约为 6°，直接顶为 3m 左右的泥岩，老顶为砂岩。在运输巷道顶板内打 20m 深钻孔，布置深基点多点位移计，孔内每隔 2m 布置一个测点，共布置 10 个测点。图 1 是随着工作面推进过程中典型的监测结果。可以看出，随着工作面的推进，顶板岩层的沉降在周期性的上下波动，这意味着监测孔顶板在上下移动变形，主要原因在回采导致采空区的顶板周期性的破断，而非采空区顶板岩层及部分采空区的顶板构成一悬臂梁，由于采空区顶板的周期性的垮落，导致悬臂梁受力会变化，因此，监测点的位移会出现周期性的上下位移。而采空区顶板周期性的破断过程，导致了非采空区岩层承受了一个周期性的荷载，这个荷载将导致非采空顶板渐进损伤并最终破坏。由于岩层处于深部，非采空区顶板岩层变形受到高围压的约束，因此从图中可以看出，上下位移的幅度不大。看来，深部环境有可能使得顶板岩层产生了大的塑性变形，并且在特定情况下有可能形成一个关键塑性铰。下面我们就对此进行理论分析。

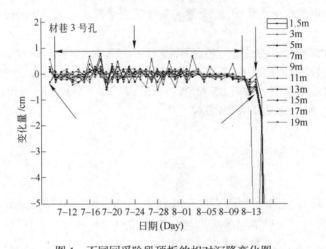

图 1 不同回采阶段顶板的相对沉降变化图
Fig.1 The relative subsidence change of roof rock strata at different back mining stage

关于在顺槽顶板布置多点位移计，其监测结果如图 1 中所示与工作面初次来压和周期来压不能够很好吻合。根据经验，工作面推进过程中，基本顶的初次来压和周期来压，不会对 100m 之外的巷道顶板岩层有位移的影响，如果有位移可能是由于巷道围岩变形引起，而且这种变化一般不会出现正负方向的变化。以上意见仅为个人理解，请参考。

3 深部岩层破断局部亚结构模型

为了简便起见，我们研究平面问题，并且假设岩层是横观各向同性材料，而单个岩层则可近似视为各向同性材料。假设在深部埋深 H 的地层中有一组厚度为 h_m 的煤层，该煤层一次采全高，并且工作面倾向长为 L。煤层刚开挖后，上覆岩层将由直接顶来支撑，多数采矿条件下的直接顶是泥岩或者砂泥岩成，并且厚度小，抗拉强度较低，岩石的拉压比非常低，加上岩石脆性，这导致直接顶很容易破断垮落。这个过程持续时间很短，即直接顶几乎随采随冒。因此，基本顶是主要承载体。建立如图 2 所示示意图来近似描述深部岩层。

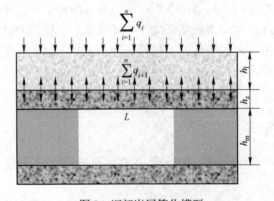

图 2 深部岩层简化模型
Fig.2 Simplified model of deep rock strata

随着开采深度不断增加,在浅部表现为普通坚硬的岩石,在深部也可能表现出软岩的特征[15]。因此在深部开采时,原本处于静水应力作用下处于平衡状态的岩层,由于局部煤层的开挖导致了岩层的竖向方向卸荷,这种平衡状态将被打破。随着工作面的推进,覆岩中某些部位的受力越来越大,局部区域范围内开始产生不断扩展的裂纹,特别是岩层之间会产生离层,而原本存在的裂隙也将可能不断地向前扩展。这些裂隙可能是由于支承压力作用而形成的,它可能是平行于正应力的张开裂隙,也可能是与正应力成一定角度的剪切裂隙[4]。大量的工程和实践都表明,裂隙几乎都是曲折扩展,并且具有分形特性[16]。当开采到一定位置后,比较大的裂隙将覆岩分割若干块体,但由于它们处于深部环境,并且裂纹总是曲折的,因此这些块体在一定程度上相互咬合,即覆岩发生破断的部位不再是整齐的接近于平滑的切断面,它将形成在一定范围内交错咬合在一起的"破断岩体"。

"破断岩体"咬合在一起的部分岩块仍各自和两端的覆岩块连接在一起,在深部高应力作用下,破断岩块之间并不是简单的铰接关系,而是相互在一定程度上的咬合关系。我们将由能够向两端岩块传递水平力的一对咬合岩块所形成的结构定义为亚结构,如图3所示。随着工作面回采不断推进,岩块之间将发生相对的转动和移动,咬合的岩块之间将发生相对的水平及竖向错动,从而在亚结构上将产生一个由摩擦力及咬合力形成的水平力 F,破断范围内所有的亚结构上的水平(分)力 F_i 组合在一起的合力即为咬合部位的水平力 F_H。

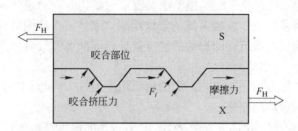

图3 上岩层(S)和下岩层(X)所构成的亚结构及相互作用受力示意图
Fig.3 Sub-structure and Interaction force between upper (S) and lower stratum (X)

正是由于深部条件下 F_H 及局部相互咬合亚结构的存在,使得深部岩块可发生像类似于结构铰的转动,但同时又受到力矩的约束作用。这种变形和受力性质类似于混凝土结构中的"塑性铰"[17],即由于弯曲应力的作用使钢筋混凝土梁横截面上绝大部分材料进入塑性工作状态,若继续增加微小的同向弯矩时,该截面绕中性轴将发生转动的现象。但深部破断岩层与真正意义上的"塑性铰"只是在受力和变形情况上相类似,而二者产生的机理存在明显区别,即深部破断岩层的塑性铰主要是由于深部高围压及破断岩体自身的特性所造成的;而结构塑性铰却是由于弯曲应力过大导致了结构进入塑性区所形成的。

4 深部岩层破断"类塑性铰"力学模型

基于"类塑性铰"的受力及变形性质,我们可以用一个铰和一对作用于铰两端的力偶所组成的模型来表示"类塑性铰"的作用,以便于对其力学性质及对于结构所产生的影响进行进一步的研究。岩块A、B在发生相对转角减小的相对运动时所形成的"类塑性铰"的受力模型(图4),同理我们也可以得到相对转角增大时的模型。

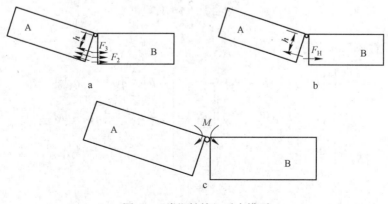

图4 "类塑性铰"受力模型

图 4a 中 F_i 为亚结构 i 处由摩擦力和咬合挤压力所形成的水平力，h_i 为水平力 F_i 到转动铰点的距离；图 4b 中 F_H 为断面处所有亚结构水平力的合力，h 为 F_H 到转动铰点的距离；图 4c 中水平力 F_H 对铰点取距所形成的力偶 M，即"类塑性铰"所提供的力偶由分别作用于铰左右的 $M_左$ 和 $M_右$ 组成。

$$F_H = \sum F_i \tag{1}$$

$$M = F_H \times h = \sum F_i \times h_i \tag{2}$$

5 深部岩层破断"类塑性铰"的力学分析

在浅部煤炭开采时，多数研究都将岩块之间的连接直接简化成铰接[1,2]，这种受力在浅部分析是有效的。随着煤矿开采深度增加，即围压会随着深度增加而增大，因此深部岩体破断后之间还存在相互咬合力，咬合处会存在一个弯矩。因此研究深部采矿问题时，我们需要在覆岩结构经典理论[6]的基础上加入"类塑性铰"的影响，即将原理论模型中简单的铰接连接替换为与实际受力情况更接近的"类塑性铰"连接，进而利用结构力学等方法对改进的模型进行分析。

根据"砌体梁"理论我们知道在整个结构模型中关键块对结构的受力及运动起到最为重要的作用[7]，并且为了更加便于进行整体分析我们取 3 块较关键的岩块组成"砌体梁"结构理论的全结构力学模型[6](图 3)。由于实际测得的周期来压步距比较接近，即岩块的长度接近，因此可假设各个断裂岩块长度均为 l；假定岩块 C 已经恢复到了水平位置。

应用"砌体梁"理论及结构力学知识可知，此结构自由度为 0，即此结构模型为静定结构。从左到右分别取 3 个铰接点的右边部分对铰取距平衡。

其中：l 为岩块的长度；h' 为岩块高度 h 的 2/3；W_i 为岩块的最大下沉值；R_i 为各岩块可压缩性支杆中的反力；P 为岩块 A 上的荷载加自重；T 为水平推力。

(1) 当不考虑"类塑性铰"作用时：

$$\begin{bmatrix} \frac{3}{2}l & \frac{5}{2}l & h'-W_3 \\ \frac{1}{2}l & \frac{3}{2}l & W_1-W_3 \\ 0 & \frac{1}{2}l & 0 \end{bmatrix} \begin{bmatrix} R'_2 \\ R'_3 \\ T' \end{bmatrix} = \begin{bmatrix} \frac{P}{2}l + \frac{3}{2}q_2l^2 + \frac{5}{2}q_3l^2 \\ \frac{1}{2}q_2l^2 + \frac{3}{2}q_3l^2 \\ \frac{1}{2}q_3l^2 \end{bmatrix} \tag{3}$$

由矩阵(3)可以解得：

$$T' = \frac{Pl}{2(h' + 2W_3 - 3W_1)} \tag{4}$$

$$R'_3 = q_3 l \tag{5}$$

$$R'_2 = q_2 l \frac{2}{l} T'(W_3 - W_1) \tag{6}$$

$$R'_1 = P \frac{2}{l} T'(W_3 - W_1) \tag{7}$$

(2) 当考虑"类塑性铰"作用时：

$$\begin{bmatrix} \frac{3}{2}l & \frac{5}{2}l & (h'-W_3) \\ \frac{1}{2}l & \frac{3}{2}l & (W_1-W_3) \\ 0 & \frac{1}{2}l & 0 \end{bmatrix} \begin{bmatrix} R_2 \\ R_3 \\ T \end{bmatrix} = \begin{bmatrix} \frac{P}{2}l + \frac{3}{2}q_2l^2 + \frac{5}{2}q_3l^2 - M_1 \\ \frac{1}{2}q_2l^2 + \frac{3}{2}q_3l^2 - M_{2右} \\ \frac{1}{2}q_3l^2 - M_{3右} \end{bmatrix} \tag{8}$$

由矩阵(8)解得：

$$T = T' = \frac{4M_{3\text{右}}}{h' + 2W_3 - 3W_1} \tag{9}$$

$$R_3 = q_3 l + \frac{6}{l} M_{3\text{右}} = R_3' + \frac{6}{l} M_{3\text{右}} \tag{10}$$

$$R_2 = q_2 l + \frac{2}{l} T'(W_3 - W_1) + \frac{2}{l} M_{3\text{右}} \left(\frac{3h' + 2W_3 - 5W_1}{h' + 2W_3 - 3W_1} \right)$$
$$= R_2' + \frac{2}{l} M_{3\text{右}} \left(\frac{3h' + 2W_3 - 5W_1}{h' + 2W_3 - 3W_1} \right) \tag{11}$$

$$R_1 = P - \frac{2}{l} T'(W_3 - W_1) - \frac{6}{l} M_{3\text{右}} - \frac{2}{l} M_{3\text{右}} \left(\frac{3h' + 2W_3 - 5W_1}{h' + 2W_3 - 3W_1} \right)$$
$$= R_1' - \left[\frac{6}{l} M_{3\text{右}} + \frac{2}{l} M_{3\text{右}} \left(\frac{3h' + 2W_3 - 5W_1}{h' + 2W_3 - 3W_1} \right) \right] \tag{12}$$

根据前面得到的数据和结果，可以进行如下分析：

因为由"砌体梁"理论可知结构在水平方向是传递力的，即水平力 T' 存在，所以：

$$T' = \frac{Pl}{2(h' + 2W_3 - 3W_1)} \quad \text{且} \ Pl > 0$$

所以可知：

$$2(h' + 2W_3 - 3W_1) > 0$$

因为：

$$T = T' = \frac{4M_{3\text{右}}}{h' + 2W_3 - 3W_1} \quad \text{且} \ 4M_{3\text{右}} > 0$$

所以：

$$\frac{4M_{3\text{右}}}{h' + 2W_3 - 3W_1} > 0$$

因此有 $T < T'$，即："类塑性铰"的存在使得水平力减小。

同理，可知：

$$R_3 = q_3 l + \frac{6}{l} M_{3\text{右}} = R_3' + \frac{6}{l} M_{3\text{右}} > R_3'$$

即："类塑性铰"的存在使得已恢复水平位置的 C 岩块所受支反力增大。

根据前人对于覆岩结构运动所得到的检测数据和与此相关的分析研究[6]，我们可以知道，当最下层关键层厚度 h 相对于采高较大时能够满足 $(3h' + 2W_3 - 5W_1) > 0$。由开采经验以及关键层的概念[7]可知这种条件多数的开采工作面均可以满足。所以：

$$R_2 = q_2 l + \frac{2}{l} T'(W_3 - W_1) + \frac{2}{l} M_{3\text{右}} \left(\frac{3h' + 2W_3 - 5W_1}{h' + 2W_3 - 3W_1} \right)$$
$$= R_2' + \frac{2}{l} M_{3\text{右}} \left(\frac{3h' + 2W_3 - 5W_1}{h' + 2W_3 - 3W_1} \right) > R_2'$$

即："类塑性铰"的存在使得 B 岩块所受支反力增大。

同理，可知：

$$R_1 = P - \frac{6}{l} M_{3\text{右}} - \frac{2}{l} T'(W_3 - W_1) - \frac{2}{l} M_{3\text{右}} \left(\frac{3h' + 2W_3 - 5W_1}{h' + 2W_3 - 3W_1} \right)$$
$$= R_1' - \left[\frac{6}{l} M_{3\text{右}} + \frac{2}{l} M_{3\text{右}} \left(\frac{3h' + 2W_3 - 5W_1}{h' + 2W_3 - 3W_1} \right) \right] > R_1'$$

即："类塑性铰"的存在使得结构由 A 岩块传到煤壁的竖向力减小。

由上面的分析可知："类塑性铰"的存在使得结构将一部分原来由煤壁承担的荷载转由垮落的矸石等承担。

6 结论

(1) 通过深孔多点位移计的监测结果表明，不同岩层的移动出现了周期性的上下位移，而采空区顶板周期性的破断过程，导致了非采空区岩层和煤承受了一个周期性的荷载，这个荷载最终导致顶板渐进损伤并最终破断。

(2) 基于现场监测提出了深部岩层破断局部亚结构力学模型，该模型由于深部高围压应力作用会在岩块之间通过"类塑性铰"连接，并且随着开采深度的增加其作用将越来越明显。

(3) "类塑性铰"与理想铰相比有三个主要区别：可承受一定的弯矩 M，且 M 随咬合部位受力情况的改变而不断变化；具有一定的长度；另外只有当岩层垮落转角相对较小时作用才明显。

(4) 将"类塑性铰"引入经典的"砌体梁"理论结构模型之中对其进行优化，从而使其更加符合深部开采时覆岩结构的变形和受力情况："类塑性铰"的存在使得水平力 T 减小；已恢复水平位置的 C 岩块支反力 R_3 增大；B 岩块支反力 R_2 增大；结构由 A 岩块传到煤壁的竖向力 R_1 减小，即使得结构将一部分原来由煤壁承担的荷载转由垮落的矸石等承担。

(5) "类塑性铰"是由岩块连接部位发生相对运动时的摩擦力和咬合挤压力所形成的水平力 F_H 产生的，F_H 在"类塑性铰"理论中占有相当重要的地位，故仍需对于 F_H 的产生机理、大小、方向等一系列问题进行进一步的研究；"类塑性铰"是有一定长度的，这对其力学性能起着十分重要的作用，对这一问题需要进行深入研究。总之，现在对于"类塑性铰"的认识还十分浅，我们需要对其形成机理、力学性质等进行更为深入和系统的研究。

参 考 文 献

[1] 宋振骐. 实用矿山压力[M]. 徐州：中国矿业大学出版社，1988.
[2] 钱鸣高，刘昕成. 矿山压力及其控制[M]. 北京：煤炭工业出版社，1984.
[3] 钱鸣高，缪协兴. 采场上覆岩层结构的形态与受力分析[J]. 岩石力学与工程学报，1995(2): 97~106.
[4] 钱鸣高，缪协兴，徐家林，等. 岩层控制的关键层理论[M]. 徐州：中国矿业大学出版社，2000.
[5] 钱鸣高，石平五. 矿山压力及与岩层控制[M]. 徐州：中国矿业大学出版社，2003.
[6] 陈炎光，钱鸣高. 中国煤矿采场围岩控制 [M]. 徐州：中国矿业大学出版社，1994.
[7] Paterson M S. Experimental deformation and faulting in Wombeyan marble. Bull Geol Soc Am, 1958, 69: 465~467.
[8] Mogi K. Pressure dependence of rock strength and transition from brittle fracture to ductile flow. Bull Earthquake Res Inst Tokyo Univ, 1966, 44: 215~232.
[9] Malan D F. Time-dependent behaviour of deep level tabular excavations in hard rock. Rock Mechanics and Rock Engineering, 1999, 32: 123~155.
[10] Malan D F. Manuel Rocha Medal Recipient: Simulating the Time-dependent Behaviour of Excavations in Hard Rock. Rock Mechanics and Rock Engineering, 2002, 35(4): 225~254.
[11] Paterson M S, Wong T F. Experimental Rock Deformation-The Brittle Field (Second edition) [M]. Berlin , New York: Spinger-Verlag, 2005.
[12] Jaeger J C, Cook N G W, Zimmerman R W. Fundamentals of Rock Mechanics (Fourth Edition) [M]. Blackwell Publishing, 2007.
[13] Mogi K. Experimental Rock Mechanics [M]. Taylor & Francis, 2007.
[14] 陈颙，黄庭芳，刘恩儒. 岩石物理学[M]. 合肥：中国科学技术大学出版社，2009.
[15] 何满潮，钱七虎，等. 深部岩体力学基础[M]. 北京：科学出版社，2010.
[16] 谢和平. 分形岩石力学导论[M]. 北京：科学出版社，1990.
[17] 颜德姮，程文襄，康谷贻. 混凝土结构[M]. 北京：中国建筑工业出版社，2005.

近距离上保护层开采卸压效果研究

张 村　屠世浩　袁 永　刘安秀

（中国矿业大学矿业工程学院煤炭资源与安全开采国家重点实验室，江苏徐州　221116）

摘 要　针对桑树坪煤矿的地质赋存特点，利用数值模拟以及相识模拟研究了近距离上保护层卸压效果。分析比较了先开采保护层再开采被保护层和直接开采被保护层两种开采顺序被保护层老顶初次垮落步距及垮落方式。研究结果表明：近距离上保护层的开采底板裂隙能够发育至被保护层，被保护层应力得到释放。直接开采被保护层老顶基本上是台阶式切落，初次垮落步距也比先开采保护层的垮落步距小很多。先开采保护层时老顶能形成铰接拱式结构，但由于垮落步距较大，极易产生动压现象，在实际生产过程中应加以预防。

关键词　上保护层　数值模拟　相识模拟　不同开采顺序　初次垮落

Research on Pressure-relief Effects of Close-distance upper Protective Seam Mining

Zhang Cun　Tu Shihao　Yuan Yong　Liu Anxiu

(School of Mines, Key laboratory of Deep Coal Resource, Ministry of Education of China, China University of Mining & Technology, Jiangsu Xuzhou 221116, China)

Abstract　Based on the analysis of the geological occurence characteristics of Sanshuping Mine, using numerical simulation and similar simulation experiment researched on pressure-relief effects of close-distance upper protective seam mining. Analysis and comparison of two types of mining sequence: mining protected seam after mining protective seam and direct mining protected seam. Studied the difference between two types of mining sequence on initial fracturing span of main roof and caving method. The research results show that the floor plate crack developed to the protected seam in the process of close-distance upper protective seam mining and protected seam stress is released. The caving method of main roof of direct mining protected seam is step type cutting and the initial fracturing span of main roof is much shorter than the first mining protective seam. Main roof can form a hinged arch structure of the first mentioned of two types of mining sequence. But because of its high caving step distance easily causes dynamic pressure, which should be prevented in the process of actual production.

Keywords　upper protective seam, numerical simulation, similar simulation experiment, different mining sequence, initial caving

在我国，很多矿井都发生过煤与瓦斯突出事故，煤与瓦斯突出事故是发生在煤矿的一种极为复杂的动力现象，由于它发生的突然性和强烈的破坏性，不仅危及煤矿安全生产和人身安全，对企业造成巨大的经济损失[1]。基于此，国内学者做了很多关于该方面的研究[2~4]，分析了煤与瓦斯突出的机理并且提出了判定指标及相应的防治对策。利用优先开采邻近瓦斯含量相对较低且无突出危险性的煤层作为保护层（又称解放层）为突出煤层卸压增透是最主要的一种区域防突措施。保护层因其与被保护层的相对位置分为上保护层与下保护层。对于下保护层卸压机理的研究及卸压效果的影响因素很多学者都做了相应的研究[5,6]，其主要是从覆岩裂隙的发育高度及瓦斯的抽放效果入手，利用理论计算，数值模拟，实验室相似模拟以及现场实测等手段取得了丰富的研究成果。然而在很多矿井传统情况下采用下行开采，而底板的破坏情况与顶板完全不同。在底板破坏方面主要针对底板破坏引起底板承压水突出进行研究[7~12]。黎良杰等人建立了底板岩体的关键层（KS）结构模型，很好地分析了采场底板突水机理。胡巍等人在分析了底板突水的有限元计算判断依据的基

基金项目：国家自然科学基金项目（51374200）；国家高技术研究发展计划（863）项目（2012AA062101）；江苏省高校优势学科建设项目(SZBF2011-6-B35)。
作者简介：张村（1990—），男，江苏南通人，博士研究生，从事采煤方法与岩层控制方面的研究. 电话：15252035760；E-mail：cumt_zc@163.com

础上，阐明了底板安全系数的意义，并对比了突水系数，认为底板安全系数可信度更高。施龙青等人综合分析了煤层采深、煤层倾角、煤层采厚、工作面斜长、底板抗破坏能力及有无切穿行断层或破碎带等6个影响因子与底板破坏深度的关系，利用多元线性回归分析改进了原有的底板破坏深度的公式，使得预测准确度更高。然而，在底板突水模型中底板破坏深度与普通的卸压开采底板破坏深度存在一定的差别，主要由于在很多情况下，底板承压水对上部同样存在压力，破坏很多情况下是双向的。学者们对卸压开采底板破坏深度同样进行了大量的研究[13~16]。谭学术等人提出了确定保护层卸压范围的综合性指标——平均主应力增量，并且给出了上保护层解放范围的确定公式。闫书缘等人结合潘二煤矿地质条件利用相似模拟分析了不规则煤柱对下向卸压采动应力演化的影响。

综上可以看出，众多学者对于保护层卸压的机理、效果及影响因素进行了全面的分析，但是很多情况下只局限于理论研究，特别是针对近距离保护层开采底板破坏深度的研究上相对较少。除此之外，对于被保护层开采过程中的矿压规律研究并不多。本文针对韩城矿区桑树坪煤矿的地质赋存特点，利用数值模拟以及相识模拟研究了近距离上保护层卸压效果。分析比较了先开采保护层再开采被保护层和直接开采被保护层两种开采顺序被保护层老顶初次垮落步距及垮落方式。

1 工作面概况

桑树坪矿4216保护层工作面位于北一采区下山北翼，被保护层4316工作面上方，运输巷道内错4316工作面运输巷道30m，回风巷道与4316回风巷道重叠布置。4216工作面走向1142m，倾向180m，布置在2号煤层中，煤层厚度0~2.5m，平均0.85m，为薄煤层工作面。工作面采用走向长壁综合机械化采煤方法。2号煤与下伏3号煤层间距9.8~23.4m，煤层最大瓦斯含量$1.65m^3/t$，平均$0.63m^3/t$。工作面钻孔柱状图如图1所示。

图1 钻孔柱状图
Fig.1 Bore histogram

2 数值模拟研究

2.1 模型参数

本次模拟所采用的本构模型为摩尔库仑模型，模型长300m，高80m。模拟参数见表1，模型示意图如图2所示。模型采用两种不同的开挖顺序：先开采保护层再开采被保护层和直接开采被保护层。在开采保护层过程中观测底板裂隙发育深度及被保护层应力的变化情况。等到保护层开挖结束达到平衡后，再开采被保护层。在两种模拟开采过程中，均从模型左边界50m处开始开挖，一直开挖至距右边界50m处。

表1 岩层物理力学参数
Table 1 Physical and mechanical parameters of rocks and coal

序号	岩性	厚度/m	密度/kg·m⁻³	体积模量/GPa	剪切模量/GPa	内聚力/MPa	内摩擦角/(°)	抗拉强度/MPa
1	上覆岩层	20.0	2500	3.0	1.5	2.0	35	1.5
2	粉砂岩	3.5	2500	2.6	1.6	2.2	36	1.5
3	细砂岩	4.0	2500	2.9	1.9	2.8	39	1.8
4	2号煤层	1.0	1450	1.8	1.0	1.5	30	1.0
5	泥质粉砂岩	2.5	2300	2.0	1.3	2.0	38	1.5
6	粉砂岩	5.0	2400	2.6	1.6	2.2	36	1.5
7	中细粒砂岩	8.0	2600	4.0	2.4	2.8	38	2.8
8	粉砂岩	2.0	2400	2.6	1.6	2.2	36	1.5
9	3号煤层	6.0	1400	1.8	1	1.5	30	1.0
10	砂质泥岩	3.0	2400	2.0	1.3	1.5	30	1.2
11	细粒砂岩	5.0	2500	2.8	1.8	2.9	36	1.7
12	下覆岩层	20.0	2500	3.0	1.5	2.0	35	1.5

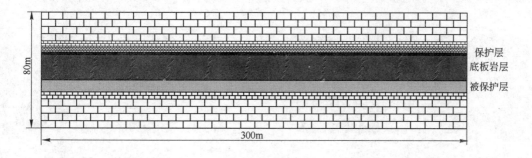

图2 模型示意图
Fig.2 Schematic of numerical model

2.2 模拟结果分析

2.2.1 保护层卸压效果分析

由图3可以看出，随着工作面的推进，底板裂隙逐渐向深部发育，且裂隙发育范围不断扩大。当工作面推进30m时裂隙已经贯通保护层与被保护层之间的岩层，但裂隙发育稀疏，当工作面推进至40m时，裂隙已经贯穿被保护层，且发育程度更为密集。被保护层在工作面推进过程中的垂直应力变化情况同样能够表现出卸压效果。具体情况如图4所示。

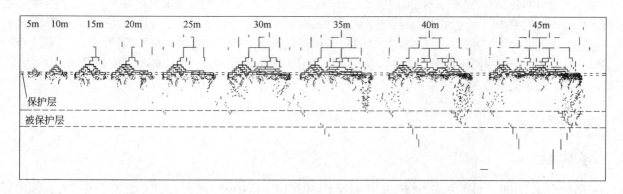

图3 不同推进长度底板裂隙发育深度情况图
Fig.3 The floor plate crack developed of different advancing distance

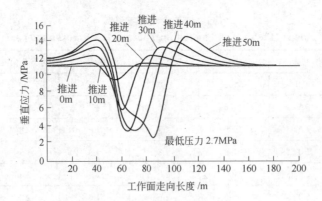

图 4 被保护层垂直应力曲线图
Fig.4 Vertical stress curve of the protected seam

由图 4 可以看出，随着保护层工作面的推进，被保护层部分区域垂直应力逐渐减小。当工作面推进至 30m 之后，被保护层垂直应力由原来的 11.2MPa 降至 3MPa 左右，并处于稳定状态。

2.2.2 被保护层初次垮落分析

因为开采顺序不同，被保护层开采过程中老顶垮落方式及垮落步距也有所差异，具体情况如图 5 所示，图中左侧为先开挖保护层再开挖被保护层，右侧为直接开挖被保护层的顶板垮落情况图。

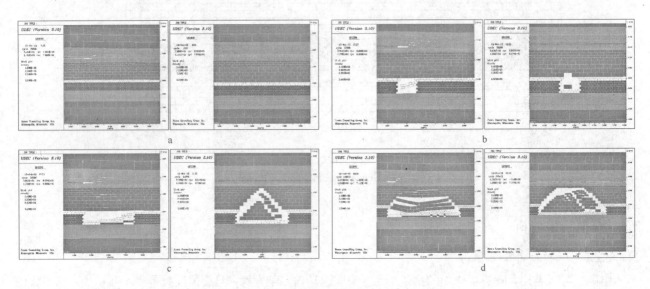

图 5 两种开采顺序顶板垮落情况图
a—开挖 0m；b—开挖 10m；c—开挖 30m；d—开挖 50m
Fig.5 Roof caving of two types mining sequence

由图 5 可以看出两种不同的开挖顺序使得老顶垮落方式完全不同，先开采保护层再开采被保护层时，老顶初次垮落步距达到 50m，远远超过直接开采被保护层时老顶初次垮落步距。且两种开采顺序的垮落方式也不一样，先开采保护层再开采被保护层时，老顶能形成铰接拱式结构，而直接开挖被保护层时，老顶呈台阶式切落。这主要由于保护层开采后使得被保护层顶板所受上部压力减小，当工作面推至保护层压实区时，两者垮落方式大体上是一样的。

3 相似模拟研究

3.1 模型参数

根据相似比 1:100 铺设了桑树坪煤矿的相似模型，模型实物图如图 6 所示。为了避免因铺设材料配比等造成的人工误差，将两种开采顺序放在同一个模型中进行模拟开挖。模型长 2.5m，高 1.2m，宽 0.3m。第一种开挖顺序：保护层从左端 15cm 处开挖，向前开挖 100cm 后，模型稳定之后开挖下部的被保护层。第二开挖顺序为直接从右端 15cm 处开挖被保护层。模拟结果如图 7 所示。

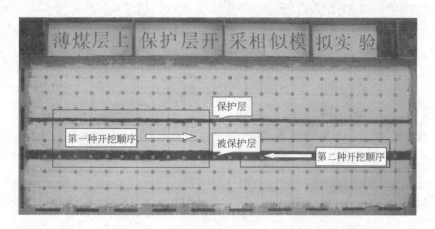

图 6　相似模拟模型
Fig.6　Schematic of similar model

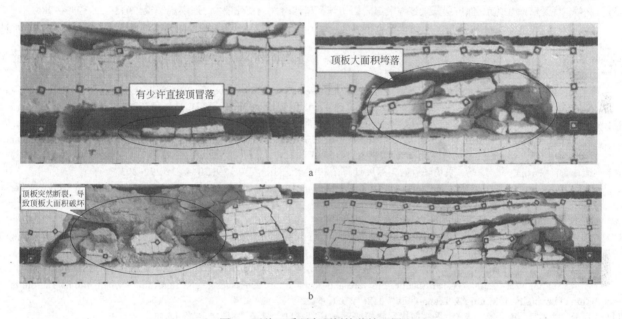

图 7　两种开采顺序顶板垮落情况图
a—开挖 50m；b—开挖 90m
Fig.7　Roof caving of two types mining sequence

3.2　模拟结果分析

由图 7 可以看出两种开采顺序顶板垮落情况完全不同，呈现的垮落方式与数值模拟相似。但是在相似模拟中第一种开采顺序被保护层老顶初次垮落步距更长，在开挖至 50m 时，直接顶发生垮落，如图 7a 左图所示；在开挖至 90m 左右时，老顶才发生初次垮落，且造成顶板动压现象，顶板破碎十分严重，具体如图 7b 左图所示。而直接开挖被保护层，其老顶的初次垮落步距较小，近 30m，初期呈现台阶式切落现象，如图 7a 右图所示。在开挖后期，呈现明显的周期性垮落，周期垮落步距在 12m 左右，如图 7b 右图所示。

4　结论

（1）近距离上保护层开采保护层底板裂隙能够发育至被保护层，被保护层垂直应力明显降低，这使得被保护层发生膨胀变形，瓦斯渗透率明显增加，瓦斯能够大量析出，涌入保护层工作面。

（2）根据数值模拟计算分析得出两种不同的开挖顺序使得老顶垮落情况完全不同，进行保护层开采过后，被保护层老顶初次垮落步距明显大于直接开采被保护层的初次垮落步距。两者垮落方式也不一样，前者老顶能够形成铰接拱式结构，后者则是台阶式切落。

（3）通过实验室相似模拟对比发现，开采保护层后，被保护层老顶初次垮落步距达到 90m，明显大于直接开采被保护层的老顶初次垮落步距，容易造成动压现象，在实际生产过程中应加强防范。

参 考 文 献

[1] 付建华, 程远平. 中国煤矿煤与瓦斯突出现状及防治对策[J]. 采矿与安全工程学报, 2007(3): 253~259.
Fu Jianhua, Cheng Yuanping. Situation of coal and gas outburst in China and control counter measures[J]. Journal of Mining & Safety Engineering, 2007(3): 253~259.

[2] 韩军, 张宏伟, 宋卫华, 等. 煤与瓦斯突出矿区地应力场研究[J]. 岩石力学与工程学报, 2008(S2): 3852~3859.
Han Jun, Zhang Hongwei, Song Weihua, et al. In-situ stress field of coal and gas outburst mining area[J]. Chinese Journal of Rock Mechanics and Engineering, 2008(S2): 3852~3859.

[3] 张许良. 煤与瓦斯突出区域性预测的综合判据研究[J]. 煤炭学报, 2003(3): 251~255.
Zhang Xuliang. Study on comprehensive criteria for regional prediction of coal and gas outburst[J]. Journal of China Coal Society, 2003(3): 251~255.

[4] 王超, 宋大钊, 杜学胜, 等. 煤与瓦斯突出预测的距离判别分析法及应用[J]. 采矿与安全工程学报, 2009(4): 470~474.
Wang Chao, Song Dazhao, Du Xuesheng, et al. Prediction of coal and gas outburst based on distance discriminant analysis method and its application[J]. Journal of Mining & Safety Engineering, 2009(4): 470~474.

[5] 高峰, 许爱斌, 周福宝. 保护层开采过程中煤岩损伤与瓦斯渗透性的变化研究[J]. 煤炭学报, 2011(12): 1979~1984.
Gao Feng, Xu Aibin, Zhou Fubao. Research on the coal and rock damage and gas permeability in the protective seams mining[J]. Journal of China Coal Society, 2011(12): 1979~1984.

[6] 李树清, 何学秋, 李绍泉, 等. 煤层群双重卸压开采覆岩移动及裂隙动态演化的实验研究[J]. 煤炭学报, 2013(12): 2146~2152.
Li Shuqing, He Xueqiu, Li Shaoquan, et al. Experimental research on strata movement and fracture dynamic evolution of double pressure-relief mining in coal seams group[J]. Journal of China Coal Society, 2013(12): 2146~2152.

[7] 黎良杰, 殷有泉, 钱鸣高. KS 结构的稳定性与底板突水机理[J]. 岩石力学与工程学报, 1998(1): 40~45.
Li Liangjie, Yin Youquan, Qian Minggao. Stability of KS structure and mechanism of water-inrush from floor[J]. Chinese Journal of Rock Mechanics and Engineering, 1998(1): 40~45.

[8] 施龙青, 徐东晶, 邱梅, 等. 采场底板破坏深度计算公式的改进[J]. 煤炭学报, 2013(z2): 299~303.
Shi Longqing, Xu Dongjing, Qiu Mei, et al. Improved on the formula about the depth of damaged floor in working area[J]. Journal of China Coal Society, 2013(z2): 299~303.

[9] 张华磊, 王连国. 采动底板附加应力计算及其应用研究[J]. 采矿与安全工程学报, 2011(2): 288~292.
Zhang Hualei, Wang Lianguo. Computation of mining induced floor additional stress and its application[J]. Journal of Mining & Safety Engineering, 2011(2): 288~292.

[10] 王金安, 魏现昊, 陈绍杰. 承压水体上开采底板岩层破断及渗流特征[J]. 中国矿业大学学报, 2012(4): 536~542.
Wang Jin'an, Wei Xianhao, Chen Shaojie. Fracture and seepage characteristics in the floor strata when mining[J]. Journal of China University of Mining & Technology, 2012(4): 536~542.

[11] 张蕊, 姜振泉, 李秀晗, 等. 大采深厚煤层底板采动破坏深度[J]. 煤炭学报, 2013(1): 67~72.
Zhang Rui, Jiang Zhenquan, Li Xiuhan, et al. Study on the failure depth of thick seam floor in deep mining[J]. Journal of China Coal Society, 2013(1): 67~72.

[12] 朱术云, 曹丁涛, 岳尊彩, 等. 特厚煤层综放采动底板变形破坏规律的综合实测[J]. 岩土工程学报, 2012(10): 1931~1938.
Zhu Shuyun, Cao Dingtao, Yue Zuncai, et al. Comprehensive measurement of characteristics of deformation and failure of extra-thick coal seam floor induced by fully mechanized top-coal mining[J]. Chinese Journal of Geotechnical Engineering, 2012(10): 1931~1938.

[13] 胡巍, 徐德金. 有限元强度折减法在底板突水风险评价中的应用[J]. 煤炭学报, 2013(1): 27~32.

[14] 卢守青, 程远平, 王海锋, 等. 红菱煤矿上保护层最小开采厚度的数值模拟[J]. 煤炭学报, 2012(S1): 43~47.
Lu Shouqing, Cheng Yuanping, Wang Haifeng, et al. Numerical simulation research on the Hongling Coal Mine's minimum mining thickness of upper protective layer[J]. Journal of China Coal Society, 2012(S1): 43~47.

[15] 闫书缘, 杨科, 廖斌琛, 等. 潘二矿下向卸压开采高应力演化特征试验研究[J]. 岩土力学, 2013(9): 2551~2556.
Yan Shuyuan, Yang Ke, Liao Binchen, et al. Experimental study of high mining-induced stress evolution characteristics of downward relieving mining in Paner coal mine[J]. Rock and Soil Mechanics, 2013(9): 2551~2556.

[16] 谭学术, 肖勤学, 吴泽源. 上解放层解放范围的力学分析[J]. 煤炭学报, 1988(2): 51~58.
Tan Xueshu, Xiao Qinxue, Wu Zeyuan. Determination of relief scope of a protective seam[J]. Journal of China Coal Society, 1988(2): 51~58.

断层相似模拟试验的声发射信号特性研究

张宁博[1,2] 齐庆新[1,2] 欧阳振华[1,2] 赵善坤[1,2] 王永仁[1,2]

(1. 煤炭科学技术有限公司安全分院，北京 100013；
2. 煤炭资源高效开采与洁净利用国家重点实验室(煤炭科学研究总院)，北京 100013)

摘 要 基于义马矿区断层冲击地压频发的现状，以 F_{16} 大型逆冲断层为试验原型，进行了断层相似模拟试验。试验过程中采用 SWAES 声发射仪记录了围岩裂隙损伤变形信号，分析了采动影响下断层活化以及断层失稳滑移过程中的声发射参数变化规律，利用频谱分析、小波包分解和分形分析对试验中捕捉的两类声发射信号——顶板断裂信号和断层滑移信号的特性进行了分析。试验结果表明：断层活化开始前会出现一个"蓄能阶段"，该阶段没有声发射信号产生，断层活化产生大量声发射信号并在滑移失稳时达到最大。断层滑移信号和顶板断裂信号有着显著的差异性：在幅频特性曲线形态上，相对顶板垮断信号，断层滑移信号的分布曲线多峰现象明显，跳跃性强，主频带宽度相对较大，次主频显著；在小波包能量分布方面，断层滑移信号的第三主能量明显高于顶板垮断信号；在分形方面，断层滑移信号的分形盒维数整体上高于顶板垮断信号，其波形复杂程度和不规则度明显大于后者。该文所得结论对于现场利用微震监测对断层附近信号进行有效识别及对断层冲击地压进行准确的预测预报具有重要的现实意义。

关键词 断层 声发射信号 频谱分析 小波包分解 分形

Research on Acoustic Emission Signal Characteristic of Fault Simular Simulation Test

Zhang Ningbo[1,2] Qi Qingxin[1,2] Ouyang Zhenhua[1,2] Zhao Shankun[1,2] Wang Yongren[1,2]

(1. Mine Safety Technology Branch of China Coal Research Institute, Beijing 100013, China;
2. State Key Laboratory of Coal Mining and Clean Utilization(China Coal Research Institute), Beijing 100013, China)

Abstract Based on status of frequent fault impact in Yima diggings, fault similar simulation experiment was carried out. Using SWAES acoustic emission instrument, the test analyzed rules of acoustic emission parameters change during process of fault activation and fault slip under the influence of mining, and analyzed roof fracture and fault slip signal characteristics with frequency spectrum analysis and wavelet packet decomposition and fractal analysis. The results showed that there would be a "energy storage" stage which had no acoustic emission signal before fault activation, and the fault activation led to a large number of acoustic emission signals production and number of signals would reach the maximum when fault slip. Then roof fracture and fault slip signals had obvious difference. Firstly, compared with roof breaking fault signals, the distribution of fault slip signal curve had obvious peak phenomenon, stronger leap, wider main frequency band and obvious secondary frequency. Secondly, the third major energy of fault slip signal was obviously higher than that of roof breaking off signal. At last, the fractal box dimension of fault slip signal on the whole higher than that of roof breaking fault signal and the complexity and irregularity of fault slip signal waveform significantly greater than the latter. The results were useful for effective recognition of microseismic monitoring signals and accurately forecasting of fault rock-burst.

Keywords fault, acoustic emission signal, spectrum analysis, wave packet decomposition, fractal

近年来，随着我国煤矿逐渐进入深部开采，井下开采条件变得越来越复杂，冲击地压事故尤其是断层活化引起的冲击地压事故呈递增的趋势，其中河南义马断层冲击地压最为严重。义马煤田地质赋存条件复杂，

基金项目：国家科技重大专项项目（2011ZX05040-002）；国家国际科技合作专项项目（2011DFA61790）；国家自然科学基金项目（51174112）；国家重点基础研究发展计划(973 计划) 项目(2010CB226806)。

作者简介：张宁博（1989—），男，河北衡水人，研究生。电话：010-84263773；E-mail: znb444@sina.com

目前主采的 2-3 号煤层被 F_{16} 逆冲断层、抠门山断层、坡头断层及岸上断层等多条断层切割，受断层影响，河南大有能源公司下属千秋、跃进等煤矿发生多起冲击地压事故，其中 2010 年 8 月 11 日，跃进煤矿 25110 工作面下巷发生了震级为 2.7 级，能量达到 $9×10^7$J 的断层冲击地压，导致 362.8m 巷道受到冲击，74 架防冲支架不同程度损坏；2011 年 11 月 3 日，千秋煤矿 21221 下巷在掘进过程中由于 F_{16} 断层活化发生了特大冲击地压事故，造成 10 人遇难，400m 巷道损毁，部分巷道段甚至完全合拢。面对义马目前严峻的冲击地压形势，深入研究断层冲击地压显得尤为必要。义马煤田构造分布见图 1。

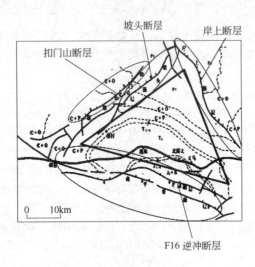

图 1 义马煤田构造分布
Fig.1 Geological structure distribution of Yima coal field

相似模拟试验具有条件易控、观察直观、重复性强等优点，是研究煤矿开采过程中覆岩运移、岩体变形以及煤体应力变化的重要手段。关于断层相似模拟试验研究，许多学者[1~8]从采动诱发断层活化，以及煤体作用规律角度做了大量研究，并取得了一定成果，但针对覆岩损伤变形和断层活化关系研究得不够深入。开采活动引起的覆岩损伤变形可以通过声发射、微震等方法进行实时监测，但采集到的信号数据量庞大且各种不同类别信号混杂在一起，不利于断层冲击地压的预测预报，因此有必要对信号进行分析处理，从而实现不同类型信号的有效识别。目前，针对爆破震动、岩石破裂、地震等信号的分析方法主要有频谱分析[9]、小波包分解[10,11]、分形分析[12,13]等。本文以义马千秋煤矿 21221 工作面为工程背景，进行 F_{16} 断层相似模拟试验，利用声发射监测手段研究采动导致断层冲击失稳规律，并综合多种分析方法对试验过程中不同类别信号特性进行分析，对促进断层冲击地压的合理预测预报具有一定的意义。

1 断层相似模拟试验

1.1 试验原型及模型设计

相似模拟试验原型为义马 F16 大型逆冲断层，其延伸长度为 24km，走向近东西，倾角为 15°~35°，落差为 50~450m，断面上陡下缓呈犁式，深部沿 2-3 号煤顶板顺层分布，局部出现下切。根据相似理论，确定模型的几何相似比 a_l=1:200，时间相似比 a_t=1:14.14，容重相似比 a_γ=1:1.56，应力相似比 a_σ=1:312，弹模和强度相似比 a_E=1:20.06。由实验室煤岩力学试验结果，确定相似模拟中的各岩层力学参数。相似材料采用河沙作为骨料，以石膏和碳酸钙作为胶结物，通过改变骨料和胶结物的配比，获得多种不同强度的相似材料。相似模拟试验台尺寸为长度×宽度×高度=5.0m×0.4m×1.5m，采用 SWAES 声发射仪对试验过程中的声发射信号进行采集。搭建的相似模拟试验平台及监测设备如图 2 所示。

1.2 采动诱发断层冲击失稳过程分析

试验过程中工作面由断层下盘向上盘推进，受采动影响，F_{16} 断层活化并诱发冲击地压，按照时空演化过程具体可分为三个阶段：断层开始活化、断层剧烈活化以及断层冲击显现。

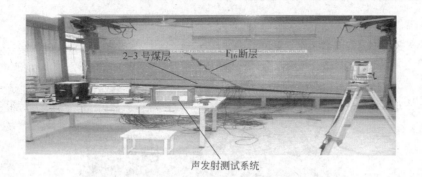

图 2　相似模拟试验平台及监测系统
Fig.2　Similar simulation experiment platform and monitoring system

（1）断层开始活化阶段。工作面推至距断层 100m，开采引起的覆岩裂隙向前延伸的同时向上扩展，在自重作用下，覆岩弯曲下沉，裂隙带上边界产生离层，并逐渐向断层延伸，如图 3 所示。同时受开采扰动影响，断层带岩体发生剪切变形，局部产生微小裂纹。此时断层开始"活化"，岩体破裂大量产生，能量大量释放，声发射事件数急剧增加，如图 4 所示。并且在工作面从距断层 140m 推至 100m 过程中，几乎探测不到声发射信号，即断层活化前出现声发射的"平静期"，实质上"平静期"为断层系统的"蓄能阶段"。随着开采活动对覆岩的破坏，裂隙场的扰动影响范围逐渐扩张，并波及到断层。此时没有产生密集的裂隙发育信号，说明能量在断层系统内部积聚，为断层活化提供准备能量。

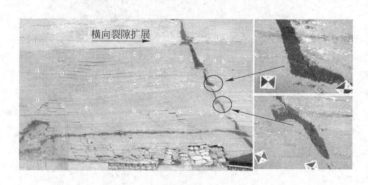

图 3　断层开始活化阶段
Fig.3　Stage of fault beginning activation

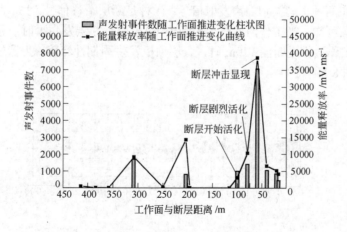

图 4　声发射相关参数随工作面回采变化
Fig.4　Change of acoustic emission parameters with mining face

（2）断层剧烈活化阶段。当工作面与断层距离为 80m 时，离层裂隙横向扩张，并延伸至断层。在集中剪应力的作用下，断层带岩体产生大量裂纹并相互贯通形成裂隙带，如图 5 所示。在覆岩自重作用下，断层带裂隙沿断层带向下扩展，断层剧烈活化，声发射事件数进一步增大，释放能量继续增加。

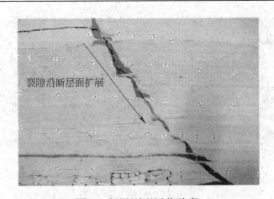

图 5 断层剧烈活化阶段
Fig.5 Stage of fault intense activation

（3）断层冲击显现阶段。工作面推至距断层 60m 时，断层裂隙沿断层面向工作面方向急剧扩展，断层系统平衡状态被打破，断层滑移速度加快。断层滑移引起下盘破坏，覆岩整体下沉，最终导致断层冲击地压发生，工作面被冲击破坏岩体堵塞，此时监测到声发射能量发生突变，事件数达到峰值。断层失稳破坏形态如图 6 所示。

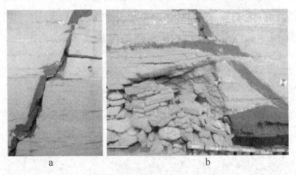

图 6 断层冲击显现阶段
a—模型背部；b—工作面填死
Fig.6 Stage of fault rock burst

2 声发射信号特性分析

试验过程中主要存在两种不同类别的声发射信号：一种是断层滑移信号，另一种是顶板垮断信号。根据试验过程中矿压显现记录可知，当工作面推进至距断层 60m 时，断层发生瞬时滑移，此时声发射系统记录了大量的滑移信号；当工作面推过断层 120m 时，煤层顶板发生周期性垮落，上覆岩层垮断信号丰富。几组典型信号波形如图 7、图 8 所示。

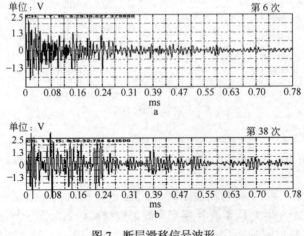

图 7 断层滑移信号波形
Fig.7 Waveform of fault slip signal

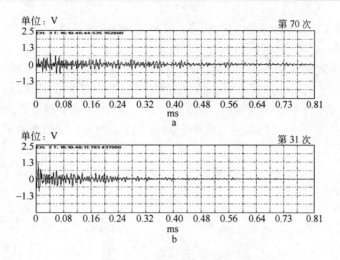

图 8 顶板垮断信号波形
Fig.8 Waveform of roof breaking off signal

这两种信号产生的机理有着本质的区别，断层滑移信号是由于断层上、下盘在高剪应力的作用下相互错动产生的摩擦信号，而上覆岩层垮断信号是由于离层顶板在自重应力的作用下屈曲变形，所受拉应力超过其抗拉极限强度而产生断裂。由于声发射信号的复杂性及高度相似性，仅仅通过单一分析方法难以实现不同类别信号的有效区分，因此笔者通过频谱分析、小波包分解以及分形分析等多种方法，对断层滑移信号和顶板垮断信号进行研究，发现这两类信号具有明显的差异。

2.1 频谱分析

利用快速傅里叶转换（FFT）对声发射信号波形进行频谱分析，得到两种不同信号的典型幅频特性曲线如图 9 所示。

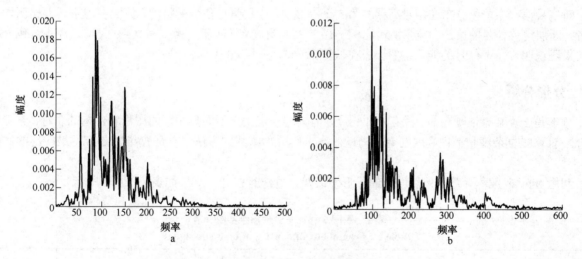

图 9 两种信号的典型幅频特性曲线图
a—断层滑移信号；b—顶板垮断信号
Fig.9 Amplitude-frequency characteristic curve of two signals

从图 9 中可以看出两种信号的幅频特性曲线形态有着显著的差异性，断层滑移信号相对顶板垮断信号的差异性主要表现为以下两点：

（1）分布曲线多峰现象明显，相邻两点幅值差值较大，曲线表现为明显的跳跃性，曲线相对复杂。
（2）主频带宽度相对较大，次主频显著存在，曲线包络面积相对较大。

2.2 小波包分析

小波包分析是采用小波包分解的方法提取声发射信号特征的一种信号分析方法。其基本原理通过数据分析方法对隐含在声发射信号中的特征分量进行提取,并将其按照不同的频率进行分组,通过对比分析不同频带上的分量来描述声发射信号本身的特征。

声发射监测系统的离散采样频率为 2500kHz,根据采样定理,其奈奎斯特(Nyquist)采样频率即为 1250kHz。利用 matlab 对声发射信号进行 6 层小波包分解,可以得到 2^6 个子频带,每个子频带宽度为 1250/64,即 19.53125kHz。然后对每个子频带的小波包能量进行计算,得出声发射信号各频带内能量占信号总能量的百分比。结果显示,声发射信号能量分布主要集中在前 8 个小波包里,得到两类声发射信号总的能量分布柱状图如图 10 所示。

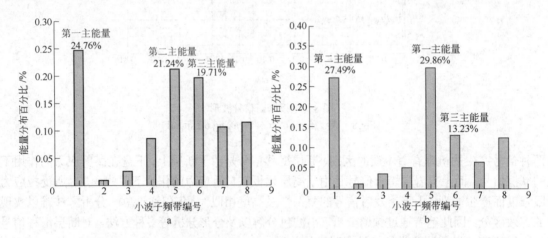

图 10 两种信号的小波包能量分布图
a—断层滑移信号;b—顶板垮断信号
Fig.10 Wavelet packet energy distribution of two signals

由图 10 可知,断层滑移信号和顶板断裂信号有着高度的相似性,其第一、二、三主能量均分布在第 1、5、6 个小波包内。两者差异性表现在:断层滑移信号的第一主能量分布在处于低频的第 1 个小波包,而顶板垮断信号第一主能量分布在相对高频的第 5 个小波包;断层滑移信号的第一、第二主能量所占比例均小于后者;断层滑移信号的第三主能量所占比例(19.71%)明显高于顶板垮断信号(13.23%)。由小波包分析所得结果还说明声发射信号的能量主要分布在低频部分,高频部分较少。

2.3 分形分析

分形是一类复杂性颇高的、没有特征长度,但具有一定意义下的自相似的图形和结构的总称。分形维数是分形对象的复杂度和不规则度的定量描述,在求解分形维数的方法中分形盒维数是应用最广泛的维数之一。

利用 Matlab 编程计算声发射波形的分形盒维数,并进行统计,结果如表 1、表 2 所示。

表 1 断层滑移信号分形盒维数统计表
Table 1 Fractal box dimension of fault slip signal

编 号	1	2	3	4	5	6
分形盒维数	1.0051	1.0032	1.0019	1.0047	1.0049	1.0032
编 号	7	8	9	10	11	12
分形盒维数	1.0052	1.0033	1.0051	1.0024	1.0021	1.0052
编 号	13	14	15	16	17	18
分形盒维数	1.0064	1.0030	1.0021	1.0028	1.0026	1.0040
编 号	19	20	21	22	23	24
分形盒维数	1.0036	1.0018	1.0038	1.0033	1.0022	1.0017
编 号	25	26	平均值			
分形盒维数	1.0035	1.0066	1.0036			

表 2 顶板断裂信号分形盒维数统计表
Table 2 Fractal box dimension of roof breaking off signal

编 号	1	2	3	4	5
分形盒维数	1.0069	1.0020	1.0024	1.0040	1.0041
编 号	6	7	8	9	10
分形盒维数	1.0022	1.0021	1.0050	1.0045	1.0041
编 号	11	12	13	14	平均值
分形盒维数	1.0030	1.0024	1.0041	1.0026	1.0034

对比表 1 和表 2 可知，顶板断裂信号的分形盒维数整体上低于断层滑移信号的分形盒维数，可见后者的波形复杂程度和不规则度要大于前者。

3 结论

（1）按照采动对断层的扰动程度，可以将断层冲击地压的发生过程分为三个阶段：断层开始活化、断层剧烈活化和断层冲击显现。断层活化开始前会出现一个"蓄能阶段"，该阶段没有声发射信号产生，断层活化产生大量声发射信号并在滑移失稳时达到最大。

（2）断层滑移信号和顶板断裂信号有着显著的差异：在幅频特性曲线形态上，相对顶板垮断信号，断层滑移信号的分布曲线多峰现象明显，跳跃性强，主频带宽度相对较大，次主频显著；在小波包能量分布方面，断层滑移信号的第三主能量明显高于顶板垮断信号；在分形方面，断层滑移信号的分形盒维数整体上高于顶板垮断信号，其波形复杂程度和不规则度明显大于后者。

参 考 文 献

[1] 吴基文, 童宏树, 童世杰, 等. 断层带岩体采动效应的相似材料模拟研究[J]. 岩石力学与工程学报, 2007(S2): 4170~4175.
Wu Jiwen, Tong Hongshu, Tong Shijie, et al. Study on similar material for simulation of mining effect of rock mass at fault zone[J]. Chinese Journal of Rock Mechanics and Engineering, 2007(S2): 4170~4175.

[2] 彭苏萍, 孟召平, 李玉林. 断层对顶板稳定性影响相似模拟试验研究[J]. 煤田地质与勘探, 2001, 29(3): 1~4.
Peng Suping, Meng Zhaoping, Li Yulin. Influence of faults on coal roof stability by physical modeling study[J]. Coal geology & exploration, 2001, 29(3): 1~4.

[3] 李志华, 窦林名, 曹安业, 等. 采动影响下断层滑移诱发煤岩冲击机理[J]. 煤炭学报, 2011, 36(增 1): 68~73.
Li Zhihua, Dou Linming, Cao Anye, et al. Mechanism of fault slip induced rockburst during mining[J]. Journal of China Coal Society, 2011, 36 (S1): 68~73.

[4] 李志华, 窦林名, 牟宗龙, 等. 断层对顶板型冲击矿压的影响[J]. 采矿与安全工程学报, 2008, 25(2): 154~158.
Li Zhihua, Dou Linming, Mou Zonglong, et al. Effect of fault on roof rock burst[J]. Journal of Mining & Safety Engineering, 2008, 25 (2): 154~158.

[5] 左建平, 陈忠辉, 王怀文, 等. 深部煤矿采动诱发断层活动规律[J]. 煤炭学报, 2009, 34(3): 305~309.
Zuo Jianping, Chen Zhonghui, Wang Huaiwen, et al. Experimental investigation on fault activation pattern under deep mining[J]. Journal of China Coal Society, 2009, 34(3): 305~309.

[6] 勾攀峰, 胡有光. 断层附近回采巷道顶板岩层运动特征研究[J]. 采矿与安全工程学报, 2006, 23(3): 285~288.
Gou Panfeng, Hu Youguang. Effect of faults on movement of roof rock strata in gateway[J]. Journal of Mining & Safety Engineering, 2006, 23(3): 285~288.

[7] 潘一山, 章梦涛, 王来贵, 等. 地下硐室岩爆的相似材料模拟试验研究[J]. 岩土工程学报, 1997(4): 49~56.
Pan Yishan, Zhang Mengtao, Wang Laigui, et al. Similar material simulation experiment of rockburst in underground cavern[J]. Chinese Journal of Geotechnical Engineering, 1997(4): 49~56.

[8] 王涛. 断层活化诱发煤岩冲击失稳的机理研究[D]. 北京: 中国矿业大学(北京), 2012.
Wang Tao. Mechanism of coal bumps induced by fault reactivation [D] Beijing: China University of Mining & Technology (Beijing), 2012.

[9] 李志华, 窦林名, 陆菜平, 等. 断层冲击相似模拟微震信号频谱分析[J]. 山东科技大学学报(自然科学版), 2010, 29(4): 51~56.
Li Zhihua, Dou Linming, Lu Caiping, et al. Frequency Spectrum Analysis on Micro-seismic signal of similar simulation test of fault rock burst[J]. Journal of Shandong University of Science and Technology, 2010, 29(4): 51~56.

[10] 朱权洁, 姜福兴, 于正兴, 等. 爆破震动与岩石破裂微震信号能量分布特征研究[J]. 岩石力学与工程学报, 2012, 31(04): 723~730.
Zhu Quanjie, Jiang Fuxing, Yu Zhengxing, et al. Study on energy distribution characters about blasting vibration and rock fracture

microseismic signal [J]. Chinese Journal of Rock Mechanics and Engineering, 2012, 31(04): 723~730.

[11] 朱权洁, 姜福兴, 尹永明, 等. 基于小波分形特征与模式识别的矿山微震波形识别研究[J]. 岩土工程学报, 2012, 34(11): 2036~2042.
Zhu Quanjie, Jiang Fuxing, Yi Yongming, et al. Classification of mine microseismic events based on wavelet-fractal method and pattern recognition[J]. Chinese Journal of Geotechnical Engineering, 2012, 34 (11): 2036~2042.

[12] 解文荣, 张莉. 地震波形的分形判别与特征提取[J]. 华北地震科学, 2004, 22(04): 22~24.
Xie Wenrong, Zhang Li. The fractal identification of seismic wave and the extraction for its characteristics[J]. North China Earthquake Sciences, 2004, 22(04): 22~24.

[13] 钟明寿, 龙源, 谢全民, 等.基于分形盒维数和多重分形的爆破地震波信号分析[J]. 振动与冲击, 2010,29(01): 7~11.
Zhong Mingshou, Long Yuan, Xie Quanmin, et al. Signal analysis for blasting seismic wave based on fractal box-dimension and multi-fractal. Journal of Vibration and Shock, 2010, 29(01): 7~11.

深井大采高工作面超前支承压力分布规律研究

程志恒[1,2,3] 吴 波[4] 季文博[1,3]

（1. 煤炭科学研究总院 矿山安全技术研究分院，北京 100013；
2. 中国矿业大学（北京），北京 100083；
3. 煤炭科学研究总院 煤炭资源高效开采与洁净利用国家重点实验室，北京 100013；
4. 中国中煤能源集团有限公司，北京 100120）

摘 要 以赵固二矿 11011 工作面为工程背景，通过采用数值模拟方法综合模拟研究了不同采深及不同采高情况下的大采高工作面围岩应力场和超前支承压力分布规律。研究表明：随着采深或采高的增加，工作面超前支承压力峰值将远离工作面煤壁，支承压力峰值增加，而应力集中系数减小；并使用锚杆应力计对回采煤体超前支承压力进行了实测，验证了模拟分析超前支承压力分布规律的正确性，为类似工程地质条件下工作面的安全开采和支护设计提供了理论依据。

关键词 深井 大采高 数值模拟 超前支承压力

Study on Abutment Pressure Distribution of Large Mining Height Face at Deep Mining

Cheng Zhiheng[1,2,3] Wu Bo[4] Ji Wenbo[1,3]

(1. Institute of Coal Safety and Technology, China Coal Research Institute, Beijing 100013, China;
2. Faculty of Resources and Safety Engineering, China University of Mining and Technology, Beijing 100083, China;
3. State Key Laboratory of Coal Mining and Clean Utilization, China Coal Research Institute, Beijing 100013, China;
4. China National Coal Group Corp, Beijing 100120, China)

Abstract In present paper, Zhao Gu coal mine was taken as the engineering background for the investigation of abutment pressure rule of large mining height face. Numerical modeling was employed as main research tools herein. Mining-induced stress fields and abutment pressure distribution were studied for the large mining height face under different mining depth and various mining height scenarios. It is demonstrated that: as a consequence of increasing mining height or mining depth, the peak value of abutment pressure of working face prone to far away distance from walls. Beside, the maximum value of abutment pressure will also enlarge and the coefficient of stress concentration may reduce. Moreover, in order to verify our modeling results and increase confidence of our work, rockbolt stress gage were installed in coal mass for monitoring of abutment pressure. It is noticed that the field data and numerical results can be matched very well, which indicates that our modeling work is robust and have practical meaning. The result can provide the important insight theoretical basis for the safety mining and ground support design for these working conditions with similarity geological conditions.

Keywords deep mining, large mining height, numerical simulation, abutment pressure distribution

1 引言

在我国现有煤炭储量和产量中，厚煤层（厚度≥3.5m）的产量和储量均占 45%左右，是我国实现高产高效开采的主力煤层，具有资源储量优势[1]。而大采高综采以生产工艺简单、采出率高成为厚煤层高采出率开采技术的重要发展方向。然而大采高综采上覆运动规律及其结构稳定特征、煤壁片帮控制、工作面支架围

基金项目："973" 计划课题（2011CB201206）；油气重大专项课题（2011ZX05040-001）。
作者简介：程志恒（1988—），男，河南人，煤炭科学研究总院与中国矿业大学（北京）联合培养的博士研究生，主要从事煤与瓦斯共采、采动煤岩体裂隙演化规律和煤层气抽采技术理论方面的研究工作。电话：18600103015；E-mail: chengzhiheng21@vip.qq.com

岩耦合作用规律及工作面端部围岩稳定性控制等关键技术问题尚未得到有效解决。解决这些关键技术难题[2~5]，应首先研究采场矿压显现的"力源"——采场覆岩运动规律，包括大采高综采面矿压显现规律、不同开采方式与不同采高条件下顶板破断特征、上覆岩层"三带"分布范围与采动支承压力分布规律。由于采用了显式有限差分格式来求解场的控制微分方程，并应用了混合单元离散模型，故可以准确地模拟材料的屈服、塑性流动、软化直至大变形，尤其在材料的弹塑性分析、大变形分析以及模拟施工过程等领域有其独到的优点[6~8]，因而FLAC^{3D}适于模拟煤层大范围开采过程支承压力的分布规律。本文结合工作面工程概况，采用数值模拟研究了不同采高、不同采深工作面采动支承压力分布规律，并通过工作面支承压力现场实测对模拟结果进行了验证。

2 工作面概况

赵固二矿11011工作面是矿井首采工作面，工作面设计走向长度2266.9m，切眼长度180m，地面标高+75.7~+77.4m，工作面标高-590.5~-653.4m。工作面主采二$_1$煤层，煤层厚度平均6.16m，煤层倾角5.5°，煤层结构简单。该工作面二$_1$煤层位于山西组底部，上距沙锅窑砂岩60.18m、大占砂岩4.21m，层间距厚度平均为6.35m，属稳定厚煤层，煤层结构简单，以块煤为主，内生裂隙，局部方解石充填，局部含有夹矸及发育炭质泥岩伪顶。

3 超前支承压力理论分析

3.1 塑性区内支承压力计算

根据弹塑性理论，在工作面前方极限平衡区内支承压力的计算公式，塑性区内支承压力σ_y[9]：

$$\sigma_y = \tau_0 \cot\phi \frac{1+\sin\phi}{1-\sin\phi} e^{\frac{2fx}{M}\left(\frac{1-\sin\phi}{1+\sin\phi}\right)} \quad (1)$$

式中，f为层间的摩擦系数；ϕ为煤体内摩擦角，(°)；x为塑性区内任一点到煤壁的距离，m；M为煤层厚度，m，$\tau_0\cot\phi$为煤体自撑力，N。

令$\sigma_y = K\gamma H$，支承压力峰值点距煤壁的距离为x_0：

$$x_0 = \frac{M}{2f}\frac{(1+\sin\phi)}{(1-\sin\phi)}\ln\left(\frac{K\gamma H}{\tau_0\cot\phi}\frac{1-\sin\phi}{1+\sin\phi}\right) \quad (2)$$

式中，K为应力集中系数；H为煤层埋深，m；γ为上覆岩层容重，kN/m^3。

式(2)中假定ϕ为定值，可以得出x_0是随煤层的厚度的增加而增加。因此，工作面前方支承压力的峰值点随采高的增加而向煤体深部转移。

3.2 弹性区内支承压力计算

根据弹性区内支承压力分布表达式[9]：

$$\sigma_y = K\gamma H e^{\frac{2f}{M\beta}(x_0'-x)} \quad (3)$$

式中，β为侧系数。

设弹性区的范围为x_1，当$x=x_0+x_1$时将$\sigma_y=\gamma H$代入式(3)得：

$$x_1 = \frac{M\beta}{2f}\ln K \quad (4)$$

由式(4)可知，工作面前方弹性区内支承压力也是随采高M的增加而增加的。式(2)和式(4)构成了工作面前方支承压力的分布形式，通过理论分析，不管是在塑性区还是在弹性区，工作面支承压力的影响范围与开采厚度成线性关系，都是随开采高度的增加而增加的[6]。

4 矿压显现规律数值模拟

4.1 模型的建立及参数确定

以赵固二矿 11011 工作面地质和开采技术条件为背景，建立 FLAC^{3D} 三维计算模型进行数值模拟。构建模型沿走向长 200m，沿倾斜宽 100m，高度 63m。模型中包括煤层及顶底板岩层（图1），煤层厚度 6.2m，工作面倾斜长度 80m。三维模型共划分有 201960 个三维单元，共 213210 个节点。模型侧面限制水平移动，底面限制垂直移动，上部施加垂直载荷模拟上覆岩层的重量，如图 1 所示。

图 1 三维模型网格图
Fig. 1 Three dimensional model network diagram

根据现场地质调查和相关研究提供的岩石力学试验结果，考虑到岩石的尺度效应，模拟计算采用的岩体力学参数见表 1。为研究深井大采高工作面的矿压显现规律，根据赵固二矿区内垂直应力随深度线性变化，分别研究不同采深及采高对工作面矿压显现的影响，根据研究对象的不同分别对所建模型施加不同的垂直应力及水平应力。

表 1 计算采用煤岩力学参数
Table 1 Coal and rock mechanical parameters calculating used

煤岩名称	容重/N·m^{-3}	弹性模量/GPa	泊松比	抗压强度/MPa	内摩擦角/(°)	黏聚力/MPa
松散层	2200	0.6	0.101	0.05	18	0.50
细粒砂岩	2800	9.0	0.180	8.00	26	11.0
砂质泥岩	2640	6.0	0.123	4.00	38	6.00
细粒砂岩	2800	9.0	0.123	6.00	38	11.0
泥岩	2420	6.0	0.23	1.29	35	3.20
二$_1$煤层	1500	3.5	0.38	1.25	30	1.25
砂质泥岩	2510	3.0	0.147	0.75	36	2.16
砂岩	2580	9.0	0.123	1.84	38	2.75

4.2 数值计算结果分析

4.2.1 不同采深矿压显现规律

赵固二矿埋深约 700m，煤层底板承受约 7.0MPa 的高承压水作用，为研究不同采深工作面超前支承压力的变化规律及顶底板垮落破坏规律，在模型顶部分别施加垂直向下的载荷 10.0MPa、17.5MPa、25.0MPa，以分别代表 400m、700m 及 1000m 采深；同时对采深为 700m、1000m 的模型在底部施加垂直向上的载荷 7.4MPa；考虑水平应力的影响，将侧压系数设为 1，即沿煤层倾向与走向的水平应力分别与垂直应力相等，地应力平衡后，按顺序分别开挖回采巷道并每次运行至平衡。

下面阐述超前支承压力的分布。

对不同采深的工作面中部超前支承压力进行统计处理，得出了不同围压下工作面超前支承压力分布规律（图2）及其超前支承压力分布图（图3）。

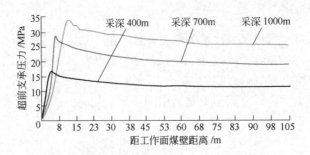

图2　不同围压工作面超前支承压力分布规律
Fig. 2　Advanced abutment pressure regularity of distribution in different surrounding rockmass pressure working face

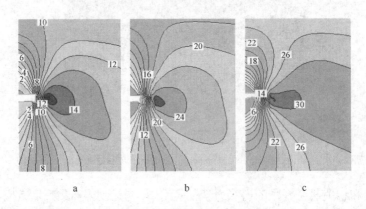

图3　不同采深工作面超前支承压力分布图
a—采深 400m; b—采深 700m; c—采深 1000m
Fig. 3　Abutment pressure distribution diagram of different surrounding rockmass pressure working face

由图2及图3，可得不同围压工作面超前支承压力特征，见表2。

表2　不同围压工作面超前支承压力特征
Table 2　Advanced abutment pressure features list in different surrounding rockmass pressure working face

采深/m	峰值/MPa	应力集中系数	距煤壁距离/m	影响范围/m
400	16.3	1.55	4.5	75.0
700	28.0	1.49	6.0	90.0
1000	33.5	1.32	12.0	100.0

由表2及图2、图3可知：当采深400m时，工作面超前支承压力峰值为16.3MPa，距煤壁的距离4.5m，影响范围75m，应力集中系数1.55；当煤层采深1000m时，其超前支承压力峰值达到33.5MPa，距煤壁的距离达到12.0m，影响范围增大至100m，而应力集中系数反而减至1.32。由此可见，采深越大，工作面超前支承压力向深部转移程度越大，这主要是由于采深加大围压增大，煤层开采后工作面煤壁破坏越严重致使应力峰值向深部发展，从而导致其影响范围逐渐加大；围压加大应力峰值增大，但其应力集中系数反而减小。

4.2.2　不同采高矿压显现规律

赵固二矿 11011 综采工作面煤厚约为 6.2m，煤层倾角约为 5.5°。为研究 11011 工作面 3.5m 大采高及后续开采下分层 2.7m 采高的矿压显现规律并与大采高一次采全厚矿压显现规律进行对比，特模拟 2.7m、3.5m 及 6.2m 采高时工作面矿压显现规律。

下面阐述超前支承压力的分布。

对不同采高的工作面中部超前支承压力进行统计处理，得出了不同采厚下工作面超前支承压力分布规律（图4）及其超前支承压力分布图（图5）。

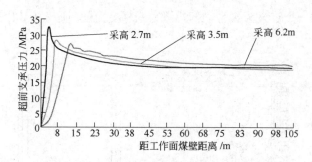

图 4 不同采高工作面超前支承压力分布规律
Fig. 4 Advanced abutment pressure regularity of distribution in different mining height workingface

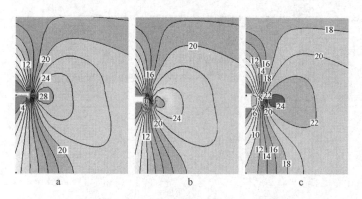

图 5 不同采高工作面超前支承压力分布图
a—采高 2.7m; b—采高 3.5m; c—采高 6.2m
Fig. 5 Advanced abutment pressure features list in different mining height workingface

由图 4 及图 5 知，不同采高工作面超前支承压力大小如表 3 所示。

表 3 不同采高工作面超前支承压力特征
Table 3 Advanced abutment pressure features list in different mining height workingface

采高/m	峰值/MPa	应力集中系数	距煤壁距离/m	影响范围/m
2.7	30.0	1.57	3.0	83.0
3.5	28.0	1.49	6.0	90.0
6.2	26.0	1.33	12.0	105.0

当采高为 2.7m 时，工作面超前支承压力峰值最大为 30.0MPa，应力集中系数为 1.57，但其距工作面煤壁及影响范围仅为 3.0m、83.0m。而当采高为 6.2m 时，超前支承压力峰值减小至 26.0MPa，应力集中系数减小至 1.33，但距煤壁的距离却增加到了 12.0m，影响范围达到了 105.0m。而当采高为 3.5m 时，其超前支承压力特征均介于两者之间。

可见，与工作面随采深围压变化不同，采高越大工作面超前支承压力峰值却越小，但其距工作面煤壁的距离越远，其影响范围也越大，而应力集中程度逐渐减小。

5 工作面支承压力现场实测

5.1 矿压观测测点布置

本次监测主要进行工作面实测、地面实时监测、计算机分析等方法结合监测。矿压观测设备布置如图 6 所示。

5.2 矿压观测结果分析

在工作面超前段埋设应力锚杆，以此来监测工作面超前段支承压力分布规律。距离工作面最远的一个定义为 1 号测力锚杆，最近的一个定义为 5 号锚杆，测力锚杆受力随时间变化如图 7~图 9 所示。

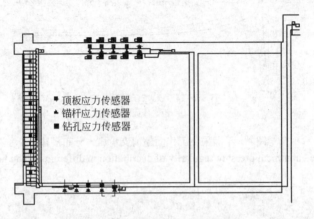

图 6 矿压观测测点布置示意图
Fig. 6 Mine pressure observation station layout diagram

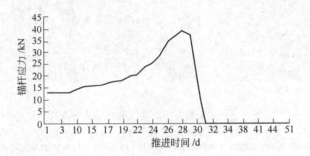

图 7 5 号锚杆应力变化
Fig. 7 5 bolt stress changes

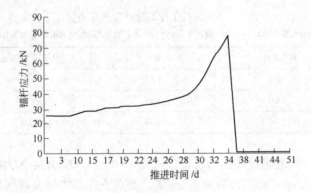

图 8 4 号锚杆应力变化
Fig. 8 4 bolt stress changes

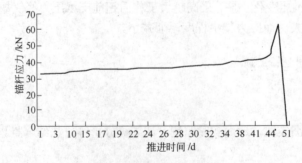

图 9 1 号锚杆应力变化
Fig. 9 1 bolt stress changes

通过上述观测可知，支承压力影响范围超过 90m，应力集中系数为 1.96，矿压显现严重段超前工作面

21~35m，峰值点所在位置超前工作面 5.5~7.2m，在峰值点以内煤壁进入塑性状态。

6 结论

(1) 随着采深或采高的增加，工作面超前支承压力峰值将远离工作面煤壁；采深增加，支承压力峰值增加，采高增加，支承压力峰值减小，而应力集中系数都减小，这与理论分析的结果相符合。

(2) 数值模拟计算支承压力影响范围超过 105m，应力集中系数 1.57，这与实际观测数值支承压力影响范围超过 90m 和应力集中系数 1.96 基本相符合，数值计算结果具有一定的参考的意义。

(3) 当采深及采高加大时应加大工作面的支护力度，提高支架的工作阻力并及时支护，同时也应当注意控制顶板的稳定性防止围压加大导致大面积冒顶事故的发生，造成极大的生命财产损失。

参 考 文 献

[1] 王家臣, 仲淑姮. 我国厚煤层开采技术现状及需要解决的关键问题[J]. 中国科技论文在线, 2008, 11(3): 829~834.
Wang Jiachen, Zhong Shuheng. Thick coal seam mining technology in our country present situation and the need to solve the key problems [J]. Journal of Chinese scientific papers online, 2008, 11 (3) : 829~834.

[2] 袁永, 屠世浩, 王瑛, 等. 大采高综采技术的关键问题与对策探讨[J]. 煤炭科学技术, 2010, 38(1): 4~8.
Yuan Yong, Tu Shihao, Wang Ying, et al. The key problems of large mining height are broken compound mining technology and the countermeasures [J]. Journal of coal science and technology, 2010, 38 (1): 4~8.

[3] 许文松, 王帆, 等. 厚松散层承压水下采煤覆岩载荷层结构分析[J]. 煤炭技术, 2012, 8(10).
Xu Wensong, Wang Fan, et al. Confined underwater mining thick loose bed load strata structure analysis [J]. Journal of coal technology, 2012, 8 (10).

[4] 崔国亮. 白家庄矿近距离易燃煤层合采综放技术研究[D]. 北京: 中国矿业大学(北京), 2008.
Cui Guoliang. Close combustible coal seams in baijiazhuang coal mine mining caving mining technology research [D]. Beijing: China university of mining and technology (Beijing), 2008.

[5] 马念杰, 侯朝炯. 采准巷道矿压理论及应用[M]. 北京: 煤炭工业出版社, 1995.
Ma Nianjie, Hou Chaojiong. Mining quasi the mine pressure theory and application [M]. Beijing: coal industry publishing house, 1995.

[6] 刘耀儒, 刘元高, 周维垣, 等. 应用三维 FLAC 方法进行动力分析[J]. 岩石力学与工程学报, 2001, 20(增 2): 1518~1522.
Liu Yaoru, Liu Yuangao, Zhou Weiyuan, et al. Analyzing of the dynamic force with three-dimensional FLAC method[J]. Chinese journal of rock Mechanics and engineering, 2001, 20(Suup.2): 1518~1522.

[7] 吴洪词, 胡兴, 包太. 采场围岩稳定性的 FLAC 算法分析[J]. 矿山压力与顶板管理, 2002, (4): 96~98.
Wu Hongci, Hu Xing, Bao Tai. Analyzing of the stability of the surrounding rock with FLAC calculating in stope[J]. Ground Pressure and Strata Control, 2002, 4: 96~98.

[8] 陈忠辉, 谢和平, 王家臣. 综放开采顶煤三维变形、破坏的数值分析[J]. 岩石力学与工程学报, 2002, 21(3): 309~313.
Chen Zhonghui, Xie Heping, Wang Jiachen. Numerical ensimulation on three dimensional deformation and failure of top coal caving[J]. Chinese journal of rock mechanics and engineering, 2002, 21(3): 309~313.

[9] 鲁岩, 等. 工作面超前支承压力分布规律[J]. 辽宁技术工程大学学报(自然科学版), 2008, 27(2): 184~187.
Lu Yan, et al. Advance abutment pressure distribution law[J]. Journal of liaoning technical engineering university (natural science), 2008, 27 (2): 184~187.

分层放顶煤开采区段煤柱留设对冲击矿压影响分析

苏振国[1]　窦林名[1]　焦彪[2]　丁言露[1]　卢昊[1]

（1. 中国矿业大学矿业工程学院，江苏徐州　221116；
2. 胡家河煤矿生产工程部，陕西西安　710000）

摘　要　区段煤柱的留设宽度是影响回采巷道围岩稳定性的重要因素，某矿01采区区段煤柱宽度一直采用经验值20m，为优化区段煤柱宽度，提高资源采出率，采用理论计算、数值模拟与现场实践方法对某矿01采区合理煤柱宽度进行了研究。研究结果表明：20m宽区段煤柱应力集中程度较高，可以留设5.8m的屈服煤柱或超过50m的承载煤柱。

关键词　煤柱宽度　冲击矿压　分层开采　数值模拟

Layered Coal Caving Mining Section Coal Pillar Effect on the Impulsion Pressure

Su Zhenguo[1]　Dou Linming[1]　Jiao Biao[2]　Ding Yanlu[1]　Lu Hao[1]

(1. College of mining engineering, China University of Mining and Technology, Jiangsu Xuzhou 221116, China;
2. The Production Engineering Department, Hujiahe Coal Mine, Shanxi Xi'an 710000, China)

Abstract　The width of the sectional coal pillar would be an important factor affected to the surrounding stability of the mining gateway. The width of the sectional coal pillar in coal mining of 01 mine mining area is an experienced value of 20 m. In order to optimize the width of the sectional coal pillar and to improve the resources recovery rate, a theoretical calculation and numerical and site measurement method were applied to study the width of the rational sectional coal pillar in 01 mine mining area. The results showed: 20m width of coal pillar stress concentration degree is high, can stay with 5.8m yield pillar or more than 50m of the bearing pillar.

Keywords　the width of coal pillar, impulsion pressure, slice mining, numerical simulation

随着煤炭资源的不断开采，浅部煤炭趋于枯竭，煤炭开采深度逐渐增加，一般认为，当矿井开采深度超过600~800m及以上为深井开采，而我国1000m以下的煤炭储量2.5万亿吨，约占总储量的53%[1,2]。随着采深的逐渐增加矿井安全生产问题日益突出，煤柱宽度的留设作为矿井优化设计的主要环节，对于矿井的安全生产起着重要的作用[3]。留设煤柱主要有屈服煤柱[4,5]和支承煤柱[6]两种：支承煤柱的弹性核区较宽，能够支承住所施加的载荷，煤柱不易发生突然失稳破坏；屈服煤柱能够有效减少冲击矿压次数，降低巷道内的底鼓严重程度，相比支承煤柱可节省大量的煤炭，屈服煤柱容许巷道和煤柱在侧向支承压力作用下产生一定的变形，从而把大量的载荷转移到周围的实体煤中，降低自身的应力集中程度，防止大量弹性能积聚后的突然释放造成煤柱型冲击矿压的发生。本文基于理论计算[7,8]、数值模拟与现场实践相结合的方法对某矿01采区合理煤柱宽度进行了优化设计。

1　矿区概况

某矿现主要回采01采区，近水平煤层，倾角平缓，一般小于5°，煤层厚度0.8~26.20m。矿区采深达650m，

作者简介：苏振国（1989—），男，河北承德人，中国矿业大学研究生。电话：15152116978；E-mail：997128532@qq.com

属于深井开采，地质条件相对简单，有两条平缓褶曲构造和两条落差不超过10m的断层经过。采用走向长壁采煤法，分层放顶煤开采，首采上分层，分层厚度13.5m，采放比1/3。现回采01102工作面，其西侧的01101工作面已经回采结束，双巷布置且留设20m保护煤柱，采区布置如图1所示。

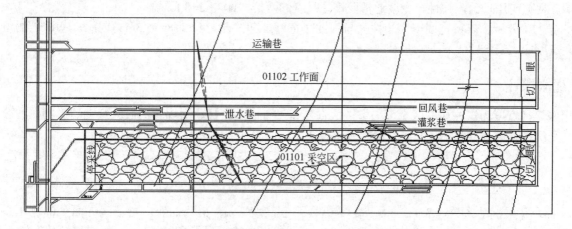

图1　01采区开拓布置图

Fig.1　01 mining area development layout map

01102工作面巷道掘进初期，采空区侧掘进头煤炮频繁、矿压显现明显，曾多次发生冲击事故，严重威胁矿井的安全生产，据此根据01采区煤层的赋存状态对煤柱宽度进行了优化设计。

2　理论计算

2.1　承载煤柱

目前，国内外研究都认为，护巷煤柱上的载荷，是由煤柱上覆岩层重量及煤柱一侧或两侧采空区悬露岩层转移到煤柱上的部分重量所引起的。根据某矿01采区布置情况，考虑一侧采空的情况如图2所示。

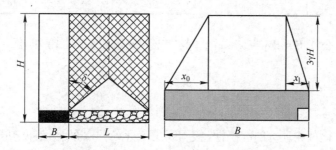

图2　一侧采空承载煤柱应力分布图

Fig.2　Goaf side bearing pillar stress distribution map

煤柱塑性区的宽度 x 可通过下式确定：

$$x = \frac{hA}{2\tan\varphi}\ln\left(\frac{K\gamma H + C/\tan\varphi}{C/\tan\varphi + P_0/A}\right)$$

式中，H 为采深，m；h 为煤柱高度，m；A 为侧压系数；φ 为内摩擦角；K 为支承压力峰值处的应力集中系数；γ 为煤体平均体积力，MPa；C 为黏聚力，MPa；P_0 为巷道支护阻力。表1为承载煤柱基础参数。

表1　承载煤柱基础参数

Table 1　Bearing pillar basic parameters

位置	h/m	K	C/MPa	φ/(°)	P_0/MPa	A	H/m	γ/MPa
采空区侧 x_0	13.5	3	0.2	20	0.2	0.6	650	0.023
巷道侧 x_1	4	3	1	36	0.2	0.4	650	0.023

根据应力极限平衡原理，将各参量代入宽度计算公式可以初步确定采空区侧煤柱塑性区宽度 x_0=43.8m，煤柱侧煤柱塑性区宽度 x_1=3.5m。留设宽煤柱应大于两塑性区之和，即大于 43.8+3.5=47.3m，同时在煤柱中还应存在一定宽度的弹性核，弹性核增加煤柱的承载能力，同时可以避免两峰值压力附近的叠加影响。根据矿压理论，弹性核宽度通常取煤柱高度的两倍，即 4×2=8m。

综合上述分析，煤柱宽度应为塑性区与弹性区宽度之和，即：47.3+8=55.3m。因此，巷道一侧留设承载煤柱宽度应大于 55.3m。

2.2 屈服煤柱

屈服煤柱宽度为煤柱屈服区宽度与塑性区宽之和，考虑生产扰动对煤体屈服区宽度的影响，在公式中引入开采扰动系数，故煤体屈服区宽度的通用公式如下：

$$W = \frac{dM\beta}{2\tan\varphi_0} \ln\left[\frac{\beta(\sigma_{yl}\cos\alpha\tan\varphi_0 + 2C_0 \pm M\gamma_0\sin\alpha)}{\beta(2C_0 \pm M\gamma_0\sin\alpha) + 2P_x\tan\varphi_0}\right]$$

式中，d 为开采扰动系数，d=1.3~3.0；M 为区段平巷高度，m；β 为屈服区与核区界面处的侧压系数，$\beta=\mu/(1-\mu)$；μ 为泊松比；φ_0 为煤体内摩擦角，(°)；σ_{yl} 为煤柱的极限程度，MPa；α 为煤层倾角，(°)；C_0 为煤体内黏聚力，MPa；γ_0 为煤体平均体积力，MPa；P_x 为冒落岩石、支护设施等对煤柱的侧向约束力，MPa。

根据弹塑性理论求得巷道围岩塑性区宽度：

$$R = r_0\left\{\left[\frac{\gamma H \tan\varphi_0 + C_0}{P_i \tan\varphi_0 + C_0}(1-\sin\varphi_0)\right]^{\frac{1-\sin\varphi_0}{2\sin\varphi_0}} - 1\right\}$$

式中，r_0 为巷道等效半径，m；γ 为煤体平均体积力，MPa；H 为采深，m；P_i 为支护阻力，MPa。

表 2 屈服煤柱基础参数表
Table 2 Yield pillar basic parameters

基础参数	M/m	α/(°)	φ_0/(°)	γ/MPa	γ_0/MPa	μ	β	C_0/MPa	H/m	P_x/MPa	P_i/MPa	d	r_0
	4	0	36	0.023	0.013	0.29	0.39	1.0	650	0	0.2	1.8	2.5

将表 2 所示参数代入公式 $W=kW_0=k(W_1+R)$（其中 k 为安全系数，1.13~1.43），得屈服煤柱合理宽度理论计算结果为 5.8m。

3 数值模拟

为了验证煤柱宽度优化理论计算的准确性，根据煤层赋存条件，采用数值模拟方法建立了 FLAC^{2D} 模型，模型尺寸 400×250，垂直加载应力 15MPa，模拟了不同宽度下煤柱内应力分布状态，并绘制了煤柱宽度-垂直应力曲线图，如图 3 所示。

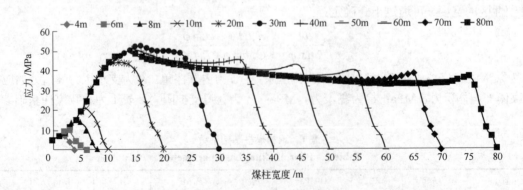

图 3 不同宽度煤柱应力分布曲线图
Fig.3 Different coal pillar width stress distribution curve

图中横坐标代表煤柱宽度，原点为采空区边缘，可以看出，随着煤柱宽度的增加，煤柱内应力峰值强度逐渐增大，煤柱由屈服煤柱过渡到承载煤柱，当煤柱宽度超过30m后，其应力峰值强度有所降低并逐渐趋于平缓，总体上呈马鞍状分布，可以得到主要结论有：

（1）当煤柱宽度4m时，应力峰值强度8MPa；当煤柱宽度6m时，应力峰值强度10MPa；当煤柱宽度8m时，应力峰值强度15MPa，一倍原岩应力。应力分布如图4所示，当煤柱宽度较小时，煤柱内应力峰值强度较低，高应力主要由工作面一侧实体煤承受，与理论计算结果相对应。

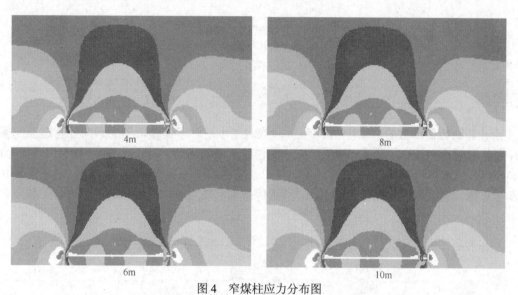

图 4　窄煤柱应力分布图
Fig.4　Narrow coal pillar stress distribution

（2）当煤柱宽度20m时，应力峰值强度45MPa，三倍的原岩应力，应力集中程度较高；当煤柱宽度30m时，应力峰值强度53MPa，之后随着煤柱宽度的增加，应力峰值强度有所降低；当煤柱宽度50m时，应力峰值强度50MPa，应力分布如图5所示，当煤柱宽度较大时，煤柱内应力峰值强度较高，高应力主要集中在采空区一侧。

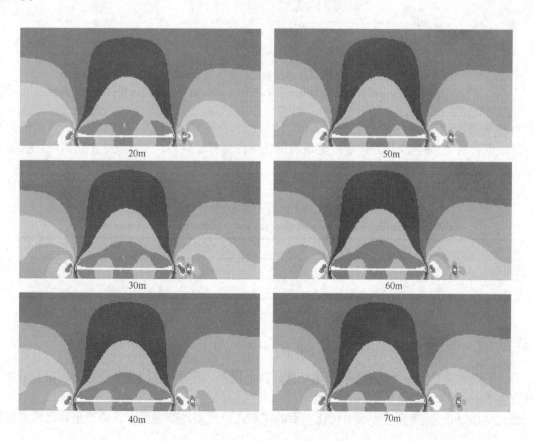

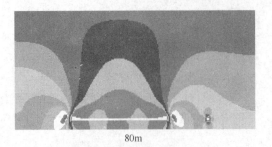

图 5 宽煤柱应力分布图
Fig.5 Wide coal pillar stress distribution

4 现场实践

根据理论计算与数值模拟的结果对 01 采区区段煤柱宽度进行了调整，考虑到部分巷道已经掘进一段距离，重新开掘巷道留设小煤柱护巷工程量大、工作面接续困难等问题，研究决定停止 01102 工作面泄水巷的掘进，后半段煤柱宽度由原来的 20m 增加到 45m（两条煤柱宽度与巷道宽度之和），同时考虑到 01101 废弃灌浆巷的卸压作用，等效煤柱宽度要超过 50m，巷道停掘前后随着 01102 回风巷的掘进，矿震分布情况如图 6 所示。

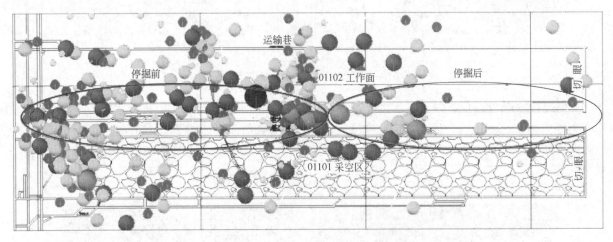

图 6 泄水巷停掘前后矿震分布示意图
Fig.6 Drainage lane stop digging before and after the mine earthquake distribution diagram

从泄水巷停掘前后的震动分布情况可以看出，随着泄水巷停掘，煤柱宽度的增加，矿震的能量和频次都有显著下降，没有发生 10^7J 级别的矿震；现场的掘进条件也有所改善，没有发生冲击事故，保证了回风巷掘进工作的顺利完成，矿震统计如表 3 所示。

表 3 停掘前后矿震频次统计表
Table 3 Stop digging before and after the mine earthquake frequency statistics

等 级	10^7J	10^6J	10^5J	10^4J	$<10^4$J
停掘前	1	2	23	53	120
停掘后	0	2	8	10	13

5 主要结论

（1）提出了两种煤柱宽度优化方法：理论计算与数值模拟。两种煤柱优化方法相互印证，最终确定屈服煤柱合理宽度 5.8m，承载煤柱宽度不小于 50m。

（2）通过 ARAMIS 威震监测系统对优化前后的矿震进行监测，停掘后矿震的能量频次明显降低，且比较分散，现场也没有发生冲击事故，充分证明了煤柱优化结果的有效性。

（3）考虑到承载煤柱煤炭资源浪费严重、煤柱内的弹性核造成高应力集中等现象，建议之后的区段煤柱留设 6m 宽屈服煤柱。

参 考 文 献

[1] 张科学. 深部煤层群沿空掘巷护巷煤柱合理宽度的确定[J]. 煤炭学报, 2011(S1): 28~35.
[2] 谢广祥, 杨科, 刘全明. 综放面倾向煤柱支承压力分布规律研究[J]. 岩石力学与工程学报, 2006(3): 545~549.
[3] 康继忠, 樊少武, 吴宝杨. 综放工作面区段煤柱合理宽度优化研究[J]. 煤炭科学技术, 2012(10): 37~40.
[4] 柏建彪, 侯朝炯, 黄汉富. 沿空掘巷窄煤柱稳定性数值模拟研究[J]. 岩石力学与工程学报, 2004(20): 3475~3479.
[5] 于洋, 柏建彪, 陈科, 等. 综采工作面沿空掘巷窄煤柱合理宽度设计及其应用[J]. 煤炭工程, 2010(7): 6~9.
[6] 刘才鼎. 浅论以宽煤柱保护的煤层大巷来代替岩石大巷[J]. 煤矿设计, 1986(9): 3~8.
[7] 杨科, 王颂华, 王树全. 综放回采巷道护巷煤柱合理宽度分析[J]. 辽宁工程技术大学学报, 2006(S1): 30~33.
[8] 李佃平, 郭晓强, 窦林名, 等. 防冲煤柱合理宽度的确定方法研究及应用[J]. 金属矿山, 2011(8): 60~63,80.

工作面顶板灾害预测预警技术

徐军见　郭江涛　刘亚辉　蔺增元　汪开元

（中煤科工集团重庆研究院有限公司，重庆　400039）

摘　要　基于经典矿山压力理论和大量现场数据，为实现工作面顶板灾害预测预警，提出了区域支架联合分析技术和预测波形自修正技术。该技术在液压支架工作状态分析基础上，利用计算机海量数据快速处理功能，通过工作面局部区域内半数以上支架在相近时间内达到来压判据判定周期来压和生产过程中顶板运动规律的统计、分析、推理、修正，从而预测周期来压波形，最终完成顶板运动规律的准确分析、预测，并在可能发生危险时报警，减少顶板灾害发生。

关键词　顶板灾害　区域支架联合分析　周期规律分析　预测波形自修正　预测预警

Prediction and Warning Technology of Working Face Roof Disaster

Xu Junjian　Guo Jiangtao　Liu Yahui　Lin Zengyuan　Wang kaiyuan

(China Coal Technology and Engineering Group Chongqing Research Institute Co., Ltd., Chongqing 400039, China)

Abstract　Based on the classical theory of mine pressure and a lot of field data, this article proposed area support joint analysis technique and waveforms self-correction technique to realize disaster prediction and early- warning of working face roof. The technology used support working state analysis and applied computer with powerful data processing function to determine cycle pressure through the pressure criterion of more than half the supports in the patial work surface region and to predict cycle pressure waveform through the statistic, analysis, reasoning and correction of roof movement regulation in the production process. Finally, this technology completed the accurate analysis and prediction of the roof movement rule and alarmed people before the danger occur to reduce the roof disaster.

Keywords　roof disaster, area support joint analysis, cycle analysis, predicted waveforms self-correction, prediction and warning

　　目前，国内在工作面顶板灾害防治方面大多依靠经验和人工数据采集、分析进行，虽然近年来在顶板实时监测方面取得了巨大进步，但分析、预警仍相对落后[1]。基于工作面顶板事故的动态性、模糊性和随机性，只有在生产过程中，做到实时、动态、准确了解工作面的安全状况，对潜在危险发出预警，才能对可能发生的事故采取及时、有效的防治措施，提高煤矿生产的安全水平[2]。本文凭借经典矿山压力理论、区域支架联合方法分析工作面顶板运动周期性规律和预测波形自修正技术开展工作面顶板灾害预测预警技术研究，以期弥补国内在计算机智能分析与预警方面的不足。

1　工作面顶板灾害预测预警基础

1.1　理论基础

　　我国在矿山压力与岩层控制理论研究方面取得了丰硕成果，著名的"关键层理论"和"传递岩梁理论"均在顶板岩层控制及灾害预测防治方面发挥了积极的指导作用，为开展工作面顶板灾害预测预警技术研究提供了较好的理论基础。

　　依据矿山压力与岩层控制的基础理论，工作面顶板灾害发生与否主要取决于对工作面顶板运动规律的掌握，而工作面顶板运动规律，则主要由煤层开采后的集中应力分布状况、顶板岩层结构组成条件、支架受力

作者简介：徐军见（1985—）男，河南商丘人，工程师，主要从事矿山压力监测、分析方面研究。电话：18580706603；E-mail: xujunjian1009@163.com

状态等相关条件所决定[3]。理论和现场实践一致认为，随着工作面向前推进，直接顶悬露面积逐渐增大，当达到其极限跨距时开始垮落；由于老顶本身的强度较大，继续呈悬露状态，当工作面推移距离达到老顶极限跨距时，其将发生断裂并导致老顶初次来压。此后，伴随着裂隙带岩层经历"稳定—失稳—再稳定"的变化过程，工作面也将周期性来压[4]。在掌握了工作面顶板运动的周期性规律后，就可以对下次周期时间以及强度做出合理预测预警。

1.2 分析基础

工作面顶板运动周期性规律分析是顶板运动规律分析的主要内容，是预测预警技术研究的基础[5]，而采集数据的有效性是工作面顶板运动周期性规律分析实时性和准确性的前提；该研究是在 KJ693 顶板动态监测系统"数据智能采集模式"基础上进行的，确保不会遗漏每一个数据变化的关键点。

现场实测和理论研究结果均表明，在工作面开采过程中，顶板有"梁""拱""拱梁"三种基本结构形式，无论哪种形式的顶板结构，都大致可以把工作面划分为三个部分，即上、下端头和中间部分[6]。三个部分的运动规律不尽相同，传统的仅用一个液压支架的压力监测数据和独立随机误差假定的回归分析模型来分析整个工作面的顶板运动规律是不科学、不准确的。基于以上分析，提出了区域支架联合方法分析工作面顶板运动周期性规律。

1.2.1 工作面顶板运动周期性规律分析系统结构

区域支架联合分析工作面顶板运动周期性规律首先将液压支架状态分析系统中的循环工作阻力拟合成一条曲线 $F(X_n)$，并持续更新自身的周期来压判据，且用此判据判断当前循环工作阻力是否符合来压条件，如果符合进入区域数据备用，如果不符合进入下一循环继续检验；区域内有超过一半的支架在相近时间符合来压判据则系统把这些数据整合、重构，生成一条拟合曲线 $F(Y)$，再一次判断 $F(Y)$ 是否符合拟合判据，符合则是区域来压。区域支架联合分析工作面顶板运动周期性规律实质是区域内有半数以上的支架在相近时间内同时达到来压判据才判断为工作面来压，为一优化问题，能有效降低对工作面压力显现规律的错误分析，增加分析系统的可靠性，其具体结构如图 1 所示。

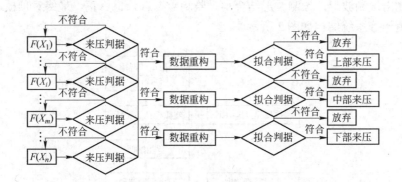

图 1 工作面顶板运动周期性规律分析系统结构图
Fig.1 Working face roof movement law of periodic analysis system structure diagram

1.2.2 工作面顶板运动周期性规律分析系统算法

以支架的平均循环工作阻力与其均方差之和作为判断顶板来压的主要指标。平均循环工作阻力均方差计算的公式为[7]：

$$P'_t = \overline{P_t} + \sigma_P \tag{1}$$

$$\sigma_P = \sqrt{\frac{1}{n}\sum_{i=1}^{n}(P_{ti} - \overline{P_t})^2} \tag{2}$$

式中 P'_t——来压判据；

σ_P——循环末阻力平均值的均方差；

n——实测循环数；

P_{ti}——各循环的实测循环末阻力；

$\overline{P_t}$——循环末阻力的平均值，$\overline{P_t} = \dfrac{1}{n}\sum_{i=1}^{n} P_{ti}$。

对符合来压判据的曲线进入下一阶段，不符合的返回原曲线继续判断，如果该阶段内有半数以上的曲线符合来压判据，则把这些符合的曲线拟合成一条曲线，符合拟合判据则为来压，不符合则放弃。

$$F(Y) = \sum_{K=1}^{d} F(X_K) \tag{3}$$

拟合判据：

$$P_{tm} = \overline{P_t'} + \sigma_{P_t'} \tag{4}$$

2 工作面顶板灾害预测预警技术

工作面顶板灾害发生以周期来压时居多，顶板灾害的预测也主要对来压步距、来压时间、来压强度进行预测，并在来压强度较大时进行预警。传统的预测预警方法主要有：经验估算法、威尔逊算法、老顶结构平衡关系估算法等[8]。由于采矿工程客体的复杂性，使得客体本身不仅呈极强的非均质性、各向异性、非连续性，且上述性质随区域不同变化较大，因而用经典力学或统计等方法对来压步距等矿压参数的预测，难以反映客体本征的实际情况[9]。本文对工作面顶板灾害的预测预警采用预测波形自修正技术，该技术是在顶板运动规律分析基础上，应用人工智能专家系统实现生产过程中的压力波形统计、分析、推理、修正、决策，最终完成顶板运动规律预测预警。该方法的应用，可避免传统预测方法的局限性和专家评估的主观性以及数据来源的单一性而导致的预测不准确问题[10]。

工作面顶板灾害预测预警系统内置一套顶板运动规律统计算法，该算法在以上顶板运动规律分析基础上对顶板周期来压时间、步距、强度进行统计、分析，绘制出规律波形，并对下一个周期来压的时间、步距、强度做出推理，绘制出预测波形，预测波形结合实时监测数据进行自修正，最终对顶板运动规律做出预测。工作面顶板灾害预测预警系统结构如图2所示。

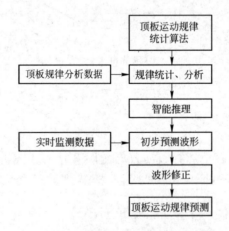

图 2 工作面顶板灾害预测预警系统结构
Fig.2 Working face roof disaster early warning and prediction system structure

其中，顶板的 N 次来压值 $P(1)$、…、$P(N)$ 由网络的输入节点表达，第 $N+1$ 次来压值 $P(N+1)$ 由网络的输出节点表达，其中，1、2、…、N 的相关参数可以由计算机自行统计，以获得最佳网络联络权值。

$$P'(N+1) = G[P(1),\cdots,P(N)](L=1,2,\cdots) \tag{5}$$

$$P(N+1) = F \cdot P'(N+1) \tag{6}$$

式中　G——第 $N+1$ 次周期与前 N 次周期的关系；

F——修正系数。

由此可用预测波形自修正技术对后续周期规律进行预测,且随着实时监测数据的不断修正顶板运动规律的预测会越来越准确。

3 应用实例分析

以某矿 65 号支架、73 号支架、81 号支架现场数据为例进行具体分析。首先将各支架的循环工作阻力数据拟合成一条曲线,如图 3 所示;如果在前后 4h 范围内有超过 2 台支架达到来压判据,系统把此段时间内的 3 条循环工作阻力曲线拟合成一条曲线,如图 4 所示,并重新判断是否符合来压判据,如符合,系统记录工作面此部分来压,来压判据以上的时间段为来压时间,据此计算来压步距、来压强度等相关参数;如不符合拟合判据系统继续向下运行。

完成以上步骤并把分析结果记录下来绘制成曲线,如图 5 所示,根据记录的周期时间、步距、强度推断下一次周期的时间、步距、强度,如步距、强度较大时发出预警;随着实时数据输入,不断对预测曲线进行修正,最终得到预测波形。

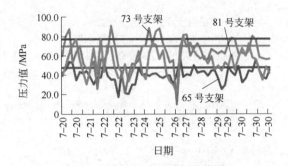

图 3 单个支架来压分析曲线图
Fig. 3 A single support pressure analysis of the graph

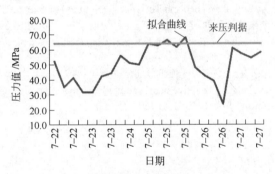

图 4 工作面来压拟合分析曲线图
Fig. 4 Face pressure fitting analysis curve

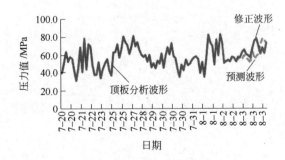

图 5 预测波形自修正曲线图
Fig. 5 Prediction of wave self-correction chart

4 结论

(1)经典矿压理论研究证明,随着工作面推进,顶板将周期性来压,在掌握了工作面顶板运动的周期性规律后，就可以对下次周期时间以及强度做出合理预测预警。

（2）通过区域支架联合分析方法可实现对工作面顶板运动周期性规律的掌握，且能有效降低分析误差，增加分析系统可靠性。

（3）在对工作面顶板运动规律准确掌握的基础上应用预测波形自修正技术，可实现对顶板灾害的预测预警。

参 考 文 献

[1] 杨硕. 基于PSO-BP神经网络的浅埋煤层工作面顶板矿压预测研究[D]. 西安科技大学,2010.
    Yang Shuo. Research based on the PSO-BP neural network to forecast the pressure from working face roof in shallow seam[D]. Xi'an University of Science and Technology,2010.

[2] 蔬礼春. 煤矿顶板动态在线监测系统[J]. 煤矿安全. 2012,10:92~93.
    Shu Lichun. Roof dynamic on-line monito system in coal mine[J]. Safety in Coal Mines. 2012,10:92~93.

[3] 连清旺. 矿井顶板（围岩）状态监测及灾害预警系统研究及应用[D]. 太原理工大学博士论文,2012.
    Lian Qingwang. Study on roof(surrounding rock) state monitoring and the disaster warning system and its application in mine[D]. Taiyuan University of Technology, 2012.

[4] 宋振骐. 实用矿山压力控制[M]. 徐州：中国矿业大学出版社,1988.
    Song Zhenqi. Practical mine pressure control[M]. Xuzhou: China University of Mining and Technology,1988.

[5] 周宣赤,白春华,林大超,等. 顶板压力预报机制研究[J]. 煤炭学报, 2011,9(36):299~303.
    Zhou Xuanchi, Bai Chunhua, Lin Dachao, et al. Research on mechanisms of roof pressure prediction.[J]. Journal of Coal Science & Engineering, 2011,9(36):299~303.

[6] 姜福兴,宋振骐,宋杨. 老顶的基本结构形式[J]. 岩石力学与工程学报, 1993,4(12):366~379.
    Jang Fuxing, Song Zhenqi, Song Yang. The basic structure of main roof[J]. Chinese Journal of Rock Mechanics and Engineering. 1993,4(12):366~379.

[7] 钱鸣高,石平五. 矿山压力与岩层控制[M]. 徐州:中国矿业大学出版社, 2003.
    Qian Minggao, Shi Pingwu. Mining pressure and strata control[M]. Xuzhou: China University of Mining and Technology, 2003.

[8] 贺超峰,华心祝,杨科,等. 基于BP神经网络的工作面周期来压预测[J]. 安徽理工大学学报(自然科学版), 2012,32(1):59~63.
    He Chaofeng, Hua Xinzhu, Yang Ke, et al. Forecast of periodic weighting in working face based on back-propagation neural network[J]. Journal of Anhui University of Science and Technology(Natural Science), 2012,32(1):59~63.

[9] 杨永杰,谭云亮. 回采工作面周期来压步距的灰色预测[J]. 工程地质学报, 1996,4(3):59~64.
    Yang Yongjie, Tan Yunliang. Grey prediction of working face periodic pressure step distance[J]. Journal of Engineering Geology, 1996,4(3):59~64.

[10] 冯夏庭,王泳嘉,姚建国. 煤矿顶板矿压显现实时预报的自适应神经网络方法[J]. 煤炭学报, 1995,20(5):455~460.
    Feng Xiating, Wang Yongjia, Yao Jianguo. Adaptive neural network for real-time prediction of rock behaviour in coal mines[J]. Journal of Coal Science & Engineering, 1995,20(5):455~460.

钱家营矿综采面冒顶影响因素分析及控制措施

李擎[1] 于子江[2]

(1. 内蒙古科技大学矿业与煤炭学院,包头 014010;
2. 开滦钱家营矿业分公司,唐山 063301)

摘 要 针对钱家营煤矿在回采期间发生冒顶事故的1129E综采面为例,探究了综采工作面冒顶的主要原因,利用UDEC离散元数值模拟软件,分析了不同端面距和不同支架工作阻力对工作面顶板冒高和顶板下沉量的影响,结合工作面现场地质生产条件,提出了控制端面煤岩体破坏的有效措施。观测结果表明,端面距应控制在0.6m以下,液压支架工作阻力不小于4800kN将其作为防治顶板冒顶的控制指标。现场应用表明效果良好,对类似工作面的顶板管理具有极高的参考价值。

关键词 冒顶 数值模拟 综采面 顶板控制

Analysis on Influencing Factors of Roof Fall and Control Measures in Qianjiaying Mine Fully Mechanized Coal Face

Li Qing[1] Yu Zijiang[2]

(1. College of Mining Engineering, Inner Mongolia University of Science and Technology, Baotou 014010,China;
2. Qianjiaying Mining Branch Co., Ltd., Tangshan 063301,China)

Abstract Taking the roof fall accidents during mining in Qianjiaying mine fully mechanized 1129E face as an example, the reasons for coal face roof falling are explored. by making use of discrete element numerical simulation software-UDEC. The falling-in height and convergence of roof in coal face are studied and analyzed with different parameter values of influencing factors. The factors contained the distance of tip-to-face roof and support working resistance. the control measures for tip-to-face roof are presented together with production geological condition in fully mechanized face. The field observation results show that the distance of tip-to-face that is less than 0.6m and the working resistance of hydraulic support that is more than 4800kN are the key control indices, which control the roof fall. The practice shows that the result is good. It has the extremely high reference value for roof control in similar working face.

Keywords roof fall, numerical simulation, fully-mechanized face, roof control

根据2001~2010年中国煤矿事故统计数据,在各类煤矿事故中顶板事故发生次数最多,总共3372次,占事故总数的43%[1~3]。煤矿回采期间,由于煤层赋存条件的复杂性和多样性,工作面顶板发生冒顶事故造成人员伤亡,是顶板事故的重要类型。工作面顶板事故严重影响工人人身安全和工作面正常生产,因此必须科学分析事故原因进而提出合理的顶板控制措施[4~10]。

1 工作面地质生产概况

钱家营矿1129E综采面位于1128E综采面倾斜上方。西侧为一采12煤层边眼,东侧是三采十二煤层山,中部为辅1-3采十二煤回风山,上覆5号煤层已回采完毕,1129E综采面走向长1885m,倾斜长150m,12煤层倾角11°,煤层地质条件复杂。煤层厚1.4~4.4m,平均厚度3.2m。煤层顶板为泥质黏土岩,厚0~4.9m,老顶为粉砂岩,厚0~3.2m,12煤层底板为砂质泥岩,厚4.6m。煤层柱状图见图1。

作者简介:李擎(1985—),男,山东泰安人,讲师。研究方向:矿山压力与岩层控制。电话:13848539160; E-mail:ckliqing163.com

岩石名称	厚度/m	柱状	层号	岩 性 描 述
粉砂岩	0~3.2		1	质地细腻,顶部偶见植物根化石,局部显水平层理
泥质黏土岩	0~4.9		2	油脂光泽,含炭质碎屑及黄铁矿散晶,近煤处直接顶中有一层煤线发育
泥岩	0~0.6		3	灰黑色,破碎,为伪顶
12煤	1.4~4.4		4 5	煤层厚度较稳定,结构复杂
粉砂岩	0~2.78		6	泥质胶结,局部有褐灰色泥岩伪底,含植物根化石
细砂岩	0~2.6		7	硅泥质胶结,岩石层面上含有煤层薄膜,偶见植物碎片及苛达化石

图1 煤层柱状图

Fig.1 Columnar section of coal seam

1129E 工作面采用单一走向长壁后退式综合机械化采煤法。1129E 工作面开采 12 煤层,割煤高度控制在 3.0~4.0m,煤厚低于 3.0m 时破板开采。采煤机沿煤层顶板回采,随工作面煤层厚度的变化及时调整采高。该工作面回采主要工艺流程以割煤工序为中心,割煤、移架和推溜平行作业,组织正规循环,具体工序为:割煤→移架→推溜→联网。工作面回采期间冒顶事故频发,严重时造成工作面停产。

2 综采面顶板失稳因素分析

2.1 数值模型的建立

模拟对象为钱家营煤矿 1129E 综采工作面,该采区平均采深为 530m,在对现场状况进行简化的基础上,计算模型设为水平模型,具体来讨论综采面顶板冒顶的影响因素和控制效果。下面介绍模型的有关参数设计。

计算模型选取工作面的推进方向(水平方向)为 x 轴,垂直方向为 y 轴。其中,在 x 轴方向上,采空区侧取 35m,实体煤侧取 65m;在 y 轴方向上,老顶上覆岩层只考虑 7.1m 厚度,老顶厚度为 2m,老顶上覆第一岩层为泥岩,模拟块度为 2.0m×2.1m。直接顶厚度为 2.8m,直接顶块度为 0.4m×0.4m 七层,伪顶模拟块度为 0.3m×0.3m。直接顶下层为 0.3m 厚的伪顶,煤层厚度为 3.2m,煤壁划分倾斜裂隙,倾角为 60°×120°,块度为 0.2m×0.2m。底板岩层厚度取 14.6m,围岩本构关系采用莫尔-库仑模型,如图 2 所示。

在计算模型范围的基础上,确定边界条件。上部边界条件:老顶上方载荷与上覆岩层的重力($\Sigma\gamma h$)有关,载荷的分布形式简化为均布载荷,q=13.25MPa。下部边界条件:本模型的下部边界为底板,简化为位移边界条件,在 x 方向上可以运动,y 方向上固定的铰支,即 v=0。

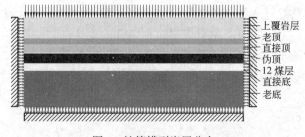

图2 计算模型岩层分布

Fig.2 Computation model of the distribution of rock strata

2.2 冒顶影响因素分析

工作面冒顶主要研究对象是端面顶板和煤壁,据此确定了如下的模拟方案。各种影响因素的参数值发生变化,如端面距、支架工作阻力等,研究顶板的冒顶和煤壁的片帮,影响因素模拟方案设计见表1。

表 1 影响因素模拟方案设计
Table 1 Design of simulation scheme under different influencing factors

模拟方案	梁端距/m	工作阻力/kN
I-1	0.0	4800
I-2	0.25	4800
I-3	0.5	4800
I-4	0.75	4800
I-5	1.0	4800
I-6	1.25	4800
I-7	1.5	4800
II-1	0.5	6000
II-2	0.5	4800
II-3	0.5	3600
II-4	0.5	2400

2.2.1 端面距影响因素

在支架工作阻力正常的情况下，梁端距（端面距包括梁端距和片帮节深）分别取 0m、0.25m、0.5m、0.75m、1.0m、1.25m、1.5m。模拟方案为 I-1、I-2、I-3、I-4、I-5、I-6、I-7。

2.2.2 支架工作阻力影响因素

当梁端距为 0.5m 时，支架阻力分别取 6000kN、4800kN、3600kN 和 2400kN。模拟方案为 II-1、II-2、II-3 和 II-4。研究顶板的冒顶失稳的情况。

3 综采面冒顶控制措施

根据影响 1129E 综采面顶板失稳影响因素分析，工作面的冒顶控制应从缩小端面距和提高支架工作阻力两种方式入手。从图 3 看出，冒高和端面距近似呈抛物线关系，当端面距较小时（不大于0.6m），端面稳定（冒高小于 0.15m）；随着端面距的增大，冒高也逐渐增大，端面顶板失稳越来越严重。控制端面距应从梁端距、接顶距、片深三个方面入手，从而达到总体上减小端面距的目的。从图中可以看出，端面距应控制在 0.6m 以下。

从图 4 中可以看出，支架工作阻力与顶板下沉量之间的关系曲线即所谓的"$P\text{-}\Delta L$"近似呈双曲线关系，但已经变得十分缓和，并且在曲线上，临界工作阻力值不明显。支架工作阻力对端面顶板冒顶的影响较大，工作阻力从 2400kN 增至 6000kN，冒高从 1.35m 降低到 0.10m。因此，提高支架支护力(尤其是支架水平支护力)是控制端面顶板冒漏和煤壁片帮的有效措施之一，必须杜绝支架工作阻力极低（如支架严重失效故障）的情况发生。

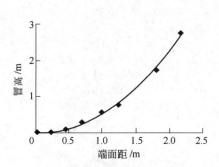

图 3 端面距和冒高关系曲线
Fig.3 The relation curves between distance of tip-to-face and falling height

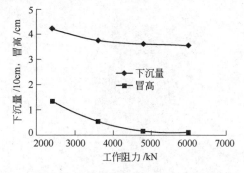

图 4 工作阻力与端面下沉量及冒高关系
Fig.4 The relationship between working resistance and tip-to-face convergence or falling height

4 结论

(1) 通过分析钱家营矿 1129E 综采面地质生产条件,综采面顶板冒顶的主要影响因素为端面距和支架工作阻力。

(2) 根据综采面数值模拟结果显示,当综采面端面距应控制在 0.6m 以下,支架工作阻力应不小于 4800kN 时,工作面顶板控制效果较好。

参 考 文 献

[1] 陈娟,赵耀江. 近十年来我国煤矿事故统计分析及启示[J]. 煤炭工程,2012(3):137~139.
Chen Juan, Zhao Yaojiang. The analysis of coal mine accident statistics in recent ten years in China[J]. Coal Engineering, 2012 (3): 137~139.

[2] 汪锋,许家林,王晓振. 祁东煤矿 7-131 工作面局部冒顶原因及机理分析[J]. 煤炭科学技术,2013,02:24~27.
Wang Feng, Xu Jialin, Wang Xiaozhen. Analysis on partial roof falling causes and mechanism of No. 7-131 Coal Mining Face in Qidong Mine [J].Coal Science and Technology, 2013, 02: 24~27.

[3] 何富连,杨绿刚,谢生荣,等. 复杂地质条件下综采面安全高效开采关键技术[J]. 采矿与安全工程学报,2013,02:218~222.
He Fulian, Yang Lugang, Xie Shengrong, et al. Safe effective key mining technology of fully mechanized face with complex geological conditions [J]. Journal of Mining & Safety Engineering, 2013, 02: 218~222.

[4] 谢生荣,张广超,张守宝,等. 大倾角孤岛综采面支架–围岩稳定性控制研究[J]. 采矿与安全工程学报,2013,03:343~347.
Xie Shengrong, Zhang Guangchao, Zhang Shoubao, et al. Stability control of support-surrounding rock in the large inclination fully mechanized island face [J]. Journal of Mining & Safety Engineering, 2013, 03: 343~347.

[5] 钱鸣高,缪协兴,何富连,等. 采场支架与围岩耦合作用机理研究[J]. 煤炭学报,1996,01:40~44.
Qian Minggao, Miao Xiexing, He Fulian, et al. Mechanism of coupling effect between supports the workings and the rocks [J].Journal of China Coal Society, 1996, 01: 40~44.

[6] 闫振东. 大采高工作面冒顶原因及控制措施[J]. 煤矿开采,2009,05:27~29.
Yan Zhendong. Analysis of roof fall cause and its control in large height mining face [J].Coal Mining Technology, 2009, 05: 27~29.

[7] 严红,何富连,张守宝,等. 垮冒煤巷顶板模拟分析与支护研究[J]. 中国煤炭,2010,10:43~47.
Yan Hong, He Fulian, Zhang Shoubao, et al. Study on numerical simulation and support of coal entries with collapsed roof [J].China Coal, 2010, 10: 43~47.

[8] 何富连,杨伯达,田春阳,等. 大倾角综放面支架稳定性及其控制技术研究[J]. 中国矿业,2012,06:97~100.
He Fulian, Yang Boda, Tian Chunyang, et al. Stability and control technology of powered support in deep inclined fully mechanized top-coal caving face [J].China Mining Magazine, 2012, 06: 97~100.

[9] 闫少宏. 大采高综放开采煤壁片帮冒顶机理与控制途径研究[J]. 煤矿开采,2008,04:5~8.
Yan Shaohong. Research on side and roof falling mechanism and Control approaches in full mechanized caving mining with large mining height [J].Coal Mining Technology, 2008, 04: 5~8.

[10] 罗文. 浅埋大采高综采工作面末采压架冒顶处理技术[J]. 煤炭科学技术,2013,09:122~125.
Luo Wen. Handling technology of hydraulic powered support jammed and roof fall during terminal mining of fully-mechanized high cutting coal face with shallow seam [J].Coal Science and Technology, 2013, 09: 122~125.

大采高综采工作面末采阶段来压规律与顶板控制技术

孙中光[1]　李良红[2]　李少刚[3,4]　田灵涛[2]

(1. 中煤科工集团重庆研究院有限公司测控技术研究分院，重庆　400039；
2. 国电建投内蒙古能源有限公司察哈素煤矿，内蒙古鄂尔多斯　017209；
3. 煤炭科学技术研究院有限公司安全分院，北京　100013；
4. 煤炭资源高效开采与洁净利用国家重点实验室（煤炭科学研究总院），北京　100013）

摘　要　为研究大采高综采工作面末采阶段矿压显现规律，保证设备快速回撤，以察哈素煤矿3101首采面末采阶段开采实践为工程背景，采用理论分析和现场实测相结合的方法，研究工作面推进速度对来压特征的影响，确定合理等压位置和推进计划，并提出末采支护方案。结果表明：工作面加速推进可使来压步距和来压持续长度明显增加，但支架工作载荷、动载系数等来压特征影响较小。利用停采等压技术可有效控制来压位置，减小来压步距和来压持续长度；合理留设等压间隔煤柱，可保证挂网和贯通回撤阶段顶板压力显现较缓和；采用补强支护和相关顶板控制技术可有效减轻采动压力对巷道变形的影响，保证回撤通道巷道围岩的稳定性。研究结果可为类似条件下综采工作面末采阶段安全生产和快速回撤提供参考依据。

关键词　末采　推进速度　来压规律　合理等压位置　回撤通道支护

The Behavior of Mine Pressure and Roof Control Technology in Fully-mechanized Face of Large Mining Height During End-mining

Sun Zhongguang[1]　Li Lianghong[2]　Li Shaogang[3,4]　Tian Lingtao[2]

(1. Measurement and Control Technology Branch, China Coal Technology Engineering Group Chongqing Research Institute, Chongqing 400039, China;
2. Chahasu Coal Mine, State Power Construction Investment Inner Mongolia Energy Co., Ltd., Neimenggu Erdos 017209, China;
3. Safety Branch, China Coal Research Institute, Beijing 100013, China;
4. State Key Lab of Coal Mining and Clean Utilization (China Coal Research Institute), Beijing 100013, China)

Abstract　In order to study and master the behavior and characteristics of mine pressure in mechanized coal face of large mining height during end-mining and ensure equipments rapid retracement, this research was made on the governance practices in 3101 working face, combined the theories and field measurement, in order to determine reasonable yield mining position and mining plan, the effect of different mining velocity on the effect of pressure characteristics were analyzed and the support scheme was designed. The study result shows that it could increase weighting distance and sustain length significantly by accelerating mining velocity, while the loading distribution and dynamic load coefficient of the powered supports were influenced less. It could control weighting position ,increase weighting distance and sustain length effectively by using yield mining technology. Reasonable coal pillar length of yield mining could make sure a mild roof strata behavior when Hanging nets, cut-through and equipments retracement. The effect of mining pressure on roadway deformation could be mitigated by using supplement support technology. The results we studied gave some references for safety production and rapid equipments retracement in mechanized coal face of large mining height during end-mining.

Keywords　end-mining, mining velocity, mine pressure behavior, reasonable yield mining position, equipment remove gateway support

---

作者简介：孙中光（1989—），男，山东枣庄人，现主要从事煤矿安全监测监控、矿山压力及其控制技术研究等方面工作。电话：18523922806；E-mail: sunzhongguang126@126.com

随着我国煤矿开采强度及综采设备制造水平的不断提升，大采高综采面多通道回撤技术在我国得到广泛应用[1,2]，而确保回撤通道的稳定是保证设备安全快速回撤的基础[3]。随着开采高度的增加，大采高工作面矿压显现趋于强烈，尤其在末采阶段工作面采动压力较集中，受超前支承压力影响回撤巷道将经受动压的严峻考验[4]。因此，采用科学合理的矿压控制和支护技术是保证工作面末采期间安全回采和撤面的必要条件。

本文从研究大采高工作面推进速度对来压特征影响入手，探讨末采阶段顶板控制和安全回撤技术，为类似条件下工作面末采阶段来压控制和顶板控制提供借鉴和参考。

1 工作面概况及来压特征

国电建投内蒙古能源有限公司察哈素煤矿 3101 大采高长壁综采工作面为该矿首采工作面，煤层埋深 398.8m，厚 6.45m，地质构造简单，倾角 1°~3°。煤层上方 24.15~30.50m 范围内，顶板岩性由泥岩、砂质泥岩和中粒砂岩组成，其中中粒砂岩为主体岩层。工作面直接底为 0.85~1.8m 的炭质泥岩；基本底为 5.35~14.18m 的粗粒砂岩。

为研究工作面推进速度对来压显现规律的影响，选取 3101 工作面全程开采实践中推进速度差异较明显的 3 个阶段进行对比（见表 1）：工作面正常推进速度为 9.6m/d，推进速度较慢时为 3.5m/d，快速推进时可达 12.9m/d。选取上述三个阶段内典型支架的工作阻力变化曲线作为对比（如图 1 所示），不同推进速度下工作面来压主要参数统计见表 2。

表 1 3101 工作面推进速度对比

推进方式	时 间 段	推进距离/m	推进速度/m·d⁻¹
快速 A	2013.10.10~2013.10.17	8d	103.4	12.9
正常 B	2013.11.15~2013.11.22	8d	76.6	9.6
慢速 C	2013.4.2~2013.4.25	22d	76.3	3.5

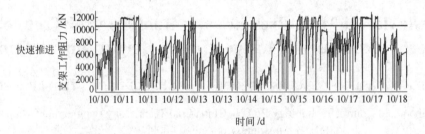

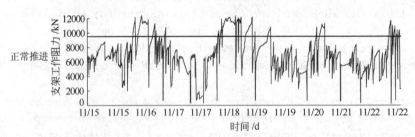

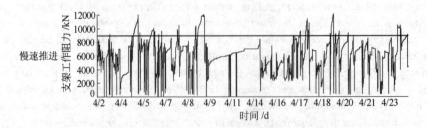

图 1 不同推进速度下支架阻力变化曲线

分析表 2 可以看出：（1）工作面推进速度较慢时，动载系数较小，周期来压步距和来压持续长度较短；工作面快速推进时，动载系数较大，周期来压步距和来压持续长度较长。（2）相比较于慢速推进，快速推进时来压步距和来压持续长度增长明显（分别增长 35.39%和 123.53%），来压期间支架载荷和动载系数有小幅增长（分别增长 2.83%和 7.99%），非来压期间支架载荷略有下降（下降 6.04%）；（3）在慢速推进的基础上加快工作面推进时，来压步距和长度增长明显，而当工作面推进速度达到一定程度后（例如从 9.6m/d 增长至 12.9m/d），来压步距和其他参数变化不大，仅来压持续长度增长明显（+26.67%）[8]。

表 2 3101 工作面不同推进速度下来压情况对比

比 较	非来压期间支架载荷/kN	来压期间支架载荷/kN	动载系数	来压步距/m	来压持续长度/m
A	5277.50	9908.18	1.86	20.66	6.5
B	5446.32	9810.96	1.75	19.15	5.1
C	5616.46	9635.62	1.72	15.26	2.9
A−C	−338.96	272.56	0.14	5.40	3.57
(A−C)/C×100/%	−6.04	+2.83	+7.99	+35.39	+123.53
B−C	−170.14	+175.34	+0.03	+3.89	+2.21
(B−C)/C×100/%	−3.03	+1.82	+1.46	+25.49	+76.47
A−B	−168.82	+97.22	+0.11	+1.51	+1.36
(A−B)/B×100/%	−3.10	+0.99	+6.43	+7.89	+26.67

由上述分析结果可知，工作面高速推进可使来压步距和来压持续长度明显增加，但对支架工作载荷、动载系数等影响较小。分析其原因为：根据损伤力学和关键层理论[5]，当工作面快速推进时关键层受损伤变形程度较低，覆岩裂隙发育较慢且下部岩层未能充分垮落，导致关键层破断距和关键岩块回转空间加大，造成来压步距和持续长度增大的现象。不同推进速度下基本顶运动情况如图 2 所示。

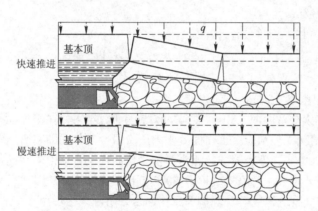

图 2 不同推进速度下基本顶运动示意图

2 末采阶段等压原理与实践

2.1 停采等压技术原理

工作面采用停采等压技术是利用推进速度的变化对来压特征的影响，达到控制工作面来压的位置和持续长度的目标[6]，具体过程包括：

（1）当工作面推至距主回撤通道一定距离时，若无来压迹象，为避免支架在与主回撤通道贯通时受顶板来压影响，暂停推进等压——由于长时间停采导致基本顶板裂隙发育并产生一定程度的回转，下部岩层则充分垮落。

（2）待工作面出现来压迹象时，则加速推进，此时基本顶回空间减小，顶板易触矸稳定，因此来压持续长度会有所减小。采用此种方法可以使回撤通道处在非来压区，此时该处矿压显现较为平缓，便于工作面的安全回撤。

2.2 合理等压位置确定

确定合理等压位置，即确定等压位置与主回撤通道之间等压间隔煤柱宽度，根据文献[5~8]研究成果和现场实际情况，可按照以下方法进行计算：

$$D_1 = k(Z_1 + Z_2) \tag{1}$$

$$D_2 \geqslant l_c \tag{2}$$

$$D = \max(D_1, D_2) \tag{3}$$

式中 D_1——理论计算的等压间隔煤柱宽度，6.5m；

D_2——保证贯通时不来压的等压间隔煤柱宽度，m；

Z_1——超前支承应力影响下等压间隔煤柱塑性区宽度，可由公式（4）得出；

Z_2——间隔煤柱靠近主回撤侧锚杆锚固范围，2.8m；

l_c——来压持续长度，根据末采阶段来压显现取 5m；

k——考虑大采高影响的稳定性系数，1.2。

$$Z_1 = \frac{M}{2f} \times \frac{1-\sin\varphi}{1+\sin\varphi} \times \ln\left(\frac{K\gamma H + C\cot\varphi}{\tau + C\cot\varphi} \times \frac{1-\sin\varphi}{1+\sin\varphi}\right) \tag{4}$$

式中 M——煤层采高，6.45m；

f——层面间的摩擦因数，0.4；

φ——煤体的内摩擦角，28°；

τ——支护设施等对煤柱的侧向约束力，取 0.1MPa；

C——煤层与顶底板间黏聚力，2.0MPa；

K——应力集中系数，2.5；

γ——煤层容重，25kN/m³；

H——煤层埋深，398.8m。

其中，采动应力集中系数 K 可由下式给出：

$$K = \begin{cases} 3.0 & \sigma_c > 25\text{MPa} \\ 2.5 & \sigma_c \leqslant 25\text{MPa} \end{cases} \tag{5}$$

式中，σ_c 为煤体单轴抗压强度，9.2MPa。

计算得出合理等压间隔煤柱宽度取 6.5m。根据文献[5]的研究结果，在工作面推进至图 3 所示的停采等压位置时，会存在 4 种可能情况（分别为：工作面处于来压阶段、工作面即将来压、让压后不会来压、来压步距较大时让压后不会来压）。为达到理想情况，即贯通前工作面推至合理停采等压位置时处于来压状态，则需根据前期工作面来压规律统计结果，对停采线前方 50~200m 工作面推进速度进行调控实验，根据停采等压技术原理适当加快或减慢工作面推进速度，合理调节工作面末采阶段来压步距。

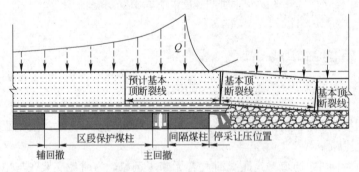

图 3 理想等压间隔煤柱留设与顶板结构示意图

2.3 末采等压与贯通实践

2.3.1 初次等压

通过观测距主回撤通道 150~30m 的来压情况（如图 4 所示），得出工作面周期来压步距平均为 18.5m，来压影响长度 4~6m，预计采场来压位置在距离主回撤通道 40m 和 20m 处，若在上述两个位置能够及时来压，则不需等压正常推进；若压力显现不明显则在挂网前先等压，确定来压后再挂网推进。

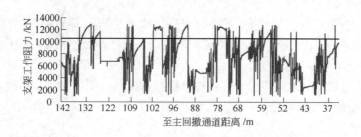

图 4 距主回撤通道 150~30m 支架压力曲线

3月1日凌晨当工作面推到距主回撤通道22m左右时开始来压，在推进到17m处来压显现结束。为将最后一次来压位置控制在距主回撤6~8m处，工作面末尾17m时采取等压措施，减慢推进速度（每天仅推进1~2刀），并且当开采至距主回撤通道15m时开始挂网作业。

2.3.2 贯通前的带压开采

通过等压措施，采场压力得到缓慢释放，为弥补末阻力来压判据的不足，末尾20m的来压分析采用循环增阻速度和末阻力来压判据相结合的方法确定是否来压。由图5可以看出3月8日晚班支架压力峰值虽然不大，但增阻速度明显加快，结合现场观察（片帮及声响等）判断为有来压迹象，此时距主回撤通道还有7m，因此无须等压，带压推进。3月9日全面贯通，来压结束。贯通后直至3月底的撤面期间，支架工作阻力明显减小（正常工作阻力只有5000kN左右），工作面始终处于非来压状态，回撤通道变形也较小，达到了预计目标。

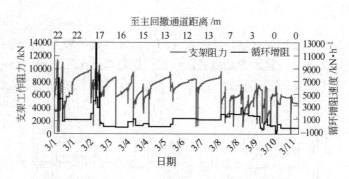

图 5 工作面末尾 20m 支架压力与循环增阻关系图

3 末采阶段顶板控制技术

3.1 调底板、降采高

在距主回撤通道50m时，需对工作面及主回撤通道内底板标高每5m一个测量点进行测量；在距主回撤通道35m时，工作面开始抬刀顺坡，逐渐降低采高并使工作面底板与主回撤道底板倾向坡度保持一致，并保证贯通时工作面底板高于主回撤通道底板100~200 mm，使撤架时支架易于拉出。同时，降低采高也可减少顶板回转空间，降低来压强度。

3.2 提高支架初撑力

支架初撑力的大小对工作面顶板控制及安全生产有直接影响[9]：若支架初撑力过小会使支护的安全系数降低，易产生采场顶板离层的累积，一旦顶板来压过大会导致立柱迅速下降，易发生压架事故。因此，末采期间需加强监管，保证工作面支架和垛式支架初撑力合格率，提高支架对顶板的支护强度。

3.3 一次性整体挂网

为加强对回撤通道破碎顶板与煤壁的控制，在距停采线15m开始挂网。挂网采用高强度、高模量、低蠕变的柔性纤维网对顶板及煤壁进行整体维护,并在支架顶梁前方100mm位置补打固定锚杆/索。相对于传统铅丝网而言,一次性整体挂网的铺设效果好,可实现顶网免联,且挂网时不需要在煤壁前方作业,可节约大量的联网时间,保证人员安全[10,11]。

正常挂网–割煤时的主要工序为:清理浮煤→用手摇绞盘撩网→割煤→用手摇绞盘放网→补打锚杆/索→拉架→清理浮煤。图6为柔性网挂网–割煤示意图。

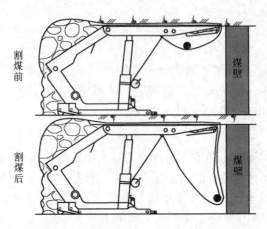

图6 柔性网挂网–割煤示意图

4 回撤通道支护形式

主、辅回撤通道之间通过多条联巷连接,将回撤区与冒落区有效地隔开,构成多通道平行回撤系统,支架搬运车将支架从主回撤通道撤出至就近的联络巷,经辅回撤巷道运出工作面,该方法可实现回撤支架多头平行作业,明显大幅提高工作面搬家倒面速度[12];图7为察哈素煤矿回撤通道布置图。

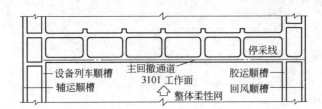

图7 察哈素煤矿回撤通道布置图

回撤通道受整个贯通与回撤时超前应力的影响,巷道变形会比较严重,因此其支护质量将直接影响到工作面回撤安全和回撤速度。结合现场情况,察哈素煤矿回撤通道支护设计[13]如图8所示,具体支护参数见表3。

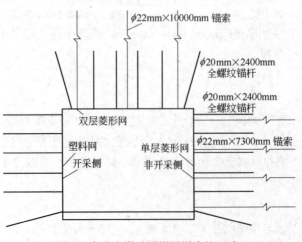

图8 察哈素煤矿回撤通道支护形式

表3 回撤通道支护参数

序号	位置	支护参数
1	顶板	锚杆：ϕ20mm×2400mm金属锚杆，间排距900mm×800mm，通过ϕ16mm圆钢焊接钢筋梯梁连接，预紧力为200N·m； 锚索：ϕ22mm×10000mm钢绞线，间排距1600mm×800mm，通过3600mm×300mm×3mm W型钢带连接，预紧力为250kN
2	非采帮	锚杆：ϕ20mm×2400mm金属锚杆，间排距1000mm×800mm，通过ϕ16mm圆钢焊接钢筋梯梁连接，预紧力为150N·m； 锚索：ϕ22mm×7300mm钢绞线，间排距1600mm×800mm，通过3600mm×300mm×3mm T型钢带纵向连接，通过3600mm×300mm×3mm W型钢带横向连接，锚预紧力为250kN
3	采帮	锚杆：ϕ20mm×1800mm金属锚杆，间排距1000mm×800mm，通过ϕ16mm圆钢焊接钢筋梯梁连接，预紧力150N·m
4	底板	主、辅回撤通道及联巷浇筑300mm厚的混凝土底板
5	联巷	采用间排距1000mm×1000mm的锚索组外加"单体液压支柱+工字钢"
6	支架	主回撤通道布置两排共124架ZZ15000/20/40型垛式支架； 联巷口两侧布置两排共22架ZZ15000/20/40型垛式支架； 主回撤通道采帮一侧补加一排单体液压支柱支护煤柱

5 结论

（1）工作面高速推进时可使来压步距和来压持续长度明显增加，对支架工作载荷、动载系数等影响较小。当工作面推进速度达到一定程度后，在加快推进速度时仅来压持续长度有明显增长。

（2）工作面采用停采等压技术是利用推进速度的变化对来压特征的影响，加速覆岩关键层裂隙发育和垮落，减小其破断距和岩块回转空间，从而达到控制来压步距和来压持续长度的目的。

（3）计算得出合理等压间隔煤柱宽度，取6.5m。通过对停采线前方50~200m工作面推进速度进行调控和贯通前的等、让压措施，成功避免了贯通回撤时顶板来压威胁，有效指导了现场生产。

（4）经现场实践证明，通过停采让压、降低采高、增加支架阻力、挂柔性网，对回撤巷道补强支护等手段，能有效减轻采动压力对工作面及回撤巷道的影响，确保回撤空间的稳定性。

参 考 文 献

[1] 王金华. 我国大采高综采技术与装备的现状及发展趋势[J]. 煤炭科学技术, 2006, 34(1): 83~85.
Wang Jinhua. Present status and development tendency of fully mechanized coal mining technology and equipment with high cutting height in China[J]. Coal science and technology, 2006, 34(1): 83~85.

[2] 孙中光. 大采高综采工作面矿压显现规律及支架适应性研究[J]. 煤炭工程, 2014, 46(2): 85~88.
Sun Zhongguang. Research on behavior of mine pressure and the suitability of hydraulic supports in mechanized coal face of large mining height[J]. Coal engineering, 2014, 46(2): 85~88.

[3] 蒙鹏科. 大重型化设备安全快速回撤系统稳定性研究与实践[J]. 煤炭工程, 2011(12): 40~42.
Meng Pengke. Research and practice on the stability of safety and rapid retracement system with big and heavy equipments[J]. Coal engineering, 2011(12): 40~42.

[4] 赵辉. 厚煤层综放工作面末采期间主撤巷道加强支护及矿压监测[J]. 煤炭工程, 2011, 11: 43~45.
Zhao Hui. Mine pressure monitoring and reinforced supporting of main retracement roadway in thick-seam fully-mechanized caving face during end-mining[J]. Coal engineering, 2011, 11: 43~45.

[5] 王晓振, 许家林, 朱卫兵, 等. 浅埋综采面高速推进对周期来压特征的影响[J]. 中国矿业大学学报, 2012, 41(3): 349~354.
Wang Xiaozhen, Xu Jialin, Zhu Weibing, et al. Influence of high mining velocity on periodic weighting during fully-mechanized mining in a shallow seam[J]. Journal of China university of mining & technology, 2012, 41(3): 349~354.

[6] 王磊, 谢广祥. 综采面推进速度对煤岩动力灾害的影响研究[J]. 中国矿业大学学报, 2010, 39(1): 70~74.
Wang Lei, Xie Guangxiang. Influence of mining velocity on dynamic disasters in the coal and rock mass at a fully mechanized mining face[J]. Journal of China university of mining & technology, 2010, 39(1): 70~74.

[7] 王晓振, 鞠金峰, 许家林. 神东浅埋综采面末采阶段等压开采原理及应用[J]. 采矿与安全工程学报, 2012, 29(2): 151~156.
Wang Xiaozhen, Ju Jinfeng, Xu Jialin. Theory and applicable of yield mining at ending stage of fully-mechanized face in shallow seam at Shendong mine area[J]. Journal of mining & safety engineering, 2012, 29(2): 151~156.

[8] 钱鸣高, 石平五. 矿山压力与岩层控制[M]. 徐州: 中国矿业大学出版社, 2003.
Qian Minggao, Shi Pingwu. Mining pressure and strata control[M]. Xuzhou: China mining university press, 2003.

[9] 孙中光. 近浅埋煤层工作面矿压显现及覆岩破断规律研究[D]. 中国矿业大学（北京）硕士论文, 2010.
Sun Zhongguang. Research on Strata-pressure appearance and composite rock fracture behavior of long-wall working face in near shallow seam[D]. China university of mining & technology(Beijing) master thesis, 2010.

[10] 丁永禄. 柔性网在大采高大断面回撤通道中的应用[J]. 煤炭工程, 2011(10): 34~36.

Ding Yonglu. Application of flexible mesh to equipment removing channel with high cutting and large cross section[J]. Coal engineering, 2011(10): 34~36.

[11] 徐拥军. 柔性树脂纤维假顶网在大采高综采工作面末采期的应用[J]. 煤矿开采, 2014, 19(1): 74~76,106.
Xu Yongjun. Application of flexible resin fiber mesh in end mining of large-mining-height full-mechanized mining face[J]. Coal mining technology, 2014, 19(1): 74~76,106.

[12] 曹忠格. 综采工作面末采顶板支护方式技术研究[J]. 煤矿开采, 2008, 13(5): 95~97.

[13] 郭浩森, 李化敏, 李东印, 等. 重型综放工作面快速回撤与末采期顶板控制技术[J]. 煤炭科学技术, 2012, 40(10): 34~36,40.
Guo Haosen, Li Huamin, Li Dongyin, et al. Rapid equipment withdrawing from heavy fully mechanized top coal caving mining face and roof control technology during mining terminal period[J]. Coal science and technology, 2012, 40(10): 34~36,40.

近距煤层重复开采覆岩三带的划分与地表沉陷观测

王志强 张嘉文 陈福勇 胡勇 赵德义

(中国矿业大学（北京）资源与安全工程学院，北京 100083)

摘 要 为了得到重复采动下极近距离厚煤层综放开采对覆岩的采动影响展开了研究。研究中采用理论计算与地表沉陷观测两种方法，首先应用《规程》中多层煤开采的计算方法与关键层理论确定了导水裂缝带发育高度，但两者的计算结果差别较大。为了验证计算结果的客观性，通过对地表运动的实测数据进行整理并分析，认为地表沉陷在观测期间出现的较大变化与关键层运动基本吻合，因此结合关键层理论与地表实测数据得出结论，即对 8 号与 9 号煤层开采中，受重复采动的影响，覆岩导水裂隙带发育至地表。最后，对地表裂缝进行了勘查，进一步验证了研究结果的客观性。

关键词 重复采动 导水裂缝带 关键层 地表沉陷

煤层开采后引起岩体向采空区内移动，出现采场和巷道顶板的下沉、垮落和来压现象[1]。用全部垮落法管理顶板时，采场上方会产生垮落带、裂隙带和弯曲下沉带，其中，垮落带和裂隙带又合称为导水裂缝带，导水裂缝带的预先判定对水体下采煤[2]和开采有突出危险煤层时确定解放层作用具有十分重要的意义。同时，三带的划分对地面建设工程评价地表塌陷也有一定的作用，由于采场覆岩三带的影响，地表会相应地出现坍塌、裂缝或者下沉，在矿井开采期间，科学、合理地确定采场覆岩"三带"具有重要的意义。

在以往的研究中，对采场覆岩导水裂缝带的判定采用规程[3]中相应的计算准则确定垮落带和导水裂缝带的高度，但是，近年来由于一次开采厚度大，造成厚煤层一次全高开采导水裂缝带高度大于规程的计算结果，发现导水裂缝带的高度与采高、工作面开采范围、覆岩关键层及其位置等因素[4~8]有关。

结合到官地矿具体工程条件，该矿不仅一次采出煤层厚度大，而且目前所采的 8 号、9 号煤层合并层的覆岩中 2 号、3 号与 6 号煤层已先期开采结束，属于重复采动。因此如何在现有成果上科学、合理的划分 8 号与 9 号煤层中覆岩的三带及其对地表的影响具有重要意义。

1 地质与回采技术条件

官地矿 29401 工作面地面位于狼坡村（已搬迁）西北侧山梁上，地表植被发育，灌木丛生，盖山厚度 221~280m，开采 8 号与 9 号近距离煤层，其中机采的 9 号煤层厚度为 3.31m，在 29401 工作面揭露与 8 号煤层层间距在 0.4~1.2m 之间。煤层平均倾角为 5°，可采指数为 1，变异系数为 5%，属于稳定煤层。放顶的 8 号煤层厚度为 3.41m，累计开采厚度在 7.11~7.91m 之间。29401 工作面布置如图 1 所示，回采过程中，29401 工作面将 8 号煤层与 9 号煤层一次采出，工作面倾斜长度为 150m，推进距离 571m。

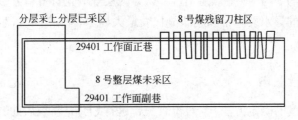

图 1 29401 工作面布置示意图

基金项目：中央高校基本科研业务费专项资金项目（2011QZ06）。
作者简介：王志强（1980—），男，采矿博士，硕士生导师。目前在中国矿业大学（北京）资源与安全工程学院从事科研、教学工作。电话：13810796225；E-mail: wzhiqianglhm@126.com

其顶板岩层柱状见表1，采用关键层判别方法计算得到采场覆岩中存在四层亚关键层，一层主关键层，包括10m厚的石灰岩、17m厚的粗粒砂岩、10m厚的中粒砂岩、12m厚的中粒砂岩以及13.5m厚的中粒砂岩，其中13.5m厚的中粒砂岩为主关键层，且由于其距离地表近，而且官地矿表土层厚度薄，与基岩无法明确区分，因此认为主关键层的运动与地表沉陷特征基本一致。

表1 煤层覆岩关键层及综合柱状

层 序	1	2	3	4	亚关键层1	6	7	8	9
岩 性	9号煤层	泥岩	8号煤层	泥岩	石灰岩	泥岩	石灰岩	泥岩	石灰岩
厚度/m	3.3	1.2	3.4	12	10	5	3	11	4
层 序	10	亚关键层2	12	13	14	15	16	17	亚关键层3
岩 性	泥岩	粗粒砂岩	泥岩	中粒砂岩	砂质泥岩	泥岩	粉砂岩	泥岩	中粒砂岩
厚度/m	8	17	29	6.7	15.4	30	8.5	8	10
层 序	19	20	21	亚关键层4	23	主关键层	25		
岩 性	砂质泥岩	中粒砂岩	砂质泥岩	中粒砂岩	砂质泥岩	中粒砂岩	泥岩		
厚度/m	19.5	5	3	12	8	13.5	12		

2 覆岩三带的划分

2.1 按照规程计算分析

长壁工作面煤层开采后，覆岩发生断裂、垮落在采空区，这一部分称为垮落带。随着垮落岩层高度的上升，受垮落岩层碎胀性的影响，完整顶板下方的空洞尺寸越来越小，受下沉允许量与岩层自身力学特性的影响，该岩层可能会出现平衡结构，则该层及其上覆随动层称为裂隙带，垮落带与裂隙带也称为导水裂缝带。按照《建筑物、水体、铁路及主要井巷煤柱留设与压煤开采规程》中推荐的统计经验公式，覆岩硬度按中等进行计算，得到垮落带高度在11.6~16m，按照导水裂缝带的两个计算公式，得到导水裂缝带高度为44.8~64.8m，对采场覆岩分带划分，认为采场顶板高度（0~16m）范围为垮落带，（16~64.8m）为导水裂缝带，再向上为弯曲下沉带。

结合该矿开采历史，即8号、9号煤层之上曾开采过3.24m厚的2号、3.94m厚的3号与1.92m厚的6号煤层，其中2号与3号煤层层间距为5.3m，距离8号、9号煤层66.2m，其下方38m为1.92m厚的6号煤。结合规程中煤层群开采覆岩三带分布，从上到下逐层分析，认为2号与3号煤开采需要综合采厚计算覆岩导水裂隙带，即采用如下公式：

$$M_{综} = M_2 + (M_1 - h_{1-2}/y_2) \tag{1}$$

式中，M_1为上层煤开采厚度；M_2为下层煤开采厚度；h_{1-2}为上、下层煤之间的法线距离；y_2为下层煤的冒高与采厚之比，3号煤层冒高计算为12.7m，y_2计算为3.22。

计算得到2号与3号综合采厚为覆岩导水裂隙带高度为5.53m，进一步得到导水裂隙带最大高度为57m，而2号煤与地表距离为182.7m，导水裂隙带距离地表125.7m。

而依次向下分析6号煤与8号、9号煤层情况，认为几层煤分别计算导水裂隙带高度取最大值即可，也就是2号与3号煤综合采厚的导水裂隙带高度即能代表最大导水裂隙带高度，也即重复采动导水裂隙带高度最终确定为距离地表125.7m。

2.2 基于关键层划分覆岩三带

如采用"采场垮落带高度的确定方法[9]"对覆岩三带进行划分，断裂后的岩层属于垮落带还是裂隙带按照"三铰拱"平衡结构判定准则：

（1）断裂块体不产生滑落失稳，满足如下公式：

$$h/a \leqslant \frac{1}{2}\tan\varphi \tag{2}$$

式中，h 为岩层的厚度，m；a 为关键层的断裂步距，m；φ 为岩块间的摩擦角，(°)。

（2）断裂块体的变形失稳，满足如下公式：

$$\sigma_p / \sigma_c \leqslant k \tag{3}$$

$$\sigma_p = \frac{2qi^2}{(1 - i \sin \beta)^2}$$

式中，σ_p 为断裂岩块咬合处的挤压力，MPa；σ_c 为岩块抗压强度，MPa；k 为根据经验判定比例系数；q 为关键层承载，kPa；$i=a/h$；β 为岩块断裂后允许的下沉角度，(°)，由空洞尺寸断裂步距 a 决定。

在不考虑采空区覆岩对采场空间充填的前提下，经计算，覆岩中的关键层在工作面推采范围内均会出现断裂，由于表土层薄，因此可近似认为主关键层的运动是地表运动的直接反应，在此对主关键层进行计算，认为如果其断裂后下沉值超过 5.6m，则其无法满足公式（3），属于垮落带，反之，属于裂隙带。由于主关键层距离地表近，其与煤层之间岩层的厚度较大，且 8 号与 9 号煤层覆岩中存在的几层可采煤层累计已经采出厚度超过 9m，因此主关键层下方充填性以及允许的旋转角无法确定，需要进一步结合现场实测的方法确定。

3 地表沉陷观测与数据分析

3.1 观测站布置

地表观测站布置如图 2 所示。

如图 2 所示，地表沿工作面走向与倾向共布置两条观测线，观测点间距25m，走向观测点 26 个，倾向观测点 24 个，通过 4 个控制点控制，走向观测线长度为625m，倾向观测线长度为575m，总长度为1200m。走向观测线(A 线)的位置在工作面下山方向边界上部 68.1m 处，倾斜观测线(B 线)到开切眼的距离确定为309m。

3.2 观测数据分析、整理

29401 工作面于 2010 年 5 月 15 日开采，2011 年 3 月 10 日停采，从 2010 年 5 月 15 日至 2011 年 6 月 8 日共计进行了 10 次观测，对观测数据进行整理，如图3和图4所示。观测时间与观测位置见表2。

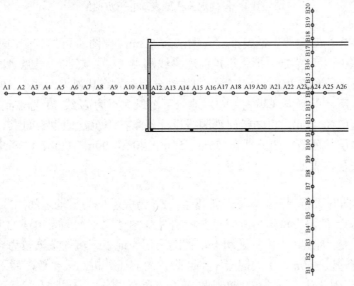

图 2 地面观测站布置平面图

表 2 观测时间与位置

观测次数	观测时间	开采位置距切眼距离/m	开采位置距 B 线距离/m
1	2010.5.10	0	−309
2	2010.5.30	22	−287
3	2010.6.30	71	−238

续表 2

观测次数	观测时间	开采位置距切眼距离/m	开采位置距 B 线距离/m
4	2010.9.6	200.6	−108.4
5	2010.11.2	273	−36
6	2010.12.7	352	43
7	2011.1.18	467	158
8	2011.2.22	547	238
9	2011.4.7	571	262
10	2011.6.8	571	262

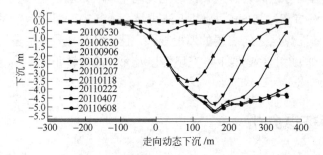

图 3 走向观测线地表动态下沉曲线

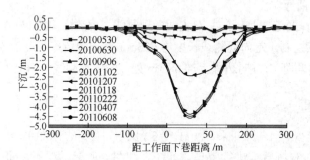

图 4 倾向观测线地表动态下沉曲线

由图 3 可以看出，走向观测线上地表下沉最大值为 5.3m，由图 4 可知，倾向观测线上地表下沉最大值为 4.6m。根据图 3 工作面采厚鉴定分析由于走向观测线测点 17 号点到 22 号点之间对应的下方煤层群累计的采厚较大，且仅是局部采厚较大，不能作为平均数据分析，故将其视为异常，以倾向观测线的最大下沉为基本分析数据。从图 4 所示的倾向观测线可知，地表下沉最大点为 B 线 13 号点到 14 点之间距离工作面下巷 64.3m 处，最大下沉值为 4.6m，可知走向观测线设计基本在下沉盆地主断面上。

结合采场覆岩关键层的断裂步距分别为 75m，51m，40m，90m，90m，并考虑工作面推采过程距离与覆岩悬露步距之间的关系，满足：

$$L = 2 \mathrm{ctan}\alpha \Sigma h$$

式中，L 为工作面单方向开采范围；α 为覆岩断裂角；Σh 为关键层与采场之间的距离。

结合表 2 并按照 60°的覆岩垮落角考虑，分析图 3 与图 4 每一次地表出现的大幅度下沉与之相应的是关键层达到极限悬露步距，因此认为重复采动下以关键层作为地表下沉的依据较为合理。同时做进一步分析，当工作面与开切眼距离超过 350m，主关键层发生断裂，而前述分析，只要断裂后下沉值不超过 5.6m，而实测该下沉值达到 4.6m，因此认为该关键层断裂后属于裂隙带，采场覆岩存在垮落带与裂隙带，不存在弯曲下沉带。

为了进一步对这一结论进行验证，即受重复开采的影响，覆岩中只存在垮落带与裂隙带，并且第四系不发育，地表运动与主关键层保持一致，因此在实地对裂缝进行了勘查，得出走向 A 线最外侧裂缝在距离开切眼外侧 105m 处，倾向下山方向为距离工作面下巷外侧 89m 处。另外，测区规划建设地质生态园，地表已经进行大面积修整及种植植被，在倾向上山方向并未找到明显裂缝。由此得出走向观测线 A 走向裂缝角 $\delta'' = 68°$；倾向观测线 B 下山裂缝角 $\beta'' = 72°$。实测裂缝及其位置如图 5 所示。

图 5 工作面切眼外侧与下山方向裂缝实景

4 结论

论文为了确定官地矿现开采极近距离厚煤层并受多层煤重复开采影响下的覆岩三带情况展开研究,研究中先后采用《规程》与关键层对覆岩导水裂隙带发育高度进行计算,发现两者的计算结果差别较大。为了验证上述计算结果的客观性并掌握矿井在重复采动条件下地表运动情况,对地表实测数据进行整理、分析,发现地表下沉出现较大变化与采场覆岩关键层的运动基本吻合,因此综合关键层理论与实测数据确定覆岩中导水裂缝带发育至地表,通过对现场地表裂缝的勘察,验证了研究结果。

参 考 文 献

[1] 钱鸣高, 石平五. 矿山压力与岩层控制[M].徐州: 中国矿业大学出版社, 2003.
Qian Minggao,Shi Pingwu. Mining pressure and strata control[M].Xuzhou: China University of Mining &Technology Press,2003.

[2] 崔芳鹏, 武强, 胡瑞林, 等. 断层防水煤岩柱安全宽度的计算与评价[J]. 辽宁工程技术大学学报(自然科学版), 2011, 28(4): 517~520.
Cui Fangpeng,Wu Qiang,Hu Ruilin, et al.Calculation and evaluation on the safe width of fault waterpro of coal (rock) pillar[J].Journal of Liaoning Technical University (Natural Science), 2011, 28(4): 517~520.

[3] 国家煤炭工业局. 建筑物、水体、铁路及主要井巷煤柱留设与压煤开采规程[M]. 北京:煤炭工业出版社, 2000.
State Bureau of Coal Industry. The building, the water body, the railroad and the main well lane virgin coal remains supposes with presses the coal mining regulations[M]. Beijing: Coal industry publishing house, 2000.

[4] 付玉平, 宋选民, 邢平伟. 浅埋煤层大采高超长工作面垮落带高度的研究[J]. 采矿与安全工程学报, 2010, 27(2):190~194.
Fu Yuping, Song Xuanmin, Xing Pingwei. Study of the mining height of caving zone in large mining height and super- long face of Shallow Seam[J]. Journal of Mining & Safety. Engineering, 2010, 27(2) : 190~194.

[5] 宋选民, 顾铁凤, 闫志海. 浅埋煤层大采高工作面长度增加对矿压显现的影响规律研究[J]. 岩石力学与工程学报, 2007, 26(增刊): 4007~4013.
Song Xuanmin, Gu Tiefeng,Yan Zhihai. Effects of increasing working faces length on underground pressure behaviors of mining supper-high faces under shallow coal seam[J].Chinese Journal of Rock Mechanics and Engineering , 2007, 26 (Supp): 4007~4013.

[6] 滕永海, 唐志新, 郑志刚. 综采放顶煤地表沉陷规律研究及应用[M]. 北京: 煤炭工业出版社, 2009.
Teng Yonghai, Tang Zhixin, Zheng Zhigang. Fully mechanized sublevel caving mining law of ground subsidence research and application [M]. Beijing: Coal Industry Press, 2009.

[7] 许家林, 王晓振, 刘文涛. 覆岩主关键层位置对导水断裂带高度的影响[J]. 岩石力学与工程学报, 2009, 28(2): 380~385.
Xu Jialin, Wang Xiaozhen, Liu Wentao. Effects of primary key stratum location on height of water flowing fracture zone[J]. Chinese journal of rock mechanics and engineering, 2009, 28(2): 380~385.

[8] 王晓振, 许家林, 朱卫兵. 主关键层结构稳定性对导水裂隙演化的影响研究[J]. 煤炭学报, 2012, 37(4): 606~612.
Wang Xiaozhen, Xu Jialin, Zhu Weibing. Influence of primary key stratum structure stability on evolution of water flowing fracture[J]. Journal of china coal society, 2012, 37(4): 606~612.

[9] 王志强, 李成武, 赵景礼. 采场垮落带高度的确定方法[P]. 中国, 申请号:201110409969.0.
Wang Zhiqiang, Li Chengwu, Zhao Jingli. Method for determining the caving height of stope[P]. China, application number: 201110409969.0.

巨厚含水岩层顶板损伤破断冲击隔水层突水机理分析

魏立科[1,2] 李宏杰[1,2] 毕忠伟[1,2]

(1. 煤炭科学技术研究院有限公司安全分院,北京 100013;
2. 煤炭资源高效开采与洁净利用国家重点实验室(煤炭科学研究总院),北京 100013)

摘　要　在工作面上方的导水裂缝带中存在泥岩隔水层,并且泥岩隔水层上方有一层巨厚含水岩层的条件下,由于挠度不同随着顶板周期来压的作用泥岩隔水层会与巨厚含水岩层产生离层,从而蓄积大量离层水。本文建立了巨厚含水层的固支梁损伤破断模型,计算出巨厚含水层的损伤断裂时间以及冲击能量;分析了导致隔水层突水所必须具备的条件,有利于对未采煤层进行提前突水程度评判。

关键词　巨厚含水层　冲击能量　工作面突水　采空区顶板损伤模型

Analysis of Water Inrush Mechanism for Aquifuge Cleavage by the Impact Energy of Extremely Thick Water-containing Strata Damage Fracture

Wei Like[1,2]　Li Hongjie[1,2]　Bi Zhongwei[1,2]

(1. Mine Safety Technology Branch, China Coal Research Institute, Beijing 100013,China;
2. State Key Laboratory of Coal Mining and Clean Utilization
(China Coal Research Institute), Beijing 100013,China)

Abstract　Under conditions of mudstone aquifuge existing in water flowing fractured zone and extremely thick water-containing strata existing above mudstone aquifuge, abscission layer would be generated by the reaction of roof weighting and different roof deflections. So water would be largely accumulated in abscission layer. This paper created a model of clamped-clamped beam for extremely thick water-containing strata and calculated damage fracture time and impact energy of extremely thick water-containing strata. Essential condition of water-inrush was analysed, which was beneficial to predict degree of water inrush for unmined coal seam.

Keywords　extremely thick water-containing strata, impact energy, water-inrush, damage model of goaf roof

在众多煤矿突水事故中,顶板离层水造成的突水事故是严重威胁矿井生产安全的常见突水事故之一。众多学者在其突水机理和突水预测研究方面取得了很多成果,景继东[1]等学者在针对华丰煤矿突水问题上,利用碘化钾(KI)连通试验证明了华丰矿4煤层开采顶板突水的主要水源是离层带中的水;并且认为斑裂线和沿层离层是造成顶板水主要沿工作面下平巷涌出的主要因素。任春辉[2]等学者针对海孜煤矿745工作面突水事故的动力特点,提出了在工作面影响以外的下山方向布置钻孔的探放导水治理技术,有效地阻止了离层水源的产生。冯启言[3]等学者根据济宁三号煤矿六采区3煤顶板的水文地质条件,利用RFPA数值模拟对顶板突水现象进行了解释。朱卫兵[4]等学者通过相似模拟对离层区突水机制进行了分析,通过向积水离层区施工放水钻孔的方法来有效防治此类突水事故。但是很少对影响顶板突水的具体因素进行理论分析,本文基于国内部分学者[5,6]对采空区顶板的垮落机理研究,利用损伤力学[7]和断裂力学[8]的基础理论,对巨厚含水层破断时间和破断能量进行了求解。具体分析了在巨厚岩层断裂冲击能量的作用下导致顶板突水产生的具体条件和影响因素,并以红柳煤矿为例介绍了国内治理顶板突水的常用方法。

1 巨厚含水层破断前后的现象

1.1 巨厚含水层破断前的现象

导水裂缝带中泥岩隔水层上方的巨厚岩层突然破断引起的突水情况，一般呈现周期为 3 倍周期来压步距以上的周期性，并且突水期间对工作面来压并没有产生太大影响，因此可将巨厚岩层的破断视为采空区内的横向损伤破断。巨厚岩层断裂前的状况如图 1 所示，由于巨厚含水层与泥岩隔水层的挠度差距较大，因此岩层间会形成较大的离层空间，虽然该离层空间处于导水裂缝带中，但泥岩遇水膨胀后会使这些裂缝重新闭合，使得离层再次成为储水空间，储存大量的离层水。

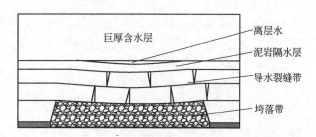

图 1　工作面突水前顶板岩层示意图
Fig.1　Roof strata schematic diagram before water-inrush

1.2 巨厚含水层破断后的现象

随着工作面的开采，当巨厚岩层的损伤积累到一定程度后，该岩层断裂前所积累的能量将突然释放，造成泥岩隔水层突然劈裂产生较宽的导水裂缝，如图 2 所示。产生导水裂缝后剩余的能量将转化为水的动能，使离层水从劈裂的导水裂缝带中迅速涌向工作面，造成工作面突水事故。

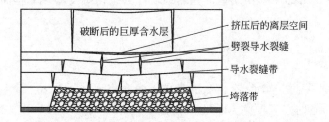

图 2　工作面突水后顶板岩层示意图
Fig.2　Roof strata schematic diagram after water-inrush

1.3 巨厚含水层周期性破断的现象

随着工作面继续往前推进，巨厚含水层中部还将断裂进一步压实离层空间，如图 3 所示。从工作面推进的方向来看，泥岩隔水层将在下面顶板断裂垮落影响下缓慢弯曲下沉，形成拉伸裂隙。在水的作用下，弯曲下沉区外的泥岩裂隙遇水膨胀后又重新闭合形成隔水层。当巨厚含水层断裂后，最容易使正在弯曲下沉的泥岩裂隙区劈裂，形成通往工作面的导水通道。断裂后的巨厚含水层重新封闭离层空间，形成重新积水区。在巨厚含水层周期性损伤破断的作用下，工作面将呈现周期性大量涌水的现象。

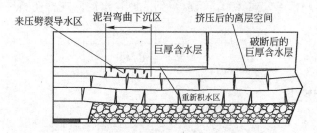

图 3　工作面推进方向岩层垮落示意图
Fig.3　Strata collapse schematic diagram in the direction of face advance

2 巨厚含水层损伤破断的理论分析

为了从理论的角度解释巨厚岩层的断裂过程和断裂产生的能量，将断裂前的巨厚含水层简化为受均布荷载的两端固支梁，断裂后的巨厚含水层简化为两端简支梁进行分析。

2.1 巨厚含水层损伤断裂模型

巨厚含水层断裂前的两端固支梁受力情况如图4所示。

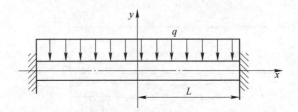

图4 巨厚含水层断裂前受力图
Fig.4 Extremely thick water-containing strata force diagram before fracture

根据材料力学，可以得到两端固支梁的弯矩公式为：

$$M(x) = \frac{q}{6}\left(L^2 - 3x^2\right) \tag{1}$$

式中，L 为巨厚顶板跨度的 1/2，如图3所示。

设巨厚岩层厚度为 $2h_0$，采空区跨度为 $2L$。岩层上部压力与自重简化为均布载荷 q。下部离层水对巨厚含水层作用力可忽略不计。

利用损伤力学[7]中的 Kachanov 损伤模型，将老顶岩体的损伤蠕变演化方程简化为指数形式：

$$\frac{d\omega}{dt} = C\left(\frac{\sigma}{1-\omega}\right)^v \tag{2}$$

式中，C 和 v 为材料常数。

当老顶开始出现损伤断裂时，靠近 $y = -h_0$ 的老顶下表面将出现断裂区。随着损伤时间的增加，老顶断裂区将持续扩展；直到 $h = 0$ 时，老顶完全断裂。

根据损伤力学纯弯梁断裂时间公式，可以确定固支梁断裂位置为弯矩最大的截面($x=M(x^*)$)，整个老顶在宽度为 $2L$ 时的损伤断裂孕育时间为：

$$t = \left[(v+1)\, C\left(\frac{M}{I_{m0}}\right)^v h_0^{\mu v}\right]^{-1} \tag{3}$$

式中，I_{m0} 为截面广义惯性矩。

$$I_{m0} = \frac{2bh_0^{\mu+2}}{\mu+2} \tag{4}$$

式中，b 为梁的宽度。

将最大弯矩和公式（4）带入公式（3），可以得到巨厚含水层两端损伤断裂的具体时间为：

$$t = \frac{h_0^2}{(v+1)\,C}\left[\frac{6b}{qL^2(\mu+2)}\right]^v \tag{5}$$

2.2 巨厚含水层的断裂能量

当巨厚含水层两端断裂后，可以视为其受力情况从图4中的两端固支梁模型向图5所示的两端简支梁模型转变。

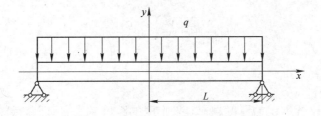

图5 巨厚含水层断裂后受力图
Fig.5 Extremely thick water-containing strata force diagram after fracture

根据材料力学，可以得到两端简支梁的弯矩公式为：

$$M(x) = \frac{q}{2}(L^2 - x^2) \tag{6}$$

根据弹性梁上的单位长度能量公式 $\mathrm{d}U = \frac{1}{2EI}M^2(x)\mathrm{d}x$，可以得到整个梁的总弯曲能量为：

$$U = \frac{1}{2EI}\int M^2(x)\mathrm{d}x \tag{7}$$

将公式（1）带入公式（7）可以得到巨厚顶板两端断裂后释放的弹性能为：

$$U = \frac{1}{2EI}\int_{-L}^{L} M^2(x)\mathrm{d}x = \frac{q^2 L^5}{45EI} \tag{8}$$

将公式（6）带入公式（7）可以得到巨厚顶板两端断裂后继续从中部断裂释放的弹性能为：

$$U = \frac{1}{2EI}\int_{-L}^{L} M^2(x)\mathrm{d}x = \frac{q^2 L^5}{30EI} \tag{9}$$

2.3 泥岩劈裂所需的断裂能量

将泥岩的劈裂裂纹简化为如图6所示的情况，当远离裂纹影响范围足够远的位置 $x = \pm s$ 处，位移 $v = \pm v_0$。根据断裂力学可知，忽略离层水的重力作用，可以简化为 $\sigma_y = \tau_{xy} = 0$ 和 $\varepsilon_y = \frac{v_0}{s}$，对应平面应变状态：

$$\varepsilon_z = \frac{1}{E}\left[\sigma_z - v(\sigma_x + \sigma_y)\right] = 0 \tag{10}$$

$$\varepsilon_x = \frac{1}{E}\left[\sigma_x - v(\sigma_z + \sigma_y)\right] = \frac{v_0}{s} \tag{11}$$

综合以上两式有：

$$\sigma_z = v\sigma_x \tag{12}$$

$$\sigma_x = \frac{E}{1-v^2} \times \frac{v_0}{s} \tag{13}$$

则应变能密度为：

$$w = \frac{1}{2}\sigma_{ij}\varepsilon_{ij} = \frac{1}{2} \times \frac{E_n}{1-v^2}\left(\frac{v_0}{s}\right)^2 \tag{14}$$

当巨厚岩层断裂时，冲击能量会使得泥岩的裂纹向下扩展。随着裂纹向前扩展面积 A，均匀应力场区域就减少了 $2sA$，因此劈裂面积为 A 的泥岩所需应变能为：

$$\Delta U = 2sAw = \frac{sAE_n}{1-v^2}\left(\frac{v_0}{s}\right)^2 \tag{15}$$

假设巨厚岩层由固支梁破断为简支梁和简支梁最终破断的能量都转化为劈裂泥岩的能量，则有：

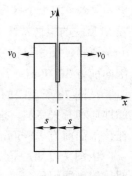

图6 泥岩劈裂示意图
Fig.6 Mudstone cleavage schematic diagram

$$\frac{sAE_n}{1-v^2}\left(\frac{v_0}{s}\right)^2 = \frac{q^2L^5}{18EI} \tag{16}$$

2.4 理论分析结论

由公式（5）可知当巨厚含水层的厚度越厚，采空区的跨度越大，损伤断裂的耗时越长；从公式（16）可以得出：当采空区的跨度越大时，等式右端的断裂能量也越大，等式左边劈裂下层弯曲变形区的软岩裂隙时生成的劈裂面积 A 也越大，从而导致突水通道变大，短时间的突水量增加，加剧突水事故的破坏性。

通过以上规律可以发现通过降低释放能量和去掉传导介质的方法都可以达到治理周期性顶板突水的效果。第一种降低释放能量的方法可以通过采用深孔爆破的方式使巨厚顶板提前损伤，增加巨厚顶板断裂次数，降低每次断裂的能量和涌水量，避免弯曲能的统一释放。第二种去掉传导介质的方法则是通过打钻使离层水提前排放出来，避免巨厚岩层的破断能量通过离层水传递给泥岩弯曲下沉区，使其裂隙张开突水，这也是国内治理该类涌水事故的常用方法。

3 工程应用

3.1 煤矿概况

红柳煤矿为神华宁夏煤业集团新建的大型矿井，位于宁夏回族自治区中东部地区。煤层直接顶板为粉、细砂岩，厚度为 11.5m；老顶为直罗组底部粗砂岩，即"七里镇"砂岩，厚度为 14.8m；其上为 25.5m 厚的粉砂岩、泥岩，为隔水层；再上为直罗组下段粗砂岩含水层，厚度为 41m，富水性强。

3.2 突水特点

红柳煤矿 1121 综采工作面推进 56m 之后，发生了顶板砂岩水的大量泄入，最大涌水量为 1817m³/h 左右，该工作面被迫暂停回采，随后涌水量稳定在 160~170m³/h；当工作面推进到 112.5m 时，涌水量达到 794m³/h；推进到 186m 时，最大涌水量达到 3000m³/h。

通过对这几次突水事故分析，发现存在以下特点：（1）工作面推进 46.5m 之前，矿井涌水量从 15m³/h 增加到 212m³/h，表现为顶板砂岩突水由小到大的规律，无明显的突溃水预兆；（2）工作面推进 56m、112.5m 和 186m 时，瞬时涌水量增大；（3）每次突水持续时间较短，水量衰减快，突水后水量会处于稳定状态，具有封闭水体（采空区积水）突水特点。

3.3 水源勘察与防治

在切眼内布置 2 个物探测点，探测方向为平行于运输巷及与运输巷夹角 45º、平行于回风巷及与回风巷夹角 45º，共 4 个探测方向，其中与两顺槽夹角为 45º（偏工作面内部夹角）的探测结果如图 6 所示。从图 7a 所反映的电性特征来看，该位置超前探测向上部探测 90m，向正前方探测 100m，结合该工作面的地质和开采资料，推断该位置斜前方 90m 以后为正常地层的电性反映，结合视电阻率等值线梯度变化特征，在该剖面前方 30~70m、上方 30~70m 位置存在低阻闭合圈异常，该位置富水性相对较强。

从图 7b 所反映的电性特征来看，该位置超前探测向上部探测 90m，向正前方探测 90m，结合该工作面的地质和开采资料，推断该位置前方 60m 以后为正常地层的电性反映，结合视电阻率等值线梯度变化特征，在该剖面前方 10~60m、上方 50~90m 位置存在低阻闭合圈异常。

由图 7 可知，坚硬的顶板岩体（粗砂岩）不能与其下伏软弱岩层（泥岩）同步垮落或弯曲下沉，产生了明显的离层现象。通过视电阻率可知，软弱岩层（泥岩）形成了闭合圈异常，说明软弱泥岩没有发生明显的破断，而是形成了稳定的隔水层，离层空间充水后形成了"水包"，水包的大小随着工作面的推进而变化，当离层空间过大，上覆岩层将发生断裂，由公式（16）可知，断裂能将产生冲击性压力，该作用将使"水包"破裂而发生溃水。

将岩体力学参数代入公式（16）可知，当工作面平均推进 62m 左右时，"水包"上方的砂岩将发生破断，产生冲击，发生突水现象。由于考虑理论值偏大，因此在实际工程中，在1121工作面每回采50m进行一次离层水疏放，结果理想，保证了1121工作面的安全回采。

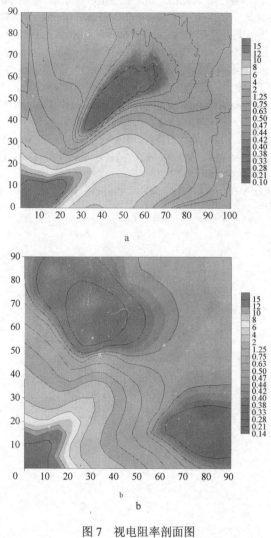

图7 视电阻率剖面图
a—与运输巷呈45°夹角；b—与回风巷呈45°夹角
Fig.7 Apparent resistivity sectional drawing

4 结论

（1）介绍了巨厚岩层突然破断引发突水事故的通常现象，并指出了突水通道，有利于对有此类结构的未采煤层突水性进行预判。

（2）基于理论分析得到了巨厚含水层越厚，其损伤断裂的周期性将越长，断裂时产生的冲击能量将越大，更容易劈裂泥岩隔水层而形成突水通道的规律，并提出治理该类事故的两种理论可行的措施。

（3）通过工程实例介绍了国内防治巨厚含水层周期性破断引发工作面突水的一般方法。

参 考 文 献

[1] 景继东，施龙青，李子林，等. 华丰煤矿顶板突水机理研究[J]. 中国矿业大学学报，2006，35（5）：642~647.
Jing Jidong, Shi Longqing, Li Zilin, et al. Mechanism of water-Inrush from roof in huafeng mine[J]. Journal of china university of mining & technology, 2006, 35（5）：642~647.

[2] 任春辉，李文平，李忠凯，等. 巨厚岩层下煤层顶板水突水机理及防治技术[J]. 煤炭科学技术，2008，36（5）：46~48.
Ren Chunhui, Li Wenping, Li Zhongkai, et al. Control technology and mechanism of mine water inrush from roof of seam under super thick rock strata[J]. Coal science and technology, 2008, 36（5）：46~48.

[3] 冯启言，周来，杨天鸿. 煤层顶板破坏与突水实例研究[J]. 采矿与安全工程学报，2007，24（1）：17~21.

Feng Qiyan, Zhou Lai, Yang Tianhong. A case study of rock failure and water inrush from the coal seam roof[J]. Journal of mining & safety engineering, 2007, 24（1）：17~21.

[4] 朱卫兵，王晓振，孔翔，等. 覆岩离层区积水引发的采场突水机制研究[J]. 岩石力学与工程学报，2009, 28（2）：306~311.
Zhu Weibing, Wang Xiaozhen, Kong Xiang, et al. Study of mechanism of stope water inrush caused by water accumulation in overburden separation areas[J]. Chinese journal of rock mechanics and engineering, 2009, 28（2）：306~311.

[5] 轩大洋，许家林，冯建超，等. 巨厚火成岩下采动应力演化规律与致灾机理[J]. 煤炭学报，2011, 36（8）：1252~1257.
Xuan Dayang, Xu Jialin, Feng Jianchao, et al. Disaster and evolvement law of mining induced stress under extremely thick igneous rock[J]. Journal of China coal society, 2011, 36（8）：1252~1257.

[6] 张向阳. 采空区顶板蠕变损伤断裂分析[J]. 辽宁工程技术大学学报（自然科学版），2009, 28（5）：777~780.
Zhang Xiangyang. Analysis of creep damage fracture of upper roof [J]. Journal of Liaoning technical university（natural science），2009, 28（5）：777~780.

[7] 余寿文，冯西桥. 损伤力学[M]. 北京：清华大学出版社，1997.
Yu Shouwen, Feng Xiqiao. Damage Mechanics [M]. Beijing: Tsinghua university press, 1997.

[8] 沈成康. 断裂力学[M]. 上海：同济大学出版社，1996.
Shen Chengkang. Fracture mechanics Mechanics [M]. Shanghai: Tongji university press, 1996.

浅埋深综放工作面支架运转特性及适应性分析

师皓宇　田多　徐嘉荣　姚瑞强

（华北科技学院安全工程学院，北京　101601）

摘　要　4106综放工作面是中煤平朔公司井工一矿太西区首采工作面，为掌握该工作面的矿压显现规律及ZF10000/23/37型放顶煤液压支架的适应性，在4106综放工作面布置3个测区、11条测线，重点对5个测线的矿压观测数据进行统计分析，分析了5个支架初撑力和循环末阻力的变化规律及分布特征，以及支架的运转特性。结果表明所选支架能够满足生产要求。通过采取提高乳化液泵站的压力，改善支架密封性能等措施，提高支架的初撑力以加强对顶板稳定性的控制。

关键词　浅埋深　综放工作面　运转特性　适应性

Analysis on Suitability and the Features of Support Running in Fully Mechanized Top-coal Caving Mining Face in Shallow Depth Seam

Shi Haoyu　Tian Duo　XuJiarong　YaoRuiqiang

(North China Institute of Science and Technology, Beijing 101601, China)

Abstract　4106 caving face is the first mining face of Taixi region in Pingshuo Coal Industry Company No.1 Coal Mine. In order to find out the mine pressure behavior law and analysis the suitability of ZF10000/23/37 type hydraulic support, furnished 3 test areas and 11 survey lines in 4106 caving face, and focused on the analysis of the measuring data of 5 survey lines, the analysis of changes law and distribution characteristic on the setting load of hydraulic supports and mining cycle end of 5 hydraulic supports on 5 survey lines, and the analysis of features of support running on 5 supports. The results showed that the hydraulic supports can adapt production requirements and take measures that increase the pressure emulsion pump station and improve tightness of supports and to control roof.

Keywords　shallow depth seam, fully mechanized top-coal caving mining face, features of support running, suitability

1　工程概况

中煤平朔井工一矿4106综放工作面是太西采区第一个工作面，北部为边界煤柱，东部为太西采区大巷煤柱，南部为开拓区，西部为边界煤柱，工作面标高为+1224~+1050 m，工作面推进总长度为1730 m，工作面面长为300 m，回采面积为519000 m^2。工作面地表北部为白堂乡，东部为高家沟村，南部和西部为空地，有前湾、转吉湾—马蹄沟等季节性河流，其地面标高为+1440~+1284 m。该工作面所采煤层为石炭系上统太原组顶部4号煤层，平均厚度为10.45 m。工作面选用ZF10000/23/37型的放顶煤液压支架195台，其初撑力为7758 kN，工作阻力为10000 kN，选用ZFG10000/23/37型端头过渡支架8台。

工作面采用综采放顶煤回采工艺，一次采全高，机采采高3.2 m，循环进度0.8 m。采用一刀一放、专职放煤工双轮顺序放煤，煤机割煤一刀，放煤一次，利用放煤支架的后尾梁和插板放煤[1]。

2　4106工作面矿压观测方案

4106工作面测区布置如下：沿工作面布置三个测区，即下部Ⅰ测区（3号、20号、40号架），中部Ⅱ测区（60号、80号、100号、120号、140号架），上部Ⅲ测区（160号、180号、199号架）。

基金项目：中央高校基本科研业务费资助（3142013100）；华北科技学院基金资助项目"注浆技术在地质构造带的加固机理及应用研究"，批准号：JWC2013B03。

作者简介：师皓宇(1979—)，男，内蒙乌兰察布人，讲师，硕士，研究方向为巷道支护与注浆技术。

采用数码连续记录压力计,连续监测和记录支架载荷和顶板压力,整体研究 4106 综放工作面采场矿压显现规律和液压支架工况情况。在每个测区支架的立柱上安设"尤洛卡"连续记录液压支架立柱的工作阻力,监测仪采集支架工作阻力的时间间隔设置为 5 min/次;掌握工作面不同部位及整个工作面的矿压显现情况。主要观测 4106 工作面支架初撑力、末阻力、支架支护强度以及支架受力的宏观显现等[2,3]。4106 综放工作面测区布置如图 1 所示。

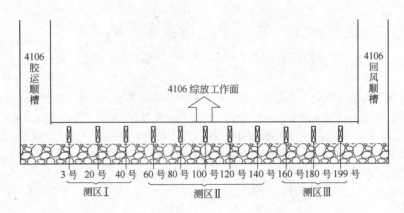

图 1 4106 综放工作面测区布置

3 工作面支架总做阻力统计分析

统计 20 号(Ⅰ测区)、80 号(Ⅱ测区)、100 号(Ⅱ测区)、120 号(Ⅱ测区)、180 号(Ⅲ测区)支架在一个月过程中的初撑力和循环末阻力实测值分析结果见表 1、表 2。

表 1 支架初撑力及其支护强度实测统计

架 号	初撑力/kN		支护强度/MPa		平均值/额定值/%
	平均值	最大值	平均值	最大值	
20	3675	7328	0.531	1.059	47.37
80	3976	8914	0.575	1.288	51.25
100	4160	10010	0.601	1.446	53.62
120	3963	9462	0.573	1.367	51.08
180	3496	10070	0.505	1.455	45.06

表 2 支架循环末阻力及其支护强度实测统计

架 号	循环末阻力/kN		支护强度/MPa		平均值/额定值/%
	平均值	最大值	平均值	最大值	
20	5713	10130	0.676	1.198	57.13
80	6814	10270	0.806	1.215	68.14
100	6961	10590	0.823	1.253	69.61
120	6572	10270	0.777	1.215	65.72
180	5328	10130	0.630	1.198	53.28

依据表 1 和表 2 所列数据对液压支架支护阻力及其强度进行分析,结果如下[4,5]:

(1) 20 号支架各个循环的初撑力最大值为 7328 kN,平均值为 3675 kN,是额定工作阻力的 47.37%,支护强度平均值为 0.531 MPa。初撑力主要分布在 2700~4800 kN,占统计循环数的 59%。循环末阻力最大值为 10130 kN,平均值为 5713 kN,是额定工作阻力的 57.13%,支护强度平均值为 0.676 MPa。末阻力绝大部分均小于额定工作阻力,最大值大于额定工作阻力,主要分布在 2700~5400 kN 之间,占统计循环数的 91%。

(2) 80 号支架各个循环的初撑力最大值为 8914 kN,平均值为 3976 kN,是额定工作阻力的 51.25%,

支护强度平均值为 0.575 MPa。初撑力主要分布在 2700~5100 kN，占统计循环数的 66%。循环末阻力最大值为 10270 kN，平均值为 6814 kN，是额定工作阻力的 68.14%，支护强度平均值为 0.806 MPa。末阻力绝大部分均小于额定工作阻力，最大值大于额定工作阻力，主要分布在 4500~9000 kN 之间，占统计循环数的 67%。

（3）100 号支架各个循环的初撑力最大值为 10010 kN，平均值为 4160 kN，是额定工作阻力的 53.62%，支护强度平均值为 0.601 MPa。初撑力主要分布在 2100~4800 kN，占统计循环数的 71%。循环末阻力最大值为 10590 kN，平均值为 6961 kN，是额定工作阻力的 69.61%，支护强度平均值为 0.823 MPa。末阻力绝大部分均小于额定工作阻力，最大值大于额定工作阻力，主要分布在 5100~9000 kN 之间，占统计循环数的 53%。

（4）120 号支架各个循环的初撑力最大值为 9462 kN，平均值为 3963 kN，是额定工作阻力的 51.08%，支护强度平均值 0.573 MPa。初撑力主要分布在 3000~4800 kN，占统计循环数的 63%。循环末阻力最大值为 10270 kN，平均值为 6572 kN，是额定工作阻力的 65.72%，支护强度平均值为 0.777 MPa。末阻力绝大部分均小于额定工作阻力，最大值大于额定工作阻力，主要分布在 4500~9000 kN 之间，占统计循环数的 65%。

（5）180 号支架各个循环的初撑力最大值为 10070 kN，平均值为 3496 kN，是额定工作阻力的 45.06%，支护强度平均值为 0.505 MPa。初撑力主要分布在 2100~4500 kN，占统计循环数的 75%。循环末阻力最大值为 10130 kN，平均值为 5328 kN，是额定工作阻力的 53.28%，支护强度平均值为 0.630 MPa。末阻力绝大部分均小于额定工作阻力，最大值大于额定工作阻力，主要分布在 3300~5400 kN 之间，占统计循环数的 80%。

通过整理现场压力观测数据得出，支架实测初撑力平均值为 3854 kN，实测循环末阻力平均值为 6278 kN。实测初撑力低于额定初撑力，未出现异常数据。实测工作阻力平均值低于额定工作阻力值，这主要是由于：乳化液泵站压力过低，在输送工程中管路压力损耗太大，导致大部分支架初撑力过低、支护质量差；顶煤比较松软破碎，增阻现象不明显，甚至没有增阻；底板浮煤、浮矸较多，起到了辅助压缩的作用；工作期间支架密封质量较差，出现漏液和窜液现象。

4 工作面支架运转特性分析

工作面支架的增降阻情况是支架运转特性的反映。支架增阻量的大小，反映了支架的支护质量、工作状态及顶板的活动程度[6]。统计 20 号（Ⅰ测区）、80 号（Ⅱ测区）、100 号（Ⅱ测区）、120 号（Ⅱ测区）、180 号（Ⅲ测区）架分析表明，4106 综放采工作面不同部位支架的增阻情况基本相同，如图 2 所示。

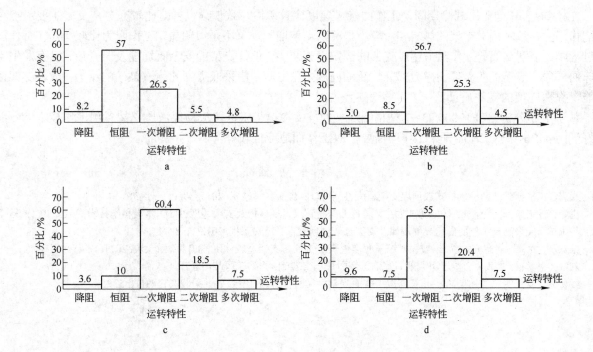

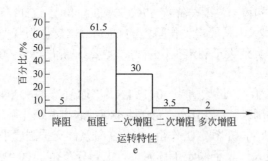

图 2 支架运转特性分布

a—20 号支架运转特性分布；b—80 号支架运转特性分布；c—100 号支架运转特性分布；
d—120 号支架运转特性分布；e—180 号支架运转特性分布；

依据图 2a~图 2e 支架运转特性分析如下：

（1）20 号支架降阻占运转特性的 8.2%，恒阻占运转特性的 57%，一次增阻占运转特性的 26.5%，二次增阻和多次增阻分别占 5.5% 和 4.8%。

（2）80 号支架降阻占运转特性的 5%，恒阻占运转特性的 8.5%，一次增阻占运转特性的 56.7%，二次增阻和多次增阻分别占运转特性的 25.3% 和 4.5%。

（3）100 号支架降阻占运转特性的 3.6%，恒阻占运转特性的 10%，一次增阻占运转特性的 60.4%，二次增阻和多次增阻分别占 18.5% 和 7.5%。

（4）120 号支架降阻占运转特性的 9.6%，恒阻占运转特性的 7.5%，一次增阻占运转特性的 55%，二次增阻和多次增阻分别占运转特性的 20.4% 和 7.5%。

（5）180 号支架降阻占运转特性的 5%，恒阻占运转特性的 61.5%，一次增阻占运转特性的 30%，二次增阻和多次增阻分别占 3.5% 和 2%。

综上分析可知，工作面各部位支架运转特性沿工作面倾斜方向变化较大。

工作面下部支架（20 号）降阻和恒阻所占比例相对大，而一次增阻、二次增阻和多次增阻所占比例相对小；工作面中部支架（80 号、100 号、120 号）降阻和恒阻所占比例相对小，而一次增阻、二次增阻和多次增阻所占比例相对大；工作面上部支架（180 号）降阻和恒阻所占比例相对大，而一次增阻、二次增阻和多次增阻所占比例相对小。可见，工作面中部来压显现强烈，而工作面上部与下部来压相对较弱。

5 总结

在 4106 工作面矿压观测期间，工作面推进速度比较缓慢，致使顶板冒落比较充分，支架主要承担直接顶的作用力，基本顶对支架的影响相对较小，所以支架增阻现象不是很明显，工作阻力比较小。在工作面回采过程中，个别支架的工作阻力超过支架的额定工作阻力，但是支架的安全阀均能及时开启，没有发生支架压坏的现象。但仍存在支架初撑力部分较低的问题，在生产中应采取提高乳化液泵站的压力，改善支架密封性能，提高支架的支护质量。

基于上述分析，ZF10000/23/37 型正四连杆四柱支撑掩护式低位放顶煤液压支架各项工作技术参数能够较好满足 4106 综放工作面开采工作的需要，对工作面适应性较好。

参 考 文 献

[1] 张忠温. 平朔矿区两柱掩护式放顶煤支架适应性研究[J]. 煤炭科学技术, 2011, 39(11): 31~35.
[2] 崔廷锋, 张东升, 范钢伟, 等. 浅埋煤层大采高工作面矿压显现规律及支架适应性[J]. 煤炭科学技术, 2011, 39(1): 25~28.
[3] 赵国栋. 大采高长工作面矿压显现规律及支架适应性研究[J]. 煤炭工程, 2013(1): 83~85.
[4] 张双丽, 高培, 龚永安, 等. 东坡煤矿综采面顶板来压特征与支架适应性研究[J]. 陕西煤炭, 2011(4): 45~47.
[5] 刘江, 张孝福, 曾海利. 浅埋深大采高综采工作面液压支架[J]. 煤炭工程, 2011(7): 4~5.
[6] 缪协兴, 罗善明, 程宜康, 等. 超长综放工作面支架运转特性分析[J]. 煤矿开采, 2001, 41(1): 52~65.

松散承压含水层下采煤覆岩结构失稳致灾机理及防治

王晓振[1]　许家林[1,2]　朱卫兵[1]

(1. 中国矿业大学矿业工程学院，江苏徐州　221116；
2. 中国矿业大学煤炭资源与安全开采国家重点实验室，江苏徐州　221116)

摘　要　中国华东、华北等矿区许多煤矿的第四系厚表土层底部存在着一层以非胶结砂、砾为骨架组成的松散承压含水层，它直接赋存在煤系基岩顶部，对煤矿的安全开采造成了严重威胁，曾引发了多起采场压架突水事故，造成了重大经济损失。针对松散承压含水层下采煤压架突水问题，论文采用模拟实验、现场实测、工程探测及理论分析手段，研究揭示了松散承压含水层下采煤覆岩破坏规律，发现由于松散承压含水层的流动和侧向补给性能，松散承压含水层起到了传递表土层载荷的作用，邻近松散承压含水层开采时，由于含水层的载荷传递作用，导致一定覆岩条件下松散承压含水层下部基岩的整体破断和砌体梁结构滑落失稳，顶板导水裂隙异常发育并沟通松散承压含水层，这是造成松散承压含水层下采煤压架突水灾害的根本原因。基于压架突水灾害的发生机理，形成了压架突水危险区域的预测方法，提出关键层人工预裂爆破改性防止覆岩整体破断、高阻力支架控顶等压架突水灾害防治对策并进行了现场应用，实现了祁东煤矿7₁31工作面的安全开采。

关键词　松散承压含水层　载荷传递　关键层　整体破断　防治对策

Hazard-formation Mechanism of Overburden Structural Instability during Mining under Unconsolidated Confined Aquifer

Wang Xiaozhen[1]　Xu Jialin[1,2]　Zhu Weibing[1]

(1. School of Mines, China University of Mining and Technology, Jiangsu Xuzhou 221116, China;
2. State Key Laboratory of Coal Resources and Safe Mining, China University of Mining and Technology, Jiangsu Xuzhou 221116, China)

Abstract　In some east and north part of China, a layer of unconsolidated confined aquifer with high water pressure exits right above the rock bed on top of coal seam. It is composed of unconsolidated sand and grit and has a serious threat to coal mine safety. A number of support crushing and water inrush disaster(SCWID) occurred and led to great economic losses when mining under such aquifer. According to this problem, we revealed the law of overburden breakage during mining under unconsolidated confined aquifer by simulation experiment, field measurement, engineering detection and theoretical analysis. Results showed that due to the mobility and recharge of confined water while mining, the load acts on top of the overlying rock does not decrease as usual but remains constant. Unconsolidated confined aquifer played an important role in transferring above load. When mining close to this aquifer, overburden breaks entirely and the bond-beam structure slides due to overburden load transfer. Water conducting fractures formed in the roof develops directly to the top of bedrock and connects to aquifer. This is the fundamental reason of SCWID. Based on the mechanism, support crushing and water inrush hazard zones were predicted. Methods such as use of pre-splitting blasting and high resistance support are recommended to prevent SCWID. These measures have been successfully used in LW7₁31 face and have realized safety mining.

Keywords　unconsolidated confined aquifer, load transfer, key stratum, breakage as a whole, preventing measures

1　引言

中国华东、华北许多矿区的煤系地层普遍被第四系巨厚松散层覆盖，该松散层底部存在着一层以非胶结沙土、砂砾、砾石为骨架的承压含水层，水压高达3~4MPa。邻近该松散承压含水层采煤时，曾发生多起压架突水灾害，严重制约了矿井的安全、高效生产。以皖北祁东煤矿为例，自矿井投产以来，先后在 3_222、7_114 等 8 个工作面发生了 17 起压架突水事故，其中 3_222 工作面自切眼回采至 42m 时突然发生压架突水，造成矿井被淹，恢复生产费用超过 1 亿[1]。皖北任楼煤矿 7_240 及 7_240（上）等工作面、淮南矿区的潘一矿1402(3)工作面和潘三矿 17110(3)等工作面在松散承压含水层下采煤时也曾发生多起类似灾害，不仅造成了巨大的经济损失，还严重影响了矿井正常采掘接替计划，生产被动局面相当严峻[2-4]。表 1 为发生过压架突水灾害的部分案例汇总。

表 1 部分矿井邻近松散承压含水层采煤压架突水灾害情况统计

工作面	面长/采高/m	支架型号	压架时基岩厚度/m	水压/MPa	压架突水时间	压架突水位置	压架突水情况
祁东矿 3_222	150/2.5	ZZ4400-17/35	66	3.7	2001.11.25	倾向推进 43m	除机头、机尾外全部压死，突水量 1520m³/h，淹井
祁东矿 3_221	150/2.5	单体支柱	99	3.9	2002.9.16	倾向推进 71m	中部 100 棚、脱挡严重、1/3 死柱，突水量 238.5m³/h
			130	3.9	2002.12	倾向推进 100m	中部 100 棚、脱挡严重、1/3 死柱，突水量 178m³/h
祁东矿 7_114	174/2.6	ZZ4400-17/35	72	3.7	2004.7.29	倾向推进 44m	116 架压死，支架损坏严重、个别立柱穿顶，突水量 71 m³/h
			80	3.7	2005.1.16	倾向推进 184m	22 架压死，支架损坏严重、个别立柱穿顶，突水量 169 m³/h
祁东矿 7_112	85/2.6	ZZ4400-17/35	128	3.9	2006.10.1	倾向推进 244.5m	21~56 架压死，支架损坏严重、立柱穿顶，突水量 85 m³/h
祁东矿 7_130	88-134/3.7	ZY6000/18.5/38	48	3.2	2009.5.3	走向推进 150m	1~23 架活柱明显下缩，突水量 91 m³/h
			43	3.2	2009.6.7	走向推进 343m	1~30 架、活柱明显下缩，突水量 260 m³/h
			47	3.2	2009.6.29	走向推进 450m	50~55 架活柱明显下缩，突水量 850 m³/h
			44	3.2	2009.8.29	走向推进 56m	22~29 架活柱仅余 100mm，突水量 92 m³/h
祁东矿 6_130	126/1.67	ZY4000-09/21	45	3.2	2009.9.13	走向推进 343m	52~57、65~74 架压死，液压系统损坏，突水量 60 m³/h
			42.5	3.2	2009.10.24	走向推进 397m	1~2 架压死，1~2 架侧护板切开，突水量 24m³/h
			43	3.2	2009.11.14	走向推进 469m	1~47 架压死，1~2 架侧护板切开，突水量 53 m³/h
			68.1	3.2	2010.1.24	走向推进 571m	1~6 架压死，输送机电机盖板压坏，突水量 70 m³/h
祁东矿 7_121	129/1.96	ZY5000-13/28	72	3.7	2009.11.24	走向推进 357.6m	1~40 架压死，支架液压系统损坏严重，1-2 架侧护板切开、煤机受损，突水量 50 m³/h
			113	3.7	2010.7.24	走向推进 675m	1~4 架、26~29 架压死，机头电机压压，突水量 30 m³/h
任楼矿 7_240上	75/2.5	ZZ4400-17/35	48	1.55	2012.2.9	走向推进 861m	80%的支架被压，机尾电机被压裂，突水量 20m³/h
潘一矿 1402(3)	155/3.7	Zleg-2/3.7	45	3.1	1990.6.11	走向推进 29m	支架全部被压死，突水量 35 m³/h
		ZY-35B	45	3.1	1991.12.12	重开切眼，走向推进 28m	支架立柱安全阀开启，泄压迅速，支架活柱在 10h 内下缩 700~800mm，支架全部被压死，突水量 40 m³/h
潘一矿 1602(3)	147.6/3.4	ZZ6400/18/38	44.3	3.1	2010.9.26	走向推进 45.8m	安全阀大面积卸液，支架被全部压死，突水量 6m³/h
潘三矿 17110(3)	130/3.3	QY320-15/32	62	3.1	1994.11.15	倾向推进 38.5m	1~30 号液压支架低头，支架顶梁与掩护梁连接处出现开焊，煤帮全部推垮，支架全部被压死，突水量 18.5m³/h
		ZZ4000-18/38	68	3.1	1995.4.11	重开切眼，倾向推进 15m	1~40 架支架安全阀普遍开启，支架出现立柱穿顶、穿底和顶梁变形、开焊现象，突水量 21 m³/h
顾北矿 1202(3)	99.2/3.6	ZZ6400/22/45	27.6	3.1	2011.5.16	推进 19.5m	支架安全阀全部开启，大部支架后立柱被压死，42 架立柱穿透支架底板 200mm，最后支架全部被压死
新河矿 3301	40/2.5	ZF5600-6.5/26	66	2.6	2011.10.14	倾向推进 31m	部分支架被压，突水量 115 m³/h
			66	2.6	2012.1.7	重开切眼，倾向推进 16m	矿压显现剧烈，部分支架被压，突水量 1316 m³/h
焦作赵固一矿 12041	178.3/3.5	ZF8600-19/38	110	4.5	2012.4.2	走向推进 62m	3~24 号支架被压死，立柱下缩 0.5~0.8m，突水量 280 m³/h

上述发生过压架突水的工作面在回采之前，均已按照传统采场矿压理论和《建筑物、水体、铁路及主要井巷煤柱留设与压煤开采规程》留设了足够的防水煤岩柱[5,6]，但还是发生了异常严重的压架突水事故。而且在工作面发生突水时往往伴随着剧烈的矿压显现，部分工作面在推进过程中甚至发生周期性地发生压架突水灾害，充分说明了此类灾害的发生与覆岩破断运动紧密相关。而且，此类压架突水事故的发生具有明显的区域性，在有松散承压含水层且含水层厚度越大、渗透性能越好、流动补给性越强的区域，越容易发生。而在含水层赋存特征相同的情况下，同一工作面只在局部区域发生了压架突水灾害，说明松散承压含水层下采煤压架突水灾害的发生是有条件的，传统矿压理论难以对此做出合理解释。

松散承压含水层下采煤时的异常压架突水灾害引起了很多学者的关注。文献[7,8]研究了近松散含水层的不同类型及其对安全煤岩柱留设的影响，针对近松散层开采覆岩"两带"发育高度变异规律，提出露头煤柱优化设计方法。文献[2~4]等认为含水层底界面降低造成实际防水煤岩柱不足是导致压架突水灾害发生的原因，并提出了注浆封堵、疏水降压等防范对策。文献[9]根据钻孔探测结果，将此类灾害的发生原因归结为存在断层、原生裂隙发育等地质因素，但无法合理解释为何突水总伴随周期性的压架现象。

虽然以上学者针对松散承压含水层下采煤压架突水问题已经开展了一些有意的研究工作，但尚未清楚揭示松散承压含水层下采煤覆岩破坏的特殊规律及其产生原因，而此类灾害的防治也应与覆岩异常破坏规律相结合。本文将在以往的研究基础上，进一步开展松散承压含水层下采煤覆岩破坏规律及压架突水灾害防治的研究工作。

2 松散承压含水层下采煤覆岩破断规律研究

2.1 含水层载荷传递作用的物理模拟实验

高水压厚松散含水层下采煤压架突水事故的发生具有明显的区域性，在有承压含水层且含水层厚度越大、渗透性能越好、流动补给性能越强的区域越易发生压架突水灾害，说明含水层对下部基岩的载荷作用及其对采场覆岩的破坏规律存在一定影响。

针对松散承压含水层下采煤压架突水问题，以往的研究主要集中在防水安全煤岩柱的留设[10,11]、松散承压含水层疏水产生的压缩变形对井筒的破坏[12,13]等方面。在覆岩载荷传递作用研究方面，文献[14]等通过实测与理论分析方法研究了表土层载荷传递作用，文献[15]研究了中国神东矿区浅埋条件下地表沙漠风积沙的载荷传递作用，但尚未就松散承压含水层的载荷传递作用机制及其对采场覆岩关键层破断特征的影响进行研究。

为研究松散承压含水层的载荷传递作用，设计了图1所示的模拟实验系统，对比分析有、无承压含水层时覆岩载荷传递作用的差异。模型的几何相似比1:100，容重相似比1:1.25，刚度相似比1:125，应力相似比1:125。表2为相似模拟实验中各岩层岩性及力学参数。模型铺设过程中，以精选细沙为骨料、石膏为胶结物组成相似材料，在岩层的交界处铺设云母模拟岩层分层。模型顶部施加43.2kPa载荷模拟表土重量。开采边界留设500mm的保护煤柱，以消除边界的影响。在关键层1、2的顶界面布置应力观测线，记录采动过程中关键层1、2上的载荷变化。压力传感器的具体布置见图2。

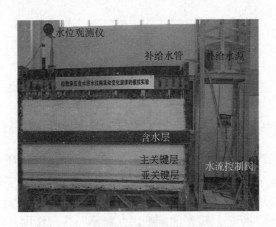

图 1 模拟实验系统

Fig. 1 Simulation experiment system

表 2 相似模拟实验中各岩层岩性及力学参数

Table 2 Characteristics and mechanical parameters of rock occurrence of the model

岩 性	容重/kN·m^{-3}	岩层厚度/cm	弹性模量/GPa	泊松比	内聚力/MPa	内摩擦角/(°)	备 注
松散层	14.4	50	0.05	0.38	0.05	25	
关键层2	20.0	8	0.48	0.25	0.32	40	
软岩2	17.6	8	0.08	0.36	0.20	30	分层厚度为2cm
关键层1	20.0	8	0.48	0.25	0.32	40	
软岩1	17.6	8	0.08	0.36	0.20	30	2cm分层并划块
煤层	11.2	3	0.08	0.35	0.08	15	
底板	20.0	5	0.48	0.42	0.24	40	

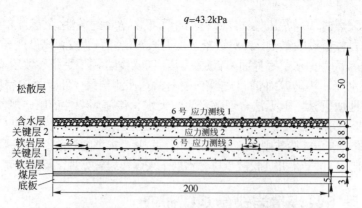

图 2 有承压含水层作用时的实验方案（单位：cm）
Fig. 2 Scheme of load transfer under confined aquifer (unit:cm)

由图 3 所示的模拟结果可以发现，在模型中没有松散承压含水层时，表土层作用在基岩顶界面上的载荷随煤层的开挖显著降低，随煤层开采在基岩顶部是存在明显的卸压区域。而在基岩顶部存在松散承压含水层时，由于含水层良好的流动和侧向补给性，上覆表土层的载荷通过松散承压含水层均匀地作用于基岩顶部，下部煤层开挖过程中基岩顶界面上的载荷基本保持恒定，松散承压含水层起到了均匀传递载荷的作用，与无松散承压含水层的情况相比，基岩顶部所受的载荷明显较大。

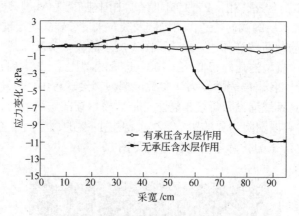

图 3 测线 2 上应力变化曲线
Fig. 3 Press curve of observation line 2

2.2 载荷作用对覆岩破断特征影响的数值模拟

为了说明基岩顶部所受载荷大小对覆岩破断特征的影响，建立了图 4 所示的 UDEC 二维数值模型，采用 Mohr-Coulomb 本构模型。模型左、右边界在竖直方向上设置位移固定，在底部边界设置竖直和水平位移固定。模拟方案中，作用在基岩顶部的载荷 q 取值从 0 MPa 增加到 1.2 MPa，增加梯度为 0.2 MPa。数值模型运算过程中以块体拉破坏作为判断岩层破断的准则，并对不同载荷作用下两关键层的破断距进行了统计，结果如图 5 所示。

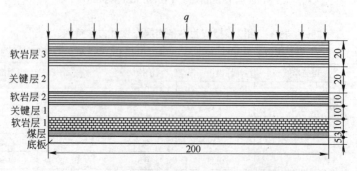

图 4 载荷对覆岩破断特征影响的数值模型
Fig. 4 Numerical model of load to overburden breakage

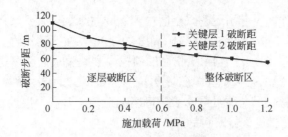

图 5 载荷对覆岩破断特征影响的模拟结果

Fig. 5 Results of breakage step of key stratum in different load

由图 5 可见，当基岩顶部载荷由 0.0 MPa 增大到 0.6 MPa 时，关键层 2 的初次破断距由 110 m 减小为 75 m，而关键层 1 的初次破断距在载荷 q 变化时保持 75m 不变，即在载荷小于 0.6MPa 时，关键层 1 的破断距小于关键层 2 的破断距，关键层 1 先破断，关键层 2 后破断，两层关键层由下往上逐层破断。当载荷 q 大于等于 0.6MPa 时，关键层 2 的初次破断距与关键层 1 的初次破断距均随载荷增大而减小，且破断距相等，说明两层关键层产生了同步破断。

上述模拟结果证实，基岩顶部载荷的大小影响覆岩的破断特征，只有当基岩顶部载荷增大到一定程度时才会导致覆岩发生整体破断。因此，基岩顶部所受载荷越大，相邻两层关键层发生同步破断的可能性越大。由此可以推断，祁东煤矿工作面之所以发生压架突水事故，正因为在承压含水层较大的载荷传递作用下导致覆岩发生了整体破断。

2.3 松散承压含水层下采煤覆岩破断特征的工程验证

松散承压含水层下采煤覆岩破断规律得到了祁东煤矿长观孔水位变化实测结果及突水区域顶板导水裂隙发育高度工程探测结果的验证。

为实时监测和掌握含水层水位的变化，祁东煤矿在其井田范围内布置了多个长期水位观测孔（简称长观孔）。如祁东煤矿 7_114 工作面，地表 SQ1 长观孔水位变化受采动影响最为明显。实测数据显示，7_114 工作面从 2004 年 7 月 7 日开始回采至 7 月 28 日，SQ1 长观孔总体保持稳定，水位标高为–20.5m 左右。当 7 月 29 日工作面发生严重的压架事故时，SQ1 长观孔水位迅速下降至标高–23m 位置，但是工作面涌水量并没有突然增大，而是逐步增加的，至 8 月 3 日才达到 60m³/h 并基本保持稳定。图 6 揭示了 7_114 工作面涌水量变化与"四含"水位下降及工作面压架的对应关系。

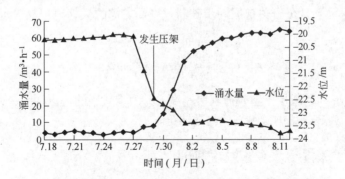

图 6 7_114 工作面涌水量与 SQ1 长观孔水位变化关系曲线

Fig.6 Relation between water inflow and water-level reduce when support crushing in 7_114 working face

由图 6 可明显发现，SQ1 长观孔水位的迅速下降并不是工作面涌水引起的，而只有采空区顶板大面积垮落下沉将采空体积传递到基岩顶部，导致"四含"水、砂的快速侧向流动补给才能引起。因此，由"四含"水位下降和工作面压架前后涌水量的对应关系，可以说明压架时松散承压含水层下部的基岩是整体破断运动的。

覆岩的整体破断引发采空空间传递至基岩顶部导致含水层水位快速下降的结论，得到了祁东煤矿 7_114 工作面顶板导水裂隙高度工程探测结果的验证。图 7 为 7_114 工作面突水区域顶板导水裂隙高度探测结果的示意图。D1 钻孔位于 7_114 工作面风巷附近的采空区内侧 18m，探测导水裂隙高度 62.0m；D2 钻孔位于 7_114 工作面机巷附近的采空区内侧 16m，探测导水裂隙高度 102.3m。按《建筑物、水体、铁路及主要井巷煤柱留设与压煤开采规程》里中硬岩层预计 7_114 工作面的顶板导水裂隙最大高度为 45m，而实际探测值远远大于规程预计值且工作面发生了严重突水灾害，说明 7_114 工作面采动后导水裂隙已经发育至基岩顶部并沟通了含水层。同时，上述两个探测钻孔位置处导水裂隙高度的差值与基岩厚度的差值基本相同，也进一步证实了 7_114 工作面在压架突水时覆岩是整体破断的。

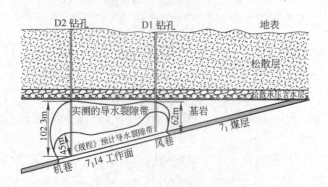

图 7　7_114 面突水区域顶板导水裂隙高度探测结果示意图
Fig.7　Drilling results of water flowing fracture height in water inrush area in 7_114 working face

3　松散承压含水层下采煤压架突水灾害发生机理

3.1　松散承压含水层下采煤压架灾害发生机理

前文通过实验模拟及工程探测方法掌握了发生压架突水工作面的覆岩破断规律，即覆岩在含水层载荷传递作用下易发生整体破断，但是为何覆岩发生整体破断会导致采场压架事故的发生？利用覆岩砌体梁结构的"S-R"稳定理论[16,17]，可以对此做出合理解释。式 1 为保障覆岩砌体梁结构不发生滑落失稳的条件，在承压含水层的载荷传递作用下，上部表土层传递载荷过大导致一定条件的关键层结构发生同步破断，上部关键层及其控制的岩层整体破断，作为下部关键层的载荷层，下部关键层破断块体的载荷层厚度 h_1 明显增大，砌体梁结构稳定条件不易满足。若工作面支架阻力不足或支护质量较差时，导致覆岩关键层结构的整体失稳，引发压架灾害。对于综采支架支护阻力 5000kN，支撑的失稳岩层高度一般小于 30m。而在近松散承压含水层下开采，一旦覆岩关键层同步破断，需要支撑的失稳岩层高度远大于 30m，发生工作面压架事故是必然的。

$$h + h_1 \leq \frac{\sigma_c}{30\rho_g}\left(\tan\varphi + \frac{3}{4}\sin\theta_1\right)^2 \tag{1}$$

式中，h 为承载层厚度；h_1 为承载层上覆载荷岩层厚度；σ_c 为承载层的抗压强度；ρ_g 为岩体的体积力；$\tan\varphi$ 为岩块间的摩擦系数；θ_1 为砌体梁中破断块体的回转角。

3.2　松散承压含水层下采煤突水灾害发生机理

松散承压含水层作用下覆岩整体破断对导水裂隙影响规律得到了图 8 所示的物理模拟实验结果的验证。在松散承压含水层载荷传递作用下，关键层 1 与关键层 2 发生同步复合破断，覆岩导水裂隙直接沟通含水层；而在无松散承压含水层作用时，由于基岩顶部载荷较小，因此传递到关键层上的载荷较小，导致关键层 1 先破断，关键层 2 滞后破断，两层关键层自下而上逐层发生破断，顶板导水裂隙发育不充分，上下不贯通。覆岩关键层的不同破断形式，导致前者发生突水灾害，而后者不会发生突水灾害。

上述实验结果表明，松散承压含水层载荷传递作用下关键层发生复合破断，致使导水裂隙在工作面正上方直接发育至基岩顶部，沟通含水层，从而引发工作面突水灾害。工作面突水量的大小，则与基岩顶部有、无泥岩、黏土等隔水岩层及其厚度和层数等赋存特征有关。上述工作面突水机理也得到前文所述的 7_114 工作面覆岩导水裂隙高度探测结果的验证。

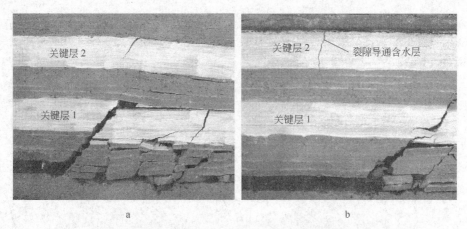

图 8 含水层载荷传递作用下关键层复合破断对导水裂隙影响的实验结果
a—无松散承压含水层条件下关键层分步破断；b—松散承压含水层条件下关键层同步破断
Fig. 8 Results of influence on different key stratum breakage to water flowing fracture

4 松散承压含水层下采煤压架突水灾害防治对策及实践

4.1 压架突水灾害危险区域预测

松散承压含水层载荷传递作用下一定覆岩条件的关键层发生整体破断，易导致压架突水灾害的发生，如果能在工作面回采之前就预测出压架突水的危险区域，在进行矿井采掘设计时，主动避开这些危险区域，或在已知的危险区域内开采时，提前采取有效的防治措施，将避免此类灾害发生具有重要意义。

在对松散承压含水层下采煤覆岩破断规律研究的基础上，可以根据关键层判别方法[18,19]和计算软件，对覆岩主关键层位置与关键层结构进行判别，为预测危险区域提供基础。

以祁东煤矿 7_1 煤层 3 个钻孔柱状的判别结果为例，图9a所示的24-257钻孔覆岩为复合单一关键层结构，覆岩易产生整体破断，导水裂隙带将发育到"四含"，该钻孔附近的 7_1 煤层开采存在压架突水危险；图9b所示的补307钻孔覆岩为多层关键层结构，且覆岩主关键层位置距 7_1 煤层约80m，远大于7~10倍采高（为21~30m），覆岩受采动影响由下向上逐层破断，导水裂隙带高度将小于45m，不会沟通"四含"，该钻孔附近的 7_1 煤层开采不存在压架突水危险[20,21]；图9c所示的补296钻孔覆岩为多层关键层结构，但覆岩主关键层位置距 7_1 煤层约8m，小于7~10倍采高，导水裂隙带将发育到"四含"，该钻孔附近的 7_1 煤层开采同样存在压架突水危险。

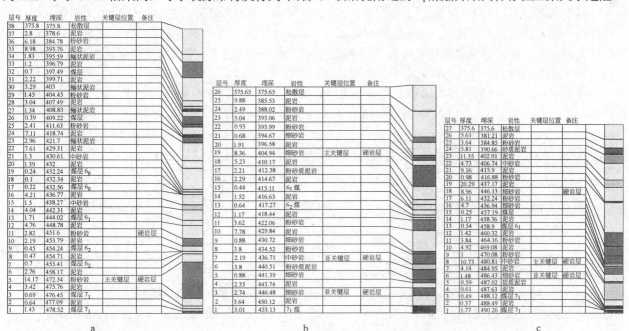

图 9 覆岩主关键层位置判别结果举例
a—24-257钻孔；b—采前3钻孔；c—补296钻孔
Fig. 9 Results of the primary key strata location discrimination

根据上述方法，对具有松散承压含水层威胁的区域内，通过钻孔柱状的关键层位置及覆岩结构类型进行分析，在矿井采掘布置平面图上，圈出具有压架突水危险区域。图10给出了祁东煤矿7_1煤层压架突水危险区域的预测结果。

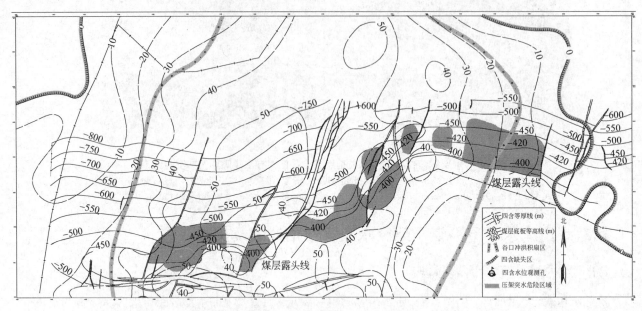

图 10　祁东煤矿7_1煤层压架突水危险区域判别结果

Fig. 10　Prediction of hazard zone of SCWID at 7_1 coal seam in Qidong coal mine

4.2 人工预裂关键层防治压架突水灾害

松散承压含水层下采煤压架突水灾害机理的研究，为压架突水灾害的防范建立了理论基础。要防治压架突水事故，本质上需要改变覆岩的破坏特征，或是通过采取措施防止覆岩结构发生滑落失稳。基于此，提出了关键层人工预裂改性的措施。通过采取人工干预措施，改变煤层上方一定范围内的覆岩关键层结构，达到改变覆岩破断特征的目标，进而避免压架突水灾害[22, 23]。

对于具有整体破断危险的覆岩结构类型，提出关键层人工预裂改性的措施，即通过人工预裂爆破弱化煤层顶板10倍采高范围内的主关键层，使之强度降低并能随采动及时破断，不再成为主关键层，从而减小覆岩整体破断的危险性。图11为人工预裂关键层防治压架突水灾害机理的示意图。当硬岩层1与硬岩层2同步破断时，硬岩层1为主关键层，在主关键层破断时，覆岩形成图11a所示的破断特征，容易导致采场压架突水灾害的发生。通过预裂爆破弱化距离煤层最近的硬岩层（硬岩层1，即覆岩整体破断时的主关键层），降低其强度和承载性能，使其不再成为主关键层，而其上的硬岩层2成为主关键层，实现了主关键层层位上移，与煤层间距大于10倍采高。上移后的主关键层破断时，覆岩整体破断导致砌体梁结构滑落失稳的可能性将减小，不易导致采场压架突水灾害发生。进行人工预裂爆破后覆岩结构变化及其破断特征如图11b所示。

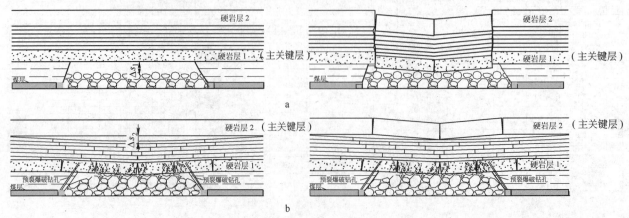

图 11　人工预裂关键层防治压架突水灾害机理的示意图

a—未进行人工预裂爆破；b—进行人工预裂爆破

Fig. 11　Sketch about mechanism of roof pre-blasting measure to preventing support crushing and water inrush disaster

4.3 高阻力支架控顶防治压架突水灾害

松散承压含水层下采煤压架突水机理表明，由于松散承压含水层的载荷传递作用，一定覆岩条件的关键层结构发生整体破断，导致覆岩砌体梁结构的滑落失稳，工作面支架阻力不足或支护质量较差时，支架不足以承担破断岩体的重量，导致压架突水事故发生。因此，若要防范压架突水灾害，需要控制覆岩砌体梁结构在受采动影响破断时不发生滑落失稳。根据覆岩结构稳定性的要求，通过提高支架工作阻力，增强对破断岩体的支护作用，防止覆岩砌体梁结构滑落失稳，从而避免压架突水灾害。

基于上述分析，结合岩层控制理论，建立了图12a所示的松散承压含水层下采煤工作面支架工作阻力计算力学模型[24]，取覆岩破断整体为研究对象，并进行图12b所示的受力分析。若要防止覆岩整体破断的发生，支架载荷需要能撑得住破断整体岩层的重量，此时支架受到破断整体和直接顶载荷的共同作用。据此建立了式(2)所示的支架阻力的计算公式。

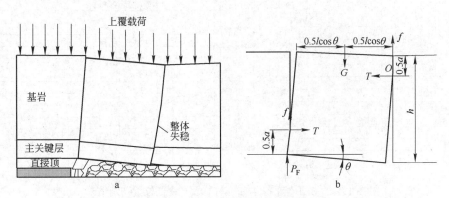

图 12 松散承压含水层下采煤工作面合理支架工作阻力计算方法
a—工作阻力计算力学模型；b—受力分析
Fig. 12 Calculation method of support resistance during mining under unconsolidated confined aquifer

$$P = P_F + P_z \tag{2}$$

$$P_F = \frac{i + \sin\theta - 6i\tan\varphi\sin\theta}{i + \sin\theta + 2i\tan\varphi\sin\theta + 2\cos\theta\tan\varphi} G$$

其中

$$G=(P_h+P')bl,\quad P_h=h_h\gamma_h,\quad P'=h\gamma,\quad P_z=h_d l_d \gamma_d b$$

式中，P 为支架所需工作阻力，kN；P_F 为支架对破断整体及含水层载荷的支撑力，kN；P_z 为直接顶对支架的支撑力，kN；G 为破断岩石整体重量及其上覆含水层的载荷，kN；P' 为破断整体产生的线载荷，MPa；h 为破断整体高度，m；i 为破断整体块度，$h=li$；γ 为破断整体容重，kN/m³；θ 为复合破断的回转角，近似等于岩块的回转角，(°)；$\tan\varphi$ 为岩块之间摩擦系数；P_h 为含水层的载荷，MPa；h_h 为含水层厚度，m；γ_h 为含水层容重，kN/m³；γ_d 为直接顶容重，kN/m³；l 为关键层的破断步距，m；h_d 为直接顶厚度，m；l_d 为支架顶梁长度，m；b 为支架顶梁宽度，m。

4.4 松散承压含水层下采煤压架突水灾害防治实践

4.4.1 7₁31工作面概况

7₁31 工作面位于祁东煤矿一水平三采区，回采 7₁ 煤层。工作面走向长度 1 686.6 m，倾斜宽度 161 m，煤层厚度 1.9~4.0 m，平均 3.5 m。煤层倾角 11°~16°，平均 13°。工作面共布置 91 个型号为 ZY10000/23.5/42 的两柱掩护式液压支架，额定工作阻力为 10 000 kN。7₁31 工作面是与 7₁30 工作面相邻的下区段工作面。7₁30 工作面在推进过程中，曾周期性的发生 4 次严重的压架突水事故，导致工作面最终被迫停采撤面。相邻的 7₁31 工作面在推进过程中是否也会发生类似的压架突水事故，以及如何避免压架突水事故的发生，是需要迫切解决的问题。

4.4.2 7₁31 工作面压架突水灾害防治

4.4.2.1 7₁31 工作面压架突水危险区域预测

根据松散承压含水层下采煤压架突水灾害防治对策，首先对 7₁31 工作面的钻孔柱状进行关键层位置及覆岩结构进行判别，发现在工作面第Ⅱ、Ⅲ块段，煤层顶板 7~10 倍采高范围内普遍存在厚度大于 10m 甚至达到 20m 的厚硬岩层，覆岩均表现为复合单一关键层结构，极容易造成工作面开采过程中采场压架突水事故的发生，认为在工作面Ⅱ、Ⅲ块段，均存在压架突水危险性，需要采取针对性防治措施。工作面内钻孔柱状及覆岩结构判别结果如图 13 所示。

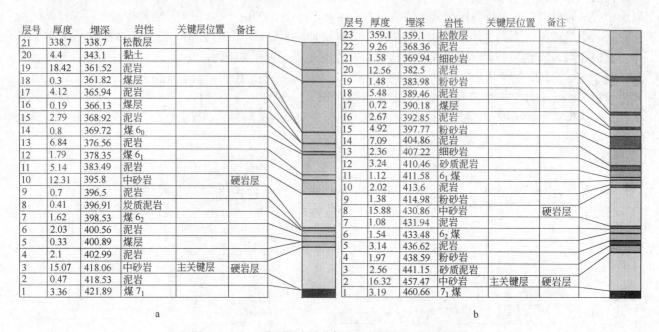

图 13　$7_1 31$ 工作面覆岩钻孔柱状及关键层位置判别结果
a—29-302 钻孔；b—284 钻孔
Fig.13　Results of the primary key strata location discrimination in $7_1 31$ working face

4.4.2.2　关键层人工预裂爆破改性

在压架突水危险区域预测的过程中，得出覆岩均属于复合单一关键层结构，且煤层顶板上方多存在大于 10m 甚至 20m 的厚硬顶板，难以及时破断，需要采取人工预裂爆破措施，避免大面积的悬顶和覆岩整体破断。基于此，对顶板预裂爆破方案进行了设计。图 14 以 29-302 钻孔柱状为基础的关键层人工预裂爆破钻孔设计图。图 15 为 $7_1 31$ 工作面人工预裂爆破位置布置图。

由图 16 所示的工作面支架工作阻力变化曲线可以看出，工作面在进入预裂爆破区域之后，支架工作阻力有所降低，来压步距和来压的持续长度明显减小，说明总体来压强度减弱。表 3 为实施预裂爆破前、后工作面来压特征变化情况。实践证明，采取人工预裂爆破措施达到了释放顶板压力的作用，改变了覆岩的破断特征，对避免覆岩发生整体破断有显著效果。

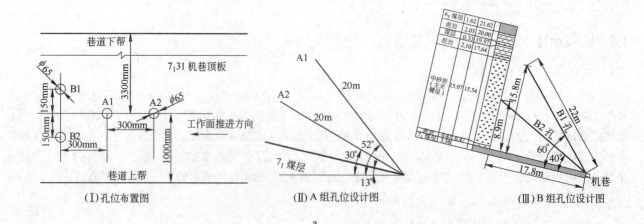

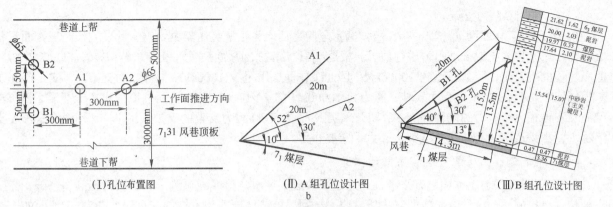

(Ⅰ)孔位布置图　　(Ⅱ) A组孔位设计图　　(Ⅲ) B组孔位设计图
b

图14　顶板预裂爆破的设计方案
a—机巷顶板预裂爆破方案; b—风巷顶板预裂爆破方案
Fig.14　Design scheme of roof pre-blasting drill

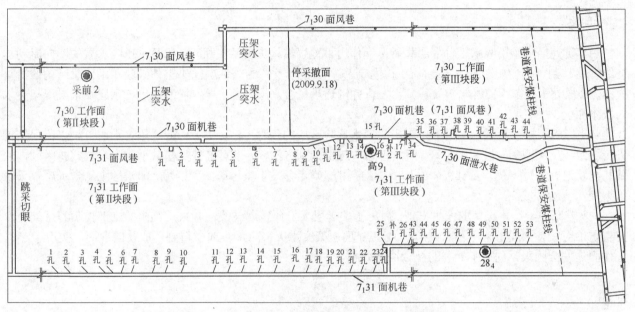

图15　7₁31工作面人工预裂爆破钻孔施工位置平面图
Fig.15　Location of pre-blasting drillings in 7_131 working face

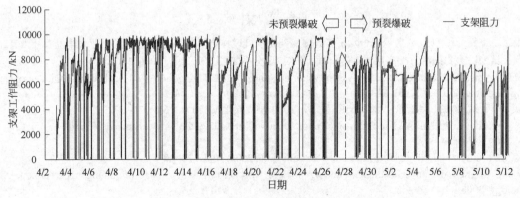

图16　预裂爆破前后工作面压力变化曲线
Fig.16　Pressure curve before and after pre-blasting

表3　预裂爆破前后工作面来压特征对比
Table 3　Comparation of pressure character before and after pre-blasting

不同阶段	平均支架工作阻力/kN	来压持续长度/m	周期来压步距/m
未预裂爆破	10241	14.8	28.4
预裂爆破	9944	8.2	21.7
差异（前、后）	297	6.6	6.7

4.4.2.3 采用高阻力支架

在确定 7_131 工作面回采过程中存在压架突水危险之后，为了避免压架突水灾害的发生，在工作面设备安装之前，对工作面支架合理阻力进行估算。根据 7_131 工作面回采地质条件及覆岩结构特征，估算 7_131 工作面所需要的支架工作阻力应达到 10000kN，因此工作面选用至少 10000kN 的高阻力支架。事实上，祁东煤矿根据研究结论在 7_131 工作面安装了阻力为 10000kN 的 ZY10000/23.5/42 两柱掩护式液压支架，为防治压架突水灾害提供了有力的硬件保障。后期开采实践表明，在高阻力支架的支护作用下，工作面没有出现支架活柱大量下缩现象，对防范压架突水起到了重要作用。

4.4.3 7_131 工作面压架突水灾害防治效果

针对祁东煤矿 7_131 工作面的开采条件，通过采取压架突水危险区域预测、关键层人工预裂爆破、高阻力支架控顶等措施，同时结合工作面支护质量监测、回采工艺调控等基本措施，实现了 7_131 工作面的安全开采，成功避免了压架突水事故，安全采出煤炭量约 127.7 万吨，保障了矿井的采掘接替，创造了显著的社会经济效益。

5 结论

（1）研究揭示了松散承压含水层载荷传递作用下覆岩结构失稳致灾机理。松散承压含水层的侧向流动与补给性能起到了均匀传递表土层载荷的作用，导致一定覆岩条件的关键层发生整体破断和砌体梁结构的滑落失稳，顶板导水裂隙因覆岩结构失稳异常发育并沟通承压含水层，这是导致松散承压含水层下采煤压架突水的根本原因。

（2）形成了松散承压含水层下采煤压架突水危险区域的预测方法。基于松散承压含水层下采煤覆岩结构失稳导致压架突水灾害发生的机理，运用覆岩关键层判别方法，可以对矿井受松散承压含水层威胁区域内的钻孔柱状进行关键层位置及其覆岩结构类型的判别，确定易发生整体破断的区域，即松散承压含水层下采煤压架突水危险区域。

（3）基于压架突水灾害的发生机理，提出了关键层人工预裂爆破改性和采用高阻力支架控顶等压架突水灾害防治对策。上述措施在祁东煤矿 7_131 工作面压架突水灾害防治实践中得到了成功的应用，实现了 7_131 工作面的安全回采，创造了显著的社会经济效益。

致谢

感谢"十二五"国家科技支撑计划(No.2012BAK04B06)和江苏省自然科学基金(No.BK20140205)对本论文的资助。同时真诚感谢祁东煤矿相关工程技术人员在现场实测、工程探测等方面给予的大力支持和帮助！

参 考 文 献

[1] 许家林, 王晓振, 朱卫兵. 松散承压含水层下采煤压架突水机理与防治[M]. 徐州: 中国矿业大学出版社, 2012.

[2] 檀双英, 吴劲松. 祁东煤矿 71 煤层 7114 工作面出水原因分析[J]. 煤矿开采, 2006, 11(3): 64~67.
Tan Shuangying, Wu Jinsong. Cause analysis of water bursting in 7114 mining face of 71 coal seam in Qidong colliery [J]. Coal Mining Technology, 2006, 11(3): 64~67.

[3] 熊晓英, 李俊斌. 1402(3)综采工作面压架原因分析[J]. 中国煤炭地质, 2004, 16(3): 34~37.
Xiong Xiaoying, Li Junbin. A Case Study of Support Break-off at 1402(3) Fully Mechanized Mining Face[J]. Coal Geology of China, 2004, 16(3): 34~37.

[4] 李俊斌. 17110(3)上提工作面回采实践与认识[J]. 煤矿开采, 2005, 10(1): 28~40.
Li Junbin. Practice and understanding of mining in Face No.17110(3) with a raise of mining upper limit [J].Coal Mining Technology, 2005, 10(1): 28~40.

[5] 国家煤炭工业局制定.建筑物、水体、铁路及主要井巷煤柱留设与压煤开采规程[M]. 北京: 煤炭工业出版社, 2000: 225~233.
State Bureau of Coal Industry. Regulations of buildings, water, railway and main well lane leaving coal pillar and press coal mining[M]. Beijing: China Coal Industry Publishing House, 2000: 225~233.

[6] 煤炭科学院北京开采所. 煤矿地表移动与覆岩破断规律及其应用[M]. 北京: 煤炭工业出版社, 1981: 136~149.
Beijing Mining Institute, China Coal Research Institute Coal mine surface movement and rock rupture rules and application[M]. Beijing: China Coal Industry Publishing House, 1981: 136~149.

[7] 刘天泉. 露头煤柱优化设计理论与技术[M]. 北京: 煤炭工业出版社, 1998: 42~48.
Liu Tianquan. Theory and techniques for optimal design of outcrop coal pillar[M]. Beijing: China Coal Industry Publishing House, 1998: 42~48.

[8] 刘天泉. 厚松散含水层下近松散层的安全开采[J]. 煤炭科学技术, 1986, 13(2): 14~18.
Liu Tianquan. Safe extraction of near soft layer underlying a thick loose aquifer[J]. Coal Science and Technology, 1986, 13(2): 14~18.

[9] 康永华, 赵开全, 刘治国, 等. 高水压裂隙岩体综采覆岩破坏规律[J]. 煤炭学报, 2009, 34(6): 721~725.
Kang Yonghua, Zhao Kaiquan, Liu Zhiguo, et al. Devastating laws of overlying strata with fissure under high hydraulic pressure[J]. Journal of China Coal Society, 2009, 34(6): 721~725.

[10] 许延春. 深厚含水松散层的工程特性及其在矿区中的应用[M]. 北京: 煤炭工业出版社, 2003.
Xu Yanchun. The engineering characteristics of deep and thick unconsolidated aquifer and its application to coal mines[M]. Beijing: China Coal Industry Publishing House, 2003.

[11] 涂敏, 桂和荣, 李明好, 等. 厚松散层及超薄覆岩厚煤层防水煤柱开采试验研究[J]. 岩石力学与工程学报, 2004, 23(20): 3494~3497.
Tu Min, Gui Herong, Li Minghao, et al. Testing study on mining of waterproof coal pillars in thick loose bed and thick coal seam under ultra-thin overlying strata[J]. Chinese Journal of Rock Mechanics and Engineering, 2004, 23(20): 3494~3497.

[12] 李文平. 徐淮矿区深厚表土底含失水压缩变形试验研究[J]. 煤炭学报, 1999, 24(3): 231~235.
Li Wenping. Testing research on compressive deformation due to water loss of the bottom aquifer buried by great overburden soils in Xuhuai Mine Area[J]. Journal of China Coal Society, 1999, 24(3): 231~235.

[13] 崔广心. 特殊地层条件竖井井壁破坏机制及防治技术[J]. 建井技术, 1998, 19(1): 28~32.
Cui Guangxin. Failure mechanism of shaft lining in special stratum and its prevention and cure[J]. Mine Construction Technology, 1998, 19(1): 28~32.

[14] 吴侃, 邓喀中, 周鸣, 等. 综采放顶煤表土层移动监测成果分析[J]. 煤炭学报, 1999, 24(1): 21~24.
Wu Kan, Deng Kazhong, Zhou Ming, et al. The analysis of monitor conclusion about overburden displacement under condition of fully mechanized sublevel caving[J]. Journal of China Coal Society, 1999, 24(1): 21~24.

[15] 黄庆享. 浅埋采场初次来压顶板砂土层载荷传递研究[J]. 岩土力学, 2005, 26(6): 881~883.
Huang Qingxiang. Study on load transmitting factor of thick sandy soil on key roof stratum during first weighting in shallow seam[J]. Rock and Soil Mechanics, 2005, 26(6): 881~883.

[16] 钱鸣高. 采场上覆岩层岩体结构模型及其应用[J]. 中国矿业学院学报, 1982(2): 1~11.
Qian Minggao. A structural model of overlaying strata in longwall and its application[J]. Journal of China Institute of Mining and Technology, 1982(2): 1~11.

[17] 钱鸣高, 石平五, 许家林. 矿山压力与岩层控制[M]. 徐州: 中国矿业大学出版社, 2010: 177~180.
Qian Minggao, Shi Pingwu, Xu Jialin. Ground pressure and strata control [M]. Xuzhou: China University of Mining and Technology Press, 2010: 177~180.

[18] 钱鸣高, 缪协兴, 许家林, 等. 岩层控制的关键层理论[M]. 徐州: 中国煤炭出版社, 2003.
Qian Minggao, Miao Xiexing, Xu Jialin, et al. Key stratum theory in ground control [M]. Xuzhou: China University of Mining and Technology Press, 2003.

[19] 许家林. 岩层移动与控制的关键层理论及其应用[D]. 徐州: 中国矿业大学, 1999.
Xu Jialin. Study and application of the key strata theory about strata movement and it's control[D]. Xuzhou: China University of Mining and Technology, 1999.

[20] 许家林, 王晓振, 刘文涛, 等. 覆岩主关键层位置对导水裂隙带高度的影响[J]. 岩石力学与工程学报, 2009, 28(2): 380~385.
Xu Jialin, Wang Xiaozhen, Liu Wentao, et al. Effects of primary key stratum location on height of water flowing fracture zone[J]. Chinese Journal of Rock Mechanics and Engineering, 2009, 28(2): 380~385.

[21] 许家林, 朱卫兵, 王晓振. 基于关键层位置判别的导水裂隙带高度预计方法[J]. 煤炭学报, 2012, 37(5): 762~779.

[22] 林青, 王晓振, 许家林, 等. 顶板预裂爆破技术在防止压架事故中的应用[J]. 煤炭科学技术, 2011, 39(1): 40~43.
Lin Q, Wang X Z, Xu J L, et al. Application of roof pre-fracturing and blasting technology to prevent hydraulic powered support jamming accident[J]. Coal Science and Technology, 2011, 39(1): 40~43.

[23] Wang Xiaozhen, Xu Jialin, Zhu Weibing, et al. Roof pre-blasting to prevent support crushing and water inrush accidents [J]. International Journal of Mining Science and Technology, 2012, 22 (3): 379~384.

[24] 郝宪杰, 许家林, 朱卫兵, 等. 高承压松散含水层下支架合理工作阻力的确定[J]. 采矿与安全工程学报, 2010, 27(3): 416~420.
Hao Xianjie, Xu Jialin, Zhu Weibing, et al. Determination of reasonable support resistance when mining under unconsolidated highly-pressured confined aquifer[J]. Journal of Mining & Safety Engineering, 2010, 27(3): 416~420.

汾源煤矿 5 号煤层顶煤冒放性分析及煤壁片帮的防治措施

孟旭刚

（霍州煤电汾源煤业公司，山西忻州　035100）

摘　要　为了研究汾源煤矿综放开采 5 号煤层的合理性，对 5 号煤层顶煤冒放性展开研究。首先通过理论分析确定顶煤冒放性较好，可采用综放开采。为了验证理论分析的客观性，进一步采用计算机数值模拟对 5 号煤层开采进行研究，研究结果与理论分析一致，但是发现工作面开采过程中，由于煤层较软，易出现片帮、冒顶现象，因此提出了相应的防治措施。

关键词　综放开采　顶煤冒放性　煤壁　片帮　冒顶

霍州煤电集团汾源煤业有限公司位于山西省忻州市静乐县县城东北约 30km 处，行政区划属静乐县杜家村镇、中庄乡及双路乡管辖。井田南北走向长 6.38km，东西倾斜宽 2.45km，面积 12.6986km²。井田地处晋西北黄土高原，植被稀少，地形较为复杂，切割剧烈。区内大部分为第四系黄土覆盖，沟谷零星出露基岩地层。总体地势为东高，西低，中间高，南北两头较低，最高点位于井田内原北黄苇煤矿的东北角山上，标高+1768m，最低点位于井田南部边界附近的神家村西南沟谷内，标高+1465m，最大相对高差 303m。5 号煤层赋存于太原组的中下部，是本井田主要可采煤层，煤层厚度 1.85~20.06m，平均 10.5m，含 0~4 层夹矸，一般含矸 1~2 层，结构简单到复杂，属全井田可采的稳定煤层。顶板岩性为泥岩或砂质泥岩、石灰岩，底板岩性为砂质泥岩、泥岩或粉砂岩。5 号煤层顶板以碳酸盐岩类为主，岩石强度较高，以中硬岩石为主，岩体结构多为块状结构，顶板稳定性较好；底板多数岩石为软岩，围岩质量较差，稳定性也差，综合柱状图如图 1 所示，其力学参数测试结果见表 1。矿井最大相对瓦斯涌出量 3.70m³/t，矿井最大绝对瓦斯涌出量为 9.33 m³/min；矿井属低瓦斯矿井；煤尘具有爆炸危险性。5 号煤层吸氧量 0.49 mL/g，自燃倾向性等级Ⅱ类，属自燃煤层。

累厚/m	层厚/m	柱状	岩　性　描　述
445.10	426.50		无岩芯钻进
447.25	2.65		深灰色泥岩，水平层理，含植物化石，具节理
452.40	4.65		灰色细砂岩，胶结较硬，夹粉砂岩条带，含白云母片，具节理
461.90	9.5		泥岩，水平层理，含植物化石，夹砂质泥岩薄层，节理发育
465.75	3.85		灰色细砂岩，胶结较松软，含白云母片，节理发育
468.90	3.15		2 号煤，粉状
475.0	6.10		深灰色泥岩，含植物根屑化石，中部夹泥岩及煤线，节理发育
479.10	4.10		灰色中砂岩，石英为主，泥质胶结，斜层理，节理发育
490.30	11.20		细砂岩，泥质胶结，含白云母片，层面含有机质，具节理
507.45	17.15		砂质泥岩，水平层理，含白云母片，节理发育
508.95	1.50		粉砂岩，水平层理，含白云母片，节理发育
509.30	0.35		4 号煤
515.90	6.60		砂质泥岩，水平层理，含植物化石及少量黄铁矿
517.90	2.00		深灰石灰岩，质较纯，含动物碎片化石，裂隙发育，含方解石脉
575.60	7.70		5 号煤，粉状，夹石 1、2 为泥岩
576.70	1.10		黑灰色泥岩，含大量植物碎片化石，节理发育，含黄铁矿
582.90	6.20		5 号煤，粉状
585.00	2.10		深灰色泥岩，含植物叶片化石及黄铁矿，节理发育
589.50	4.50		深灰色粉砂岩，含植物叶片化石及铁矿石，具节理
595.90	6.40		深灰色砂质泥岩，水平层理，含黄铁矿结合及黄铁矿
605.60	9.70		深灰色粉砂岩，夹砂质泥岩条带，含白云母片，具节理

a

基金项目：霍州煤电高层专业人才实践工程资助项目，编号 HMGS2012XX。

作者简介：孟旭刚（1976—），男，采煤工程师，现任霍州煤电集团汾源煤业公司生产技术科科长，从事煤矿的生产技术工作。电话：15635028060；E-mail：943942975@qq.com

汾源煤矿 5 号煤层顶煤冒放性分析及煤壁片帮的防治措施

累厚/m	层厚/m	柱状	岩性描述
295.92	277.52		无岩芯钻进
303.00	7.08		深灰色砂质泥岩，水平层理，含植物化石，节理发育
307.00	4.00		灰色细砂岩，泥质胶结，夹粉砂岩薄层，节理发育
309.05	2.05		深灰色泥岩，含植物叶片化石，节理发育，岩芯破碎
311.40	2.35		2 号煤，粉状
321.500	10.10		深灰色泥岩，破碎，中部夹砂泥岩薄层，底部 1.00m 微含炭质
326.20	4.70		3 号煤，粉状，夹石为泥岩
327.05	0.85		深灰色泥岩，碎块状，含植物碎片化石
328.00	0.95		煤，粉状
331.00	3.00		深灰色泥岩，水平层理，含植物化石，节理发育，岩芯破碎
343.80	12.80		灰色细砂岩，松软，全层受挤压严重，夹粉砂岩薄层，节理发育
352.00	8.20		深灰色砂质泥岩，水平层理，含菱铁质结合，节理发育
357.50	5.50		深灰色细砂岩，钙质胶结，节理发育
370.50	13.00		深灰色泥岩，水平层理，含植物化石及少量黄铁矿，节理发育
371.80	1.30		深灰色泥灰岩，泥质含量高，裂隙发育，含方解石脉
373.75	1.95		深灰色泥岩，水平层理，含植物叶片化石，节理发育
375.10	1.35		4 号煤，粉状
379.00	3.90		深灰色泥岩，水平层理，含植物根化石，下部夹粉砂岩薄层
385.00	6.00		灰色细砂岩，钙质胶结，夹粉砂岩条带，节理发育
392.70	7.70		深灰色砂质泥岩，水平层理，含植物碎片化石及少量黄铁矿
395.00	2.30		深灰色石灰岩，隐晶质，含动物碎片化石，裂隙发育
408.00	13.00		5 号煤，粉状，夹石 1、2 为泥岩
418.20	10.20		深灰色砂质泥岩，块状，含植物化石及黄铁矿结合，节理发育
430.00	11.80		深灰色粉砂岩，水平层理，含菱铁质及黄铁矿结核，具节理

b

图 1 5 号煤层综合柱状图

a—T1 号钻孔柱状图；b—T3 号钻孔柱状图

表 1 5 号煤层及围岩试样物理性质测定结果

项目	密度/kg·m^{-3}	单轴抗压强度/MPa	弹性模量/GPa	泊松比	单轴抗拉强度/MPa
基本顶	2608	69.04	21.47	0.29	4.42
直接顶	2236	28.88	16.15	0.16	2.3
5 号煤	1350	1.8			
底板	2490	24.13	55.79	0.35	2.88

汾源煤业有限公司 5 号煤层厚度 1.85~20.06m，平均 10.5m，满足放顶煤开采对煤层厚度的要求。由于放顶煤开采一次开采厚度大，与普通分层开采相比，放顶煤开采具有以下技术优势[1]：

（1）适应性强。对于煤层厚度变化存在中厚、厚、特厚三种情况，单一开采方式难以满足要求，而综放开采由于沿煤层底板割煤，支架上方煤体通过放煤口回收，工作面推进受煤层厚度变化影响小，如图 2 所示。

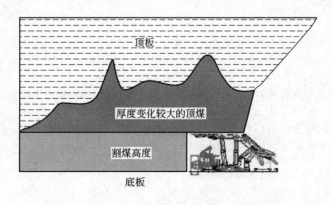

图 2 综放开采对煤层厚度变化适应性示意图

（2）降低吨煤生产成本，提高工作面生产效率。相对于分层开采，综放开采降低了巷道掘进量，减少了采煤机割煤量，材料及电力消耗减少，吨煤生产成本大幅降低，生产效率提高。

（3）工作面生产能力大。矿井可一面达产，减少井下作业人数，实现高效集约化生产，有利于矿井管理。

综上所述，确定汾源煤业有限公司 5 号煤层在现有产能条件下适宜采用综采放顶煤开采的采煤方法。

1 顶煤冒放性评价

综放开采顶煤冒放性[2]是顶煤本身可冒落并可放出的特性，是顶煤在支承压力作用下冒落和放出难易程度的特征度量参数，亦即顶煤可冒性和可放性的综合。顶煤具有良好的冒放性是进行综放开采的必要条件，根据顶煤冒放性的不同采取相应的技术措施与工艺参数是实现综放开采优势的基础。影响顶煤冒放性因素主要有以下几方面：(1) 煤层强度；(2) 煤层赋存深度；(3) 煤体的完整性，即顶煤的节理裂隙发育程度；(4) 煤层结构，即顶煤夹石情况；(5) 顶板，包括直接顶和基本顶的岩性与厚度。

1.1 煤层强度

煤层强度体现了煤层本身抗破坏的能力，主要参数包括煤层的单轴抗压强度、黏结系数和内摩擦角。图 3 所示为煤层的单轴抗压强度(R_c)、黏结系数(C)和内摩擦角 φ 的关系为：

$$R_c = \frac{2C \cdot \sin\varphi}{1 - \sin\varphi} \tag{1}$$

由上式可以看出，当 φ 一定时，R_c 随 C 的增大而增大，当 C 一定时，对式（1）求导得：

$$\frac{dR_c}{d\varphi} = \frac{-2C\sin\varphi(1-\sin\varphi) - 2C\cos^2\varphi}{(1-\sin\varphi)^2} = \frac{2C}{1-\sin\varphi} \tag{2}$$

显然，$\dfrac{2C}{1-\sin\varphi} > 0$。

煤层的单轴抗压强度是煤体抗单轴压力的能力，在煤体没有任何弱面的情况下，其值越大，煤层越难以破碎，反映在顶煤的冒放性上，则相对较差。煤层的单轴抗压强度（R_c）影响着顶煤在压力作用下破坏破碎过程和程度，因此与顶煤的垮落角有着密切的关系。根据对综放工作面的现场观测，单轴抗压强度(R_c)越大，即顶煤越硬，顶煤垮落角越小。根据顶煤的冒落运动规律，当顶煤的垮落角较小，对顶煤的放出不利。图 4 反映了煤层单轴抗压强度 R_c（$f = R_c/10$）和顶煤垮落角的关系。

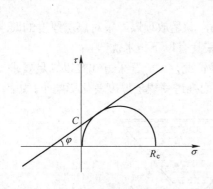

图 3 煤体力学参数关系

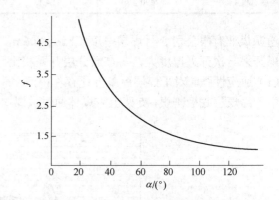

图 4 煤层硬度系数与顶煤垮落角关系

通过对汾源煤业有限公司 5 号煤煤样进行的力学实验可知，5 号煤偏软，煤层坚固性系数只有平均 0.18 左右。通过图 4 可知顶煤垮落角大于 120°，顶煤冒落容易，有利于顶煤的回收，顶煤冒放性好。

1.2 赋存深度

煤层的赋存深度直接影响原岩应力大小，对放顶煤综采面的顶煤破坏破碎效果有决定性的影响。综放面采场煤壁前方顶煤受超前支承压力作用，预先发生变形、破坏，是顶煤能顺利放出的先决条件，煤壁前方顶煤单元体的受力状态如图 5 所示。可见，正因为受采动后支承压力的作用，顶煤煤体才有可能超前变形、破坏。

放顶煤采场顶煤内的单元体为三向受力状态(σ_1，σ_2，σ_3)。考虑到长壁采场沿平行工作面推进方向上的平面应力(σ_2)变化不大，故可将其简化为平面应变模型，根据格里菲斯强度理论，有：

$$\sigma_1 = \sigma_3 \frac{\sqrt{1+f^2}+f}{\sqrt{1+f^2}-f} + R_c \tag{3}$$

式中，σ_1 为第一主应力，MPa；σ_3 为第三主应力，MPa；R_c 为煤的单轴抗压强度，MPa；f 为煤的内摩擦系数，$f=0.58$。

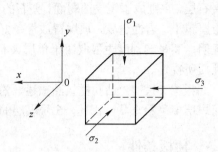

图5 顶煤单元体受力状态
$\sigma_1=K\gamma H$；$\sigma_2=\lambda K\gamma H$；$\sigma_3=\lambda \gamma H$；$\sigma_1 \geq \sigma_2 \geq \sigma_3$

由此，将顶煤受力状态与煤体强度有机联系起来，满足式（3）顶煤即发生强度破坏。为探讨赋存深度（H）和煤体强度（R_c）的关系，将 σ_1 和 σ_3 代入式（3），整理可得：

$$H = \frac{R_c}{\gamma}\left[\frac{1}{3.5-3.014\frac{\mu}{1-\mu}}\right] = 0.533\frac{R_c}{\gamma} \tag{4}$$

在煤体强度(R_c)一定时，若其他影响因素参数不变，要使顶煤体在支承压力作用下完全破坏，则赋存深度(H)应满足下式：

$$H \geq 26.2 R_c$$

由上式可知：当 H 越大时，顶煤的临界破坏条件越容易满足，在煤层的单轴抗压强度 R_c 一定时，H 大于临界值越多，顶煤破碎效果将越好，反映在冒放性上则顶煤冒放性越好。按5号煤层煤体平均单轴抗压强度 $R_c=1.7$MPa 计算，放顶煤开采要求埋深为 44.54m，而5号煤层在首采工作面的埋深最浅在 270m 左右。因此就5号煤层埋藏深度而言，能满足综放开采的开采要求。

1.3 顶煤节理裂隙

地下的岩体都不同程度地含有地质弱面和构造，这些弱面将严重降低岩体的强度而增加岩体的变形性。根据在现场的观测研究，对综放工作面顶煤冒放性影响最大的地质弱面是煤的节理、层理和裂隙。显然节理裂隙发育的煤层，煤体的完整性较差，整体强度下降，顶煤在支承压力作用下易于破碎，同时，裂隙越密集，顶煤越易破碎、冒放块度越小，越利于放出，也即顶煤冒放性越好，反之则越差。

分析单个裂隙对单轴压缩的影响，当裂纹面与载荷方向之间的角度为 β 时，在不考虑侧向力的情况下有如下关系式：

$$\frac{R_{cr}}{R_c} = \frac{C_{cr}}{C}\left[\frac{(1+\tan^2\varphi)^{1/2}-\tan\varphi}{\sin 2\beta - \tan\varphi_r(1-\cos^2\beta)}\right] \tag{5}$$

式中，R_{cr} 为因裂纹使岩石变弱的岩石抗压强度；R_c 为整体岩石的黏结力（内聚力）；C_{cr} 为沿裂纹面的抗压强度；C 为整体岩石的黏结力(内聚力)；$\tan\varphi_r$ 为沿裂纹方向的摩擦系数；$\tan\varphi$ 为整体岩石的摩擦系数；β 为载荷方向与裂纹面之间的夹角。

可见，当 C_{cr}、C、$\tan\varphi_r$、$\tan\varphi$ 一定时，R_{cr}/R_c 将视角 β 的不同而各异，即被弱面切割后岩石的抗压强度将根据弱面的切割方向不同而不同，而当 β 一定时，则 R_{cr}/R_c 将随 C_r、$\tan\varphi_r$ 的变化而变化，也就是说，被弱面切割后岩石的抗压强度将根据弱面的内聚力和摩擦系数变化而变化。因此，对于某一裂隙，其对岩石强度的影响将因断裂面的形态、裂缝充填情况不同而不同。

根据地质报告描述及现场调研发现，5号煤层顶部煤层硬度低，在取样进行物理力学测试时，不能取到符合要求的块煤，煤层揭露后极易呈粉末状，节理裂隙发育，有利于顶煤的冒放。

1.4 夹矸影响

煤层夹石对顶煤冒放性的影响与夹石层的岩性（即硬度）、层厚、层数及空间位置有关。对于比煤软的夹石层，它则成了煤层的弱面，夹石的存在有利于顶煤的破碎冒落和放出，增加了顶煤的冒放性，层数越多，层厚越小，岩性越软，顶煤冒放性越好；而对于比煤硬的夹石，其对顶煤的冒放性就有不利影响，开采实践证明，其影响程度主要取决于单层夹石厚度，当单层夹石厚度大于500mm时，煤层的冒放性就将由夹石的性质所决定。

根据T1、T3钻孔柱状图描述，汾源煤业有限公司5号煤层含夹矸1~2层，且厚度较小，多为泥岩，而煤层多呈粉末状，因此，5号煤层的夹矸对顶煤冒放性影响不大。

1.5 顶板条件

煤层顶板包括两部分，即直接顶和基本顶。直接顶影响着顶煤的冒落运动过程，能够随采随冒并具有一定厚度的直接顶是放顶煤开采顶煤破碎冒落后顺利放出的基本条件。直接顶滞后冒落或冒落厚度较小，都将造成破碎冒落的顶煤垮向放出体以外的采空区，造成顶煤不能放出而丢失。所以直接顶对顶煤冒放性的影响表现为两个方面：一是要能随采随冒；二是冒落后要有一定的厚度即对采空区的充填程度。综放开采要求直接顶的最低厚度为：

$$\Sigma h_{\min} = M/K_p \tag{6}$$

式中，$\Sigma h_{\min}$为能随采随冒分层厚度之和，m；M为采放高度，m；K_p为岩石碎胀系数，取1.25。

从上述公式计算来看，在5号煤层采放高度为10.5m（平均厚度）、岩石碎胀系数取1.25的情况下，综放开采要求的最低直接顶厚度为8.4m。

根据T1和T3钻孔柱状图，5号煤层直接顶板为一层2m左右的石灰岩，虽然质地较硬，但裂隙发育，其上为一层6.6m左右的砂质泥岩，总计8.6m左右，能够满足放顶煤对顶板垮落的要求。

综上所述，通过对与顶煤冒放性相关的5个主要影响因素的分析可知，汾源煤业有限公司5号煤层采用综放开采时顶煤冒放性较好，满足综放开采的基本要求。

2 顶煤冒放性模拟分析[3]

综采放顶煤开采一次开采厚度大，现在最大厚度可以达到20m，其一次采动影响范围必然要远大于大采高综采和分层开采。而在支架上方是几米乃至十几米厚的顶煤，已然不同于传统意义上的直接顶，顶板来压及支架支护强度也必然不同于其他开采方法。另外顺槽均沿底板掘进，这也不同于下行分层开采。由于开采方法的差别，采掘工作面及其整个采动影响空间的岩层力学行为差别也很大。因此，随着综放开采在国内各矿局的普及，针对综放开采的矿压理论研究也得到了广泛的重视，相关研究成果表明，在研究综放开采引起的矿压显现规律时，必须针对综放开采的特点展开研究。数值模拟方法作为一种高效快捷的岩土力学研究手段，能够很好地适应这一要求。

现在，应用FLAC^{3D}针对综放开采特点对综放开采中的岩层矿压显现规律进行了较为深入的研究，建立了一套较为合理的数值模型构建及结果分析方法，在本次研究中将对5号煤层顶煤冒放性进行模拟分析。

2.1 模型建立

模拟模型中，煤层及其顶底板岩层均按实际T3号钻孔柱状图显示的平均厚度确定，模型模拟高度为108m，其中模拟顶板厚度为37.5m，5号煤层厚度10.5m，底板厚度为60m；模型走向长度200m，两端分别考虑30m的边界影响区域。考虑推进方向上为基本水平，按推进方向分析煤层冒放性及顶板破坏情况。模型上方还有220m未模拟岩层（首采面区域）按照等效载荷代替5.5MPa。

整个模型4个立面均固定法向位移，底面同样固定法向位移。煤岩层物理力学参数按试验室测定数据给定，没有试验数据的岩层属性按岩性的平均取值给定。模型中层理弱面用interface模拟。模型4个边界均是固定法向位移，底端边界固定垂直位移。所建立模型如图6所示。

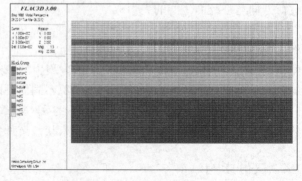

图6 数值模型图

2.2 模型结果分析

图7和图8分别给出了顶板破坏状态和煤体应力分布。其中考虑开切眼10m范围,每次推进步距按10m考虑,共推进100m(不包括切眼)。

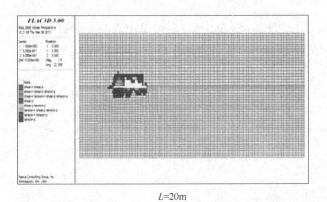
L=20m

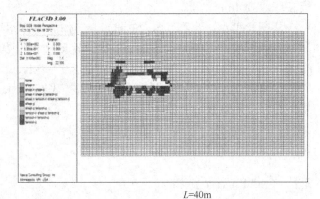
L=40m

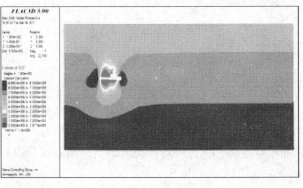
L=50m

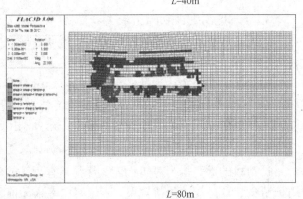
L=80m

图7 顶煤顶板破坏状态分析

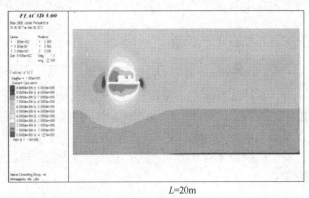
L=10m

L=20m

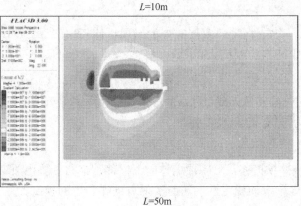
L=50m

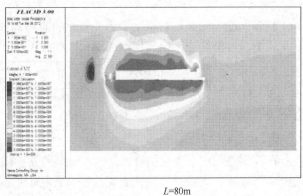
L=80m

图8 顶煤顶板应力状态分析

从图 7 可见，随着工作面的不断推进，顶煤顶板破坏范围不断扩大。顶煤破坏状态较好，能够随采随冒。煤壁前方 1~2m 范围内的煤体出现剪切破坏状态，分析会导致片帮发生。工作面推进 10~40m，顶煤能够较好垮落，顶板破坏高度从 5m 逐渐增大到约 12m。工作面推进 50m 以后，顶煤能够较好垮落，顶板破坏高度从 12m 处迅速增大到约 20m。至工作面推进 80m 以后，顶煤能够较好垮落，顶板破坏状态趋于稳定，顶板破坏达到 40m 以上。

从图 8 可见，随着工作面的推进，工作面前方始终存在应力集中现象，有利于顶煤体的破坏，有利于增加顶煤的冒放性，但是由于煤层较软，现场会导致煤壁片帮增多。分析各推进步距下的超前应力，从 10m 时的 8.8296MPa，逐步增大到 50m 时的 8.9734MPa，逐步稳定在 80m 时的 10.266MPa。

综上可知，5 号煤层采用综放开采，初采期间顶煤冒落较好，随工作面推顶煤可随采随冒，由于煤层较软，期间应注意煤壁片帮。

3 防治片帮冒顶措施

3.1 合理的支架结构

3.1.1 提高支架初撑力和支护阻力

综放工作面支架合理支护阻力既要能够支撑顶板、抵抗住顶板来压，又要能够缓解煤壁压力，减缓甚至抵消煤壁片帮，高阻力可以减小煤壁处压力，有利于缓解煤壁片帮。

为了保证初撑力达到最佳有效状态应及时对支架进行二次注液，保证工作面支架具有足够的初撑力和支护阻力，减小煤帮压力，以提高支架-围岩体系的整体刚度，确保良好的支架位态。在移架升柱后，不要立即把升柱手把打回零位，以提高初撑力，充分利用支架的初撑力，及时有效地支护顶板。

3.1.2 合理使用护帮板、伸缩梁和侧护装置

护帮板的水平推力对防止煤壁片帮具有积极的作用，为了充分发挥护帮板的护帮作用，在支架设计时采用护帮板装置，提高护帮效果。割煤时由专人超前采煤机前滚筒 1/2~1 个支架收回护帮板，待前滚筒过后伸出伸缩梁护顶，移架时收回护帮板，移架后伸出护帮，在时间上和空间上形成对煤帮和顶板的不间断支护。同时大行程双活塞强力侧护板对顶煤体有一个全封闭的作用，可以防止架间漏顶现象。

3.2 合理的工艺措施

3.2.1 及时支护，减小控顶范围

在正四连杆低位放顶煤液压支架设计中采用了整体顶梁、伸缩梁加护帮板结构，前滚筒割顶煤后，可先把伸缩梁伸出，对顶板起到维护作用。拉架后升紧支架，保证支架具有较高的初撑力和工作阻力，降低煤壁支撑压力，提高煤壁稳定性。

严格控制采煤机截割深度，减小空顶范围，端面煤体的稳定性将加强，从而有利于防止片帮和冒顶事故的发生。

3.2.2 控制割煤高度

割煤高度不仅通过对煤壁稳定性的影响而影响顶煤的稳定性，而且割煤高度的增加将使顶煤下位完整层厚度减小，容易造成下位顶煤破坏漏顶，因此回采过程中严格控制机采高度不大于 2.6m。

3.2.3 控制放煤量，防止切顶线前移

在放煤过程中，若顶板来压，顶煤出现指向采空区的强烈卸压运动。过量的放煤，易导致这种运动加剧，引起顶煤的超前松动，切顶线前移，后柱载荷减小，易引起支架"低头"。

3.2.4 带压移架

在移架过程中，支架稍降，并带有一定的支护阻力，擦顶前移，限制顶煤体向下位移，有利于防止顶煤顶板离层破坏，保持顶煤顶板的完整性，有利于控制顶煤顶板的稳定性，从而实现对顶煤顶板的控制。

4 结论

汾源煤业采用综合机械化放顶煤开采 5 号煤层，因此论文对 5 号煤层顶煤冒放性展开研究，并对研究过程中发现的问题提出防治措施，取得如下结论：

（1）理论分析汾源煤业有限公司 5 号煤层采用综放开采时顶煤冒放性较好，满足综放开采的基本要求。

（2）通过计算机数值模拟对顶煤冒放性进行验证，认为与理论分析一致，即 5 号顶煤具有较好的冒放性，满足放顶煤要求；同时发现，实际开采过程中可能会出现煤壁片帮与冒顶现象，因此需要采取相应的技术措施。

（3）针对综放工作面可能出现的片帮与冒顶现象，提出了采用合理的支架结构与工艺参数进行防治。

参 考 文 献

[1] 杜计平, 孟宪锐. 采矿学[M]. 徐州: 中国矿业大学出版社, 2009.
[2] 樊运策, 康立军, 康永华, 等. 综合机械化放顶煤开采技术[M]. 北京: 煤炭工业出版社, 2003.
[3] 刘波, 韩彦辉. FLAC 原理、实例与应用指南[M]. 北京: 人民交通出版社, 2005.

综放工作面注浆加固风氧化端面顶板理论与实践

田 多　师皓宇　赵启峰　徐嘉荣　姚瑞强

(华北科技学院安全工程学院，北京　101601)

摘　要　本文根据平朔公司井工三矿39107综放工作面风氧化带内煤岩体性质，拟采用马丽散对该工作面端面顶板注浆加固，通过数值模拟计算结果分析了注浆前后综放工作面端面顶板的受力特征，确定注浆后端面顶板呈简支梁结构，综合分析了理论计算与数值模拟的计算结果，确定综放工作面端面顶板加固厚度不小于2m。为实现人为控制注浆渗流半径、改善注浆效果、减少注浆材料浪费等，提出了间歇式注浆工艺。根据39107综放工作面风氧化带的赋存范围及其特征，设计了主要的注浆参数，并在井工三矿的实际应用中取得较好的效果。

关键词　综放工作面　风氧化带　端面顶板　注浆　加固厚度

Theory and Practice of Grouting and Reinforce Wind Oxidation Tip-to-Face Roof in Caving Face

Tian Duo　Shi Haoyu　Zhao Qifeng　XuJiarong　YaoRuiqiang

(North China Institute of Science and Technology, Beijing 101601, China)

Abstract　The article is based on the nature of coal and rock in wind oxidation zone of 39107 caving face in Pingshuo Coal Industry Company No.3 Coal Mine, determine the use of Malisan grouting reinforcement tip-to-face roof; analyzing force characteristics of tip-to-face roof in the before and after grouting by numerical simulation result, and tip-to-face roof appear structure of clamped beam in the after grouting, comprehensive analysis the results of numerical simulation and theoretical calculations, determining reinforcement thickness is not less than 2m on tip-to-face roof . In order to artificially control grouting seepage radius and improve grouting effect and reduce material waste, proposed intermittent grouting technology. Based on the scope and characteristics of 39107 caving face wind oxidation zone, design mainly grouting parameter, it has achieved good effect in No.3 Coal Mine.

Keywords　caving face, wind oxidation zone, grouting experiment, intermittent grouting technology, effect detecting

1　工程概况

39107综放工作面位于平朔公司井工三矿井田西北部，工作面标高1180～1285m。西部为39106工作面，东部为39108工作面，南靠9号煤东翼辅运大巷，北部靠近大沙沟及风化露头。工作面走向长度575.8m，倾斜宽度300m，平均倾角8°，面积174437.6m²。地表为黄土丘陵，大部分被森林覆盖，沟谷发育，地面标高1344.7～1425.6m，如图1所示。

该工作面煤层厚度在11.03～13.80m之间，平均煤厚12.22m，埋深为54.7～193.9m，除南端有部分煤层处于不稳定带外，煤层结构总体上比较稳定。工作面内部因存在断层、冲刷带等构造，煤层局部遭到破坏，出现上抬、下沉或缺失；工作面北端埋藏较浅的煤层局部被氧化成了风氧化煤。

39107综放面辅运巷在掘进至风氧化带时，局部冒顶严重，掘进机陷入底板，巷道支护方式由锚网支护改为架U型棚支护，为保证39107工作面的顺利推进，拟对39107风氧化带进行注浆加固[1]。根据风氧化带岩样颗粒组成实验可知：39107工作面风氧化带内介质以粉粒、黏粒为主，粒径小于0.075mm的粉、黏粒占总质量的84.9%，直径小于1mm的颗粒所占比重较大，水泥难以渗透介质孔隙，拟采用马丽散进行注浆加固。

基金项目：华北科技学院基金资助项目"注浆技术在地质构造带的加固机理及应用研究"，批准号：JWC2013B03。
作者简介：田多(1965—)，男，河北宣化人，华北科技学院从事采矿工程方面的教学与科研工作。

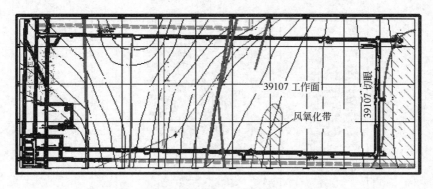

图 1　39107 工作面巷道布置图

2　端面顶板加固厚度确定

本文采用 UDEC 计算软件，UDEC（Universal Distinct Element Code）是一种基于非连续体模拟离散单元法的数值计算程序。根据 39107 工作面生产技术条件，结合钻孔资料，模拟工作面不同情况端面顶板破碎和冒落状况。整个模型尺寸(宽×高)为 30m×36m，上边界载荷按采深 150m 计算，模型底边界垂直方向固定，左右边界水平方向固定，原始数值计算模型如图 2 所示。选取摩尔-库仑塑性模型，岩石力学参数如表 1 所示。

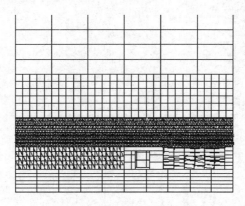

图 2　计算模型图

表 1　岩石物理力学性质

层　位	抗压强度/MPa	抗拉强度/MPa	内聚力/MPa	弹性模量/GPa	泊松比
顶板砂岩	59.4	2.46	7.9	7.97	0.25
风氧化带	2.01	0.52	0.14	0.26	0.4
煤	19.125	1.86	4.785	3.99	0.256
底　板	42.3	2.57	2.8	9.47	0.25
加固层	25	1.4	3.4	2.47	0.35

2.1　注浆对端面顶板结构影响分析

如图 3 所示,注浆之前端面顶板上方存在起承载作用的高应力拱，即由多个岩块相互挤压形成一个极限平衡的楔紧拱，拱轴线下岩体为主要冒落区域，此时端面顶板呈冒落拱结构；由图 4 所示，当注浆加固顶板时，架前顶板基本处于均布载荷，端面顶板载荷约为 2.4MPa，表明端面顶板注浆加固层可承载上覆岩层载荷，此时端面顶板呈简支梁结构。

随着采动影响，端面顶板上方仍可形成一个应力平衡拱，平衡拱及其上方岩体形成平衡结构，平衡拱以下岩体主要由端面注浆加固顶板承载；因此端面注浆设计的原则就是注浆加固顶板的厚度能承载平衡拱下岩体的重量；按平面问题研究，应力调整达到图 5 所示应力状态，应力环境与端面注浆顶板自身力学性能相适应，可平衡稳定，其变形也不会进一步发展。

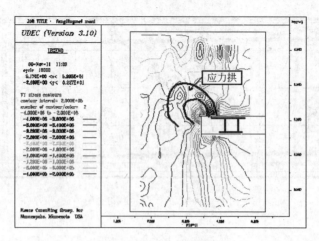

图 3　端面顶板应力分布图

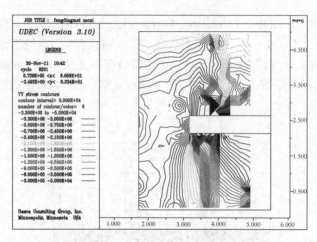

图 4　顶板注浆加固时采场应力等值线图

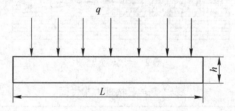

图 5　简支梁受力分析图

根据材料力学梁受力理论计算[5]，最大弯矩发生在梁的两端：

$$M_{\max} = -\frac{qL^2}{12}$$

按简支梁计算，该处的最大拉应力为：

$$\sigma_{\max} = \frac{3qL^2}{4h^2}$$

当 $\sigma_{\max}=R_T$ 时，即岩层在该处的正应力达到该处的抗拉强度极限，岩层在该处拉裂，在实际应用中，应考虑岩层的岩体强度，并取一定的安全系数，因此，梁的许用承载能力为：

$$q_{\max} \leq \frac{4R_T k_1 k_2 h^2}{3L^2}$$

式中　k_1——裂隙岩体强度系数；

k_2——安全系数；

h——加固梁厚度，m；

L——顶梁与煤壁之间的距离，m。

根据数值模拟结果可知，架前顶板加固梁的载荷为 3MPa 左右，加固体的抗拉强度均在 3MPa 以上，k_1 一般取 0.7，k_2 一般取 0.9，代入上式得：$h>1.55$m。考虑注浆时渗透的不均匀性，设计注浆加固厚度应为 2m。

2.2 不同加固厚度模拟计算结果分析

根据图 6 可知，当加固厚度小于 1.5m 时，端面顶板仍有一定程度的破坏，端面顶板的破坏深度与上方的风氧化带贯通，此时端面顶板有溃砂危险；当加固厚度大于 2m 时，端面顶板上方的塑性破坏深度约为 0.8m，塑性区与上方的风氧化带不贯通，随着加固厚度的增大，端面顶板的塑性破坏区无明显变化，表明当加固厚度达到 2m 时，其上方的风氧化带不会造成端面。因此当加固厚度小于 2m 时必须对顶板注浆加固；当加固厚度大于 2m 时可采用提高初撑力、带压移架等措施推过风氧化带。

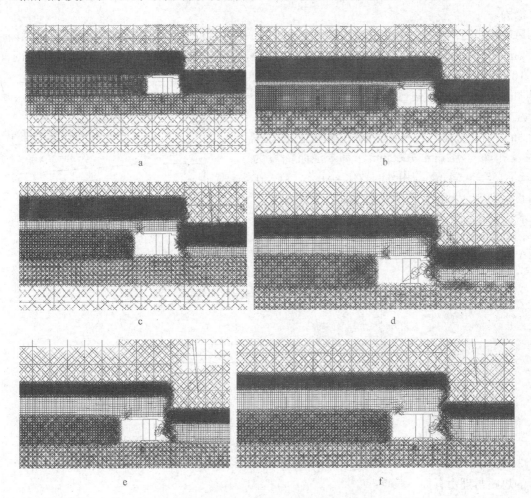

图 6 不同加固厚度顶条件下端面顶板状况图
a—注浆厚度为 0.5m；b—注浆厚度为 1m；c—注浆厚度为 1.5m；
d—注浆厚度为 2m；e—注浆厚度为 2.5m；f—注浆厚度为 3m

3 端面顶板注浆厚度的控制工艺

3.1 间歇式注浆工艺

传统注浆工艺即通过注浆量或注浆压力控制注浆过程，当注浆压力达到设计终孔压力时即可停止注浆，该工艺主要存在如下问题：

（1）存在冒浆现象。当煤壁裂隙较发育时，注入的浆液可能从煤体的裂隙反向渗流到煤壁表面，从而形成冒浆现象，此时该孔的注浆量达不到设计要求，注浆效果难以保证。

（2）存在跑浆现象。当岩体内部裂隙较发育时，注入的浆液可能沿着煤岩体的部分较大裂隙渗流到岩体深部，远远超出设计的注浆深度，从而造成浆液的浪费，单孔注浆量有的可达到上千桶；且在注浆过程中，浆液是沿着部分裂隙和通道进行渗流，不能满足浆液在注浆孔周边的均匀渗透，从而不能满足注浆效果。

针对传统注浆工艺存在的冒浆和跑浆现象，提出了间歇式工艺，该工艺的特点是在开泵注浆环节中，根据浆液注入量和注浆压力情况判断，当注浆量较大而注浆压力一直较小时即可判断存在跑浆现象，此时应采用间歇式注浆工艺，根据马丽散的特性可知即每注浆一段时间，停止 3~5min，该通道内的马丽散开始凝固，则该通道封闭；再开始注浆，在注浆压力作用下形成新的渗流通道，如此反复 3~5 次，即可在注浆孔周边形成多个渗流通道组成的相对稳定的"网络骨架"。

3.2 注浆参数设计

39107 辅运巷超前注浆有利于回采期间维护巷道稳定，有利于 39107 工作面端头支架段顶板的维护，可节约工作面注浆的工程量，有利于工作面的快速通过。工作面距拱形棚 40m 时，确定对 39107 辅运巷采用超前注浆加固。

根据风氧化带范围探测，初步确定顶煤厚度小于 2m 的区域位于 39107 辅运巷附近 5m 范围内，当顶煤厚度大于 2m 时，端面顶板可达到稳定状态；因此加固重点为 39107 辅运巷 5m 之内，如图 7 所示。因此本次设计 39107 辅运巷超前注浆范围为顶煤厚度小于 2m 的地段，且加固顶板的厚度不小于 2m。

设计注浆钻孔孔口位置在拱形棚下帮距底板 2.5m，钻孔间距 3m。钻孔与辅运巷方向呈 60°，斜向上 15°，注浆孔孔径及孔深为 $\phi42mm \times 7000mm$，有效注浆深度为 $(6-1.2) \times \cos15° = 4.64 m$，使用马丽散化学注浆。当工作面推过时风氧化带支架陷底、难以移架时，可考虑采用对底板注浆。注浆钻孔布置如图 8 所示。

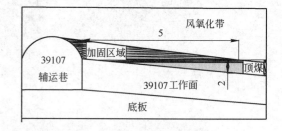

图 7　39107 工作面顶煤分布图

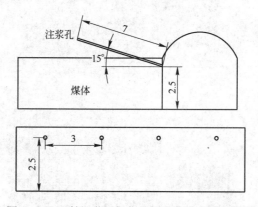

图 8　39107 辅运巷风氧化地段注浆孔布置示意图

设计的思路与理由有如下三点：

（1）间距为 3m。根据实验可知浆液渗流半径为 1.5~2.5m，取平均值 2m；渗流通道周边渗透半径为 0.35m；根据注浆加固交圈理论，在进行注浆设计时，注浆终孔间距 a 应满足下式要求，即 $a \leqslant \sqrt{3}R$，R 为浆液扩散半径；由于风氧化带介质为粉土，该介质为弱渗透性，浆液在注浆孔周边一般可形成网络状的骨架，使网络骨架交错连接，形成支护整体；因此设计注浆间距为 3m。

（2）孔深为 7m。加固顶煤厚度小于 2m 的区域。

（3）仰角 15°，孔口距顶板 0.5m。考虑加固顶板的同时对煤壁进行加固，且顶板加固厚度不小于 2m。

3.3 现场注浆施工

现场在施工初期，单孔注浆量较大，单孔最大注浆量达 60 桶，其主要原因是注浆时的注浆压力保持不变，且注浆速度较快，注浆渗流范围较大，超过加固所必须的注浆范围，从而造成注浆材料的浪费，此后要求现场施工人员采用间歇式注浆工艺，要求间歇时间 2min30s，共间歇 5 次，实际注入 18 桶，注浆期间，每次间歇起始，出现注浆压力增大再减小的现象，或增大、减小再增大。注浆材料消耗如表 2 所示。

表 2 注浆施工与材料消耗表

注浆工艺	孔号	孔深/m	倾角/(°)	注浆量/桶
传统	1号	8	60	60
传统	5号	8	60	50
传统	2号	6	45	18
传统	3号	5	45	54
间歇式	8号	6	30	20
间歇式	7号	6	30	30
间歇式	6号	6	30	20
间歇式	4号	6	30	16
间歇式	9号	6	30	14

根据注浆量可以看出，在巷道超前注浆过程中，初期单孔注浆量较大，最大达60t/孔，造成注浆材料的浪费，经过课题组现场指导，施工人员采用间歇式注浆工艺，单孔注浆量降至20t/孔，节约注浆材料约66%。

4 结论

（1）根据平朔井工三矿39107风氧化带颗粒组成，确定采用马丽散注浆加固。

（2）采用注浆加固的端面顶板形成简支梁结构，经计算分析确定顶板加固厚度应为2m。

（3）提出了间歇式注浆工艺；该工艺是根据化学材料快速凝固的特点，注一段时间，歇一段时间，反复3~5次，最终形成较稳定的网络骨架，实现人为控制渗流半径和改善注浆加固效果的目的。

（4）根据井工三矿的注浆量统计可知，与传统注浆工艺相比，间歇式注浆工艺可节约注浆材料费约56%；间歇式注浆工艺可达到改善注浆效果的目的，并具有较好经济效益。

参 考 文 献

[1] 方新秋, 何杰, 李海潮. 软煤综放面煤壁片帮机理及防治研究[J]. 中国矿业大学学报, 2009(5).
[2] 李令功. 轻放工作面端面冒落原因分析及控制技术[J]. 煤矿现代化, 2006(3).
[3] 曹胜根, 钱鸣高, 缪协兴, 刘长友. 综放开采端面顶板稳定性的数值模拟研究[J]. 岩石力学与工程学报, 2000(4).
[4] 李全生. 综采工作面顶板状态与支护质量监控[D]. 中国矿业大学, 1989.
[5] 钱鸣高, 刘昕成. 矿山压力及其控制(修订本)[M]. 北京: 煤炭工业出版社, 1995.

大采高综放煤壁片帮及支架结构参数影响分析

庞义辉　王国法

（天地科技股份有限公司开采设计事业部，北京　100013）

摘　要　基于理论分析、数值模拟与现场实测相结合的方法，分析了相同机采高度情况下大采高综放工作面煤壁片帮比大采高综采剧烈的原因，提出了综放工作面煤壁片帮与顶煤冒放性之间的矛盾，研究了支架结构参数对煤壁片帮的影响。研究结果表明：由于受塑性破坏区叠加及顶煤冒落放出的影响，相同机采高度情况下，大采高综放工作面煤壁片帮比大采高综采工作面更加剧烈。合理的支架初撑力可在缓解煤壁片帮的同时提高顶煤冒放性。整体顶梁比铰接顶梁更有利于抑制煤壁片帮，同时可通过适当增大顶梁长度来缓解煤壁片帮与顶煤冒放性的矛盾。护帮板与伸缩梁分体结构作为大采高综放支架一种新的护帮结构形式，比护帮板与伸缩梁连体结构更有利于抑制煤壁片帮。

关键词　大采高综放　煤壁片帮　初撑力　顶梁结构　护帮结构

Analysis on Top Coal Caving with Great Mining Height Spalling and Hydraulic Support Structure Parameters

Pang Yihui　Wang Guofa

(Coal Mining and Designing Department, Tiandi Science & Technology Co., Ltd., Beijing 100013, China)

Abstract　Under the condition of same mining height, the reason which rib spalling of top coal caving with great mining height is bigger than high cut in fully mechanized coal mining was studied based on theoretical analysis and numerical simulation method. The influence of hydraulic pressure support structure parameters on coal wall spalling was analyzed. The results show that the coal wall spalling in top coal caving with great mining height is more serious than large mining height due to the overlying influence of abutment pressure and plastic yield areas. The increased setting load can restrain the coal wall spalling, which can improve the top coal cavibility at the same time. The overall top beam structure was conducive than hinged joint top beam. Increases the top beam lengths can remission the contradiction of coal wall spalling and collapse of top coal. The effect of prevention coal wall spalling of the fission system of extensible canopy and face guard is the best, which was a new face guard structure in top coal caving with great mining height.

Keywords　top coal caving with great mining height, coal wall spalling, setting load, top beam structure, face guard structure

随着工作面机采高度的增加，煤壁发生片帮的几率也随之增大，严重的煤壁片帮不仅影响工作面正常生产，还对工作面人员安全构成极大威胁。目前，国内外研究学者采用概率分析法、数值模拟方法、解析法等方法，建立了大采高综采工作面煤壁片帮滑面力学模型，分析了煤壁片帮影响因素及防治措施，提出了工作面采高、内摩擦角、支架初撑力、顶梁前端支顶力、护帮高度、护帮力等是影响煤壁稳定性的主要因素，但由于煤壁片帮具有突发性、随机性、复杂性的特点，目前煤壁片帮机理的研究成果多停留在定性分析阶段，还没有比较准确的定量计算成果[1~6]。

一般将机采高度超过 3.5m 的放顶煤综采工作面定义为大采高综放工作面[7]。大采高综放开采技术集合了大采高综采与综放开采技术优点，不仅可以提高煤炭资源回采率，而且可以提高综放开采技术的适用范围（受制于《煤矿安全规程》关于采放比 1:3 的规定，厚度大于 14m 的煤层必须采用大采高综放开采技术），但工作面煤壁片帮普遍比较剧烈。塔山煤矿大采高综放生产实践发现：当工作面机采高度超过 4.2m 时，煤壁

基金项目：国家重点基础研究发展计划（973）资助项目（2014CB046302）；天地科技股份有限公司开采设计事业部青年创新基金资助项目（KJ-2013-TDKC-15）。

作者简介：庞义辉（1985—），男，河北保定人，博士在读，助理研究员，主要从事矿山压力与岩层控制方面的研究。电话：010-84262106，13811567769；E-mail：80455141@tdkcsj.com

片帮变得非常剧烈，而类似煤层赋存条件、相同机采高度的大采高综采工作面煤壁片帮却并不明显，即现场生产实践发现：相同机采高度情况下，大采高综放工作面煤壁片帮比大采高综采更剧烈。目前，国内外研究学者对大采高综放煤壁片帮机理的研究仍处于探索阶段，尚未有文献对这一现象发生的原因给出合理解释。

本文通过分析相同机采高度情况下大采高综放工作面煤壁片帮比大采高综采剧烈的原因，提出了大采高综放工作面煤壁片帮与顶煤冒放性之间的矛盾，研究了支架结构参数对煤壁片帮的影响，为大采高综放液压支架结构参数优化设计提供理论依据。

1 大采高综放工作面煤壁片帮分析

1.1 支承压力与塑性破坏区分析

塔山煤矿 8105 工作面煤层厚度 9.42~19.44m，平均 14.5m，煤层倾角 1°~3°，普氏硬度系数 f=2.7~3.7，直接顶为炭质泥岩，平均厚度 8.79m，基本顶为粉砂岩及细砂岩，平均厚度 22.93m，直接底板为泥岩，平均厚度 4.87m。工作面倾斜长度 207m，走向长度 2965.5m。

通过对工作面煤壁片帮情况（见图 1）进行统计分析发现，当机采高度超过 4.2m 时，煤壁片帮量呈现直线上升，当机采高度为 5.0m 时，煤壁片帮量达到 20m³，煤壁片帮深度最大达到 89cm，煤壁片帮难以控制。

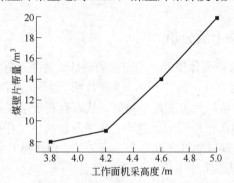

图 1　不同采高煤壁片帮情况

Fig.1　Coal wall spalling in different mining height

煤壁片帮形式主要有两种[2, 3]：

（1）煤壁剪切滑移破坏。顶板下沉对煤壁施加压应力，在 $\theta = 45° + \dfrac{\varphi}{2}$ 面上形成最大剪应力 τ_{max}，当 $\tau_{max} > [\tau]$ 时，煤壁因为发生剪切滑移而导致破坏，因此，抑制顶板下沉量对防止煤壁片帮十分重要。

（2）煤壁失稳破坏。随着开采高度增大，煤壁内压应力区逐渐降低，拉应力区逐渐增大，煤体的抗剪切能力下降，在 $\theta = 45° + \dfrac{\varphi}{2}$ 剪切面上容易发生失稳破坏。

基于塔山煤矿煤层赋存条件，采用 FLAC 数值模拟软件分别进行了相同机采高度情况下大采高综放、大采高综采数值模拟分析，塑性破坏区分布情况如图 2 所示。

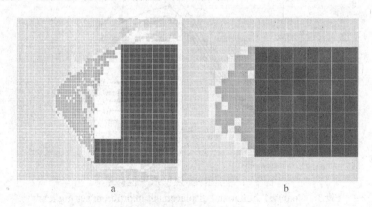

图 2　塑性破坏区分布情况

a—大采高综放塑性破坏区分布；b—大采高综采塑性破坏区分布

Fig.2　The plastic zone distribution

对模拟结果进行分析：大采高综放工作面支架上方的顶煤处于拉破坏区，其形状为"匕首"状，顶煤破坏程度较高。工作面前方煤壁处于拉剪破坏区，以剪切破坏为主，最大破坏深度达到 8.9m，支架前方煤体的塑性破坏区处于整个煤层开采后形成的大面积塑性破坏区的下部，受到了顶煤体前方塑性破坏区的叠加影响，最大破坏深度达到 3.1m。大采高综采工作面前方煤体处于拉剪破坏区，由于没有受到塑性破坏区的叠加影响，最大破坏区深度仅为 2.4m。

正是由于受到顶煤体前方塑性破坏区的叠加影响，大采高综放工作面煤壁前方塑性破坏区范围更大，导致相同机采高度情况下，大采高综放工作面煤壁片帮比大采高综采更剧烈。

1.2 顶煤放出影响分析

支架掩护梁、顶梁上部松散破碎的顶煤体可以对前方煤壁施加水平作用力，从而降低机采工作面上部煤体的水平位移量。但随着顶煤体的冒落放出，顶煤体对前方煤体的水平作用力将逐渐减小，机采工作面上部煤体的水平位移量将逐渐增大，相当于变相提高了工作面机采高度，由此导致相同机采高度情况下大采高综放工作面煤壁片帮较大采高综采工作面更加剧烈。

另外，由于放煤工艺复杂程度的影响，综放工作面推进速度慢，煤壁暴露时间较综采工作面长，导致工作面煤壁片帮的几率也更高。

1.3 煤壁防片帮与顶煤冒放性矛盾分析

综放开采主要通过矿山压力将顶煤体压碎，顶煤体的破坏、冒落过程与煤壁片帮机理相同，因此，可将顶煤体的冒落过程视为顶煤体在前方支承压力作用下的"片帮"过程。从顶煤回采率的角度分析，顶煤体"片帮"的程度越高越好，顶煤体"片帮"后块度越小越好，从而有利于顶煤体冒落放出，但顶煤体的冒放性越好，冒落的直接顶岩块对顶煤体的水平作用力就越小，相当于提高了工作面机采高度，导致工作面煤壁片帮更加剧烈。因此，煤壁防片帮与顶煤冒放性之间存在显著矛盾，而煤壁片帮防治措施应以不降低顶煤的冒放性为底线，寻找对顶煤冒放性与煤壁防片帮均有利的结合点。

2 支架结构参数对煤壁片帮影响

2.1 初撑力对煤壁片帮影响分析

以往大量研究及开采实践发现[8~11]，提高支架初撑力可在一定程度上缓解煤壁片帮，但是支架初撑力不可能无限增大，目前还没有支架合理初撑力对煤壁片帮的相关研究成果。

为了确定塔山煤矿防煤壁片帮的合理支架初撑力，分别进行了支架初撑力为 0MPa、0.5MPa、0.8MPa、0.9MPa、1.0MPa 的模拟，分析不同初撑力条件下煤壁的水平位移量，煤壁水平位移量越大，表示煤壁发生片帮的机率越大，反之，则越小，如图3所示。

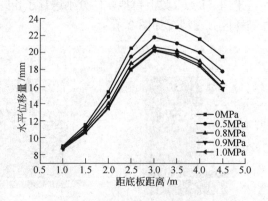

图3 不同初撑力煤壁水平位移量
Fig.3 Coal wall horizontal displacement in different setting load

模拟结果表明：随着支架初撑力的增大，煤壁水平位移量降低，当支架初撑力达到 0.9～1.0MPa 时，支架初撑力再增大对煤壁水平位移量的影响不大，即支架防煤壁片帮的合理初撑力为0.9~1.0MPa，当小于此值时，增大支架初撑力可有效降低煤壁片帮机率，当支架初撑力大于此值时，增大支架初撑力，则煤壁防片帮效果不会有明显增加。

分别对塔山煤矿工作面上部、中部、下部支架初撑力进行了现场监测，如图4所示，通过对实测结果进行分析发现：支架初撑力平均值不到8000kN（支架设计要求初撑力为12000kN），并且有14%~21%的时间点支架的初撑力小于5000kN，支架的初撑力明显偏低，这也正是导致工作面煤壁片帮剧烈的原因之一，工作面应加强设备管理，支架实测初撑力应尽量达到支架设计要求的初撑力。

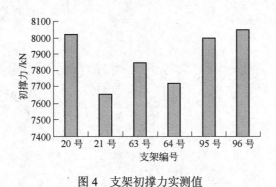

图4　支架初撑力实测值
Fig.4　The actual measured value of setting load

从顶煤冒放性角度分析，增大支架初撑力还可以提高支架对顶煤的辅助破煤效果，在降低煤壁片帮的同时，提高顶煤的冒放性，缓解防煤壁片帮与顶煤冒放性的矛盾。

2.2　顶梁结构形式对煤壁片帮影响分析

目前，综放支架顶梁结构形式主要有两种：（1）整体顶梁；（2）铰接顶梁。

由于顶梁结构形式不同，顶梁上部力的分布状态也不一样。采用FLAC^{3D}数值模拟软件，分别进行了采高为3.5m、4.5m、5.0m、5.5m的模拟分析，两种顶梁结构形式在不同采高情况下的煤壁水平位移量如图5所示。

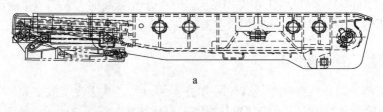

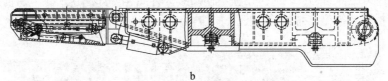

图5　顶梁结构形式
a—整体顶梁；b—铰接顶梁
Fig.5　Top beam structure

模拟结果（图6）表明：在不同采高情况下，支架采用整体顶梁结构时，煤壁水平位移量均明显小于铰接顶梁结构，即整体顶梁结构更有利于降低煤壁片帮几率。

塔山煤矿大采高综放支架采用四柱铰接顶梁结构形式，前部铰接梁支顶力小，且顶梁前后部受力不均，工作面推进速度慢，导致工作面煤壁片帮较剧烈。

从顶煤冒放性的角度分析：支架顶梁长度加大可以增加支架对顶煤的反复支撑次数，有利于提高顶煤冒放性。

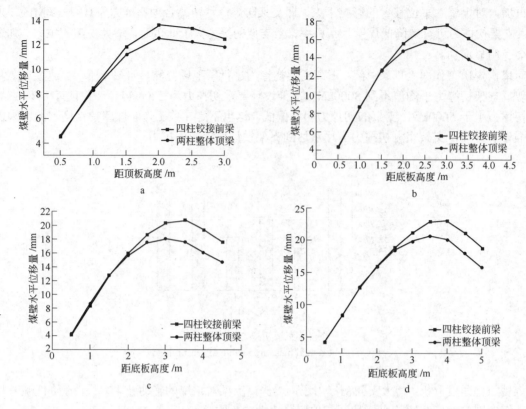

图 6 煤壁水平位移量对比曲线
a—采高3.5m煤壁位移量对比曲线；b—采高4.5m煤壁位移量对比曲线；
c—采高5m煤壁位移量对比曲线；d—采高5.5m煤壁位移量对比曲线
Fig.6 The contrast curve of coal wall horizontal displacement

支架顶梁长度增加对煤壁片帮的影响可以考虑两种极端假设：

（1）假设支架支护强度不变前提下，支架顶梁长度为无限长，此时顶煤冒落放出的位置距煤壁为无限远，大采高综放工作面相当于是相同机采高度的一次采全高工作面，实践证明煤壁片帮机率较低。

（2）假设支架顶梁为无限短，则此时工作面相当于是一个十几米高的大采高工作面，煤壁片帮十分剧烈。因此，在支架支护强度不变情况下，适当增大支架顶梁长度，也可以缓解防煤壁片帮与顶煤冒放性的矛盾。

2.3 护帮机构对煤壁片帮影响分析

合理的支架护帮机构是防止煤壁片帮最有效的方法之一[12, 13]。大采高综放支架护帮结构形式主要有两种：（1）护帮板与伸缩梁连体结构；（2）护帮板与伸缩梁分体结构，如图7所示。目前，大采高综放液压支架护帮结构均为护帮板与伸缩梁连体结构。

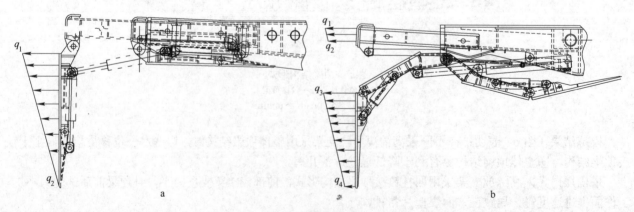

图 7 护帮结构形式
a—护帮板与伸缩梁连体结构；b—护帮板与伸缩梁分体结构
Fig.7 Different face guard structure

由于结构设计限制，护帮板与伸缩梁连体结构中的伸缩梁不能与煤壁接触，只对顶煤产生支护作用，不能对煤壁产生作用力，护帮板合力作用点位置靠近顶板，二级护帮的护帮力很小。

以往大量研究及现场生产实践发现，煤壁最大水平位移点距顶煤的距离约为 0.35 倍的采高，此区域应为支架护帮板的重点支护区域[14~16]。由于护帮板与伸缩梁连体结构在此区域对煤壁的主动支护作用力已经非常小，该种护帮结构"护"的功能比较好，而主动防片帮效果比较差。

护帮板与伸缩梁分体结构中的伸缩梁不仅能对顶煤产生支护作用，还可以对煤壁上部形成一个较大的主动支护作用力，减小煤壁上端向采空区的位移量。护帮板的护帮力集中在煤壁水平位移量较大的区域，这种结构形式的主动"防"片帮效果比较好，相对"护"的效果要差一些。

3 支架设计应用与实践

陕西省榆阳区神树畔煤矿目前开采 3 号煤层，煤层厚度约 12m，煤层普氏系数 $f=3$~4，为了提高煤炭资源回采率，采用大采高综放开采，工作面最大机采高度为 4.8m，支架最大高度为 5.0m。

为了降低煤壁片帮机率，缓解防煤壁片帮与顶煤冒放性的矛盾，采用 ZFY17000/27/50D 型两柱整体顶梁大采高放顶煤支架，支架初撑力达到 12364kN，采用整体顶梁带伸缩梁护帮板结构，采用电液控制系统可进行支架初撑力自动补偿。经现场生产实践检验，煤壁片帮机率很低，实现了厚煤层大采高综放高产高效高回收率开采。

4 结论

（1）将大采高综放与大采高综采煤壁片帮进行对比分析，合理解释了相同机采高度大采高综放工作面煤壁片帮比大采高综采工作面剧烈的原因，主要是由于工作面前方支承压力与塑性破坏区的叠加影响，以及顶煤冒落放出的影响造成的。

（2）将煤壁片帮与顶煤冒放性作为对立面进行综合分析，并从支架结构及参数的角度较好地解决了二者之间的矛盾，可通过适当提高支架初撑力与顶梁长度来缓解二者之间的矛盾。

（3）整体顶梁结构比铰接顶梁结构更有利于抑制煤壁片帮，推荐优选两柱掩护式整体顶梁放顶煤液压支架。

（4）护帮板与伸缩梁分体结构护帮力集中，伸缩梁还具有对煤壁的主动支护作用，较护帮板与伸缩梁连体结构主动"防"煤壁片帮效果好。

参 考 文 献

[1] 徐芝纶. 弹性力学[M]. 北京: 高等教育出版社, 1984.
[2] 郝海金, 张勇. 大采高开采工作面煤壁稳定性随机分析[J]. 辽宁工程技术大学学报, 2005, 24(4): 489~491.
Hao Haijin, Zhang Yong. Stability analysis of coal wall in full-seam cutting work-face with fully-mechanized in thick seam[J]. Journal of Liaoning Technical University, 2005, 24(4): 489~491.
[3] 闫少宏. 大采高综放开采煤壁片帮冒顶机理与控制途径研究[J]. 煤矿开采, 2008, 13(4): 5~8.
Yan Shaohong. Research on side and roof falling mechanism and control approaches in full-mechanized caving mining with large mining height[J]. Coal Mining Technology, 2008, 13(4): 5~8.
[4] 闫少宏, 尹希文. 大采高综放开采几个理论问题的研究[J]. 煤炭学报, 2008, 33(5): 481~484.
Yan Shaohong, Yin Xiwen. Discussing about the main theoretical problem of long wall with top coal caving[J]. Journal of China Coal Society, 2008, 33(5): 481~484.
[5] 王建树, 黄炳香, 魏民涛. 极软突出厚煤层大采高综采片帮冒顶防治技术[J]. 煤炭科学技术, 2007, 35(11): 64~68.
Wang Jianshu, Huang Bingxiang, Wei Mintao. Prevention and control technology for side wall and roof falling in fully mechanized mining face in outburst soft seam with high cutting,[J]. Coal Science and Technology, 2007, 35(11): 64~68.
[6] 王家臣. 我国综放开采技术及其深层次发展问题的探讨[J]. 煤炭科学技术, 2005, 33(1): 14~17.
Wang Jiachen. Fully mechanized longwall top coal caving technology in China and discussion on issues of further development[J]. Coal Science and Technology, 2005, 33(1): 14~17.
[7] 毛德兵, 姚建国. 大采高综放开采适应性研究[J]. 煤炭学报, 2010, 35(11): 1837~1841.
Mao Debing, Yao Jianguo. Adaptability of long wall top coal caving with high cutting height[J]. Journal of China Coal Society, 2010, 35(11): 1837~1841.
[8] 钱鸣高, 石平五. 矿山压力及其顶板控制[M]. 北京: 煤炭工业出版社, 2003.
[9] 谢光祥, 王磊. 工作面支承压力采厚效应解析[J]. 煤炭学报, 2008, 33(4): 361~363.

Xie Guangxiang, Wang Lei. Effect of mining thickness on abutment pressure of working face[J]. Journal of china coal society, 2008,33(4): 361~363.

[10] 尹希文, 阎少宏, 安宇. 大采高综采面煤壁片帮特征分析与应用[J]. 采矿与安全工程学报, 2008, 25(2): 222~225.
Yin Xiwen, Yan Shaohong, An Yu. Characters of the rib spalling in fully mechanized caving face with great mining height[J], Journal of Mining & Safety Engineering, 2008, 25(2): 222~225.

[11] 阎少宏. 特厚煤层大采高综放开采支架外载的理论研究[J]. 煤炭学报, 2009, 34(5): 590~593.
Yan Shaohong. Theory study on the load on support of long wall with top coal caving with great mining height in extra thick coal seam[J]. Journal of China Coal Society, 2009,34(5): 590~593.

[12] 宁宇. 大采高综采煤壁片帮冒顶机理与控制技术[J]. 煤炭学报, 2009, 34(1): 50~52.
Ning Yu. Mechanism and control technique of the rib spalling in fully mechanized mining face with great mining height[J]. Journal of China Coal Society, 2009, 34(1): 50~52.

[13] 王国法. 放顶煤液压支架与综采放顶煤技术[M]. 北京: 煤炭工业出版社, 2010.

[14] 张银亮, 刘俊峰, 庞义辉, 等. 液压支架护帮机构防片帮效果分析[J]. 煤炭学报, 2010, 36(4): 691~695.
Zhang Yinliang, Liu Junfeng, Pang Yihui, et al. Effect analysis of prevention rib spalling system in hydraulic support[J]. Journal of China Coal Society, 2010, 36(4):691~695.

[15] 王国法, 庞义辉, 刘俊峰. 特厚煤层大采高综放开采机采高度的确定与影响[J]. 煤炭学报, 2012, 37(4): 1777~1782.
Wang Guofa, Pang Yihui, Liu Junfeng. The determination and influence of cutting height on top coal caving with great mining height in extra thick coal seam[J]. Journal of China Coal Society, 2012, 37 (4): 1777~1782.

[16] 王家臣. 极软厚煤层煤壁片帮与防治机理[J]. 煤炭学报, 2007, 32(8): 785~788.
Wang Jiachen. Mechanism of the rib spalling and the controlling in the very soft coal seam[J]. Journal of China Coal Society, 2007, 32(8): 785~788.

2 巷道围岩控制

薄煤层沿空留巷巷旁充填体参数的合理确定

卢前明　槐衍森　王海洋　王明明

（中国矿业大学（北京）资源与安全工程学院，北京　100083）

摘　要　巷旁充填体的参数设计是沿空留巷围岩控制的关键，其中充填体强度及宽度是主要影响因素。本文以羊东矿为工程背景，通过理论计算得出最合理的充填混凝土强度等级为 C20，采用 FLAC3D 数值模拟软件研究了不同充填体宽度下围岩变形规律，并确定最佳充填体宽度为 1m。现场实践表明:采用该设计参数进行巷旁充填之后，顶底板及两帮移近量均在可控制范围内，验证了参数设计的合理性。

关键词　薄煤层　沿空留巷　巷旁充填　数值模拟

Determination of Rational Parameters for Roadside Backfill Body in Gob-Side Entry Retaining in Thin Coal Seam

Lu Qianming　Huai Yansen　Wan Haiyang　Wang Mingming

(School of Resource and Safety Engineering, China University of Mining and Technology(Beijing),Beijing 100083,China)

Abstract　The parameters designation of roadside backfill body is the key to control surrounding rock in gob-side entry retaining. Among which strength and width of backfill body are the main influencing factors. Yangdong Mine is chosen as the analysis object in this paper,through theoretical calculation, the most reasonable strength grade of backfill concrete is determined to be C20. FLAC3D numerical simulation software is used to study the deformation law of surrounding rock in different width of backfill body, and the optimal width of backfill body is determined to be 1m. Field practice shows that the two-sided displacement and convergence between roof and floor are all in the controllable range after using this design parameters to build roadside backfill body, which verifies the rationality of the parameter designation.

Keywords　thin coal seam, gob-side entry retaining, roadside backfill, numerical simulation

巷旁充填体的强度和宽度是巷旁充填沿空留巷的重要参数，它不仅影响着巷旁充填体及留巷围岩的稳定性，而且对巷旁充填的成本与劳动强度起着决定作用。当采用柔模混凝土巷旁支护时，充填体混凝土标号过小，宽度过窄，受老顶回转产生的集中应力作用，易发生破坏失稳；随着充填体强度及宽度的增大，充填体的稳定性也相应增强，但同时也增加了水泥及混凝土的投入，提高了经济成本，并增加了辅助运输和施工劳动量[1~4]。因此，对充填体强度及宽度进行合理设计有着十分重要的意义。

1　工程概况及支护条件

羊东矿 8463 工作面位于四一、四二区下部。其南部以四一下山巷道保护煤柱为界，北以四二水仓、五一下山保护煤柱线为界。西部与 8459、8460 工作面相邻。工作面埋深 744m，煤层平均厚度为 1.3m，为典型的深部薄煤层开采工作面，老顶为 5.5m 厚的细粒粉砂岩，直接顶为 0.9~2m 厚的石灰岩，直接底为 1.4m 厚的中粒砂岩，老底为 3.2m 厚的中细粒砂岩。

试验巷道为 8463 工作面运输巷，断面为矩形，净宽×净高为 3300mm×2700mm，顶板采用 ϕ17.8mm×6500mm 锚索配合金属网加梯子梁支护，锚索间距 1400mm，排距 1000mm，两帮煤体采用 ϕ18mm×2200mm 锚杆及 M 型钢带支护，间排距为 800mm，下部砂岩采用 ϕ18mm×1800mm 锚杆支护，间排距为 800mm。充填体与台阶边缘距离为 500mm，由柔模混凝土浇筑而成。支护方案如图 1 所示。

作者简介：卢前明（1988—），男，河南新密人，博士研究生。电话：13126779816；E-mail：524724592@qq.com

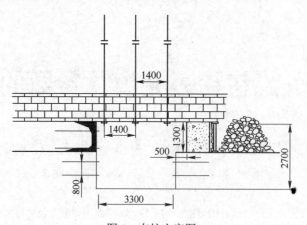

图 1 支护方案图

Fig.1 Supporting scheme

2 支护体载荷计算

2.1 计算连续墙体的载荷

计算混凝土连续墙体载荷采用英国威特克的分离岩块法，该方法的理论依据为：连续充填墙体载荷是由其上方一定范围内分离岩块的重量构成。由于留巷巷道一侧处于煤体应力增高区，另一侧处于采空区的冒落矸石带应力降低区，则采空区侧为主要自由面，由于失去了侧向约束，再加上产生离层，岩块就可能以 θ 角度沿煤体方向断裂，断裂的岩块处于完全不受约束的状态，形成反作用于充填墙体上的载荷[5]。图 2 为简化模型的力学计算图。

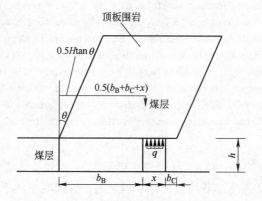

图 2 简化模型的力学计算图

Fig.2 Mechanical calculationof simplified model

计算如下式所示：

$$q = \frac{8h\tan\theta + 2(b_B + x + b_C)}{x} \times \frac{h(b_B + x + b_C)\gamma_B}{b_B + 0.5x}$$

式中 q——连续墙体载荷；

b_B——煤壁到连续墙体内侧的距离，此设计中连续墙体左侧与巷道右帮铅垂距离为 3.8m；

x——连续墙体所对应宽度为取 1m；

b_C——连续墙体外侧悬顶距，该距离取 0.5m；

γ_B——岩块重度，取直接顶岩石的重度 27kN/m³；

h——采高，本次支护为 1.3m；

θ——剪切角，根据经验选取为 27°。

计算可得支护厚度为 1m 时连续墙体的载荷为：

$$q=\frac{8\times1.3\times0.51+2\times(3.8+1.0+0.5)}{1.0}\times\frac{1.3\times(3.8+1.0+0.5)\times27}{3.8+0.5}=0.688\text{MPa}$$

即单位长度、支护厚度1000mm的连续墙体载荷为N_1=688kN。考虑采动影响系数为4，则连续墙体荷载为2752kN。

2.2 计算连续墙体的承载能力

用轴心受压柱模型来简化此连续墙体[6]，并取长度为1m，宽度也为1m，由此简化计算模型可计算出其正截面承载能力。取构件模型柱高1.3m，短边长1m，则长细比为1.3/1=1.3，采用轴心受压构件计算方法可得稳定系数φ=1.0。

可采用以下计算公式来计算柱的承载能力：

$$N_2 = 0.9\varphi \times f_c A$$

式中 N_2——连续墙体的承载能力；

φ——稳定系数,取1.0；

f_c——混凝土轴心极限抗压设计强度，C20取15.5MPa,但强度在压缩后降低25%，即为11.6MPa；

A——截面面积，为1000mm×1000mm。

模型承载能力计算结果如下：

$$N_2 = 0.9\times1.0\times11.6\times1000\times1000 = 10440\text{kN}$$

通过上述计算可知标号C20,1m长、1m宽的混凝土支护体承载能力是10440kN，而顶板载荷为2752kN，则承载能力大于顶板载荷，且安全系数达到了3.8，因此采用C20混凝土可以确保留巷巷道的稳定性。

3 支护体宽度数值模拟

3.1 模型建立

沿空留巷巷旁充填后的围岩稳定性与充填材料强度及几何尺寸有密切关系，在充填材料强度确定后，如何设计充填体宽度至关重要，下面采用有限差分软件FLAC3D对不同充填宽度围岩变形量进行模拟分析，从而得出合理的尺寸[7~9]。

根据工作面地质资料，将数值模型水平分为5层，模型尺寸为100m×50m×30m（长×高×宽），前后左右界面约束水平方向位移，底面约束垂直方向位移，上边界施加等效载荷约21.1MPa，采用库仑-摩尔破坏准则进行求解，煤层及顶底板物理力学参数如表1所示。

表1 围岩物理力学参数

Table 1 The physical and mechanical parameters of surrounding rock

煤岩名称	体积模量/GPa	剪切模量/GPa	抗拉强度/MPa	内聚力/MPa	内摩擦角/(°)	密度/kg·m^{-3}
细粒粉砂岩	6.1	3.2	1.0	5.8	24	2300
石灰岩	12.4	7.2	3.9	12.6	35	2800
煤层	3.4	1.4	0.2	1.1	20	1400
中粒砂岩	9.4	5.1	2.7	8.1	28	2600
中细粒砂岩	10.5	5.8	3.1	9.1	31	2700
充填材料	8.6	4.7	2.2	7.6	27	2400

为使模型更加贴近工程实际，按照图1方案对模型进行开挖，并建立巷旁充填体，宽度设为0.7m、1.0m、1.3m、1.6m四种，计算完成后，分别对四种宽度的巷道顶底板垂直位移量及两帮水平位移量进行分析。

3.2 模拟结果分析

3.2.1 垂直位移分析

数值模拟结果如图 3 所示。

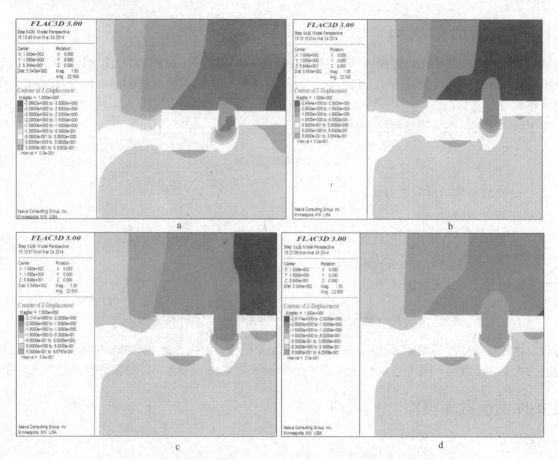

图 3　不同支护体宽度垂直位移
a—0.7m; b—1.0m; c—1.3m; d—1.6m
Fig.3　The vertical displacement in different width of support body

从图 3 可知，随着回采工作的进行，充填体不仅承受老顶及直接顶的重力，还要受老顶回转压力的作用，故巷道采空区侧顶板下沉量均大于实体煤壁侧，随着充填体宽度的增加，两侧顶板下沉量差值逐渐减小。当充填体宽度为 0.7m 时，其上部位移量与下部最大差值为 80mm，大于 C20 混凝土极限应变值，此时充填体破坏失稳，而其他宽度垂直位移差值均小于 20mm，可以满足要求。

通过对顶板最大下沉量的对比可知：随着充填体宽度的增加，顶板下沉量及底鼓量不断减小，当充填体宽度从 0.7m 到 1m，顶板下沉量减小 18.3%，底鼓量减小 6.7%，从 1m 到 1.3m，顶板下沉量减小 10.8%，底鼓量减小 4.7%，从 1.3m 到 1.6m，顶板下沉量减小 8.1%，底鼓量减小 2.1%。因此，从 0.7m 增大到 1m 时，顶板下沉量及底鼓量减小最为明显，之后减小幅度趋于缓和。

3.2.2 水平位移分析

由图 4 可知，巷道实体煤帮角及充填体底板台阶处是水平位移最大位置，这是由于巷道开挖后，受顶板载荷作用在煤体边缘形成应力集中，另受采动支撑压力的影响，煤体产生破坏进入塑性状态，而底板台阶处是由于支护体与底板接触面积小，在底板产生较高的应力集中，促使底板发生塑性破坏。因此，要对煤体帮角及台阶位置加强支护，增加其抗压强度，限制其水平位移。

随着充填体宽度增加，巷道两帮水平位移逐渐减小，从 0.7m 到 1m，煤帮位移减小 16.6%，台阶位移减小 32.4%，从 1m 到 1.3m，煤帮位移减小 10.5%，台阶位移减小 11.6%，从 1.3m 到 1.6m，煤帮位移减小 4.1%，台阶位移减小 10.5%。

综上所述，当充填体宽度由 0.7m 增加到 1m 时，巷道围岩变形较为明显，随着宽度的增加，围岩变形幅度逐渐减小，而宽度每增加 0.3m，需要增加混凝土投入 0.39m³，因此，综合考虑后，确定充填体宽度为 1m，此时，顶板最大下沉量为 245mm，两帮最大移近量为 247mm，均在可接受范围内。

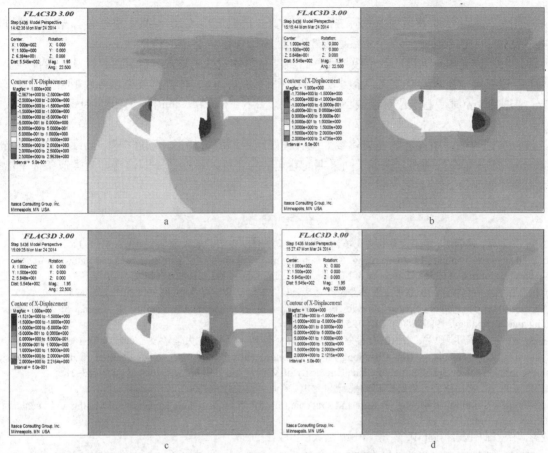

图 4　不同支护体宽度水平位移
a—0.7m; b—1.0m; c—1.3m; d—1.6m
Fig.4　The horizontal displacement in different width of support body

4　工程实践

根据以上研究结果，在 8463 工作面运输顺槽进行了柔模混凝土巷旁充填试验。为了增加煤帮及底板台阶位置的支护强度，将设计锚杆替换为 $\phi 22mm \times 2200mm$ 高强锚杆，并采用 $\phi 17.8mm \times 6500mm$ 锚索进行补强支护。当工作面推进达到充填步距之后，在采空区侧支设戴帽工字钢腿及单体柱进行临时支护，将柔性模板通过单体柱、工字钢腿固定在留巷位置，为提高充填体整体强度及抗变形能力，在充填体内加入对拉锚杆。利用矿车将地面拌好的干料运至工作面，加水搅拌制成 C20 混凝土，其配比如表 2 所示，将混凝土浆液泵入柔性模板内，直至填充饱满，其中碎石选用 5~16mm 连续级配，砂为中砂。

表 2　C20 混凝土配比表
Table 2　The ratio of concrete

材　料	水　泥	砂	碎　石	水	粉煤灰	专用外加剂
质量/kg·m^{-3}	340	650	1260	180	100	2

巷道位移观测采用十字监测法，测点分别布置在巷道顶底板及两帮中间位置，并从开切眼前方 5m 处沿工作面推进方向每隔 10m 设置一个观测断面。现场观测表明：在工作面后方 0~10m 范围内，由于巷道处于应力降低区，围岩变形量较小。在 10~50m 范围内，巷道处于应力增高区，围岩变形速率增大，顶底板移近量最高可达 24mm/d，两帮 16mm/d。在 50m 以后，随着充填体强度的提高，围岩变形趋于稳定。此时，顶底板最大移近量为 320mm，两帮移近量为 240mm，移近速率都在 0.3mm/d 以下，说明充填体很好控制了围

岩变形，验证了参数设计的合理性。

5 结论

（1）采用分离岩块法对巷道顶板载荷进行理论计算，决定选用 C20 混凝土进行巷旁充填，通过验算可得，充填强度大于顶板载荷，且安全系数达到 3.8，能够确保留巷巷道的稳定性。

（2）通过对不同充填体宽度的数值模拟可知：随着充填体宽度的增加，巷道顶底板及两帮位移量不断减小，最大垂直位移集中在靠近充填体顶板处，最大水平位移集中在实体煤帮及充填体底板台阶处。充填体宽度从 0.7m 增加到 1m 时，巷道位移量减小速率较大，之后趋于缓和，同时考虑到经济因素，最终取充填体宽度为 1m。

（3）现场实践表明：所设计的充填体参数能够较好地控制围岩变形，顶底板移近量最大为 320mm，两帮为 240mm，均在允许范围内，保证了回采期间巷道的稳定性，减少了资源浪费，为类似条件下沿空留巷工程实践提供了参考。

参 考 文 献

[1] 郭育光, 柏建彪, 侯朝炯. 沿空留巷巷旁充填体主要参数研究[J]. 中国矿业大学学报, 1992 (4): 1~11.
Guo Yuguang, Bai Jianbiao, Hou Chaojiong. Study on the main parameters of gate side packs in gateways maintained along gob-edges [J]. Journal of China University of Mining and Technology, 1992, 21(4): 1~11.

[2] 漆泰岳. 沿空留巷整体浇注护巷带主要参数及其适应性[J]. 中国矿业大学学报, 1999, 28(2): 122~125.
Qi Taiyue. Main parameters of pack-filling for retained gob-side entry and its adapt ability [J]. Journal of China University of Mining and Technology, 1999, 28(2): 122~125.

[3] 柏建彪, 周华强, 侯朝炯, 等. 沿空留巷巷旁支护技术的发展[J]. 中国矿业大学学报, 2004, 33(2): 183~186.
Bai Jianbiao, Zhou Huaqiang, Hou Chaojiong, et al. Development of support technology beside roadway in gob-side entry retaining for next sublevel[J]. Journal of China University of Mining and Technology, 2004 ,33(2) : 183~186.

[4] 钱鸣高, 石平五. 矿山压力与岩层控制[M]. 徐州: 中国矿业大学出版社, 2003.
Qian Minggao, Shi Pingwu. Mining pressure and strata control [M]. Xuzhou: China University of Mining and Technology Press, 2003.

[5] 柏建彪. 沿空掘巷围岩控制[M]. 徐州: 中国矿业大学出版社, 2006.
Bai Jianbiao. Surround rock control in driving roadway along goaf [M]. Xuzhou: China University of Mining and Technology Press, 2006.

[6] 余志武, 丁发兴. 混凝土受压力学性能统一计算方法[J]. 建筑结构学报, 2003, 24(4): 41~46.
Yu Zhiwu, Ding Faxing. Unified calculation method of compressive mechanical properties of concrete [J]. Journal of Building Structures, 2003, 24(4): 41~46.

[7] 李化敏. 沿空留巷顶板岩层控制设计[J]. 岩石力学与工程学报, 2000, 19(5): 651~654.
Li Huamin. Control design of roof rocks for gob-side entry [J]. Chinese Journal of Rock Mechanics and Engineering, 2000, 19(5): 651~654.

[8] 康红普, 牛多龙, 张镇, 等. 深部沿空留巷围岩变形特征与支护技术[J]. 岩石力学与工程学报, 2010, 29(10): 1977~1987.
Kang Hongpu, Niu Duolong, Zhang Zhen, et al. Supporting technology of gob-side entry retaining in deep coal mine [J]. Chinese Journal of Rock Mechanics and Engineering, 2010, 29(10): 1977~1987.

[9] 谢文兵. 综放沿空留巷围岩稳定性影响分析[J]. 岩石力学与工程学报, 2004, 23(18): 3059~3065.
Xie Wenbing. Influence factors on stability of surrounding rocks of gob-side entry retaining in top-coal caving mining face [J]. Chinese Journal of Rock Mechanics and Engineering, 2004, 23(18): 3059~3065.

潞新矿区冲击性巷道矿压显现特征及大变形控制技术

褚晓威[1,2]　吴拥政[1,2]

（1. 煤炭科学研究总院开采设计研究分院，北京　100013；
2. 天地科技股份有限公司开采设计事业部，北京　100013）

摘　要　针对潞新矿区冲击性巷道压力显现强烈、围岩变形快、变形大的特点，采用现场实测、理论分析等方法分析了了强烈矿压显现下冲击性载荷的产生和作用机理、围岩大变形的原因。运用高预应力支护体系，提高初始支护的强度和刚度，增大支护系统的伸长率和护表面积，合理匹配系统组件，形成整体支护。不同条件巷道的工业试验表明，新支护体系较好地控制了围岩的快速大变形，变形和离层降低了 60%~70%，且取消了被动支护，取得良好的效益。

关键词　冲击性　强矿压显现　大变形　高预应力　整体支护

Study on Characteristics of Ground Pressure Performance and Large Deformation Controlling Technologies of Impactive Roadways in Lu'xin Mining Area

Chu Xiaowei[1,2]　Wu Yongzheng[1,2]

(1. Coal Mining and Design Branch, China Coal Research Institute, Beijing 100013, China;
2. Coal Mining and Design Department, Tiandi Science & Technology Co., Ltd., Beijing 100013, China)

Abstract　Roadways in Lu xin Mining Area had violent ground pressure performance, whose deformation was quick and large. Mechanism of impactive load occurring and working and reasons of large deformation were analyzed by site test, theory analysis and numerical simulation. Concept of integral support based on high prestress support system was constructed by increasing initial strength and stiffness of support, enhancing elongation and surface-protecting area and matching components of system reasonably. Industry test of roadways with different conditions showed that new system controlled quick and large deformation of surroundings, which decreased 60% ~ 70%. Most passive support was cancelled, and great benefits produced.

Keywords　impactive, violent ground pressure performance, large deformation, high prestress, integral support

巷道变形的影响因素较多，如应力环境、围岩性质、采动影响等，其中动压巷道的变形区别于静压巷道，变形量与应力的变化息息相关。国内外关于动压巷道的研究较多，但动压巷道的变形原因和机理却不尽相同。

根据动压的不同产生根源将动压巷道分为应力传递型动压巷道和冲击动载型动压巷道，前者主要是由于煤岩采动应力传递产生的动态应力，后者则主要是煤岩特殊性质导致的原生的瞬态的冲击应力。两者在应力变化的速度和方式、对围岩的破坏方式上都有显著的区别。

从应力变化上看，应力传递型动压的变化幅度和速度取决于采动影响的尺度和速度；冲击动载型动压的应力变化则主要取决于煤岩体的储能性质、开掘空间的尺度和煤岩组合结构。从对围岩的破坏方式上，应力传递型动压以传递方式逐渐增大围岩应力，使得围岩在高应力下逐渐发生变形和破坏；冲击动载型动压则是

基金项目：国家自然科学基金资助项目（U1261211）。
作者简介：褚晓威（1986—），男，山东枣庄人，助理研究员。电话：010-84262912-822；E-mail：chuxiaowei2003@163.com

在开挖过程及开挖后较短时间内以冲击载荷的方式不定时地冲击围岩，围岩在冲击波的作用下劣化、变形。需要指出的是，冲击性巷道不同于巷道冲击地压，后者着重于降低巷道冲击地压的发生概率[1]。

1 强矿压显现巷道变形特征及原因

冲击性巷道强烈矿压显现的特征表现为：巷道变形的空间尺度特征为顶板离层变化大、变化快且各层位离层均较大，表面煤岩快速碎胀并向深部扩展。变形的时间尺度特征为在开挖的过程及开挖后段时间内变形最快，变形剧烈时期为开挖开始至距离掘进迎头 30~50m 时期内；如若支护不合理，后期将出现持续的蠕变变形和不连续变形，表现为整体位移持续增大、顶板离层继续增加、表面碎胀逐渐发展等。潘一山等采用相似模拟实验研究了高速冲击载荷下的巷道动态破坏，认为高速冲击波以巷道方向传递为主，顶板岩层与煤体交界处发生错动，上部岩层明显下沉，顶板岩层受拉剪破坏，裂缝逐渐发育延伸至巷道；冲击波重复作用致使顶板岩体破碎，进而造成巷道局部破坏或垮塌[2]。

潞新矿区变形较大且较难控制的巷道基本都是实体煤巷道掘进，掘进过程中均出现煤炮频繁、自行片冒、进射等强烈矿压显现现象。因此判断，冲击性动载荷影响是造成潞新矿区巷道掘进成型困难和变形量大的主要原因。而冲击性载荷的根源则主要包括高应力、煤岩体的强度和储能特性以及煤岩体的结构特性。

地质力学测试显示，潞新矿区的地应力场类型为水平应力控制型，最大应力为最大水平主应力，侧压比范围为 1.33~1.99，且随着埋深的增加而减小[3]。最大与最小水平主应力差值较大，偏应力大，造成围岩不协调变形。

煤体强度达 18~20MPa，较为坚硬，储存能量的能力强。煤岩冲击倾向性测试表明，4 号煤层及顶板均具有弱冲击倾向性。动载冲击对围岩的破坏主要表现在：煤岩断裂失稳形成的动态压缩应力波的传递使得已经存在的节理裂隙不断扩展、贯通，围岩劣化破坏；应力波到达分界面后会在巷道表面反射，形成拉伸应力波，进一步引起煤岩体的破裂损伤[4,5]。

煤层结构复杂，夹矸层多，多软硬煤层交错的情况。煤体节理发育，节理尺度大小交错、方向竖向较多。揭露面显示煤层赋存较为杂乱，水平、倾斜、竖向节理杂糅，无规律性。

哈密市三道岭聚煤盆地处于哈密凹陷带北缘，北天山大断裂前缘坳陷带，为一个山间小盆地，褶皱简单，断裂发育[6]。煤田内构造形态主要受燕山运动及喜马拉雅山运动的影响，除了褶皱外，还有断裂。褶皱主要是西山倾伏背斜；断裂构造主要为 F2 逆断层，走向东西到潞新一矿转向南，与 F1 断层相交，倾角 17°左右，倾向南，转向后变成西，断距达 3000 多米[7]。如一矿东翼采区和二矿西翼采区以 F2 断层为分界线，受断层影响，这两个采区较其他采区矿压显现较强烈。

支护方式不合理也是造成巷道大变形的原因之一。虽然支护密度较大，但初始强度和刚度较低，主要体现在：（1）锚杆、锚索预紧力较低，锚杆的预紧扭矩为 130N·m，转化为轴向力仅为 10kN 左右，锚索的初始张拉力仅为 80kN 左右；（2）锚杆构件为托板，护表面积较小，不能有效保证围岩的完整性且不能实现预紧力的有效扩散；锚索的构件为平托板，护表面积虽然较大，但承载力低，压力增大时，托板易外翻、折断，且不能调心，托板口易剪切锚索；（3）由于煤层较厚或巷道跨度较大，矿压显现明显，锚索的支护密度相对较低，不能将锚杆形成的预应力加固区与深部稳定围岩连接。

2 围岩控制机理及技术

针对围岩表层易碎胀且易向深部发展的特点，应采用护表面积较大的支护构件，在最大程度地扩散预应力的同时，保持表层围岩的整体性。针对冲击载荷的瞬间作用，支护体系应有较高的伸长率，包括支护体的伸长率和支护构件的伸长率。针对顶板离层变化快，且各部位离层量均较大的情况，在保证锚杆支护充分发挥作用的基础上，优化锚索的支护密度，保持浅部围岩与深部较稳定围岩的连接及支护应力的传递。

由此建立以高预应力支护体系[8,9]为基础的整体性支护方案，其核心为支护体系的高刚度和高强度保证锚固区范围的整体稳定，支护体系的高伸长率允许锚固区范围一定的整体连续变形。

高刚度和高强度通过支护体的高预应力、支护组件的高强度和高扩散性来实现，高伸长率主要通过支护体自身的高伸长率、支护组件的伸长率来实现。通过构件的调整，充分发挥锚杆、锚索的主动支护作用，并最大限度扩大其作用范围。

另外辅助以大直径钻孔、深孔爆破等卸压方式实施巷道迎头超前和工作面两帮的立体式卸压，提前释放部分应力，从根源上减少较大压力的突然释放，减缓冲击波对围岩的破坏程度。

3 工业试验分析

3.1 一矿 5244 运输巷顶板全锚索强力支护

3.1.1 巷道地质与生产条件

5244 运输巷埋深范围为 390～480m，布置在未采区域，沿 4 号煤层底板掘进，矩形断面 4200mm×3100mm。从邻近已掘巷道看，由于靠近 F2 断层，掘进工作面动力显现强烈，顶板变形大，控制困难。煤层平均厚度为 14.5m，亮煤、暗煤和镜煤相互交错，有泥岩和中灰煤夹层，强度平均为 21.08MPa，较硬。

5244 运输巷附近测点的最大水平主应力为 16.53MPa，垂直主应力为 11.34MPa，最小水平主应力为 9.13MPa。最大水平主应力方向为 N19.8°W，巷道布置方向为 N63°E，与最佳角度之间的锐角为 49.7°，受地应力的影响较大[10]。

3.1.2 巷道支护设计

针对成型差，施工锚杆困难，锚杆易失效等问题，加之冲击性动压强烈，采用顶板全锚索支护，强力锚索配合高强度拱形托板、刚度大且适应成形的双层金属网。这样充分发挥锚索可施加较大预紧力、伸长率大的特点，形成锚固区稳定、伸长率大的支护系统[11]。主要支护参数为：

（1）顶板全锚索，规格为 ϕ22mm 的 1×19 股高强度低松弛钢绞线，破断载荷 580kN，伸长率不低于 7%，长度为 5.3m，间排距为 1100mm×1000mm；使用一支 CK2335 和两支 K2360 锚固剂，构件为高强度拱形托板，规格为 300mm×300mm×16mm，初始张拉力不低于 300kN。

（2）两帮采用 ϕ20mm 圆钢锚杆，屈服强度为 235MPa，长度为 2000mm，使用一支 K2360 锚固剂，预紧扭矩要求不低于 200N·m，间排距为 1100mm×1000mm。配合使用高强度拱形托板，规格为 120mm×120mm×8mm，钢筋托梁规格为 SB-8-3-60-2400。支护布置如图 1 所示。

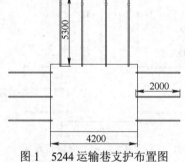

图 1 5244 运输巷支护布置图
Fig.1 Support layout of 5244 haulage roadway

（3）顶板使用双层 10 号铁丝网，两帮使用单层 10 号铁丝网护表，搭接 100mm，双边逐孔联接。

3.1.3 矿压监测及分析

设计实施后，进行矿压监测，主要为表面变形监测。结果如图 2 所示。

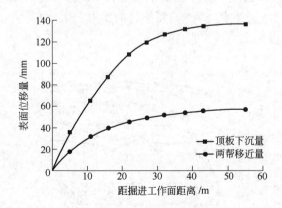

图 2 5244 运输巷表面变形情况
Fig.2 Surface deformation in 5244 haulage roadway

可以看出，巷道的变形在经历初期的剧烈变化后，到距离掘进迎头 50m 左右逐渐稳定，顶板下沉量约为 140mm，两帮移近量不到 60mm，均在可控范围，较类似巷道的变形量降低 60%左右。

3.2 二矿 W4205 运输巷高预应力锚杆锚索组合支护

3.2.1 巷道地质与生产条件

W4205 工作面西部为 F2 逆断层,北部为采空区,南部为实体煤。工作面埋深 316.1～350.3m。W4205 运输巷为实体煤巷道,无采动影响,沿 4 号煤层底板掘进,矩形断面 4200mm×3100mm。

煤层厚度平均为 7.6m。亮煤、暗煤相互交错,有泥岩和中灰煤夹层。煤体强度平均为 19.13MPa,较坚硬。顶板岩层为砂质泥岩和砂岩为主,泥岩强度不均,软弱泥岩为 18MPa,坚硬泥岩可达 60MPa,砂岩强度平均为 55MPa。

W4205 运输巷附近测点的最大水平主应力为 9.50MPa,垂直主应力为 9.23MPa,最小水平主应力为 5.17MPa。最大水平主应力方向为 N48.4°W,巷道布置方向为 N90°W,与最佳角度之间的锐角为 62.9°,受地应力的影响较大。

3.2.2 巷道支护设计

煤层相对较薄,顶煤厚度小,掘进过程中的冲击动载强度稍低,但巷道成型较差,顶板不平整,煤岩变形以离层和碎胀为主。采用顶板锚杆配合 W 钢护板,施加高预应力并高效扩散,高预应力锚索配合高强度拱形托板,并匹配合理支护密度的方案。主要参数如下:

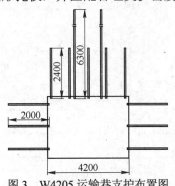

图 3　W4205 运输巷支护布置图
Fig.3　Support layout of W4205 haulage roadway

(1) 顶板采用 ϕ20mm 左旋无纵筋螺纹钢,屈服强度为 335MPa,长度为 2400mm,使用一支 CK2335 和一支 K2360 锚固剂,预紧扭矩不低于 300N·m,间排距为 900mm×900mm;配合使用高强度拱形托板,规格为 150mm×150mm×10mm 和 W 钢护板,规格为 450mm×280mm×4mm。两帮采用 ϕ20mm 圆钢锚杆,屈服强度为 235MPa,长度为 2000mm,使用一支 K2360 锚固剂,预紧扭矩不低于 200N·m,间排距为 1100mm×900mm;配合使用高强度拱形托板,规格为 120mm×120mm×8mm,钢筋托梁规格 SB-8-3-50-2400。

(2) 顶板锚索为 ϕ18.9mm 的 1×7 股高强度低松弛钢绞线,间排距为 1400mm×1800mm,长度为 6.3m,使用一支 CK2335 和两支 K2360 锚固剂,构件为高强度拱形托板,规格 300mm×300mm×16mm,初始张拉力不低于 250kN。支护布置如图 3 所示。

(3) 全断面使用 10 号铁丝网护表,搭接 100mm,双边逐孔连接。

3.2.3 矿压监测及分析

支护设计实施后安装测站,主要包括锚杆受力和锚索受力,如图 4 和图 5 所示。

可以看出,锚杆的预紧力顶板锚杆平均为 35kN,帮锚杆平均为 40kN。顶板锚杆受力在距离掘进头 15m 范围内大幅增加,随后趋于稳定,平均约 60kN。帮锚杆的受力变化幅度较小,稳定后平均受力约为 55kN。锚杆受力正常,支护安全系数较大。

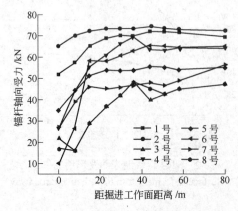

图 4　锚杆受力变化情况
(1号、2号、3号、6号、7号、8号为帮锚杆,4号、5号为顶锚杆)
Fig.4　Load change of rock bolts
(1、2、3、6、7、8# side bolts, 4、5# roof bolts)

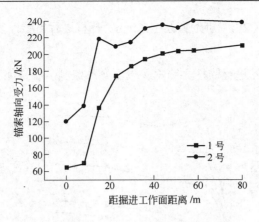

图 5 锚索受力变化情况
Fig.5 Load change of cables

可以看出，锚索的初始预紧力未达到设计要求，偏低，随着掘进影响，受力逐渐增大，随后趋于稳定，平均受力为 200kN，与极限载荷相比，支护安全系数较大。

位移监测显示，顶板变形量在 120mm 以内，两帮变形在 70mm 以内，均有较大程度的减小。

3.3 砂墩子矿北翼辅助运输下山大断面高预应力整体支护

3.3.1 巷道地质与生产条件

巷道断面直墙半圆拱，宽度 5.7m，直墙高 1.8m，总高度 4.65m，掘进断面为 23.02m²；沿煤层顶板掘进，顶板泥岩较为软弱破碎，加之掘进过程中煤炮剧烈，巷道一直采用锚杆锚索加 U 型钢棚再喷射混凝土的联合支护。但由于锚杆锚索支护对围岩的控制作用较弱，局部出现较大变形，U 型钢棚变形大、破坏失效。失效的直接原因是巷道的不协调变形，局部变形较大，特别是直墙帮底的变形导致棚腿扭曲失效。

北翼辅助运输下山附近测点的最大水平主应力为 13.53MPa，垂直主应力为 9.65MPa，最小水平主应力为 7.38MPa。最大水平主应力方向为 N36.2°W，巷道布置方向为 EW，与最佳角度之间的锐角为 85.5°，接近垂直，受地应力影响较大。

煤的平均抗压强度为 17.68MPa，坚硬；顶板以上 10m 内的主要岩性为砂质泥岩和薄煤夹层，泥岩的平均抗压强度为 48MPa。伪顶厚度约为 800mm，较软弱，强度约 35MPa，且易风化剥落，遇水泥化，成为支护的最薄弱面。

3.3.2 巷道支护设计

采取全断面强力支护，增加帮底锚索的使用，保证整体的稳定性和减小开放式底板的底鼓。锚杆采用 W 钢护板、锚索采用高强度拱形托板护表并实现预紧力的扩散，全断面铺设钢筋网进一步扩散预紧力并增加支护系统的刚度。支护完成后，最短时间内进行混凝土初喷，封闭易风化泥岩，填充表面裂隙，防止层层剥离并提高浅部围岩的抗拉强度，提高支护整体性。主要参数如下：

（1）全断面采用 ϕ22mm 左旋无纵筋螺纹钢，屈服强度为 335MPa，长度为 2400mm，使用一支 CK2335 和一支 K2360 锚固剂，预紧扭矩不低于 300N·m，间排距为 1000mm×900mm。配合高强度拱形托板，规格为 150mm×150mm×10mm 和 W 钢护板，规格为 450mm×280mm×4mm。

（2）顶板锚索为 ϕ18.9mm 的 1×7 股高强度低松弛钢绞线，"五花"布置，长度为 6.3m，使用一支 CK2335 和两支 K2360 锚固剂，构件为高强度拱形托板，规格为 300mm×300mm×16mm，初始张拉力不低于 250kN，排距为 900mm。

（3）直墙帮锚索长度为 4.3m，其余参数与顶板锚索相同，排距为 900mm，距巷道底板 800mm。支护布置如图 6 所示。

（4）全断面使用 ϕ6.5mm 焊接钢筋网，网孔 100mm×100mm，钢筋网最薄弱点是连接处，因此需要搭接 100mm，双边逐孔连接。

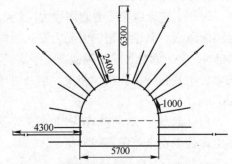

图 6 北翼辅助运输下山巷支护布置图
Fig.6 Support layout of auxiliary transportation dip entry of north wing

（5）喷射混凝土强度不低于C20，初喷厚度为50mm，择机进行复喷，复喷厚度为100 mm。

3.3.3 矿压监测及分析

设计实施后，安装矿压监测站进行锚杆、锚索及表面变形监测，结果如图7、图8所示。

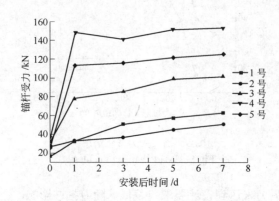

图 7　锚杆受力变化
（其中 1 号、2 号为帮锚杆，3 号、4 号、5 号为拱肩及拱顶锚杆）
Fig.7　Load change of rock bolts
(1#、2# side bolts,3#、4#、5# spandrel and roof bolts)

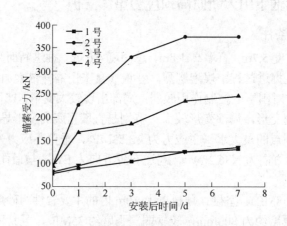

图 8　锚索受力变化
（其中 1 号、4 号为帮锚索，2 号、3 号为拱肩及拱顶锚索）
Fig.8　Load change of cables
(1#、4# side cables,2#、3# spandrel and roof cables)

可以看出，锚杆的初始预紧力偏低，平均为35kN；一天内顶板锚杆有大幅度的增加，帮锚杆变化稍缓慢；安装3~5天后，受力趋于稳定，顶锚杆受力最大达153kN，超过杆体屈服载荷，平均受力为127kN，达到杆体理论屈服载荷。

可以看出，锚索受力逐渐增大，5天后趋于稳定，这是因为巷道断面较大，加上动载冲击，逐渐调动深部围岩承载。其中，帮锚索受力变化缓慢，稳定平均受力为 110kN；顶部锚索受力变化较大，最大受力达370kN，接近索体理论极限载荷，平均受力为310kN。锚索的初始预紧力较低，仅为100kN，这与张拉机具功率较小及预应力损失大相关，应及时改进。结合锚杆、锚索受力，考虑到长期稳定，将支护排距变更为800mm。

位移监测显示，变形在掘进3~5天后趋于稳定，顶板下沉量约为130mm，两帮移近量约为190mm，变形总体处于安全范围，基本稳定。

4　结论

（1）根据动压根源将动压巷道分为应力传递型动压巷道和冲击动载型动压巷道，后者的变形规律更加复杂，变形速度快，变形以离层为主。

（2）潞新矿区煤体强度高、结构复杂，煤岩具有弱冲击倾向性，掘进工作面矿压显现强烈，加上支护不力，导致巷道变形大，支护成本高。

（3）采取以高预应力支护体系为基础的整体支护，使用新型材料、构件和护表结构，增加预紧力，优化锚索密度等，提高支护强度和整体性。

（4）通过三条典型巷道的设计、施工和监测，支护效果较好，巷道变形得到有效控制，被动支护量大大减少，缩减了成本，提高了进度。

参 考 文 献

[1] 高明仕，窦林名，张农，等. 冲击矿压巷道围岩控制的强弱强力学模型及其应用分析[J]. 岩土力学，2008, 29 (2): 359~364.
Gao Mingshi, Dou Linming, Zhang Nong, et al. Strong-soft-strong mechanical model for controlling roadway surrounding rock subjected to rock burst and its application[J]. Rock and soil mechanics, 2008, 29 (2): 359~364.

[2] 潘一山，吕祥锋，李忠华，等. 高速冲击载荷作用下巷道动态破坏过程试验研究 [J]. 岩土力学, 2011, 32 (5): 1281~1286.
Pan Yishan, Lü Xiangfeng, Li Zhonghua, et al. Experimental study of dynamic failure process of roadway under high velocity impact loading[J]. Rock and soil mechanics, 2011, 32 (5): 1281~1286.

[3] 谈国强. 潞新矿区地应力场分布特征研究[J]. 煤矿开采, 2013, 18 (3): 75~77.
Tan Guoqiang. Characteristic of geo-stress field distribution in Lu'xin Mining Area[J].Coal mining technology, 2013, 18 (3):75~77.

[4] 颜峰，姜福兴. 爆炸冲击载荷作用下岩石的损伤实验[J]. 爆炸与冲击, 2009, 29 (3): 275~280.
Yan Feng, Jiang Fuxing. Experiment on rock damage under blasting load[J].Explosion and shock waves, 2009, 29 (3):275~280.

[5] 王光勇，任连伟，郭佳奇. 顶爆作用下锚固硐室围岩动态裂纹分布及产生机理 [J]. 采矿与安全工程学报，2012, 29 (2): 245~249.
Wang Guangyong, Ren Lianwei, Guo Jiaqi. The distribution of cracks and its mechanism of tunnel reinforced by bolts under top explosion[J].Journal of mining and safety engineering, 2012, 29 (2): 245~249.

[6] 葛海林，李瑞明. 新疆哈密市砂墩子找煤的突破[J]. 中国西部科技, 2010, 9(6): 4~6.
Ge Hailin, Li Ruiming. The breakthrough of coal exploration in Shadunzi Hami city Xinjiang[J].Science and technology of west China, 2010,9(6): 4~6.

[7] 李保国. 浅析哈密三道岭矿区低阶煤层含气性[J]. 西部探矿工程, 2001, 6: 124~126.
Li Baoguo. Simple analysis of gas content in low rank coal seam of Sandaoling mining area in Hami[J]. West-China exploration engineering, 2001,6: 124~126.

[8] 康红普，王金华，林健. 高预应力强力支护系统及其在深部巷道中的应用[J]. 煤炭学报，2007, 32 (12): 1233~1238.
Kang Hongpu, Wang Jinhua, Lin Jian. High pretensioned stress and intensive bolting system and its application in deep roadways[J]. Journal of China Coal Society, 2007, 32 (12): 1233~1238.

[9] 康红普，王金华，林健. 煤矿巷道锚杆支护应用实例分析[J]. 岩石力学与工程学报, 2010, 29 (4): 649~664.
Kang Hongpu, Wang Jinhua, Lin Jian. Case studies of rock bolting in coal mine roadways[J]. Chinese journal of rock mechanics and engineering, 2010, 29 (4): 649~664.

[10] 康红普，等. 煤岩体地质力学原位测试及在围岩控制中的应用 [M]. 北京：科学出版社, 2013: 272.
Kang Hongpu, et al. In-situ geomechanics measurements for coal and rock masses and their application on strata control[M]. Beijing: Science Press, 2013:272.

[11] 康红普，林健，吴拥政. 全断面高预应力强力锚索支护技术及其在动压巷道中的应用[J]. 煤炭学报, 2009, 34(9): 1153~1159.
Kang Hongpu, Lin Jian, Wu Yongzheng. High pretensioned stress and intensive cable bolting technology set in full section and application in entry affected by dynamic pressure[J]. Journal of China Coal Society, 2009, 34(9): 1153~1159.

断层破碎带近灰岩掘进巷道破坏机理分析及围岩修复控制技术

陈 贵 陶金勇 孙荣贵

（淮北矿业股份有限公司朱仙庄煤矿，安徽宿州 234111）

摘 要 为了解决淮北矿区近灰岩掘进在断层构造带的巷道修复围岩控制问题，以朱仙庄煤矿二水平皮带机大巷过断层段巷道为研究对象，通过对巷道工程地质条件的综合分析，认为导致巷道围岩泥化流变的因素主要为围岩性质、渗流水、采动影响、水平应力和构造应力等。采用数值模拟和理论分析方法研究了此类巷道的变形破坏机理，提出了疏水降压、应用板块置换封闭泥化岩体、分布式注浆、大底板块围岩修复控制技术。实践表明，这种技术能够控制围岩变形，无明显底鼓，保证了修复巷道的稳定性。

关键词 断层破碎带 巷道破坏机理 围岩修复控制

Fault Fracture Zone Near the Ash Rock Tunnel Surrounding Rock Failure Mechanism Analysis and Repair Technology

Chen Gui Tao Jinyong Sun Ronggui

(Huaibei Mining Limited by Share Ltd. Zhuxianzhuang Coal Mine, Anhui Suzhou 234111, China)

Abstract In order to control the surrounding rock roadway repair to solve the Huaibei mine in recent gray rock in fault zone, the roadway in Zhuxianzhuang Coal Mine two horizontal belt machine fault section tunnel as the research object, through a comprehensive analysis of the tunnel engineering geological conditions factors that lead to surrounding rock mud flow as the main properties of surrounding rock, seepage water, influence, horizontal stress and tectonic stress mining. Study on deformation and failure mechanism of the roadway by numerical simulation and theoretical analysis method, is proposed, using closed drainage plate argillaceous rock, grouting, bottom plate rock distributed restoration control technology. Practice shows that, this technology can control the deformation of surrounding rock, no obvious bottom drum, ensuring the stability of the roadway repair.

Keywords fault fracture zone of roadway surrounding rock, failure mechanism, repair control

1 概况

朱仙庄煤矿Ⅱ水平第二部皮带机大巷位于矿井南部Ⅱ水平Ⅱ3采区下部，标高−676.2~−683.6 m，施工全长 1025 m。区域内构造复杂断层较发育，共计揭露大小断层八条，且设计为近太原群灰岩含水组掘进的巷道，主要在 10 煤层至一灰间掘进，局部地段揭露一灰或在一灰下施工，巷道位置及与周边巷道关系如图1所示。Ⅱ水平第二部皮带机大巷下部灰岩标高大部分在−680 m 以下，富水性弱，但水压大。

皮带机大巷（交岔点前39~89m处），在施工17个月后，于2010年10月1日16：30至10月2日6：00 发生剧烈底鼓变形，10月2日4：30 左右伴随底板出水，涌水量在2~3 m³/h，大底鼓量1.1m，矿方立即安排组织底板治理，并在F19断层带进行了注浆加固，加固工程于2011年12月23日结束，2011年12月26日下午，处于F19断层附近的交岔点注浆加固地段出现底鼓，最大底鼓量950mm，长约10m，并伴随出水，出水量约4 m³/h，水温26℃，比平时高3℃。同时顶部淋水成线，左侧棚腿有7棚向外位移1400mm，从巷帮棚档之间涌出矸石约2矿车，交岔点支护失稳。

作者简介：陈贵（1967−），男，安徽桐城人，朱仙庄矿矿长，正高级工程师。电话：0561-4971152，E-mail: chengui_zxz@hbcoal.com
通信作者：孙荣贵（1984−），男，江苏盐城人，朱仙庄矿技术科副科长，工程师。电话：0561-4971395，E-mail: srg1011@hotmail.com

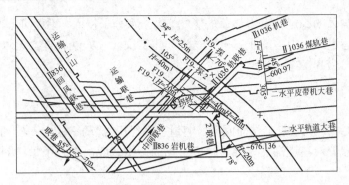

图 1　第二部皮带机大巷与周围巷道关系图

随即组织安排对交岔点进行修复，采取超前支护钢管加固顶板，充填固安特胶结顶板破碎岩石，从起拱以上不大于 200mm 均匀布置，角度约 15°仰角打设，管棚步距 1.5m，外露 0.5m，保证 1.0m 的超前控顶，将交岔点变形段的棚子拆除，重新架设 U36 型棚，同时在交岔点附近巷道施工卸压疏水孔，因受地压影响，卸压孔内套管挤压变形，阻碍了灰岩水的疏降，顶帮出现大量淋水，对交岔点造成了极大的破坏，仍然表现为严重底鼓，卡缆断裂，喷层大量脱落，最大底鼓量 1.1m，巷道变形情况如图 2 所示。

巷道支护历经反复多次支护，仍然不能保持巷道支护稳定，严重制约着Ⅱ水平投产。

图 2　巷道维护状况图

针对上述情况，从分析巷道底板承压水导通→巷道围岩泥化流体→阻碍承压水流→泥化变化的动态演化过程展开分析，实施动态主动支护，研发以点柱置换、大板底支护封堵、缓释叠加应力为特点的主动、动态恢复支护工作阻力的巷道支护技术，实现了巷道的支护稳定。

2　巷道围岩泥化失稳机理分析

结合Ⅱ水平第二部皮带机大巷围岩特征及所处应力环境，初步确定导致其围岩泥化流变的因素主要为：围岩性质、渗流水、采动影响、水平应力、构造应力等因素，分别分析如下。

2.1　围岩性质

Ⅱ水平第二部皮带机大巷失稳巷段位于断层破碎带内，巷道围岩裂隙较发育，围岩受到灰岩水的影响而崩解，泥化致使岩性完整性遭到破坏，在多种应力作用下，易出现碎胀破坏、软岩流变。

2.2　渗流水

巷道底板岩层下含有灰岩水，灰岩探查孔探测起始出水量 6~7 m³/h，水压 6.5 MPa，水量较小但水压较大，水主要来源于二灰岩和三灰岩，高压渗流水沿着裂隙向巷道两帮挤入，造成巷道发生变形失稳。

水对巷道围岩及支护体的稳定性有着显著的影响。由于水分子侵入，不仅可改变岩石的物态，削弱颗粒间黏结力；同时还能使巷道围岩中的膨胀岩发生物理和化学反应（如硬石膏、无水芒硝和钙芒硝），使岩石的含水量随时间的持续而增高。

2.3 采动影响

采区内Ⅱ1034、Ⅱ831、Ⅱ1036工作面回采，巷道多次经历"扰动—稳定—扰动—稳定"的损伤过程，裂隙岩体不断发育，加之渗流对巷道围岩裂隙岩体应力场的力学效应，导致了最终的失稳变形。

2.4 水平应力

由于采深的增加，深部岩层压力愈加复杂，构造应力的相互作用及其复杂应力的叠加，以及水平应力增大都会成为巷道支护围岩稳泥化失稳的主要破坏力之一。

2.5 构造应力

巷道穿断层布置，且巷道除受大构造应力作用外，还受巷道附近正断层的影响，使其同时承受垂直和水平方向构造残余应力。

地质构造运动的作用，岩体发生体积与形状的变化。由于弹性变形，岩体内就贮存了巨大的弹性应变能，这种应变能不可能在岩体中无限地积累下去；当能量增加，应力达到岩体强度的极限时，岩体就要发生破坏，贮存的能量将部分或全部释放出来，但岩体中往往总会遗留下一部分应力。所有这些构造应力和残余应力对原岩应力场的分布和地应力的大小都会产生影响。

3 常规支护失效机理数值模拟分析

3.1 数值模型建立

模拟巷道采用交岔点（跨度最大处）位置尺寸9m×6m，并根据现场地质资料，建立相应的数值计算模型。模型中各岩层参数根据实验室测定数据及现场情况加以修订后确定，见表1。

表1 主要岩层力学参数

岩 层	黏聚力 C/MPa	密度/g·cm^{-3}	体积模量 K/GPa	剪切模量 G/GPa	抗拉强度 t/MPa	摩擦角 f/(°)
粉砂岩	0.6	2.5	1.2	0.6	0.6	29
泥 岩	0.5	2.4	0.6	0.5	0.35	25
细砂岩	0.8	2.5	0.9	0.75	0.6	29
灰 岩	0.5	2.4	0.85	0.6	0.5	27
粉细砂岩	0.8	2.5	1.0	0.8	0.6	27

模型尺寸100m×60m，左、右边界处采用水平位移为零的单边约束条件，底部边界采用水平位移、竖直位移均为零的全约束条件，上部边界为应力边界，按上覆岩层厚度施加均布载荷，模型岩层间关系采用库仑-摩尔模型。

3.2 数值模拟分析

3.2.1 围岩应力特征

按设计的支护方案支护后，围岩的水平应力、垂直应力和剪切应力如图3~图5所示。

分析得出：巷道水平应力沿两侧呈不规则半圆状，向围岩深处对称扩散分布，水平应力值逐渐增加并恢复至原岩应力状态，巷道底部围岩水平应力也呈现逐渐递增向外扩展的分布特点。巷道整体承受较大的垂直应力影响，巷道左右侧垂直应力非对称分布，左帮外5m附近出现较大垂直应力集中，支护结构承受较大的应力作用，右帮垂直应力较小，且分布不均匀，在巷道的两肩和两底角一定距离处均出现剪应力集中区，且剪应力在左肩深部围岩应力达到 7.5 MPa，右侧底角区域由于围岩变形破坏严重，形成了剪切破坏后的低应力区，这是由于断层和渗流水影响，巷道右侧底角处成为支护最薄弱处，巷道由底角破坏引发整体失稳。

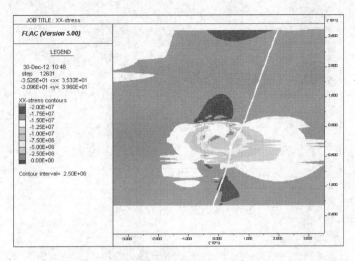

图 3　巷道围岩水平应力分布图

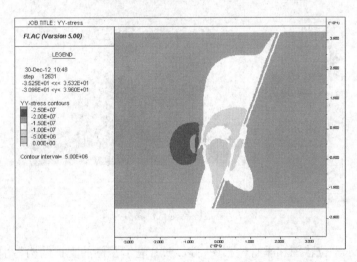

图 4　巷道围岩垂直应力分布图

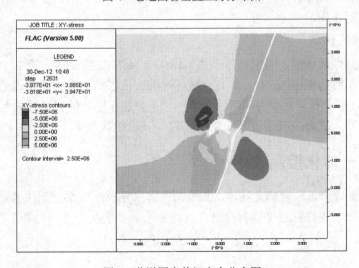

图 5　巷道围岩剪切应力分布图

3.2.2　围岩变形特征

围岩的变形特征可以综合体现出巷道二次应力调整作用，可以直观反映围岩的稳定性，围岩的水平位移、垂直位移，如图 6、图 7 所示。

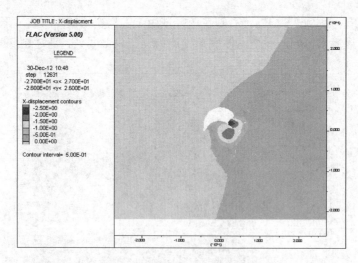

图 6　巷道围岩水平位移分布图

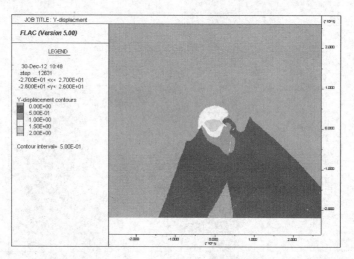

图 7　巷道围岩垂直位移分布图

通过分析巷道围岩水平位移图和垂直位移图可以得知，巷道左侧的支护结构与围岩形成的承载圈较为稳定，支护体有效增强了围岩的承载力，巷道右侧由于围岩性质差，支护结构不能很好地改善围岩状况，使得支护体失去对围岩的控制作用。

3.2.3　围岩的塑性区特征

巷道周围呈现巨大塑性破坏区，巷道顶板塑性范围为 2.5m，左帮和右帮塑性区分别为 4.9m 和 7.6m，同时巷道右侧底角处出现剪切破坏区，拉、剪复合破坏区的大范围扩展造成了巷道的破坏，巷道底板塑性破坏达到最大值为 11.9m，由于巷道受应力和渗流水影响相互叠加作用，使塑性区大范围扩展，巷道右侧和底板区域更是具有破坏性质，进而造成巷道支护结构失效，引起巷道失稳。

4　巷道强韧封层一体化控制技术

通过分析，在断层破碎带近灰岩施工巷道，常规的围岩修复控制技术已无法满足巷道稳定。在此，提出在排出高承压水的基础上，提高巷道围岩自身强度，建立一套多层次、多结构和多功能的综合支护体系。

4.1　导解承压水

（1）在出水范围集中且较大的关键出水处，开挖导水洞导水。

为尽可能将巷道工作面区段承压水集中排出，同时降低工作面顶板淋水面积，可以在出水范围集中且较大的关键出水处，开挖导水洞导水。可以尽快疏干巷道周围高承压水，有效地释放承压水的压力，保证巷道支护在尽量少的承压水和淋水的情况下，安全有序地进行施工，使支护得以正常进行。

（2）在分散出水处打导水孔。

配合出水集中处导水洞，利用 2~3m 不同长度 50.4mm(2in)钢管在分散出水处进行导水，将巷道区域承压水有效疏干，防止水对巷道围岩的侵蚀作用。同时最大程度释放承压水的压力，保证巷道支护在不具有承压水的情况下，去带压施工，使支护得以有序进行。

采取出水集中处重点导水洞导水和出水分散处多点管路导水泄压相结合，可以卓有成效地遏制高承压水断层带软弱岩层内的破坏应力，既可以保证巷道围岩不受裂隙水的侵蚀，同时又保证高承压水不会积聚能量形成破坏支护结构的势能，从而有效维持巷道稳定。

4.2 封闭泥化岩体技术

巷道围岩受高承压灰岩水的侵蚀作用，松散破碎的岩体泥化，出现流变现象，如图 8 所示。巷道围岩强度迅速降低，几乎无承载能力。从钻探的情况来看，此类巷道壁后 20m 内已完全泥化，围岩完全呈稀泥状，相当松散破碎，使得注浆或打锚索等措施无法实施。

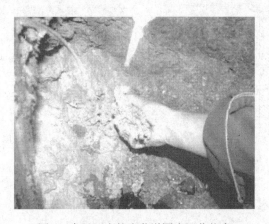

图 8　高承压水软岩巷道围岩泥化状态

为修复此巷道决定采取大断面封闭，小断面置换，先克小弱，逐步克大弱，同时去泥畅水，换泥为混凝土墙体，具体方案如图 9 所示。

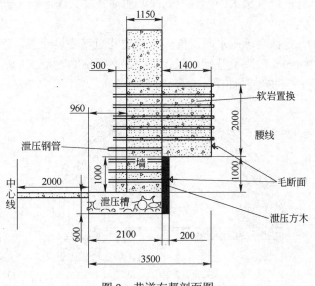

图 9　巷道右帮剖面图

4.3 分布式注浆技术

注浆加固是一个改善围岩完整性、提高围岩强度十分有效的方法。传统注浆方式为全断面一次性注浆，但在承压水软岩巷道无法适用，一是无法针对性注浆，容易阻断高承压水疏流通道，降低导水孔导水效率，致使高承压裂隙水侵入巷道围岩，泥化软岩，降低巷道承载能力，最终导致巷道失稳；二是带来不必要的凿眼困难和浪费，造成施工循环期增加，延误工程进度。

分布式注浆技术在封泥化岩体的基础上，以小断面、小块体掘进，每个小块体及时注浆加固，形成小断面板块到大断面板块的叠加成巷，从而增加软岩巷道整体支护支撑力的注浆方式。

4.3.1 分布式注浆方式

分布式注浆采用不同角度预注浆的方式在掘进小断面、小块体的同时，将每个小块体及时注浆加固，形成小断面板块到大断面板块的叠加成巷效果。如图10所示，其要求如下：

（1）预注浆采用"内自闭"；注浆锚杆长度1800mm；眼孔深度1800~2400mm。

（2）预注浆锚杆角度采用5°~10°和45°~50°两种，以确保超前预固的效果。

（3）预注浆锚杆间排距：下帮（无水帮）为500mm×500mm；上帮（有水帮）300mm×300mm两种角度注浆锚杆间隔布置；对于特殊出水地段；要有针对性增加布置特殊预注孔和相应的卸水孔。

（4）注浆水泥应采用高标号水泥525号。

4.3.2 分布式注浆时段安排

（1）生根部施工完毕后，立刻进行生根部的注浆和超前注浆；每个循环完成后必须进行超前注浆，以保证在固结围岩条件下继续安全施工。

（2）施工四锚五喷工序循环5m，同时开挖泄压槽；进行一次注浆。

（3）整个交叉点修复施工完毕进行二次注浆。

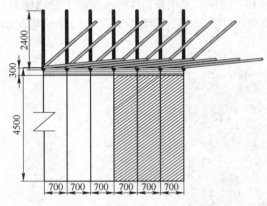

图10 超前注浆锚杆加固布置图

4.4 大底板块结构支护技术

采取四层钢丝绳为径骨和多喷浆层、高度密贴岩面的强韧封层支护结构，并在此基础上配合特大不封闭浇筑的巷道大板块底板结构。

（1）大底板块支护结构的巷道，采用四混凝土喷层中置入四层次钢丝绳和四层次锚杆组成强韧封层和构建均质同性的支护圈体，具有高强和极大的韧性，既保证初期强度又保证施工安全，同时为保证后期不断注浆补强提供基础。

（2）大底板块支护结构，是针对承压水断层破碎带软岩巷道精心设计的，巷道底板采用：巷道两帮底各浇筑2400mm×1600mm×12000mm混凝土基础以阻止强大的水平应力对支护的破坏。不封闭使非对称应力和承压水的压力具有释放空间。支护结构如图11所示。

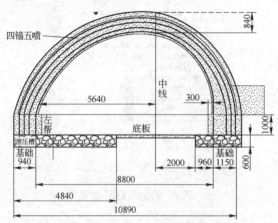

图11 高承压水软岩巷道高大底板块支护结构图

5 结论

（1）影响断层破碎带近灰岩巷道修复的关键因素主要包括：围岩性质、渗流水、采动影响、水平应力、构造应力及支护强度；巷道围岩发生泥化流变，甚至泥浆突喷现象是由于采动等应力扰动，断层破碎区内裂隙带导通灰岩水而使围岩逐步泥化流变，围岩强度弱化到一定程度后承压水便会在"薄弱处"率先喷出。

（2）巷道围岩控制效果：强韧封层一体化控制技术是一个多层次、多结构和多功能的综合支护体系，以主动支护理念为指导，以四层钢丝绳为径骨和多喷浆层、高度密贴岩面的强韧封层结构为止浆垫和支护抗体，在稳压状态下向岩体内注进高强度水泥浆液，将松散软弱的岩煤体胶结成整体，并在巷道围岩体内预留带压浆液，以不断调整压力的注浆手段在岩体内留置预应力，缓释叠加应力和不断提高巷道围岩自身整体强度和稳定性。

巷道支护后，对巷道两帮移近量、顶板下沉量、顶底板移近量进行观测，结果表明，巷道围岩变形很小，无明显破坏，局部巷道底鼓量最大 300mm，较长时间内保证了巷道围岩稳定性。

参 考 文 献

[1] 彭苏萍, 王金安. 承压水体上安全采煤[M]. 北京: 煤炭工业出版社, 2001.
[2] 施龙青, 韩进. 底板突水机制及预测预报[M]. 徐州: 中国矿业大学出版社, 2004.
[3] 黎良杰, 钱鸣高, 李树刚. 断层突水机理分析[J]. 煤炭学报, 1996, 21(2): 119~123.
[4] 王经明. 承压水沿煤层底板递进导升突水机理的物理法研究[J]. 煤田地质与勘探, 1999, 27(6): 40~44.
[5] 李桂臣, 张农, 许兴亮, 等. 水致动压巷道失稳过程与安全评判方法研究[J]. 采矿与安全工程学报, 2010, 27(3): 410~415.
[6] 方新秋, 何杰, 何加省. 深部高应力软岩动压巷道加固技术研究[J]. 岩土力学, 2009, 30(6): 1693~1697.

上巷充填开采巷道稳定性研究

杜学领

(中国矿业大学(北京)资源与安全工程学院,北京 100083)

摘 要 为确定上部专用充填巷道的合理位置,采用数值模拟方法对不同位置的上巷稳定性进行了研究。简单介绍了上巷布置的典型方式,并结合山西某矿具体开采条件,采用FLAC3D软件模拟了一条上巷位于工作面中部、四分之一处及端部的情况,选取巷道顶板应力场、位移场、能量场作为评价变量进行研究。结果表明,不同上巷位置对下部巷道稳定性影响较小,但上巷布置越靠近下部巷道位置时,上巷稳定性越好;采用充填开采后,上巷及下部区域巷道稳定性显著提高,充填开采对于提高煤矿安全水平、减少矿井动力灾害具有重要意义;但即使采用充填开采,工作面及端头后方依然存在高能量积聚及较大变形,在回采时要加强管理。

关键词 充填开采 上巷 专用巷 数值模拟 巷道稳定 顶板特性

Research on Stability of the Upper Roadway under Stowing after Mining

Du Xueling

(College of Resources & Safety Engineering, China University of Mining & Technology (Beijing), Beijing 100083, China)

Abstract In order to define the rational position for the upper roadway, numerical modelling was used to research the variation of stability of roadways with different positions of upper roadways. A brief introduction about the classical layout of the upper roadway was provided. Based on the geological conditions of a coal mine in Shanxi province, FLAC 3D was used to model the conditions that the upper roadway at the middle, quarter and end of the lower working face, and fields of stress, displacement and elastic energy were chose as index variables. Results show that different positions of the upper roadways had little influence on the lower roadways, but the closer the upper roadway to the lower roadway, the more stable of the upper roadway. Stowing after mining could significantly improve the stability of the roadways both upper and lower ones, and it is important for realizing safety production in coal mines and reducing dynamic disasters. While even stowing was adopted, there still were high energy storage and large displacement at the rear of the working face and its ends, so attention should be paid to those place when mining.

Keywords stowing after mining, upper roadway, exclusive roadway, numerical modeling, stability of roadway, roof behaviour

充填开采作为一种绿色、环境友好型开采方法在我国部分煤矿已得到成功应用[1]。当前煤矿充填开采技术多使用工作面两巷进行物料运输,对生产效率产生一定影响[2]。将巷道布置于不同层位可实现立体化开采,但增加巷道的开设会增加生产成本,因此,一般增加巷道用于抽排瓦斯、改善通风等[3,4]。将位于正在开采工作面上方的巷道定义为上巷,本文所述的上巷为在煤层上方稳定覆岩中开掘的一条平行于工作面两巷的巷道。目前,这类巷道主要用于瓦斯抽排,通过开设岩石截流钻孔、高巷钻孔、高位钻场钻孔等不同形式的钻孔对煤岩体及采空区中的瓦斯进行抽排[5~8]。当前对于上巷充填的研究主要集中于上巷所能实现的功能及材料等方面,对于巷道稳定性方面研究较少[9,10]。由于上巷多位于岩层中,不同上巷位置生产成本及安全性各不相同,有必要对上巷充填开采条件下的巷道稳定性进行研究。本文结合新阳煤矿地质条件,对不同位置的上巷稳定性进行研究,研究结果有助于确定上巷的合理位置。

1 计算模型与模拟方案

山西新阳煤矿设计试验工作面长度为100m,工作面两巷的断面相同,为矩形断面,断面宽4m,高2.2m。

煤层为近水平煤层，煤层厚度平均为 2.2m，埋深约为 300m，模拟上巷宽 4m，高 3m。建立三维计算模型如图 1 所示。模型模拟的开采范围走向长 300m、倾向长 128 m，两巷及切眼外各留 10m 煤柱。三维模型共划分 96000 个单元，共 103323 个节点。模型 z 方向上部为自由面，施加竖向荷载模拟上覆岩层的自重荷载，模型 z 方向底面限制垂直移动，模型 x、y 方向限制水平移动。模拟开采深度 300m，未模拟出的岩层体积力取 25kN/m³，在模型上边界施加 7.5MPa 垂直应力。

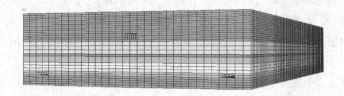

图 1　三维计算模型及网格
Fig.1　3D model and grids

通过改变采空区的参数模拟充填体，模型均采用库仑剪切模型，充填体的主要参数为密度 1370kg/m³，弹性模量 3.4MPa，泊松比 0.3，内摩擦角 20°，内聚力 3.8MPa，抗拉强度 0.9MPa，体积模量 2.83GPa，切变模量 1.31GPa[11]。计算中采用 Mohr-Coulomb 准则作为煤岩体材料的屈服判据；根据现场地质调查和相关岩石力学试验结果，并考虑矿山岩体的尺寸效应，数值计算中采用的各岩层的计算参数如表 1 所示[12]。

表 1　模型中岩层属性参数
Table 1　Parameters for the numerical model

岩 性	高度/m	容重/kg·m⁻³	体积模量/MPa	剪切模量/MPa	抗拉强度/MPa	内摩擦角/(°)	黏结力/MPa
细砂岩	15	2560	2500	1000	4.11	30	20
泥 岩	6.6	2360	1580	1200	1.9	30	10
1 号煤	1.2	1350	1670	300	3.1	30	6
泥 岩	3.3	2400	1580	1200	1.9	30	10
细砂岩	3	2560	2500	1000	4.11	30	20
泥 岩	1.6	2400	1580	1200	1.9	30	10
2 号煤	2.2	1350	1670	300	3.1	30	6
泥 岩	5.5	2410	1580	1200	1.9	30	10

巷道开挖前求解原岩应力状态，并利用求解的结果计算开挖巷道后围岩的应力平衡。进一步模拟开采过程，设定非充填条件下分别开挖 9m、18m、27m、36m、45m，充填开采条件下第一次开挖 9m，充 6m，此后采充距离为 6m，保证充填开采条件下开采时最大控顶距 9m，充填后控顶距为 3m，充填开采时最终模拟推进至 51m 处，最后一步充填 3m，以保证充填范围为 45m，与未充填条件下推进距离相同。以平行于工作面左侧为起点，将上巷中心线分别布置在平行于下部工作面的上部岩层中的 14m、36m、50m 处，分别模拟上巷位置相对于下部巷道一侧、工作面 1/4 处、工作面中心时的开采条件，并在下文图中副标题分别记号 14、36、50，以作区分。

选取上巷顶板及下巷顶板空间内的应力场、位移场、能量场为评价指标，对上巷布置条件下未充填与充填开采时巷道的稳定性进行研究。

2　未充填条件下不同上巷位置对巷道稳定性的影响

2.1　巷道顶板应力演化特征

图 2 为未充填条件下开采至 45m 时上、下巷顶板应力场特征图，上巷位于 50 位置时，巷道顶板垂直应力增大，巷道中部应力增加较小，并向巷道两端逐渐增加达到峰值，其中，右侧巷道垂直应力峰值高于左侧。以巷道中心线为中心，应力增加范围约为巷道宽度的 6 倍，即约为 24m，超过此范围外，应力增加量在倾向

方向总体上变化较缓。在平行于工作面位置，以工作面前方 5m 为中心应力逐渐升高，应力升高区范围大于其他区域，约为整个工作面长度，巷道两侧应力升高区形状为坑状。相对应的，平行于工作面后方区域应力增高值较小，以距离平行于工作面垂直距离 25m 处出现最小值。顶板区域应力最大值为 18.291MPa，平均为 8.32MPa。上巷位于 36 位置时，平行于工作面前方出现较为明显的应力集中，应力集中的中心位于平行于工作面前方的 5m 处，该坑状应力集中范围约为 20m，最大应力值为 14.454MPa，平均为 8.13MPa。在巷道顶板区域沿巷道方向应力影响范围约为 3 倍巷道宽度，并且表现出由巷道中心向两端逐渐减小的趋势。与上巷位于 50 位置时相似，平行于工作面后方 25m 处出现应力集中最小值。上巷位于 14 位置时应力场特征与其位于 36 位置时较为相似，顶板区域应力最大值为 13.782MPa，平均为 8.14MPa。不同的是虽然上巷位置临近左侧下巷，但上巷顶板范围上的应力集中偏向于右侧。

如图 2 所示，上巷位于 50 位置时，下部工作面两巷顶板应力分布基本一致，巷道顶板范围内应力集中约为 2 倍巷道宽度，单条巷道顶板内右侧应力较左侧大，整个顶板范围内最大应力值出现在两端头后方，为 38.115MPa，全顶板范围内应力值平均为 9.79MPa。工作面范围顶板应力主要在工作面位置形成应力集中，影响范围小于上巷顶板应力集中范围，约为 12m。工作面后方应力增加值较小，但开切眼及端头后方顶板位置幅值增加较大，并大于工作面位置应力值，巷道支护时应加强端头支护。上巷位于 36、14 位置时，顶板应力场分布规律与上巷位于 50 位置时基本相似，最大应力分别为 38.565MPa、38.568MPa，应力平均值分别为 9.79MPa、9.8MPa，巷道支护时应加强右侧巷道的支护。

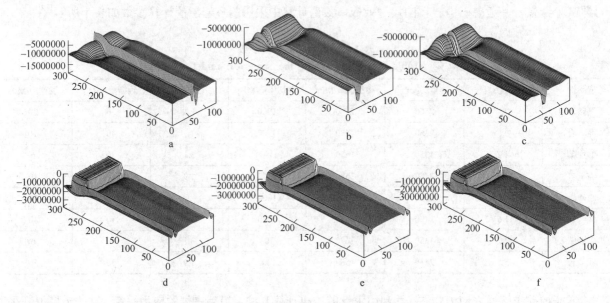

图 2 未充填条件下巷道顶板应力场特征图

a—上巷 50 应力图；b—上巷 36 应力图；c—上巷 14 应力图；d—下巷 50 应力图；e—下巷 36 应力图；f—下巷 14 应力图

Fig.2 Stress fields of roof without stowing

2.2 顶板位移特征

图 3 所示为未充填条件下工作面推进 45m 后上、下巷顶板位移场特征图，可知虽然上巷布置在顶板不同位置，但其顶板的位移场变化基本相似。上巷位于 50 位置时，位移最大值出现在巷道后方相应于工作面后方 25m 处，以此为中心线向两侧逐渐减小，位移最大值为 0.29852m，平均值为 0.102m。上巷位于 36、14 位置时，顶板最大位移分别为 0.27471m、0.27377m，平均值均为 0.0999m，但在相对于工作面前方的上巷顶板，在这两个位置时巷道顶板位移量变化相对上巷位于 50 位置时要平缓且小，在三个位置巷道周围位移明显变化范围约为 3 倍巷道宽度，即 12 m。

如图 3 所示，可知不同上巷位置对下部工作面顶板位移分布影响不大，位移量较大的范围均出现在工作面后方 25m 处。上巷位于 50、36、14 位置时，工作面顶板位移量最大值分别为 0.26856m、0.26679m、0.26579m，平均值分别为 0.0509m、0.0508m、0.0508m。可见上巷位置越靠近工作面中心，对底部工作面及巷道顶板下沉量影响越大。

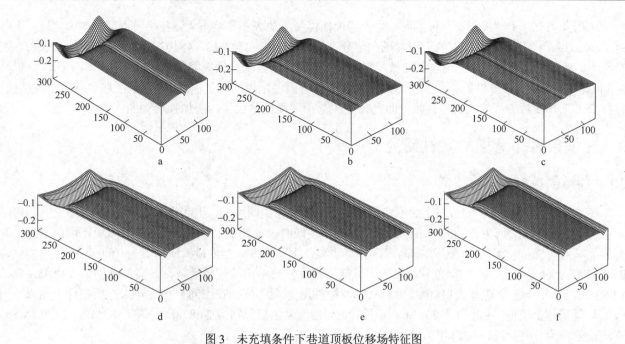

图 3 未充填条件下巷道顶板位移场特征图
a—上巷 50 位移图； b—上巷 36 位移图； c—上巷 14 位移图； d—下巷 50 位移图； e—下巷 36 位移图； f—下巷 14 位移图
Fig.3　Displacement fields of roof without stowing

2.3　顶板能量场特征

图 4 所示为未充填条件下工作面推进 45m 后上、下巷顶板能量场特征图，上巷位于 50 位置时，上巷顶板位于相应于下部工作面的位置和其后方相应切眼位置出现最大能量积聚，呈驼峰状，两峰间巷道两侧存在一能量积聚低谷，位置约为平行工作面后方 25m 处。上巷顶板最大能量积聚值位于工作面上部位置，为 62149J，平均值为 11500J，上巷上方能量积聚宽度约为 5 倍巷道宽度，即 20m，相对于工作面前方的巷道顶板应力积聚值为 38000J 左右，上巷中心线处能量积聚值较低，以此为中心向左右各一个巷道宽度，出现能量积聚峰值点，其中右侧峰值高于左侧峰值。上巷位于 36、14 位置时，上巷顶板能量场分布规律基本相同，其峰值点分别为 41040J、31755J，平均值均为 10300J，二者相对于工作面前方的巷道顶板能量积聚值为平均 20000J 左右，且仅存在一个峰值点。可见，上巷越靠近下部巷道，能量积聚峰值点有降低的趋势，但整个顶板平面内的平均值变化较小，能量积聚有向右侧顶板转移的趋势。说明上巷布置在靠近底部巷道位置时，能量积聚峰值点降低，全顶板能量积聚较为平均，有利于顶板巷道的维护。

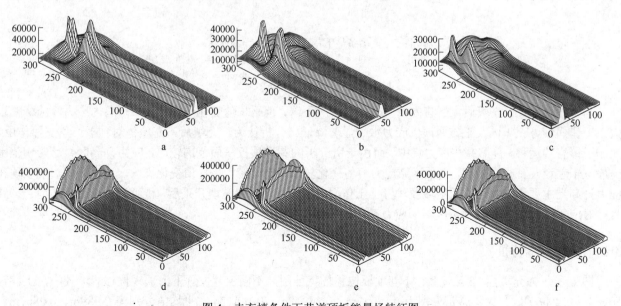

图 4 未充填条件下巷道顶板能量场特征图
a—上巷 50 能量图； b—上巷 36 能量图； c—上巷 14 能量图； d—下巷 50 能量图； e—下巷 36 能量图； f—下巷 14 能量图
Fig.4　Energy fields of roof without stowing

由图4可知，上巷位于不同位置时，对下巷顶板能量场的分布影响不大，各峰值点整体较为接近。上巷位于50、36、14位置时，顶板能量积聚最大值分别为443690J、454060J、454020J，平均值均为37000J。在空间上，工作面及切眼上方出现较大能量积聚，二者之间采空区上方顶板能量积聚值存在一矩形凹坑状积聚区，但即使在该区域，弹性能积聚值依然高于工作面前方两巷顶板的能量积聚。在已采区域原巷道位置顶板，存在低于工作面后方峰值点的小高峰，即已采端头易出现高能量积聚，应加强端头的支护。

3 充填条件下巷道稳定性研究

3.1 巷道顶板应力演化特征

图5为工作面充填至45m时上、下巷顶板应力分布图，由图可知，上巷位于50位置时，沿上巷轴向出现应力两条峰值线，应力较高的一条偏向右侧，应力较低的一条处于上巷中心线，上巷顶板范围内应力显著影响区域约为23m，其他区域应力增高情况并不明显，上巷顶板范围内最大应力值为16.03MPa，平均值为8.32MPa。当上巷位于36、14位置时，应力升高同样主要影响上巷顶板区域，最高值分别为12.643MPa、12.686MPa，平均值分别为8.13MPa、8.14MPa。根据图5可知应力在空间分布上和未充填条件下相似，但应力数值整体上更低。上巷位于50、36、14位置时，应力最大值分别为24.878MPa、24.883MPa、24.861MPa，平均值分别为9.19MPa、9.28MPa、9.28MPa。

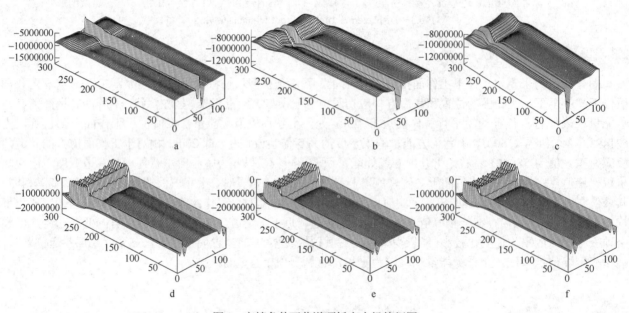

图5 充填条件下巷道顶板应力场特征图
a—上巷50应力图；b—上巷36应力图；c—上巷14应力图；d—下巷50应力图；e—下巷36应力图；f—下巷14应力图
Fig.5 Stress fields of roof after stowing

与未充填相比，充填后上下巷内峰值应力均有所下降，但平均值变化不大，其中下巷内应力峰值降幅较大，工作面后方充填区及工作面顶板应力水平显著降低。分析认为，充填后，充填体对顶板产生支撑作用，限制了覆岩的运移，能够减少应力集中。而由于所分析的巷道顶板平面范围较广，应力升高区显著影响范围一般位于巷道及工作面上部，其他区域应力数值变化较小，因此应力平均值变化不大。说明采动影响表现在应力升高上主要影响巷道顶板区域及对应于工作面顶板位置。采用充填开采后，能够降低应力集中程度，并且在对应于工作面位置的顶板区域，应力升高表现得更平缓。

3.2 顶板位移特征

图6所示为充填至45m时上、下巷顶板位移场特征图，不同上巷位置下为顶板位移影响较小，上巷在50、36、14位置时最大位移量分别为0.17352m、0.14948m、0.14512m，平均值分别为0.089m、0.0867m、0.0867m。最大位移量均出现在相对于工作面后方，且上巷距离下巷越远，最大位移量位置距离工作面越远，约为20~25m。上巷位于50位置时，巷道内位移量大于其他两种情况，且其他两种情况下上巷顶板位移变

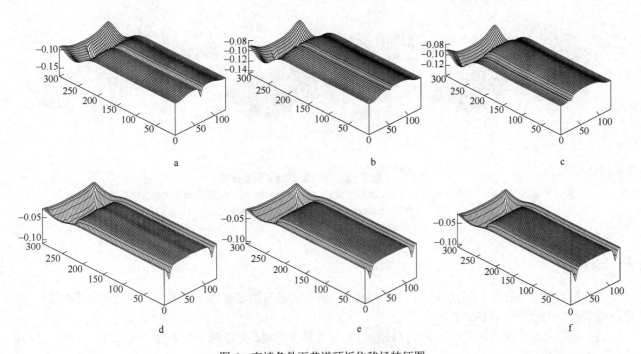

图 6 充填条件下巷道顶板位移场特征图
a—上巷 50 位移图；b—上巷 36 位移图；c—上巷 14 位移图；d—下巷 50 位移图；e—下巷 36 位移图；f—下巷 14 位移图
Fig.6 Displacement fields of roof after stowing

化较为平缓。

根据图 6 可知，不同上巷位置对下部工作面及巷道顶板位移分布特征影响较小，但巷道及工作面顶板巷道的位移量明显下降。在上巷位于 50、36、14 位置时，最大位移量分别为 0.10841m、0.10812m、0.10799m，平均值分别为 0.0384m、0.0377m、0.0377m。

充填开采后，上巷及下巷、工作面顶板位移量均显著下降，上、下巷顶板最大位移量约为未充填时的 58%、40%，平均值约为未充填时的 63%、75%，说明充填开采能显著减少工作面及两巷顶板下沉量，且上巷距离下巷越近时，下部工作面及两巷的位移量越小。证明上巷位置布置在距离下巷较近时，有利于缓解顶板下沉情况。

3.3 顶板能量场特征

图 7 为充填至 45 m 时上、下巷顶板的能量场特征图，可知充填条件下顶板能量积聚的分布和非充填条件下基本一致。但在充填条件下，能量幅值有所降低。充填条件下，上巷位于 50、36、14 位置时上巷顶板能量积聚的最大值分别为 37364J、23430J、23322J，平均值分别为 10200J、9088.38J、9110.51J；下巷顶板能量积聚的最大值分别为 193670J、193810J、193500J，平均值分别为 24500J、25050J、25068.97J。

采用充填开采后，上下巷顶板空间弹性能积聚情况均有所缓解，特别是下巷及工作面位置顶板，弹性能积聚得到较大缓解，有利于顶板的维护，并可在一定程度上节约支护成本，避免弹性能大量积聚引发冲击地压、顶板大面积来压等煤矿动力灾害。同时注意到，不管充填与否，上巷距离下部巷道越远，上巷顶板最大弹性能积聚越大，而上巷位置对下部工作面及巷道顶板的影响不大[13,14]。

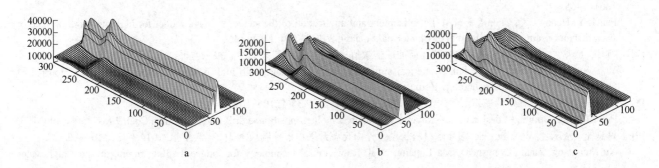

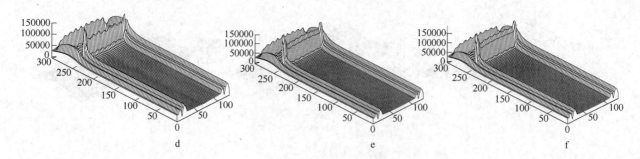

图 7　充填条件下巷道顶板能量场特征图
a—上巷 50 能量图；b—上巷 36 能量图；c—上巷 14 能量图；d—下巷 50 能量图；e—下巷 36 能量图；f—下巷 14 能量图
Fig.7　Energy fields of roof after stowing

4　结论

（1）不同上巷位置对下部巷道稳定性影响较小，但对其自身稳定性有一定影响，将上巷布置在靠近下部巷道位置时，有利于上巷的维护。

（2）采用充填开采后，上巷及下部区域巷道稳定性显著提高，充填开采对于提高煤矿安全水平、减少矿井动力灾害具有重要意义。

（3）即使采用充填开采，工作面及端头后方依然存在高能量积聚及较大变形，在回采时要加强管理。

致谢

本文得到国家重点基础研究发展规划（973）项目（2010CB226801）、"十一五"国家科技支撑计划（2009BAB48B02）的资助，中国矿业大学（北京）姜耀东教授、杨宝贵副教授、王涛博士后、李海涛博士等对本文的成文提供了无私帮助，在此表示衷心感谢。

参 考 文 献

[1] 杨宝贵，王俊涛，李永亮，等. 煤矿井下高浓度胶结充填开采技术[J]. 煤炭科学技术，2013,41(8):22~26.
Yang Baogui, Wang Juntao, Li Yongliang, et al. Backfill coal mining technology with high concentrated cementing material in underground mine[J]. Coal Science and Technology, 2013,41(8): 22~26.

[2] 武青林，杨宝贵，赵立华，等. 提高充填开采的生产能力研究[J]. 中国煤炭，2011,37(1):53~55.
Qinglin W, Baogui Y, Lihua Z, et al. A study on improving stowing-mining production capacity[J]. China Coal, 2011, 37(1): 53~55.

[3] 杜学领，杨宝贵，党鹏，等. 煤矿专用充填巷放顶煤充填开采可行性分析[J]. 煤矿安全，2014,45(2):175~177.
Du Xueling, Yang Baogui, Dang Peng, et al. Feasibility analysis of using special filling roadway to carry on top coal caving backfill mining[J]. Safety in Coal Mines, 2014, 45(2): 175~177.

[4] 杜学领，杨宝贵. 厚煤层高瓦斯矿井高效充填井下钻孔布置[J]. 煤矿开采，2013, 18(6):74~77.
Du Xueling, Yang Baogui. Layout of the drillings in the special roadway in the thick coal seam with massive gas [J]. Coal Mining Technology, 2013, 18(6): 74~77.

[5] 赵术江，何明川，臧燕杰. 岩石截流钻孔抽放瓦斯技术的应用[J]. 矿业安全与环保，2013,40(2):66~68.
Zhao Shujiang, He Mingchuan, Zang Yanjie. Application of gas drainage technology by rock intercepting boreholes [J]. Mining Safety & Environmental Protection, 2013, 40(2):66~68.

[6] 潘立友，黄寿卿，陈理强，等. 近距离煤层群高瓦斯工作面瓦斯立体抽放模型的建立和应用[J]. 煤炭学报，2012, 37(9): 1461~1465.
Pan L Y, Huang S Q, Chen L J, et al. Establishment and application of the stereo drainage model for high gas working face of short distance seam group[J]. Journal of China Coal Society, 2012, 37(9): 1461~1465.

[7] 姚伟，金龙哲，张君. 采空区高位钻孔瓦斯抽放的数值模拟[J]. 北京科技大学学报，2010(12):1521~1525.
Yao Wei, Jin Longzhe, Zhang Jun. Numerical simulation of gas drainage with high position boreholes in goaf[J]. Journal of University of Science and Technology Beijing, 2010 (12):1521~1525.

[8] 潘海良. 高位钻孔瓦斯抽放参数的优化设计[J]. 中国煤炭，2009,35(4):106~107.
Pan Hailiang. Optimized design of gas extraction parameters by high-positioned drill-holes[J]. China Coal, 2009, 35(4): 106~107.

[9] 许猛堂，张东升，马立强，等. 超高水材料长壁工作面充填开采顶板控制技术[J]. 煤炭学报，2014,39(3):410~416.
Xu Mengtang, Zhang Dongsheng, Ma Liqiang, et al. Roof control technology for longwall filling mining of superhigh-water

material[J]. Journal of China Coal Society,2014,39(3):410~416.

[10] 董慧珍, 冯国瑞, 郭育霞, 等. 新阳矿充填料浆管道输送特性的试验研究[J]. 采矿与安全工程学报, 2013,30(6):880~885.
Dong Huizhen, Feng Guorui, Guo Yuxia, et al. Pipe transportation characteristics of filling slurry in Xinyang mine[J]. Journal of Mining & Safety Engineering, 2013,30(6):880~885.

[11] 苏嘉琦, 黄厚旭. 充填开采采场应力变化的数值模拟分析[J]. 中国地质灾害与防治学报, 2014,25(1):57~62.
Su Jiaqi, Huang Houxu. The numerical simulation analysis of backfilling mining stope stress changes[J]. The Chinese Journal of Geological Hazard and Control, 2014,25(1):57~62.

[12] 姜耀东, 王涛, 赵毅鑫, 等. 采动影响下断层活化规律的数值模拟研究[J]. 中国矿业大学学报, 2013,42(1):1~5.
Jiang Yaodong, Wang Tao, Zhao Yixin, et al. Numerical simulations of fault activation patterns induced by coal extraction[J]. Journal of China University of Mining & Technology, 2013,42(1):1~5.

[13] 王宏伟, 姜耀东, 赵毅鑫, 等. 长壁孤岛工作面冲击失稳能量释放激增机制研究[J]. 岩石力学与工程学报, 2013, 32(11):2250~2257.
Wang Hongwei, Jiang Yaodong, Zhao Yixin, et al. Investigation on mechanism of energy explosion during extraction of island longwall panel[J], Chinese Journal of Rock Mechanics and Engineering, 2013, 32(11): 2250~2257.

[14] 王宏伟, 姜耀东, 高仁杰, 等. 长壁孤岛工作面冲击失稳能量场演化规律[J]. 岩土力学, 2013,34(S1):479~485.
Wang H W, Jiang Y D, Gao R J, et al. Evolution of energy field instability of island longwall panel during coal bump[J]. Rock and Soil Mechanics, 2013,34(S1):479~485.

深部软岩巷道长锚杆支护技术

李 飞 刘克安

(中国矿业大学(北京)资源与安全工程学院,北京 100083)

摘 要 为了解决深部软岩巷道的支护问题,在赵固二矿西盘区底板措施巷进行了巷道围岩取芯试验和岩层移动规律研究,结果表明赵固二矿西盘区底板措施巷围岩较为破碎,岩性以泥岩、砂质泥岩为主,顶板变形主要发生在顶板深 3m 范围内,3m 以上范围岩层稳定。常规锚杆无法锚固到稳定层位内,长锚杆锚固深度大,延伸率大,具有良好的力学性能,据此提出了长锚杆支护技术。该方案在赵固二矿西盘区底板措施巷试验段进行了工业性试验,试验效果表明,巷道顶板下沉量减少 25%,两帮移近量减少了 33%,长锚杆工作阻力稳定在 146~159kN,长锚杆支护能有效控制巷道围岩变形并持续提供工作阻力,支护效果良好。

关键词 深部软岩巷道 底板措施巷 赵固二矿 长锚杆

Support Technology of Long Bolt in Deep Soft Rock Roadway

Li Fei Liu Kean

(School of Resources and Safety engineering, China University of Mining and Technology (Beijing), Beijing 100083, China)

Abstract In order to solve the support problem in deep soft rock roadway, coring experiment of the surrounding rock and research on the movement rule of rock has been conducted in floor measure roadway of Zhaogu No.2 Mine. The result indicates that: surrounding rocks are fractured and surrounding rocks are mudstones, sandy mudstones in the main. The roof deformation occurs mainly within the range of 3m, and rocks above 3m are stable. General bolts cannot anchor to stable rock. Long bolt's anchoring depth and the elongation is great, so support technology of long bolt is presented accordingly. Experiments conducted in floor measure roadway of Zhaogu No.2 Mine indicates that, the roof subsidence reduces 25%, and side-to-side displacement reduces 33%, and the working resistance stays range of 146~159kN. So support technology of long bolt can able to control surrounding rocks' displacement and provide working resistance continuously. The support effect is good.

Keywords deep soft rock roadway, floor measure roadway, Zhaogu No.2 Mine, long bolt

随着我国煤矿开采深度的逐渐增加,深部软岩巷道逐渐涌现。此类巷道往往围岩软弱、应力大、条件复杂[1~5]。目前,国内学者关于软岩巷道的支护的研究,主要有:李刚等利用 FLAC^{3D} 软件,分析了软岩巷道的变形失稳特征,提出了锚杆锚索联合支护控制巷道变形的技术方案[6];陈宾等分析现场实测数据,认为软岩巷道支护应"柔性"与"刚性"互补,提出了二次锚网协同支护技术[7];杜志军等通过对软岩巷道形成条件的讨论,提出了预留刚隙柔层的支护方式[8]。

然而,关于深部软岩巷道长锚杆支护技术的应用研究很少,研究深部软岩巷道长锚杆支护技术有着重要的理论与现实意义。本文针对试验巷道围岩取芯试验和岩层移动规律,提出了长锚杆支护技术。最后,结合赵固二矿西盘区底板措施巷这一典型深部软岩巷道地质条件,进行了工业性试验,监测结果显示,长锚杆能有效控制软岩巷道的围岩变形并持续提供工作阻力,起到了很好的支护效果。

1 工程概况

赵固二矿是焦煤集团所属矿井,设计年产 180 万吨,主采煤层为二$_1$煤。

通信作者:李飞(1991—),男,河南濮阳人,在读硕士研究生。主要从事巷道支护技术和矿山压力及岩层控制的研究。电话:13126820779;E-mail: lifei7236756@163.com

西盘区底板措施巷掘进地层位于二叠系下统山西组下部砂质泥岩、泥岩层段，该区域砂质泥岩、泥岩平均倾向 SW300°，沿掘进方向岩层倾角平均为-5°，局部会发生小幅变化，岩层赋存稳定。顶板为泥岩及砂质泥岩，平均厚度 14.28m，主要为中、细粒砂岩；直接底为 L_9 石灰岩，平均厚度为 2m，隐晶质结构，裂隙发育；基本底为泥岩、砂质泥岩，平均厚度 10.5m，裂隙发育。

底板措施巷以方位角 84.7°开口，开口位置在西横贯Ⅳ辅胶段 30m 处东帮。由开口位置按平巷掘进 12m，再按 18°下山掘进 40.3m 后，做车场 44.93m，最后按 5°下山掘进，随着西部抽采需要向下延伸。通尺 464～584m 为试验段，试验段全长 120m。

底板措施巷断面为直墙半圆拱，掘进宽度 5320mm，掘进高度为 4210mm，掘进面积为 19.28m²。支护后巷道宽 5060mm，巷道高 4080mm，面积为 17.83 m²，直墙高度为 1550mm。

2 围岩性质研究

2.1 巷道围岩取芯试验

为了了解底板措施巷围岩岩性，在二₁煤底板措施巷道均匀布置 4 个取样钻孔，部分岩样如图 1 所示。对所取岩样进行研究，所取岩性较为破碎，岩性以泥岩、砂质泥岩为主。

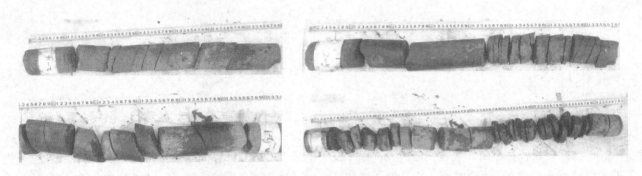

图 1 部分岩样图
Fig.1 Some rock samples

把赵固二矿底板措施巷所取岩芯做成试验试件，进行了物理力学性质测定，结果表明，所取岩芯较为破碎，岩性以泥岩、砂质泥岩为主，泥岩平均抗拉强度在 1.34~1.56MPa 之间；砂质泥岩平均抗拉强度在 1.68~3.50MPa 之间；细砂岩平均抗拉强度在 7.11~9.84MPa 之间；泥岩和砂质泥岩的平均抗压强度在 30.6~78.4MPa 之间；粉砂砂岩平均抗压强度在 128~135MPa 之间。由此可见，赵固二矿底板措施巷围岩性质软弱，属于典型的深部软岩巷道，受工程扰动时巷道难以支护。

2.2 岩层移动规律研究

为了了解巷道围岩不同层位岩层移动规律，在底板措施巷进行深基点位移监测。巷道开挖后采用普通锚杆锚索常规支护方式。在巷道常规支护段内沿顶板中线每隔 50m 共均匀布置三处测站点。在每个测站点安装深基点位移监测仪器，每个测站点安设 1m、3m、5m、8m 等不同深度的监测基点，进行为期一个月的顶板离层监测。监测结果如图 2 所示。

由图 2 可知，在为期 30 天的监测期间，顶板 5~8m 离层量为 31~42mm，离层量较小，并且逐渐趋于稳定。顶板 3~5m 离层量为 50~61mm，离层量较小，在监测期间逐渐趋于稳定状态。顶板 0~1m 和 1~3m 离层量较大，在监测期间分别可以达到 122mm 和 219mm，变形速率较大，并且没有稳定的趋势。由此可见，3m 以上岩层处于稳定状态，3m 以下岩层变形严重，因此，支护应主要控制 3m 内围岩变形。

由于普通锚杆长度有限，不能把锚固端伸进 3m 以上稳定的岩层，很难对巷道产生良好的支护效果。而锚索虽然锚固深度较大，但是延伸率较小，顶板岩层发生离层时造成大量锚索破断。为了解决赵固二矿底板措施巷特殊条件下深部软岩巷道的支护问题，本文提出了长锚杆支护技术。

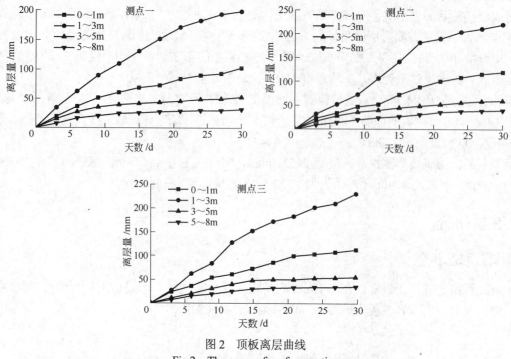

图 2 顶板离层曲线

Fig.2 The curve of roof separation

3 长锚杆介绍

长锚杆是由中国矿业大学（北京）开发的一种用于矿井巷道支护的新型支护材料。长锚杆主要由左旋无纵肋螺纹钢金属杆体、经特殊加工处理的接头、托盘、螺母、球垫、树脂锚固剂等构成，结构示意图如图 3 所示。长锚杆金属杆体由两段或者三段构成，每段长 2m 或者 2.5m。杆体间通过接头连接，接头经过加热镦粗处理以获得和杆体相匹配的强度，接头处强度往往大于杆体强度。直径为 20mm 的长锚杆，锚固力不小于 105kN，接头的承载力不小于 139kN，延伸率大于 15%，因此具有良好的力学性能。

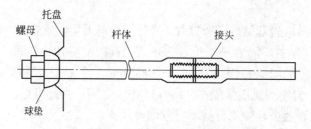

图 3 长锚杆结构示意图

Fig.3 The structure schematic diagram of long bolt

4 工业性试验

4.1 支护方案

在赵固二矿底板措施巷试验段进行了长锚杆支护技术工业性试验，底板措施巷通尺 464～584m 为试验段，试验段全长 120m[9~11]。试验段内巷道断面支护如图 4 所示。

（1）顶板支护。顶板具体支护参数及支护工艺如下：支护顶板采用长锚杆支护ϕ20mm×4000mm，间排距 700mm×700mm；顶板支护锚杆配合 W 钢带或钢筋梯子梁、金属网使用，每根长锚杆使用两支树脂药卷。

（2）两帮支护。帮部具体支护参数及支护工艺如下：两帮采用刚性长螺纹锚杆ϕ20mm×3700mm，间排距 700mm×700mm；两帮支护锚杆配合 W 钢带或钢筋梯子梁、金属网使用，每根长锚杆使用两支树脂药卷。巷道围岩基本稳定后（一个半月到三个月），根据围岩变形量大小适当扩帮 0~500mm，用液压剪剪掉长螺纹部分锚尾，继续拧紧锚杆螺母，巷道两帮表面喷射 100~200mm 混凝土，支护完成。

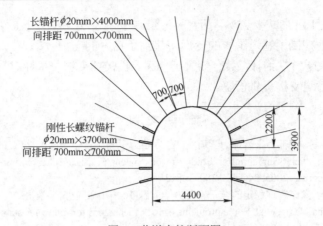

图 4 巷道支护断面图
Fig.4 The section graph of roadway support

（3）底板支护。底板具体支护工艺如下：巷道围岩基本稳定后（一个半月到三个月），卧底后安设工字钢底梁，底板打混凝土，做水沟等，巷道底板表面喷射 100~200mm 混凝土。

4.2 试验效果监测

4.2.1 围岩变形监测

为了进一步验证底板措施巷长锚杆的支护效果，对试验段巷道围岩变形进行了为期 30 天的监测。在测站点所在巷道断面分别量测顶板下沉量及两帮移近量，整理数据如图 5 所示。

由图 5 可以看出，在整个监测期间，前 15 天，巷道顶板下沉量和两帮移近量变化速率较快，可分别达到 20mm 和 45mm；15 天后，巷道顶板下沉量和两帮移近量变化速率较慢，30 天时分别达到 29mm 和 55mm，呈逐渐稳定的趋势。与原支护方案（普通锚杆索联合支护）相比，试验段顶板下沉量减少了 25%左右，两帮移近量减少了 33%左右。因此，长锚杆有效地控制了深部软岩巷道的围岩，支护效果良好。

4.2.2 长锚杆工作阻力监测

底板措施巷采用长锚杆支护后，在试验段均匀布置两处测站点，对测站点的长锚杆进行了工作阻力监测。测站编号分别为 1 号、2 号，其中 1 号、2 号测站点位于底板措施巷通尺 500m 和 560m 处。两处测站点监测数据如图 6 所示。由图 6 可以看出，工作阻力最终稳定在 146～159kN 之间，长锚杆起到了良好的支护效果。

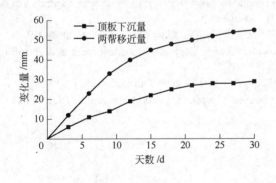

图 5 围岩变形量
Fig.5 The displacement of surrounding rocks

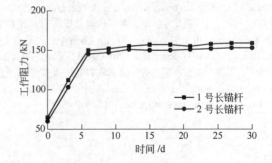

图 6 长锚杆工作阻力曲线
Fig.6 The curve of long bolt's working resistance

5 结论

（1）巷道围岩取芯试验和岩层移动规律研究表明，赵固二矿西盘区底板措施巷围岩较为破碎，岩性以泥岩、砂质泥岩为主，底板措施巷是典型的深部高应力软岩巷道；巷道岩层移动主要集中在 3m 以内，3m 以上岩层稳定。

（2）结合巷道围岩性质的研究，提出了长锚杆支护技术，并在赵固二矿西盘区底板措施巷进行了工业性试验,结果表明,巷道顶板下沉量减少25%,两帮移近量减少了33%,长锚杆工作阻力稳定在146~159kN,采用长锚杆支护技术有效地控制了巷道围岩的变形,起到了良好的支护效果。

(3) 长锚杆锚固深度大于常规锚杆,具有较大延伸率。长锚杆支护技术针对性强,适用于复杂条件下巷道围岩的支护,可为类似巷道支护提供借鉴。

参 考 文 献

[1] 何满潮, 谢和平, 彭苏萍, 等. 深部开采岩体力学研究[J]. 岩石力学与工程学报, 2005, 24(16): 2803~2813.
He Manchao, Xie Heping, Peng Suping, et al. Study on rock mechanics in deep mining engineering[J]. Chinese Journal of Rock Mechanics and Engineering, 2005, 24(16): 2803~2813.

[2] 贺永年, 韩立军, 邵鹏, 等. 深部巷道稳定的若干岩石力学问题[J]. 中国矿业大学学报, 2006, 35(3): 288~295.
He Yongnian, Han Lijun, Shao Peng, et al. Some problems of rock mechanics for roadways stability in depth[J]. Journal of China University of Mining & Technology, 2006, 35(3): 288~295.

[3] 何满潮.深部的概念体系及工程评价指标[J].岩石力学与工程学报,2005,24(8):2854~2858.
He Manchao. Conception system and evaluation indexes for deep engineering[J]. Chinese Journal of Rock Mechanics and Engineering, 2005,24(8):2854~2858.

[4] 姜耀东, 刘文岗, 赵毅鑫, 等. 开滦矿区深部开采中巷道围岩稳定性研究[J]. 岩石力学与工程学报, 2005, 24(11):1857~1862.
Jiang Yaodong, Liu Wengang, Zhao Yixin, et al. Study on surrounding rock stability of deep mining in Kailuan mining group[J]. Chinese Journal of Rock Mechanics and Engineering, 2005, 24(11): 1857~1862.

[5] 谢和平. 深部高应力下的资源开采——现状、基础科学问题与展望[C]//香山科学会议. 科学前沿与未来(第六集).北京: 中国环境科学出版社, 2002: 179~191.
Xie Heping. Resources development under high ground stress:present state, base science problems and perspective[C]// Xiangshan Science Conference. Science Foreland and Future(Volume 6). Beijing: China Environment Science Press, 2002: 179~191.

[6] 李刚, 梁冰, 张国华. 高应力软岩巷道变形特征及其支护参数设计[J].采矿与安全工程学报,2009,26(2):183~186.
Li Gang, Liang Bing, Zhang Guohua. Deformation features of roadway in highly stressed soft rock and design of supporting parameters[J]. Journal of Mining & Safety Engineering, 2009,26(2):183~186.

[7] 陈宾,郝光生.高应力软岩二次锚网协同支护技术研究[J].煤炭工程,2013(4):35~37.
Chen Bin, Hao guangsheng. Support technology of secondary bolt and nets in highly stressed soft rock[J].Coal Engineering,2013(4):35~37.

[8] 杜志军,孙国文.高应力软岩条件下煤矿巷道支护研究与实践[J].西安科技大学学报,2007,27(3):356~358.
Du Zhijun, Sun Guowen. Roadway supporting of mine in view of high geo-stress soft rock[J].Journal of Xi'an University of Science and Technology, 2007,27(3):356~358.

[9] 孙晓明,何满潮.深部开采软岩巷道耦合支护数值模拟研究[J].中国矿业大学学报,2005,34(2):166~169.
Sun Xiaoming, He Manchao. Numerical simulation research on coupling support theory of roadway within soft rock at depth[J]. Journal of China University of Mining & Technology,2005,34(2):166~169.

[10] 牛双建, 靖洪文, 张忠宇, 等. 深部软岩巷道围岩稳定控制技术研究及应用[J]. 煤炭学报, 2011, 36(6):914~919.
Niu Shuangjian, Jing Hongwen, Zhang Zhongyu, et al. Study on control technology of surrounding rocks in deep soft roadway and its application[J]. Journal of China Coal Society, 2011,36(6):914~919.

[11] 柏建彪, 王襄禹, 贾明魁, 等. 深部软岩巷道支护原理及应用[J].岩土工程学报,2008,30(5):632~635.
Bai Jianbiao, Wang Xiangyu, Jia Mingkui, et al. Theory and application of supporting in deep soft roadways[J]. Chinese Journal of Geotechnical Engineering,2008,30(5):632~635.

软岩大断面交岔点整体锚杆支护技术及工程应用

石建军[1,2] 张 军[2] 王金国[3] 郭志彪[1]

（1. 中国矿业大学（北京）力学与建筑工程学院，北京 100083；
2. 华北科技学院安全工程学院，北京 065201；
3. 禾草沟煤矿，陕西延安 717306）

摘 要 随着地质条件的变化，煤矿软岩巷道处在更复杂的工程地质条件下，大断面交岔点严重变形，牛鼻子部位破坏尤为突出。文章通过现场工程实际调研并因此进行理论研究，总结分析了软岩大断面交岔点的破坏特征和形式，通过交岔点在高应力作用下破坏过程和破坏机理的分析，认为交岔点处在软岩条件下，高应力作用使牛鼻子部位两侧单独支护不能形成整体型支护是其破坏的主要原因，提出了软岩大断面交岔点整体锚杆支护技术。并将研究成果应用于禾草沟煤矿软岩大断面交岔点工程，取得了良好的效果。

关键词 软岩 大断面 交岔点 锚杆支护

Engineering Application and Bolt Support Technology of Large Span Intersection in Soft Rock Coal Mine

Shi Jianjun[1,2] Zhang Jun[2] Wang Jinguo[3] Guo Zhibiao[1]

(1. Institute of Geotechnical Engineering, China University of Mining and Technology(Beijing), Beijing 100083, China;
2. Safety Engineering College, North China Institute of Science and Technology,
Beijing 065201, China;
3. Hecaogou Coal Mine, Shanxi Yanan 717306, China)

Abstract Soft rock roadway is under the conditions more complex in coal mine with the change of the geological conditions. The deformation of Large intersection is seriously, especially at the ox-noise-like junction arch. The paper summarizes and analysis the destruction features and forms of soft rock large intersection based on investigation and theoretical study. Analysis of the failure process and failure mechanism that intersection in the high stress. The main reason of failure is that on both sides support of ox-noise-like can't form a whole support with high stress. we put forward to a technology of integral bolting in large section and soft rock. This technology has been used in intersection engineering in Hecaogou coal mine and good result has been obtained.

Keywords soft rock, large section, intersection, bolt support

由于巷道交岔点处跨度比较大，顶板弯曲下沉量大，顶板范围内需要控制岩层面积较大，所以采用单一支护很难达到预期效果。在软岩交岔点支护技术中，传统用的较多的为料石砌碹、钢梁棚式支护[1~5]。随开采地质条件越来越复杂，应力增大，并且交岔点断面大，结构复杂，原有的支护技术不适用，造成交岔部位变形破坏严重，失稳返修现象增加，影响矿井的安全生产。牛鼻子岩柱部位应力较集中，经常是最先破坏的地方，文章通过大量的现场调查，研究牛鼻子交岔点的破坏特征及破坏机理，提出软岩 Y 型大断面交岔点锚杆支护技术。

1 软岩大断面交岔点破坏特征

随着开采条件复杂，煤矿开采位于软岩巷道普遍出现了与稳定岩层开采不同的一些非线性大变形现象，

基金项目：中央高校基本科研业务费基金资助项目（3142013100）；河北省自然科学基金资助项目（E2012508002）。
作者简介：石建军(1975—)，男，黑龙江五大连池人，副教授。电话：18611641705，E-mail: shjjwrh@126.com

给支护与开采带来了更大的困难[6~9]，但由于交岔点结构的特殊，使其支护更为复杂。文章以禾草沟煤矿为工程研究对象，由于围岩软弱，地应力水平高，根据地应力现场实测结果最大主应力平均约 27MPa，与水平方向夹角约 16°，垂直应力平均为 24MPa。围岩膨胀性矿物含量高，围岩强度较低。

1.1 牛鼻子部位严重变形

大断面巷道掘进时，受交叉巷道顶板卸压区和两帮的支承压力区相互作用的影响，以及高地应力的作用，牛鼻子成为交岔点区域应力最集中的部位，中间岩柱变形严重，主巷和支巷施工对牛鼻子部位扰动作用严重，造成位于交岔点围岩的裂隙区深度不断增加，中间岩柱部位以 X 形剪切裂纹变形、垂直方向 I 形裂纹和沿巷道走向受压鼓出为主，如图 1 所示。

1.2 交岔点顶板下沉

交岔点主巷和支巷断面约 4.5m，当牛鼻子破坏严重，失去承载能力，会造成顶板下沉，这时牛鼻子将承受更大的压力，最终将导致交岔点破坏，如图 2 所示。

图 1 牛鼻子严重变形
Fig.1 Severe deformation of middle rockmass

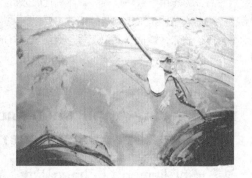
图 2 交岔点顶板下沉
Fig.2 Roof subsidence of intersecting laneway

2 交岔点破坏过程及机理分析

文章借助数值模拟等手段分析破坏过程，分析交岔点不同变形破坏特征、破坏过程和破坏机理。

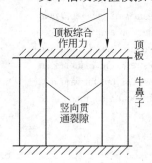
图 3 牛鼻子力学模型
Fig.3 Mechanical model of middle rockmass in intersecting laneways

2.1 牛鼻子压裂及鼓出

将牛鼻子看作交岔点中支护的关键部位，对巷道顶板支撑，抑制顶板下沉。对于大断面软岩交岔点，在采动影响及复杂应力作用下，牛鼻子部位岩体容易形成碎裂结构。碎裂岩体在垂直压力作用下形成垂直裂缝，将原先较为完整岩体切割成各自独立的岩柱，增大了各独立岩柱的长细比[10,11]，促其在未达到岩体强度的情况下产生侧向失稳及鼓出[12,13]。牛鼻子力学模型如图 3 所示。

2.2 交岔点变形破坏过程数值模拟分析

文章利用数值模拟分析方法，以禾草沟矿软岩大断面交岔点工程地质条件为背景，建立数值模型，重现破坏过程，验证理论分析的合理性，为确定合理的支护措施提供基础。

2.2.1 模型建立

利用 FLAC 软件建立模型尺寸为 20m×20m×28m（$x×y×z$）。网格四周取为水平链杆，底部取为铰支座，顶部取为自由边界，初始地应力场为水平应力场，岩石力学参数见表 1。

表 1 岩石力学参数
Table 1 Rock mechanics parameter

力学参数	体积模量/Pa	剪切模量/Pa	抗拉强度/Pa	黏聚力/Pa	摩擦角/(°)
模拟取值	$1.52×10^{10}$	$7.92×10^{9}$	$4.3×10^{5}$	$5×10^{6}$	40.0

2.2.2 结果分析
2.2.2.1 位移场分析

计算结果如图 4、图 5 所示。交岔点巷道顶板总体位移向下，最大位移量达 360mm，牛鼻子上方岩层受到自重作用和侧向挤压应力，位移场方向偏斜，腰线附近位移方向指向巷道邻空侧，引起了牛鼻子侧向鼓出，最大鼓出量约 360mm；尖角处位移方向指向巷道邻空侧，引起牛鼻子张性剪切裂纹。

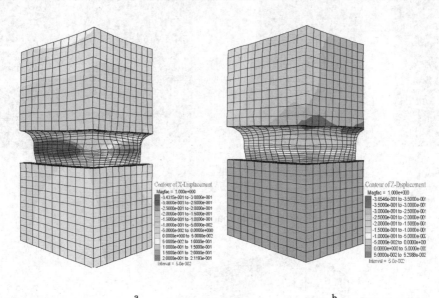

图 4 位移场分布图
a—水平方向；b—垂直方向
Fig.4 Displacement field of intersections

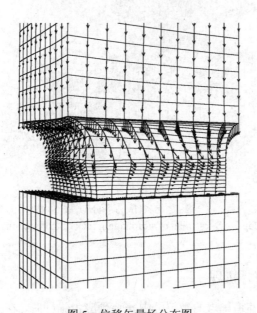

图 5 位移矢量场分布图
Fig.5 Displacement vector field of intersections

2.2.2.2 塑性区及应力场分析

交岔点围岩塑性区及应力场分布如图 6、图 7 所示，在不同部位和不同阶段变形破坏的特征也是有差异的。在计算到 500 时步时，牛鼻子尖角部主要体现出剪切破坏和拉伸破坏，变形集中于巷道起拱线上方；在距尖角部稍远的地方，牛鼻子主要体现出剪切破坏。随计算时步逐渐增加，巷道塑性区不断增大，牛鼻子松动破坏范围也不断向深部扩展，变形量逐渐增长。计算到 3000 时步时，牛鼻子尖角部的拉、剪破坏范围扩大，在巷道底角部上方可见到存在拉、剪破坏区域，稍远于尖角的地方，牛鼻子的剪切破坏区域向下扩展，在巷道底角部上方也可见到剪切破坏区域。

观察应力场分布图可看出，交岔点巷道顶底板附近围岩处于受压状态，压应力值达 8~10MPa，越靠近牛鼻子位置，体现出压应力越小，并出现拉应力区域，在牛鼻子尖角部位拉应力达最大值。

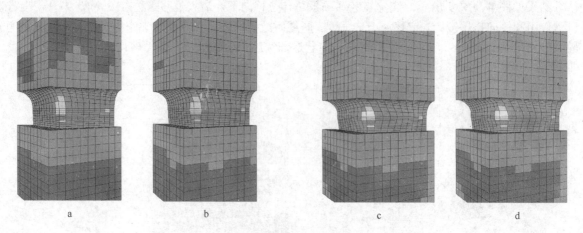

图 6　围岩塑性区分布图
a—1000 时步；b—2000 时步；c—3000 时步；d—4000 时步
Fig.6　Plastic zone of surrounding rock of intersections

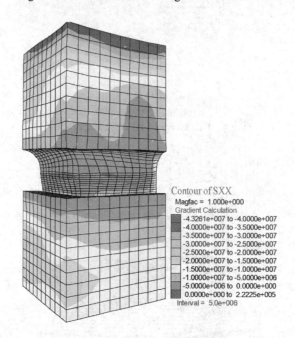

图 7　围岩应力场分布图
Fig.7　Stress field of surrounding rock of intersections

2.3　大断面巷道顶板下沉破坏机理

组合拱理论[5]认为：在拱形巷道围岩的破裂区中安装预应力锚杆时，在杆体两端将形成圆锥形分布的压应力，如果沿巷道周边布置锚杆群，只要锚杆间距足够小，各个锚杆形成的压应力圆锥体将相互交错，在岩体中形成承压拱，承受其上部破碎岩石施加的径向载荷。在承压拱内的岩石径向及切向均受压，处于三向应力状态，其围岩强度得到提高，支承能力也相应加大。因此，锚杆支护的关键在于获取较大的承压拱厚度和较高的强度。然而，由于当前锚杆长度一般在 1.8~2.4 m 之间，对巷道围岩加固范围有限，提高承压拱厚度有一定困难，如果巷道断面过大，会造成承压拱的直径与厚度比值（r/t）过大、支承能力不足。对于软岩大断面交岔点，虽然主巷和支巷的断面都不大，但牛鼻子支护强度不足，失去足够承载能力，主巷和支巷连成整体将形成更大断面巷道，则有可能使 r/t 过大、牛鼻子处顶板围岩下沉。因此维持交岔点牛鼻子对顶板围岩的支撑能力就显得格外重要。

2.4 软岩交岔点破坏因素分析

通过以上分析,软岩 Y 型大断面交岔点在复杂地质条件及高应力的作用下,因为断面较大、跨度较大、应力集中程度较高,牛鼻子两侧分别进行支护、没有横向束缚、缺乏整体稳定性造成变形破坏较严重[12]。

由此,可得出缓解大断面软岩交岔点破坏的措施为:改进牛鼻子支护、加固牛鼻子部位岩体;改进交岔点巷道支护方式,提高顶板整体岩体强度。

3 交岔点锚杆支护技术

3.1 支护设计

交岔点巷道断面大、跨度大、牛鼻子应力较集中,并且牛鼻子两侧分别打锚杆进行支护,缺乏整体性,造成巷道鼓出变形和顶板下沉。采用牛鼻子两侧施工对穿锚杆,两端由托盘施加预紧力,通过围岩与锚杆及托盘的作用,交岔点两侧任一侧变形都将牵制另一侧,最终使交岔点稳定。

在大断面交岔点牛鼻子部位安装锚杆,并施加适当的预紧力,增加了侧向约束,提高了牛鼻子两侧水平应力,改善牛鼻子的应力状态,增加了牛鼻子的整体强度和抗冲切性能,改善了交岔点整体受力状态,使交岔点的整体稳定性大大增加了。

数值模拟试验结果如图 8 所示,表明该种锚杆支护能大大提高牛鼻子的承载能力,改善了牛鼻子受力状态,尖角处应力集中程度减小,使应力分布趋于均匀,锚杆整体处于受拉状态,如图 9 所示,对交岔点整体稳定有利。

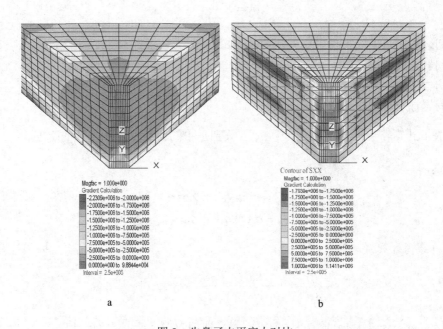

图 8 牛鼻子水平应力对比
a—未施加锚杆; b—施加锚杆
Fig.8 Horizontal stress of middle rockmass

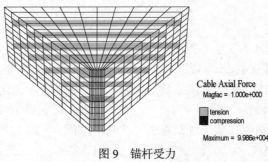

图 9 锚杆受力
Fig.9 Bolt arial force

3.2 锚杆载荷

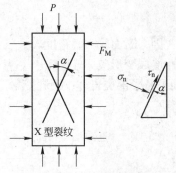

图 10 锚杆支护模型
Fig.10 Bolt support model

软岩交岔点锚杆支护的关键是确定大断面锚杆设计载荷,当载荷施加过大时,牛鼻子刚性大,支护与巷道顶板的刚度不符将导致顶板开裂,从而造成剪切应力破坏顶板;当载荷设计过小时,施加的横向约束不够,将不能阻止牛鼻子的鼓出。

文章将以 X 型共轭剪切破坏建立力学模型,如图 10 所示锚杆支护的交岔点牛鼻子。

根据摩尔-库仑强度理论:

$$\tau_n = \sigma_n \tan\varphi + c \tag{1}$$

式中 τ_n——正应力 σ_n 作用下的极限剪应力,MPa;

c——岩石的黏聚力,MPa;

φ——岩石的内摩擦角,(°)。

如果 F_M 是锚杆的预应力(kN),R 是锚杆的排距(m),S 是锚杆的间距(m),那么中间岩柱的水平应力和垂直应力如下式所示:

$$\sigma_3 = \frac{\eta P}{aL} + \frac{F_M}{RS} \tag{2}$$

$$\sigma_1 = K\frac{P}{aL} \tag{3}$$

式中 P——中间岩柱所承受的上覆岩层施加的载荷,kN;

a——中间岩柱的厚度,m;

L——中间岩柱的加固区域,m;

K——中间岩柱应力集中系数[11]。

取 $K = -0.2768\ln\left(\dfrac{a+2b}{a}\right)+1.0791$,其中 a、b 分别是中间岩柱厚度和支巷的宽度。

由图 10 可得:

$$\begin{cases}\sigma_n = \sigma_1\sin\alpha + \sigma_3\cos\alpha \\ \tau_n = \sigma_1\cos\alpha - \sigma_3\sin\alpha\end{cases} \tag{4}$$

推导可得锚杆载荷计算式(5):

$$F_M = \frac{RS}{\sin(\alpha+\varphi)}\left(\frac{AP}{aL} - c\cos\varphi\right) \tag{5}$$

式中,$A = K\cos(\alpha+\varphi) - \eta\sin(\alpha+\varphi)$,其中 α 为中间岩柱剪切裂纹与垂直方向夹角,(°)。

4 工程应用

4.1 地质概况

以禾草沟矿+1004 水平二采区的 5 号交岔点工程为研究对象,该工程位于二采区机轨运输大巷的起始段。机轨大巷开始揭露的岩性为 5 煤底板。5 号煤层位于瓦窑堡组第四段顶部,层状产出,赋存范围内全部可采。厚度 0.51(H104)~2.95m(H505),平均厚度 2.19m,属中厚煤层。厚度变化系数 39.24%。区内 86 个钻孔中(包括区内以往施工的 11 个钻孔),见煤点 78 个,全部可采,可采率 100%,可采面积约为 78.25km²;煤层底板标高在+970~+1085m 之间;煤层埋深在 35~529m 之间,平均 328m;含较稳定的 1~3 层夹矸,单层夹矸厚度 5~49cm,夹矸为粉砂岩及泥质粉砂岩,结构较简单。煤层顶板岩性大多为灰黑色薄-中厚层状的油页岩,局部为灰色厚层状的粉砂岩;底板多为灰黑色泥岩或粉砂质泥岩。

交岔点巷道为直墙半圆拱形，最大净宽度 8.70m，最大净高 5.80m。施工地段的岩性主要为粉砂岩，围岩松软、易碎，节理较发育，是典型的软弱岩体。

4.2 支护方案

根据相关研究成果[13~16]，Y 型大断面巷道采用锚网索+底角锚杆支护，牛鼻子采用锚杆支护。并根据公式 5 计算锚杆载荷约为 12kN。

4.3 支护效果

从现场观测结果分析如图 11 所示，交岔点巷道表面位移和底鼓量控制在允许的范围之内，没有出现开裂和底鼓现象；变形得到有效控制，巷道开挖后 24d 内为变形剧烈阶段，变形量占总变形量的 80%，25~85d 为变形趋缓阶段，85d 后巷道基本稳定。巷道两帮的最大位移量约 70mm，顶底最大移近量约 50mm，图 12 所示为交岔点的现场支护效果。

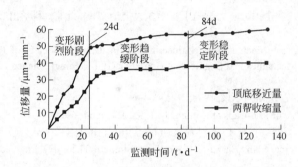

图 11 表面位移与时间关系
Fig.11 Displacement curves of surrounding rock

图 12 支护效果图
Fig.12 Result of field support

5 结论

以禾草沟煤矿典型软岩大断面交岔点为工程背景，理论分析了交岔点变形破坏的主要特征，通过数值模拟等手段分析了破坏机理，进而系统研究了交岔点锚杆支护技术的技术原理及锚杆载荷的计算方法。主要结论如下：

（1）通过理论分析和数值模拟手段，分析了软岩 Y 型大断面交岔点变形破坏的主要特征、机理及相互关系：交岔点牛鼻子在复杂高应力的作用下易形成贯通竖向裂隙，造成鼓出；使牛鼻子支撑能力降低，进一步对牛鼻子施加压力，最终会由于受力过高造成破坏。数值模拟结果再现了交岔点破坏的主要过程。

（2）根据对软岩大断面交岔点破坏机理的分析，提出了对穿锚杆支护技术。改善巷道整体受力状态，增加了交岔点巷道的整体稳定性。推导了锚杆载荷的计算公式，为现场实施提供理论基础。

（3）在禾草沟矿软岩大断面交岔点支护工程中进行成功应用，效果良好。随着围岩环境的复杂化，该技术将有更加广阔的推广应用前景，为其他矿区软岩大断面交岔点支护提供可以借鉴的技术。

参 考 文 献

[1] 黄乃斌, 孔德惠. 大断面交岔点顶板变形与加固控制技术研究 [J]. 采矿与安全工程学报, 2006, 23(2): 249~252.
Huang Naibin, Kong Dehui. Study of Reinforcement Control Technology and Roof Deformation of Oblique Cross with Large Section[J] , 2006, 23(2): 249~252.

[2] 祁和刚. 煤巷交岔点大断面联合支护研究[J]. 矿山压力与顶板管理, 1997(3~4): 166~167.
Qi Hegang. Combined support technology of large span intersection in coal roadway[J]. Ground Pressure and Strata Control, 1997(3~4): 166~167.

[3] 韩立军, 付厚利, 林登阁. 动压下集中交岔点加固技术研究[J]. 矿山压力与顶板管理, 2001(3): 34~36.
Han Lijun, Fu Houli, Lin Dengge. Dynamic Pressure intersections Reinforcement Technology[J]. Ground Pressure and Strata Control, 2001(3): 34~36.

[4] 金川, 孔德惠. 大断面交岔点支护与围岩变形控制模拟研究[J]. 采矿与安全工程学报, 2006, 2: 249~252.
Jin Chuan, Kong Dehui. Numerical Simulation of Shoring on Large Span Intersection and Control of the Wall Rock Deformation[J].

Journal of Anhui University of Science and Technology(Natural Science),2006, 2: 249~252.

[5] 何满潮. 深部开采工程岩石力学的现状及其展望[A]. 见: 中国岩石力学与工程学会编.第八次全国岩石力学与工程学术大会论文集[C]. 北京: 科学出版社, 2004: 88~94.
He Manchao. Present state and perspective of rock mechanics in deep mining engineering[A]. In: Chinese Society of Rock Mechanics and Engineering ed. Proceedings of the 8th Rock Mechanics and Engineering Conference[C]. Beijing: Science Press, 2004: 88~94.

[6] 何满潮, 谢和平, 彭苏萍, 等. 深部开采岩体力学研究[J]. 岩石力学与工程学报, 2005, 24 (16): 2803~2813.
He Manchao,Xie Heping,Peng Suping,et al. Study on rock mechanics in deep mining engineering[J]. Chinese Journal of Rock Mechanics and Engineering, 2005, 24(16): 2803~2813.

[7] 何满潮.深部的概念体系及工程评价指标[J]. 岩石力学与工程学报, 2005, 24(16): 2854~2858.
He Manchao. Conception system of deep and evaluation index for deep engineering[J]. Chinese Journal of Rock Mechanics and Engineering, 2005, 24(16): 2854~2858.

[8] 何满潮, 钱七虎.深部岩体力学基础研究综述[C]// 第九届全国岩石力学与工程学术大会论文集. 北京: 科学出版社,2006: 49~62.
He Manchao,Qian Qihu. Summary of basic research on rock mechanics at great depth[C]// Proceedings of the 9th Rock Mechanics and Engineering Conference. Beijing: Science Press, 2006: 49~62.

[9] 何满潮. 深部开采工程岩石力学的现状及其展望[C]// 第八次全国岩石力学与工程学术大会论文集. 北京: 科学出版社, 2004: 88~94.
He Manchao. Present state and perspective of rock mechanics in deep mining engineering[A]. In: Chinese Society of Rock Mechanics and Engineering ed. Proceedings of the 8th Rock Mechanics and Engineering Conference[C]. Beijing: Science Press, 2004: 88~94.

[10] 周克荣, 蒋大骅. 桩基承台角桩上剪切型破坏问题研究[J]. 建筑结构学报, 1995, 16(5): 64~69.
Zhou Kerong, Jiang Dahua. Investigation on Shear-Type Failure of Pile-Caps at Corners[J]. 1995, 16(5): 64~69.

[11] 蔡健, 林凡. 基于双剪强度理论的混凝土板极限冲切承载力计算方法[J]. 工程力学, 2006, 23(6): 110~113.
Cai Jian, Lin Fan. Ultimate Punching Shear Strength for Concrete Slabs Based on Twin-Shear Strength Theory[J]. Engineering Mechanics, 2006, 23(6): 110~113.

[12] 刘文涛, 杨生彬, 王晓义, 等. 深部复杂地质条件下矿井交岔点支护关键技术研究[J]. 探矿工程(岩土钻掘工程),2006, 33(11): 54~57.
Liu Wentao, Yang Shengbin, Wang Xiaoyi, et al. The Key Technology for the Cross Section Supporting under Complex Geological Condition at Great Depth[J]. 2006, 33(11): 54~57.

[13] 王晓义, 何满潮, 杨生彬. 深部大断面交岔点破坏形式与控制对策[J]. 采矿与安全工程学报, 2007, 24(3): 283~287.
Wang Xiaoyi, He Manchao, Yang Shengbin. Failure Mode of Deep Large Section Intersecting Laneway and Its Countermeasures[J]. 2007, 24(3): 283~287.

[14] 孙晓明, 何满潮, 杨晓杰. 深部软岩巷道锚网索耦合支护非线性设计方法研究[J]. 岩土力学, 2006, 27(7): 1061~1065.
Sun Xiaoming, He Manchao, Yang Xiaojie. Research on nonlinear mechanical design ethod of bolt-net-anchor coupling support for deep soft rock tunnel[J]. Rock and Soil Mechanics, 2006, 27(7): 1061~1065.

[15] 孙晓明, 何满潮. 深部开采软岩巷道耦合支护数值模拟研究[J]. 中国矿业大学学报, 2005, 34(2): 166~169.
Sun Xiaoming, He Manchao. Numerical simulation research on coupling support theory of roadway in soft rock at depth[J]. Journal of China University of Mining and Technology, 2005, 34(2): 166~169.

[16] Guo Zhibiao, Guo Pingye, Huang Maohong, et al. Stability control of gate groups in deep wells[J]. Mining Science and Technology, 2009, 19(2): 155~160.

汾源煤业5号煤层大巷保护煤柱合理尺寸的计算研究

张红义

（山西焦煤霍州煤电集团汾源煤业公司，山西忻州　035100）

摘　要　为了留设合理的大巷保护煤柱，采用理论分析与计算机数值模拟两种手段展开研究，首先确定大巷煤柱的留设准则，即考虑双侧采动的前提下，尽可能将大巷布置在原岩应力区内。随后，结合实际工程背景条件下，对大巷保护煤柱的留设宽度进行计算，得到大巷保护煤柱尺寸不小于33.8m，为了验证理论计算的合理性，采用计算机数值模拟，通过分析不同尺寸煤柱的支承应力峰值、塑性区分布范围与支承应力分布范围，最终确定40m宽的煤柱最为合理。

关键词　保护煤柱　合理尺寸　支承应力　塑性破坏

留设煤柱一直是煤矿中传统的护巷方法[1]，传统的留区段护巷煤柱的方法是在上区段运输巷和下区段回风巷之间留设一定宽度的煤柱，使下区段巷道避开侧向支承压力峰值区域。大巷护巷煤柱由于要保证大巷长期的稳定，一般留设宽度较区段煤柱大。

煤柱宽度是影响煤柱稳定性和巷道维护的主要因素。煤柱宽度决定了巷道与回采空间的水平距离，影响回采引起的支承压力对巷道的影响程度及煤柱的载荷。

留设大巷护巷煤柱主要从以下几个方面考虑：

（1）大巷护巷煤柱宽度要大于工作面回采在侧向产生的塑性区宽度与大巷掘进在侧向产生的塑性区宽度之和，从而避免煤柱中回采与掘巷产生的塑性区贯通，造成煤柱失稳。

（2）留设的大巷护巷煤柱要能够使大巷免受工作面采动的强烈影响，使其处于较低的应力环境中。

（3）工作面回采形成的高采动应力不能够与掘巷引起的高应力在峰值区形成叠加效应，降低煤柱稳定性，要让煤柱中央存在足够宽度的弹性核。

（4）留设的大巷护巷煤柱要便于后期的回收，为了便于后期布置工作面回收煤柱，要求煤柱有一定的宽度。

对煤柱稳定性的研究考虑一侧采动影响以及双侧采动影响，单侧开采时从煤柱（体）边缘到深部依次出现破裂区、塑性区、弹性区应力升高部分以及原岩应力区，而双侧采动的前提下，煤柱内的支承应力分布与分区情况如图1所示。

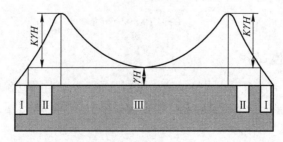

图1　双侧采动情况下煤体内的支承应力分布与分区

图1所示为双侧采动在煤体内的支承应力分布与分区情况，如煤柱尺寸较大，则在煤柱中央的载荷为原

岩应力，且分布均匀。而煤柱的两侧从边缘区向内部依然分别为破裂区、塑性区、弹性区应力升高部分以及原岩应力区。如将大巷布置在 III 区的中间位置，可保证大巷处于原岩应力并且处于弹性区范围。

进一步结合图1与汾源煤业文明煤矿实际工程背景，如何确定合理的大巷煤柱尺寸具有重要的意义，论文即在上述原则的前提条件下对其煤柱尺寸展开研究。

1 工程背景

汾源煤业文明煤矿地处晋西北黄土高原，植被稀少，地形较为复杂，切割剧烈。井田东部有1条近似南北向的沟谷，当地称为文明沟。在井田内延伸约1000m。井田内大部分为第四系黄土覆盖。谷坡零星出露基岩地层，总体地势为西高东低，南高北低，区内最高点为1686.50m，最低点为1530.7m，最大相对高差为155.8m。

主采的5号煤层赋存于太原组的下部，上距4号煤层6~19m，是本井田的最下一层主要可采煤层，煤厚4.60~13.90m，平均10.5m，属厚煤层，煤层倾角25°~30°，含1~2层夹矸，全井田可采。顶板岩性为泥岩或砂质泥岩、粉砂岩，底板岩性为砂质泥岩、泥岩或细粒砂岩。属全井田可采的稳定煤层。

井田内未发现大的断层和陷落柱。影响开采的含水层主要是奥陶系中统岩溶水。奥灰水水位标高1393.97m。枯水期涌水量120m³/d，来水期涌水量250m³/d，无水文孔。正常涌水量120m³/d，最大涌水量180m³/d。

矿井为低瓦斯矿井，瓦斯相对涌出量0.28m³/t，瓦斯绝对涌出1.17m³/min，CO_2相对涌出量2.15m³/t，绝对涌出量0.45m³/min。各煤层煤尘具有爆炸性，5号煤层属Ⅱ级自燃煤层，发火期4~6月。

按煤层厚度分类，5号煤层平均厚度为10.5m，属于特厚煤层。按煤层倾角分类，5号煤层倾角25°~30°，属大倾角特厚煤层。

5号煤采用综采放顶煤一次采全厚走向长壁采煤法，设计机采高度2.6m，放顶煤厚度7.9m。

2 护巷煤柱宽度的理论计算

为了使工作面巷道处于良好的维护状态，必须使巷道处于围岩应力降低区域、围岩应力较小区域或原岩应力区，避免处于高应力区。其主要方法有两种：一是采用在本工作面与相邻工作面之间留设较宽大的煤柱的方法来保证本工作面回风或运输巷道的稳定；二是使用窄煤柱将巷道布置在应力较小区域，采用沿空窄煤柱护巷。

回采与开掘巷道在煤柱边缘处会出现数倍于自身重力（γH）的集中应力，而在边缘处煤柱的抗压强度比较低，因此，煤柱边缘部分都遭到不同程度的破坏。对于采准巷道的护巷煤柱，回采空间（采空区侧）和回采巷道在煤柱两侧分别形成一个宽度为 R_0 与 R 的塑性变形区，当煤柱宽度 B 小于煤柱两侧形成的塑性区宽度 R_0 与 R 之和时，也即煤柱两侧形成的塑性区相贯通时，煤柱将失去其稳定性，出现崩塌现象。

护巷煤柱保持稳定的基本条件是：煤柱两侧产生塑性变形后，在煤柱中央仍处于弹性应力状态，即在煤柱中央保持一定宽度的弹性核。对一次采全厚的综放工作面护巷煤柱，弹性核的宽度取两倍的巷道高度（h）即可，故综放工作面护巷煤柱保持稳定状态的宽度应为：

$$B \geqslant R_0 + 2h + R$$

2.1 回采引起的塑性区宽度(R_0)

回采工作面推进后，采煤工作面周边煤柱体应力重新分布，从煤柱体边缘到深部，会出现破裂区、塑性区、弹性区和原岩应力区，围岩应力向深部转移。根据极限平衡理论可求得回采工作面周边煤体的塑性区宽度 R_0 为：

$$R_0 = \frac{M\lambda}{2\tan\varphi_0} \ln\left[\frac{K\gamma H + \dfrac{C_0}{\tan\varphi_0}}{\dfrac{C_0}{\tan\varphi_0}}\right]$$

式中，M 为煤层开采厚度，10.5m；λ 为侧压系数，$\lambda=\mu/(1-\mu)$，μ 为泊松比，$\lambda=0.22/(1-0.22)=0.282$；$\varphi_0$ 为煤

体交界面内摩擦角，取 26.84°；C_0 为煤体交界面黏聚力，取 0.73MPa；K 为回采引起的应力集中系数，按 1.5 进行计算；H 为开采深度，按 300m 考虑；γ 为上覆岩层平均容重，取 25kN/m³。

因此可以求出回采引起的塑性区宽度为：R_0=6.4m。

2.2 掘进引起的塑性区宽度(R)

工作面主运巷沿煤层布置，其开挖后，巷道周边围岩应力重新分布，两侧煤体边缘首先遭到破坏，并逐步向深部扩展和转移，直至弹性区边界。同理，根据极限平衡理论可求得掘进巷道周边煤体的塑性区宽度 R 为：

$$R = \frac{h\lambda}{2\tan\varphi_0}\ln\left[\frac{K\gamma H + \dfrac{C_0}{\tan\varphi_0}}{\dfrac{C_0}{\tan\varphi_0}+\dfrac{P_x}{\lambda}}\right]$$

式中，h 为巷道高度，3.5m；λ 为侧压系数，$\lambda=\mu/(1-\mu)$，μ 为泊松比，$\lambda=0.22/(1-0.22)=0.282$；$\varphi_0$ 为煤体交界面内摩擦角，取 26.84°；C_0 为煤体交界面黏聚力，取 0.73MPa；K 为掘巷引起应力集中系数，取 1.5；H 为巷道埋深，按 300m 计算；γ 为上覆岩层平均容重，取 25kN/m³；P_x 为巷道煤帮支护强度，取 0.1MPa。

因此可以求出掘巷引起的塑性区宽度为：R=1.9m。

因此护巷煤柱保持稳定状态的宽度为：

$$B \geqslant R_0 + 2h + R = 6.4 + 2\times 3.5 + 1.9 = 15.3\text{m}$$

由于大巷服务时间较长，煤柱长期承受高支承压力的影响，很可能造成煤柱因长期处于塑性流动状态而遭到破坏。故在考虑煤柱留设宽度时，还应进一步分析煤柱内高应力的叠加程度，尽量避免回采与掘进造成的应力峰值区在煤柱内形成叠加，方可有效保证煤柱的长期稳定。

进一步考虑双侧采动引起的塑性区宽度：

$$B \geqslant 2R_0 + 2M = 33.8\text{m}$$

由计算可知，护巷煤柱宽度应大于 15.3m，方可避免回采与掘进形成的塑性区连通；考虑双侧采动影响的前提下，护巷煤柱尺寸需大于 33.8m。

3 煤柱宽度数值模拟分析

为了分析合理的煤柱宽度留设，采用 FLAC³ᴰ 数值模拟软件[2~5]研究大巷护巷煤柱宽度和区段煤柱宽度留设问题。大巷护巷煤柱的两侧分别是大巷（使用时间较长）和回采工作面。

研究护巷煤柱宽度留设数值计算步骤如下：(1)建立数值模型；(2)根据巷道地质与生产条件，确定模型模拟范围、模型网格、边界条件。为了真实反映巷道围岩变形特征，特别是岩石屈服后的力学行为，而又不使计算速度过慢，计算采用应变软化模型。

模拟采用的各岩层根据 T3 钻孔柱状图建立，如图 2 所示。

其中相近的岩层合并考虑。模拟考虑了 60m 的底板，煤层厚度按 10.5m 考虑。模型上方松散层共 220m 按照等效载荷代替，按下式计算：

$$p = \sum H\rho g$$

式中，H 为煤层上方未模拟煤层的厚度，取 220m；ρ 为相应的煤岩层密度，取平均 2500kg/m³；g 为重力加速度，取 9.81m/s²。

整个模型 4 个立面均固定法向位移，底面同样固定法向位移。煤岩层物理力学参数按试验室测定数据给定，没有试验数据的岩层属性按岩性的平均取值给定，将煤层按两层建立。所建立的模型如图 3 所示。

大巷护巷煤柱宽度的模拟方案从大煤柱开采逐渐减小，通过对比支承应力峰值、塑性区分布范围与支承应力影响范围逐级淘汰，最终确定最优方案。模拟过程与分析如图 4~图 8 所示。

如图 4 所示，大巷与回采空间留设 60m 护巷煤柱时，煤柱中部 50m 的范围仍属于弹性区，两侧破坏区仅 10m，且大巷侧破坏范围小，仅出现 1m 塑性区。从支承应力分布情况来看，其峰值达到 1.95。

2 巷道围岩控制

累厚/m	层厚/m	柱状	岩 性 描 述
295.92	277.52		无岩芯钻进
303.00	7.08		深灰色砂质泥岩,水平层理,含植物化石,节理发育
307.00	4.00		灰色细砂岩,泥质胶结,夹粉砂岩薄层,节理发育
309.05	2.05		深灰色泥岩,含植物叶片化石,节理发育,岩芯破碎
311.40	2.35		2号煤,粉状
321.500	10.10		深灰色泥岩,破碎,中部夹砂质泥岩薄层,底部1.00m微含炭质
326.20	4.07		5号煤,粉状,夹石为泥岩
327.05	0.85		深灰色泥岩,碎块状,含植物碎片化石
328.00	0.95		煤,粉状
331.00	3.00		深灰色泥岩,水平层理,含植物化石,节理发育,岩芯破碎
343.80	12.80		灰色细砂岩,松软,全层受挤压严重,夹粉砂岩薄层,节理发育
352.00	8.20		深灰色砂质泥岩,水平层理,含菱铁质结合,节理发育
357.50	5.50		灰色细砂岩,钙质胶结,节理发育
370.50	13.00		深灰色泥灰岩,水平层理,含植物化石及少量黄铁矿,节理发育
371.80	1.30		深灰色泥灰岩,泥质含量高,裂隙发育,含方解石脉
373.75	1.95		深灰色泥岩,水平层理,含植物叶片化石,节理发育
375.10	1.35		4号煤,粉状
379.00	3.90		深灰色泥岩,水平层理,含植物根化石,下部夹粉砂层薄层
385.00	6.00		灰色细砂岩,钙质胶结,夹粉砂岩条带,节理发育
392.70	7.70		深灰色砂质泥岩,水平层理,含植物碎片化石及少量黄铁矿
395.00	2.30		深灰色石灰岩,隐晶质,含动物碎片化石,裂隙发育
408.00	13.00		5号煤,粉状,夹石1、2为泥岩

图 2 T3号钻孔柱状图

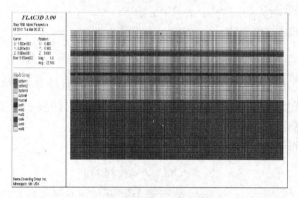

图 3 建立的数值模型

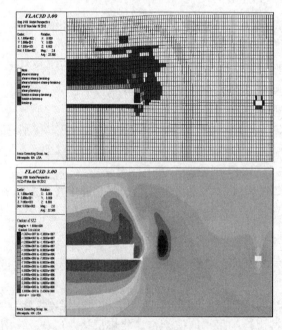

图 4 60m护巷煤柱塑性破坏与应力分布情况

如图 5 所示,大巷与回采空间留设 50m 护巷煤柱时,煤柱中部 39m 的范围仍属于弹性区,两侧破坏区范围为 11m,大巷侧破坏范围仍为 1m。从支承应力分布情况来看,其峰值达到 1.93。与图 4 所示留 60m 护巷煤柱相比,综合应力与煤柱稳定性两方面考虑,留 50m 护巷煤柱显然优于 60m 护巷煤柱。

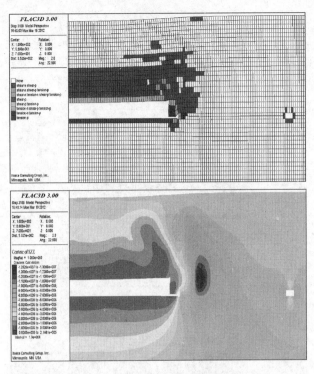

图 5　50m 护巷煤柱塑性破坏与应力分布情况

如图 6 所示，大巷与回采空间留设 45m 护巷煤柱时，煤柱中部 34m 的范围仍属于弹性区，两侧破坏区范围为 11m，大巷侧破坏范围仍为 1m。从支承应力分布情况来看，其峰值达到 1.96。与图 5 所示留 50m 护巷煤柱相比，综合应力与煤柱稳定性两方面考虑，留 45m 护巷煤柱的方案更优。

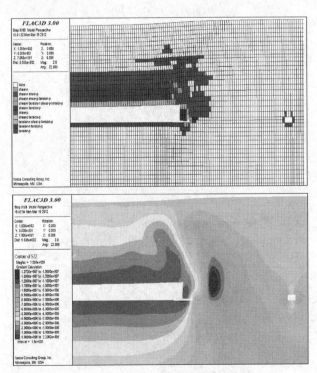

图 6　45m 护巷煤柱塑性破坏与应力分布情况

如图 7 所示，大巷与回采空间留设 40m 护巷煤柱时，煤柱中部 29m 的范围仍属于弹性区，两侧破坏区范围仍保持在 11m，大巷侧破坏范围仍为 1m。从支承应力分布情况来看，其峰值达到约 1.98。与图 6 所示留 45m 护巷煤柱相比，塑性区破坏范围没有增加，仅支承应力峰值略有上升，因此图 7 所示的留 40m 护巷煤柱的方案更优于 45m。

如图 8 所示，大巷与回采空间留设 35m 护巷煤柱时，煤柱中部 24m 的范围仍属于弹性区，两侧破坏区范围仍保持在 11m,大巷侧破坏范围仍为 1m。从支承应力分布情况来看,其峰值达到 2。与图 7 所示留 40m 护巷煤柱相比,虽然煤柱的破坏范围与峰值变化很小,但是从开采引起的整体支承应力分布情况来看,大巷处于开采引起的高应力区,综合实际回采情况,考虑双侧采动,当大巷另一侧开采后,必然造成大巷的支承应力峰值进一步增加,塑性区的范围也相应增加,因此,认为开采范围与大巷之间留设 40m 护巷煤柱合理。

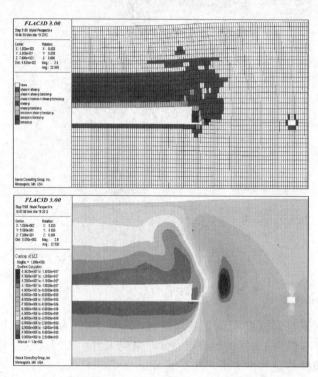

图 7　40m 护巷煤柱塑性破坏与应力分布情况

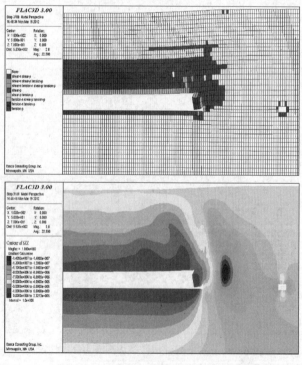

图 8　35m 护巷煤柱塑性破坏与应力分布情况

4　结论

论文针对实际工程背景条件下大巷煤柱尺寸的留设展开研究,采用理论分析与计算机数值模拟实验两种手段，研究中首先采用理论计算分析得到双侧采动的前提下，需要留设不小于 33.8m 的大巷煤柱，随后，通过计算机数值模拟对理论计算结果进行验证，采用从大煤柱逐渐缩小的方法，分别对 60m、50m、45m、40m 以及 35m 护巷煤柱逐个模拟，模拟中发现，40m 宽的煤柱在支承应力与稳定性方面优于其他几个方案，与 35m 护巷煤柱相比，支承应力峰值与稳定性没有特别大的变化，但是从支承应力分布的范围来看，40m 护巷煤柱的情况下，大巷处于支承应力影响区之外，而 35m 处于支承应力影响之内，再考虑双侧开采的情况，40m 宽的煤柱方案优于 35m，最终确定该矿大巷保护煤柱尺寸为 40m。

参 考 文 献

[1] 钱鸣高, 石平五. 矿山压力与岩层控制[M]. 徐州: 中国矿业大学出版社, 2003.
[2] 刘波, 韩彦辉. FLAC 原理、实例与应用指南[M]. 北京: 人民交通出版社, 2005.
[3] 萧红飞, 何学秋, 等.基于 FLAC3D 模拟的矿山巷道掘进煤岩变形破裂力电耦合规律的研究[J]. 岩石力学与工程学报, 2005(5): 85~90.
[4] 彭文斌. FLAC3D 实用教程[M]. 北京: 机械工业出版社, 2007.
[5] 陈育民, 徐鼎平. FLAC/FLAC3D 基础与工程实例[M]. 北京: 中国水利水电出版社, 2008.

坚硬顶板沿空留巷巷旁支护技术研究

蔡来生　庞绪峰

（北京昊华能源股份有限公司技术中心，北京　102300）

摘　要　本文以坚硬顶板沿空留巷为研究对象，对沿空留巷沿采空区侧坚硬顶板的破断规律进行了研究，将其分为五区（即垮落区、煤壁支撑区、一次破断区、二次破断区、错动离层区）和四阶段（即形成垮落区阶段、一次破断阶段、二次破断阶段、错动离层带形成阶段），确定设计沿空留巷最大支护载荷主要以上覆岩层的前期规律为依据，设计沿空留巷最大支护变形主要以上覆岩层后期活动规律为依据；通过对矸石墙进行抗压缩性测试和分析，研究了横向锚固矸石墙承载力变化规律，发现横向锚固矸石墙支护的承载力较大且具有较大的让压变形特性，矸石墙的压缩量随着工作面的推进表现出"较小增加—缓慢增加—急剧增加—平稳不变"的规律；现场沿空留巷的巷内支护采用"锚杆+锚索+钢带"的方式，巷旁支护采用单体液压支柱+横向锚固矸石墙，取得了良好的经济效益和社会效益，为坚硬顶板条件下沿空留巷的推广应用奠定了基础。

关键词　坚硬顶板　沿空留巷　横向锚固　矸石墙　巷旁支护

Study on Support Technology Beside Roadway Maintained Along the Goaf Under Hard Roof

Cai Laisheng　Pang Xufeng

(Technology Center, Beijing Haohua Energy Resource Co,. Ltd., Beijing 102300, China)

Abstract　Based on roadway maintained along the goaf under hard roof, rupture rules of the hard roof along the goaf were studied, which be divided into five zones (that is the caving zone, the coal wall support zone, the first rupture zone, the second rupture zone, the faulting and abscission zone) and four stages (that is the stage of forming caving zone, the stage of the first rupture, the stage of the second rupture, the stage of forming faulting and abscission zone), the determination of the maximum load of support for roadway maintained along the goaf was based on the previous rule of the overlying rock strata, and the maximum deformation of support was based on the later rule. The bearing rule of the gangue wall with transverse anchorage was studied by the compression test, which showed that the bearing capacity was larger and better yielding characteristics than the gangue wall without anchorage, the compression rule of the gangue wall showed small increase - slowly increase - sharp increase and remain stable; Using the support style of bolt, anchor cable and steel belt in roadway, and the support style of single hydraulic prop and the gangue wall with transverse anchorage beside roadway, it has achieved good economic and social benefits with roadway maintained along the goaf.

Keywords　hard roof, roadway maintained along the goaf, transverse anchorage, gangue wall, support beside roadway

我国煤矿开采中，大部分回采工作面两端的区段巷道一直沿用留煤柱的方法进行维护，煤炭损失量很大，一般占全矿煤炭损失总量的40%左右[1]。而沿空留巷是无煤柱护巷的一种方式，不仅减少了巷道的掘进量、缓解了采掘接替矛盾，还具有缩短工作面搬家时间、取消孤岛工作面、提高煤炭资源采出率、防止煤层自然发火及延长矿井服务年限等诸多优点，同时采用沿空留巷技术在控制煤矿重大事故灾害方面也具有巨大的优越性。

世界各产煤国家对沿空留巷的矿压显现、适用条件、合理支护形式及新型支护材料等都进行了大量研究。前苏联学者 B. 胡托尔诺依得到了计算沿空留巷巷旁支护切断直接顶的工作阻力计算式[2]；德国通过实测得出了预计留巷移近量的经验公式[3]；英国研制出了矸石带机械化砌筑装置[4]。陆士良[5]提出了沿空留巷顶板

作者简介：蔡来生（1962—），男，甘肃天水人，博士，高级工程师。电话：010-60822005；E-mail: cailaisheng@163.com
通信作者：庞绪峰（1984—），男，山东肥城人，博士。电话：15201290465；E-mail: fylzpxf@163.com

下沉量主要取决于"裂隙带岩层获得平衡前的强烈沉降"的重要观点；孙恒虎等[6]认为沿空留巷支护前期应以顶为主、顶让兼顾，后期支护应以让为主、让顶兼顾；漆泰岳[7]等提出了使沿空留巷巷道保持稳定的整体浇注充填支护强度与变形的理论计算方法；谢文兵[8]分析了老顶断裂位置、巷道支护技术、充填体宽度、方式和充填体强度对沿空留巷围岩稳定性影响规律；涂敏[9~12]等建立了沿空留巷顶板及支护结构的力学模型。

沿空留巷技术虽然经过近50年的研究、试验、引进和推广，有过成功的经验，但对沿空留巷坚硬顶板活动规律及采空侧顶板破断规律掌握不够，对巷旁充填体承载性能研究不够深入。因此，通过研究坚硬顶板条件下的沿空留巷顶板活动特征、充填体支护变化规律，揭示坚硬顶板条件沿空留巷围岩结构运动特征，据此形成针对性的沿空留巷巷旁充填支护控制技术，对促进我国无煤柱护巷技术的发展具有重要的理论意义和实用价值，具有很好的发展前景和技术经济优势。

1 沿空留巷采空侧坚硬顶板破断规律

坚硬顶板沿空留巷成功的关键就是提高巷旁支护和煤帮的强度，使系统整体强度增强，以适应采动影响，而其承受的载荷与采煤工作面顶板运动有直接关系[13,14]。顶板岩性越好，充填墙体所受压力越大。可将沿空留巷沿采空区侧的分期活动规律分为形成垮落区阶段、一次破断阶段、二次破断阶段、错动离层带形成阶段等四个阶段，如图1所示。

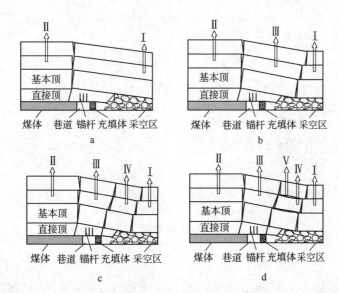

图1 采空区侧顶板破坏示意图
a—形成垮落区阶段；b——次破断阶段；c—二次破断阶段；d—错动离层带形成阶段
Ⅰ—垮落区；Ⅱ—煤壁支撑区；Ⅲ——次破断区；Ⅳ—二次破断区；Ⅴ—错动离层区
Fig.1 Rupture of roof beside the goaf

1.1 形成垮落区阶段

随着采煤工作面的推进，顶板悬露面积逐渐增大，当岩层悬露一定的跨度，顶板将会沿煤壁内一侧断裂，直到垮落岩层触矸为止，该阶段的岩层运动形式主要是拉弯破坏，如图1a所示。

巷道顶板以上岩层在煤壁内一侧断裂以后，在锚杆支护的作用下仍然保持完整的结构，并没有发生破碎现象，冒落矸石没有压实，相对巷道顶板的刚度要小，所以支护结构所承担的应力主要作用在锚杆上。充填体的作用力主要是与锚杆共同作用平衡巷道上方直接顶及其悬臂部分岩层的重量，该阶段充填体受力较小，锚杆和充填体的受力变化趋势如图2a所示，锚杆和充填体受力都有所增加，但锚杆受力变化更明显，锚杆是整个支护体系的主要承载体，充填体由于是人工堆砌而成，初始刚度较小，只能对锚杆支护起到一个辅助支护的作用。

1.2 一次破断阶段

采空区下位岩层触矸以后，采空区顶板由应力释放状态转变为承载状态，在断裂线位置处形成加载空间，使上覆岩层继续向下运动,当顶板承受的应力达到一定限度时,将产生自下而上的垮落。越先垮落的岩层对支护的影响越大,后继垮落对支护产生的冲击会被前期垮落所形成的自稳结构吸收部分,作为弹性应变能或塑性应变能储存起来。在固定边界处,前后垮落的岩层形成的一个"倒台阶",即后序垮落边界总是在前序垮落边界的外侧,如图1b所示。

一次破断的断裂线位置产生在采空区内部,垮落岩层受到冒落矸石带的支撑,基本处于稳定状态,一次破断区在该阶段运动较小,基本没有变化,但是充填体和锚杆的受力仍然会继承第一阶段的变化趋势,只是变化趋于缓和,如图2b所示。一次破断区的旋转下沉将对充填体继续施压,使得充填体进一步被压实,为上覆岩层的二次破断创造了条件。

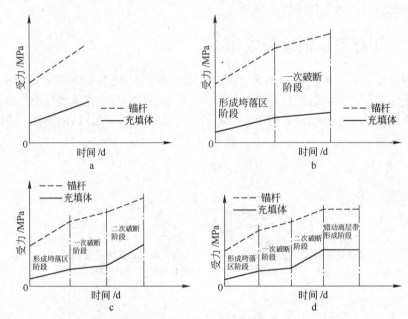

图2 锚杆与充填体受力变化趋势图
a—形成垮落区阶段; b—一次破断阶段; c—二次破断阶段; d—错动离层带形成阶段
Fig. 2 Stress of bolts and fillings

1.3 二次破断阶段

随着垮落层位的不断提高,岩层残留边界由承载状态转入了加载状态。当加载达到一定程度,即达到下位岩层整个残留边界的总极限承载能力时,残留边界就会产生"二次破断"。二次破断的破断线不是一条而是多条分布在一个区域上,如图1c所示。由于充填体侧单体液压支柱的作用,对顶板起到了很好的切顶作用,从而使二次破断线产生在充填体采空区一侧,充填体所承受的应力和位移加大。二次破断区的下沉必然导致一次破断区的运动,从而对煤壁的变形产生较大的影响,所以该阶段除了要优化充填体支护体系,还要对煤壁侧进行有效的支护,防止下一阶段的运动对煤壁产生更大的影响。

由于前期垮落的岩层已压实,并在边界处形成了稳定结构,这种边界结构对二次破断岩层有很好的承载作用。当边界结构的刚度等于或大于煤体的刚度时,其垮落所造成的应力将主要分布在煤帮侧,其上覆岩层的下沉将以平移甚至旋转的形式表现,压力作用在煤帮,会加剧煤帮的挤出。此阶段必须加强对煤帮的支护,给予煤帮足够的支承力。此时支护体系所承担的应力主要有两方面,一方面来自二次破断区产生的压力,它将会对充填体的承载力产生直接的影响;另一方面来自垮落岩层的"夹持"作用,它使得锚杆的作用机理由原来的悬吊作用转变为组合梁作用。这两个方面的压力对充填体和锚杆的受力产生了较大的变化,如图2c所示。

在二次破断阶段,上覆岩层运动最为剧烈,这就要求充填体应具有一定的可缩量来适应高应力的冲击,通过适当的让压变形,利用基本顶岩梁和冒落矸石的承载能力,让充填体与锚杆在维护巷道稳定过程中共同发挥作用,同时充填体还应能够适应"硬支多载"的顶板下沉规律,使其具有足够的支撑能力在留巷顶板运动平衡过程中发挥作用,促成基本顶沿充填体边缘切顶,使侧向顶板及时及早垮冒,从而形成对巷道维护有利的外部结构环境,减缓巷道的动载,沿空留巷很快进入稳定状态,缩短过渡期留巷围岩剧烈活动的周期,降低留巷顶板的下沉量。

如果在该阶段采用了恰当的支护方式，则能改变下位岩层(尤其是初次垮落岩层)的断裂边界位置，进而改变整个断裂线的位置，优化墙体的受力结构，有利于沿空留巷的围岩控制。这种特点是研究沿空留巷支护对围岩前期作用的重要依据。

1.4 错动离层带形成阶段

随着"二次破断"的发展，已经稳定的岩层上方平衡的未垮岩层还会失去平衡，产生下沉。该阶段对岩层运动的影响已经很小，"二次破断"引起的岩层的剧烈运动开始趋于稳定，顶板不会再产生破断，上覆岩层的运动形式主要以平移下沉为主，一次破断区在平移下沉的过程中，会对二次破断区产生挤压，导致二次破断区岩层下沉不均匀，产生错动离层，如图1d所示。

二次破断到形成错动离层带的过程中，煤帮承受的支承压力较为集中，所以在留巷施工过程中煤帮会产生一定的破坏，如果上覆岩层下沉的角度较大，留巷巷道的顶板就会沉降剧烈。因此，在沿空留巷施工中控制煤帮剧烈位移是保持沿空留巷围岩稳定关键技术之一。上覆岩层的平移或者旋转下沉所产生的应力主要作用在煤壁上，充填体和锚杆受力变化较小，基本上没有变化，如图2d所示。

由上述分析可知，沿空留巷顶板和煤帮的变形主要是由二次破断和错动离层带形成阶段引起的，而充填体的水平变形主要是由垮落区形成阶段和一次破断阶段造成的。因此，设计沿空留巷最大支护载荷主要以上覆岩层的前期规律为依据，设计沿空留巷最大支护变形主要以上覆岩层后期活动规律为依据。

2 横向加锚矸石墙巷旁支护机理

2.1 加锚矸石墙承载力变化规律

随着工作面的推进，顶板岩层会不断的运动、断裂，矸石墙的承载力也在发生变化,这也直接反映了沿空留巷顶板的运动规律。在底板比压测试原理的基础上，改进其测试方法，对无锚杆约束和横向锚固的矸石墙进行抗压缩性测试，如图3所示。

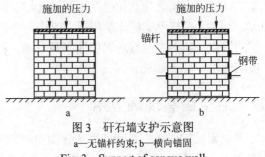

图3 矸石墙支护示意图
a—无锚杆约束；b—横向锚固
Fig. 3 Support of gangue wall

根据测试结果（如图 4 所示）可以看出，随着矸石墙的不断压缩，矸石墙的承载力不断增大，开始增加比较缓慢，然后变化率不断增大，当承载力达到一定值时，承载力减小。在无锚杆约束的情况下，矸石墙承载力仅为 6.5MPa，在超过其极限承载力以后，表现出缓慢软化的特性。在横向锚固的情况下，由于受到来自侧向的约束，矸石墙承载力变化在开始阶段就表现出较快的增加，相比无锚杆情况下，承载力也更大，达到了 13.4MPa。

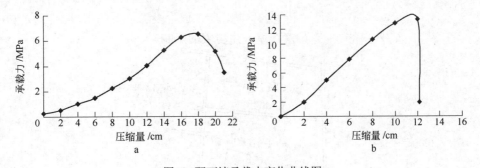

图4 矸石墙承载力变化曲线图
a—无锚杆约束；b—有锚杆约束
Fig. 4 The bearing capacity of gangue wall

根据现场试验现象，在有锚杆约束的情况下，矸石墙最终失去承载力是由于锚杆瞬间破坏拔出造成的，如果锚杆仍然能够提供侧向的约束，矸石墙承载力会因为其本身的应变硬化特性不断增大。与此同时，横向锚固矸石墙具有一个较大的变形，间接地反映出其所具有的让压变形的特性，相比一些刚性支护，横向锚固矸石墙巷旁支护在这方面具有较大的优势。

2.2 矸石墙压缩量变化规律

随着工作面的推进，矸石墙的压缩量表现出"较小增加—缓慢增加—急剧增加—平稳不变"的规律。在滞后工作面10~20m时，矸石墙压缩量增加趋势较小，当工作面继续推进时，矸石墙压缩量开始以一个恒定的速率缓慢增加，直到滞后工作面35m左右时，由于岩层的剧烈运动，其压缩量开始急剧增加，当达到140mm左右时，其压缩开始保持不变，如图5所示。

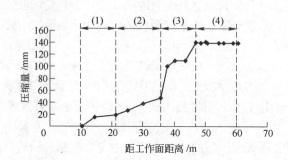

图5 矸石墙压缩量随工作面推进变化情况
Fig.5 The compression of the gangue wall

在工作面开始推进过程中，顶板岩层运动受到的采动影响较小，顶板岩层主要在实体煤一侧断裂，该阶段对整个支护体系的影响较小。随着工作面的继续推进，将会产生传递岩梁的第一次断裂，使得基本顶上覆各组同时运动的岩层跨度逐渐减小，断裂岩梁对矸石墙产生一定的压力，矸石墙压缩量及承载力开始缓慢增加。当断裂岩层之间互相受到不断地加持、挤压作用时，顶板岩层开始发生二次断裂，矸石墙压缩量急剧增大，该阶段对整个支护体系和围岩的稳定性将造成了巨大的影响，也是沿空留巷整个过程中岩层运动最为剧烈的阶段。随着二次破断岩层的不断发展，顶板岩层将逐渐趋于稳定，顶板不会再产生破断，此时监测指标也将会稳定在一定的值保持不变。

3 沿空留巷现场应用

以木城涧煤矿三槽西四壁工作面中顺槽沿空留巷为例，工作面标高610~625m，地面标高900~1100m。工作面走向长155m，倾向长平均76m，面积11323m²。煤层厚度1.0~2.5m，平均厚度1.8m，煤层走向平均70°，煤层倾角平均15°。上距五槽平均32m，五槽未采掘；下距二槽平均22m，二槽未采动。煤层顶底板较为稳定，主要为粉砂岩。

随着本工作面的回采在西四壁中顺槽采用矸石带充填进行沿空留巷，如图6所示。

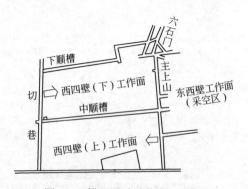

图6 三槽西四壁工作面平面图
Fig.6 Plan of workface in coal mine

木城涧煤矿三槽西四壁中顺槽直接顶厚度2.0~5.0m，平均4.0m；巷道净宽3.0m，净高2.0m。巷内支护采用"锚杆+锚索+钢带"支护，巷旁支护采用单体液压支柱支护，沿矸石充填体巷道一侧每隔1.0m支设1根单体液压支柱，如图7所示。采用单体液压支柱支护不仅可以提供足够的支护阻力，而且在充填体压缩让压时可以分担充填体的压力，防止一次断裂线位置的变化，维护巷道顶板结构的稳定。

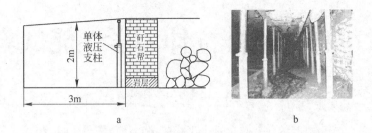

图 7 巷旁支护示意图
a—支护断面图；b—支护效果图
Fig.7 Support beside roadway maintained along the goaf

通过现场监测可知，一次采动（即西四壁（上）工作面开采）中，顶底板和两帮的移近量都是先逐渐增大，然后保持稳定；二次采动（即西四壁（下）工作面开采）对顶底板和两帮的移近量影响较小，对工作面开采影响不大。现场实践证明，采用单体液压支柱+横向锚固矸石墙的沿空留巷巷旁充填支护技术在木城涧煤矿三槽西四壁工作面中顺槽取得了成功，留巷整体效果好，如图 7b 所示。

4 结论

（1）针对坚硬顶板沿空留巷的特点，将顶板沿采空区侧的活动规律分为五区（即垮落区、煤壁支撑区、一次破断区、二次破断区、错动离层区）和四阶段（即形成垮落区阶段、一次破断阶段、二次破断阶段、错动离层带形成阶段）。沿空留巷顶板和煤帮的变形主要是由二次破断和错动离层带形成阶段引起的，而充填墙体的水平变形主要是由垮落区形成阶段和一次破断阶段造成的，因此，设计沿空留巷最大支护载荷主要以上覆岩层的前期规律为依据，设计沿空留巷最大支护变形主要以上覆岩层后期活动规律为依据。

（2）通过对矸石墙进行抗压缩性测试和分析，研究了横向加锚矸石墙承载力变化规律，对矸石墙在无锚杆约束和有锚杆约束下的承载力进行了测试，测试结果表明横向加锚矸石墙支护的承载力较大且具有较大的让压变形特性，随着工作面的推进，矸石墙的压缩量表现出"较小增加—缓慢增加—急剧增加—平稳不变"的规律。

（3）现场实践证明，采用单体液压支柱+横向锚固矸石带的沿空留巷支护技术控制巷道围岩变形和保障安全开采取得了良好的效果，为坚硬顶板条件下沿空留巷的推广应用奠定了基础。

参 考 文 献

[1] 邢攀. 沿空掘巷中锚筋夹芯煤柱混凝土隔离墙的结构性能研究[D]. 西安: 西安科技大学, 2012.
[2] 熊化云, 武正晨. 国外无煤柱护巷防治漏风发火综述[J]. 江苏煤炭科技, 1984(4): 45~49.
[3] 赵兵文. 坚硬顶板保护层沿空留巷 Y 型通风煤与瓦斯共采技术研究[D]. 北京: 中国矿业大学(北京), 2012.
[4] 王勇. "三软"倾斜煤层沿空留巷巷旁支护技术研究[D]. 重庆: 重庆大学, 2012.
[5] 陆士良. 无煤柱护巷的矿压显现[M]. 北京: 煤炭工业出版社, 1982.
[6] 孙恒虎, 吴健, 邱运新. 沿空留巷的矿压规律及岩层控制[J]. 煤炭学报, 1992(1): 58~61.
[7] 漆泰岳. 沿空留巷整体浇注护巷带主要参数及其适应性[J]. 中国矿业大学学报, 1999, 28(2): 122~125.
[8] 谢文兵. 综放沿空留巷围岩稳定性影响分析[J]. 岩石力学与工程学报, 2004, 23(18): 3059~3065.
[9] 涂敏. 沿空留巷顶板运动与巷旁支护阻力研究[J]. 辽宁工程技术大学学报(自然科学版), 1999(4): 69~73.
[10] 马立强, 张东升, 陈涛, 范钢伟. 综放巷内充填原位沿空留巷充填体支护阻力研究[J]. 岩石力学与工程学报, 2007, 26(3): 544~550.
[11] 朱川曲, 张道兵, 施式亮, 缪协兴. 综放沿空留巷支护结构的可靠性分析[J]. 煤炭学报, 2006, 31(2): 141~144.
[12] 华心祝, 马俊枫, 许庭教. 锚杆支护巷道巷旁锚索加强支护沿空留巷围岩控制机理研究及应用[J]. 岩石力学与工程学报, 2005, 24(12): 2107~2112.
[13] 谭云亮, 刘传孝. 巷道围岩稳定性预测与控制[M]. 徐州: 中国矿业大学出版社, 1999.
[14] 谭云亮, 宁建国, 赵同彬, 臧传伟. 深部巷道围岩破坏及控制[M]. 北京: 煤炭工业出版社, 2011.

弯曲式可伸长锚杆拉伸力学性能试验研究

王斌[1,2,3]　曾泽民[1]　曾国正[1]　王卫军[1]　赵伏军[1]　樊宝杰[1]

(1. 湖南科技大学能源与安全工程学院，湖南湘潭　411201；
2. 中国矿业大学深部岩土力学与地下工程国家重点实验室，北京　100083；
3. 湖南科技大学煤矿安全开采技术湖南省重点实验室，湖南湘潭　411201)

摘　要　可伸长锚杆在目前的锚杆支护巷道中应用极其广泛，但可伸长锚杆作用机理的研究尚需进一步深入。弯曲式锚杆是可伸长锚杆的重要类型，采用万能液压试验机对ϕ18mm 直径的不同弯曲段的弯曲锚杆进行拉伸试验，研究了弯曲锚杆的变形特点、基本力学参数和破坏形态。对比相同材料的直锚杆拉伸试验，弯曲式锚杆出现塑性的强度要小于普通直杆，能提供良好的初期变形效果，但屈服强度和极限强度没有明显降低，弯曲锚杆的弯曲段与直杆段过渡连接处容易破坏，相关试验结论对于软岩或硬岩巷道支护具有借鉴意义。

关键词　弯曲式可伸长锚杆　拉伸试验　巷道支护

Experimental Study on the Tensile Mechanical Properties of the Bending Extensible Bolt

Wang bin[1,2,3]　Zeng Zemin[1]　Zeng Guozheng[1]　Wang Weijun[1]
Zhao Fujun[1]　Fan Baojie[1]

(1. School of Energy and Safety Engineering, Hunan University of Science and Technology,
Hunan Xiangtan 411201, China;
2. State Key Laboratory for Geomechanics and Deep Underground Engineering,
China University of Mining and Technology, Beijing 100083, China;
3. Hunan Provincial Key Laboratory of Safe Mining Techniques of Coal Mines,
Hunan University of Science and Technology, Hunan Xiangtan 411201, China)

Abstract　The extensible bolt was already widely applied in supporting the roadway, but its mechanism needed to be researched further. The bending bolt is an important type of extensible bolt, the 18mm-diameter bending extensible bolts with different amount of bending parts are studied by tensile test on the hydraulic universal testing machine, the results of which involve the deformation features, the basic mechanical parameters and the failure modes. Compared with the tensile test of straight bolts, the bending extensible bolt with the plastic strength less than the straight one can provide the enough early deformation, but its yield strength and ultimate strength don't decrease significantly. The conjunctions between the bending part and the straight part of the bending extensible bolt easily rupture. All the test results have a great significance for reference to the soft rock roadway support or the hard rock roadway support.

Keywords　the bending extensible bolt, tensile test, roadway support

可伸长锚杆是指具有一定支护阻力又具有较大伸长量的锚杆，既能维护好围岩不垮落，又具有很好的让压性能而不易破断，从而保证锚杆支护巷道的安全可靠。国外从 20 世纪 70 年代开始研究可伸长锚杆[1]，相关成果较多，德国较早研制了蒂森型可延伸锚杆，前苏联研制了波浪形可延伸锚杆，南非研发出锥形 Conebolt 锚杆[2]，挪威研发出 D 型可伸长锚杆[3]；国内在这方面的研究始于 20 世纪 80 年代，如 H 型杆体可拉伸锚杆和孔口压缩式可伸长锚杆等[4-6]。可伸长锚杆是基于软岩巷道大变形特点、针对软岩巷道支护提出的一类锚

基金项目：国家自然科学基金资助项目(51374105)；中国矿业大学深部岩土力学与地下工程国家重点实验室开放基金资助项目(SKLGDUEK1214)；湖南省教育厅资助项目(12B045，12CY013)；湖南省科技厅资助项目(2013TP4057-2)；湖南省大学生研究性学习和创新性实验计划项目(201310534001)。
作者简介：王斌(1975—)，男，广州梅县人，博士，副教授、硕士生导师，主要从事采矿与岩石力学方面的教学与研究工作。电话：13047227855；E-mail：wangbinhnust@sina.com

杆形式，但在硬脆围岩中亦可以很好应用[7]，以何满潮教授研制的套管式恒阻大变形锚杆为典型，该锚杆在锦屏二级水电站硬岩岩爆防治发挥了较好的效果[8]。可伸长锚杆按其基本工作原理来分，可归纳为锚杆杆体可伸长及锚杆结构元件滑动可伸长两大类[1]，按可伸长构件的位置可分为锚孔内布置和锚孔外布置。

弯曲式可伸长锚杆是一类典型的可伸长锚杆，其结构形状与前苏联的波浪形可伸长锚杆类似，由两端直杆部分和中间弯曲段部分组成，如图1所示。对比诸种可伸长锚杆，弯曲式可伸长锚杆具有加工简单、成本较低、容易安装、操作方便的优势。国内外对锚杆弯曲段的应用已有很多，郭长生[9]较早对$\phi 16mm$ 的波形可伸长锚杆的工作状态进行了测定，CHARLIE CHUNLIN LI[3]将杆体弯曲段作为可伸长锚杆的锚固单元，王斌[7]等针对硬岩岩爆控制提出了以弯曲段为伸长构件的动静组合锚杆。目前，弯曲式可伸长锚杆作用机理的研究尚需进一步深入，尤其是对其的室内杆体拉伸试验研究较少。本文选用$\phi 18mm$ 的螺纹钢加工不同弯曲段数量的杆体，采用万能液压试验机进行拉伸试验，研究弯曲锚杆的基本力学指标和破坏形态。

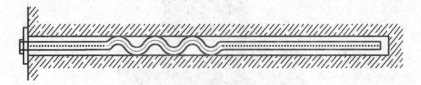

图1 弯曲式可伸长锚杆结构
Fig.1 Structure of the bending extensible bolt

1 试验过程

1.1 锚杆试验试样

制作弯曲式可伸长锚杆试样的关键在于杆体弯曲段的加工，结合文献[10]的研究，选用$\phi 18mm$ 的HRB400 螺纹钢，采用热弯加工，分别制作具有1个、2个、3个弯曲段的锚杆试验试样，考虑到试验机夹具的距离和行程，锚杆试样的长度为0.65m，夹持后杆体自由长度为0.52m左右，每个弯曲段的轴向跨度为0.1m左右，图2为三种弯曲段的锚杆试样。

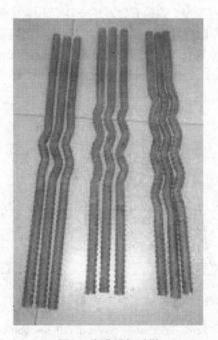

图2 弯曲锚杆试样
Fig.2 Bending bolt samples

1.2 试验系统

拉伸试验是在湖南科技大学工程检测中心试验室的 WA-D 型万能液压试验机上完成的。该试验机为下置油缸型,是普通液压式万能试验机的最佳升级机型,配有液压自动夹具,从根本上解决了夹持试样打滑的问题,配备全数字化 GT-M200 系列电脑测控系统,结合功能强大的 GT-T2002 用户软件包,进行数据采集、保存、处理和打印试验结果。图 3 为正在拉伸弯曲锚杆试样的试验系统。

图 3 万能液压试验机
Fig.3 Hydraulic universal testing machine

2 试验结果分析

2.1 弯曲锚杆的变形特点

图 4 为三种工况锚杆试样拉伸受力与变形量关系典型曲线图,并和直杆的拉伸情况进行了对比。由图 4 可以看出,弯曲锚杆与直锚杆的变形特点有明显差异,直锚杆拉伸变形包括弹性阶段、屈服阶段、强化阶段,而弯曲锚杆拉伸时弹性阶段范围明显变窄,约为直锚杆的一半范围,在弹性和屈服阶段之间出现非线性塑性特点,随着弯曲段数量的增加,屈服阶段逐渐不明显,总体而言,出现塑性的强度要明显小于普通直杆。可见,弯曲锚杆能提供良好的初期变形效果,三个弯曲段锚杆屈服前的变形量是直锚杆的一倍。弯曲锚杆的极限变形量随着弯曲段数量增加而增加,但比直杆的极限变形量要小,这说明热弯加工对杆体的延展性有一定程度的影响。

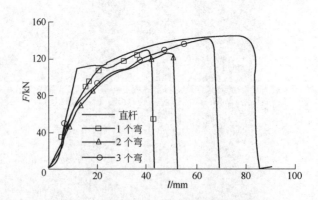

图 4 不同锚杆的受力与变形量曲线图
Fig.4 Force-deformation curves of different bolt samples

2.2 弯曲锚杆的强度特征

表 1 为三种弯曲段锚杆试样拉伸强度与直锚杆强度的对比,由该表分析,弯曲段的存在对锚杆强度的影响不大。弯曲锚杆和直锚杆的屈服强度接近,均为 106kN 左右,弯曲锚杆的极限强度比直锚杆平均降低不

到 6%。弯曲锚杆的强度并没有随着弯曲段的数量增加而降低，基本保持相同强度。可见，弯曲锚杆在强度方面是所保证的，这说明热弯加工对杆体的强度影响不大。

表 1　不同弯曲段锚杆力学参数
Table 1　Mechanical parameters of different bending bolt samples

弯段数量	编号	屈服强度/kN	极限强度/kN
无弯段（直杆）	01	107	144
	02	110	153
1 个弯曲段	11	108	129
	12	107	136
	13	110	147
2 个弯曲段	21	105	135
	22	107	141
	23	106	138
3 个弯曲段	31	106	141
	33	107	139

2.3　弯曲锚杆的破断特征

图 5 为弯曲锚杆拉伸破断后的情况，由图可以看出，断裂位置多数在弯曲段与直杆段过渡连接处，该连接处为弯曲锚杆的薄弱部分，受拉时会首先断裂。因此，对弯曲锚杆进行设计加工时，要处理好弯曲段与直杆段过渡连接处。

图 5　弯曲锚杆破断情况
Fig.5　Rupture of bending bolt samples

3　结论

（1）弯曲锚杆与直锚杆的变形特点有明显差异，弯曲锚杆拉伸时弹性阶段范围明显变窄，出现塑性的强度要明显小于普通直杆，弯曲锚杆能提供良好的初期变形效果。

（2）弯曲段的存在对锚杆强度的影响不大。弯曲锚杆和直锚杆的屈服强度接近，极限强度比直锚杆平均降低不到 6%。同时，弯曲段的数量对弯曲锚杆的强度影响不大。

（3）弯曲锚杆拉伸破断位置多数在弯曲段与直杆段过渡连接处，对弯曲锚杆进行设计加工时，要处理好弯曲段与直杆段过渡连接处。

（4）杆体弯曲段的加工采用热弯处理，对杆体的延展性有影响，但对杆体的强度影响不大。弯曲段可以考虑采用模具冷弯加工或浇模成型，相关试验需要进一步开展。

参 考 文 献

[1] 何满潮. 中国煤矿锚杆支护理论与实践[M]. 北京: 科学出版社, 2004.
    He Manchao. Theory and practice of bolt support in Chinese coal mines[M]. Beijing: Science Press, 2004.
[2] Anders Ansell. Laboratory testing of a new type of energy absorbing rock bolt[J]. Tunnelling and Underground Space Technology, 2005(20): 291~330.

[3] Charlie Chunlin Li. A new energy absorbing bolt for rock support in high stress rock masses[J]. International Journal of Rock Mechanics and Mining Sciences, 2010(47): 396~404.

[4] 何亚男. H 型杆体可拉伸锚杆的原理及应用[J]. 矿山压力与顶板控制, 1991(3): 7~9.
He Ya'nan. Principle and application of H-type bolt with extensible rod[J]. Mine Pressure and roof control, 1991(3): 7~9.

[5] 侯朝炯, 何亚男. 杆体可伸长锚杆的原理及应用[J]. 岩石力学与工程学报, 1997, 16(6): 544~549.
Hou Chaojiong, He Ya'nan. Principle and application of rockbolts with extensible rod[J]. Chinese Journal of Rock Mechanics and Engineering, 1997, 16(6): 544~549.

[6] 赖应得, 索金生. 几种可伸长锚杆[J]. 煤矿开采, 1998, 32(3): 49~50.
Lai Yingde, Suo Jinsheng. Some extensible bolts[J]. Coal Mining, 1998, 32(3): 49~50.

[7] 王斌, 李夕兵, 马春德, 等. 岩爆灾害控制的动静组合支护原理及初步应用[J]. 岩石力学与工程学报, 2014, 33(6): 1169~1179.
Wang Bin, Li Xibing, Ma Chunde, et al. Static-dynamical combination support mechanism and preliminary application of rockburst disaster controlling [J]. Chinese Journal of Rock Mechanics and Engineering, 2014, 33(6): 1169~1179.

[8] 李元, 张鹏, 张东明, 等. 防冲抗爆恒阻大变形锚杆在锦屏二级水电站引水隧洞岩爆段施工中的应用[J]. 成都大学学报(自然科学版), 2012, 31(3): 284~286.
Li Yuan, Zhang Peng, Zhang Dongming, et al. Construction technology application of scour burst and constant resistance and large deformation bolt in seepage diversion Tunnel of Jinping Hydroelectric Station II [J]. Journal of Chengdu University(natural science edition), 2012, 31(3): 284~286.

[9] 郭长生, 杨更社. 蛇形可伸长锚杆工作状态的测定[J]. 煤炭科学技术, 1989(8): 28~29.
Guo Changsheng, Yang Genshe. Determination of the work state of the snake-shape extensible bolt[J]. Coal Science and Technology, 1989(8): 28~29.

[10] 樊宝杰, 赵伏军, 王斌, 等. 弯曲式可伸长锚杆结构及受力变形分析[J]. 矿业工程研究, 2013, 28(4): 70~75.
Fan Baojie, Zhao Fujun, Wang Bin, et al. Structure and deformation analysis of the bending extensible bolt[J]. Mineral Engineering Research, 2013, 28(4): 70~75.

沿底掘进厚煤层巷道围岩变形特征与控制对策研究

方树林

（天地科技股份有限公司开采设计事业部，北京 100013）

摘 要 以山西潞安集团佳瑞煤业 15101 工作面轨道巷为工程背景，采用 FLAC^{3D} 数值计算软件对厚煤层巷道沿底掘进时围岩受力、变形与破坏特征进行模拟分析，并在此基础上提出厚煤层巷道围岩控制对策，设计合理的锚杆锚索支护参数应用于井下，支护效果良好。

关键词 厚煤层巷道 沿底掘进 围岩变形 岩层控制 锚杆支护

Study on Surrounding Rock Deformation Features and Support Technology of Coal Roadway Along the Bottom of Thick Coal Seam

Fang Shulin

(Mining & Designing Department, Tiandi Science & Technology Co., Ltd., Beijing 100013, China)

Abstract Based on the track roadway of 15101 working face in Jiarui Coal Mine of Shanxi Lu'an Mining Group, the paper calculates and analyzes the stress, deformation and failure characteristics of thick coal seam roadway during bottom excavation period, by using the finite difference program FLAC^{3D}. Surrounding rock control countermeasures of thick coal seam roadway are proposed that provides scientific basis to the bolt support parameters design. The research outcomes have been applied on-site and received great effects.

Keywords thick coal seam roadway, bottom excavation, surrounding rock deformation, strata control, bolt support technology

1 引言

我国是一个厚煤层储量大国，也是厚煤层的开采大国。厚煤层（煤厚≥3.5 m）的储量和产量占我国现有煤炭储量和产量的 45%左右[1]，是矿井实现高产高效开采的主力煤层。以山西潞安集团佳瑞煤业为例，该矿开采下二叠统太原组 15 号煤，平均层厚 6.62m，最大层厚达 8.57m，属于典型的厚煤层矿井。煤层厚的特点决定了该类型煤层的矿井中沿底掘进巷道必然以全煤巷道居多。据报道，全国厚煤层矿区全煤巷道工程约占新建矿井井巷工程总量的 40%以上[2]。由于煤体松软、强度低、易变形等特点，厚煤层巷道支护难度较一般巷道困难。

安全、有效、快速的煤巷支护技术是保证厚煤层矿井高产高效和安全生产的必要条件。许多学者对此进行了研究，提出了多种支护方案[3~6]，但是多数未分析清楚厚煤层巷道掘进应力及围岩变形规律，导致实际支护效果迥异。因此，研究厚煤层巷道在沿底掘进过程中的围岩应力及变形特征，对于掌握全煤巷道的矿压显现规律、选择合理的支护技术、改善支护效果具有重要的指导意义。

本文以山西潞安矿业集团左权佳瑞煤业有限公司 15101 工作面轨道巷为工程背景，采用有限差分数值计算软件 FLAC^{3D} 对轨道巷在掘进阶段围岩受力、变形与破坏特征进行了模拟分析，在此基础上提出了此类厚煤层巷道沿底掘进围岩控制对策，设计了科学的锚杆锚索支护参数并应用于井下，支护效果良好。

作者简介：方树林（1987—），男，安徽枞阳人，硕士，从事巷道矿压理论与支护技术研究。电话：010-84262912；E-mail: fangshulin@tdkcsj.com

2 工程概况

15101 工作面轨道巷埋深约 275m，设计长度 504m，巷道宽 4.0m，高 3.1m，断面积 12.4m²，位于本工作面北侧，与相邻的 15101 回风巷之间的净煤柱尺寸为 25m。巷道沿 15 号煤层底板布置，掘进期间不受动压影响，其平面布置如图 1 所示。

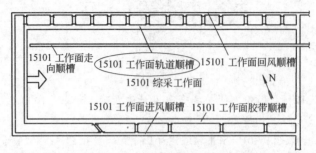

图 1 15101 工作面轨道巷平面布置图

根据钻孔窥视和围岩强度测试结果，15101 轨道巷顶板以上 0~3.82m 为伪顶，煤，平均抗压强度 12.15MPa；3.82~12.46m 为直接顶，砂质泥岩，平均抗压强度 51.82MPa；12.46~18.81m 为基本顶，石灰岩，平均抗压强度 76.39MPa。巷道底板以下 0~4.04m 为直接底，泥岩，平均抗压强度 23.47MPa；4.04~8.00m 为基本底，砂质泥岩，平均抗压强度 35.66MPa。巷道围岩综合柱状见表 1。

表 1 15 号煤层顶底板综合柱状

层号	层位	层厚/m	岩石名称	岩性特征
1	基本顶	6.35	灰岩	灰色，中厚层状，致密坚硬
2	直接顶	8.64	砂质泥岩	灰黑色，薄层状，水平层理，含黄铁矿结核，岩芯破碎
3	15 号煤层	6.62	15 号煤	黑色，亮煤为主，暗煤次之，条带状，内生裂隙发育阶梯状断口，玻璃光泽，条痕为黑色，夹矸为泥岩
4	直接底	4.04	泥岩	灰黑色，块状，软，含植物化石，岩芯呈短柱状
5	基本底	3.96	砂质泥岩	灰黑色，薄-中厚层状，贝壳状断口，软，短柱状岩芯

地质力学测试结果显示，15101 工作面区域最大水平主应力 σ_H=11.74MPa，方向 N33.6°E；最小水平主应力 σ_h=6.07MPa；垂直主应力 σ_V=6.88MPa。从数值上看，李阳煤业应力场类型为 $\sigma_H>\sigma_V>\sigma_h$ 型，属于构造应力场，水平应力占优势；从量值上看，李阳煤业应力场量值属于低应力值区域。

3 厚煤层巷道沿底掘进应力及变形特征分析

随着计算机技术的发展，数值模拟已经成为解决地质与采矿问题的有力手段，FLAC^{3D} 有限差分数值模拟软件[7]就是其中的一种。以佳瑞煤业 15101 工作面轨道巷为模拟对象，采用 FLAC^{3D} 对厚煤层巷道沿底掘进围岩应力及变形特征进行模拟分析。

根据 15101 轨道巷的地质和生产条件，建立如图 2 所示的数值模型。模型尺寸为：长×宽×高=100m×10m×110m，包含 113900 个单元体和 127512 个节点。数值计算选用 Mohr-Coulomb 本构模型，模型边界条件为：四周铰支，底部固支，上部为自由边界。煤岩体物理力学参数按表 2 取值。

3.1 应力分布与变化特征

对巷道开挖过程中掘进工作面的垂直应力、水平应力分布特征分别进行模拟，结果分别如图 3a、b 所示。

从图中可以看出，当巷道沿煤层底板掘进时，煤层下部岩层承担了大部分由于巷道开挖造成的集中垂直应力和水平应力，塑性破坏比较严重。垂直应力在巷道顶底板呈不对称分布，两侧集中区域偏巷道下部，巷道顶板的垂直应力降低区域大于巷道底板；水平应力在巷道顶底板基本对称分布，巷道底板的应力集中程度及范围大于巷道顶板，水平应力降低区域在巷道两侧对称分布，但在巷道上部应力降低区域明显扩大（煤层范围内）。

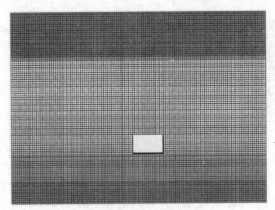

图 2 15101 工作面轨道巷数值模型图

表 2 煤岩体物理力学参数

序号	顶底板名称	岩 性	体积模量/GPa	剪切模量/GPa	内聚力/MPa	摩擦角/(°)	抗拉强度/Pa	密度/kg·m^{-3}
1	基本顶	石灰岩	5.0	4.7	2.7	33	2.0	2610
2	直接顶	砂质泥岩	3.1	1.3	1.5	26.5	2.1	2320
3	煤 层	15 号煤	1.3	4.2	2.0	23	0.8	1620
4	直接底	泥 岩	6.8	3.5	2.4	23	1.3	2430
5	基本底	砂质泥岩	6.1	4.1	3.3	34	2.1	2647

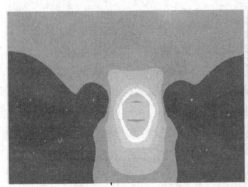
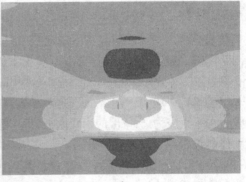

图 3 厚煤层沿底掘进巷道围岩应力分布云图
a—垂直应力；b—水平应力

3.2 围岩变形与破坏特征

对巷道开挖过程中掘进工作面的位移及塑性破坏区分布分别进行了模拟，计算结果如图 4、图 5 所示。

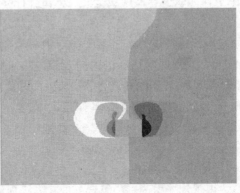

图 4 厚煤层沿底掘进围岩位移分布云图
a—垂直位移；b—水平位移

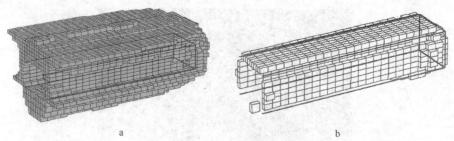

图 5 掘进工作面前后围岩塑性破坏区
a—剪切破坏；b—拉伸破坏

从图 4 可以看出，当巷道沿煤层底板布置时，巷道垂直方向位移在巷道顶底板呈不对称分布，巷道顶板的位移量也明显大于巷道底板；巷道围岩水平方向位移在巷道两侧基本对称分布，但巷道左右斜上部的位移明显大于下部的位移；从总体位移看，两帮及顶板变形的分布范围及变形量相对较大。

从图 5 可知，掘进工作面周围塑性破坏区随与工作面距离的不同而发生变化。在工作面前方 2.5m 开始出现剪切破坏，在工作面位置剪切破坏区达 3m，工作面后方 10m 处基本稳定；而拉伸破坏出现在工作面前方 0.5m，在工作面位置拉伸破坏区达 1.5m，工作面后方 5m 处就基本稳定。

综上所述，厚煤层巷道沿底掘进时，煤层顶板作为相对软弱层，其承载性能较岩层差，下部岩层承受较大的集中应力，导致两帮煤体及顶煤变形量和破碎带相对较大，是需要控制的关键部位。

4 厚煤层巷道围岩控制机理与对策

4.1 厚煤层巷道围岩控制机理

根据以上数值分析，对厚煤层巷道在沿底掘进阶段的围岩控制机理[2,8,9]提出以下两点：

(1) 从空间上看，在掘进工作面位置及距其很小的范围内，煤岩体已经发生了一定的位移，只有及时安设锚杆（或锚索）才能有效控制围岩的进一步位移和离层。另外，在靠近掘进工作面位置一定范围内，顶板煤体内仍有一定的垂直压应力，在这个范围内安装锚杆（或锚索），可以维持或减小垂直压应力的降低，从而减小水平应力与垂直应力之差(偏应力)。因此，从控制围岩位移和改善围岩应力状态两方面考虑，锚杆（索）安设位置离工作面位置越近越好。

(2) 从时间上分析，掘进工作面周围拉应力区与剪切破坏区随着工作面推进而发展，显然在煤岩体还没有出现拉、剪破坏或范围比较小时，即巷道一开挖后，就立即安设锚杆、锚索（需要时喷射混凝土），并施加足够的预应力，不仅对改善围岩应力状态、控制围岩位移与破坏有利，而且对围岩风化、软化及空顶区破坏有很好的控制作用。

4.2 厚煤层巷道沿底掘进支护方案

根据上述要点，厚煤层巷道掘进支护的关键是及时、主动控制承载性能相对软弱的煤顶及煤帮。选择佳瑞煤业 15101 工作面轨道巷为试验对象，对其进行高强预应力锚杆锚索组合支护计算和设计[2]，具体支护参数为：

(1) 煤顶采用锚索网配钢筋梯梁支护。锚杆选用 335 号、ϕ20mm 左旋无纵筋螺纹钢，长度 2.4m，间排距 1.1m×1.1m，采用两支树脂锚固剂(MSK2335+MSZ2360)加长锚固，设计锚固力不低于 105kN，锚杆拧紧力矩应达到 300N·m 但禁止超过 450N·m。锚索选用 ϕ18.9mm、1×7 股高强度低松弛预应力钢绞线，破断强度不低于 1860MPa，伸长率 4%，长度 6.3m，间排距 1.6m×2.2m，采用三支树脂锚固剂(1×MSK2335+2×MSZ2360)加长锚固，锚索张拉预紧力不低于 250kN。护顶构件采用菱形金属网，网孔规格 50mm×50mm，网片尺寸 4.4m×1.2m，网间搭接 100mm。钢筋梯梁选用直径 14mm、长度 3500mm 的钢筋焊接而成，焊接宽度 80mm。

(2) 左右两煤帮均采用锚网梁组合支护。锚杆规格和间排距同顶板，锚杆长 2.0m，采用一支树脂锚固剂（MSZ2360）加长锚固。护帮构件同样采用菱形金属网和钢筋梯梁，网片尺寸 2.8m×1.2m，梯梁长度 2.6m。

巷道支护布置如图 6 所示。

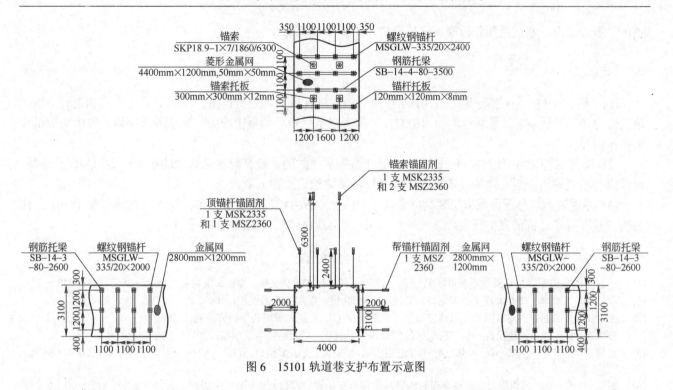

图6 15101轨道巷支护布置示意图

5 支护效果

在15101轨道巷采用上述支护方案施工100m后,在巷道内设置了两个测站,在整个掘进期间分别对顶板离层和巷道表面位移进行连续监测,结果如图7、图8所示。

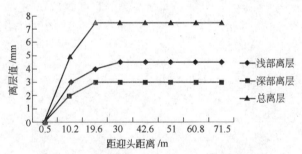

图7 试验巷道掘进期间顶板离层变化曲线

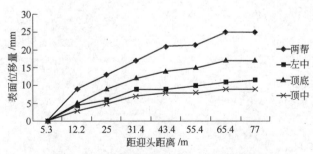

图8 试验巷道掘进期间表面位移变化曲线

顶板离层监测结果显示:巷道开挖,顶板浅部和深部持续发生离层;开挖30m后,离层不再持续。15101轨道巷浅部离层最终稳定在4.6mm,深部离层最终稳定在2.9mm,总离层值为7.5mm。顶板离层低于安全值,表明高强预应力锚杆锚索组合支护体系对顶板离层具有明显的约束作用。

由表面位移监测结果可以看出:巷道一开口,两帮和顶底板就产生变形;变形要持续相当长时间,最终在距迎头约65m以后趋于稳定。15101轨道巷两帮移近量最终为24.9mm,为巷道初始宽度的0.62%;顶底板移近量最终为16.8mm,为初始高度的0.54%。巷道表面位移较小,表明高强应力锚杆锚索支护很好地控制住了围岩变形，巷道两帮和顶底板保持稳定，支护效果理想。

6 结论

(1) 采用 FLAC^{3D} 对佳瑞煤业 15101 工作面轨道巷进行模拟，分析得出：厚煤层巷道沿底掘进时，煤层顶板作为相对软弱层，其承载性能较岩层差，下部岩层承受较大的集中应力，导致两帮煤体及顶煤变形量和破碎带相对较大。

(2) 根据围岩受力、变形特征，提出厚煤层巷道掘进支护的关键是控制承载性能相对软弱的煤顶及煤帮，对厚煤层沿底掘进全煤巷道设计了高强预应力锚杆锚索组合支护方案。

(3) 巷道表面位移及顶板离层观测结果表明，高强预应力锚杆锚索组合支护技术在佳瑞煤业 15101 工作面轨道巷取得了良好的支护效果，该支护形式可以在类似厚煤层巷道中推广应用。

参 考 文 献

[1] 王家臣. 我国厚煤层开采技术新进展[C]. 第七次煤炭科学技术大会文集, 北京：煤炭业出版社，2011：236~242.
[2] 康红普, 王金华. 煤巷锚杆支护理论与成套技术[M]. 北京：煤炭工业出版社，2007.
[3] 张占涛. 大断面煤层巷道围岩变形特征与支护参数研究[D]. 北京：煤炭科学研究总院，2009.
[4] 曹虎斌. 特厚煤层沿底全煤巷道锚杆支护技术可行性研究[J]. 华北科技学院学报，2013，10(1)：56~59.
[5] 路聚堂, 刘建军, 王斌, 等. 厚煤层软煤巷道围岩活动规律及支护数值分析[J]. 西安科技大学学报学报，2010，30(3)：275~279.
[6] 赵华山, 吕广辉. 厚煤层沿底掘进全煤巷道锚网索联合支护设计探讨与应用[J]. 中国西部科技，2009，8(5)：20, 26~27.
[7] 彭文斌. FLAC 3D 实用教程[M]. 北京：机械工业出版社，2008.
[8] 康红普, 王金华, 高富强. 掘进工作面围岩应力分布特征及其与支护的关系[J]. 煤炭学报，2009，34(12)：1585~1593.
[9] 钱鸣高, 石平五. 矿山压力与岩层控制[M]. 徐州：中国矿业大学出版社，2003.

含水率变化引起软岩巷道围岩应力场演变规律研究

王波[1,2] 刘德民[1,2] 左建平[3] 李杨[4]

(1. 华北科技学院河北省矿井灾害防治重点实验室，北京 101601；
2. 华北科技学院安全工程学院，北京 101601；
3. 中国矿业大学(北京)力学与建筑工程学院，北京 100083；
4. 中国矿业大学(北京)资源与安全工程学院，北京 100083)

摘　要　软岩巷道围岩含有膨胀性矿物，遇水后膨胀变形量远大于岩石的弹塑性及碎胀变形量之和，是巷道围岩变形的重要组成部分。本文首先分析了软岩巷道围岩吸水膨胀变形机理，基于湿度应力场理论和室内水理性质试验，确定了围岩吸水膨胀计算分析参数；结合理论分析结果和计算分析参数，建立了围岩吸水膨胀后的应力场分布表达式；最后，结合实际工程，计算得出了应力场演变规律。

关键词　软岩巷道　含水率变化　应力场演变

The Research about the Stress Field Evolution Rule of the Wall Rock of Soft Rock Roadway which is Caused by the Change of Moisture Content

Wang Bo[1,2]　Liu Demin[1,2]　Zuo Jianping[3]　Li Yang[4]

(1. Hebei Provincial Key Laboratory of Mine Water Disaster Prevention,
North China Institute of Science and Technology, Beijing 101601, China;
2. College of Safety Engineering, North China Institute of Science and Technology,
Beijing 101601, China;
3. School of Mechanics and Civil Engineering, China University of
Mining and Technology, Beijing 100083, China;
4. Faculty of Resources and Safety Engineering, China University of
Mining and Technology, Beijing 100083, China)

Abstract　The wall rock of soft rock roadway contains intumescent mineral, its expansion deformation is greater than the sum of the elastic-plastic and the broken expansion deformation of the rock when it touches water, it is an important part of the wall rock deformation of the roadway. This article which is built on the theory of the humidity stress field and the experiment of indoor water properties analyses the mechanism of the water absorption expansion deformation of the wall rock of soft rock roadway, besides, it confirms calculation analysis parameters of the water absorption expansion deformation of the wall rock, next, it builds up the stress field distribution expression of the water absorption expansion deformation of the wall rock when it is combined with the theoretical analysis results and the calculation analysis parameters. Finally, it reaches the evolution rule of the stress field through calculation after combined with practical engineering.

Keywords　soft rock roadway, change of moisture content, evolution of the stress field

当巷道开挖在含膨胀性矿物(蒙脱石等)的地层中时，岩石遇水之后，将吸水膨胀，空气湿度越大，围岩吸水越多，膨胀变形量也就越大。其量值可能远大于岩石的弹塑性及碎胀变形量之和，由此而产生的膨胀性

基金项目：中央高校基本科研业务费资助(3142014121)；国家自然科学基金资助项目(51374215)；河北省矿山灾害防治重点实验室资助(KJZH2013S02)；天地科技技术创新基金（KJ-2012-TDHT-02）。
作者简介：王波(1981—)，男，山东阳谷人，博士，副研究员，从事软岩巷道支护与矿山岩体力学研究工作。电话：010-61590325；E-mail：wangbo.94@163.com

变形压力是软岩巷道支护破坏的重要原因之一[1]。

分析以往围岩应力场演变规律的研究成果[2-4]，流变扰动效应和流变都会引起围岩应力场的演变，导致某些软弱单元和软弱连接面处发生局部变形破坏，进而导致围岩发生破坏。

本文基于湿度应力场理论和软岩水理性质室内试验的研究成果，研究软岩巷道围岩吸水膨胀变形机理，分析含水率变化引起围岩应力场演变规律，研究成果对深井软岩支护具有重要的工程实用价值。

1 软岩巷道围岩吸水膨胀变形机理

巷道开挖后，围岩遇水作用会发生物理化学反应，引起体积膨胀和力学性能的变化，如图1所示。

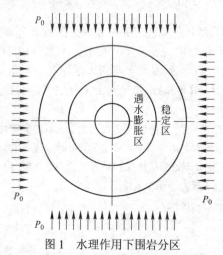

图1 水理作用下围岩分区

Fig. 1 The surrounding district under the physical and chemical role of water

巷道周边围岩也相应的形成了两个不同的区域：遇水膨胀区和稳定区。膨胀区由于体积膨胀和力学性能的变化，导致巷道围岩的收敛变形。膨胀区形成的原因主要有以下几个方面：

(1) 软岩巷道围岩的天然裂隙结构。巷道围岩天然微裂隙结构发育，渗透性强，施工用水往往不能及时排出，通过微裂隙渗透到底板岩体，另外，底板含水层的水也通过微裂隙侵入底板，使底板岩体和巷道两帮底角围岩长期受到水理作用，导致宏观裂隙的增生扩张和崩解软化，致使岩体剧烈膨胀变形。

(2) 应力调整引起的围岩裂隙。应力释放引起的回弹和应力调整引起的扩容，使岩体中原本闭合的结构面张开滑移。工程用水沿张开裂隙渗流，进一步降低了岩体强度或者加剧了软岩的膨胀性，从而使围岩产生较大的收敛位移。

(3) 软岩的吸水性。根据对龙口北皂煤矿海域巷道围岩的水理性质的测试，岩石的吸水率一般在20%~50%。最大的为53.8%，平均为36.2%，这表明以泥岩为主的覆岩地层吸水率很高。岩石的膨胀性与其吸水率是密切相关的，吸水率大的岩石，膨胀性就强。实验测试结果表明，岩石的膨胀率一般为9%~18%，最大的为15.4%，平均13.5%。

(4) 软岩中的膨胀性矿物。软岩中含有大量的以高岭石、伊/蒙混层为主要成分的黏土类岩石,含量一般在20%~60%，最高的达72.7%，平均为42.7%。在黏土矿物中，蒙脱石一般占60%~90%。由于高岭石、伊/蒙混层等黏土矿物颗粒小、亲水性强，当水贯入泥岩的孔隙、裂隙中时，细小岩粒的吸附水膜便会增厚，部分胶结物会被软化或溶解，从而引起岩石颗粒的崩裂解体和体积膨胀。

(5) 岩层中的水与空气中的水交换。失水吸水是软岩破坏的根本原因。当巷道开挖后，巷道内比较干燥，泥岩中的水分与空气中的水分发生交换，这是一个失水过程，当巷道围岩表层失去水分后，围岩深部的水分进入到巷道表层围岩，这是一个吸水过程。两个过程后，软岩发生崩解。

2 围岩吸水膨胀计算分析参数确定

2.1 围岩遇水作用应力分量的确定

根据软岩工程中的实际情况，比较软岩巷道吸水膨胀问题与温度应力场，主要有以下三方面的共性：

(1) 膨胀岩吸水后产生体积膨胀和岩性软化，这类似于材料的温度效应。一般材料会随温度升高而产生体积膨胀和物性软化。

(2) 膨胀岩体遇水作用后,水分会在岩体内不断扩散,导致一定范围的含水率变化。这类似于物体在热源作用下的温度场变化问题。

(3) 温度场变化会引起结构内的应力应变场的变化,围岩内含水率的变化同样也会引起围岩内的应力应变场的变化。

当围岩中各点的含水率随时间发生变化时,围岩的膨胀率也发生变化,引起巷道围岩的应力场和应变场也发生变化。这种变化类似于温度场变化引起的应力应变场变化,因而,基于力学中的温度应力场理论,文献[5]给出了圆形巷道,平面应力情况下,围岩遇水作用应力分量的解析解:

$$
\begin{cases}
\sigma_r = -\dfrac{E\alpha}{1-\mu} \times \dfrac{r-r_0}{r} W(r,t) \\
\sigma_\theta = -\dfrac{E\alpha r_0}{1-\mu} \times \dfrac{1}{r} W(r,t) \\
\tau_{r\theta} = 0
\end{cases}
\tag{1}
$$

式中,σ_r 为径向应力分量;σ_θ 为切向应力分量;$\tau_{r\theta}$ 为剪应力分量;r_0 为巷道半径;E 为岩石弹性模量;μ 为岩石泊松比;α 为膨胀系数;$W(r,t)$ 为含水率变化函数;r 为岩体内任意一点到巷道形心的距离。

2.2 膨胀系数(α)的确定

膨胀系数(α)指的是在一定含水率情况下岩体最大膨胀量所对应的线膨胀系数。为使问题简化,认为α不随含水率变化而改变,即岩体的膨胀率随含水率增加而呈线性变化[6]。其物理意义是膨胀岩增加单位含水率时所产生的膨胀率,即:

$$\alpha = \frac{\mathrm{d}e_p}{\mathrm{d}W} \tag{2}$$

膨胀系数可通过这样的方法求得:实验得出不同含水率岩石的膨胀率,用最小二乘法拟合 $e_p - W$ 直线方程,该直线斜率的绝对值就是膨胀系数。

2.3 含水率变化函数 $W(r,t)$ 的确定

巷道开挖 t 天后距巷道壁垂直距离 r 处的围岩含水率用函数 $W(r,t)$ 表示。以山东龙口北皂煤矿海域运输巷为例进行说明,根据对海域运输巷围岩的水理性质测试,岩石的原始含水率 $W_b=6\%$。岩石吸水 30 天后可以达到饱和,饱和吸水率为 $W_0=42.6\%$。假定围岩吸水率与时间成线性关系,得出 $W(r,t)$ 的表达式为:

$$W(r,t) = \frac{W_0}{30} \times \frac{r_0}{r} t + W_b \quad (r \geq r_0, 0 < t \leq 30\text{天}) \tag{3}$$

根据式(3)计算巷道围岩开始吸水 10 天、20 天、30 天后的含水率,并做出围岩随位置不同的含水率变化曲线,如图 2 所示。图 3 是在巷道横断面上围岩含水率的渐变表示,颜色由深到浅表示含水率由高到低的变化趋势。

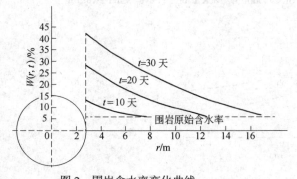

图 2　围岩含水率变化曲线
Fig. 2　Change curve of rock moisture content

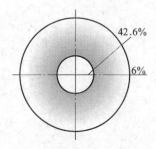

图 3　巷道断面上含水率变化图
Fig. 3　Roadway cross-section diagram on moisture content changes

3 围岩体积膨胀引起的应力场演变计算与分析

为了研究围岩吸水后体积膨胀引起的应力场演变规律，用式(3)的 $W(r,t)$ 代替式(1)中的 $W(r)$，得出经过时间 t 后围岩的应力场分布表达式，如式(4)所示：

$$\begin{cases} \sigma_r = -\dfrac{E\alpha}{1-\mu} \times \dfrac{r-r_0}{r}\left(\dfrac{W_0}{30} \times \dfrac{r_0}{r} t + W_b\right) \\ \sigma_\theta = -\dfrac{E\alpha r_0}{1-\mu} \times \dfrac{1}{r}\left(\dfrac{W_0}{30} \times \dfrac{r_0}{r} t + W_b\right) \quad (r \geqslant r_0) \\ \tau_{r\theta} = 0 \end{cases} \tag{4}$$

根据实际的情况，圆形巷道轴线方向上的长度远远大于巷道断面的另外两个方向，属于平面应变状态，将公式(4)转化为平面应变问题，具体为：E 换为 $\dfrac{E}{1-\mu^2}$，μ 换为 $\dfrac{\mu}{1-\mu}$，则有：

$$\begin{cases} \sigma_r = -\dfrac{E\alpha}{(1+\mu)(1-2\mu)} \times \dfrac{r-r_0}{r}\left(\dfrac{W_0}{30} \times \dfrac{r_0}{r} t + W_b\right) \\ \sigma_\theta = -\dfrac{E\alpha r_0}{(1+\mu)(1-2\mu)} \times \dfrac{1}{r}\left(\dfrac{W_0}{30} \times \dfrac{r_0}{r} t + W_b\right) \quad (r \geqslant r_0) \\ \tau_{r\theta} = 0 \end{cases} \tag{5}$$

根据上述分析，计算龙口海域首采面运输巷开挖后，仅考虑围岩吸水的影响下巷道围岩应力场分布。假定巷道全部是含油泥岩，已知 $E = 1200\text{MPa}$，其他参数在上述分析中都已经给出。经过时间 $t = 10$ 天之后巷道围岩的应力分布如图4所示。图5和图6是巷道开挖10天、20天和30天之后，仅考虑围岩吸水膨胀影响的径向应力和切向应力分布图。

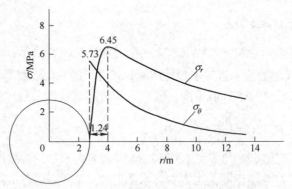

图4 开挖10天后巷道围岩吸水膨胀的应力分布曲线
Fig. 4 Stress distribution curve of the excavation of surrounding rock after 10 days' water-swelling

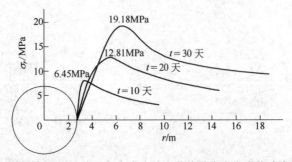

图5 巷道围岩吸水膨胀径向应力分布曲线随含水率变化演变过程
Fig. 5 The evolution of the radial stress distribution curve of surrounding rock after water swelling with moisture content changes

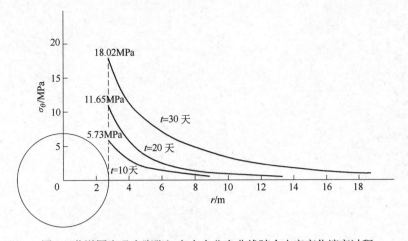

图 6 巷道围岩吸水膨胀切向应力分布曲线随含水率变化演变过程
Fig. 6 The evolution of the tangential stress distribution curve of surrounding rock after water swelling with moisture content changes

4 主要结论

(1) 围岩含有较多的膨胀性矿物，吸水后产生较大膨胀，受到周围岩体的挤压，会产生较大的膨胀应力，当膨胀应力超过围岩的极限强度时，围岩发生破坏，应力峰值点向围岩内部转移。

(2) 切向应力峰值出现在巷道壁附近，进入围岩深部后下降较快；径向应力则随着时间变化出现应力峰值转移，进入围岩深部后下降较慢。

参 考 文 献

[1] 王波. 软岩巷道变形机理分析与钢管混凝土支架支护技术研究[D]. 北京：中国矿业大学(北京), 2009.
[2] 高延法, 曲祖俊, 牛学良, 等. 深井软岩巷道围岩流变与应力场演变规律[J]. 煤炭学报, 2007, 32(12)：1244~1252.
 Gao Yanfa, Qu Zujun, Niu Xueliang, et al. Rheological law for softrock tunnel and evolution law for stress field in deep mine[J]. Journal of China Coal Society, 2007, 32(12)：1244~1252.
[3] 王波, 高延法, 王军. 流变扰动效应引起围岩应力场演变规律分析[J]. 煤炭学报, 2010 (9).
[4] 王波, 高延法, 夏方迁. 流变特性引起围岩应力场演变规律分析[J]. 采矿与安全工程学报, 2011(3).
[5] 缪协兴. 膨胀岩体中的湿度应力场理论[J]. 岩土力学，1993, 14(4)：49~55.
[6] 温春莲, 陈新万. 初始含水率、容重及载荷对膨胀岩特性影响的试验研究[J]. 岩石力学与工程学报, 1992, 11(3)：304~311.

3 科学采矿理论与技术

千万吨矿井安全高效绿色开发评价模型

王国法 庞义辉

(天地科技股份有限公司开采设计事业部,北京 100013)

摘 要 基于千万吨矿井面临的资源可持续性差、安全生产要求高、生态环境破坏严重、投资回收期长等突出问题,提出了以矿井生命力指数、免疫力指数、适应力指数、活力指数为准则的矿井健康综合评价指标体系,运用AHP方法与FCE方法相结合,构建了千万吨矿井安全高效绿色开发评价模型,并进行了评价实例验证。研究结果表明:该评价模型可用于千万吨矿井安全高效绿色开发现状的健康状况诊断,实现千万吨矿井安全高效绿色开发影响因素的重要度排序,提出矿井资源、安全、环境、效益协调开发整改措施,为矿井中长期规划提供理论数据支撑。同煤塔山煤矿经评价健康状况为健康,矿井对外界环境的适应力最差,应加强生态环境保护方面的技术与资金投入。
关键词 千万吨矿井 评价指标体系 AHP方法 FCE方法 矿井健康综合指数

Safe and Efficient Green Development Evaluation Model for 10Mt Capacity Coal Mine

Wang Guofa Pang Yihui

(Coal Mining and Designing Department, Tiandi Science & Technology Co., Ltd., Beijing 100013, China)

Abstract Based on the outstanding problems of resources poor sustainability, ecological environment badly damaged, long payback period and high safety requirements in 10Mt capacity coal mine, the comprehensive evaluation index system was put forward with the guidelines of vitality index, immunity index, adaptability index and vigor index. The methods of AHP and FCE were adopted to establish the safe and efficient green development evaluation model for 10Mt capacity coal mine, which was tested by project. The results indicate that the model can be used for coal mine health diagnosis. The importance degree of influence factors were sorted. The rectification measures is raised based the model. The results of assessment can provide theoretical data to support mine medium and long-term planning. The health condition of Tashan mine is evaluated for health. The adaptive capacity of Tashan mine for external environment is worst. It should strengthen the ecological environmental protection technology and capital investment.
Keywords 10Mt capacity coal mine, evaluation index system, AHP evaluation method, FCE evaluation method, coal mine health comprehensive index

千万吨矿井以信息化、智能化、集约化、大型化的"四化"发展模式,实现了煤矿高产量、高效率、高效益的"三高"目标,但由于煤炭资源的不可再生性、大规模开采对环境的破坏性、煤矿安全形势的严峻性以及煤炭经济形势持续低迷,千万吨矿井面临资源可持续性差、生态环境破坏严重、投资回收期长、安全生产要求高等突出问题。

目前,国内外研究学者对千万吨矿井安全高效绿色开发模式进行了大量研究,1972年在斯德哥尔摩举行的联合国人类环境研讨会上正式讨论了"可持续发展"的概念[1-4];2003年钱鸣高院士首次提出了煤矿绿色开采的概念及技术体系,明确了实现资源开采和环境协调发展的绿色开采[5-8];同煤集团积极发展循环经济建设,实现了"黑色煤炭、绿色开采、循环利用"[9];神华集团提出了特大型矿区群资源与环境协调开采模式,研究了特大型矿区群资源与环境协调开发效果评价方法,提出了协调度、适应性指数、评价指标体系

基金项目:国家重点基础研究发展计划(973)资助项目(2014CB046302);天地科技股份有限公司开采设计事业部青年创新基金资助项目(KJ-2013-TDKC-15)。
作者简介:王国法(1960—),男,山东文登人,中国煤炭科工集团首席科学家,研究员,博士生导师。电话:010-84262106;E-mail:wangguofa@tdkcsj.com
通信作者:庞义辉(1985—),男,河北保定人,助理研究员。电话:13811567769;E-mail:80455141@qq.com

和评价方法等[10,11]。

以往的大量研究成果明确了煤矿资源、环境、安全、效益之间的关系，为千万吨矿井安全高效绿色开发指明了方向。本文以千万吨矿井面临的资源、环境、安全、效益等问题为出发点，采用 AHP 与 FCE 评价方法，建立了千万吨矿井安全高效绿色开发评价模型，为千万吨矿井绿色和谐开发提供理论支撑。

1 千万吨矿井安全高效绿色开发概念及评价目标

基于可持续发展、绿色矿山建设与循环经济理论提出的千万吨矿井安全高效绿色开发，是以煤炭开发为核心，以安全生产为前提，以环境保护为制约，以社会、经济效益最大化为目的，将各种资源要素、环境要素、管理要素、经济要素等进行科学的组合，按照科学、合理、经济、有效的原则，高效利用资源和保护生态环境，以最小的资源消耗和环境成本，获得最大的经济效益和社会效益。

通过对千万吨矿井安全高效绿色开发系统进行分析，可将煤炭资源视为矿井的生命力，将安全生产视为矿井的免疫力，将保护环境视为矿井对外界环境的适应力，将经济、社会效益视为矿井的活力，如图 1 所示。

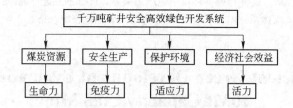

图 1 千万吨矿井安全高效绿色开发
Fig. 1 The safe and efficient green development system for 10Mt capacity coal mine

通过对千万吨矿井安全高效绿色开发系统进行分析评价，可实现以下目标：

（1）充分反映矿井资源储备、资源管理、开采技术与资源条件适应性、安全投入与管理、环境保护与治理、效率与效益等方面的水平，即反映系统发展现状。

（2）通过科学分析与评价，确定系统内部对系统发展起积极与消极作用的影响因素，即发现系统存在的问题。

（3）针对系统存在的问题，进行有针对性的整改提高，为矿井制定科学的整改措施提供数据支撑，即指导系统整改提高。

（4）科学地预测系统未来发展态势，以便及时调整或制定矿井发展战略，提高企业竞争力，即指引系统发展方向。

2 千万吨矿井安全高效绿色开发模糊层次分析模型

2.1 基于 AHP 方法建立评价指标体系

基于千万吨矿井安全高效绿色开发的概念及内涵，将该系统细分为生命力子系统、免疫力子系统、适应力子系统、活力子系统，建立了以矿井生命力指数、免疫力指数、适应力指数、活力指数为准则的矿井健康指数层次结构模型，如图 2 所示。

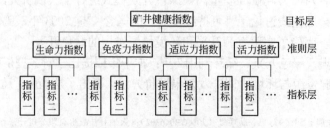

图 2 矿井健康指数层次结构模型
Fig. 2 Coal mine health index hierarchy model

基于全面、不重叠、易获取的原则，采用统计调查与专家咨询的方法，充分考虑千万吨矿井面临的问题及解决方案，确定千万吨矿井安全高效绿色开发评价指标体系，如表1所示。

表1 评价指标体系
Table 1 Evaluation index system

准则层	指标层
生命力指数 H_1	煤炭资源可采储量（H_{11}）
	煤炭资源回采率（H_{12}）
	矿井发展规划（H_{13}）
	发展基金储备（H_{14}）
	技术人才储备（H_{15}）
	开采技术与资源条件适应性（H_{16}）
	可采煤层厚度（H_{17}）
	煤层稳定性（H_{18}）
	煤层埋深（H_{19}）
免疫力指数 H_2	采掘设备安全可靠性（H_{21}）
	安全避险六大系统健全程度（H_{22}）
	煤层自燃防灭火体系（H_{23}）
	瓦斯抽放技术水平（H_{24}）
	地质灾害预测水平（H_{25}）
	人员安全保障水平（H_{26}）
	百万吨死亡率（H_{27}）
	职业病发病率（H_{28}）
	职工安全意识水平（H_{29}）
适应力指数 H_3	生态环境可再生能力限制程度（H_{31}）
	采空区减沉技术水平（H_{32}）
	保水开采技术水平（H_{33}）
	"三废"治理程度（H_{34}）
	伴生资源利用率（H_{35}）
	生态建设工程投入水平（H_{36}）
	环境管理体系建设（H_{37}）
	生态环境监测水平（H_{38}）
	节能降耗水平（H_{39}）
活力指数 H_4	劳动生产率（H_{41}）
	吨煤成本（H_{42}）
	资金利润率（H_{43}）
	资金利税率（H_{44}）
	技术创新投入水平（H_{45}）
	科学技术支撑水平（H_{46}）
	区域经济贡献水平（H_{47}）
	解决地方就业水平（H_{48}）

采用AHP方法确定各影响因素权重：

$$W_i = \sum_{i=1}^{n} c_{ij} \bigg/ \sum_{j=1}^{n}\sum_{i=1}^{n} c_{ij} \tag{1}$$

式中，c_{ij}为因素i和因素j对应目标的重要性，$c_{ij}>0$，$c_{ij}=c_{ji}$，$c_{i=j}=1$；W_i为相对权重。各指标的权重值可通过向五位以上煤炭行业相关专家咨询确定，并进行加权平均及归一化处理。

2.2 基于FCE方法构建判断矩阵

基于千万吨矿井安全高效绿色开发评价模型的特点，采用清晰集合构造模糊集合法确定隶属度[12,13]。

假设A_1、A_2、A_3、…、A_n为n个任意的清晰集合，从其中任意取出k（$k=1,2,3,\cdots,n$）个集合进行求交集，共存在C_n^k个交集，这C_n^k个交集的并集为B_k，用k/n与B_k的乘积得到一个模糊集合$B_k k/n$，其隶

属函数为[13]:

$$\mu_{(k/n)B_k}(e) = \begin{cases} \dfrac{k}{n} & e \in B_k \\ 0 & e \notin B_k \end{cases} \tag{2}$$

采用向矿工、管理层、专家、相关政府职能部门发放调查问卷的形式,对评价指标进行打分,采用清晰集合构造模糊集合法确定评价指标的隶属度,求解各影响因素的评价矩阵,并对计算结果进行归一化处理:

$$B_i = W_{ij} \cdot \begin{vmatrix} \mu_{11} & \mu_{12} & \cdots & \mu_{1j} \\ \mu_{21} & \mu_{22} & \cdots & \mu_{2j} \\ \vdots & \vdots & & \vdots \\ \mu_{i1} & \mu_{i2} & \cdots & \mu_{ij} \end{vmatrix}$$

式中,B_i 为各因素评价矩阵;μ_{ij} 为评判人对第 i 个指标的健康程度级别 j 的评分,$\sum\limits_{j=1}^{n}\mu_{ij}=1$,$n$ 为健康程度级别数量。

进行千万吨矿井安全高效绿色开发模糊综合评价,得到模糊综合评价结果集:

$$R = W_i \cdot B_i \tag{3}$$

根据千万吨矿井安全高效绿色开发评价模型,确定矿井健康指数评价集:U={很健康,健康,亚健康,病入膏肓}={>90,70~90,60~70,<60},得到千万吨矿井健康指数评价值如下:

$$T = R \cdot U^{\mathrm{T}} \tag{4}$$

式中,T 为健康指数评价值;U^{T} 为健康指数评价集对应的分数向量。

3 评价案例分析

3.1 矿井概况

同煤塔山煤矿可采煤层 5 层,分别是 2 号、3 号、4 号、5 号、8 号煤层,矿井地质储量 50.7 亿吨,工业储量 47.6 亿吨,可采储量 30.7 亿吨,设计年生产能力 15Mt,矿井设计服务年限 140 年。塔山煤矿大力发展循环经济产业园区建设,配套建设了选煤厂、坑口电厂、资源综合利用电厂、甲醛项目、煤矸石砖厂、高岭土加工厂、水泥厂、日处理 4000m³ 的污水处理厂等。在单井产量、工作面单产、人均效率、成本利税率等方面已经达到国内一流水平,属于现代化高产高效矿井。

3.2 塔山煤矿安全高效绿色开发评价

采用 AHP 方法,通过征求专家意见,确定评价指标权重:

W={W_1, W_2, W_3, W_4}={0.3,0.3,0.24,0.16};

W_1={$W_{11}, W_{12}, W_{13}, W_{14}, W_{15}, W_{16}, W_{17}, W_{18}, W_{19}$}={0.2,0.15,0.1,0.1,0.15,0.15,0.05,0.05,0.05};

W_2={$W_{21}, W_{22}, W_{23}, W_{24}, W_{25}, W_{26}, W_{27}, W_{28}, W_{29}$}={0.2,0.1,0.1,0.1,0.1,0.1,0.2,0.05,0.05};

W_3={$W_{31}, W_{32}, W_{33}, W_{34}, W_{35}, W_{36}, W_{37}, W_{38}, W_{39}$}={0.1,0.1,0.1,0.2,0.15,0.1,0.05,0.05,0.15};

W_4={$W_{41}, W_{42}, W_{43}, W_{44}, W_{45}, W_{46}, W_{47}, W_{48}$}={0.2,0.2,0.1,0.1,0.15,0.15,0.05,0.05}。

通过进行问卷调查,发放问卷 50 份,收回问卷 43 份,得到了塔山煤矿千万吨矿井安全高效绿色开发模糊评价结果,如表 2 所示。

经计算与归一化处理,评价矩阵 B 为:

$$B = \begin{vmatrix} B_1^{\mathrm{T}}, B_2^{\mathrm{T}}, B_3^{\mathrm{T}}, B_4^{\mathrm{T}} \end{vmatrix} = \begin{vmatrix} 0.3655 & 0.5655 & 0.281 & 0.446 \\ 0.3855 & 0.3795 & 0.3745 & 0.44 \\ 0.2455 & 0.055 & 0.239 & 0.114 \\ 0.0065 & 0 & 0.1055 & 0 \end{vmatrix}$$

表 2 塔山煤矿安全高效绿色开发模糊评价结果
Table 2 The fuzzy evaluation results for safe and efficient green development in Tashan mine

很健康	健 康	亚健康	病入膏肓	W_{ij}	W_i
0.4	0.5	0.1	0	0.2	
0.1	0.35	0.52	0.03	0.15	
0.3	0.42	0.28	0	0.1	
0.1	0.33	0.55	0.02	0.1	
0.22	0.53	0.25	0	0.15	0.3
0.71	0.18	0.11	0	0.15	
0.65	0.27	0.08	0	0.05	
0.51	0.38	0.11	0	0.05	
0.62	0.38	0	0	0.05	
0.62	0.31	0.07	0	0.2	
0.33	0.58	0.09	0	0.1	
0.25	0.63	0.12	0	0.1	
0.7	0.3	0	0	0.1	
0.11	0.74	0.15	0	0.1	0.3
0.46	0.51	0.03	0	0.1	
0.95	0.05	0	0	0.2	
0.71	0.29	0	0	0.05	
0.62	0.34	0.04	0	0.05	
0.12	0.27	0.55	0.06	0.1	
0	0.17	0.31	0.52	0.1	
0	0.12	0.57	0.31	0.1	
0.22	0.63	0.11	0.04	0.2	
0.74	0.21	0.05	0	0.15	0.24
0.37	0.54	0.06	0.03	0.1	
0.18	0.34	0.46	0.02	0.05	
0.13	0.21	0.57	0.09	0.05	
0.41	0.53	0.06	0	0.15	
0.41	0.55	0.04	0	0.2	
0.37	0.51	0.12	0	0.1	
0.11	0.34	0.52	0	0.1	
0.76	0.22	0.02	0	0.1	
0.43	0.51	0.06	0	0.15	0.16
0.44	0.47	0.09	0	0.15	
0.61	0.28	0.11	0	0.05	
0.78	0.22	0	0	0.05	

进行模糊综合评价：
$R = W \cdot B = (0.2852, 0.2913, 0.2404, 0.1813)$
确定塔山煤矿安全高效绿色开发系统现状评价值为：
$T = R \times U^T = (0.2852, 0.2913, 0.2404, 0.1813) \times (95, 80, 65, 30) = 71.5$
依据千万吨矿井安全高效绿色开发评价标准，同煤塔山煤矿属于健康。

3.3 存在的问题及措施

通过对塔山煤矿安全高效绿色开发现状进行综合评价，发现矿井的免疫力指数与活力指数较高，生命力指数次之，适应力指数较差，应加强资源回采率、生态环境保护等方面的技术与资金投入，尤其是地表减沉与生态恢复建设。

从长远规划考虑，应加强与推广循环经济建设，重视地表生态环境监测与保护，在煤炭形势持续低迷情况下，严格控制吨煤成本，提高资金利用率，加强人员、设备管理，提高矿井的生命力与适应力。

4 结论

（1）提出了千万吨矿井安全高效绿色开发系统的概念，建立了以矿井生命力指数、免疫力指数、适应力指数、活力指数为准则的矿井健康综合指数层次结构模型。

（2）基于AHP方法建立了千万吨矿井安全高效绿色开发评价指标体系，确定了评价指标权重，采用清晰集合构造模糊集合法确定了隶属函数，基于FCE方法确定了计算指标权重及计算方法。该方法可对千万吨矿井安全高效绿色开发系统现状进行量化分析，为整改提高及长远规划提供理论支撑。

（3）通过对同煤塔山煤矿进行综合评判，塔山煤矿健康综合指数为健康，但矿井对外界环境的适应力较差，应加强生态环境保护方面的技术与资金投入。

参 考 文 献

[1] 魏一鸣, 吴刚, 刘兰翠, 等. 能源-经济-环境复杂系统建模与应用进展[J]. 管理学报, 2005, 2(2): 159~170.
  Wei Yiming, Wu Gang, Liu Lancui,et al. Progress in modeling for energy-economy-environment complex system and its applications[J]. China Journal of Management ,2005, 2(2): 159~170.
[2] 李继峰, 张阿玲. 国际能源-经济-环境综合评价模型发展评述[J]. 能源政策研究, 2006, 5: 33~39.
  Li Jifeng, Zhang Aling. Review on the development of integrated energy-economy-environment assessment model in the world [J]. Energy policy research ,2006, 5: 33~39.
[3] 张阿玲, 郑淮, 何建坤. 适合中国国情的经济、能源、环境(3E)模型[J]. 清华大学学报(自然科学版), 2002, 42(12): 1616~1620.
  Zhang Aling, Zheng Huai, He Jiankun. Economy, energy, environment model for the Chinese situation system [J]. J T sing hua Univ(Sci & Tech) ,2002, 42(12): 1616~1620.
[4] Ghose A K. Green mining-a unifying concept for mining industry [J]. Journal of mines, Metals & Fuels ,2004, 52(12): 393.
[5] 钱鸣高, 缪协兴, 许家林. 资源与环境协调(绿色)开采及其技术体系[J]. 采矿与安全工程学报, 2006, 23(1): 1~5.
  Qian Minggao, Miao Xiexing, Xu Jialin. Resources and environment harmonics (Green) mining and its technological system [J]. Journal of mining & safety engineering ,2006, 23(1): 1~5.
[6] 钱鸣高, 缪协兴, 许家林. 资源与环境协调(绿色)开采[J]. 煤炭学报, 2007, 32(1): 1~7.
  Qian Minggao, Miao Xiexing, Xu Jialin. Green mining of coal resources harmonizing with environment [J]. Journal of china coal society, 2007, 32(1): 1~7.
[7] 钱鸣高, 许家林, 缪协兴. 煤矿绿色开采技术[J]. 中国矿业大学学报, 2003, 32(4): 343~348.
  Qian Minggao, Xu Jialin, Miao Xiexing. Green technique in coal mining [J]. Journal of china university of mining & technology ,2003, 32(4): 343~348.
[8] 许家林, 钱鸣高. 岩层采动裂隙分布在绿色开采中的应用[J]. 中国矿业大学学报, 2004, 32(2): 141~144.
  Xu Jialin, Qian Minggao. Study and application of mining-induced fracture distribution in green mining [J]. Journal of china university of mining & technology ,2004, 32(2): 141~144.
[9] 吴永平. 同煤塔山循环经济园区发展循环经济的实践[J]. 煤炭经济研究, 2010, 30(1): 7~10.
[10] 凌文. 特大型矿区群资源与环境协调开发及推进机制研究[J]. 中国煤炭, 2009, 35(7): 14~19.
  Ling Wen. Extra-large-sized coal mine areas: a study on coordinated development of resources and environment and their promoting mechanism[J]. China coal ,2009, 35(7): 14~19.
[11] 张建民, 于瑞雪. 特大型矿区群资源与环境协调开发效果评价方法研究[J]. 中国煤炭, 2011, 37(3): 14~19.
  Zhang Jianmin, Yu Ruixue. Evaluation method study on the development coordination between resources and environment in very big-sized mining area group[J]. China coal ,2011, 37(3): 14~19.
[12] 曹树刚, 王艳平, 刘延保, 等. 基于危险源理论的煤矿瓦斯爆炸风险评价模型[J]. 煤炭学报, 2006, 31(4): 470~474.
  Cao Shugang, Wang Yanping, Liu Yanbao,et al. Risk assessment model of gas explosion in coalmine based on the hazard theory [J]. Journal of china coal society, 2006, 31(4): 470~474.
[13] 王爽英, 吴超, 左红艳. 中小型煤矿生产安全模糊层次分析评价模型及其应用[J]. 中南大学学报（自然科学版）, 2010, 41(5): 1918~1922.
  Wang Shuangying, Wu Chao, Zuo Hongyan. Fuzzy analytic hierarchy process assessment model of safety production for small and medium coal mines and its application [J]. Journal of central south university (Science and Technology) ,2010, 41(5): 1918~1922.

固体充填采煤回收房式煤柱理论研究

张吉雄 周 楠 严 红 曹远威 黄艳丽

(中国矿业大学矿业工程学院深部煤炭资源开采教育部重点实验室,江苏徐州 221116)

摘 要 鄂尔多斯盆地煤炭储量达 2300 亿吨,原采用房式开采方式致采出率仅 30%左右,造成约 70 亿吨呆滞的房式煤柱资源。本论文综合运用力学计算、数值模拟及理论分析等方法,提出机械化固体充填开采技术回收房式煤柱方法,研究煤柱影响因素、失稳过程及稳定性判定标准;建立充填体-煤柱-顶板系统力学模型,分析了充填体力学性能及煤柱变形特征;模拟分析了不同充实率条件下固体充填回收房式开采煤柱采场周围煤柱塑性区分布、应力变化、顶板变形特征,在此基础上研究了固体充填回收房式煤柱工作面系统布置及关键设备结构。研究结果拓宽了固体充填采煤应用范围,进一步丰富了综合机械化固体充填采煤体系。

关键词 固体充填 房式开采 煤柱 充实率

Theoretical Research on Solid Backfilling Mining to Reclaim the Coal Room-pillar

Zhang Jixiong Zhou Nan Yan Hong Cao Yuanwei Huang Yanli

(School of Mines; Key Laboratory of Deep Coal Resource Mining, Ministry of Education of China; China University of Mining & Technology, Jiangsu Xuzhou 221116, China)

Abstract The coal reserves of Ordos coal basin reaches 230 billion ton, occupying 2.6% of total national reserves. For the reason of room-pillar mining method with only 30% mining rate in shallow coal seam, 7 billion ton coal pillar was left underground only in Ordos. In this paper, the comprehensive methods including mechanical calculation, numerical simulation and theoretical analysis are applied, and a new method called full mechanized backfilling and mining technology (FMBMT) to reclaim the coal pillar is put forward. Then the influence factors to coal pillar deformation, failure process and stability evaluation standard are studied, respectively. Furthermore, the mechanical model of the whole system containing backfill, coal pillar and roof is built, and the mechanical property and deformation characteristics of coal pillar are analyzed in detail. Thirdly, combined with the numerical simulation method, the plastic zone distribution, stress change, and roof deformation to the different backfill rate are obtained. On the basis of the above research results, the system arrangement of the working face and key equipment adopted full mechanized backfilling and mining technology to reclaim the coal pillar are studied. The research results extended the application range of the FMBMT and make it more perfect.

Keywords solid backfilling, room mining, coal pillar, backfill rate

1 引言

鄂尔多斯盆地煤炭储量达 2300 亿吨,长期开采过程中普遍选用房柱式,导致小煤窑数量多且形成的采空区无规则;井下煤柱经过矿井水长期浸泡和不断风化,随着时间的推移和采空区暴露面积的增大易出现大的地压活动危及矿山安全;老采空区对井下以及地表影响程度不断加大,采空区顶板大面积悬顶垮落形成矿震和冲击波式飓风也间接波及破坏地表建筑;采空区地表呈现大量塌陷区,同样直接威胁着人民的生命安全。围绕采空区和残留煤柱,国内外岩石力学与矿业学者已开展了一定研究,付武斌等[1]分析了厚煤层浅埋深条件下煤柱失稳问题,并得出了煤柱稳定性与煤柱最大主应力密切相关;李海清等[2]通过建立力学模型分析了房柱式采空区受力关系并建立了煤柱稳定性评价体系;鲍凤其,刘彩平等[3~5]分别通过数值模拟和模糊理论

基金项目:国家重点基础研究发展计划(973)资助项目(2013CB227905);国家自然科学基金重点项目(50834004);教育部新世纪优秀人才支持计划(NCET-11-0728)。
作者简介:张吉雄(1974—),男,宁夏中卫人,教授。电话:0516-83593019;E-mail: linodex@163.com

研究了煤柱稳定性；解兴智、屠世浩等[6-8]研究了房柱式开采矿压显现特征。本文是在前人研究的基础上，进一步研究煤柱稳定性影响因素、失稳过程特征及判别标准，并在此基础上研究固体充填方式下采场及煤柱顶板力学特征，分析不同充实率条件下煤柱应力及塑性区分布特征。

2 房式开采煤柱稳定性分析

2.1 煤柱强度及其影响因素

传统上计算煤柱强度时，大多将煤柱看成完整的煤体，在此基础上根据煤柱的宽度、高度及煤的单轴抗压强度计算煤柱的极限强度。但对于天然煤体来说，它是由节理或裂隙切割成一块的、互相排列与咬合的煤块所组成，这些结构面影响着煤柱强度。影响煤柱强度的主要因素有：(1) 煤的性质。煤柱强度一般随着煤的密度的增大而增大。(2) 煤体的结构面。试验表明，层状煤体在单向压缩下，加载方向与层理面呈不同角度，极限强度会随夹角不同而有规律地变化，并且平行于层理加载的抗压强度和抗剪强度小于垂直于层理方向加载时的相应强度，抗拉强度则大于垂直于层理的抗拉强度。(3) 试件尺寸。根据"临界尺寸"概念，尺寸小的试件，煤的强度高；随着试样尺寸的增加，煤的强度按指数规律减小，直至一个渐近值。(4) 几何形状。强度随煤柱宽高比的增加而增加，并且煤柱越宽，出现的水平应力越高。当煤柱宽高比比较小时，煤柱与顶底板相互作用而产生的端面约束影响范围较大，相当于在煤柱上施加了侧向约束力，从而提高了煤柱强度。根据国内外研究的结果可知，煤柱强度随煤柱宽高比增大而增大，当煤柱宽高比达到8以上时，煤柱强度基本不再增大；煤柱压缩变形随煤柱的宽高比增大而逐渐增大，当煤柱宽高比达到8以上时，煤柱压缩变形保持不变，煤柱压缩变形量较小，如图1所示。

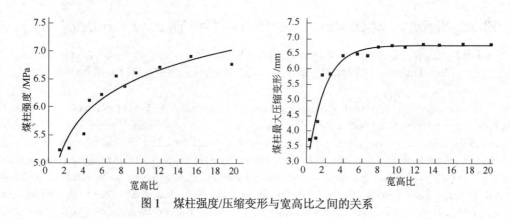

图1 煤柱强度/压缩变形与宽高比之间的关系

2.2 煤柱失稳过程分析及稳定性判别标准

2.2.1 煤柱失稳过程分析

随着煤房不断被开采，煤柱侧向应力逐渐被解除，煤房上覆岩层的应力逐渐向煤柱转移，使其应力增加并产生压缩等变形。煤柱对房式开采应力重新分布的整体响应取决于煤柱的大小、形状及煤柱的构造等。通过对鄂尔多斯典型房式开采煤矿——板定梁矿井下煤柱失稳分析可知，其失稳形式为较常见的侧面剥落式。煤柱自回采形成直至失稳是一个渐进破坏的过程。从煤柱中垂直应力分布形态来分析，"马鞍形"是稳定的煤柱应力分布的典型形态，而"拱形"则是失稳或屈服的煤柱应力分布的重要特征。因此，可根据煤柱沿中心剖面上的应力分布形态将煤柱的失稳过程划分为7个阶段，如图2所示。

2.2.2 煤柱稳定性判别标准

房式开采中煤柱的稳定性是指煤层开挖后煤柱上应力重新分布，而重新分布后的最大应力不超过煤体的弹性极限，即煤柱处于弹性平衡的稳定状态。而当应力超过煤柱的弹性极限时，造成煤柱失稳破坏。判别煤柱稳定的方法主要有极限强度理论与逐步破坏理论两种：(1) 极限强度理论认为作用载荷达到煤柱的极限强度时，煤柱的承载能力降低到零，煤柱就会被破坏；(2) 逐步破坏理论认为煤柱塑性区的存在提高了柱核区的强度，从而使柱核区基本上处于弹性变形状态。当煤柱所受应力超过其极限强度时，煤柱壁向中心塑性区逐渐发育，弹性核区逐渐消失，煤柱最终失稳。

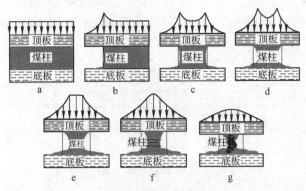

图 2　煤柱失稳过程
a—煤层回采前煤柱；b—煤柱一侧回采后煤柱；c—煤柱两侧回采后煤柱；d—煤柱受周围采动影响；
e—煤柱失稳的临界状态；f—煤柱失稳状态；g—煤柱彻底失稳状态

根据板定梁煤矿煤柱失稳情况，可以将极限强度理论与逐步破坏理论相结合以分析煤柱的稳定性，煤柱在支承压力的影响下，其周边塑性区逐渐发育，煤柱壁逐渐剥落，煤柱中心应力逐渐增大，当煤柱中心应力超过煤柱核区极限强度时，煤柱将彻底失稳，得出煤柱极限强度如表 1 所示。

表 1　煤柱的极限强度

计 算 公 式	Obert-Duvall	Holland-Gaddy
极限强度/MPa	47.25	59.18
计 算 公 式	Bieniawaki	Salamaon-Munro
极限强度/MPa	52.59	39.37

3　采场力学模型

3.1　充填体力学性能

充填体主要起到应力转移和吸收、应力隔离机理以及与采场系统共同作用的功能。当采用固体充填回收房式煤柱后，充填体便成为支撑上覆岩层和维持稳定的直接主体，充填体的压缩过程即上覆岩层移动变形的过程。上覆岩层和充填体是一种协调作用系统，随着上覆岩层的下沉，压力被转移到充填体上，充填体逐渐被压实，其支撑作用也发挥得越来越充分，顶板与充填体直接形成了受力与变形的耦合体系，可近似将工作面采空区充填体视为弹性体，如图 3 所示。

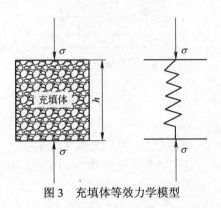

图 3　充填体等效力学模型

3.2　采场梁模型

在固体充填回收房式煤柱采场中，顶板承受的上覆岩层重量等效为均布载荷 q；前部房式煤柱简化 Winkler 弹性基础，其支撑力为 $k_p w$；后部充填体视为弹性体，其支撑力为 $k_b w$，则顶板可视为上部承受上覆岩层载荷、下部受煤柱与充填体共同支承作用的两端固支梁，即将充填体-煤柱-顶板系统简化为弹性地基梁模型，如图 4 所示。图中：l_p 为房式工作面推进长度，l_b 为充填工作面的推进长度，q 为顶板承受上覆岩层的均布载荷，k_p 为煤柱等效弹性地基系数，k_b 为充填体弹性地基系数，$w(x)$ 为顶板的挠度。

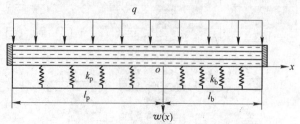

图 4 充填体-煤柱-顶板系统的简化力学模型

3.3 煤柱受力分析

受采动影响煤柱整体受力示意如图 5 所示。单个煤柱同时承受煤柱及煤房上方的应力，选取图 5 中 A-B 部分对单个煤柱受力进行分析，单个煤柱结构受力状态如图 6 所示。设单个煤柱承载的区域坐标范围为 $[x_1, x_2]$，区域范围包括煤柱的长度及煤房的宽度，则单个煤柱受力为对该区域范围的应力进行积分：

$$p = \int_{x_1}^{x_2} Q \mathrm{d}x \tag{1}$$

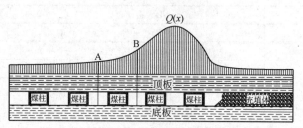

图 5 受采动影响煤柱整体受力示意图

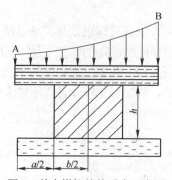

图 6 单个煤柱整体受力示意图

4 采场围岩数值模拟分析

以陕西板定梁煤矿为例，设计开采的 5-2 煤层，平均埋深 111.96m，地质构造简单，平均煤层厚度 5.87m，倾角 1°左右，结构简单，含一层夹矸，夹矸厚度在 0.55~0.70m 之间，属较稳定型煤层。区内可采面积约为 1.6080km²，面积可采率为 69.1%。5-2 煤层直接顶板主要为粉砂岩，老顶主要为中粗粒砂岩及细砂为厚度较大、层理不明显的粉砂岩，顶板属中等坚硬稳定型顶板。底板以泥岩、粉砂岩为主，无底鼓现象。井下采用房式采煤法，绝大部分煤柱保存完整，稳定性较好，局部区域煤柱出现片帮现象。

根据板定梁煤矿的具体条件，采用 FLAC³ᴰ 数值模拟软件，分析了随充实率变化固体充填回收房式开采煤柱采场周围煤柱塑性区分布、应力变化、顶板变形特征。由于篇幅有限，本文只介绍回收 10 排煤柱时 80%充填率下覆岩移动特征。

（1）不同充实率下采场周围煤柱塑性区及其应力分布。

由煤柱塑性区分布可知,煤柱的破坏主要分布在四周,内部破坏程度较小;随着充实率的提高,煤柱的塑性区范围逐渐缩小;工作面前方一个煤柱和采空区两侧煤柱受采动影响破坏严重,靠近边界的煤柱破坏较小。充实率为80%以上的采场前方第一个煤柱的塑性破坏明显小于充实率低于70%的采场前方第一个煤柱,即充实率由70%增大到80%,塑性破坏减小较为明显。80%充实率下采场煤柱塑性区及应力分布如图7所示。

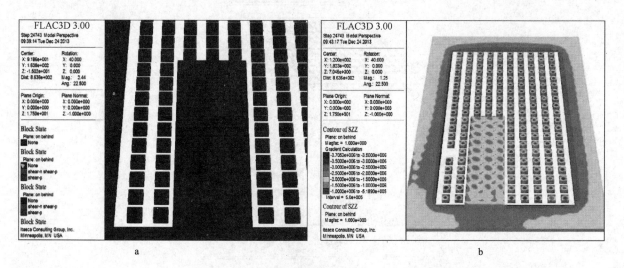

图7　80%充实率下采场煤柱塑性区及应力分布
a—塑性区分布;b—应力分布

（2）不同充实率下工作面顶板移动变形特征分析。

如图8所示,当工作面推进10个煤柱时,采空区顶板最终下沉量随着充实率的提高而减小,由于边界煤柱的保护,靠近边界煤柱的顶板下沉量逐渐减小;充实率低于50%时,对顶板的下沉量控制基本不起作用,当充实率由50%增大到80%时,顶板下沉量减小非常明显,但是再次增加到90%,顶板下沉量降幅再次减小。

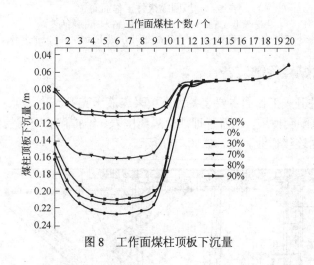

图8　工作面煤柱顶板下沉量

5　固体充填回收房式煤柱技术

以固体充填回收房式煤柱围岩变形规律的理论分析及数值模拟分析的结果为理论基础,对综合机械化固体充填回收房式煤柱工作面系统布置、关键设备结构措施等进行了设计。

5.1　工作面系统布置

在固体充填回收房式开采煤柱技术中,以风积沙、粉煤灰、黄土等固体废弃物为主的充填材料,通过固体充填物料投放系统输送至井下,然后经井下胶带运输机、转载机等设备运输至采空区,借助多孔底卸式充填输送机、充填采煤液压支架、夯实机等设备实现采空区的密实充填。固体充填回收房式煤柱巷道布置及工作面的布置平剖面如图9所示。

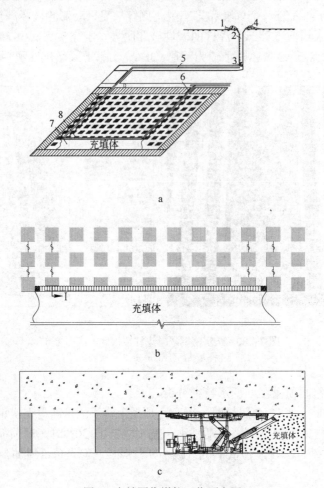

图9 充填回收煤柱工作面布置
a—巷道布置图；b—工作面平面图；c—工作面剖面图
1—推土机；2—投料井；3—缓冲器；4—风积沙；5—井下运粒皮带；6—井下运煤皮带；7—充填体；8—充填采煤液压支架

5.2 固体充填回收房式煤柱关键装备

固体充填回收房式煤柱开采工作面主要装备为充填采煤液压支架、采煤机、刮板输送机、固体充填物料多孔底卸式输送机、夯实机配套使用，起着管理顶板隔离围岩、维护作业空间的作用，与刮板输送机配套能自行前移，推进采煤工作面连续作业。设备如图10所示。

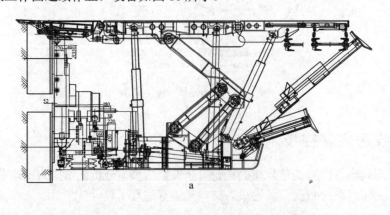

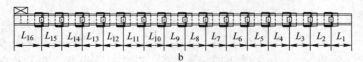

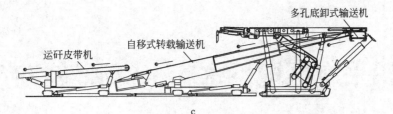

图10 充填采煤关键设备
a—六柱支撑式充填采煤液压支架；b—多孔底卸式输送机；c—充填转载机

6 结论

(1) 本文以板定梁煤矿房式开采为背景，研究了煤柱失稳过程，并提出了煤柱稳定性判定标准。

(2) 在研究充填力学性能及房式开采特征的基础上，建立了采场梁模型，并在此基础上分析了充填体-煤柱-顶板系统，研究了前方煤柱整体受力的计算方法。

(3) 运用FLAC^{3D}数值模拟软件分析回收房式遗留煤柱时，周边煤柱受力变化特征，得出：随充填率提高到80%以上，采场围岩变形得到有效控制。

(4) 在分析采场围岩变形特征的基础上，提出了固体充填回收房式煤柱采煤技术，建立了相应开采系统。

参 考 文 献

[1] 付武斌, 邓喀中, 张立亚. 房柱式采空区煤柱稳定性分析[J]. 煤矿安全, 2011, 42(1): 136~139.
[2] 李海清, 向龙, 陈寿根. 房柱式采空区受力分析及稳定性评价体系的建立[J]. 煤矿安全，2011, 42(3): 138~142.
[3] 鲍凤其. 房柱式开采煤柱稳定性数值模拟研究[J]. 煤矿开采, 2008, 13(6): 17~19.
[4] 刘彩平, 王金安, 侯志鹰. 房柱式开采煤柱系统失效的模糊理论研究[J]. 矿业研究与开发, 2008, 28(1): 8~12.
[5] 张森, 徐金海, 何青源, 秦帅. 房柱式开采遗留煤柱骨牌式失稳数值模拟[J]. 煤矿安全, 2013, 44(4): 49~51.
[6] 杨真, 童兵, 黄成成, 王刚. 近距离房柱采空区下长壁采场顶板垮落特征研究[J]. 采矿与安全工程学报, 2012, 29(2): 157~161.
[7] 屠世浩, 窦凤金, 万志军, 王方田, 袁永. 浅埋房柱式采空区下近距离煤层综采顶板控制技术[J]. 煤炭学报, 2011, 36(3): 366~370.
[8] 解兴智. 浅埋煤层房柱式采空区下长壁开采矿压显现特征[J]. 煤炭学报, 2012, 37(6): 898~902.

浅埋煤田采空区地下水库水资源转移存储技术

马立强 梁继猛 王 飞 孙 海 苗乾坤

（中国矿业大学矿业工程学院深部煤炭资源开采教育部重点实验室
煤炭资源与安全开采国家重点实验室；江苏徐州 221116）

摘 要 目前中国西部的浅埋煤层普遍采用长壁工作面进行开采，矿区水资源流失较严重。为保护中国西部矿区脆弱的生态环境，实现可持续发展，提出利用煤矿井下采空区对矿区水资源进行转移存储的技术。在分析矿井水来源和安全生产的基础上，选择合适的采空区，提出上行式开采、矿井水提前疏放和人工回灌等技术，可将浅埋煤田井下和地表的水资源有序地保存在采空区内，并可保证采空区地下水库水源的持续性。工程实践表明，将矿区水资源转移存储在采空区，进行定点储水和定点利用是可行的，相当于建设成了一个煤矿采空区地下水库，可真正实现浅埋煤田矿区水资源的存储保护和二次开发利用。

关键词 地下水库 采空区 浅埋煤层 转移存储 生态环境

Technology for Transfer and Storage of Water Resource at Underground Reservoir in the Goaf of Shallow Coal Field

Ma Liqiang Liang Jimeng Wang Fei Sun Hai Miao Qiankun

(School of Mines, Key Laboratory of Deep Coal Resource Mining, Ministry of Education of China,
State Key Laboratory of Coal Resources and Safe Mining, China University of Mining & Technology,
Jiangsu Xuzhou 221116, China)

Abstract Currently, longwall mining is normally adopted for the shallow coal seam in western China and the water resource loss is considerably serious at the mined area. In order to protect the fragile ecological environment at the mined area in western China and reach sustainable development, the technology of making use of the goaf of underground coal mine for transfer and storage of water resources at the mined area is proposed. On the basis of the analysis on mine water source and safety production, the underground and surface water resources in shallow coal field can be orderly saved in the goaf, and the sustainability of water source at underground reservoir in the goaf can also be ensured, if the appropriate goaf is adopted, and upward mining, early discharge of mine water, artificial recharge and some other technologies are proposed. Engineering practice shows that it is feasible to transfer and store water resource at the goaf in the mined area to make the fixed point water storage and fixed-point utilization, which is equivalent to having set up an underground reservoir at the goaf in the mined area. This can truly realize the storage protection of water resource at the mined area of shallow coal field, as well as make secondary development and utilization.

Keywords underground reservoir, goaf, shallow coal field, transfer and storage, ecological environment

中国西部覆存着大量的浅埋煤田，目前和将来很长一段时间内中国煤炭资源的开发都将逐步围绕浅埋煤田开展，其中神东煤田约占中国已探明煤炭储量的1/4。神东矿区地处毛乌素沙漠的东部，地表被流动沙及半固定沙所覆盖，水资源贫乏，生态环境十分脆弱。矿区各矿所开采区域大部分煤层仍然属于埋深在200 m以内的浅部煤层，浅埋深、薄基岩（通常厚度≤30~50m）、上覆厚松散风积沙含潜水层是该区开采煤层的典型赋存特征。

基金项目：国家自然科学基金资助项目(50904063)；教育部新世纪优秀人才支持计划资助项目（NCET-12-0957）；江苏省高校"青蓝工程"资助项目；江苏省优势学科资助项目(SZBF2011-6-B35)；江苏省普通高校研究生科研创新计划资助项目（CXZZ13_0946）；"本科教学工程"国家级大学生创新训练项目（201310290002）。

作者简介：马立强(1979—)，男，宁夏吴忠人，博士，2001年毕业于中国矿业大学采矿工程专业，现任中国矿业大学教授，博士生导师，主要从事开采方法与岩层控制方面的研究。电话：13645201296；E-mail: ckma@cumt.edu.cn

浅埋煤层的开采必然造成一定的浅表水资源流失,为解决保水与安全采煤这一矛盾,实现中国能源战略转移和西部矿区的可持续发展,提出建设采空区地下水库,定点取水的采空区地下水库构建技术[1]。采空区地下水库是在采用合理采煤方法和保证安全的基础上,选择合适的储水区域。

采矿工程使得隔水岩土层产生了应力重新分布,造成隔水层破断产生导水裂隙使得原含水层水资源进入矿井。当水资源进入矿井后,在一定程度上减小了蒸发量,增大了大气降水入渗补给,有利于增加矿区地下水的静储量及动储量,对于水资源匮乏的矿区在明确采空区储水的各种赋存要素的基础上,矿井排水和矿井储水是不可多得的珍稀水资源[2]。本文结合工程实例介绍了采空区地下水库水资源的转移和存储技术。

1 采空区地下水库水源特点

从水利工程角度讲的地下水库是在地表以下以天然含水层或构造和调节地表水、地下水流的特殊水库。煤矿采空区地下水库和水利工程所指的地下水库有较大的差别,其水资源具有以下特点:

(1)储水空间巨大。采空区储水的介质主是岩土体碎胀产生的裂隙空间,其由于采空区垮落的岩石较破碎,储水空间较含水层大。

(2)导水性好。煤层开采后所形成的导水裂隙具有明显的导水作用,采空区储水利用时可以快速抽取所需水量,水量交换快速。

(3)水源丰富。采空区的水势能较低,而且导水裂隙带导水作用明显,再辅以相应的回灌措施,采空区地下水库的水源十分丰富。而其他地下调储工程都是以某一含水层为主,以地表径流和大气降水为辅进行存储补给。

(4)水源复杂。采空区地下水库的水源复杂,煤岩的相互作用伴随着物理化学反应过程。

2 采空区地下水库储水空间

煤层一旦开采,形成了顶板的覆岩"上三带(冒落带、裂隙带和弯曲下沉带)"及底板"下三带(导水破坏带、保护带和承压水导水带)",其中冒落带、裂隙带和底板裂隙带成为储水空间载体。冒落带、裂隙带体积较难以定量化,但与采空区体积成正比关系不变;采空区储水空间包括冒落带、裂隙带内岩石的空隙和岩石内部的裂隙。煤层开采后,顶板岩石垮落堆积于采空区,底板隆起,由于岩石的碎胀性,垮落后岩石的体积大于采前[3]。这是因为岩石一般具有吸水性,岩石破碎后,其吸水能力比未破碎时大,故储水空隙会增加。采空区储水量等于空隙储水量与岩石吸水量之和,即采空区的储水率等于空隙率与吸水率之和。

煤矿进行采煤、掘进、排矸等活动后,井下留有相当大面积的采空区,顶底板中裂隙发育,这些裂隙和间隙是良好储水空间。采空区储水空间巨大,其主要储水介质为岩石破碎产生的裂隙空间[4]。可储水空间计算公式为:

$$V = SM\left(1 - \frac{W_{\max}}{M\cos\alpha}\right)$$

式中 V——采空区储水的空间,m^3;

S——采空区面积,m^2;

M——煤层的采厚,m;

$W_{\max}$——地表最大下沉值,m;

α——煤层倾角,(°)。

神东矿区主要可采煤层厚度大,一般采空区的容水率在15%~25%。尽可能将首采工作面和首采区布置在层位稳定,倾角缓(1°~8°),具有合适的储水构造,适宜布置长壁工作面进行大块段开采的区域,最好具有合适的储水构造[5]。把沿采动裂隙渗流下来的水积存在采空区中,这样做实际上是把煤层采后形成的采空区变成地下水库。

神东矿区的第二主采煤层与第一主采煤层的层间距约30 m,同理可在第二主采煤层采空区内构造储水空间。同时,当开采第二主采煤层时,于每一个采面的两条顺槽内,选择上方第一主采煤层对应的最低点进行探放水工作。

通过上述工作,有计划地分块段开采、有步骤地分块段取放水,可以做到地下水利用采煤工程有序地保存在人为的采空区中,少向地表排放,实现地下水的良性循环状态。

3 采空区地下水库的安全

采空区地下水库的建设要注意的安全有两个方面:一是在巷道布置上,留设一定宽度的既能承压又不产生导水裂隙的煤柱,区段煤柱需留到 20 m 以上[6,7]。

双巷连采机掘进时的联络巷间距尽量加长,根据补连塔煤矿的实践,联巷间距可以放到 80 m,这样做可以减少密闭数量,给采后封闭创下及时封闭和封闭质量的有利条件。二是在回采过程中,选择每一个联巷密闭的封闭时间,要避开工作面前方支承压力区,这样可以保证钢筋砼密闭的质量,不发生采动压力影响下所产生裂隙而发生导水问题。根据神东矿区的实践,工作面前方 100 m 处作闭最为适宜,不可在工作面前方 40 m 范围内作闭,那样施工下来的闭因采动影响质量原因而产生导水裂隙又是必然的。钢筋砼闭的闭厚不小于 1 m,周边人工掏槽深度不小于 0.3 m,周边槽内双排锚杆长度不小于 1.6 m。

4 水资源转移存储技术

水源进入地下水库以保证采空区地下水库水源的持续性。通过各种技术措施将煤矿井下不同位置的水排至地表,排除的矿井水通过地面的污水处理厂净化利用或通过渗滤槽(池)进入采空区地下水库,也可以直接通过注水井回灌。通过调整开采顺序,矿井水直接流入采空区或通过井下疏排水系统把矿井水暂时转移到地面,然后再由回灌系统回灌到采空区地下水库。因此开采顺序优化和井下疏排水也可认为是回灌系统的一部分。

4.1 上行式开采

一般情况,我国煤矿盘区、带区和采区内区段间都采用下行开采顺序,区段间下行开采有利于减少上山的漏风量。但是当矿井涌水量大或煤层附近的覆岩中有富水性岩层存在时,为方便工作面排水和水资源流入采空区,区段和阶段间应尽量采用上行开采顺序。

4.1.1 阶段、区段间上行开采

煤层采出后,采空区被垮落的岩石所充填,区段间上行开采有利于覆岩含水层水向采空区流动。区段间上行开采可避免下行开采时工作面涌水量大的问题。煤层倾角较小时,为排放上区段的矿井水,条件允许的情况下尽量采用上行开采。

4.1.2 煤层群上行开采

我国煤矿一般采用全部垮落法处理煤层顶板,当煤层群之间的间距较近时,随着下煤层的开采,上煤层沿先采煤层的采空区上覆岩层垮落,煤层结构受到影响和破坏,严重时还可能导致上煤层无法进行开采活动,故我国煤矿煤层间一般采用下行式开采顺序。但是上煤层的含水量较大时,为有利于上煤层疏水,在条件允许的情况下,可采用上行开采方式开采煤层群,如图 1 所示。

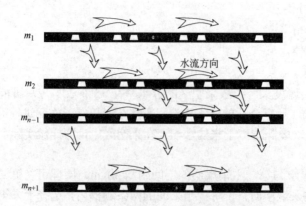

图 1 区段及煤层间矿井水渗流示意图

Fig.1 Water infiltrate between sections and between seams

上下煤层之间的层间距和下位煤层的采厚是影响上行顺序开采的主要技术因素。判别煤层间或煤层群间能否采用上行顺序开采方法可用比值判别法、"三带"判定法及围岩平衡法判定[8]。

4.2 矿井水提前疏放

为保证矿井生产、建设的正常进行，减少水害发生的几率和降低水害影响，通常采用井巷工程疏放水，预先对影响或威胁矿井安全生产的含水充水岩层进行疏放，使其地下水位降低至生产区域以下，以达到消除矿井水害隐患、避免淹井事故发生的目的。传统的矿井水处理方法是将工作面或其他矿井水通过水泵或排水沟排入井底水仓，然后排至地面，最后将这些矿井水转移储存至采空区地下水库，经处理后可直接利用于井下除尘系统级消防系统。

4.2.1 地表疏干

地表疏干的实质是从地面向需要疏干的地下含水层中施工疏干孔，地下水通过疏干孔排放至地面。对于含水层埋藏浅且有必须提前疏放的含水层，地表疏水效果较好。

4.2.2 井下疏干

含水层埋藏较深时，地表疏干不经济或者没有条件进行时，井下疏干降压更实用。常见的井下疏干方式主要有以下几种：

（1）石门疏水。将疏水石门布置在开采水平的中心区域，含水层的水直接通过石门穿过段疏水，可达到集中疏水的目的，石门疏水可以同时疏干多个含水层。

（2）井巷疏水。井巷疏水是指在开拓和准备过程中在含水层内掘进巷道进行预先疏水。井巷疏水主要用于直接充水含水层或自身充水含水层，大量的井巷工程必须在这类岩层中施工，因此含水层的水必须排放。

（3）井下钻孔疏水。井下钻孔疏水主要包括直通式井下疏水孔疏水、上行式疏水钻孔疏水、上行式疏水钻孔和水平式井下疏水孔。

1）直通式井下疏水孔：煤层顶板含水量较多时，工作面涌水量会很大，严重时甚至会淹没矿井。采用提前疏干的措施处理顶板水，排除的矿井水经回灌系统回灌至井下采空区。对于直接顶为含水层的煤层，若井下直接施工疏放水孔不安全或无条件施工时，可在地面施工直达放水巷道的钻孔，使含水层的水通过疏水钻孔泄入放水巷道，达到疏水降压的目的。

2）上行式疏水钻孔：目标含水层赋存于煤层直接顶板以上，并且没有足够厚度的隔水层，可在工作面回采之前，在巷道内向顶板含水层施工垂直钻孔，疏放顶板上方含水层的水。疏水孔在回采巷道内布置，钻孔位置尽量在顶板岩性完整处。若工作面回采时需要疏水可在相邻工作面掘出回采巷道内，倾斜钻进含水层疏水，如图2所示。

3）下行式井下疏水孔：含水层位于煤层直接底板之下，煤层与含水层之间隔水层厚度小于底板导水破坏带的厚度时，在工作面回采前，利用回采巷道内向底板含水层施工钻孔疏水，以达到疏水降压的目的[9]。

4）水平式井下疏水孔：含水层位于巷道或工作面的侧方，如倾斜含水层和断层带水，可从井下施工近水平或水平疏水孔，以达到疏水降压的目的。水平疏水孔形式如图3所示。

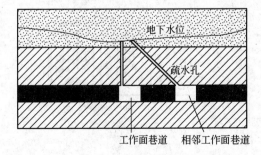
图2 顶板上行疏水孔
Fig.2 Dewatering borehole above the roof

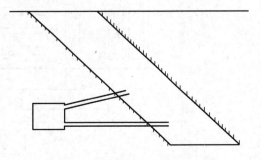
图3 井下水平或近水平疏水孔
Fig.3 Horizontal and nearly horizontal dewatering borehole

4.2.3 联合疏干

采用井下疏水和地表疏水相结合,可实现联合疏水。此外,对于地面供水紧张,而井下水害又严重的大水矿区,为了解决矿区供水与矿井排水之间的矛盾,可利用矿区疏水系统直接用作矿区供水水源地,实现疏供水结合。

通过矿井水提前疏干排至地面的矿井水,可以直接进入污水处理厂后直接利用,若用水量不大则可以通过渗流槽等回灌至地下水库,以备旱季缺水时使用。

4.3 地下水人工回灌

实现地下水流人工调节是地下水库的主要特征,可利用回灌技术将水资源回灌至采空区地下水库使其具有持续的水源供给[10,11]。地下水人工回灌工程已有多种系统,其中应用最广泛的主要有两种方式:一种是在高渗透性土层上建造渗滤槽,利用水的渗流作用进行回灌;另一种方式就是井灌。

4.3.1 回灌坑与回灌竖井

当地面与采空区地下水库之间有低渗滤性的地质构造存在时,可挖掘回灌坑或竖井穿透低渗滤性岩层,使回灌水顺利进入采空区地下水库。

4.3.2 渗流槽和渗滤池

在表土层渗透性差,并且 15 m 存在渗透地层时,可采用渗流槽进行回灌,这种回灌方式比回灌竖井经济。浅埋矿区采空区及上覆岩层大量裂隙的存在,使地下水拥有了良好的径流条件,加强了采空区上覆含水层、地表水体或下覆含水层与采空区的水力联系,并成为这些水资源进入矿井采空区的导水通道。

而表土层的渗透性较高时,可在地表挖掘或建造渗滤池。为防止地表下沉对渗滤池的影响,渗滤池的挖掘时机应在地表下沉达到充分采动后进行[12]。由于浅埋矿区煤层开挖后,裂隙向上充分发育,甚至能沟通地表,回灌水流经表土层土壤时被土壤吸收,向下运移进入裂隙继续向下运动,最终进入采空区地下水库[13]。

4.3.3 注水井

煤层采出后,在采空区地下水库标高较高的上方地表打注水井。由于注水井避开了采动影响,注水井维护费用比在开采煤层前或开采过程施工时小。为防止第四系松散层中的潜水进入注水井,可采用壁后注浆措施堵水,同时也起到加固注水井的作用[14]。在用水低谷和雨季注水井将水源注入采空区地下水库,将水资源储存起来。

通过以上技术建设一套较为完善的地下水库水资源转移存储技术,如图 4 所示。

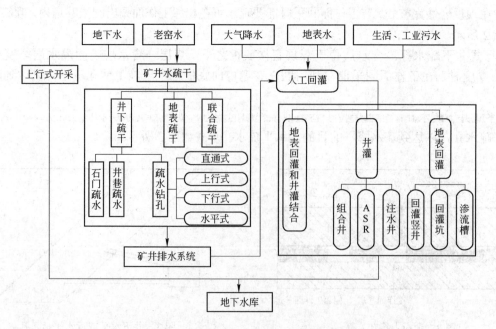

图 4 地下水库水资源转移存储技术

Fig.4 The storage and transfer technology of the underground reservoirs water

5 地下水回灌现场实践

5.1 水文地质概况

大柳塔矿井为一简单的单斜构造，地层的走向总体体现为北西~南东，倾向南西，倾角小于 3°。区内虽然没有大的构造的形迹，但基岩面存在一些宽缓的波状起伏，在井田的东部还发育有 5 条高角度张性正断层。区内分布有萨拉乌苏组空隙含水层，离石黄土裂隙孔隙弱含水层，三门组砂砾孔隙含水层，延安组隔水层。

5.2 地下水的补给、径流及排泄

5.2.1 地下水补给

地下水的主要补给源为大气降水，其次为凝结水补给。区内多被松散的风积沙层所覆盖，有利于大气降水的入渗，波状起伏的沙丘及丘间洼地极大地增强了这种补给作用，几乎形不成地表径流，大气降水入渗系数为 0.44~0.70。而本区昼夜温差较大，所以大气凝结水也是一个重要的补给源。

5.2.2 地下水的径流、排泄

此外，由含水和透水微弱的基岩、黄土层所构成的地表水及地下水流向基本一致的次级分水岭，将该井田分割成几个补迳排各自独立的以泉排泄为特征的次级水文地质单元。

双沟泉域和母河泉域汇水面积分别为 15.38 km² 和 14.25 km²。它们在接受大气降水的垂直入渗补给后，由各自的分水岭分别向沙坡滩地中心、古凹槽及洼地汇集，再以降泉的形式排出，形成常年性沟流，最终均汇入乌兰木伦河。

5.3 矿井水回灌

在 12201 强排孔进行地下水回灌试验。回灌凹地选择在首采区北部母河沟泉水的东北补给方向上。该凹地是风积沙堆积形成的一个天然汇水凹地，形似圆盒状，面积约 2137.6 m²。为了便于观测水位，在凹地边缘设置一标尺。强排孔所排出的地下水用管道送至回灌凹地。试验时，向凹地中注水至一定的高度，然后观测水的下渗情况，并按照一定的时间间隔记录下降水位。据此可求得凹地的回灌入渗速度。

试验历时 10h，求得凹地的平均下渗速度为 0.027 m/h。在凹地注水的几个月内，12201 涌水量保持在 80 m³/h 左右。试验结果表明，只要选择合适的地点，矿井水回灌是切实可行的。

6 小结

（1）提出了区段、阶段、煤层群采用上行式开采顺序以利于矿井水向地下水库转移，同时，有利于工作面的疏排水。

（2）矿井水提前疏放主要是地表疏干和井下疏干两种方式的结合，而井下疏水主要包括石门疏水、井巷疏水和井下钻孔疏水等。

（3）地下水人工回灌技术由回灌坑、回灌竖井、渗流槽、渗滤池和注水井等组成。

（4）在神东井田 12201 强排孔进行地下水回灌试验。试验历时 10h，求得凹地的平均下渗速度为 0.027 m/h。在凹地注水的几个月内，12201 涌水量保持在 80 m³/h 左右没有明显变化。试验结果表明，只要选择合适的地点，矿井水回灌是切实可行的。

参 考 文 献

[1] 陆家河. 综合治理矿山采空区（利用废旧矿井采空区）建地下水库初步探讨[J]. 环境保护, 2005, 5: 28~30.
[2] Ma Liqiang, Zhang Dongsheng, Li Xiang, Fan Gangwei, Zhao Yongfeng. Technology of groundwater reservoir construction in goafs of shallow coalfields[J]. Mining science and technology, 2009, 19(6): 730~735.
[3] 马立强, 张东升, 刘玉德. 薄基岩浅埋煤层保水开采技术研究[J]. 湖南科技大学学报(自然科学版), 2008, 23(1): 1~5.
[4] 李砚阁. 地下水库建设研究[M]. 北京：中国环境科学出版社, 2007.
[5] 杜计平. 煤矿特殊开采方法[M]. 徐州：中国矿业大学出版社, 2011.

[6] 虎维岳, 田干. 我国煤矿水害类型及其防治对策[J]. 煤炭科学技术, 2010, 38(1): 92~96.
[7] 罗立平. 矿井老空水形成机制与防水煤柱留设研究[D]. 北京：中国矿业大学，2009.
[8] 何龙飞. 西部干旱半干旱浅埋矿区地下水库建设机理与技术[D]. 徐州：中国矿业大学，2013.
[9] 马立强. 沙基型浅埋煤层采动覆岩导水通道分布特征及其控制研究[D]. 徐州：中国矿业大学，2007.
[10] Singh M M, Kendorski F S. Strata disturbance prediction for mining beneathsurface water and waste impoundments[C]. Ground Control in Mining. Morgantown, 1981.
[11] 范刚伟. 浅埋煤层开采与脆弱生态保护相互相应机理与工程实践[D]. 徐州：中国矿业大学，2011.
[12] 缪协兴, 陈荣华, 白海波. 保水开采隔水关键层的基本概念及力学分析[J]. 煤炭学报, 2007, 32(6)：561~564.
[13] 李涛. 陕北煤炭大规模开采含隔水层结构变异及水资源动态研究[D]. 徐州：中国矿业大学，2012.
[14] 黄庆享. 浅埋煤层覆岩隔水性与保水开采分类[J]. 采矿与安全工程学报, 2010, 29（supp 2）：3622~3626.

隐马尔可夫模型在煤矿事故案例推理中的应用探究

魏永强

(中国矿业大学（北京）资源与安全工程学院，北京 100083)

摘 要 隐马尔可夫模型作为一种统计分析模型，可用于煤矿事故案例推理。文章首先分析了事故案例推理应用于应急决策的方案和流程，阐述了隐马尔可夫模型的由来和算法理论；在此基础上，详细探讨研究构建煤矿事故事态发展的隐马尔科夫模型，并利用隐马尔可夫模型对煤矿事故后继事态进行预测。隐马尔可夫模型在煤矿事故案例推理中的探究应用，为相关科研人员提供了崭新的视角。

关键词 事故案例推理 隐马尔可夫模型 应急决策

Inquiry of Hidden Markov Model Applied in Coal Mine Accident Case-based Reasoning

Wei Yongqiang

(School of Resource and Safety Engineering, China University of Mining and Technology, Beijing 100083, China)

Abstract Hidden Markov model acts as a statistical analysis model that can be used for coal mine accident case-based reasoning. The article first analyzed the solutions and processes of case-based reasoning applied in emergency decision-making, explained the origin of Hidden Markov model and its algorithm theory; On this basis, it detailedly discussed and developed construction of coal mine accidents developments's Hidden Markov Model, and used Hidden Markov Model to predict coal mine accidents's subsequent developments. Inquiry of Hidden Markov Model applied in coal mine accident case-based reasoning, provided a new perspective for the relevant researchers.

Keywords accident case-based reasoning, hidden markov model, emergency decision

煤矿事故是一个序贯的过程，煤矿事故在不同的阶段所处的状态不同，后一阶段事件的发展依赖于前面事件发展的情况，对决策者来说，需要关心的是煤矿事故现在处于什么状态，还有它下一步将沿着什么方向发展，然后才能给出相应的策略，采取相应的行动。采用隐马尔可夫模型对煤矿事故的状态进行建模分析，利用隐马尔科夫模型，结合主观判断与事实，虽不能预测整个突发事件多个阶段的演化路径，但是可以对于下一个决策点的事件状态进行一定的估计，以做出更为科学的决策。

1 事故案例推理与应急决策

近年来，已有一些相关研究将案例推理应用到突发事件应急决策领域，研究建立了案例推理应急决策模型，其基本流程如图1所示[1]：当事故发生时，决策者利用掌握的事故描述信息在案例库中查询相似的案例，通过案例检索，得到与当前目标案例相匹配的源案例。然后从中选取相似度最高的一个或多个源案例，把它们的解决方案进行重用或修改，作为当前目标问题的解决方案。

另外，随着救援行动的开展，救援措施的反馈信息、危机事件演化的情况等会陆续产生，这些新的信息与原有信息相结合，形成新的危机情境描述，并不断反馈给决策者，决策者可以依据所获得的信息进行多次案例检索、推理和决策。案例推理方法能够从庞大的案例库中检索得到有针对性的相似案例，直接利用历史相似案例的决策方案来辅助决策当前问题，避免了基于应急预案方法中预案适用性较差、不够灵活和预案的匹配适用性分析困难的问题。

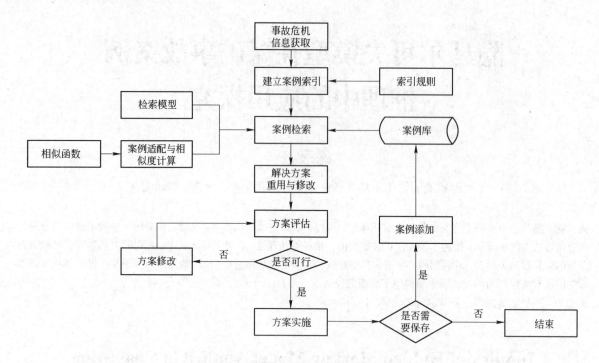

图 1　基于案例推理的应急决策模型

2　隐马尔可夫模型

隐马尔可夫模型(Hidden Markov Model，HMM)作为一种统计分析模型，于 20 世纪 70 年代提出，自 20 世纪 80 年代以来，HMM 得到了应用和发展，HMM 被应用于语音识别，取得重大成功，成为信号处理的一个重要方向，到了 20 世纪 90 年代，HMM 还被引入计算机文字识别和移动通信核心技术"多用户的检测"[2]。现在 HMM 已经广泛应用于生物信息科学、故障诊断、语音识别、行为识别、文字识别等领域。隐马尔可夫模型是马尔可夫模型的一种。马尔可夫模型分为隐马尔可夫模型、半马尔可夫模型、马尔可夫链模型、马尔可夫链等。

隐马尔可夫模型可以用图 2 所示。图中每个圆表示一个节点，节点之间用箭头连接，表示两个节点之间存在着条件依赖关系，箭头指向的节点条件依赖于箭头出发的节点。其中灰色节点（q）表示隐变量，隐变量对应的隐含序列记为：$Q_T = \{q_1, q_2, \ldots, q_T\}$，白色节点（$x$）表示观测变量，观测变量对应的观测序列记为：

$$X_T = \{x_1, x_2, \cdots, x_T\}$$

图 2 中所有的隐变量构成一条链，表示隐含变量之间存在的状态转移，隐变量序列是一个马尔可夫链，因为 q_{t+1} 只与 q_t 有关，与 q_{t-1} 无关。观测序列是一个随机过程，图中每一个观测变量都对应隐变量序列中的一个隐变量，表示了隐变量和观测变量之间的关系。

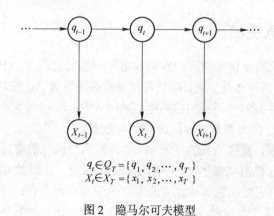

$q_t \in Q_T = \{q_1, q_2, \cdots, q_T\}$
$X_t \in X_T = \{x_1, x_2, \cdots, x_T\}$

图 2　隐马尔可夫模型

隐马尔可夫模型可以由一个五元组描述：$\lambda = (S,V,\pi,A,B)$，有时也简写为 $\lambda = (\pi,A,B)$，参数集中各个参数的含义如下：

（1）S 表示隐变量状态空间，即状态的数目。

（2）V 表示可观测变量状态空间，即从每一状态出发可得到的观察值的数目。

（3）π 表示初始状态空间的概率分布。$\pi_t = P(q_t=s_i)$，当没有其他信息时，先验概率通常取等值，即 $\pi_i = \dfrac{1}{n}$，其中 N 为状态空间 S 中状态数目，状态空间 $S = \{s_1,s_2,\cdots,s_n\}$，初始状态概率向量为 $\pi = \{\pi_1,\pi_2,\cdots,\pi_n\}$。

（4）$A=(a_{ij})$ 表示与时间无关的隐变量的状态转移概率矩阵，其中 $a_{ij} = P(q_{n+1}=s_j|q_n=s_i)$ 表示从状态 s_i 到状态 s_j 的转移概率。

（5）B 表示给定状态下观察值的概率分布，也称混淆矩阵。观测值含义随类型的不同而有所不同：1）当观测变量 x 的取值是离散时，如有 M 个可能取值，即 $x_n \in \{v_1,v_2,\cdots,v_n\}$，则 $B = (b_{i,k})$，其中 $b_{i,k} = P(x_n=v_k|q_n=s_i)$，表示当前状态是 s_i 时，观测到 v_k 的概率；2）当观测变量 x 的取值是连续时，那么 $B(x)$ 是一个向量函数，其中 $b_{i,k}=P(x_n=v_k|q_n=s_i)$ 描述的是在系统处于状态 s_i 时观测值的概率密度。

3 构建煤矿事故事态发展的隐马尔科夫模型

煤矿事故的发生是一个连续的过程，随着情景的演变，事故可以分为不同的阶段，事故某一阶段的发展往往只依赖于前一阶段事故的发展情况，如煤矿瓦斯爆炸事故可能会引发火灾事故，而火灾事故会引发坍塌事故。

事故发生时，由于信息收集、传输困难，时间紧迫等原因而往往会导致信息缺乏、失真等情况，对决策者而言，事故发展状态的各种原因变量往往是不确定的，而观测变量往往是可见的。而且事故某一阶段的情景变化往往只依赖于前一阶段事故的发展情况，而与早期的事故情景没有太密切的联系。由此可见事故发展的规律符合马尔科夫链的特征，因此可以采用隐马尔科夫模型对煤矿事故的状态进行建模分析。

3.1 煤矿事故事态发展的马尔科夫特性

事物在每个时刻所处的状态是随机的，事物从一个时期发展到下一个时期的状态按照一定的概率进行转移，并且下个时期的状态只取决于这个时期的状态和转移概率，与以前各时期的状态无关。这种性质称为马尔科夫性，或无后效性。

煤矿事故的发展具有马尔科夫性，假如把煤矿事故分为若干个阶段，则除初始阶段外，从第二阶段开始，任何一个阶段的事故状态仅仅与前一个阶段事件状态相关，而不受突发危机事件过去历史状态的影响，可以认为过去的所有信息都包括在当前信息中。因此，可以利用马尔科夫链模型对突发事件进行建模。

3.2 确定模型状态变量

首先，我们要确定煤矿事故的状态变量。选取能够反映事故状态的属性作为模型的状态变量，这里以煤矿瓦斯类事故为例，选取事故规模、案例特征、事故可控性、损失持续时间、未来24小时发生爆炸概率、未来24小时发生坍塌概率、未来24小时发生中毒事件概率作为描述事故状态的指标。这样 q_t 的状态空间 S 包含两个维度，即事故特征 L 和事故规模 E，即 $S=E\times L$，记为 (e_i,l_i)，其中 $e_i \in E, l_i \in L$。

3.3 构建煤矿事故事态发展的隐马尔科夫模型

事件的内在属性往往是通过一些外在的状态来表现的。而决策过程中，往往要从外在的现象中去推测事故的内在属性，也就是说从可观测变量去估计隐变量的分布，例如依据外在现象推测导致煤矿事故发生的原因。带有这种特点的序贯链比一般的马尔可夫链更复杂，需要进一步建立隐马尔可夫模型。

根据煤矿事故事态的动态演化特点建立隐马尔可夫模型，其中各个变量的含义为：

q_t 表示 t 时刻事故的状态，为隐变量，其状态空间 S 包含两个维度，分别是案例库中所有事故特征 L 和事故规模 E，即 $q_t \in S = \{(e_i,l_j) | t_i \in T, l_j \in L\}$。设 $N=|S|$，即一共有 N 个状态。

x_i 表示 t 时刻煤矿事故的观测变量,包括了我们当前能够搜集到的所有信息,对应于案例表示框架中的案例类型描述 T 和案例问题描述 P。

$A_t = (a_{i,j}^t)_{N \times N}$ 表示 t 时刻从 q_t 到 q_{t+1} 的状态转移矩阵,其 $a_{i,j}^t = P(q_{t+1} = s_j | q_t = s_i)$ 表示在 t 时刻煤矿事故处于状态 s_i,下一阶段处于状态 s_j 的概率。

$B_t = (b_{i,j}^t(x_t))_{1 \times N}$ 表示 t 时刻当煤矿事故处于状态 q_t 下得到事故信息 x_t 的条件概率分布,其中 $b_i^t(x_t) = P(x_t | q_t = s_i)$。

π 表示事故的初始状态分布。

则观测序列为 $X = \{x_1, x_2, \cdots, x_T\}$,隐变量序列记为 $Q = \{q_1, q_2, \cdots, q_T\}$,参数集 λ 中,隐变量在初始时刻的先验概率 π,在没有额外信息下,取等值。不同阶段之间的转移概率矩阵 A_t 和每个阶段对应的观察值的概率分布矩阵 B_t 的构造我们接下来详细探究。

3.3.1 构建状态转移矩阵 A

构建状态转移矩阵步骤如下:(1)确定研究对象范围,煤矿瓦斯类事故、中毒事故、煤尘爆炸类事故、燃烧、火灾、坍塌类事故具有一定的相似性,这里采用这些事故案例的相关属性作为研究对象。(2)确定状态之间的转移概率。

首先是案例存储结构的设计,事故发生后,随着事件情景的变化,在事件发展的不同阶段需要进行新的决策,可以依据时间顺序,采用动态的方式对案例进行存储。动态案例是由一系列处于不同时间段的子案例组成,每一个子案例单独作为一条记录,表示了某一时间点上的事件状态。在相应的属性项中,设置了后继案例和先驱案例,将这些子案例依据事件顺序串联在一起可以表示突发事件应急救援的整个过程。在这里,事故状态的划分是针对新信息的到来而需要进行的新一轮决策,相邻的两个阶段,事件状态可能发生一定的变化,需要决策者进行新一轮的决策,从而采用新的解决方案或调整现有的方案。

通过上述方式,可以将一个完整的事件发生过程记录下来,即按照事件情景的变化分成若干个阶段,每一个阶段都单独记录,作为案例库中的一个历史案例。下一步的任务是查询相似案例集,即采用案例检索的方法,通过计算结构相似度、属性相似度,然后计算综合相似度的方法,依据一定的阈值,查询得到与当前情况相似的案例集。

获得相似案例集后,可以得到这些案例的后继案例。这些后继案例,即上文所说的与该相似案例属于同一事件,且在该相似案例对应的阶段之后各个时间段上发生的子事件对应的一系列案例。在查找的时候,利用案例的后继案例属性项,可以查到后继案例的具体信息。然后再依据后继案例的后继案例属性项,依据对应的事件编号,查到下一个后继案例。然后,依次利用该案例的后继案例属性继续查找,直到找到最后一个案例为止。这些案例形成一系列以相似案例为起点的事件链,如图 3 所示。

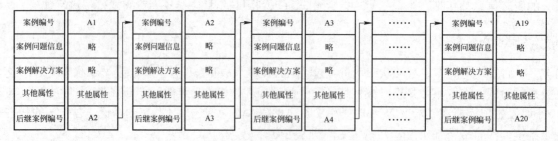

图 3 案例的事件链

以下通过统计事件链中各个案例不同状态之间发生变化的次数,建构转移概率矩阵。设第 r 个决策者的相似案例集中一共有 N^r 个案例,这些案例表示为 $C_1^r, C_2^r, \cdots, C_{N^r}^r$,分别找到事件链 $\{C_1^r, SC_{11}^r, SC_{12}^r, \cdots, SC_{1r_1}^r\}$,$\{C_2^r, SC_{21}^r, SC_{22}^r, \cdots, SC_{2r_2}^r\}$,$\cdots$,$\{C_{N^r}^r, SC_{N^r1}^r, SC_{N^r2}^r, \cdots, SC_{N^r r_{N^r}}^r\}$,依次统计各个事件链对应的状态。设 N_{ij} 为状态变量,如果案例 C_k^r 属于类型 S_i,其后继案例 $SC_{k_1}^r$ 属于类型 S_j,则 $E_{ij} = E_{ij} + 1$,如果案例 C_k^r 所属的事件链中某一案例 $SC_{kk_i}^r$ 属于类型 S_i,其后继案例属于类型 S_j。同样 $E_{ij} = E_{ij} + 1$;如果一共有 E_i 个从 S_i 类型的事件案例出发的转移,则第 r 个决策者的转移概率矩阵为:

$$A = \begin{bmatrix} \dfrac{E_{11}}{E_1} & \dfrac{E_{12}}{E_1} & \cdots & \dfrac{E_{1N}}{E_1} \\ \dfrac{E_{21}}{E_2} & \dfrac{E_{22}}{E_2} & \cdots & \dfrac{E_{2N}}{E_2} \\ \vdots & \vdots & & \vdots \\ \dfrac{E_{N1}}{E_N} & \dfrac{E_{N2}}{E_N} & \cdots & \dfrac{E_{NN}}{E_N} \end{bmatrix}$$

由于事件每一个阶段的情景不同，找到的相似案例集也不同，建立的转移概率矩阵也不同。因此该模型是非齐次的，将转移概率矩阵记为 $A_t = (a^t_{i,j})_{N \times N}$，其中 $a^t_{i,j} = \dfrac{E_{ij}}{E_i}$。其中有些事件状态之间只存在单向转移，有些状态之间不发生转移，所以有的 $a^t_{i,j} = 0$。

3.3.2 构建观察值的概率分布矩阵 B

B_t 表示 t 时刻在不同事件状态 q_t 下观察到的事故信息 x_t 的条件概率分布，其中，x_t 是主观概率，需要决策者依据自身的经验知识，主观估计并事先给出其概率分布。

具体做法是决策者依据当前事件情景，决策者依据主观经验给出在状态 s_i 下能够观察到现在这个情景的概率。设用 EI_t 表示当前情景，决策者给出 $b^t_i(EI_t) = P(x_t = EI_t | q_t = s_i)$（对所有的 $s_i \in S$），$b^t_i(EI_t) \in [0,1]$。

4 利用隐马尔可夫模型对煤矿事故后继事态进行预测

这里利用隐马尔科夫模型，结合决策者的主观经验和判断，来对突发事故后继事态进行估计，构建煤矿事故事态预测模型，并提出备选决策方案。

4.1 构建煤矿事故事态预测模型

采用隐马尔可夫模型，可以通过观察变量来对潜在的原因变量进行估计，并在此基础上对煤矿事故事态的进一步发展做出预测。由于不同的决策者给出的参数、主观概率可能不同，这里假设隐马尔可夫模型参数是多个不同决策者统一意见后给出的。

预测过程如下：首先，对当前事件的发展有所估计，即先估计隐变量序列。当 $t=1$，因为没有任何新信息，所以需要对状态概率分布进行初始化，分两种情况：（1）没有任何先验知识，则默认所有的事件发生的概率相同，则系统以相同的概率进行初始化：$\pi_i = P(q_1 = s_i) = 1/N (s_i \in S)$。（2）决策者依据经验对未来事态进行预测，主观给出先验概率 π，并输入系统。在观察到当前情景信息 EI_1 后，决策者参考相似案例，估计不同状态下观测到 EI_1 的概率，填写矩阵 B，则当前处于状态 $s_i(i=1,2,\cdots,N)$ 的概率为：

$$P(q_1 = s_i | x_1 = EI_1) \infty L(q_1 = s_i | x_1 = EI_1) = P(x_1 = EI_1 | q_1 = s_i)P(q_1 = s_i) = b^1_i(EI_1)\pi$$

则在 $t=1$ 时，系统计算得到最有可能的状态即为：$q^{(1)}_1 = \arg\max\limits_{1 \leq i \leq |S|} L(q_1 = s_i | x_1 = EI_1)$，此时最佳隐变量序列为 $\{q^{(1)}_1\}$，上标（1）表示在 $t=1$ 时刻。

另外，系统根据相似案例集计算得到状态转移矩阵 $A_1 = (a^1_{i,j})$，当 $t=2$ 时，当前事态最有可能的状态为：

$$q^{(1)}_2 = \arg\max\limits_{1 \leq i \leq |S|} L(q_2 = s_i | q^{(1)}_1)$$

然后，决策者根据估算的事态发展序列 $Q^{(1)} = \{q^{(1)}_1, q^{(2)}_1\}$ 来制定方案加以应对。

到了下一阶段 $t=2$，随着新的信息 EI_2 到来，决策者对事态发展序列 $Q^{(1)}$ 进行修正，并继续预测 $t=3$ 时刻事态最有可能的状态。以下的阶段重复以上计算过程。

综上所述，整个决策过程为：

步骤1，设 $t=1$，初始化时间状态的概率分布。如果决策者对事件发生的可能性有一个先验的判断，则由决策者输入系统先验概率 π，如果决策者没有输入任何信息，则系统自动初始化事件状态概率分布。

步骤2，在 t 时刻，决策者得到新信息 EI_t，结合相似案例，估计模型参数 B_t。

步骤 3，在决策者输入参数 B 之后，系统计算得到最有可能的隐变量序列，这里采用 Viterbi 算法。具体如下：

(1) 当 $t=1$，那么：

$$\delta_1(i) = \pi_i b_i^t(EI_1) \quad 1 \leqslant i \leqslant N$$

$$\phi_1(i) = 0$$

当 $t>1$，则：

$$\delta_t(j) = \max_{1 \leqslant i \leqslant N}[\delta_{t-1}(i)a_{i,j}^{t-1}]b_j^t(EI_t) \quad 1 \leqslant j \leqslant N$$

$$\phi_t(j) = \max_{1 \leqslant i \leqslant N}[\delta_{t-1}(i)a_{i,j}^{t-1}] \quad 1 \leqslant j \leqslant N$$

比较

$$P^{(t)} = \max_{1 \leqslant i \leqslant N}[\delta_t(i)]$$

$$q_t^{(t)} = \max_{1 \leqslant i \leqslant N}[\delta_t(i)]$$

(2) 路径回溯：

$$q_{k-1}^{(t)} = \phi_t(q_k^{(t)}) \quad k = t, t-1, \cdots, 2$$

得到的 $\{q_1^{(t)}, q_2^{(t)}, \cdots, q_t^{(t)}\}$ 即为最佳序列。

步骤 4，系统根据检索得到的相似案例集计算 A_t，在步骤 3 计算得到的序列基础上，算出下一阶段最有可能的状态 $q_{t+1}^{(t)} = \arg\max_{1 \leqslant i \leqslant |S|} P(q_{t+1} = s_i | q_t^{(t)})$，得到事态发展序列 $Q^{(t)} = \{q_1^{(t)}, q_2^{(t)}, \cdots, q_t^{(t)}, q_{t+1}^{(t)}\}$，提供给决策者。

步骤 5，决策者参考预测结果，对事态进行分析，提出执行方案。

步骤 6，方案执行后，进入 $t+1$ 时刻，新的信息 EI_{t+1} 到来，EI_{t+1} 中包含的信息为事态新的发展情况、之前方案执行的效果反馈等。这里有两种情况：

(1) 如果决策者能够从中判断 $t+1$ 时刻事件所处状态为 s_k，根据马尔科夫假设，设 q_{t+2} 只与 q_{t+1} 有关，令 $t \to 0, q_0^{(0)} = s_k$，转到步骤 4。

(2) 如果无法确定之前的事态发展情况，则 $t \to t+1$，转到步骤 2。

4.2 探究选择备选方案流程

通过以上分析可以总结出决策者选择备选方案的流程：

步骤 1，煤矿事故发生后，信息收集人员收集事故基本信息，根据已有的范例表示框架将信息保存。

步骤 2，决策者获知事件的所有信息后，可以依据自己的经验对案例信息进行修改或补充。

步骤 3，决策者通过系统进行案例检索，即首先通过基于聚类分析的 2 级案例检索策略对历史案例进行分类，然后通过第五章介绍的案例检索方法进行案例检索，得到与问题案例相似度大于某一阈值 E 的案例，将结果放入相似范例集 SimilarCaseSet；最后，系统查找每个相似案例的后继事件链。

步骤 4，决策者得到相似案例集及其后继事件链，如果这些信息不能满足要求，决策者可以通过修改案例属性等方式，重新多次进行案例检索，检索结果加入相似案例集 SimilarCaseSet 中。记 $n =$ Similar CaseSet，n 属于 N，表示该相似案例集中的案例个数。可能检索到的案例情况是：

(1) 当 $n=0$ 时，即没有找到相似案例，转到步骤 10。

(2) 当 $n=1$ 时，即找到一个相似的案例 C，若该案例有后继事件链 $\{\cdots\}$，则参考其后继案例，预测事态的发展，并结合相似案例提出推荐方案。

(3) 当 $n>1$ 时，即找到多个相似案例，查找包含相似案例的转到步骤 5。

步骤 5，系统计算 t 时刻从时刻 qt 到 $qt+1$ 的状态转移矩阵 $A_t = P(q_{t+1}|q_t)$。

步骤 6，决策者依据已有信息和主观经验，给出 t 时刻在当前状态为 s_i 下 EI_t 的条件概率分布 $b_i^t(EI_t), s_i \in S$。

步骤 7，决策者将主观概率录入系统，系统计算当前的可能状态和下阶段可能发生的情况排序，并反馈给决策者。

步骤 8，决策者如果想重复进行预测，转到步骤 2，否则转到步骤 9。

步骤 9，决策者依据已有的相似案例和后继案例的问题描述、决策方案和决策结果等，结合自己的主观经验，提出自己的备选方案。

步骤 10，决策者如果没有得到相似案例，需要通过其他途径，包括依据自己的经验知识给出方案。

步骤 11，每一个决策者都按上述方法对所有方案进行分析，结合自己的主观经验筛选方案，最终得到备选方案集 X，包含 s 个备选方案。

5 结语

文章采用隐马尔可夫模型对突发危机事件的状态进行建模分析。利用隐马尔科夫模型，结合主观判断与事实，虽不能预测整个突发事件多个阶段的演化路径，但是可以对于下一个决策点的事件状态进行有效的预测，以做出更为科学的决策。

参 考 文 献

[1] 金涛. 面向突发危机事件的范例推理研究[D]. 上海：上海交通大学, 2007.
[2] Zhang T, Ramakrishnan R, Livny M. BIRCH: an efficient data clustering method for very large databases[C]//Proceedings of the 1996 ACM SIGMOD international conference on management of data. montreal, Canada: ACM.

采空区隔离充填开采方法

轩大洋[1,2] 许家林[1,2]

(1.中国矿业大学矿业工程学院,江苏徐州 221116;
2. 中国矿业大学煤炭资源和安全开采国家重点实验室,江苏徐州 221116)

摘 要 近年来在中国煤炭工业中,长壁无煤柱采空区充填开采陆续开展了试验与应用。为了准确地认识这种方法对地表沉陷的控制作用,论文对目前中国所采用的充填开采方法进行了分析。结合实测的充填开采条件下地表下沉系数分析得出,在采高较大时,无煤柱采空区充填开采无法满足建筑物下采煤的要求,此时必须采用隔离充填开采。隔离充填开采利用了非充分开采与部分开采的原理,因而通过实施采空区充填能够有效控制地表沉陷并保护地面建筑物,从而实现安全采煤。论文同时给出了隔离充填开采的设计原则与一般方法。

关键词 建筑物下采煤 充填开采 地表沉陷控制 隔离煤柱 绿色开采

Innovative Backfilled Longwall Panel Layout for Better Subsidence Control Effect—separating Adjacent Subcritical Panels with Pillars

Xuan Dayang[1,2] Xu Jialin[1,2]

(1. School of Mines, China University of Mining and Technology, Jiangsu Xuzhou 221116, China;
2. State Key Laboratory of Coal Resources and Safe Mining, China University of Mining and Technology, Jiangsu Xuzhou 221116, China)

Abstract In recent years, field trials of non-pillar longwall mining using complete backfill have been implemented successively in Chinese coal mining industry. The objective of this paper is to get a distinct and scientific understanding of surface subsidence control effect using such technique. It begins with a brief overview on complete backfill methods primarily used in China, followed by an analysis of collected subsidence coefficients under mining with complete backfill. It is concluded that non-pillar longwall panel layout will lead to surface structures damages at a relatively great mining height, although complete backfill was conducted. In such situations, separated longwall panel layout must be used, i.e., panel width should be subcritical and stable coal pillars should be left between adjacent panels. The proposed method takes the principle of subcritical extraction and partial extraction, and in conjunction with gob backfill, surface subsidence can be effectively mitigated, as well as surface structure damage. A general design principle and method of separated panel layout have also been proposed.

Keywords mining under buildings, mining with backfill, surface subsidence control, separated pillar, green mining

1 引言

充填是指用废弃物填充开采导致的采空区(或其他采动空间),其目的可能是为了处理废弃物或者是实现其他工程作用(如控制覆岩和地表下沉)(Grice 1998)。在各国煤矿工业中,充填开采的主要目的之一均是控制地表沉陷,实现一些特殊条件下的开采,如建筑物下采煤等(Karfakis et al. 1996),比如在中国(Xu et al. 2004; Miao et al. 2010; Xuan and Xu 2014)、波兰(Palarski 1989, 2004)、印度(Lokhande et al. 2005)、南非(Ilgnel 2000)等国家。在井工开采的煤矿中,由于所采用的采煤方法不同,导致地表沉陷也差异极大,因而单从沉陷控制的角度出发,不同采煤方法对充填的需求不同,所采用的充填方法差异也极大。

世界各国的井工煤矿中,主要采用的采煤方法有长壁开采、房柱式开采和条带开采。房柱式开采,在不采煤柱条件下采出率通常小于50%,地表几乎不出现下沉(Peng 1992),因而不实施充填,除非是在某些

通信作者:许家林,电话:+86 516 83885581;传真:+86 516 83885581;E-mail: cumtxjl@cumt.edu.cn

特殊条件下，如控制采后的地表变形（Siriwardane et al. 2003），但此时的充填方法也极为特殊，一般采用地面钻孔向采空区注浆充填的方式（Lokhande et al. 2005），如美国20世纪70年代在Wyoming对建筑物下的房柱式采空区实施了注浆充填，以消除漏斗形沉降，并取得了很好的效果（Colaizzi et al. 1981），之后于1998年左右在West Virginia也开始了同样的试验（Siriwardane et al. 2003）。除此之外，研究人员也开展了房柱式采区为提高采出率而实施充填的研究工作（Donovan and Karfakis 2004），尤其是在某些地表设施或水体下开采煤柱时（Gandhe et al. 2005; Wang et al. 2011）。

条带开采，也称为长壁部分开采，最早由英国工程师于1950年提出（Salamon 1991）。尽管称为长壁，但工作面采宽通常仅几十米。条带开采曾在英国（Wardell and Webster 1957; Salamon 1991）、澳大利亚（Kapp 1984）、中国（Xu 2011）得到了非常成功的应用。条带开采本身对地表沉陷的控制作用非常好，通常地表下沉系数能控制在0.1以内，建筑物均能够得到有效保护；因而，对于条带开采而言，也不需要实施充填。但是，近年来，中国的研究人员普遍在寻求条带开采条件下的充填开采方法，以期在控制地表沉陷的同时，能够进一步提高采出率。比如，在中国埠村煤矿、岱庄煤矿成功开展了条带采空区充填开采试验，并取得了较好的效果。

房柱式开采与条带开采均是利用保留的煤柱支撑上覆岩层，不可避免地造成了大量的煤炭损失。而长壁开采则解决了这一问题，但随之而来地造成了最普遍与最大量的地表沉陷。尤其是在中国，长壁开采是最广泛采用的采煤方法，特别是较多地采用了一种无煤柱开采方式（即工作面之间或者不留煤柱，或者留设10 m左右的护巷小煤柱），造成的沉陷问题非常明显。因而，在涉及到一些建筑物下采煤时，若不实施搬迁，特殊的开采方法必须采用，如充填开采。长壁开采工作面，可以采用的充填方式包括垮落带注浆充填、离层带注浆充填和采空区全部充填（Palarski 2004; Xu et al. 2006），其中最传统的方式仍然是采空区充填开采。

近十多年，中国的研究人员围绕煤矿"三下"压煤开采和环境保护等问题，开展了广泛的采空区充填开采试验研究，在理论研究和工程实践方面均取得了重要进展。采空区充填开采似乎为部分饱受建筑物等压煤影响的煤炭企业（尤其是老矿区）注入了强大与新鲜的活力。然而，应该如何从地表沉陷控制角度冷静地看待这些采空区充填技术呢？它们真的能够有效控制地表沉陷吗？对于采空区充填而言，无煤柱开采方式毫无疑问是每一个研究人员和每一位采矿工程师的愿望，但无煤柱条件下预期的地表沉陷控制效果真的能够达到吗？这关系到一种充填方法是否能够得到推广应用。本文即试图从地表沉陷的角度对这一问题进行讨论。首先，对采空区充填技术进行了简要回顾，并搜集了充填工作面地表沉陷下沉系数，对充填开采沉陷效果进行了分析。最后，提出了隔离充填开采的思想与初步设计方法。本文的研究，对于增强充填开采沉陷的认识将起到非常积极的作用。

2 全部充填地表沉陷控制效果

2.1 全部充填开采回顾

2.1.1 煤矿充填开采的特点

采空区充填，即全部充填，是指利用各种材料将回采空间作为填充空间进行充填的方法。对于煤矿而言，采空区充填开采并非一件容易的事情，主要体现在以下3个方面(Li et al. 2008)：(1) 充填能力难以和采煤能力相匹配。一旦采用充填开采，长壁面产量很难达到100万吨/年，远无法与现代化长壁工作面的高效开采相匹配。(2) 充填材料的量远远无法满足充填的要求。在煤矿，煤矸石、粉煤灰分别占原煤产量的10%~20%、20%~30%，远不够实施充填。如印度在采用水砂充填时已面临河砂严重短缺的问题(Mishra and Das 2010)。(3) 充填成本对煤矿而言，太过于昂贵。这些特征决定了，尽管许多国家均对充填开采进行了试验与应用，但毫无疑问地，这都是在面对地表建筑物等设施下开采时迫不得已而做出的最后选择。

2.1.2 采空区充填开采

Grice(1998)指出，澳大利亚最早的关于充填作为一项独立技术的记录是1933年在芒特艾萨(Mount Isa)实施的充填开采，充填目的主要是为了处理废弃物同时为了稳定回采工作面，但是，在澳大利亚的煤矿一直以来并不采用充填开采。在波兰的煤矿工业中，充填开采应用较为广泛，尤其是水砂充填开采，其目的主要是为了控制地表沉陷以及实现厚煤层分层开采(Palarski 1989, 2004)。在印度，采空区充填开采在地表沉陷控制中也发挥着重要的作用，其中应用最有效的同样是水砂充填开采(Lokhande et al. 2005)。

在中国，早在 1912 年，抚顺矿务局即开始了极小规模的水砂充填试验(Chen 1992)，但并不是用于控制地表沉陷。20 世纪 60 年代，胜利煤矿首次采用水砂充填采煤法，成功地开采了矿务局车理修理厂的保护煤柱（煤厚 20 m）；之后，新汶矿务局孙村等矿也开展了水砂充填开采试验(Xu et al. 2006)。早期，水砂充填开采主要目的多是在厚煤层分层开采时进行顶板管理而不是控制地表沉陷。由于水砂充填机械化程度与生产效率低、充填系统复制、充填材料泌水严重，水砂充填采煤法在中国并未得到推广应用，在 20 世纪 90 年代初被淘汰。

近十多年来，充填开采被作为地表沉陷控制和"三下"压煤开采的重要手段，得到了较大发展(Qian et al. 2003; Xu et al. 2004)，形成了膏体充填(Zhou et al. 2004)、固体（常用矸石）充填(Miao et al. 2010)、高水材料充填(Feng et al. 2010)等采空区充填开采方法。这几种充填方法，其最显著的区别特征在于所用的充填材料不同，造成随之而来的充填工艺和装备均有所不同，以及机械化水平和效率也有所差别。但本质上，这些方法均是在工作面推进过程中顶板垮落之前及时充填后方采空区。

膏体充填开采是把煤矿附近的煤矸石、粉煤灰、河砂等在地面加工制作成不需要脱水处理的牙膏状浆体，采用充填泵或重力加压，通过管道输送到井下并充填采空区的开采方法(Zhou et al. 2004)。中国煤矿于 2004 年开始膏体充填采煤的试验研究。目前，该项技术已在峰峰、焦作、淄博、新汶、淮南、枣庄、肥城等矿区开展试验和应用。膏体充填系统初期投资较高，吨煤充填成本相对较高，一般大于 100 元/t。

固体充填是利用机械动力将破碎的煤矸石等固体抛入或输入采空区的方法(Miao et al. 2010)。目前综合机械化充填采煤技术已在新汶、淮北、皖北、平顶山、兖州、济宁、开滦、西山、潞安和乌海等矿区开展试验和推广应用。综合机械化矸石充填系统相对简单，机械化程度高，吨煤充填成本一般不小于 100 元/t。

高水材料充填采用高水材料作为充填材料(Feng et al. 2010)。高水材料以其高水分用量（水体积占比 85%~97%）而得名，它是一种由 A、B 两种材料混合的胶结材料。高水材料料浆流动性好，不易堵管，工作面不泌水，但抗风化及抗高温性能差，充填材料长期稳定性。高水材料充填系统简单，吨煤充填成本为 90~120 元/t。我国煤矿 2008 年首次在邯郸矿业集团陶一煤矿进行了高水材料充填开采试验。目前，该项技术正在邯郸、临沂、永城、邢台、淄博、阜新、淮北、晋城等矿区推广试验和应用。Xu et al. (2011) 曾对长壁采空区充填开采进行了详细的论述。

2.2 沉陷控制效果不足

2.2.1 建筑物下采煤的沉陷控制要求

如前所述，在中国煤矿开展充填开采的主要目的是控制地表沉陷，实现建筑物等特殊条件下的采煤（大多数情况下属于建筑物下采煤）。因而，充填采煤的工程目的是保护地面建筑物不出现破坏。通常用于评估长壁开采导致地表沉陷和建筑物破坏的指标有下沉、水平移动、倾斜、水平变形、曲率等。其中，对建筑物造成破坏的最主要指标有倾斜、水平变形、曲率，更以水平拉伸变形为甚。但是，建筑物是否会受到破坏，与建筑物本身也有关系，因为不同类型的建筑物所能承受的极限变形值不同。因此，在实施充填开采时，必须设定一个地表变形的控制标准，以保护地面建筑物不出现破坏。

中国原国家煤炭工业局(2000)划定了砖混建筑物（长度小于 20 m）的损坏等级（表 1）。一般而言，当地表变形值控制在 I 级以内时，建筑物通常不会发生损坏，煤矿企业也无需付出赔偿。例如，Luo et al. (2004) 曾利用水平变形值 2.0mm/m 的标准成功地在美国 Pittsburgh 煤层粉煤灰处理设施下实现了开采。英国原国家

表 1 砖混结构建筑物损坏等级（State Bureau of Coal Industry 2000）
Table 1 Classification of subsidence damage to the brick-concrete structures (State Bureau of Coal Industry 2000)

Damage level	Surface deformations			Classification	Structural processing
	Strains ε /mm·m^{-1}	Curvatures K /mm·m^{-2}	Inclinations i /mm·m^{-1}		
I	≤2.0	≤0.2	≤3.0	Negligible damage	No repair
				Very slight damage	Light repair
II	≤4.0	≤0.4	≤6.0	Slight damage	Minor repair
III	≤6.0	≤0.6	≤10.0	Medium damage	Medium repair
IV	>6.0	>0.6	>10.0	Severe damage	Heavy repair
				Very severe damage	Demolition and construction

煤炭工业局 National Coal Board (1957)给出了一个考虑水平变形和建筑物长度的建筑物破坏的推荐标准，将地表破坏分为 5 级（图1），以 10 m 长建筑物为例，当水平变形值小于 3mm/m 时，建筑物仅处于极轻微破坏。需要指出的是，在中国的建筑物下采煤实践中，通常将保护标准设置为Ⅰ级破坏临界值，有时会留有一定的富裕系数。

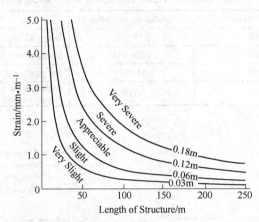

图 1　不同长度建筑物破坏度与水平变形的关系（改编自 National Coal Board 1975）
Fig. 1　Relationship of damage to length of structure and horizontal ground strain (modified from National Coal Board 1975)

2.2.2　充填条件下的开采沉陷

尽管采空区充填也称作全部充填，但是严格意义上，任何充填工艺均不能全部地将采空区充填密实，即充填率均达不到100%，这既与充填工艺、充填材料力学特性等有关，也与采动地层活动规律有关(Karfakis et al. 1996)。各国充填开采实践中的充填率也证实了这一点(Gandhe et al. 2005)。因而，在充填条件下，地表仍然会出现无法避免的下沉。在评价充填条件下地表沉陷时，有效采高的概念常被用于预计地表下沉值(Singh and Singh 1985; Miao et al. 2010)，即充填开采条件下，对地表下沉产生影响的采动空间高度仅为实际采高的一部分，该部分高度与实际开采高度的比值称为充填开采条件下的下沉系数。

Lokhande et al. (2005)曾搜集得到波兰等国采用水砂充填开采时的地表下沉系数为 0.05~0.35，这与中国采用水砂充填开采时的地表下沉系数 0.06~0.30 相符(表2)。Zhou (2010)通过对中国太平煤矿等矿实测得出了膏体充填开采时的地表下沉系数为 0.09~0.26(表3)，与水砂充填时的下沉系数接近。总体而言，充填材料密实度越大、压缩率越小，则地表下沉系数越小。膏体具有密实度高、充填体强度高等优势，因此对岩层移动与地表沉陷控制效果较好；而充填矸石的密实度相对较低，对岩层移动与地表沉陷的控制效果不如膏体充填，Karfakis et al. (1996)认为如果岩层控制是充填的唯一目的，则单纯采用煤矸石并不是适宜的充填材料；高水材料充填则介于膏体充填和矸石充填之间。尽管未见到矸石充填和高水材料充填开采地表下沉系数的相关报道，但可以推断，矸石充填开采的下沉系数可能在 0.2~0.3，高水材料充填的下沉系数可能在 0.1~0.25，当然实际的下沉系数还会受到充填率的影响。

表 2　水砂充填地表下沉系数（改编自 Lokhande et al. 2005）
Table 2　Subsidence coefficient with hydraulic sand backfill (modified from Lokhande et al. 2005)

Country	Subsidence coefficient
Ruhr coalfield, Germany	0.20
Upper Silesia, Poland	0.12
North $ Pas-de-calais coalfield, France	0.25~0.35
British coalfield	0.15~0.20
Kuho (Ⅱ) colliery, Japan	0.19
Kamptee coalfield, India	0.05[①]
Fushun and Xinwen coalfiled, China	0.06~0.30

① Lokhande et al. (2005) attributed good subsidence control effect to strong overlying rock in the Indian coal mines.

Xuan et al. (2012)通过数值模拟得出，在采高达到一定高度时，较小采宽时能够实现保证开采后建筑物不发生破坏，而一旦采宽加大时，充填开采的沉陷控制效果将变差，将导致建筑物出现大于中国原国家煤炭工业局(2000)规定的Ⅰ级破坏。Xuan et al. (2012)指出在其论文所给出的条件下，该临界采高为3.0 m。图2为水平变形与采高和采宽的关系。

表3 膏体充填充分采动地表下沉系数（Zhou 2010）
Table 3 Subsidence coefficient for a critical extraction width using past backfill (Zhou 2010)

Test site	Mining height/m	Subsidence coefficient	Remark
Taiping coal mine, China	9.00	0.15~0.26	Longwall mining without pillars (mean panel width: 180 m)
Zhucun coal mine, China	1.34	0.09~0.15	Longwall mining without pillars (mean panel width: 120 m)
Xiaotun coal mine, China	5.50	0.15~0.20①	Longwall mining without pillars (mean panel width: 105 m)
Daizhuang coal mine, China	2.66	<0.10①	Extraction of pillars left in the area where panel and pillar mining method was adopted

① Inferred from subcritical mining condition.

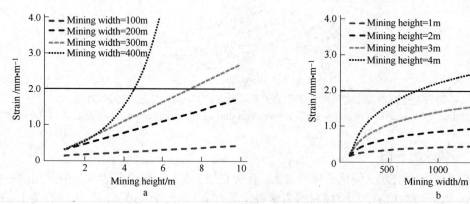

图2 水平变形与采高(a)和采宽(b)的关系（改编自 Xuan et al. 2011）
Fig. 2 Relationship of strains to mining height (a) and panel extraction (b) (modified from Xuan et al. 2011)

为了进一步对此进行说明，利用中国原国家煤炭工业局(2000)推荐的概率积分法(Liu and Liao 1965)对埋深400 m条件下的一个假想开采区域水平变形值进行计算。考虑3 m、5 m两种采高，假定煤层为水平煤层，覆岩为中硬岩层，沿走向为无限开采。以中国原国家煤炭工业局"三下"规程(2000)规定的Ⅰ级临界值为建筑物出现破坏的标准。采用概率积分法(Liu and Liao 1965)预计沿工作面倾向主断面的水平变形值：

$$\varepsilon(x) = -\frac{2\pi bMq}{r^2} x \exp\left(-\pi\frac{x^2}{r^2}\right) + \frac{2\pi bMq}{r^2}(x-W)\exp\left[-\pi\frac{(x-W)^2}{r^2}\right] \tag{1}$$

式中，$\varepsilon(x)$是距工作面左边界 x 位置处地表下沉值；M 为煤层采高；q 为充填条件下的地表下沉系数；r 为主要影响半径，$r = H/\tan\beta$，H 为采深，$\tan\beta$ 为主要影响角正切；W 为工作面采宽。

假定充填开采条件下充分采动时的水平移动系数、主要影响角正切与正常长壁开采时相同，分别取为0.32、1.8，采宽620 m（属于超充分采动），采高3.0 m、5.0 m两种条件下，充填开采后地表下沉系数分别为0.1、0.2、0.3时，倾向主断面水平移动曲线如图3所示。从图3可以看出，在采高3.0 m条件下，即使充

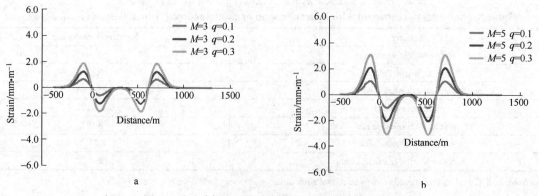

图3 不同采高 M 和下沉系数 q 时的水平变形关系
a—$M = 3.0$ m; b—$M = 5.0$ m
Fig. 3 Horizontal strain profiles in major cross-section for varied mining heights (M) and surface subsidence coefficients (q)

填效果较差的情况下(q = 0.3)，在充分采动条件下，也能保护地面建筑物不超过Ⅰ级破坏；而采高 5.0 m 条件下，同样在充分采动条件下，随着充填效果变差，在下沉系数达到 0.2 时，地面即超出Ⅰ级破坏。由此可见，从保护地面建筑物的角度而言，当采高变大时，在充分采动条件下充填开采不再具有适用性。但此时，充填开采并不是完全不能使用，只是需要对开采布局做出合理设计，即采用隔离充填开采(见本文第 3 节)。

3 隔离充填开采原理与设计方法

3.1 原理

隔离充填开采是指，设计长壁工作面的开采宽度，使其在处于非充分采动状态下实施充填开采，在相邻工作面开采时，在工作面之间留设隔离煤柱，相邻工作面开采仍处于非充分采动（图 4）。隔离充填开采主要利用以下两个原理，一是单一工作面小的采宽条件下，地表移动变形值较小；二是在一个稳定煤柱存在条件下，可以避免相邻工作面开采后达到充分采动状态。

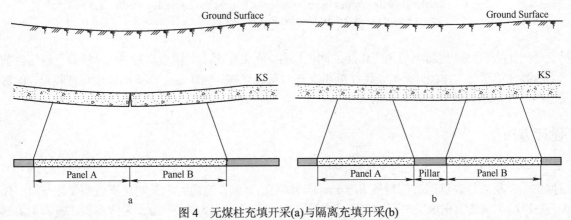

图 4 无煤柱充填开采(a)与隔离充填开采(b)

Fig. 4 Schematic of non-pillar panel layout using complete backfill (a) and separated panel layout using complete backfill (b)

长久以来，研究人员发现，当工作面采出宽度较小时，地表移动和变形值较小(National Coal Board 1975; State Bureau of Coal Industry 2000)。中国"三下"规程(2000)特别指出，在进行沉陷预计时，当工作面采宽小于开采深度时，需要将移动变形参数进行折减(图 5)。Xu et al. (2005)通过进一步研究揭示了上述机理，即覆岩中的某一层厚硬岩层（称为主关键层）对地表沉陷起控制作用，当该岩层不破断时，地表下沉量极小；显然，在一个较小的工作面宽度条件下，由于覆岩主关键层的跨距较小，因而不发生破断，故此时的地表移动变形较小。

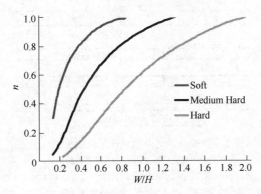

图 5 不同采宽 W 和覆岩结构时的主要影响角正切值折减系数 n(改编自 State Bureau of Coal Industry 2000)

H—覆岩采深

Fig. 5 Reduction factor of tangent of major influence angel (n) for varied panel width (W) for different types of overlying strata (modified from State Bureau of Coal Industry 2000)

H—overburden depth

利用图 5 计算得出采高 5.0m 条件下，充填开采下沉系数为 0.3 时，不同采宽时的地表水平变形值(图 6)。可以看出，在充填开采下沉系数为 0.3 时，尽管充分采动宽度时地表不能控制在Ⅰ级破坏，但是，在采宽为

150 m 则可以保证地表在 I 级破坏以内。事实上，当采宽大于 200 m 时，都将造成地表大于 I 级破坏。这就说明，在特定地质条件下，即使采高较大时，通过选择一个较小的工作面采出宽度仍可有效控制地表沉陷。

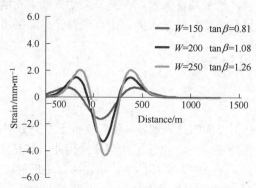

图 6 采高 5.0 m、地表下沉系数 0.3 条件下不同采宽时主断面的水平变形曲线
Fig. 6　Horizontal strain profiles in major cross-section for varied mining widths under mining height (M) 5.0 m and surface subsidence coefficient (q) of 0.3

另一个对地表沉陷产生影响的是工作面之间的煤柱。在工作面之间留设煤柱时，煤柱满足稳定性前提的条件下，能够使得相邻工作面开采时，始终处于非充分采动状态，因而与工作面间不留煤柱相对，能够减少总的变形值，保证地表处于 I 级破坏以内。

3.2　设计方法

3.2.1　工作面采宽

根据主关键层对地表沉陷的控制作用(Xu et al. 2005)，可以按照覆岩主关键层不破断设计充填工作面采宽。基于关键层不破断的充填工作面采宽设计方法如图 7 所示。其原则是：最大采宽应保证覆岩主关键层不发生破断失稳；当覆岩主关键层不是特别厚硬岩层时，为安全起见，可以按主关键层下某 1 层亚关键层不破断进行设计。关键层的极限跨距可按薄板模型或梁模型计算。当计算得出关键层破断距后，结合关键层与煤层的间距、基岩移动角，可以按下式计算出基于某一层关键层不破断的充填工作面采宽：

$$W \leqslant S + 2D\tan\theta \tag{2}$$

式中，D 是工作面到关键层的距离；θ 为岩层破断角。

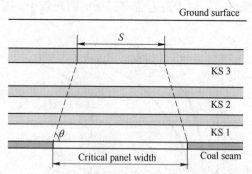

图 7　基于关键层思想设计工作面采宽示意图
S—关键层极限跨距；θ—覆岩破断角
Fig. 7　Schematic of panel width design using concept of key strata
S—limited span of key strata；θ—break angle of overburden strata

3.2.2　煤柱宽度

为了保证煤柱对相邻工作面起到隔离作用，煤柱必须具有充分的稳定性。即合理的煤柱宽度可以按照具有稳定性的条件进行宽度设计。

目前，衡量煤柱稳定性常用安全系数(FOS)作为指标，表示为：

$$\text{FOS} = S/P \tag{3}$$

式中，S 为煤柱的强度；P 为煤柱承受的载荷。

在计算煤柱所承受载荷时，可以按照从属面积法进行计算。在煤柱强度计算时，许多学者结合提出了许多计算公式，Du et al. (2008) 曾对此进行了详细的综述。煤柱强度公式总体包括经验方法(Bieniawski 1981)和解析计算方法(Wilson and Ashwin 1972; Wilson 1983)。在经验方法中，较为常用的是 Bieniawski(1981)提出的 Bieniawski 公式：

$$S = S_c(0.64 + 0.36W/M) \tag{4}$$

式中，S_c 为立方体试件的强度；W 为煤柱的宽度；M 为煤柱的高度。由于 Bieniawski 对该式进行了归一化，因而可以推广至各地使用。

Bieniawski(1992)同时指出，对长壁开采而言，FOS 为 1.3 时能保证煤柱具有稳定性。因此，对于长壁充填开采而言，隔离煤柱的 FOS 选择大于 1.3 是可取的。

但应该注意的是，Bieniawski 公式适用于正方形煤柱。Mark and Chase (1997)考虑了煤柱长度的影响，对 Bieniawski 公式进行了重新定义，得出了 Mark-Bieniawski 公式：

$$S = S_c\left(0.64 + 0.54\frac{W}{M} - 0.18\frac{W^2}{LM}\right) \tag{5}$$

式中，L 为煤柱长度。显然，对于长壁采空区充填开采而言，选取 Mark-Bieniawski 公式更为合理。

4 讨论与结论

传统的采空区充填开采方法，因所用的充填材料（水砂、膏体、高水材料等）不同，开采后的地表下沉系数多为 0.1~0.3。而在中国的长壁开采实践中，广泛地采用无煤柱开采方式，即工作面之间或者不留煤柱，或者留设 10 m 以下的护巷小煤柱。在这种无煤柱布置下，当采高较小时，充填开采后地表下沉和变形均能得到有效控制；而采高较大时，不能保证地面建筑物不出现破坏，此时必须采用隔离充填开采。但具体到多大的采高值需要实施隔离，需要根据地质条件、充填工艺确定。可以粗略地推断，在预计无煤柱长壁充填开采后地表下沉达到 0.6 m 时，隔离充填必须采用，如采高 3.0 m、充填开采下沉系数大于 0.2 时，采高 4.0 m、充填开采下沉系数大于 0.15 时。

采空区隔离充填开采主要利用了非充分开采与部分开采的原理。即单一小采宽工作面开采属于非充分采动，地表移动变形较小，通过在相邻工作面之间留设隔离煤柱，能够使相邻工作面均处于非充分采动，因而在采高较大时也能通过充填较好地控制地表沉陷，保护地面建筑物。在实践中进行采区布置时，长壁工作面采宽可以按照覆岩关键层不破断进行确定；工作面间的煤柱按照 1.3 的安全系数进行取值。需要指出这是一个概念性的方法，仍然需要进一步开展研究，如煤柱宽度对地表下沉的影响。

不可避免地，采用隔离充填开采后，由于留设了隔离煤柱必然导致采出率降低。单从经济效益考虑，如果充填成本和损失煤柱效益的总和大于地面建筑物搬迁所产生的费用，则似乎是实施搬迁对煤矿企业更合算。但此时必须将社会环境与社会效益纳入统一考虑，即地面是否允许下沉、居民是否愿意搬迁，而这也正是中国煤矿区普遍面临的难题。因此，从地表沉陷控制和建筑物保护的角度来考虑，实施隔离充填开采无疑是采空区充填开采的必由之路。

参 考 文 献

[1] Bieniawski Z T (1981). Improved design of coal pillars for us mining conditions. In: Peng SS (ed) Proceedings of the 1st conference on ground control in mining, Morgantown: 13~22.

[2] Bieniawski Z T (1992). A method revisited: coal pillar strength formula based on field investigations. In: Proceedings of the Second International Workshop on Coal Pillar Mechanics and Design. U.S. Bureau of Mines, IC9315: 158~165.

[3] Colaizzi G J, Whaite R H, Donner D L (1981). Pumped-slurry backfilling of abandoned coal mine workings for subsidence control at Rock Springs, WY. US Bureau of Mines, IC 8846.

[4] Grice T (1998). Underground mining with backfill. In: Proceedings of the 2nd Annual Summit-Mine Tailings Disposal Systems, Brisbane: 234~239.

[5] Chen D (1992). Annuals of Shengli Coal Mine in Fushun Mining District 1901~1985. Liaoning People's Publishing House, Shenyang.
陈鼎 (1992). 抚顺矿区胜利矿志, 1901~1985. 沈阳: 辽宁人民出版社.

[6] Donovan J G, Karfakis M G (2004). Design of backfilled thin-seam coal pillars using earth pressure theory. Geotechnical &

Geological Engineering 22(4): 627~642.
[7] Du X, Lu J, Morsy K and Peng S (2008). Coal Pillar Design Formulae Review and Analysis. In: Peng S S, Mark C, Finfinger G L, Tadolini S C, Khair A W, Heasley K A and Luo Y (eds) Proceedings of the 27th International Conference on Ground Control in Mining, Morgantown, West Virginia: 254~261.
[8] Feng G M, Sun C D, Wang C Z, Zhou Z (2010). Research on goaf filling methods with super high-water materia!. Journal of China Coal Society 35(12): 1963~1968.
冯光明, 孙春东, 王成真, 周振 (2010). 超高水材料采空区充填方法研究. 煤炭学报, 35(12):1963~1968.
[9] Gandhe A, Venkateswarlu V, Gupta R N (2005). Extraction of coal under a surface water body – a strata control investigation. Rock Mechanics and Rock Engineering, 38(5): 399~410.
[10] Ilgner H J (2000). The benefits of ashfilling in South African coal mines. In: Coal–the Future, 12th International Conference on Coal Research. South African Institute of Mining and Metallurgy, Johannesburg: 279~288.
[11] Kapp W A (1984). Mine subsidence and strata control in the Newcastle district of the northern coalfield New South Wales, Doctor of Philosophy thesis, Department of Civil and Mining Engineering, University of Wollongong, 1984. http://ro.uow.edu.au/theses/1250.
[12] Karfakis M G, Bowman C H, Topuz E (1996). Characterization of coal-mine refuse as backfilling material. Geotechnical & Geological Engineering, 14(2): 129~150.
[13] Liu B C, Liao G H (1965). Surface movements in coal mines. China Industry Publishing House, Beijing.
刘宝琛, 廖国华(1965). 煤矿地表移动的基本规律. 北京: 中国工业出版社.
[14] Luo Y, Ping S S, Mishra M (2004). Longwall mining under a mine refuse-disposal facility. Mining Engineering, 56(9): 89~93.
[15] Lokhande R D, Prakash A, Singh K B, Singh K (2005). Subsidence control measures in coalmines: a review. Journal of Scientific & Industrial Research, 64(5):323~332.
[16] Li X S, Xu J L, Zhu W B, Lai W Q (2008). Choice of coal mine partial-filling technology according to balance between mining and filling. Journal of Liaoning Technical University (Natural Science), 27(2):168~171.
李兴尚, 许家林, 朱卫兵, 赖文奇 (2008). 从采充均衡论煤矿部分充填开采模式的选择. 辽宁工程技术大学学报：自然科学版, 27(2):168~171.
[17] Mark C, Chase F E (1997). Analysis of retreat mining pillar stability (ARMPS). In: Proceedings: New Technology for Ground Control in Retreat Mining, NIOSH, IC 9446, Pittsburgh: 17~34.
[18] Miao X X, Zhang J X, Guo G L (2010). Study on waste-filling method and technology in fully-mechanized coal mining. Journal of China Coal Society, 35(1):1~6.
缪协兴, 张吉雄, 郭广礼 (2010). 综合机械化固体充填采煤方法与技术研究. 煤炭学报, 35(1):1~6.
[19] Mishra D P, Das S K (2010). A study of physico-chemical and mineralogical properties of Talcher coal fly ash for stowing in underground coal mines. Materials Characterization, 61(11):1252~1259.
[20] National Coal Board (1975). Subsidence engineers' handbook. Mining Department, National Coal Board, London.
[21] Palarski J (1989). The experimental and practical results of applying backfill. In: Hassani F P, Scoble M J, Yu T R (eds) Innovations in Mining Backfill Technology. Balkema, Rotterdam: 33~37.
[22] Palarski J (2004). Selection of a fill system for longwall in coal mines. In: Proceedings of the 8th International Symposium on Mining with Backfill, Beijing: 74~80.
[23] Peng S S (1992). Surface Subsidence Engineering. Society for Mining, Metallurgy, and Exploration, Inc., Littleton.
[24] Qian M G, Xu J L, Miao X X (2003). Green technique in coal mining. Journal of China University of Mining & Technology, 32(04):5~10.
钱鸣高, 许家林, 缪协兴 (2003). 煤矿绿色开采技术. 中国矿业大学学报, 32(04):5~10.
[25] Singh T N, Singh B (1985). Model simulation study of coal mining under river beds in India. International Journal of Mine Water, 4(3):1~9.
[26] Salamon M D G (1991). Partial Extraction to Control Surface Subsidence Due to Coal Mining. In: Proceedings of the 32nd U.S. Symposium on Rock Mechanics (USRMS), Norman, Oklahoma: 861~870.
[27] State Bureau of Coal Industry (2000). Regulations of coal pillar design and extraction for buildings, water bodies, railways, main shafts and roadways. Coal Industry Press, Beijing.
国家煤炭工业局 (2000). 建筑物、水体、铁路及主要井巷煤柱留设与压煤开采规程. 北京: 煤炭工业出版社.
[28] Siriwardane H J, Kannan R S, Ziemkiewicz P F (2003). Use of waste materials for control of acid mine drainage and subsidence. Journal of Environmental Engineering, 129(10):910~915.
[29] Scovazzo V (2008). Comparison of the Mark-Bieniawski and Wilson Pillar Equations Using Site Specific Data. In: Peng S S, Mark C, Finfinger G L, Tadolini S C, Khair A W, Heasley K A and Luo Y (eds). Proceedings of the 27th International Conference on Ground Control in Mining, Morgantown: 229~234.
[30] Wardell K, Webster N E (1957). Some surface observations and their relationship to movement underground. In: Proceedings of the European Congress on Ground Movement, The University of Leeds, Leeds: 141~148.
[31] Wilson A H (1983). The stability of underground workings in the soft rocks of the Coal Measures. International Journal of Mining Engineering (1):91~187.
[32] Wilson A H, Ashwin D P (1972). Research into the determination of pillar size. The Mining Engineer, 141:409~430.
[33] Wang H, Poulsen B A, Shen B, Xue S, Jiang Y (2011). The influence of roadway backfill on the coal pillar strength by numerical investigation. International Journal of Rock Mechanics and Mining Sciences, 48(3):443~450.
[34] Xu J L, Zhu W B, Lai W Q, Qian M G (2004). Green mining techniques in the coal mines of China. Journal of Mines, Metals and

Fuels, 52(12):395~398.

[35] Xu J L, Qian M G, Zhu W B (2005). Study on influences of primary key stratum on surface dynamic subsidence. Chinese Journal of Rock Mechanics and Engineering, 24(5):787~791.
许家林, 钱鸣高, 朱卫兵 (2005). 覆岩主关键层对地表下沉动态的影响研究. 岩石力学与工程学报, 24(5):787~791.

[36] Xu J L, Zhu W B, Li X S, Lai W Q (2006). Study of the technology of partial-filling to control coal mining subsidence. Journal of Mining & Safety Engineering, 23(1):6~11.
许家林, 朱卫兵, 李兴尚, 赖文奇 (2006). 控制煤矿开采沉陷的部分充填开采技术研究. 采矿与安全工程学报, 23(1):6~11.

[37] Xu J L (2011). Green mining of coal mines. China University of Mining & Technology Press, Xuzhou.
许家林 (2011). 煤矿绿色开采. 徐州: 中国矿业大学出版社.

[38] Xu J L, Xuan D Y, Zhu W B (2011). Present Aspects and Prospect of Coal Mining Methods Using Backfill. Mining Technology, 11(03):24~30.
许家林，轩大洋，朱卫兵 (2011). 充填采煤技术现状与展望. 采矿技术,11(03):24~30.

[39] Xuan D Y, Xu J L, Zhu W B (2012). Research on applicability of coal mining with backfilling. China Coal,38(05):44~48.
轩大洋, 许家林, 朱卫兵 (2012). 充填采煤减沉的适用性研究. 中国煤炭,38(05):44~48.

[40] Xuan D, Xu J (2014). Grout injection into bed separation to control surface subsidence during longwall mining under villages: case study of Liudian coal mine, China. Natural Hazards. doi: 10.1007/s11069-014-1113-8.

[41] Zhou H Q, Hou C J, Sun X K, Qu Q D, Chen D J (2004). Solid waste paste filling for none-village-relocation coal mining. Journal of China University of Mining & Technology, 33(2):154~158.
周华强, 侯朝炯, 孙希奎, 瞿群迪, 陈德俊 (2004). 固体废物膏体充填不迁村采煤. 中国矿业大学学报, 33(2):154~158.

[42] Zhou H Q (2010). Development direction and study of paste backfill in China's coal mines. Presentation in the 3th International Symposium on Green Mining, Xuzhou.
周华强 (2010). 中国膏体充填采煤的研究与发展趋势. 第3届绿色开采理论与实践研讨会PPT报告, 徐州.

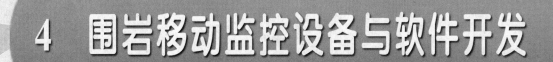

4 围岩移动监控设备与软件开发

井下水力压裂煤层顶板应力监测及其演化规律

卢义玉[1,2]　程　亮[1,2]　葛兆龙[1,2]　丁　红[1,2]　陈久福[3]

(1. 重庆大学 煤矿灾害动力学与控制国家重点实验室，重庆　400044；
2. 重庆大学 复杂煤气层瓦斯抽采国家地方联合工程实验室，重庆　400044；
3. 重庆松藻煤电有限责任公司，重庆　401445)

摘　要　针对井下水力压裂过程中未考虑水头压力对煤层顶板地应力的影响，导致煤层顶底板容易被破坏的问题，以松藻矿区同华煤矿水力压裂为例，采用空心包体应力计监测压裂过程中顶板应变变化规律，根据岩石应力-应变关系及检测结果计算出压裂前后煤层顶板地应力增量的大小和方向，分析水力压裂水头压力对煤层顶板地应力的影响规律。结果表明：(1) 煤岩体起裂时，顶板主应力增量达到最大值且与煤层起裂压力在数值上基本相等，主应力方位角随煤层起裂沿顺时针方向旋转，最大和中间主应力倾角随煤层起裂沿逆时针方向旋转，最小主应力倾角沿顺时针方向旋转；(2) 煤岩体起裂后，顶板主应力增量急剧减小，主应力方位角和倾角逐渐恢复至初始状态；(3) 压裂后，顶板主应力较初始状态均有所增大，主应力方位角和倾角与初始状态基本一致，说明水力压裂能够改变煤层顶板应力状态。

关键词　水力压裂　煤层顶板　空心包体应力计　应力监测　演化规律

Stress Monitoring and Evolution on Roof Strata in Underground Coal Seam Hydraulic Fracturing

Lu Yiyu[1,2]　Cheng Liang[1,2]　Ge Zhaolong[1,2]　Ding Hong[1,2]　Chen Jiufu[3]

(1. State Key Laboratory of Coal Mine Disaster Dynamics and Control, Chongqing University, Chongqing 400044, China;
2. National & Local Joint Engineering Laboratory of Gas Drainage in Complex Coal Seam, Chongqing University, Chongqing 400044, China;
3. Songzao Coal-Electricity Limited Liability Company, Chongqing 401445, China)

Abstract　Head pressure was neglected in underground coal seam hydraulic fracturing process, which may induce roof-floor strata rupture. A study was presented on change rule of roof strata stress by taking examples from Songzao mining area, Tonghua coal mine; hollow inclusion cells were adopted as a method to monitor stress change during hydraulic fracturing, roof strata stress increment and its direction were calculated by stress-strain relationship and monitoring results. Besides, the influence of head pressure on roof strata stress was analyzed in this paper, and results shows that (1) when crack initiation occurs, principle stress increment in roof strata reaches maximum value and equals to coal seam initiation pressure value, azimuth of principle stress changes clockwise with fracturing, inclination of maximum and intermediate principle stress changes anticlockwise with fracturing, inclination of minimum principle stress changes clockwise with fracturing; (2) After crack initiation, roof strata stress increment has a sharp decline, the azimuth and inclination of principle stress gradually return to original value with time; (3) After fracturing, roof strata principle stress have different degrees of increase, azimuth and inclination of principle stress have little variation compared to its initial state, which shows that roof strata stress state has changed.

Keywords　hydraulic fracturing, coal seam roof strata, hollow inclusion cells, stress monitoring, evolution law

近年来，我国采用煤层水力压裂技术提高煤层透气性的高瓦斯矿井越来越多。通过大范围的井下水力压

基金项目："十二五"国家科技重大专项(2011ZX05065)；国家自然科学基金(51374258)；长江学者和创新团队发展计划资助(IRT13043)。
作者简介：卢义玉（1971—），男，湖北京山人，教授，从事非常规天然气开发方面的研究。电话：023-65106640；Email：luyiyu@cqu.edu.cn
通信作者：程亮（1988—），男，重庆万州人，博士研究生，从事煤层气开发方面的研究。电话：023-65106640；Email：lightcheng@126.com

裂试验,也暴露出煤矿井下水力压裂存在的一些问题[1,2]。由于目前煤矿井下水力压裂缺乏理论支撑,实施过程中过多依靠经验,导致压裂过程中使煤层顶底板破坏,造成后期巷道掘进及回采过程中支护困难,严重影响矿井安全生产。K. Matsui、闫少宏、冯彦军等[3~5]进行了定向水力压裂弱化坚硬顶板的研究,认为运用定向水力压裂控顶的效果比较突出,能够有效改变顶板应力状态。因此,研究煤矿井下水力压裂对煤层顶底板应力的影响规律至关重要[6]。

关于岩体应力变化监测,目前有很多方法,包括变形计法、应变计法、刚性包体法、空心包体法,以及扁千斤顶与液压钻孔压力计法[7~10]。李涛[11]采用 RZB 型钻孔应变仪对青藏高原东缘地应力进行连续监测,揭示了该区域应力场活动与地震的关系。刘宁等[12]采用空心包体应变计对隧道掘进过程中围岩应力变化进行了监测,进而分析获得了围岩损伤区范围。刘超儒[13]采用 CSIRO 空心包体应变计在兖州矿区对工作面周围采动应力监测,取得较好效果。康红普[14]采用空心包体应变计监测定向水力压裂前后钻孔附近煤体应力变化,以及工作面前方煤体应力变化,研究了水力压裂引起的煤体应力变化规律及对坚硬顶板的控制效果。

本文以松藻矿区同华煤矿水力压裂试验为例,采用空心包体应力计监测水力压裂过程中压裂钻孔附近顶板围岩应变,通过分析顶板围岩应变,以期获得水力压裂引起煤层顶板应力变化规律。

1 试验概况

1.1 矿井概况

同华煤矿井田煤岩层为上二叠统龙潭组,位于龙骨溪背斜西翼,属单斜构造。井田含煤 11 层,其中可采层 2 层,即 K_1 煤层和 K_3^b 煤层,其余均为局部可采或不可采。K_1 煤层已开采至±0m 水平,煤层平均厚度 0.65m,平均倾角 24.5°。

同华煤矿属煤与瓦斯突出矿井,其中 K_1 煤层属一般性煤与瓦斯突出煤层,K_3^b 煤层属严重煤与瓦斯突出煤层;K_1 煤层位于 K_3^b 煤层底板,作为下保护层开采,K_3^b 煤层作为被保护层开采。近年来,同华煤矿逐渐形成了以水力割缝技术和水力压裂技术为主的保护层水力化增透措施。尤其是水力压裂技术以其增透范围广、增透效果好、施工工艺简单,而得到广泛应用。

1.2 试验区域概况

试验地点位于松藻矿区同华煤矿二区 0m 水平阶段大巷。地质资料显示区域有 3 层煤,试验煤层为 K_1 煤层,同华煤矿 K_1 煤层作为下保护层开采。由于煤层透气性系数极低,掘进条带预抽浓度长期小于 5%,平均单孔瓦斯抽采纯量小于 $1\times10^{-3}\mathrm{m}^3/\mathrm{min}$,由于抽采效果差,$K_1$ 煤层月平均掘进进尺不足 30m。煤层埋深 400~500m,厚度在 0.5~1.65m 之间,倾角 29.88°~48.00°。上覆岩层以泥岩、泥灰岩为主,平均容重为 $25\mathrm{kN/m}^3$。3121 回风巷位于三水平二区–60m 阶段北边界石门至四石门,走向长 950m,K_1 巷位于茅口巷上方提高 7m 布置,两巷真厚 10~12m。掘进条带压裂孔布置在–60m 阶段茅口巷浅钻场内,压裂孔沿走向间距 60~150m,共布置压裂孔 8 个。

2 顶板应力监测

2.1 地应力监测原理

现场监测水力压裂过程中地应力变化规律,就是通过现场测试确定压裂过程中岩体的三维应力状态。岩体中一点的应力状态可由选定坐标系中的 6 个分量($\sigma_x, \sigma_y, \sigma_z, \tau_{xy}, \tau_{yz}, \tau_{zx}$)来表示,如图 1 所示。一般情况下,地应力的 6 个应力分量是非零的,处于相对静止的平衡状态,无法直接得知。因此,监测过程中地应力变化只能通过对应力效应的间接测量来实现[15,16]。

力或应力最直观的物理效应是产生应变和位移。可以通过应变和位移传感器将岩体应变和位移的变化记录下来,取得测量数据。根据岩石的本构关系即应力-应变关系,建立相应的力学计算模型,由观测到的应变或位移,就能计算出地应力的 6 个分量或者 3 个主应力的大小和方向。

设地下某一点的应力为 σ_x、σ_y、σ_z、τ_{xy}、τ_{yz}、τ_{zx}，主应力大小为 σ_1、σ_2、σ_3，与大地坐标系 xyz 关系用 9 个方向余弦或 9 个夹角值可以完全确定。由空心包体应变计所测量应力解除过程中应变数据计算地应力的公式为：

$$\begin{cases} \varepsilon_\theta = \dfrac{1}{E}\{(\sigma_x+\sigma_y)k_1 + 2(1-\nu^2)\times \\ \qquad\quad [(\sigma_y-\sigma_x)\cos 2\theta - 2\tau_{xy}\sin 2\theta]k_2 - \nu\sigma_z k_4\} \\ \varepsilon_z = \dfrac{1}{E}[\sigma_z - \nu(\sigma_x+\sigma_y)] \\ \gamma_{\theta z} = \dfrac{4}{E}(1+\nu)(\tau_{yz}\cos\theta - \tau_{zx}\sin\theta)k_3 \end{cases}$$

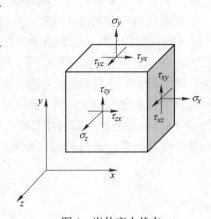

图 1 岩体应力状态
Fig. 1 State rock mass stress

式中，ε_θ、ε_z、$\gamma_{\theta z}$ 分别为空心包体应变计所测周向应变、轴向应变和剪切应变值；k_i 为计算系数，通过岩石力学试验计算获得。

2.2 现场监测地应力钻孔布置

试验地点位于 11 号钻场，穿过巷道顶板对 3121 回风巷掘进条带进行压裂，地应力监测钻孔布置在 7 号压裂孔南侧 20m 处，监测钻孔穿过煤层顶板 3m。试验钻孔布置方式见图 2，钻孔参数见表 1。空心包体应力计埋设于地应力监测钻孔孔底，采用水泥砂浆对监测钻孔进行封孔，封孔深度至钻孔孔底，封孔完成达到 72h 后才能进行水力压裂监测底板应力试验。

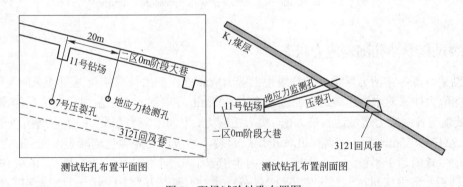

图 2 现场试验钻孔布置图
Fig. 2 Layout of field experiment borehole

表 1 现场试验钻孔参数
Table 1 Borehole parameters of field experiment

钻孔名称	方位角/(°)	倾角/(°)	定向仪读数/(°)	钻孔深度/m
压裂孔	329	15	—	14.7
地应力监测孔	329	25	49	19

3 监测结果与分析

试验主要监测的是主应力大小及方向的变化，以及水力压裂注水压力监测。为论述方便，在下面的分析中将主应力的变化称为主应力增量，最大主应力、中间主应力及最小主应力增量分别用 $\Delta\sigma_1$、$\Delta\sigma_2$、$\Delta\sigma_3$ 表示。

3.1 水力压裂过程中钻孔围岩应变状态

水力压裂试验开始后，数字应变监测仪以每分钟 1 次的频率采集钻孔围岩应变直至水力压裂试验结束。

同时记录水力压裂注水压力随时间变化关系，注水压力与时间关系见图3。

试验过程中首先打开应变采集仪，待应变稳定后开启压裂泵进行水力压裂试验。从压裂泵开启至停泵后30min时间段内，钻孔围岩应变变化情况。随着压裂泵开启，钻孔围岩开始出现应变，由于监测钻孔与压裂钻孔存在一定距离，监测钻孔围岩应变相对不明显。图3中，压裂进行8min左右时，注水压力出现明显下降，对应图3中监测钻孔围岩应变同时减小。随后，注水压力逐渐升高，监测钻孔围岩逐渐变大；28min时，钻孔围岩应变急剧变大，至35min时监测钻孔应变达到最大，判断此时高压水传递至监测钻孔，并引起周围煤岩体起裂；监测钻孔煤岩体起裂之后，高压水卸压导致监测钻孔围岩应变急剧减小[15]；水力压裂进行50min后停泵停止压裂，此后监测钻孔围岩应变基本保持稳定。

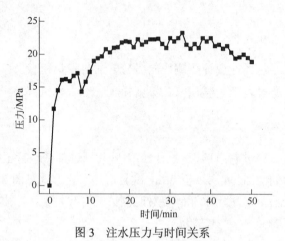

图3 注水压力与时间关系

Fig. 3 The relationship between water pressure and time

3.2 水力压裂过程中钻孔围岩应力状态

根据监测结果计算各主应力增量，计算过程已编辑成软件，应力计算结果见图4~图6。由图4可以看出，监测钻孔主应力增量随水力压裂进行而逐渐增大。35min左右时，高压水由压裂钻孔传递至监测钻孔区域，使监测区域顶板各主应力增量达到最大值，最大主应力、中间主应力和最小主应力增量分别为17.2MPa、13.3MPa和11.7MPa；35min后，监测钻孔周围煤层起裂，顶板所受外力急剧减小；50min时，停止水力压裂，各主应力增量逐渐趋于平稳，最大主应力、中间主应力和最小主应力增量分别为10.9MPa、7.2MPa和4.9MPa。煤层顶板主应力增量达到最大值（17.2MPa）时，注水压力为20.9MPa，考虑高压水在煤层中的压力损失，顶板主应力增量最大值与煤层起裂压力在数值上基本相等。

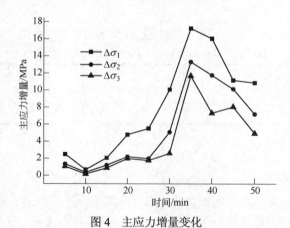

图4 主应力增量变化

Fig. 4 Variation of principal stress increment

由图5、图6可以看出，水力压裂进行至35min左右时，主应力方位角和倾角随监测钻孔周围煤岩体起裂而急剧改变，主应力方位角沿顺时针方向旋转，最大主应力和中间主应力倾角随煤层起裂沿逆时针方向旋转，最小主应力倾角沿顺时针方向旋转；50min后，各主应力方位和倾角随压裂停止逐渐恢复初始状态。

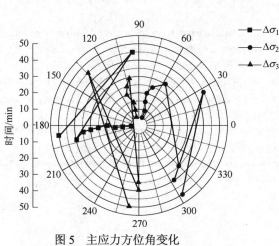

图 5 主应力方位角变化
Fig. 5 Variation of principal stress azimuth

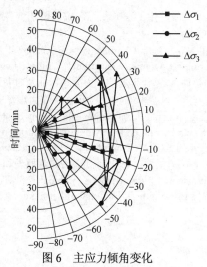

图 6 主应力倾角变化
Fig. 6 Variation of principal stress inclination

4 结论

(1) 煤岩体起裂时，煤层顶板主应力增量、方位角和倾角均会出现突变。顶板主应力增量最大值与煤层起裂压力在数值上基本相等，主应力方位角随煤层起裂沿顺时针方向旋转，最大和中间主应力倾角随煤层起裂沿逆时针方向旋转，最小主应力倾角沿顺时针方向旋转。

(2) 煤岩体起裂后，煤层顶板主应力增量、方位角和倾角均会出现突变。顶板主应力增量急剧减小，主应力方位角和倾角逐渐恢复至初始状态。

(3) 停止压裂后，煤层顶板主应力增量、方位角和倾角趋于稳定。顶板主应力较初始状态均有所增大，主应力方位角和倾角与初始状态基本一致，说明水力压裂能够改变煤层顶板应力状态。

参 考 文 献

[1] 孙明闯, 白新华. 煤储层水力压裂技术新进展[J]. 中国煤层气, 2013, 10(1): 31~33.
Sun Mingchuang, Bai Xinhua. New Progress in Coal Reservoir Hydraulic Fracturing Technology[J].China Coalbed Methane, 2013,10(1):31~33.

[2] 周昀涵, 罗新荣, 吴丽丽, 等. 低透气性煤层增透卸压研究现状及新技术[J]. 矿业研究与开发, 2012, 32(2)：23~25.
Zhou Yunhan, Luo Xinrong, Wu Lili,et al. Research Situation of the Permeation Improvement and Pressure Release of Coal Seam with Low Permeability and the New Technologies[J].Mining R & D,2012,32(2):23~25.

[3] Matsui K, Shimada H, Anwar H Z. Acceleration of massive roof caving in a long wall gob using a hydraulic fracturing[C]// Proceedings of the 99th International Symposium on Mining Science and Technology. Beijing：[s.n.], 1999：43~46.

[4] 闫少宏, 宁宇, 康立军, 等. 用水力压裂处理坚硬顶板的机制及实验研究[J]. 煤炭学报, 2000, 25(1)：32~35.
Yan Shaohong, Ning Yu, Kang Lijun, et al. The mechanism of hydro breakage to control hard roof and its test study[J]. Journal of China Coal Society, 2000, 25(1):32~35.

[5] 冯彦军, 康红普. 定向水力压裂控制煤矿坚硬难垮顶板试验[J]. 岩石力学与工程学报, 2012, 31(6)：1148~1155.
Feng Yanjun,Kang Hongpu. Test on hard and stable roof control by means of directional hydraulic fracturing in coal mine[J]. Chinese Journal of Rock Mechanics and Engineering,2012,31(6):1148~1155.

[6] Düzgün H S B. Analysis of roof fall hazards and risk assessment for Zonguldak coal basin underground mines[J]. International Journal of Coal Geology,2005,64(1/2)：104~115.

[7] Amadei B, Stephansson O. Rock stress and its measurement[M].London: Chapman & Hall,1997:361~385.

[8] Walton R J,Worotnicki G. A comparison of three borehole instruments for monitoring the change of rock stress with time[A]. Proceedings of the International Symposium on Rock Stress and Rock Stress Measurements[C]. Stockholm,1986:479~488.

[9] Duncan Fama M E, Pender M J. Analysis of the hollow inclusion technique for measuring in situ rock stress[J]. International Journal of Rock Mechanics and Mining Sciences,1980,17(3): 137~146.

[10] Franklin J. Suggested methods for pressure monitoring using hydraulic cells [J]. International Journal of Rock Mechanics and Mining Sciences & Geomechanics Abstracts,1980,17:117~127.

[11] 李涛, 陈群策, 欧阳祖熙, 等. RZB 型钻孔应变仪在青藏高原东缘地应力监测中的应用[J]. 北京大学学报(自然科学版), 2011, 47(4)：677~683.
Li Tao, Chen Qunce, Ouyang Zuxi, et al. Application of the RZB Borehole Strainmeter in Crustal Stress Observation at the Eastern Margin of the Tibet Plateau[J]. Acta Scientiarum Naturalium Universitatis Pekinensis, 2011, 47(4):677~683.

[12] 刘宁, 张春生, 陈祥荣, 等. 深埋隧洞开挖围岩应力演化过程监测及特征研究[J]. 岩石力学与工程学报, 2011, 30(9): 1729~1737.
Liu Ning, Zhang Chunsheng, Chen Xiangrong, et al. Monitoring and characteristics study of stress evolution of surrounding rock during deep tunnel excavation[J]. Chinese Journal of Rock Mechanics and Engineering, 2011, 30(9):1729~1737.
[13] 刘超儒. 深部煤矿井地应力分布特征及对巷道围岩应力场的影响研究[D]. 北京: 煤炭科学研究总院, 2012.
[14] 康红普, 冯彦军. 定向水力压裂工作面煤体应力监测及其演化规律[J]. 煤炭学报, 2012, 37(12): 1953~1959.
Kang Hongpu, Feng Yanjun. Monitoring of stress change in coal seam caused by directional hydraulic fracturing in working face with strong roof and its evolution[J]. Journal of China Coal Society, 2012, 37(12):1953~1959.
[15] Erçelebi S G. Analysis of in-situ stress measurements[J]. Geotechnical and Geological Engineering, 1997, 15:235~245.
[16] 蔡美峰, 乔 兰, 李华斌. 地应力测量原理和技术[M]. 北京: 科学出版社, 1995.
[17] Hossain M M, Rahman M K, Rahman S S. Hydraulic fracture initiation and propagation: roles of wellbore trajectory, perforation and stress regimes[J]. Journal of Petroleum Science and Engineering, 2000, 27:129~149.

多重交向近景摄影测量在相似材料模型中的应用

杨福芹　戴华阳　邹定辉　杨国柱　王　潇

(中国矿业大学(北京)地球科学与测绘工程学院，北京　100083)

摘　要　将传统航空摄影测量中"航带"思想应用于相似材料模型试验，设计了"条带"式摄影测量流程；提出利用罗德里格矩阵的坐标转换参数解算的模式和步骤，将不同组摄影测量数据的转换到同一坐标下的方法。试验表明，"条带"式摄影测量相对一般拍摄模式可以减小测量误差，罗德里格矩阵提高了坐标转换精度。

关键词　罗德里格矩阵　相似模型　近景摄影测量　多基线

Application of Multi-baseline Intersection Close-range Photogrammetry in Similar Material Model

Yang Fuqin　Dai Huayang　Zou Dinghui　Yang Guozhu　Wang Xiao

(College of Geoscience and Surveying Engineering, China University of Mining & Technology, Beijing 10083,China)

Abstract　With using "Flight Strip" in Aerophotogrammetry, this paper designed "Strip" experimental procedures of modeling photographs. It also suggested to transformobservation data at various points to basal condition coordinate systems with utilizing Lodrigues Matrix least squares to do comparative analysis on gauging point displacement, and gave a function model of translation parameters. The experiment demonstrated that this method can minimize errors of filming process and coordinate transformation. Moreover, its accuracy can satisfy the needs of observing similar materials model to mines rock stratum and surface movement.

Keywords　lodrigues matrix, similar model, close-range photogrammetry, multi-baseline

　　矿山开采引起的地表沉陷，对安全生产和矿区居民生活造成了巨大影响，受到了人们的广泛关注和研究。相似材料模型试验是研究开采沉陷的方法之一，其实质是根据相似性原理将矿山岩层按一定比例缩小，用相似材料做成模型来模拟矿山开采，以此研究开采沉陷规律或解决与开采沉陷有关的实际工程。相似材料试验的传统测量方法是物理测量或机械测量，这两种方法存在观测装置或传感器安装繁琐、工作量大、采样点有限等缺点[1,2]。

　　多重交向近景摄影测量技术，应用于相似材料模型试验中，具有测量准而快、信息容量大、可以实时动态监测模型测点的移动情况，自动化程度高等特点，克服了传统模型测量方法在这方面的缺点。但同时利用其测定模型测点的位移精度时受摄影基线长度、拍摄方式、交会角、控制点数量及布设方式、CCD相机几何分辨率、实际成像范围、数字影像像控点影像坐标量测精度，不同状态坐标转换等影响。针对上述问题，柯涛等[5]提出了旋转多基线数字近景摄影测量方法，很好地解决了在近景摄影测量中大交会角摄影时自动化匹配难以实现的问题。杨化超等[8]提出利用数字近景摄影测量技术量测模型变形，实现了实时或准实时的相似材料模型变形监测过程。任伟中等[9]阐述了数码相机数字化近景摄影测量的基本原理和方法，对该方法进行了误差分析，李欣等[10]研究在采矿物理模型上模拟地下开采与民采的共同作用下，使用普通数码相机获得在模型竖直表面布置的215个变形监测点的变形情况，得到岩层移动和地表变形分析所需要的数据。上述研究主要侧重于非数码相机获得变形点的位移矢量流程，而未从相机拍摄方式和坐标转换角度对变形点坐标的影响进行深入分析。为此，本文基于三维光学摄影测量系统，对拍摄方式及拍摄流程，不同时刻获得的观测数据转换到统一基准坐标系下的坐标转换模型进行了研究。

1 多重交向近景摄影测量

相似材料模型试验中多重交向近景摄影测量，是指参照相似材料模型的尺寸和非量测相机的覆盖范围，将模型按水平方向合理设计若干"条带"进行拍摄，以达到获取模型监测点坐标信息的目的。本文结合相似材料模型试验所需测量精度要求、摄影测量系统引起误差的因素，设计了多重交向近景摄影测量用于相似材料模型的摄影流程，其具体过程如下：

(1) 根据相似材料模型试验要求，在模型钢结构架和表面上布设控制点和变形监测点，控制点布设在稳固的钢结构架两侧及上中下固定横梁上，变形监测点布置在相似材料模型的竖直表面，如图1所示。

图1 标志点和条带摄影示意图

(2) 根据模型架的宽度和高度，设置摄影距离3m，3个摄站，每个摄站采用两个水平，与模型等高和$\frac{1}{2}$模型高度，与模型等高表示站在板凳上对相似材料模型进行水平和旋转拍摄，$\frac{1}{2}$模型高度表示半蹲对相似材料模型进行水平和旋转拍摄，如图2a所示。

(3) 在每一个摄站上手持数码相机，对相似材料模型进行多重交向近景摄影测量。水平拍摄时，把相似材料模型分为两个条带，如图1所示，按照传统航空摄影测量中"航带"的思想对相似材料模型进行"条带"拍摄。保证了在每个摄站对相似材料模型的大重叠度摄影，提高了自动匹配的精度，如图2b实线所示。

(4) 在每一个摄站上，水平拍摄完毕后，将相机旋转90°，按照传统航空摄影测量中"旁向"拍摄模式对相似材料模型拍摄三张照片，保证了照片90%以上的重叠，如图2b虚线所示。

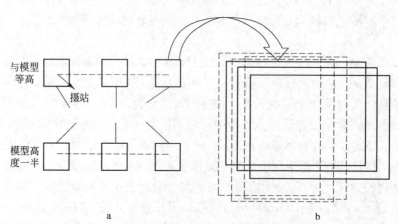

图2 摄站布置和照片条带拍摄示意图

在每个摄站上手持数码相机，采用多重交向摄影测量拍摄流程，对相似模型上每一"条带"进行连续摄影，每一摄站相机水平拍摄6张照片，同一位置将相机旋转90°，拍摄3张，最后将所有摄站的照片导入三维光学摄影测量系统，通过解算静态摄影测量工程可以得到各标志点的三维坐标。

2 罗德里格矩阵三维坐标转换平差模型

相似材料模型试验，主要是研究模型表面各标志点在不同时刻岩层和地表移动规律，因此需要将不同时刻不同状态的数据转换到统一坐标系下计算同一标志点的移动变形情况。西安交通大学研发的三维光学摄影测量系统，不同时刻不同状态的数据的统一是通过控制点进行转换，转换过程中对于不同的控制点的组合，出现误差值较大的点也不同，导致控制点的选择存在着一定的随意性，有可能直接把不动点删除，或者控制点向一侧发生倾斜。针对这一问题，基于罗德里格矩阵公式及性质[4,6]，给出了平移矩阵的计算模型以及旋转矩阵的误差方程。这种方法不需要进行三角函数的计算，计算过程简单明了，易于编程实现。而且该方法不仅适用于小角度的坐标转换，也适用于大角度的坐标转换。

根据坐标转换的物理过程，可得到：

$$\begin{bmatrix} X \\ Y \\ Z \end{bmatrix} = R \begin{bmatrix} x \\ y \\ z \end{bmatrix} + \begin{bmatrix} x_0 \\ y_0 \\ z_0 \end{bmatrix} \tag{1}$$

式中，R 为 3×3 旋转矩阵。$T=[x_0,y_0,z_0]^T$ 为平移向量，此处假设两个坐标处理为同等长度基准，不考虑尺度因子。R 由反对称矩阵 S 构成罗德里格矩阵，$R=(1-S)^{-1}(1+S)$，反对称矩阵 $S = \begin{bmatrix} 0 & -c & -b \\ c & 0 & -a \\ b & a & 0 \end{bmatrix}$。

根据式(1)列出坐标转换模型误差方程：

$$V = \begin{bmatrix} X \\ Y \\ Z \end{bmatrix} - R \begin{bmatrix} x \\ y \\ z \end{bmatrix} - \begin{bmatrix} x_0 \\ y_0 \\ z_0 \end{bmatrix} \tag{2}$$

令 $a = \begin{pmatrix} X \\ Y \\ Z \end{pmatrix}, b = \begin{pmatrix} x \\ y \\ z \end{pmatrix}, T = \begin{pmatrix} x_0 \\ y_0 \\ z_0 \end{pmatrix}$，则

$$V = a - Rb - T \tag{3}$$

根据最小二乘原理，得

$$\Sigma V^T V = \min$$

上式展开，得

$$\begin{aligned} \sum_{i=1}^{n} V_i^T V_i &= (a_i - Rb_i - T)^T (a_i - Rb_i - T) \\ &= \sum_{i=1}^{n} (a^T a - a^T Rb - a^T T - b^T R^T a + b^T R^T Rb + b^T R^T T - T^T a + T^T Rb + T^T b) \end{aligned} \tag{4}$$

式(4)对 T 求偏导，并令导函数为零，得

$$T = \frac{1}{n}\sum_{i=1}^{n} a_i - R\frac{1}{n}\sum_{i=1}^{n} b_i \tag{5}$$

令

$$a_g = \frac{1}{n}\sum_{i=1}^{n} a_i, b_g = \frac{1}{n}\sum_{i=1}^{n} b_i$$

式(5)可化简为：

$$T = a_g - Rb_g \tag{6}$$

从式(6)可以看出,只要将各个坐标系下的控制点进行重心化计算,由计算出的旋转矩阵 R,带入式(6)即可求出平移参数 T。

根据文献[4,6]可知,如果有 n 个公共点,就可以得到 $\frac{3n(n-1)}{2}$ 组方程,将其写成误差方程为:

$$V_{\frac{3n(n-1)}{2}\times 1} = A_{\frac{3n(n-1)}{2}\times 3} X_{3\times 1} - L_{\frac{3n(n-1)}{2}\times 1} \tag{7}$$

式中,$X_{3\times 1} = [a,b,c]^T$。

$$A_{\frac{3n(n-1)}{2}\times 3} = \begin{bmatrix} 0 & -(Z_1+Z_1') & -(Y_1+Y_1') \\ -(Z_1+Z_1') & 0 & X_1+X_1' \\ Y_1+Y_1' & X_1+X_1' & 0 \\ \vdots & \vdots & \vdots \\ 0 & -(Z_1+Z_1') & -(Y_n+Y_n') \\ -(Z_n+Z_n') & 0 & X_n+X_n' \\ Y_n+Y_n' & X_n+X_n' & 0 \end{bmatrix}$$

$$L_{\frac{3n(n-1)}{2}\times 1} = [X_1-X_1'\ Y_1-Y_1'\ Z_1-Z_1'\ \cdots\ X_n-X_n'\ Y_n-Y_n'\ Z_n-Z_n']^T$$

根据最小二乘原理可得:

$$X = (A^T A)^{-1} A^T L \tag{8}$$

由式(8)可求出 a、b、c,由反对称矩阵求出旋转矩阵 R。把旋转矩阵 R 带入式(6)可求得平移参数 T。

3 精度评定

坐标转换的精度对评价相似材料模型不同时刻不同状态的数据转换到统一坐标系的结果起着决定性的影响,精度越高,说明转换模型性质越优良。相似材料模型是分析地表和岩层的下沉和水平移动趋势,因此试验中仅统计平面精度。

$$\sigma^2 = \frac{\sum_{i=1}^{n}[(X_i-x_i)^2+(Y_i-y_i)^2]}{n} \tag{9}$$

式中,X_i、Y_i 表示原坐标系中的坐标值;x_i、y_i 为转换后的坐标值;n 为控制点个数。σ^2 越小,说明转换结果的精度越高。

4 试验结果分析

为了验证多重交向近景摄影测量用于相似材料模型的摄影流程和罗德里格矩阵三维坐标转换的平差模型的正确性,拍摄了两组变形监测点不动的数据。相似材料模型尺寸长 3m,高 1.8m。在模型钢结构架的两侧及上中下固定横梁上布设了 39 个控制点,模型表面布设了 85 个变形监测点。数码相机采用尼康 D90,主要参数为:相机分辨率 4288×2848,传感器尺寸 23.6mm×15.8mm,焦距 24mm。按式(8)解算出来的反对称矩阵 3 个元素分别是–1.1647mm、0.3798mm、–0.4575mm。由罗德里格矩阵 R 计算出旋转矩阵 R = [0.7391 0.6641 0.1129; –0.0112 –0.1556 0.9878; 0.6735 –0.7313 –0.1075],由公式(6)求出的平移矩阵 T = [786.7732 105.0433 932.6531]。

为了评定多重交向近景摄影测量摄影流程和罗德里格矩阵三维坐标转换模型的精度,将 8 组第一次拍摄的控制点坐标作为原始值,把基于罗德里格矩阵三维坐标转换算法解算的坐标当作观测值,采用外精度进行精度统计,并与三维光学摄影测量系统解算的精度进行对比,结果见表 1。

表 1　各点转换精度

	基础状态数据		第二次观测数据		解算坐标		三维光学摄影测量系统	最小二乘法后的转换精度
84	503.2554	1620.87	253.655	−83.8283	503.2	1620.8	0.0696	0.00746
127	160.3536	3196.45	1063	−418.021	160.4	3196.5	0.1648	0.00422
91	492.0762	2798.44	1039.72	−314.493	492.1	2798.3	0.1306	0.01997
93	−287.318	2679.01	383.555	−406.882	−287.2	2679	0.2729	0.014
44	−291.054	1193.32	−620.04	−249.561	−291.2	1193.3	0.0884	0.02189
42	−295	185.203	−1301.8	−143.327	−294.968	185.199	0.3321	0.00106
214	225.66	−200	−1176.3	−52.4696	225.6435	−199.9	0.0746	0.0108
108	501.7938	116.51	−759.37	−26.3325	501.7545	116.575	0.2343	0.00567
						方差	0.171	0.01063

从表 1 可以看出，采用本文提出的罗德里格矩阵三维坐标转换平差模型，测量精度($m = 0.011$mm)远远高于三维光学摄影系统解算的精度($m = 0.171$mm)，表明该方法用于相似材料模型岩层移动和地表变形分析是可行的。

把第二次的观测数据分别通过三维光学摄影测量系统软件和本文提出的算法转换到基准状态下，由同一点位不同时刻的坐标值，计算出监测点坐标受拍摄方式、坐标转换等误差影响的位移矢量图(放大 1000 倍)，如图 3、图 4 所示。

图 3　三维光学摄影测量软件解算的误差矢量图

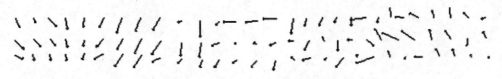

图 4　罗德里格矩阵三维坐标转换误差矢量图

从图 3 和图 4 可以看出，采用罗德里格矩阵进行控制点三维坐标转换，可以大大提高监测点的平面转换精度，完全可以满足相似材料模型变形测量精度的要求。

5 结论

(1) 利用非量测相机采用非固定摄站自由直接拍摄技术，针对不同的拍摄模式对近景摄影测量误差影响的差异性，设计了一套高精度的多重交向近景摄影流程，并将其成功应用于相似材料模型试验中。

(2) 针对三维光学摄影测量系统坐标转换带来的偏差，严重影响相似材料模型微小变形所要求的观测精度的问题，提出了基于罗德里格矩阵的坐标转换参数解算的模式和步骤，解决了控制点分布不均造成的监测点解算精度不均的问题，取得了良好的应用效果。

参 考 文 献

[1] 何国清, 杨伦, 凌庚娣. 矿山开采沉陷学[M]. 徐州：中国矿业大学出版社, 1991.
[2] 陈兴华. 脆性材料结构模型试验[M]. 北京：中国水利水电出版社, 1994.
[3] 张剑清, 胡安文. 多基线摄影测量前方交会方法及精度分析[J]. 武汉大学学报(信息科学版), 2007, 32(10)：847~851.
[4] 姚吉利, 韩保民, 杨元喜, 等. 罗德里格矩阵在三维坐标转换严密解算中的应用[J]. 武汉大学学报(信息科学版), 2006, 12(31)：1094~1096.
[5] 柯涛, 张祖勋, 张剑清. 旋转多基线数字近景摄影测量[J]. 武汉大学学报(信息科学版), 2009, 34(1)：44~47.

[6] 刘海波, 高飞, 崔丽丽, 高曼莉. 罗德里格矩阵在点云配准中的应用[J]. 信息通信, 2013, 130(8):45~46.
[7] 李春梅, 张连蓬. 采石场边坡多基线数字近景摄影测量精度的影响因素分析[J]. 测绘通报, 2011 (10):23~26.
[8] 杨化超, 张书毕, 杨国东, 牛雪峰. 基于非量测 CCD 相机和 SVM 的模型视觉检测[J]. 吉林大学学报(工学报), 2007, 37(6): 1375~1379.
[9] 任伟中, 寇新建, 凌浩美. 数字近景摄影测量在模型试验变形测量中的应用[J]. 2004, 23(3): 436~440.
[10] 李欣, 陈从新, 王兴玲. 多重交向摄影用于矿山相似材料物理模型变形测量[J] .武汉大学学报(信息科学版), 2012, 37(11) :1294~1298.
[11] 陈冉丽, 吴侃. 相似材料模型观测新技术[J]. 矿山测量, 2011 (6):84~86.
[12] Li Xin, Li Shuwen, Shen Xiang. Automatic measurement of circular artificial targets in digital image[C]. 2009, International Conference on Information Engineering and Computer Science, Singapore,2009.
[13] 李天子, 郭辉.多基线近景摄影测量的平面地表变形监测[J]. 辽宁工程技术大学学报(自然科学版), 2013, 32(8):1098~1102.

煤矿采空区覆岩破坏井地联合立体监测及控制技术

黎 灵[1,2] 李 文[1,2] 张 彬[1,2]

（1. 煤炭科学技术研究院有限公司安全分院，北京 100013；
2. 煤炭资源高效开采与洁净利用国家重点实验室(煤炭科学研究总院)，北京 100013）

摘 要 煤矿采空区覆岩破坏监测及控制技术是井下安全生产的保障。基于工作面井地联合微震监测、岩体内部多点位移监测、地表岩移监测、工作面矿压监测等多种监测技术，提出了井地联合立体监测的技术与方法，结合现场实例，探讨了房采采空区下长壁综采覆岩破坏的控制措施。结果表明，作为一种一体化、综合性、近乎实时性的监测技术与方法，井地联合立体监测对于指导西部矿区房采采空区下长壁综采的安全生产、控制动载矿压事故的发生具有较好的应用效果。

关键词 采空区 覆岩破坏 井地联合 立体监测 控制

Research on the Three-dimensional Monitoring and Control Technology of Overburden Failure in Coalmine Goafs

Li Ling[1,2] Li Wen[1,2] Zhang Bin[1,2]

(1. Mine Safety Technology Branch, China Coal Research Institute, Beijing 100013, China;
2. State Key Laboratory of Coal Mining and Clean Utilization(China Coal Research Institute), Beijing 100013, China)

Abstract The three-dimensional monitoring and control technology of overburden failure in coalmine goafs is the guarantee of undermine safety production. Based on the working face micro-seismic monitoring joint undermine and surface, the internal multipoint displacement monitoring of rock mass, the surface movement deformation monitoring, the working face support resistance monitoring, the three-dimensional monitoring and control technology was put forward. Combined the examples, the overburden failure control measures of longwall fully mechanized mining under room method goafs were discussed. The results showed that, as a kind of integration, comprehensive and near real-time monitoring technology and method, the three-dimensional monitoring has good application effect for guiding the safety production of longwall fully mechanized mining under room method goafs, and the control of dynamic pressure accidents in western mining area of China.

Keywords goafs, overburden failure, joint undermine and surface, three-dimensional monitoring, conrol

我国鄂尔多斯、榆林等地区早期采用房柱式采煤法对浅部煤层进行了大规模开采，形成了分布广泛的房柱式采空区，据不完全统计，仅鄂尔多斯地区地方煤矿开采形成的房柱式采空区约307.61km^2，榆林市地方煤矿开采形成的房柱式采空面积达220.38 km^2，该区域房柱式采空区一般采6~8m，留6~8m煤柱[1,2]。房柱式采空区下部近距离煤层开采时，容易引起上部房柱式采空区煤柱大面积失稳垮塌，给下部煤层工作面带来动载矿压危害。

目前，针对浅埋房式采空区下近距离煤层长壁开采覆岩破坏特征、规律研究工作已取得一定进展[3~5]，但在覆岩破坏实时监测、预测预报技术研究方面有待进一步发展。研究认为结合微震监测、岩体内部多点位移监测、地表岩移监测、工作面矿压观测等多种监测技术，形成井地联合立体监测的技术与方法，在现场覆

基金项目：国家自然科学基金项目（51304117），国家自然科学基金煤炭联合基金项目（51174272）。
作者简介：黎灵（1984—），男，江西抚州人，助理研究员。电话：010-84262242；E-mail: li841010@163.com

岩破坏实时监测、预测预报中取得了良好效果。

1 覆岩破坏井地联合立体监测技术

覆岩破坏井地联合立体监测技术主要通过以下方式实现：（1）通过在地表钻孔、井下顺槽布设微震监测拾震器，根据微震事件频次、能量大小分析覆岩破坏时间、位置。（2）通过地表施工钻孔在基岩各层位布设多点位移计，监测工作面上覆岩层下沉破坏的时间、位移量、与工作面位置关系，从而确定工作面前方、后方覆岩断裂破坏范围。（3）通过地表岩移观测，确定工作面后方覆岩下沉范围及幅度，确定工作面上方房采采空区是否破坏、垮落是否充分；通过这三项监测综合确定工作面上覆岩层、上部房采采空区煤柱、房采采空区上基岩破坏情况，从而确定下部综采面是否存在房采采空区大面积垮塌产生的动载矿压威胁。（4）在工作面进行矿压观测，根据工作面周期来压步距及上覆岩层破坏实时监测成果，合理安排工作面开采速度，避免工作面周期来压与上部房采采空区失稳垮塌叠加来压叠加，保障工作面安全生产。

1.1 微震监测

井下煤岩体介质在受力变形破坏时，将伴随着能量的释放过程，微震是这种释放过程的物理效应之一，即煤岩体在受力破坏过程中以较低频率（$f<100Hz$）震动波的形式释放变形能所产生的震动效应[6,7]。

微震监测系统能够对煤岩体微震现象进行监测，是一种区域性、实时监测手段。相比于其他传统监测手段，该系统具有远距离、动态、三维、实时监测的特点，还可以根据震源情况确定破裂尺度和性质，通过在矿井范围内布置一定数量的拾震器，可对开采活动引起的覆岩破坏 24h 实时监测，实现对采动影响区域内岩层破坏情况及其发展趋势的预测预报。其实现的主要功能包括：

（1）开采过程中微震事件震源的定位监测；
（2）开采过程中微震事件能量、频次等分布规律的分析；
（3）开采过程中微震事件能量、频次等发展趋势的预测；
（4）微震事件震源在空间和时间上的动态发展规律分析；
（5）基于微震波形信息和微震事件震源分布的综合分析。

结合地质条件和开采情况，进一步揭示采矿过程中的顶板破坏范围、煤柱区破坏范围、"两带"发育高度等信息，为覆岩变形破坏预测预报提供支撑。

1.2 岩体内部多点位移监测

岩体内部多点位移监测系统由位移传感装置模块、数据采集发射模块及数据接收处理模块三大部分组成[8,9]。

在基岩不同层位岩层中各布置一个位移监测点，并由数据采集模块采集各监测点位移变化值，通过数据处理模块分析各层位覆岩下沉、变形程度、时间，根据监测结果确定工作面开采后上覆各层位岩层破坏、下沉滞后时间、超前范围等参数，为覆岩变形破坏预测预报提供依据。图1为覆岩位移监测站。

图 1　覆岩位移观测站
Fig.1　Overlying strata displacement observation station

1.3 地表岩移观测

综采工作面上部存在近距离房柱式采空区条件下，开采引起的地表下沉规律必然不同于一般条件。覆岩破坏、地表下沉范围、与工作面相对位置关系受房采采空区的稳定性影响。当下部煤层开采引起上部房采采空区发生面积失稳垮塌时，地表将出现超前工作面较大范围塌陷、下沉[10]。

为此，通过地表岩移观测可以确定长壁工作面上部房采采空区垮塌范围，实现房采采空区上覆岩层破坏监测。此外，通过对地表岩移实时监测，统计房采采空区周期性失稳垮塌范围大小，探寻房采采空区在下部煤层采动影响下失稳破坏一般范围，为工作面动载矿压防治提供指导。

1.4 工作面矿压观测

通过分析支架每循环压力曲线变化特征来分析支架工作状态。支架工作状态是采场上覆岩层的运动变化情况的直接反映，因此通过支架压力的变化能够准确判断出采场上覆岩层的运动变化情况。由于支架阻力曲线随着上覆岩梁的周期性运动具有周期性变化的规律，通过观测支架阻力的周期性变化来判定顶板的运动步距。

根据工作面周期来压步距大小及受推进速度影响关系，确定科学合理的推进速度，避免综采工作面老顶周期来压与上部房柱式采空区煤柱垮塌顶板来压相叠加。

2 监测实例

2.1 监测区概况

某矿采用走向长壁后退式一次采全高综合机械化采煤法开采 31 煤层，采厚 4m，工作面斜长 311m，走向长 1860m，埋深平均 120m，松散层厚平均 6m，煤层近水平。31 煤上部存在 22 煤早期开采形成的房柱式采空区，层间距平均为 38m，22 煤采厚 4m，采 8m 留 8m，房采工作面间隔约 300m 留设集中隔离煤柱，煤柱宽约 14m，图 2 为 22 煤、31 煤顶板柱状图。

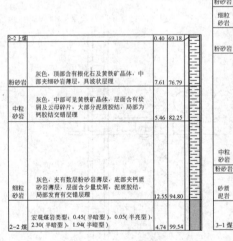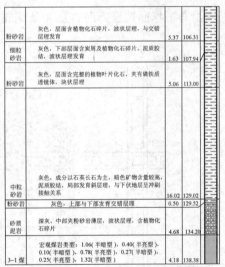

图 2 22 煤、31 煤顶板柱状图
Fig.2 Roof histogram of coal No.22、31

31 煤层综采工作面在进出上部房柱式采空区集中煤柱区域时，多次因集中煤柱破坏引发大面积房柱式采空区垮塌产生动压，给综采工作面支护带来威胁，为了监测煤柱、顶板破坏，防治动压威胁，采用覆岩破坏井地联合立体监测技术进行预测预报。

2.2 监测布置方案

2.2.1 微震拾震器布置

微震拾震器布置分为两大部分，一部分布置在工作面两顺槽侧帮可移动式、顶板底板固定式；另一部分为钻孔布置,在地表施工4个钻孔,每个钻孔布置一个拾震器。图3为井下工作面平面布置图。

2.2.2 岩体内部多点位移计

此次动载矿压实时监测、预测预报工作重点针对上部房柱式采空区隔离煤柱失稳引起的顶板大面积垮塌来压威胁,为此,岩体内部多点位移计以隔离煤柱为中心,前后隔30m布设钻孔,共布置4个观测钻孔,每个钻孔布置8个位移监测点,监测不同层位岩层下沉时间与下沉量,图4为观测钻孔与孔内位移计布置图。

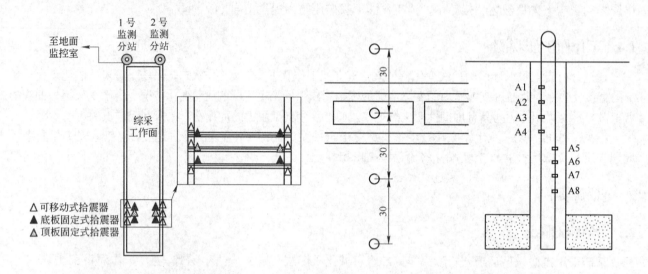

图3 工作面平面布置图
Fig.3 Layout of working face

图4 观测钻孔与孔内位移计布置图
Fig.4 Layout of observation hole and the displacement meter

2.2.3 地表岩移观测布置

在集中煤柱两侧沿着工作面推进方向布置4条测线,在煤柱正上方及后方20m布设平行于煤柱走向测线,如图5所示。

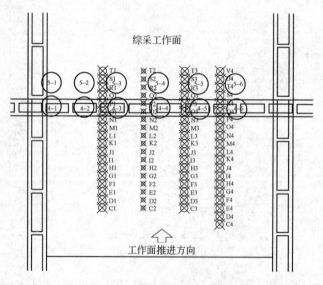

图5 岩移观测测点布置图
Fig.5 Layout of observation hole and the displacement meter

2.3 监测效果分析

(1)根据微震数量频次、能量大小综合判定22煤房采采空区顶板是否大面积垮塌,工作面是否存在动载矿压威胁,及时预测预报。图6为根据微震事件判定工作面动载矿压关系图。

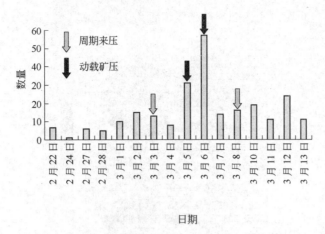

图 6 微震事件分布特征与工作面来压关系
Fig.6 Layout of working face

（2）岩层内部多点位移计监测钻孔所在位置基岩移动时间，根据基岩移动位置与工作面位置相对关系，确定本次房柱式采空区失稳顶板断裂波及工作面前方范围。图 7 为多点位移计监测各层位顶板岩层下沉情况，该观测钻孔 8 个测点均于 3 月 6 日 00:49~02:19 产生下沉。

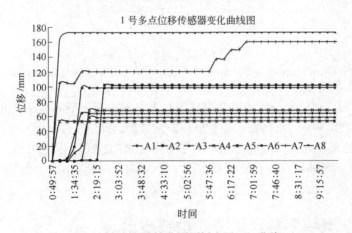

图 7 多点位移计监测顶板岩层下沉曲线
Fig.7 Monitoring curve roof subsidence by multiple multi-point borehole extensometer

（3）地表岩移监测确定工作面后方 22 煤顶板悬顶范围，根据工作面后方顶板悬顶范围判定工作面是否受上部 22 煤房柱式采空区顶板大面积垮塌威胁。图 8 为地表岩移监测曲线。

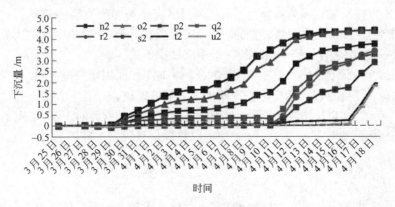

图 8 岩移监测地表下沉曲线
Fig.8 Surface subsidence curve by rock movement monitoring

（4）根据工作面支架阻力监测仪实时监测数据，分析工作面顶板周期断裂规律，确定工作面周期来压步距。图 9 为工作面周期来压分析图，工作面周期来压步距为 10~13m。

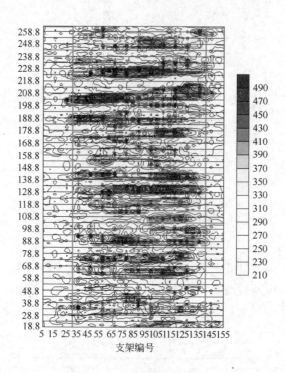

图 9 工作面周期来压分布图
Fig.9 Relationship of microseismic events distribution characteristics and working face rock pressure

在微震监测预测工作面上方 22 煤房柱式采空区煤柱及顶板将断裂破坏时，根据地表岩移监测成果确定 22 煤顶板在综采面后方悬顶距离，根据钻孔多点位移监测成果，确定工作面前方 22 煤顶板是否存在断裂破坏，从而综合分析此次 22 煤顶板垮塌将对下部综采工作面带来动载矿压强度。结合 31 工作面顶板周期来压监测成果，在工作面来压后等压或采取爆破顶板措施，至 22 煤顶板断裂破坏后恢复生产，避免 31 煤顶板周期来压与 22 煤采空区失稳顶板垮塌来压相叠加，造成事故。

3 房采采空区下长壁综采覆岩破坏的控制技术

根据上述采空区覆岩破坏井地联合立体监测技术及效果分析，结合监测效果和现场实践，提出以下 3 种控制技术：

（1）房采采空区顶板预裂爆破技术。在过 22 煤集中煤柱期间，通过地表岩移与岩体内部多点位移计监测发现集中煤柱前方较大范围采空区不发生垮塌，则可以确定 22 煤由于集中煤柱的支撑作用使得周围采空区产生较大悬顶，集中煤柱发生破坏后将导致大面积采空区突然垮塌产生动载矿压。研究提出，在这种条件下，在 31 煤距离集中煤柱 38m 停产，由工作面布置一组仰斜钻孔至 22 煤集中煤柱顶板上方 5m，并布置炸药对 22 煤顶板、煤柱、底板进行预裂爆破，使得集中煤柱提前破坏。

（2）推进速度的改变。通过 31 煤工作面矿压观测，掌握工作面周期来压步距，一旦发现工作面来压步距变大或长距离不来压，工作面停产等压，待顶板来压后继续推进。

（3）工作面调斜。在过 22 煤集中煤柱期间，为避免集中煤柱整体破坏对下部 31 煤工作面产生较大压力，在过煤柱期间调斜工作面，机头超前机尾 15m，使得煤柱局部逐段发生破坏。

4 结论

（1）采用微震监测、地表岩移观测、岩层内部多点位移监测和工作面矿压监测能预测工作面上方房柱式采空区及顶板失稳垮塌时间、范围。

（2）结合工作面周期来压常规观测成果，合理安排工作面推进速度，能有效避免综采工作面周期来压与上部房柱式采空区失稳垮塌来压叠加。

（3）结合微震监测、岩体内部多点位移监测、地表移动变形监测和工作面矿压观测等多种监测技术，形成井地联合立体监测的技术与方法，在现场覆岩破坏实时监测、动载矿压预测预报中能取得良好效果。

参 考 文 献

[1] 王翰锋，张俊英，张彬，等．鄂尔多斯市地方煤矿老空区分布与隐患综合治理可行性研究报告[R]. 2010,6: 97~98.
Wang Hanfeng,Zhang Junying,Zhang Bin,et al.Goaf distribution and comprehensive governance problems of feasibility study report of Erdos local coal mine[R]. 2010,6: 97~98.

[2] 张彬，李宏杰，李文，等．榆林市地方煤矿采空区综合治理规划[R]. 2014,4: 282~284.
Zhang Bin,Li Hongjie,Li Wen,et al. The comprehensive management of the goaf district planning of the local coal mine in Yulin city[R]. 2014,4: 282~284.

[3] 王方田．浅埋房式采空区下近距离煤层长壁开采覆岩运动规律及控制[D]．徐州：中国矿业大学，2012, 12: 138~151.
Wang Fangtian. Overlying Strata Movement Laws and Ground Control of the Longwall Face Mining in a Shallow Depth Seam in Proximity beneath a Room Mining Goaf [D].Xuzhou: China University of Mining & Technology,2012 ,12:138~151.

[4] 解兴智．房柱式采空区下长壁工作面覆岩宏观变形特征研究[J]．煤炭科学技术, 2012, 40(4): 23~26.
Xie Xingzhi. Study on Micro Deformation Features of Overburden Strata above Longwall Coal Mining Face under Goaf of Room and Pillar Mining [J] . Coal Science and Technology, 2012, 40(4): 23~26.

[5] 张磊．极近距离煤层交错采场覆岩破坏规律研究[D].山东：山东科技大学, 2009, 5: 26~40.
Zhang Lei. Study on the failure law of overbureden strata induced by ultra-close space crossing stopes[D].Shandong: Shandong University of Science and Technology. 2009, 5: 26~40.

[6] 姜福兴，Xun Luo．微震监测技术在矿井岩层破裂监测中的应用[J]．岩土工程学报, 2002, 24(2): 147~149.
Jiang Fuxing, Xunluo. Application of microseismic monitoring technology of structuring in underground coal mine[J].Chinese Journal of Geotechnical Engineering, 2002,24(2): 147~149.

[7] 姜福兴，Xun Luo，杨淑华．采场覆岩空间破裂与采动应力场的微震探测研究[J]．岩土工程学报, 2003, 25(1): 23~27.
Jiang Fuxing, Xunluo, Yang Shuhua.Study on microseismic monitoring for spatial structure of overlying strata and mining pressure field in longwall face[J].Chinese Journal of Geotechnical Engineering, 2003, 25(1): 23~27.

[8] 毕忠伟,李少刚,李文,等.GPRS技术在房采老空区覆岩位移监测中的应用[C]. ST.PLUM-BLOSSOM PRESS PTY LTD, 2013: 236~240.
Bi Zhongwei,Li Shaogang,Li Wen,et al.Application of GPRS Technology in Monitoring of Overlying Rock in Old Goaf by Room and Pillar Mining[C]. ST.PLUM-BLOSSOM PRESS PTY LTD,2013: 236~240.

[9] 黄秋香，汪家林，邓建辉．基于多点位移计监测成果的坡体变形特征分析[J] . 岩石力学与工程学报, 2009, 28(1): 2667~2670.
Huang Qiuxiang,Wang Jialin,Deng Jianhui. Slope deformation character analysis based on monitoring results of multiple multi-point borehole extensometer[J] . Chinese Journal of Rock Mechanics and Engineering, 2009,28(1): 2667~2670.

[10] 肖洪天，温兴林，张文泉．分层开采底板岩层移动的现场观测研究[J]．岩土工程学报, 2001, 23(1): 71~74.
Xiao Hongtian,Wen Xinglin,Zhang Wenquan,et al.In situ measurement of floor strata displacements in slice mining[J].Chinese Journal of Geotechnical Engineering, 2001,23(2): 71~74.

基于地质雷达的浅埋煤层群开采相互影响

张春雷 郁志伟 魏春臣 刘亚东

(中国矿业大学(北京)资源与安全工程学院,北京 100083)

摘要 为研究李家壕浅埋深煤层群协调开采时上位煤层开采对底板的破坏影响范围,为下位煤层开采的矿压控制和巷道布置提供依据,通过理论分析确定 2-2 中煤层开采的破坏深度为 18.01~41.07m;然后采用 GR 地质雷达技术在 3-1 煤层回采巷道进行探测,并对所收集数据用专业分析软件进行了处理,得到了 2-2 中煤层开采对底板的影响深度为 22m,并得到 2-2 中煤层开采时超前支承压力的影响范围为 40m;最后通过 FLAC^{3D} 数值模拟软件得到 2-2 中煤层开采的底板破坏影响深度为 20m,煤壁支承压力峰值位于 10m 处,3-1 煤层处接近原岩应力,受采动影响不大。综合分析结果表明,2-2 中煤层开采对 3-1 煤层开采的矿压影响较小,其矿压由其上部 15m 左右岩层控制,但会对其巷道布置和维护产生影响,应选取合理的巷道位置及支护方式。

关键词 煤层群同采 GPR 破坏深度 FLAC^{3D} 数值模拟

Mutual Effect of Shallow Coal Seams Mining Based on Application of Geological Radar Detection

Zhang Chunlei Yu Zhiwei Wei Chunchen Liu Yadong

(School of Resources and Safety Engineering, China University of Ming & Technology, Beijing 100083, China)

Abstract In order to get the destruction influence of the upper coal seam to the floor in shallow mining group coordination of Lijiahao coal mine and provide the basis for the lower coal seam mining ground pressure control and roadway layout. Firstly, to calculate the impact depth is 18.01~41.07 m by the theoretical formula; then the GPR is used to detect in 3-1 coal seam mining roadway. By processing the data, the destruction depth is 22m, and the influence of abutment pressure is 40m. Finally, getting the maximum plastic zone is 20m though the analysis of the FLAC^{3D} numerical simulation, the coal wall abutment pressure peak is 10m far away from coal, the stress of 3-1 coal seam is almost original rock stress. Comprehensive analysis shows that 2-2 mining has little effect on the mine pressure of 3-1 coal seam, 3-1 coal seam's pressure is in the control of the 15m overlying strata. 2-2 mining will have a effect to the roadway layout of 3-1 coal mine, reasonable position of roadway and supporting method should be selected according to the research results.

Keywords simultaneous mining faces, GPR, damage depth, FLAC^{3D} numerical simulation

煤层开挖后会对底板产生破坏,影响煤层底板破坏深度的因素有很多,如工作面长度、岩体强度、煤层埋深、采煤方式等[1,2],我国对于底板破坏深度的探测方法有多种,如钻孔注水法、电剖面法、震波 CT 技术、微震探测等[3-9],受自身方法所限,在操作难度、探测精度、探测数据可靠性等方面都存在一定不足,因此研究煤层采动后底板破坏深度新方法仍具有十分重要的理论意义和实践意义。地质雷达具有体积小、重量轻、操作简单的特点,且属于无损检测,不会对煤岩层造成破坏,随着地质雷达仪器信噪比的提高及数据处理技术的发展,以及其在煤矿探测断层、陷落柱、含水层等取得的成功,越来越受到采矿工作者欢迎。本文将通过理论分析计算、地质雷达探测和数值模拟相结合的方法确定煤层群开采中上位煤层开采对底板的破坏影响,为下位煤层工作面矿压控制、巷道布置等提供依据。

基金项目:国家重点基础研究计划(973):西部煤炭高强度开采下地质灾害防治与环境保护基础研究(项目编号:2013CB227900)。
作者简介:张春雷(1989—),男,山东泰安人,中国矿业大学(北京)博士研究生,主要从事矿山压力及其控制方面的研究。电话:15652940306;E-mail:fangyuanleihua@126.com

1 工程背景

神华李家壕煤矿位于东胜煤田的中南部，地层产状平缓，倾向 220°~260°，地层倾角小于 5°。2-2 中煤层可采厚度 0.80~4.75m，平均 2.02m。该煤层结构较简单，顶板岩性主要为粉砂岩和细粒砂岩，底板岩性主要为砂质泥岩及粉砂岩。首采区内煤层厚度多在 1.3~3.5m 之间，平均 2.0m。3-1 煤层自然厚度 0.75~8.23m，平均 4.08m，可采厚度 0.80~7.05m，平均 3.86m。该煤层结构简单，含 0~2 层夹矸，夹矸位于煤层下部，夹矸厚度 0.15~0.75m，一般为 0.25m。层位较稳定，厚度变化不大。顶板岩性主要为砂质泥岩和粉砂岩，局部为细粒砂岩，底板岩性主要为砂质泥岩。目前主要开采 2-2 中及 3-1 煤，且 3-1 煤层为主采煤层，为了既能达到矿井设计生产能力，又不丢弃 2-2 中煤层，决定对两层煤进行同采，煤层间距 10~40m，平均约为 33m，目前开采区域间距为 35m 左右。通过李家壕矿下行煤层开采底板卸压作用进行研究，得出底板卸压深度范围、底板破坏范围等参数，为下位 3-1 煤开采的矿压控制、确定同采工作面错距以及巷道布置等提供参考。图 1 为煤层柱状图。

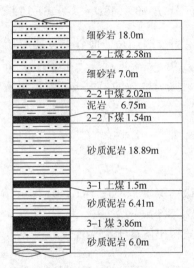

图 1 煤层柱状图
Fig.1 Coal column

2 底板破坏深度理论计算

随着煤层工作面的推进，原岩应力平衡状态发生改变，再加上采空区直接顶的冒落，老顶的弯曲下沉和破坏，必然造成底板岩层的变形、移动和破坏。所以对于近距离煤层群，上位煤层的开采会对底板即下位煤层的顶板造成一定的破坏，影响到下位煤层的正常开采。

2.1 弹塑性理论公式计算[11]

根据弹性力学相关知识，通过 Mohr-Coulomb 破坏准则分析半无限体上均布载荷问题，得到长壁工作面底板岩层最大破坏深度公式：

$$h_1 = \frac{(n+1)H}{2\pi}\left(\frac{2\sqrt{K}}{K-1} - \arccos\frac{K-1}{K+1}\right) - \frac{R_c}{\gamma(K-1)} \tag{1}$$

结合李家壕煤矿的具体条件，式中，n 为工作面煤层内最大应力集中系数，取 2.0；R_c 为岩体单轴抗压强度，取 20MPa；H 为煤层开采深度，取 200m；γ 为岩体容重，取 $2.5\times10^3 kg/m^3$；K 为三轴应力集中系数，$K=(1+\sin\varphi_0)/(1-\sin\varphi_0)$，煤层底板内摩擦角 φ_0 取 35°，则三轴应力集中系数 K 为 3.69。代入数据：

$$h_1 = \frac{(2+1)\times 200}{2\pi}\left(\frac{2\sqrt{3.69}}{3.69-1} - \arccos\frac{3.69-1}{3.69+1}\right) - \frac{20}{2.5\times(3.69-1)} = 41.70\text{m}$$

2.2 断裂力学推导公式计算[12]

利用断裂力学方法推导，得到煤层开采对底板岩层造成的最大破坏深度 h_2 可以依据下式确定[12]：

$$h_2 = \frac{1.57(\rho g)^2 H^2 L_x}{4\sigma_c^2} \tag{2}$$

式中，ρ 为岩体的密度，取 0.0025t/m³；H 为埋深，取 200m；L_x 为工作面推进长度，取 800m；σ_c 为单轴抗压强度，取 20MPa。

代入数据，计算得出上位煤层开采对底板造成的破坏深度为：h_{max}=18.86m。

2.3 经验公式计算

根据实测资料和理论分析[3]，得出底板破坏深度的线性回归方程，此经验公式为：

$$h_{max} = 0.00911H + 0.0448\alpha - 0.3113F + 7.9291\ln\left(\frac{L}{24}\right) \tag{3}$$

式中，L 为工作面倾斜长度，200m；α 为煤层倾角，取 0°；H 为平均采深，200m；F 为煤岩体的坚固性系数，取 2。代入计算得工作面底板岩层的最大破坏深度为 18.01m。

根据滑移线场理论[12]，上位煤层开采对底板的最大破坏深度距工作面(靠近采空区)距离为：

$$x = h_{max} \Big/ \tan\left(\frac{\pi}{2} - \varphi\right) \tag{4}$$

式中，φ 为煤层内摩擦角，取 25°。

从以上理论计算可以看出，底板破坏深度范围在 18.01~41.07m。

分别代入数据得，x=19.7m、8.8m、8.5m。

综上计算分析，得到不同计算公式得出的底板破坏深度，见表 1。

表 1　不同公式计算底板破坏深度
Table 1　Failure depth based on different formula

计算公式	破坏深度/m	破坏最大深度距工作面距离/m
弹塑性理论推导公式	41.07	19.7
Mohr-Coulomb 破坏准则推导公式	18.86	8.8
经验公式	18.01	8.5

通过表 1 可以看出，不同理论计算结果变化幅度较大，可信度较低，需现场实测来确定。

3　现场实测

本次探测采用中国矿业大学（北京）自主研发的 GPR 地质雷达与 100MHz 屏蔽天线对 3-1 煤层顶板即 2-2 中煤层底板进行监测，通过对收集数据的处理，分析得到煤层群同采时上位煤层开采对底板的影响，得到底板的裂隙发育程度，以及确定下位煤层顶板是否出现地质异常区域。为李家壕 2-2 中煤层与 3-1 煤层协调开采的可行性进行论证。

3.1　地质雷达原理

地质雷达通过一个天线发射高频电磁波，另一个天线接收来自探测范围内介质的反射波。如图 2 所示，当电磁波在介质中传播时，由于不同介质的电性及几何形态不同，电磁波遇到不同介电性质的分界面时会发生反射，接收天线会记录下电磁波双程走时、波幅及波形等参数数据，并通过地质雷达图像的形式表现出来，即可分析被测物体的结构特征和几何形态[14, 15]。

电磁脉冲波行程用时为：

$$t=\sqrt{4H^2+X^2}/v \tag{5}$$

式中,H 为反射体的深度;X 为两个天线之间的距离;v 为介质的电磁波速。通过式(5)可确定地下反射体的深度。

介质的电磁波速为:

$$v=\left[1-(\sigma/\omega\xi_r)^2/8\right]/\sqrt{\xi_r\mu} \tag{6}$$

式中,ξ_r 为介质的相对介电常数;μ 为介质的导磁系数;σ 为介质的电导率;ω 为介质的角频率。对于地下介质,因为 $\sigma/\omega\xi_r \ll 1$,所以式(6)可简化为:

$$v=1/\sqrt{\xi_r\mu} \quad \text{或} \quad v=c\sqrt{\xi_r} \tag{7}$$

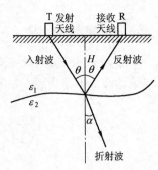

图2 地质雷达原理示意图
Fig.2 Sketch map of GPR principle

式中,c 为光速。因此通过上式可确定介质的电磁波速,根据探测记录时间,即可由式(7)确定所测地质的深度。

3.2 测站布置

目前李家壕煤矿正在回采 11209 工作面和 12109 工作面,地质雷达的探测在 12109 工作面运输平巷和回风平巷进行,分别探测 2-2 中煤层采空区下和煤体下底板的破坏影响情况。图3 为 11209 工作面和 12109 工作面的空间位置关系示意图以及测点布置。

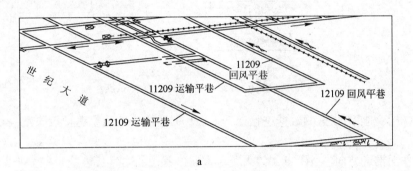

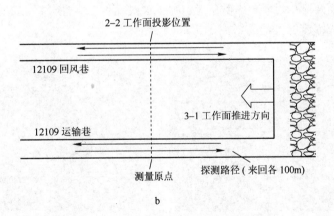

图3 11209 和 12109 工作面的空间位置关系及探测示意图
a—11209 和 12109 工作面空间位置示意图;b—12109 工作面探测路线示意图
Fig. 3 Sketch map of spatial position relation between 11209 and 12109 workface

为保证收集数据的完整性和可靠性,以 11209 工作面现推进位置为起点,将其投影到 12109 工作面,确定原点,分别在 12109 工作面运输平巷和回风平巷从原点向工作面前方每 10m 做一次标记,共计 100m,并以原点为起点向反方向每隔 10m 做一次标记,共计 200m。测站即布置完毕。

主机参数调整:所用地质雷达天线中心频率为 100MHz,根据煤岩的介电常数 4~6,计算出时窗为 750ns,采用 1024 样点,所探测最大深度约为 40m。数据采集时将天线尽量紧贴巷道顶板,为方便后续分析,每隔 10m 标记一次。

3.3 探测数据分析

采用 GPR 地质雷达专用处理分析软件对所收集数据进行分析，其分析流程经过零线设定、一维滤波、二维滤波等多个步骤，如图 4 所示。

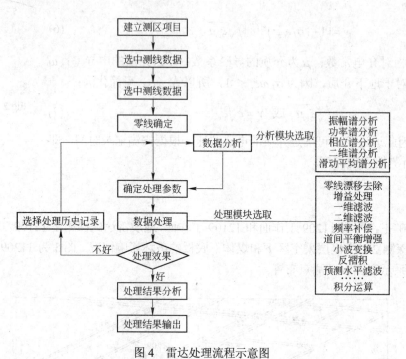

图 4 雷达处理流程示意图
Fig. 4 Sketch map of GPR analysis process

对此次采用地质雷达探测收集的数据进行处理，12109 运输巷地质雷达顶板 27.5~36.7m 探测图像（部分）如图 5 所示。

图 5a~ c 为工作面推进方向，图 5d~f 为采空区方向。图像的亮度代表能量的大小，能量的变化来源于顶板中不同岩性岩石界面两侧相对介电常数的差异性，通过此可以定性分析 2-2 中煤层开采对底板及 3-1 煤层顶板的裂隙发育、破碎程度等方面的影响。

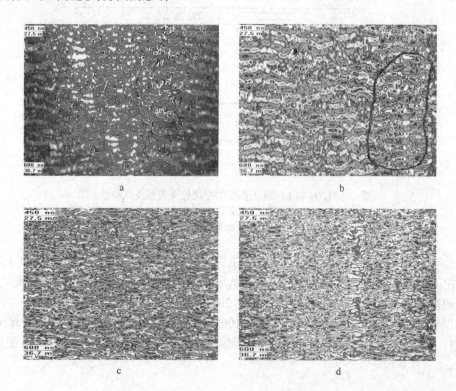

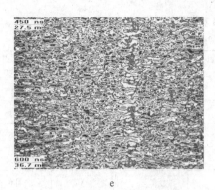
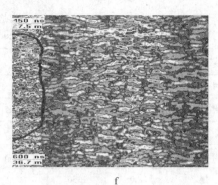

e   f

图 5   地质雷达 12109 运输巷顶板探测图像
a—-60~-40m; b—-40~-20m; c—-20~0m; d—0~20m; e—20~40m; f—60~80m
Fig.5   Detecting image of GPR in 12109 roadway roof

从图 5 可以看出，距离 2-2 中煤层前方 40m 处，图像颜色开始变亮，之后较暗，说明 2-2 中煤层的超前支承压力影响范围为 40m，在工作面前方 40m 范围以内，2-2 中煤层底板压力较大，岩石裂隙较为发育，在 2-2 工作面后方 60m 以内，图像颜色仍较亮，图中可看到较为密集的亮点，说明在 2-2 中煤层工作面后方 60m 以内，底板岩石较为破碎，60m 以外，由于上覆岩层的断裂下沉，使采空区重新压实，底板破碎岩石的相对介电常数差异不大，导致地质雷达反射能量较低。

根据前文理论分析结果，底板最大破坏深度距工作面 20m 以内，因此取靠近 2-2 中煤层采空区距工作面 20m 地质雷达图像，如图 6 所示。

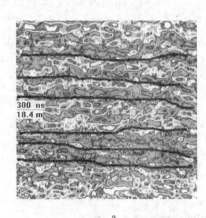
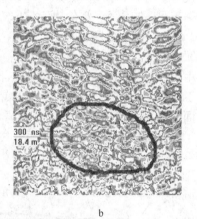

a   b

图 6   3-1 煤层顶板（2-2 中煤层底板）地质雷达图像
a—工作面前方 20～0m; b—采空区侧 0～-20m
Fig.6   Detecting image of GPR in roadway roof of 3-1 coal seam

图 6a 表示 2-2 工作面前方 20m 内，图像颜色较为暗淡，且可以较为清晰地看出层位，层位连续性较好，如图中横线部分所示，可以推断该处岩层较为完整；图 6b 表示 2-2 工作面靠近采空区一侧 20m 内，圆圈内有不规则亮点，且看不出明显层位，但圆圈上部可以较为清晰地看出层位，表明此处界面两侧介质相对介电常数发生较大变化，可推断此处岩石破碎。此处探测深度均为 18.4m 左右，考虑到地质雷达是从下位煤层向上探测，因此两图像均表示 2-2 中煤层底板 22m（40-18=22m）深度区域，因此通过地质雷达探测可以断定 2-2 中煤层开采对底板的最大影响深度为 22m。

4   数值模拟

为说明探测数据的准确性，采用 FLAC^{3D} 数值模拟软件对地质雷达探测结果进行验证[16]。对 2-2 中煤层工作面开采进行数值模拟，煤岩体力学参数见表 2，模拟过程中在 2-2 中煤层工作面底板内不同深度（5m、15m、25、35m）设置观测点，监测底板内不同深度煤岩体的应力变化，所得结果如图 7 所示，规定拉应力为正，压应力为负。

表 2 煤岩力学特征
Table 2 Rock mechanics parameters

层 号	岩 性	厚度/m	密度/kg·m⁻³	体积模量/GPa	剪切模量/GPa	内聚力/MPa	抗拉强度/MPa	内摩擦角/(°)
覆 岩	中砂岩	29.5	2500	5.5	3.3	6.2	2.6	32
老 顶	细砂岩	18.0	2600	4.5	2.8	5.6	2.1	31
2-2 上煤	煤	2.5	1350	2.5	1.2	0.8	0.6	28
直接顶	细砂岩	7.0	2600	3.5	2.8	3.6	2.1	31
2-2 中煤	煤	2.0	1350	2.5	1.2	0.8	0.6	28
直接底	泥岩	6.0	2200	2.7	1.6	1.2	1.06	29
2-2 下煤	煤	1.5	1350	2.5	1.2	0.8	0.6	28
老 底	砂质泥岩	18.0	2400	3.8	1.8	1.6	1.2	28
3-1 上煤	煤	1.5	1350	2.5	1.2	0.8	0.6	28
3 煤顶板	砂质泥岩	6.0	2400	3.2	2.6	1.4	1.1	27
3-1 煤	煤	4.0	1350	2.5	1.2	0.8	0.6	28
3 煤底板	砂质泥岩	6.0	2400	3.6	2.6	2.4	1.2	32

分析图 7 底板煤岩体的应力变化可知，2-2 中煤层工作面推进 80m 时，底板煤岩体的主应力峰值位于工作面煤壁前方 10m 左右，最大应力集中系数为 2.2；在工作面后方 10m 左右内主应力逐渐减小，之后采空区主应力基本稳定。底板 5m 深处煤岩体应力峰值最大（6.5MPa），底板 35m 深处煤岩体应力峰值最小（4.5MPa）；由于 2-2 中煤层工作面埋深较浅、基岩较薄且软，工作面受覆岩整体切落的影响，动压显现剧烈，工作面应力集中系数较大。底板 5m 深处煤岩体应力峰值在距工作面前方 10m 左右处达到最大值，由此可知距工作面前方 20m 左右区域内煤岩体受压为压缩区；在工作面后方 5m 左右内应力逐渐恢复到原岩应力；工作面后方 5m 之外，采空区底板内应力逐渐降低并有拉应力出现，表明底板煤岩体出现卸压；距工作面更远处应力又逐步增大至原岩应力。因此可得距底板深度越小，应力峰值越大，应力集中系数越大；3-1 煤层所在位置应力集中系数较小，接近原岩应力，表明受采动影响不大，底板煤岩体破坏范围较小。

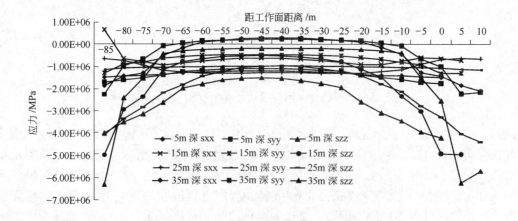

图 7 底板不同深度处煤岩体应力变化
Fig.7 Coal and rock mass stress in different depth of the floor

工作面推进不同距离时底板煤岩体塑性破坏区分布如图 8 所示，由图 8a 可知，工作面推进 20m 时，开切眼和煤壁处的底板破坏较深，底板塑性破坏最大深度为 5m，采空区中部破坏深度为 2m；此时底板煤岩体破坏范围较小。由图 8b 可知，工作面推进 40m 时，工作面开切眼和煤壁处底板煤岩体塑性破坏深度最大，最大深度为底板下 12m，采空区底板破坏深度增大，破坏范围也增大；工作面推进至 60m 时，底板最大破坏深度为 15m；推进至 80m 时，最大破坏深度为 20m。

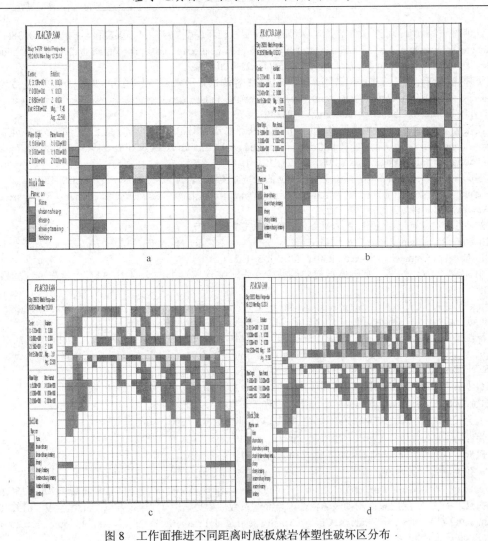

图 8 工作面推进不同距离时底板煤岩体塑性破坏区分布
a—20m; b—40m; c—60m; d—80m
Fig.8 Destruction of the plastic zone in the floor when advancing different distance

5 结论

（1）通过不同的底板破坏计算公式，计算得到底板破坏深度为 18.01~41.07m，理论和经验公式结果差异较大。

（2）使用 GPR 地质雷达探测技术在 3-1 煤层回采巷道分别对 2-2 中煤层的实体煤下和采空区下进行探测，得到了 2-2 中煤层开采的底板最大破坏深度 22m，靠近采空区距煤壁 10m 左右，2-2 中煤层开采的超前支承压力影响范围为 40m，采空区距煤壁 60m 以外的区域完全压实。

（3）通过实验室 FLAC^{3D} 数值模拟，得到底板塑性区的最大范围为 20m，底板应力峰值随深度增大而增大，底板煤岩体的主应力峰值位于工作面煤壁前方 10m 左右，验证了地质雷达探测结果。

（4）综合理论、实测和数值模拟分析，2-2 中煤层开采不会对 3-1 煤层开采的矿压显现造成影响，其矿压显现由上部 15m 岩层控制，但会对 3-1 煤层巷道维护产生影响，下位煤层开采的巷道布置方式还需进一步研究。

参 考 文 献

[1] 宋雷, 黄家会, 南生辉. 杨村煤矿综采条件下薄煤层底板破坏深度的实测与模拟研究[J]. 煤炭学报, 2011, 36(增刊): 13~17.
Song Lei, Huang Jiahui, Nan Shenghui. Comprehensive testing and numerical analysis on the failure characteristics of mining coal seam floor[J]. Journal of China Coal Society, 2011, 36(Supp): 13~17.

[2] 董青红. 薄煤层底板采动影响深度规律研究[J]. 岩石力学与工程学报, 2005, 24(S1): 5237~5242.
Dong Qinghong. Study on the law of affecting depth under low-coal deposit during mining[J]. Chinese Journal of Rock Mechanics and Engineering, 2005, 24(S1): 5237~5242.

[3] 王家臣, 许延春, 徐高明, 等. 矿井电剖面法探测工作面底板破坏深度的应用[J]. 煤炭科学技术, 2010, 38(1): 97~100.
Wang Jiachen, Xu Yanchun, Xu Gaoming, et al. Application of mine electric profiling method to detect floor failure depth of coal mining face[J]. Coal Science and Technology, 2010, 38(1): 97~100.

[4] 程久龙, 于师建, 宋扬, 等. 煤层底板破坏深度的声波CT探测试验研究[J]. 煤炭学报, 1999, 24(6): 576~579.
Cheng Jiulong, Yu Shijian, Song Yang, et al. Detection of the failure depth of coal seam floor by acoustic wave computer tomography[J]. Journal of China Coal Society, 1999, 24(6): 576~579.

[5] 朱术云, 姜振泉, 姚普, 等. 采场底板岩层应力的解析法计算及应用[J]. 采矿与安全工程学报, 2007, 24(2): 191~194.
Zhu Shuyun, Jiang Zhenquan, Yao Pu, et al. Computation and application of analysis of stress distribution on mining coal floor[J]. Journal of Mining & Safety Engineering, 2007, 24(2): 191~194.

[6] 孙建, 王连国, 唐芙蓉, 等. 倾斜煤层底板破坏特征的微震监测[J]. 岩土力学, 2011, 32(5): 1589~1595.
Sun Jian, Wang Lianguo, Tang Furong, et al. Microseismic monitoring failure characteristic of inclined coal seam floor[J]. Rock and Soil Mechanics, 2011, 32(5): 1589~1595.

[7] 程学丰, 刘盛东, 刘登宪. 煤层采后围岩破坏规律的声波CT探测[J]. 煤炭学报, 2001, 26(2): 153~155.
Cheng Xuefeng, Liu Shengdong, Liu Dengxian. Sound-wave CT detection for failure patterns of sur-rounding rock after mining[J]. Journal of China Coal Society, 2001, 26(2): 153~155.

[8] 姜福兴, 叶根喜, 王存文, 等. 高精度微震监测技术在煤矿突水监测中的应用[J]. 岩石力学与工程学报, 2008, 27(9): 1932~1938.
Jiang Fuxing, Ye Genxi, Wang Cunwen, et al. Application of high-precision microseismic monitoring technique to water inrush monitoring in coal mine[J]. Chinese Journal of Rock Mechanics and Engineering, 2008, 27(9): 1932~1938.

[9] 雷文杰, 汪国华, 薛晓晓. 有限元强度折减法在煤层底板破坏中的应用[J]. 岩土力学, 2011, 32(1): 299~303.
Lei Wenjie, Wang Guohua, Xue Xiaoxiao. Application of finite element strength reduction method to destruction in coal seam floor[J]. Rock and Soil Mechanics, 2011, 32(1): 299~303.

[10] 钱鸣高, 石平五. 矿山压力与岩层控制[M]. 徐州: 中国矿业大学出版社, 2003.

[11] 代长青. 承压水体上开采底板突水规律的研究[D]. 淮南: 安徽理工大学, 2005.

[12] 彭苏萍, 王金安. 承压水体上安全采煤[M]. 北京: 煤炭工业出版社, 2001: 91~95.

[13] 徐芝伦. 弹性力学[M]. 北京: 高等教育出版社, 2002.

[14] 李大心. 探地雷达方法与应用[M]. 北京: 地质出版社, 1994.

[15] 王连成. 矿井地质雷达的方法及应用[J]. 煤炭学报, 2000, 25(1): 6~9.
Wang Liancheng. Method and application of mine geological radar[J]. Journal of China Coal Society, 2000, 25(1): 6~9.

[16] 张蕊, 姜振泉, 于宗仁. 煤层底板采动破坏特征综合测试及数值模拟研究[J]. 采矿与安全工程学报, 2013, 30(4): 531~537.
Zhang Rui, Jiang Zhenquan, Yu Zongren. Comprehensive testing and numerical analysis on the failure characteristics of mining coal seam floor[J]. Journal of Mining & Safety Engineering, 2013, 30(4): 531~537.

5 数值模拟

近水体下采煤三维动画仿真

许延春　李卫民　刘世奇

(中国矿业大学(北京)资源与安全工程学院,北京　100083)

摘　要　以姚桥煤矿新东四采区浅部露头区为原型,利用Flash软件及计算机三维仿真技术,辅以声音、文字、背景音乐等内容制作合成了水体下采煤的三维仿真动画。重点展示了采动覆岩破坏、裂隙发育及地表湖床下沉变形的特征和规律,突出了含(隔)水层的水位变化路径,解释了松散层底部厚黏土层阻隔水体流向采场所起的关键作用以及露头区安全煤(岩)柱的合理留设问题。对从业者认识水下采煤的特殊性和理解透水事故发生机理具有重要现实意义。

关键词　水体下采煤　三维动画　露头区　安全煤(岩)柱

3D Animation Emulation of Mining Under Water Body

Xu Yanchun　Li Weimin　Liu Shiqi

(College of Resources and Safety Engineering, China University of Mining and Technology (Beijing), Beijing 100083, China)

Abstract　Based on the prototype of the shallow outcrop of New East Fourth mining area in Yaoqiao coal mine, supplemented by sounds, text, background music, the 3D animation emulation of mining under water body was made by using Flash and the 3D simulation computer technology. The animation mainly demonstrated the characteristics and laws of the overburden damage, fracture propagation and subsidence deformation of lake bed during mining operation, highlighted the path of water level change in aquifers (impermeable layers), expounded the key role of the thick clay layer at the bottom of the loose layer in preventing the water from flowing into the faces and the reasonable size of the safety coal (rock) pillar in the outcrop area, which has practical significance for the practitioners in learning the particularity of mining under water body and understanding the mechanism of flooding accident.

Keywords　mining under water body, 3D animation, outcrop area, safe coal(rock) pillars

　　目前,多媒体动画及三维动画仿真技术,在煤矿专业学生的教育培训及煤矿新工人安全培训和井下安全事故的仿真再现方面,已得到广泛应用[1,2]。有效提高了教育培训的质量,通过利用三维动画模拟井下灾难事故发生的过程,也发挥了充分吸取事故经验教训的作用[3,4]。

　　但是,煤层开采后将引起上覆岩层移动、破断,并在岩层中形成采动裂隙[5]。采动引起的岩体破坏规律复杂,在煤矿地下采煤尤其是近水体下采煤的过程中,覆岩的变形破坏尚难以采用理论方法进行计算。而覆岩破坏的范围与程度将直接决定着水体下采煤的安全与否[6]。水体下采煤上覆岩层变形和破坏后形成的"两带"高度对安全生产影响重大,一旦导水断裂带波及水体,水体将成为开采工作面的直接充水水源,增加矿井的排水压力,甚至造成淹井事故[7]。针对"两带"高度的确定,一般采用经验公式和现场实测的方法预测[8]。而准确地确定"两带"的发育高度,了解水体下采煤过程中地层扰动的变化过程,特别是"两带"的发育形成的覆岩破坏高度,对解决水体下安全采煤有着特别重要的意义。通过现场实际观测并辅以相似材料模拟试验和数值模拟分析,虽然可以确定覆岩的破坏高度[9],简单认识覆岩破坏发育过程和形态,但却仅限于呈现某一时刻或者工作面推进一定距离时覆岩破坏的静止结果,对于水体下连续采煤的过程,难以直观反映覆岩持续破坏的一个动态过程和位移场特征以及裂隙的演化规律。

　　为解决这一问题,本文以姚桥煤矿新东四采区浅部露头区微山湖下的实际地质条件为原型,利用多媒体制作软件及计算机三维仿真技术等,形象逼真地再现了整个近水体下采煤的全过程,重点展现了随着煤体不断被采出，采场上覆岩层的移动变形及破坏的过程和规律，以及开采影响波及地表，地表的移动和变形全过程，突出了含（隔）水层的水位变化，解释了松散层底部厚黏土层阻隔水体流向采场所起的关键作用以及防砂安全煤（岩）柱的合理留设。直观形象，简单易懂。

1 动画制作基础

1.1 原型工作面概况

姚桥煤矿新东四采区位于矿井东翼，采区地表为微山湖体。主要开采煤层为 7 号、8 号煤，7 号煤平均倾角为 7.5°，浅部煤层倾角较大，约为 13°，属缓倾斜煤层。直接顶岩性为泥岩、砂质泥岩，以砂质泥岩为主，厚度为 0.73~8.8m，平均 3.6m。8 号煤煤层厚度为 0~5.95m，浅部 8 号煤平均厚度为 3.62m，直接顶板多为泥岩、砂质泥岩或炭质泥岩，局部为中细砂岩。

在其浅部露头区的 7706 工作面，工作面长约 220m，走向长约 1300m，其中 7 号煤厚度为 6m，8 号煤厚度为 4m，7 号、8 号煤平均间距为 8m，为近距离煤层组，煤层倾角平均为 13°，采用综放全厚开采。根据现有资料，新东四采区浅部大部分区域第四系"底含"缺失，即松散层底部含水层。4 隔直接覆盖在基岩面上。只有个别地点存在"底含"区。水文补勘表明"底含"厚度薄，属弱富水性，受矿井开采影响"底含"水基本疏干。采区大多数区域底部有厚层黏土，为硬塑和半固结状态，流动性差，隔水性好，根据《建筑物、水体、铁路及主要井巷煤柱留设与压煤开采规程》，符合留设防砂安全煤（岩）柱的条件。因此，依据现有的科研成果，在采区浅部露头区，综放全厚开采，7 号煤防砂煤（岩）柱的安全开采标高为–157m，8 号煤防砂煤岩柱的安全开采标高为–170m。

1.2 覆岩变形及地表移动

针对采场上覆岩层的移动变形和破坏情况，以姚桥煤矿新东四采区浅部煤层实际赋存条件、采矿条件为基础，具体开采条件及地质参数以 7706 工作面为原型。分别采用相似材料模拟实验和 FLAC^{3D} 数值模拟方法，研究工作面开采过程中覆岩破坏规律、运移规律、位移的变化规律等，对比分析覆岩垮落带和导水裂缝带的"两带"发育形态和高度，结合姚桥煤矿新东四采区 7 号、8 号煤浅部露头区和浅部部分钻孔资料，利用综放开采覆岩"两带"高度的经验公式计算结果以及现场实测成果，最终选取最大值作为"两带"的发育最大高度。对于煤矿地下开采导致的地表下沉变形，利用地表移动计算软件，通过选取合适的地表移动参数，对相邻近工作面进行分区域计算，计算输出煤层采动地表的下沉、倾斜以及水平变形等值线图，据此可以得到工作面从开切眼开始回采到回采结束，地表在整个采煤过程中受不同采动程度影响下的下沉、倾斜等移动变形的结果。图 1 所示为 7706 工作面回采完毕覆岩稳定后地表下沉图，最大下沉深度为 4m。

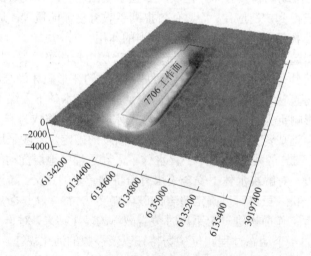

图 1 回采 7706 工作面地表下沉图

Fig. 1 Ground surface subsidence of 7706 working face

1.3 软件应用

在动画制作前期，利用了多个专业或辅助软件进行了前期模拟和数值计算。制作动画主要应用了三维建模软件 Sketchup 和动画制作编辑软件 flash、会声会影以及其他辅助软件。Sketchup 是一套直接面向设计方案创作过程的设计工具，其创作过程不仅能够充分表达设计师的思想而且完全满足与客户即时交流的需要，它使得设计师可以直接在电脑上进行十分直观的构思，是三维建筑设计方案创作的优秀工具。Flash 是一种动画创作与应用程序开发于一身的创作软件，其广泛用于创建吸引人的应用程序，它们包含丰富的视频、声音、图形和动画。会声会影是一款半专业非线性剪辑软件，用户可以利用截取、编辑、特效、覆叠、标题、音频与输出等七大功能，把视频、图片、声音等素材结合成视频文件。

2 近水体下煤层开采动画仿真

为了保证仿真动画最大程度上还原近水体下采煤的开采实际，秉承通俗易懂和生动形象的原则，既要充分展现水体下采煤的特点，又要重点突出解释在浅部露头区安全煤（柱）留设时对覆岩垮落带和导水裂缝带发育高度的特殊考虑，以及采煤过程中含（隔）水层水位的变化和黏土层起到关键隔水层作用的原因。达到既可用来煤矿工人安全培训和课堂教学，又可对无相关知识者展示水体下采煤特点的效果。

2.1 松散层特征

姚桥煤矿新东四采区浅部露头区，井田第四系松散层厚 126~137m，根据 21 勘探线剖面图和地面钻探水文补勘结果，将单一的地层剖面第四系松散层及基岩和煤层进行标定，其具有直观形象的优点。图 2 为地层简图。在矿区勘探地质报告中将第四系地层划分成 5 个含水层（组）和 4 个隔水层（组），采区地表为微山湖体，图 3 为松散层含（隔）水层剖面划分简图，结构分明，并据此建立三维地质模型。

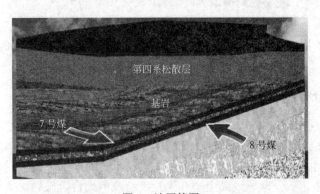

图 2 地层简图
Fig. 2 Stratigraphic diagram

图 3 松散层含（隔）水层剖面划分简图
Fig. 3 Sectional diagram of aquifer (aquifuge) in unconsolidated layers

2.2 采场岩层移动及地表变形特征

首先回采 7 号煤的 7706 工作面，随着工作面自开切眼向前推进，采场顶板由初始悬空状态到开始垮落，随着工作面不断向前推进，上覆岩层垮落范围不断扩大并趋于稳定，直至逐渐形成马鞍形的垮落带并随工作面的推进而移动,同时,覆岩裂隙逐渐向上发育,高度和范围也不断增大,并最终形成近似马鞍形的导水裂缝带,并同样随着工作面的推进而移动。在回采的过程中,覆岩受采动影响发生移动变形和破坏,当回采工作面自开切眼开始向前推进的距离相当于采深的 1/3 时,开采影响波及地表,引起湖床下沉。7 号煤回采完毕后,对其下方的 8 号煤进行回采。

在此过程中,部分湖水下渗,松散层上部含水层的水,由于导水裂缝带的形成而贯通,且水体下流,但是被存在于基岩上部的一层厚黏土层所阻隔。松散层底部的弱富水含水层的水直接流向采场,由于水量较小,不影响矿井的正常生产。地表受采动作用影响下沉和发生水平移动变形等,导致湖区大坝坝体及附属建筑物等受到影响。在 7706 工作面回采完毕时,地面形成一个下沉盆地(见图 1),垮落带和导水裂缝带形成,其形状近似于马鞍形,含水层的水通过导通的裂缝下流(见图 4)。

以往无论是覆岩的破坏还是地表的下沉,通常都是某一时刻的静态结果,通过交互性更强的动画制作效果,可以把一个个静态结果连续动态呈现,更具有整体性和良好的表达效果。

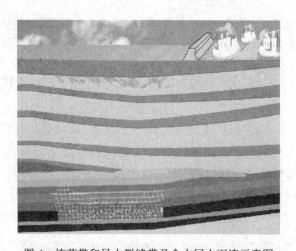

图 4 垮落带和导水裂缝带及含水层水下流示意图

Fig. 4 Downstream diagram of caving, water flowed fractured and aquifer layer

2.3 黏土层隔水作用分析

姚桥煤矿第四系黏土层发育,其中 3 隔、4 隔岩性主要为黏土,塑性指数为 14~32,厚度平均分别为 33.56m、13.79m,且分布稳定,隔水性强,有效地阻隔了大气降水、地表水、第四系中上部砂层水与第四系底部含水层水、基岩地下水的水力联系,因此 3 隔、4 隔是本区的隔水关键层。黏土层受采动影响后会发生拉伸、剪切、弯曲和压缩变形,变形导致黏土层产生拉裂缝或剪切台阶破坏,变形破坏面可造成黏土层隔水能力的削弱甚至彻底丧失。根据对新东四采区浅部露头区采动土层的极限变形试验结果,松散层底部的 3 隔和 4 隔黏土层,在受采动影响作用下,黏土层拉伸变形隔水性评价指数、黏土层直剪隔水性评价指数和黏土层剪拉隔水性评价指数,均远小于黏土层失去隔水作用的极限值。

因此,采区松散层隔水关键黏土层受采动拉伸变形后仍然具有良好的隔水性,隔水性能几乎无减弱。在回采过程采动导致围岩变形的过程中,具体展示了含水层水位的变化,黏土隔水层如何起到关键隔水作用的整个过程,直观形象地解释了 3 隔和 4 隔可以作为本采区隔水关键层的原因。图 5 为 8 号煤回采结束时黏土层阻隔上部含水层水流向采场的示意图。

2.4 防砂安全煤岩柱留设及开采上限确定

新东四采区浅部露头区,在综放开采条件下,采用安全煤(岩)柱留设方式为防砂安全煤(岩)柱,依据已经取得的科研成果,7 号煤防砂煤(岩)柱的安全开采上限标高为−157m,8 号煤防砂煤(岩)柱的安全开采上限标高为−170m,防砂基岩柱厚度为垮落带最大发育高度与保护层厚度之和。地面标高为+31.53m,对于 7 号煤开采上限确定,基岩厚度为 53m,垮落带高度为 39m,保护层厚度为 14m;8 号煤开采上限确定,基岩厚度为 69m,垮落带高度为 48m,保护层厚度为 21m。在制作的动画中,利用动画演示,详细介绍了安全煤(岩)柱留设方式的合理选择过程,垮落带高度的最终确定,保护层厚度的选取方法和大小计算。最终在回采达到开采上限停采时，保护煤（岩）柱的位置及构成可一目了然地呈现于观者面前，把水体下采煤安全煤（岩）柱的留设问题，由复杂抽象转化到直观形象，附以文字、声音和背景音乐，浅显易懂，便于理解，容易掌握。图 5 和图 6 分别为 8 号煤和 7 号煤达到开采上限停采时，防砂安全煤（岩）柱的留设大小及构成示意图。

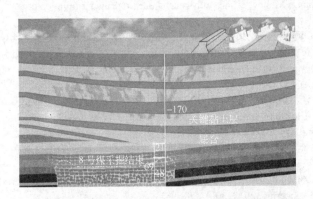

图 5　黏土层阻隔上部含水层水流向采场的示意图
Fig. 5　Water flowing prevention from clay-pan to upper aquifer layer

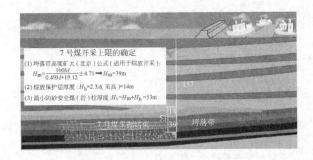

图 6　7 号煤采掘结束安全煤柱
Fig. 6　Safe coal pillar of ended 7# coal mining and excavation

3　结束语

（1）通过地质建模和可视化技术，将水体下采煤的全过程直观地模拟再现于三维虚拟场景中，最大程度的还原了水体下采煤实际。

（2）完整演示了煤层组工作面自开切眼开始回采到采掘结束，覆岩采动变形和地表湖床下沉过程。

（3）介绍了采区浅部露头区安全煤（岩）柱留设方式的合理选择，垮落带和保护层厚度的最终选取，湖水及导水裂缝带贯通导致含水层的水位发生变化的流动路径。

（4）说明了黏土隔水层对阻隔水流向采场所起的重要作用，解释了松散层底部的厚黏土层在受采动影响下依然保持良好隔水作用并把其划分为隔水关键层的原因。

总之，把水体下采煤的一系列抽象问题形象化，通俗易懂，对理解和掌握水体下采煤起到良好的作用效果。

参 考 文 献

[1] 孟宪义, 张彤, 陈健杰. 基于 3D 动画技术的煤矿安全培训系统[J]. 煤矿机电, 2011, 4: 113~114.
　　Meng Xianyi, Zhang Tong, Chen Jianjie. Safety training system for coalmine based on 3D animation technology[J]. Colliery mechanical & electrical technology, 2011, 4: 113~114.
[2] 刘鸿雁. 煤矿安全技术与计算机三维动画技术结合[J]. 煤炭技术, 2013, 32(10): 10~11.
　　Liu Hongyan. Coal mine safety technology and computer animation technology[J]. Coal technology, 2013, 32(10): 10~11
[3] 王大虎, 李林强, 张彤, 等. 煤矿安全培训三维动画的研究与应用[J]. 煤矿安全, 2011, 42(11): 158~160.
　　Wang Dahu, Li Linqiang, Zhang Tong, et al. Coal mine safety training of research and application of 3D animation[J]. Safety in coal mines, 2011, 42(11): 158~160.
[4] 史先泰. 虚拟仿真技术在煤矿安全培训中的应用[J]. 中国矿业, 2005, 14(9): 79~80.
　　Shi Xiantao. Visualized simulation technique coalmine safety training[J]. China mining magazine, 2005, 14(9): 79~80.

[5] 张玉军, 李凤明. 高强度综放开采采动覆岩破坏高度及裂隙发育演化监测分析[J]. 岩石力学与工程学报, 2011, 30(增1): 2994~3001.
Zhang Yujun, Li Fengming. Monitoring analysis of fissure development evolution and height of overburden failure of high tension fully-mechanized caving mining. [J]. Chinese journal of rock mechanics and engineering, 2011, 30(S1): 2994~3001.

[6] 康永华, 黄福昌, 席京德, 综采重复开采的覆岩破坏规律[J]. 煤炭科学技术, 2001, 29(1): 22~24.
Kang Yonghua, Huang Fuchang, Xi Jingde. The fully mechanized repeated mining damage rule[J].Coal science and technology. 2001, 29(1): 22~24.

[7] 刘贵, 张华兴, 刘治国, 等. 河下综放开采覆岩破坏发育特征实测及模拟研究[J]. 煤炭学报, 2013, 38(6): 987~992.
Liu Gui, Zhang Huaxing, Liu Zhiguo, et al. Observation and simulation research on development features of overlying strata failure in conditions of fully-mechanized top-coal caving mining under river[J]. Journal of China coal society, 2013, 38(6): 987~992.

[8] 许延春, 李俊成, 刘世奇, 等. 综放开采覆岩"两带"高度的计算公式及适用性分析[J]. 煤矿开采, 2011, 16(2): 4~7.
Xu Yanchun, Li Juncheng, Liu Shiqi. et al. Calculation formula of "two-zone" heigh of overlying strata and its adaptability analysis[J]. Coalmining technology. 2011, 16(2): 4~7.

[9] 许延春, 刘世奇, 柳昭星, 等. 近距离厚煤层组工作面覆岩破坏规律实测研究[J]. 采矿与安全工程学报, 2013, 30(4): 506~511.
Xu Yanchun, Liu Shiqi, Liu Zhaoxing, et al. Overburden failure laws in working face of short distance thick coal seams group[J]. Journal of mining & safety engineering, 2013, 30(4): 506~511.

条带充填与沿空留巷开采技术的数值模拟

潘卫东[1,2] 张通[1] 贾尚伟[1]

(1. 中国矿业大学（北京）资源与安全工程学院，北京 100083；
2. 中国矿业大学（北京）煤炭资源与安全开采国家重点实验室，北京 100083）

摘 要 以冀中能源郭二庄煤矿为工程背景，提出条带充填与沿空留巷技术相结合的开采方法，在保证安全开采的前提下有效地提高煤炭采出率、减少巷道掘进率。通过理论分析确定充填条带长度、未充填条带长度和充填体强度三者之间的合理关系，从而确定预留巷道及采空区条带充填后的合理围岩变形量，并运用数值模拟软件 FALC^{3D} 模拟在不同充填参数条件下，预留巷道及采空区条带充填后的围岩位移、应力分布及围岩破坏情况，确定出合理的充填参数。通过理论研究结合数值模拟的方法探索出一条既安全高效又经济合理的开采煤炭资源的途径，为在类似特殊地质条件下进一步提高煤炭资源回收率、减少巷道掘进率提供借鉴。

关键词 条带充填开采 沿空留巷 数值模拟 巷道围岩变形量

The Numerical Simulation Study of Strip-filling and Gob–side Entry Retaining Mining Technology

Pan Weidong[1,2] Zhang Tong[1] Jia Shangwei[1]

(1. School of Resource and Safety Engineering, China University of Mining and
Technology (Beijing), Beijing 100083, China;
2. State Key Laboratory of Coal Resources and Safe Mining, China University of Mining and
Technology (Beijing), Beijing 100083, China)

Abstract Taking Guoerzhuang coal mine of Jizhong Energy Group as the engineering background, puts forward a mining method that combining strip-filling and gob-side entry retaining technology, which is to improve the coal recovery ratio effectively and to reduce the rate of roadway drivage ratio on the premise of ensuring the safety mining. By using the theoretical analysis to determine the reasonable relationship between the filling strip length, not filling strip length and the strength of filling body, so as to determine the reasonable surrounding rock mass displacement amount of reserved roadway and goaf with strip-filling, and using numerical simulation software called FALC^{3D} to simulate the condition of surrounding rock mass displacement, stress distribution and damage of surrounding rock of reserved roadway and goaf with strip-filling under different filling parameters, then determine the reasonable filling parameters. The author has explored a safe, efficient, economic and reasonable way of exploiting coal resources through the theoretical research combined with numerical simulation method, offering references for further improving the coal resources recovery ratio and reducing the roadway drivage ratio under such similar and special geological conditions.

Keywords strip-filling mining, gob-side entry retaining, numerical simulation, surrounding rock mass displacement amount

近年来，我国煤炭开采量逐年增加，尤其是中东部地区，煤炭资源的可采储量迅速减少，为此多数矿区采用充填采煤的方法来换取"三下一上"等特殊地质条件下的煤炭资源。充填采煤法依据充填材料的不同可以分为矸石充填[1]、膏体充填[2]、似膏体充填[3]和超高水充填[4]，依据充填方式的不同又可以分为条带充填[5]和整体充填[6]。在充填材料和充填方法方面，我国学者开展了一定数量的研究，并取得了很多有益的结论。刘建功[7~9]针对冀中能源煤炭资源的赋存状况，提出了利用矸石粉煤灰固体材料进行充填采煤的开采思路，

基金项目：国家重点基础研究发展计划（973 计划）资助项目(2013CB227903)；煤炭资源与安全开采国家重点实验室开放课题（SKLCRSM11KFB05）；国家自然科学基金资助项目（51004109）；中央高校基本科研业务费专项资金资助（2010QZ02）。
通信作者：张通（1990—），男，山东济宁人，硕士。电话：13366028119；E-mail：1099731996@qq.com

并设计了充填开采液压支架；缪协兴[10~12]根据固体充填开采技术的应用情况，提出了预测地表沉陷深度的等价采高方法。此外，王家臣等[13]对长壁矸石充填开采上覆岩层移动特征进行过模拟、郭忠平等[14]对矸石倾斜条带充填体参数优化及其稳定性进行过具体分析、孙希奎等[15]对高水材料充填置换开采承压水上条带煤柱进行过理论研究、郭惟嘉[16]对条带煤柱膏体充填开采覆岩结构模型及运动规律进行过研究，理论与实践证实了在不同的地质条件下运用不同的充填方法和充填材料均能较好地回采"三下一上"及特殊地质条件下的煤炭资源。沿空留巷法是近几年研究较多的保留回采巷道的方法，沿空留巷具有减少巷道掘进率、提高煤炭资源回收率、有效解决采掘接替紧张问题[17~19]等优点，我国学者康红普[20]对深部沿空留巷围岩变形特征进行了相关研究，通过理论分析和现场试验证实了沿空留巷在一定地质条件下的可行性和可靠性，所以沿空留巷在地质条件合适的条件下被优先选用。

冀中能源郭二庄矿开采的 9 号煤层，平均厚度 3.5m，直接顶板为闪长岩，顶板凹凸不平，但是结构完整，厚度 25m 左右，坚硬不易垮落；采后顶板不易自然垮落，容易形成大面积空顶，威胁工作面的安全生产；同时坚硬顶板容易造成压力积聚，反而导致底板岩层变形严重、底鼓量很大。9 号煤层底板距下部奥灰含水层平均距离为 33.27m，奥灰含水层水压较大，最高可达 3.5MPa，如果不采取措施减小底板破坏深度，就会对工作面的正常回采造成很大威胁。

根据郭二庄矿特殊的地质条件，提出条带充填开采与沿空留巷相结合的方法来安全高效地回采煤炭资源。以郭二庄矿 2911 工作面为试验工作面，运用数值模拟软件 FLAC^{3D} 对条带充填开采与沿空留巷相结合的采煤方法进行数值模拟，模拟出不同的充填条带长度、未充填条带长度和充填体强度条件下，预留巷道及采空区充填后的围岩位移、垂直应力分布及围岩破坏的具体情况，为 9 号煤层的安全高效回采提供理论指导。论文的研究对于类似条件下煤炭资源的开采方法选择具有一定的借鉴意义。

1 工程概况

郭二庄矿隶属于冀中能源邯矿集团，矿区交通方便，距离京广线褡裢车站 31km，与京广线邯长线相连。

2911 综采面 9 号煤厚度 2.96~6.71m，平均厚度 4.08m。煤层结构复杂，含 2~3 层夹矸。煤层中上部有一层较稳定的夹矸层，厚度 0.3~2.2m，平均 0.8m，岩性一般以粉砂岩为主，局部段夹矸层泥质灰岩很坚硬。此夹矸之上 0~2.3m 为一极不稳定的煤层，平均厚度 0.7m。

2 条带充填开采沿空留巷技术原理

研究证明，上覆岩中主关键层对地表移动起控制作用，主关键层的破断将导致地表下沉速度及下沉量明显增大。因此，可通过条带充填开采形成"充填条带—上覆岩层—主关键层"的结构体系来控制关键层下沉进而控制地表沉陷。条带充填开采技术即为在煤层采出后顶板冒落前，采用膏体胶结材料对采空区的一部分空间进行充填，构筑相间的充填条带，靠充填条带支撑上覆岩层进而控制地表沉陷的采煤技术。沿空留巷技术即在采煤工作面后方通过在采空区侧构筑墙体来保留原有回采巷道。条带充填开采与沿空留巷相结合的技术，其原理即充分利用充填条带作为原回采巷道采空区侧墙体，条带充填开采的同时进行沿空留巷，最大限度地回收煤炭资源。

具体步骤如图 1~图 4 所示：（1）回采工作面 1，并在采空区内进行条带充填，同时保留回采巷道；（2）同样的方法回采工作面 2；（3）利用工作面 1 和工作面 2 回采后保留下的回采巷道回采工作面 3，且采空区内不进行充填，最终形成未充填条带。依次循环上述步骤最终形成图 3 所示的平面效果和图 4 所示的剖面效果。图 1 中 1、2、3 为完成条带充填的部分，4、5 为正在进行条带充填开采与沿空留巷的部分，6、7 为未

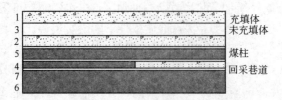

图 1 条带充填开采与沿空留巷过程平面示意图

1~7—工作面回采顺序

Fig. 1 Plan sketch of strip-filling mining and gob-side entry retaining process

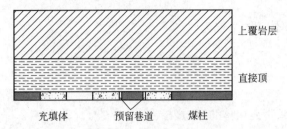

图 2 条带充填开采与沿空留巷过程剖面示意图

Fig. 2 Profile sketch of strip-filling mining and gob-side entry retaining process

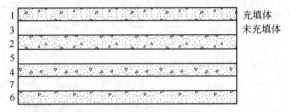

图 3 条带充填开采与沿空留巷最终效果平面示意图

1~7—工作面回采顺序

Fig. 3 Final effect plan sketch of strip-filling mining and gob-side entry retaining

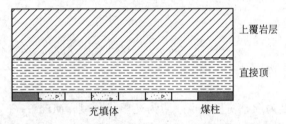

图 4 条带充填开采与沿空留巷最终效果剖面示意图

Fig. 4 Final effect profile sketch of strip-filling mining and gob-side entry retaining

进行条带充填开采与沿空留巷的部分，其中工作面 3 回采完后不进行条带充填继而回采工作面 4，并在工作面 4 回采后的采空区内进行条带充填同时保留原有回采巷道，为下一区段的回采服务。工作面 4 回采充填完之后利用工作面 2 及工作面 4 保留的回采巷道回采工作面 5，工作面 5 的采空区不进行充填最终形成未充填条带。

根据 2911 工作面顶板坚硬底板有奥灰水的特殊地质条件，判断出煤层的直接顶即为关键层，控制好直接顶的破断下沉即可很好地控制住工作面顶板大面积来压、预留巷道的变形及采空区充填后围岩的变形，进而可将条带充填开采沿空留巷技术成功地运用于 2911 工作面。经进一步分析可知，直接顶的破断下沉量与充填条带长度、未充填条带长度及充填体强度有密切关系。

3 条带充填参数的理论推导

根据 2911 工作面地质条件得出直接顶即为关键层，直接顶为作用在充填条带上整体下沉的"平板"，整体形成"充填条带—关键层—上覆岩层"的结构体系控制上覆岩层的沉降，充填条带简化为理想的弹性模型，条带充填体的下沉量即为直接顶和上覆岩层的整体下沉量，具体情况如图 5 所示。

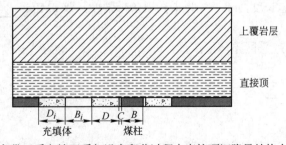

图 5 条带开采充填开采与沿空留巷过程中直接顶沉降量结构力学模型

Fig. 5 Mechanical model of immediate roof subsidence during strip-filling mining and gob-side entry retaining process

由图 5 得煤柱及条带充填体应力情况为：

$$\delta_B B + \delta_D D = (B + C + D) \times \sum_{i=1}^{n} \gamma_i h_i \tag{1}$$

在 δ_B 及 B 一定的情况下条带充填体的应力公式为：

$$\delta_D = \frac{(B+C+D) \times \sum_{i=1}^{n} \gamma_i h_i - \delta_B B}{D} = \sum_{i=1}^{n} \gamma_i h_i + \frac{(B+C+D) \times \sum_{i=1}^{n} \gamma_i h_i - \delta_B B}{D} \tag{2}$$

由广义胡克定律可知条带充填体垂直应变为：

$$\xi_D = \frac{\delta_D}{E} = \frac{\sum_{i=1}^{n} \gamma_i h_i}{E} + \frac{(B+C) \times \sum_{i=1}^{n} \gamma_i h_i - \delta_B B}{D \times E} \tag{3}$$

则充填体的垂直压缩量 S 为：

$$S = m \times \xi_D = \frac{m \times \sum_{i=1}^{n} \gamma_i h_i}{E} + \frac{m \times (B+C) \times \sum_{i=1}^{n} \gamma_i h_i - m \times \delta_B B}{D \times E} \tag{4}$$

式中，δ_B 为煤体强度，MPa；B 为煤柱宽度，m；δ_D 为充填体强度，MPa；C 为回采巷道宽度，m；D 为充填条带宽度，m；γ_i 为各岩层容重，kN/m³；h_i 为各岩层厚度，m；ξ_D 为充填体垂直应变；E 为充填体弹性模量，MPa；m 为煤层厚度，m；S 为充填体垂直压缩量，m。

一般情况下，$\delta_B \geq \sum_{i=1}^{n} \gamma_i h_i$。由公式(4)可知在 δ_B 一定的情况下，增大 B 与 E、减小 D，则条带充填体垂直压缩量 S 降低，即减小直接顶的下沉量，从而减小在开采过程中留巷道的顶板下沉量，有利于巷道的维护。

由图 5 得采区整体应力情况为：

$$\delta_B \sum_{i=1}^{n} B_i + \delta_D \sum_{i=1}^{n} D_i = \left(\sum_{i=1}^{n} B_i + \sum_{i=1}^{n} D_i \right) \times \sum_{i=1}^{n} \gamma_i h_i \tag{5}$$

同理得采区整体下沉量为：

$$S_{总} = \frac{\left(\sum_{i=1}^{n} B_i + \sum_{i=1}^{n} D_i \right) \times \sum_{i=1}^{n} \gamma_i h_i}{E \times \sum_{i=1}^{n} D_i} \tag{6}$$

式中，$\sum_{i=1}^{n} B_i$ 为未充填条带的总长度，m；δ_B 为未充填条带强度，取 0MPa；$\sum_{i=1}^{n} D_i$ 为充填条带的总长度，m；δ_D 为充填条带强度，MPa；$S_{总}$ 采区整体下沉量，m。

由公式(6)可知，在 $\left(\sum_{i=1}^{n} B_i + \sum_{i=1}^{n} D_i \right)$ 一定条件下，增大 $\sum_{i=1}^{n} D_i$ 与 E，则开采区域整体下沉量 $S_{总}$ 降低，有利于采后采区的维护。

综上所述，同时满足减小采后采区整体下沉量与开采过程中预留巷道顶板下沉量，应该选择合适的充填条带长度、未充填条带长度及充填体强度。

4 条带充填数值模拟

4.1 数值计算模型

根据 2911 工作面具体情况，建立沿倾向长 500m、走向长 150m、垂直高度 138m 的数值模型。为同时满足计算速度和计算精度的要求，最终确定模型单元体个数为 102850，节点个数为 118642。为减小边界效应模型 Y 方向两边各留 30m 的边界，模型 X 方向两边各留不小于 100m 的边界，具体数值由各个模拟方案确定。煤岩层力学参数如表 1 所示。

表 1 煤岩层力学参数
Table 1 Coal rock mechanical parameters

煤岩层	密度/kg·m^{-3}	体积模量/GPa	剪切模量/GPa	黏聚力/MPa	内摩擦角/(°)	抗拉强度/MPa
细砂岩	2650	5.16	2.6	5	33	2.6
泥岩	2500	0.6	0.3	2	24	0.8
大青灰岩	2600	3.16	1.6	3	30	1
闪长岩	2700	15	7.5	9	40	3
9 号煤	1400	0.37	0.19	1	16	1
粉砂岩	2650	5.16	2.6	5	33	1.8
砂泥岩互层	2600	1.37	0.68	2	25	0.6
本溪灰岩	2600	2.26	1.13	3	29	1
铝土泥岩	2550	0.88	0.44	1.5	24	0.5

4.2 数值模拟方法及结果分析

4.2.1 确定合理的未充填条带长度

在一定充填体强度不同充填条带长度与未充填条带长度的条件下，运用数值模拟软件 FLAC^{3D} 模拟 2911 工作面内预留巷道及采空区条带充填后的围岩位移情况，确定出合理的未充填条带长度。具体方案如表 2 所示。

表 2 各方案具体充填参数
Table 2 Concrete filling parameters of the program

序号	充填体强度/MPa	充填条带长度/m	未充填条带长度/m	走向长度/m
一	5	30	20	90
二	5	40	30	90
三	5	50	40	90
四	5	60	50	90
五	5	70	60	90

最终模拟结果如图 6、图 7 所示。

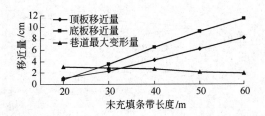

图 6 未充填条带长度与预留巷道及采空区条带充填后的围岩位移关系
Fig. 6 Surrounding rock mass displacement amount relationship between roadway reserved and goaf with strip-filling, and not filling strip length

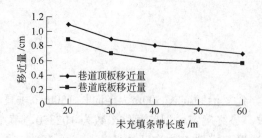

图 7 未充填条带长度与预留巷道围岩位移关系

Fig. 7 Surrounding rock mass displacement amount relationship between roadway reserved and not filling strip length

由图6可知,在合理的充填条带长度下,不同的未充填条带长度会引起不同的预留巷道最大变形量及采空区条带充填后顶底板移近量。未充填条带长度越大引起的预留巷道的最大变形量越小,而引起的采空区带带充填后的顶底板的移近量越大且底板移近量要大于顶板移近量。由图7可知,在合理的充填条带长度下,不同的未充填条带长度会引起不同的预留巷道顶底板移近量。预留巷道顶板板移近量均随未充填条带长度的增加而减小,且预留巷道底板移近量总是小于顶板移近量。结合图6、图7的具体情况及相关理论研究,最终确定郭二庄矿2911工作面未充填条带长度为30m。

4.2.2 确定合理的充填条带长度

在一定充填体强度及未充填条带长度不同充填条带长度的条件下,运用数值模拟软件 FLAC^{3D} 模拟2911工作面内预留巷道及采空区条带充填后的围岩位移情况,确定出合理的充填条带长度。具体方案如表3所示。

表 3 各方案具体充填参数
Table 3 Concrete filling parameters of the program

序号	充填体强度/MPa	充填条带长度/m	未充填条带长度/m	走向长度/m
一	5	30	30	90
二	5	50	30	90
三	5	60	30	90
四	5	90	30	90

最终模拟结果如图8、图9所示。

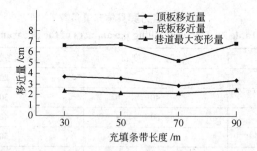

图 8 充填条带长度与预留巷道及采空区条带充填后的围岩位移关系

Fig. 8 Surrounding rock mass displacement amount relationship between roadway reserved and goaf with strip-filling, and filling strip length

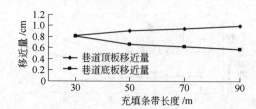

图 9 充填条带长度与预留巷道围岩位移关系

Fig. 9 Surrounding rock mass displacement amount relationship between roadway reserved and filling strip length

由图8可知,在未充填条带长度为30m、倾向长为240m的试验区内,随充填条带长度的增大采空区条带充填后的顶底板移近量及预留巷道的最大变形量均呈先下降后上升状态。充填条带长度处于50~60m之间时，采空区条带充填后的顶底板移近量逐渐降低而预留巷道的最大变形量逐渐变大。所以50~60m之间为充填条带长度的可选区域。由图9可知，在未充填条带长度为30m、倾向长为240m的试验区内，随充填条带长度的增大，预留巷道顶板的变形量逐渐增加，底板的变形量逐渐减小，55m左右的充填体长可保证预留巷道顶底板均具有合理的变形量。结合图8、图9的具体情况及相关的理论研究，最终确定郭二庄矿2911工作面充填条带的长度为60m。

4.2.3 确定合理的充填体强度

在一定未充填条带长度及充填条带长度不同充填体强度的条件下，运用数值模拟软件FLAC^{3D}模拟2911工作面预留巷道及采空区条带充填后的围岩位移情况，确定出合理的充填体强度。具体方案如表4所示。

表4 各方案具体充填参数
Table 4 Concrete filling parameters of the program

序号	充填体强度/MPa	充填条带长度/m	未充填条带长度/m	走向长度/m
一	1.5	60	30	90
二	3	60	30	90
三	5	60	30	90

最终模拟结果如图10、图11所示。

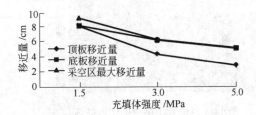

图10 充填体强度与预留巷道及采空区条带充填后的围岩位移关系
Fig.10 Surrounding rock mass displacement amount relationship between roadway reserved and goaf with strip-filling, and strength of filling body

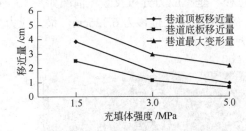

图11 充填体强度与预留巷道围岩位移关系
Fig.11 Surrounding rock mass displacement amount relationship between roadway reserved and strength of filling body

由图10可知，在未充填条带长度为30m、充填条带长度为60m、倾向长为240m的试验区内，随充填体强度的增加采空区条带充填后的顶底板移近量及最大移近量逐渐降低且底板移近量大于顶板移近量。由图11可知，在未充填条带长度为30m、充填条带长度为60m、倾向长为240m的试验区内，预留巷道顶底板移近量及巷道最大变形量随充填体强度的增加而降低，且预留巷道顶板移近量大于底板移近量。由图10、图11可知，3MPa为采空区条带充填后的顶底板移近量及预留巷道顶底板移近量由急速减小到趋于平缓的转折点，结合经济因素最终确定郭二庄矿2911工作面充填体强度为3MPa。

在未充填条带长度为30m、充填条带长度为60m、充填体强度为3MPa的条件下，预留巷道围岩的垂直位移、垂直应力分布及破坏情况如图12~图14所示。

由图12~图14可知，预留巷道最大位移为2.958cm，最大垂直应力为9.4995MPa，预留巷道围岩破坏区域较小，主要集中在预留巷道煤帮侧及充填区域与煤体接触处，易于维护。

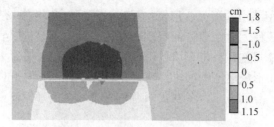

图 12 预留巷道围岩的垂直位移

Fig. 12 Vertical displacement of surrounding rock of roadway reserved

图 13 预留巷道围岩的垂直应力

Fig. 13 Vertical stress of surrounding rock of roadway reserved

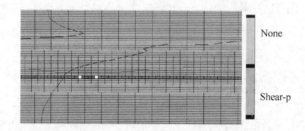

图 14 预留巷道围岩的塑性破坏

Fig. 14 Plastic failure of surrounding rock of roadway reserved

在未充填条带长度为 30m、充填条带长度为 60m、充填体强度为 3MPa，倾向试验区长度为 240m 的情况下，采空区条带充填后围岩的垂直位移、垂直应力分布及破坏情况如图 15~图 17 所示。

由图 15~图 17 可知，采空区条带充填后的最大位移为 6.326cm，最大应力为 15.67MPa，破坏区域主要集中在未充填条带顶底板处且范围不大。

图 15 采空区条带充填后围岩的垂直位移

Fig. 15 Vertical displacement of surrounding rock of goaf with strip-filling

图 16 采空区条带充填后围岩的垂直应力

Fig. 16 Vertical stress of surrounding rock of goaf with strip-filling

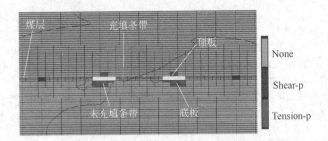

图 17 采空区条带充填后围岩的塑性破坏
Fig. 17 Plastic failure of surrounding rock of goaf with strip-filling

5 结论

(1) 针对郭二庄矿 2911 工作面特殊的顶底板条件，采用条带充填开采与沿空留巷相结合的方法，可以有效控制顶板下沉和底板鼓起，消除顶板大面积来压垮落及导通奥灰水的危险。

(2) 经过理论研究，成功运用条带充填开采与沿空留巷技术的关键是确定合理的充填参数，即合理的充填条带长度、未充填条带长度、充填体强度。根据 2911 工作面特殊地质条件，利用数值模拟分析，确定出未充填条带长度为 30m、充填条带长度为 60m、充填体强度为 3MPa 的充填参数，利用上述充填参数可取得较好的技术经济效果。

参 考 文 献

[1] 张吉雄, 李剑. 矸石充填综采覆岩关键层变形特征研究[J]. 煤炭学报, 2010, 35(3) : 357~362.
Zhang jixiong, Li Jian. Defoanation characteristic of key stratum overburden by raw waste Backfilling with filly-mechanized coal mining technology[J]. Journal of China Coal Society, 2010, 35(3): 357~362.

[2] 赵才智, 周华强. 膏体充填材料力学性能的初步实验[J]. 中国矿业大学学报, 2004, 33(2) : 159~161.
Zhao Caizhi, Zhou Huaqiang. Preliminary test on mechanical properties of paste filling material[J]. Journal of China University of Mining & Technology, 2004, 33(2): 159~161.

[3] 崔增娣, 孙恒虎. 煤矸石凝石似膏体充填材料的制备及其性能[J]. 煤炭学报, 2010, 35(6) : 897~899.
Cui Zengdi, Sun Henghu. The preparation and properties of coal gangue based sialite paste-like backfill material[J]. Journal of China Coal Society, 2010, 35(6): 897~899.

[4] 冯光明, 孙春东. 超高水材料采空区充填方法研究[J]. 煤炭学报, 2010, 35(12) : 1964~1968.
Feng Guangming, Sun Chundong. Research on goaf filling methods with super high-water material[J]. Journal of China Coal Society, 2010, 35(12): 1964~1968.

[5] 许家林, 尤琪. 条带充填控制开采沉陷的理论研究[J]. 煤炭学报, 2007, 32(2) : 119~122.
Xu Jialin, You Qi. Theoretical study of strip-filling to control mining subsidence[J]. Journal of China Coal Society, 2007, 32(2): 119~122.

[6] 陈杰, 杜计平. 矸石充填采煤覆岩移动的弹性地基梁模型分析[J]. 中国矿业大学学报, 2012, 41(1) : 14~19.
Chen Jie, Du Jiping. An elastic base beam model of overlying strata movement during coal mining with gangue back-filling[J]. Journal of China University of Mining & Technology, 2012, 41(1): 14~19.

[7] 刘建功. 冀中能源低碳生态矿山建设的研究与实践[J]. 煤炭学报, 2011(2):317~321.
Liu Jiangong. Study and practice of low-carbon ecological mining construction of Jizhong Energy Group [J]. Journal of China Coal Society, 2011(2): 317~321.

[8] 刘建功, 赵庆彪. 邢台矿建筑物下综合机械化固体充填采煤技术[J]. 煤炭科学技术, 2010(3): 18~21.
Liu Jiangong, Zhao Qingbiao. Coal mining technology with fully mechanized solid backfilling under the building structures in Xingtai Mine[J]. Coal Science and Technology, 2010(3): 18~21.

[9] 刘建功, 赵庆彪. 综合机械化充填采煤[J]. 煤炭学报, 2010(9): 1413~1418.
Liu Jiangong, Zhao Qingbiao. Comprehensive mechanized filling coal mining[J]. Journal of China Coal Society, 2010(9): 1413~1418.

[10] 张吉雄, 缪协兴. 煤矿矸石井下处理的研究[J]. 中国矿业大学学报, 2006(2):197~200.
Zhang Jixiong, Miao Xieing. Underground disposal of waste in coal mine[J]. Journal of China University of Mining & Technology, 2006(2): 197~200.

[11] 缪协兴, 张吉雄. 矸石充填采煤中的矿压显现规律分析[J]. 采矿与安全工程学报, 2007(4):379~382.
Miao Xiexing, Zhang Jixiong. Analysis of strata behavior in the process of coal mining by gangue backfilling[J]. Journal of Mining & Safety Engineering, 2007(4): 379~382.

[12] 缪协兴, 张吉雄, 郭广礼. 综合机械化固体充填采煤方法与技术研究[J]. 煤炭学报, 2010(1): 1~6.

Miao Xiexing, Zhang Jixiong, Guo Guangli. Study on waste-filling method and technology in fully-mechanized coal mining [J]. Journal of China Coal Society, 2010(1): 1~6.

[13] 王家臣, 杨胜利. 长壁矸石充填开采上覆岩层移动特征模拟实验[J]. 煤炭学报, 2012, 37(8)：1256~1262.
Wang Jiachen, Yang Shengli. Simulation experiment of overlying strata movement features of longwall with gangue backfill mining[J]. Journal of China Coal Society, 2012, 37(8)：1256~1262.

[14] 郭忠平, 黄万朋. 矸石倾斜条带充填体参数优化及其稳定性分析[J]. 煤炭学报, 2011, 36(2): 234~238.
Guo Zhongping, Huang Wanpeng .Parameter optimization and stability analysis of inclined gangue trip-fillings[J].Journal of China Coal Society, 2011,36(2): 234~238.

[15] 孙希奎, 王苇. 高水材料充填置换开采承压水上条带煤柱的理论研究[J]. 煤炭学报, 2011, 36(6): 909~913.
Sun Xikui, Wang Wei. Theoretical research on high water material replacement mining the strip coal pillar above confined aquifer[J]. Journal of China Coal Society, 2011, 36(6): 909~913.

[16] 陈绍杰, 郭惟嘉. 条带煤柱膏体充填开采覆岩结构模型及运动规律[J]. 煤炭学报, 2011, 36(7)：1081~1086.
Chen Shaojie, Guo Weijia. Structure model and movement law of overburden during strip pillar mining backfill with cream-body[J]. Journal of China Coal Society, 2011, 36(7)：1081~1086.

[17] 赵秋贵, 李兴明. 沿空留巷技术在新安煤矿综采工作面的应用[J]. 煤炭技术, 2009(3):58~60.
Zhao Qiugui, Li Xingming. Application of retaining roadways along goaf at fully mechanized coal face in xin'an coal mine[J]. Coal Technology, 2009(3): 58~60.

[18] 申晓东. 屯兰矿大断面沿空留巷技术实践[J]. 煤炭技术, 2011(4): 67~69.
Shen Xiaodong. Practice of big-section retaining roadway along goaf in tunlan colliery[J]. Coal Technology, 2011(4): 67~69.

[19] 杨小凤. 我国沿空留巷围岩控制技术现状[J]. 煤炭技术, 2013(7): 68~70.
Yang Xiaofeng. Status of surrounding rock control technology in retaining roadway along goaf in china[J]. Coal Technology, 2013(7): 68~70.

[20] 康红普, 牛多龙. 深部沿空留巷围岩变形特征与支护技术[J]. 岩石力学与工程学报, 2010, 29(10)：1977~1987.
Kang Hongpu, Niu Duolong. Deformation characteristics of surrounding rock and supporting technology of gob-side entry retaining in deep coal mine[J]. Chinese Journal of Rock Mechanics and Engineering, 2010, 29(10)：1977~1987.

单口放煤崩落开采的有限-离散元数值模型

胡邵凯　张振宇　陈燕伟　冯吉利

（中国矿业大学（北京）力学与建筑工程学院 深部岩土力学与地下工程国家
重点实验室，北京　100083）

摘　要　以单口放煤过程为研究对象，通过有限-离散元法进行数值模拟，寻求单口放煤变形破坏规律。其中开采远场由于受扰动较小，应力变形比较均匀，可采用传统有限元法反映远场的基本力学反应性态。放煤冒落破坏由离散元模拟，因而沉陷角、切角、冒落方向、破坏区和破碎带均可得以体现。放煤冒落破坏过程实现的关键是断裂损伤破坏如何实现，这里通过有限单元之间引入节理，节理的断裂性态通过抗拉强度和抗剪强度描述，从而实现计算模型中局部连续向非连续的转变；单个单元运动变形过程中仍可能发生断裂破坏，可以用粘聚带模型实现，其中涉及材料的断裂能。另外需要两个物理参数即单元之间接触的法向和切向罚因子。放煤冒落开采案例的连续-非连续的数值计算分析表明，采场矿体运动、受力状态的动态演化受控于采场的采前应力场、矿体的强度和黏结力、节理性态极其空间分布等。

关键词　矿块冒落法　有限-离散元法　节理　粘聚带模型

A Combined Finite-Discrete Element Model for Coal Block Caving

Hu Shaokai　Zhang Zhenyu　Chen Yanwei　Feng Jili

(School of Mechanics and Civil Engineering at China University of Mining and Technology (Beijing),
State Key Laboratory of GeoMechanics and Deep Underground Engineering, Beijing 100083, China)

Abstract　This paper presents a numerical model for analysis of coal block caving. The model employs the combined finite-discrete element method in order to describe and characterize the discontinuous nature of the coal block at the failure stages. The application of the combined finite-discrete element method includes a number of deformable discrete elements that interact with each other, fracture, fragmentation and disjoint during the extraction. The character of failure or fracture between finite elements is captured by means of tensile and shear strength as well as normal and tangent penalty factors for joint elements which are null-thickness interface elements within the finite elements. However, individual element under the gravity and external loads among the model can be broken, which is emerged by the cohesive-zone model of material. This way it is possible to describe initiation of the cracks, crack propagation and fracture which are important mechanisms in the analysis of coal block caving under extraction. Through typical numerical examples it has been demonstrated that the evolution of mechanical response within subsidence zone during coal block caving can be very well characterized by the combined finite-discrete element method, meanwhile caved, fractured, continuous subsidence zones, caving angle, fracture initiation angle, and angle of subsidence, are all as a result of emergence for the coal block caving.

Keywords　block caving, combined finite-discrete element method, joint, cohesive-zone model

煤炭资源开采，不仅使采场周围岩体可能造成变形破坏，同时这种变形和破坏还会波及地表。这种由采动产生的变形和破坏的模拟，依据传统连续介质力学法是十分困难的[1~3,7~9]。采场煤岩冒落即矿块冒落开采方案一般采用经验法确定。在矿体冒落过程中采动造成围岩应力场重分布，同时煤层抽采过程将会伴随有矿体一系列的裂纹萌生和扩展，进而在自重作用下上覆岩层还会发生分离，形成离层，产生岩梁等一系列复杂的破坏现象。

近几十年国内外学者从理论、试验、现场观测和数值方法等方面入手，试图给出经济合理、安全可靠的

基金项目：国家自然科学基金资助项目（项目编号 41172116，U1261212，51134005）。
作者简介：胡邵凯（1989—），男，河北涿州人，在读研究生。电话：010-62331091；E-mail: 1099216144@qq.com
通信作者：冯吉利（1963—），男，河北正定人，教授。电话：010-51733713；E-mail: fjl@cumtb.edu.cn

矿体冒落开采方案[1~3, 8~14]。由于冒落自身的复杂性，寻求理论解存在巨大困难；室内相似模型试验，必然会在几何尺寸、边界条件和相似材料的选取等方面受到一定限制，而且造价较高；随着数值分析方法的不断完善和大容量高性能计算机的出现，针对开采引发的矿体冒落及地表沉陷等复杂的变形破坏问题，借助计算机进行计算分析并提供冒落开采设计优化方案成为可能[8,9]。

矿体的开采冒落过程可以用 PFC 进行模拟[4]，但是这种颗粒流理论的难点在于，颗粒之间键结合强度参数确定存在一定困难，而且整个计算规模较大耗时较多。非连续变形分析 DDA 和数值流形法也能较好地运用到破坏问题的研究分析中[5,9]。相对于连续模型如 FLAC 计算结果而言，颗粒流计算结果不易解释；将连续和离散法相结合，可以更好地探讨从弹塑形变形到损伤断裂破坏的冒落过程；模型通过离散单元法如 UDEC 也可以对矿体冒落进行计算分析，以期逐步解决采矿设计和生产中的科学难题。

本文以单口放煤过程为研究对象，用有限-离散元法对其进行数值模拟，寻求单口放煤规律。第 1 部分介绍了 FEMDEM 的基本原理和材料断裂破坏所采用的计算模型；第二部分将给出典型单口放煤冒落模型的几何尺寸，计算所用物理力学参数和网格划分；第三部分为计算结果和分析；最后是结论。

1 有限-离散元原理和材料断裂破坏

为了模拟矿体冒落过程，本文采用有限-离散元法(combined finite-discrete element method, 简称 FEMDEM)对开采过程进行计算分析[2]。FEMDEM 法将连续介质力学基本原理和离散单元算法结合在一起，能考虑整个体系中单元变形体之间的相互作用。计算网格采用通常的有限元离散技术实现，平面问题采用三角形单元，空间问题则用四节点四面体单元。离散系统的方程求解采用显示积分格式，在收敛后的每一时间步更新单元结点坐标。

在 FEMDEM 中，完整岩块的渐进破坏用粘聚元法描述，该方法的目的是捕捉材料非线性应力应变特征，即以宏观裂尖区域的断裂过程带表征(Fracture Process Zone, 简称 FPZ)。当用粘聚单元模型时，材料渐进破坏基于接触单元强度蜕化方式实现(这种接触单元称为断裂单元)，其可以视为材料变形过程中必然出现的自然破坏结果，因而计算过程中不须再引入其他宏观破坏准则。由于材料应变发生在粘聚带单元内，计算模型中连续变形的描述可用常应变平面三角形单元(2D)或空间四面体单元(3D)表征。单元对间应力随裂纹出现而产生位移间断，因此应力降低释放，其中计算中可能出现 I 型和 II 型断裂破坏模态。若粘聚单元破裂，则相应含裂纹单元从连续计算模型中移除，因此模型局部实现了从连续到非连续状态转变。在计算过程中，允许离散单元体产生位移和转动，而新的接触由计算程序自动辨识。

当用有限-离散元法进行计算时，会有大量相互作用单元体，为准确捕捉这种相互作用基本特性，首要任务是检测单元接触对(即离散单元接触识别)，可定义由接触产生的相互作用力。每对接触单元间产生的排斥力用罚函数法计算，接触对间的摩擦力用 Coulomb 摩擦定律描述，以模拟完整、有裂纹和新产生的裂纹材料的抗剪强度。

2 单口放煤冒落计算模型

如图 1 所示为一典型单口放煤冒落计算模型尺寸，其中煤层厚 6m，煤层以上为 3m 厚覆岩材料，放煤采用切 2m 放 4m 方式进行。

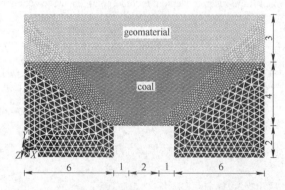

图 1 冒落开采计算模型材料、尺寸和网格(单位:m)

Fig. 1 The geometry and mesh of computational model for coal block caving (unit: m)

计算域由20228个三角形常应变单元组成，结点数为10257。尽管给定的模型几何尺寸和材料分布是对称的，但是由于网格划分时采用三角形单元随机生成技术，因而单元对之间的节理构成也为随机形式，这也符合开采之前由放炮预裂形成的煤岩破碎形态，所以计算域不能按对称性进行简化。一般而言，如果采场地形地质资料信息充分，岩体节理、裂隙、断层等分布规律清楚，则在煤岩冒落计算模型中，可以预先根据已知条件对节理裂隙模型进行划分。为了简化计算，本文将节理裂隙按随机方式处理，但并不妨碍结果的可靠性。

计算域的采前地应力通常需要地应力测试来确定，特别是对于埋深很大的地下采场，其地应力的构成主要由构造应力确定，因此必须通过地应力测试的方式确定，一般造价比较高。对于埋深较浅的采场，一般构造应力可以不计，仅考虑由自重产生的地应力就可以满足工程分析要求。本文采场模型埋深较浅，因此按通常的施加自重后的弹性应力场确定采前地应力。在计算得到单口下切周围的应力后，根据通常的开挖或开采模拟方式进行放煤冒落模拟计算。FEMDEM采用的是显示积分格式进行计算，通常需要较小的时间增量步，以保证计算收敛的稳定性。本文计算时间增量步取1×10^{-5}s。

采场煤岩的物理力学参数来自山东南屯煤矿，计算所用参数参考相关文献类比确定，参见表1。

表1 煤岩冒落有限-离散元计算模型参数
Table 1 The parameters of mechanical properties of the materials in FEMDEM model for the coal block caving

材　料	密度/kg·m^{-3}	杨氏模量/Pa	泊松比	抗拉强度/Pa	抗剪强度/Pa	断裂能释放率/J·m^{-3}
覆岩	2650	4×10^9	0.2	2×10^6	2×10^7	60
煤	1400	4×10^8	0.25	2×10^6	2×10^7	60
节理				2×10^6	2×10^7	60

其中罚函数罚因子的取值为沿节理法向2×10^9和沿切向2×10^8。

3 计算结果及分析

有限-离散元法FEMDEM的计算结果可以借助计算机后处理，提供多种形式图形显示，并可以动态显示煤岩冒落过程中，各种物理力学分量随时间发生变化的空间时间演化过程。

由于篇幅所限，这里仅给出煤岩冒落在不同时刻的几何形态和相应的最大主应力的分布。事实上，还可以给出每一计算时间步的速度、位移、各个应力分量等分布，而且可以提供动画显示。

在图2中，从煤岩放顶到0.01s这一时刻，放顶周围开始出现应力集中，并发生局部断裂破坏，这以节理单元开裂为突破口；随着裂纹的成核、生长、扩展以至于断裂破坏区域形成，这表现在大量节理单元成群开裂，从而离散单元在不断增多(自0.1s起变得更加明显)。很明显这种复杂的断裂、破碎和离散体碰撞现象，用传统连续体力学方法很难描述。随着时间进展，煤岩破碎区进一步向地表方向增生扩展，最后在地表形成沉陷区(参见图2中的0.8s时计算域的几何形态)。同时破碎的煤岩像水流一样在重力的作用下自上而下喷射而出。由于FEMDEM中预先假设的大量节理按随机形式分布在成对单元接口之间，因此贯穿性断裂几何形态并不以对称的形式出现，反应到地表的沉陷位形也并不是对称的，这些现象符合所预想的一般规律。注意采场周围变形很小，所以仍可用传统连续力学理论表征。冒落量和放出速率在整个计算过程中可以分别提供，因此还可以用FEMDEM法进行开采经济方案论证。

由于采前煤岩应力状态、煤岩节理或其他断裂面的频度、这些不连续的力学性质以及覆岩自身的力学性质对矿体冒落有重要影响，而且自然断裂面的方位也非常重要。因此可以针对这些参数并结合放矿口尺寸，建立不同煤岩矿体冒落控制计算模型，对开采方案进行优化分析。另外，放矿控制方案的可行性也可以通过FEMDM法建立模型进行定量化计算分析，对冒落和放出率进行定量化计算，同时给出经济比较方案。

需要指出，只要采场空间几何和边界条件给出，采场材料分区和地下水三维空间分布已知，则不难利用FEMDEM法进行三维煤岩冒落过程计算分析。但是一般三维建模难度较大，而且三维计算所需计算机容量更大，一般要求计算机速度要更快，而且三维计算结果数据量很大，后处理时必须借助高清晰显示器和有效的后处理软件进行。

由于矿山工程地形地质条件十分复杂，矿体材料本构性态和其自身微观结构、节理裂隙分布等密切相关，而且具有较强的随机性,加之采前地应力场的准确测定比较困难,因此在采用数值模型进行计算分析时一定要结合现场实测信息进行对比分析论证,综合判断数值计算结果的可靠性、适用性和准确度。

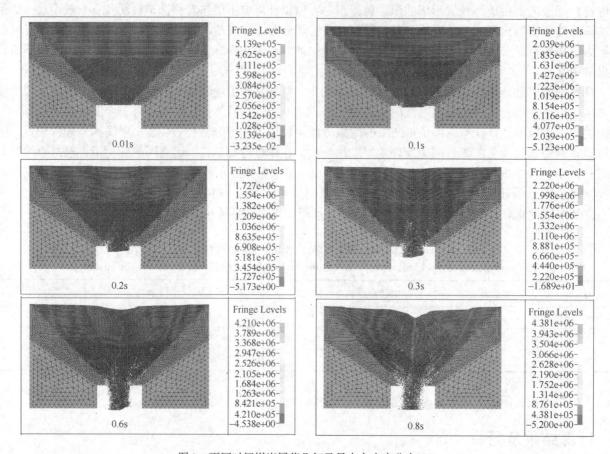

图2 不同时间煤岩冒落几何及最大主应力分布(Pa)
Fig. 2 Geometries and maximum principal stresses at different times (stress: Pa)

4 结论

采用连续-非连续力学相结合的方法研究采矿工程中的开采问题是当前采矿科学中的研究热点。本文以单口煤岩放煤过程为研究对象,利用有限-离散元法研究了煤岩冒落的基本规律。

(1)有限-离散元模型很好捕捉到冒落过程中每一时间步的采场及其周围围岩的位移、应力和速度场的分布特征,体现了煤岩冒落的动态过程。因此有限-离散元法是研究矿体冒落问题的一个强有力的基本工具,特别是可以利用该工具对不同开采冒落计算模型参数进行优化分析,提出经济合理和安全可靠的开采方案。

(2)由于将采场和周围围岩一起考虑,因而FEMDEM法不仅提供了煤岩冒落的应力变形动态过程,而且可以帮助研究考察冒落对周围围岩或矿柱等的应力变形影响规律,因此可以作为矿山安全设计的强有力辅助工具,同时为围岩支护设计提供帮助。

(3)矿山工程地形地质条件十分复杂,矿体材料本构性态和其自身微观结构、节理裂隙分布等密切相关,而且具有较强的随机性,加之采前地应力场的准确测定比较困难,因此在采用数值模型进行计算分析时一定要结合现场实测数据进行对比分析论证。

参 考 文 献

[1] Brown E T. Block caving geomechanics [M]. Queensland: Julius Kruttschnitt mineral research centre, the university of queensland, 2002: 1~15.
[2] Munjiza A A, Knight E E, Rougier E. Computational mechanics of discontinua [M]. Chichester: Jon Wiley & Sons, Ltd., 2012: 15~16.
[3] Brady B H G, Brown E T. Rock mechanics for underground mining 3rd edition [M]. Dordrecht: Kluwer academic publishers, 2005: 430~465.

[4] Cundall P, Hart R D. Numerical modelling of discontinua [J]. Engineering computations, 1992, 9: 101~113.
[5] Shi G H. Discontinuous deformation analysis: a new numerical model for the statics and dynamics of deformable block structures [J]. Engineering computations, 1992, 9: 157~168.
[6] Lisjak A, Grasselli G, Vietor T. Continuum–discontinuum analysis of failure mechanisms around unsupported circular excavations in anisotropic clay shales [J]. International journal of rock mechanics and mining science, 2014, 65: 96~115.
[7] Woo K S, Eberhardt E, Elmo D, Stead D. Empirical investigation and characterization of surface subsidence related to block cave mining [J]. International journal of rock mechanics and mining sciences, 2013, 61: 31~42.
[8] van As A, Davison J, Moss A. Subsidence definitions for block caving minies. Rio Tinto technical services, 2003.
[9] Jing L R, Stephasson O. Fundamentals of discrete element methods for rock engineering [M]. Amsterdam: Elsevier, 2007.
[10] Vyazmensky A, Elmo D, Stead D. Role of rock mass fabric and faulting in the development of block caving surface subsidence [J]. Rock mechanics and rock engineering, 2010, 43: 533~556.
[11] Munjiza A, Owen D R J, Bicanic N. A combined finite-discrete element method in transient dynamics of fracturing solids [J]. Engineering computations, 1995, 12: 145~174.
[12] 董卫军, 孙忠铭, 王家臣, 等. 矿体自然冒落相似材料模拟试验研究[J]. 采矿技术, 2001, 1(3): 13~15.
Dong Weijun, Sun Zhongming, Wang Jiachen, et al. Experimental study on simulating orebody caving using similar materials[J]. Mining technology, 2001, 1(3): 13~15.
[13] 李连崇, 唐春安, Cai Ming. 自然冒落法采矿矿石崩落过程数值模拟研究 [J]. 金属矿山, 2011, 426(12): 13~17.
Li Lianchong, Tang Chunan, Cai Ming. Numerical study on caving of overlying rock and orebody by caving method [J]. Metal mine, 2011, 426 (12): 13~17.
[14] 王家臣, 杨建立, 刘颢颢, 等. 顶煤放出散体介质流理论的现场观测研究[J]. 煤炭学报, 2010, 35(3): 353~356.
Wang Jiachen, Yang Jianli, Liu Haohao, et al. The practical observation research on loose medium flow field theory on the top-coal caving [J]. Journal of China coal society, 2010, 35(3): 353~356.

基于摩擦滑动的顺层偏压隧道大变形数值模拟

顾义磊[1]　李清淼[1]　吴文杰[1]　史配鸟[2]

（1. 重庆大学煤矿灾害动力学与控制国家重点实验室，重庆　400044；
2. 西南交通大学交通运输与物流学院，成都　610031）

摘　要　在岩体结构中，结构面在块体之间起到了连接和传递荷载的接触作用；在具有倾斜岩层的岩体中顺层开挖隧道时，围岩体受偏压影响发生顺层滑移和节理滑动是此类隧道围岩变形的主要原因。通过三轴实验，分析了不同围压下节理发育页岩的峰后变形规律；基于库仑摩擦模型，应用有限元 ANSYS 模拟了顺层偏压隧道围岩的变形规律。

关键词　摩擦滑动　偏压隧道　大变形　数值模拟

Numerical Simulation of the Large Deformation Surrounding Consequent Asymmetrical Pressure Tunnel Based on Frictional Sliding

Gu Yilei[1]　Li Qingmiao[1]　Wu Wenjie[1]　Shi Peiniao[2]

(1. State Key Laboratory of Coal Mine Disaster Dynamics and Control, Chongqing University, Chongqing 400044, China;
2. School of Transportation, Southwest Jiaotong University, Chengdu 610031, China)

Abstract　In the rock mass, the structure plane between the block play a contact role of the transmission of linking and load. When excavating tunnel along the bedding of strata in the tilted strata, the deformation in the surrounding rock are mainly caused by slipping and sliding along stratification and joints affected by asymmetrical pressure. In this paper, the post-peak deformation law of joint development shale under different confining pressure is analyzed; and based on the coulomb friction model, the evolution of the deformation of surrounding rock of consequent unsymmetrical loaded tunnel is simulated by finite element analysis software ANSYS.

Keywords　frictional sliding, asymmetrical pressure tunnel, large deformation, numerical simulation

在岩体结构中，结构面在块体之间起到了连接传递荷载的接触作用，在具有倾斜岩层的岩体中顺层开挖隧道时，围岩体受偏压影响发生顺层滑移是此类隧道围岩变形的主要原因，研究顺层偏压隧道软弱围岩变形规律对此类隧道围岩稳定性控制具有重要意义。

目前对于岩体峰后变形规律的研究主要基于弹塑性理论[1~5]和损伤力学理论[6]。如韩昌瑞等[7]用横观各向同性弹塑性本构关系对层状围岩隧道进行数值模拟。而从岩体峰后的块体接触作用来研究层状围岩稳定性的研究还很少。

对于偏压隧道的研究，刘新荣[8]研究了隧道产生偏压的原因；谢壮等[9]采用现场测试和数值模拟手段，姜德义等[10]通过地质雷达测试研究了偏压隧道围岩的变形规律；朱正国等[11]及刘小军等[12]利用 FLAC^{3D} 分析了不同开挖工序对偏压隧道变形的影响。这些研究在进行数值模拟时普遍存在模拟围岩变形量远小于实际围岩变形量的问题，不能很好地模拟顺层偏压隧道的变形规律。

本文通过分析三轴试验页岩峰后的变形特性，利用 ANSYS 的非线性接触模型模拟预制破裂面的标准试件的应力应变特性，验证模型的可行性。针对共和隧道存在典型顺层偏压的特点建立接触计算模型，分析了顺层偏压隧道围岩大变形的机制和特点。

基金项目：煤矿灾害动力学与控制国家重点实验室自主研究资助项目（2011DA105287-MS201303）。
作者简介：顾义磊（1970—），男，广东普宁人，副教授。电话：13500343801；E-mail: n1gyl@163.com
通信作者：李清淼（1988—），男，河南南阳人，硕士。电话：15923241972；E-mail: liqingmiao-cool@163.com

1 页岩三轴试验研究

选取地下工程常见的泥质页岩为试验研究对象,利用 MTS973 试验机进行室内单轴和三轴压缩实验。

研究岩样在三轴围压条件下峰后的变形及力学性质,试验机的轴向加载速度为 0.1mm/min,试验过程中在试样破坏后继续施加轴向位移至获得峰后的稳定残余阶段,从而获得岩样峰后的变形数据。

对不同围压下的 9 组标准试件进行试验,对每组试件进行地质形貌分析和变形参数平均计算,并选取每组中的代表试件进行分析比较。为便于分析,假定试样在峰值前主要发生的是弹性变形,应力跌落后进入稳定的峰后滑移变形阶段,如图 1 所示。

为了表示岩石峰后应力跌落段剧烈程度随围压的变化,定义岩石峰后应力下降段的斜率为峰后模量:

$$E' = \frac{d\sigma}{d\varepsilon}$$

式中,E' 为峰后模量;$d\sigma$ 为应力跌落值;$d\varepsilon$ 为相应的应变变化量。根据定义,峰后模量为负值。

通过计算各组试样的峰后模量,在组内求平均后与相应的围压进行统计比较,结果如图 2 所示。

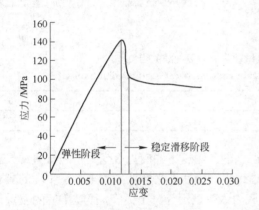
图 1 40MPa 围压岩样应力应变曲线
Fig.1 The stress-strain curve of specimen under confining pressure of 40 MPa

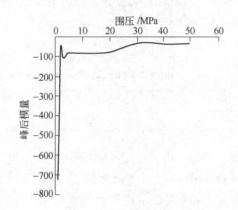
图 2 峰后模量随围压的变化
Fig.2 The post-peak modulus change with the confining pressure

由图 2 可知,峰后模量随着围岩的增大而显著增大,最后趋于稳定。表明有围压作用时峰后应力跌落速度减慢,在围压达到一定大小后这种作用减弱。由岩样的破裂形貌可知,随着围压的增大峰后岩石块体间的接触摩擦作用增强,破裂面形貌成为影响峰后承载力的主要因素。考虑各围压下岩样在轴向应变为 0.025 时峰前弹性阶段和峰后稳定滑移阶段应变所占的比率,见表 1。表明在低围压下,岩样的变形主要来自于峰后的稳定滑移变形,随围压升高,峰后的稳定滑移变形所占比率有所降低。所以岩石峰后的残余应力是由岩石块体间发生的摩擦接触而整体显现的。

表 1 峰前阶段和峰后稳定滑移阶段应变量比较
Table 1 Comparison of the strain at pre-peak stage and post-peak stable sliding stage

围压/MPa	5	10	20	40	50
峰前应变量比率/%	24.5	28.4	36.56	38	40
峰后稳定滑移阶段应变量比率/%	72.1	68	57.6	58	54

与单轴压缩实验中岩样破坏模式相比,三轴试验岩样的破裂块体增大,数量减少,并随着围压增大,这种影响更加显著。由此可知,岩石峰后特性并不是整体的每一部分都发生破坏,而是局部贯穿的破裂面将岩样分裂成为完整块体,块体间发生搓动滑移并最终整体表现稳定的承载力。块体间的摩擦滑移变形远远大于岩块自身的弹性变形,所以试样的峰后变形主要是由弹性的岩石块体间沿着破裂面的摩擦滑移引起的。

2 三轴试验模拟

为了验证以上试验结论,用理想弹性材料模拟岩石块体,用接触单元模拟块体间的接触摩擦作用,根据库仑摩擦模型，建立单斜破裂面试样的有限元模型，通过 ANSYS 的非线性接触分析来模拟三轴试验。

ANSYS 的库仑摩擦模型模拟岩体时，两个岩块的接触面在开始相对滑动之前，它们的界面上应达到一定大小的剪应力，这时处于静摩擦状态；这个等效的剪应力 τ 由岩石的黏聚力和在法向力作用下产生的摩擦力两部分组成，当剪应力超过 τ 时，两个表面之间开始相对滑动，此时处于动摩擦状态。首先为模型设置黏聚力和摩擦系数，然后模型在加载过程中沿预制破裂面的剪应力不断加大，达到等效的剪应力 τ 后沿接触面发生相对滑动，这就能够很好地模拟岩样在三轴作用下破坏并通过接触滑移产生峰后的残余承载力现象。

模型为 ϕ50 mm×100 mm 的标准试件，在试件中部预制与轴向呈 30°的断裂面。模型整体使用 sold45 单元，各向同性的弹性材料，断裂面采用接触单元模拟。

模型的材料参数根据试验数据计算得到。通过摩尔-库仑准则计算围压下试件 30°角度断裂时的断裂面上的剪应力和正应力之比，获得该角度下断裂面上的名义摩擦系数。计算采用的参数为弹性模量 13.4 GPa，泊松比 0.25，黏聚力 31.3 MPa，名义摩擦系数 0.48。

按照实际的三轴试验条件为模型施加约束和加载条件，模型下端面全约束，侧面施加不同的压力，上端面施加轴向的位移。加载时间按照试验的实际加载时间进行计算，保证模拟与试验的一致性。分别模拟了围压为 10 MPa、20 MPa、40 MPa 和 50 MPa 时岩样的力学行为，得到应力应变曲线与相应围压下三轴试验的应力应变曲线的相关度见表 2。

表 2 模拟应力应变曲线与三轴试验应力应变曲线的相关度
Table 2 The correlation degree of stress-strain curve between simulated and tested

围压/MPa	10	20	40	50
相关度	0.983	0.981	0.979	0.977

由表 2 及图 3 可知，ANSYS 的接触摩擦模型模拟得到的各围压下的应力应变关系与试验结果较吻合，而且较试验结果保守。为了简化模型，模拟采用了单一理想平滑面和名义摩擦系数来表征实际的具有台阶状搓动的破裂面表面和随滑移变化的摩擦系数，因而峰后应力跌落表现为一个突降，而跌落后的残余值与实际试验相符。各围压下模型峰后残余值稳定降低与试验峰后趋势相符。图 4 为模拟的剖面剪应力云图，应力集中区域为上部滑动体和下部固定体的尖端部位，与实际试验中岩样靠近端部破裂面附近岩块粉碎变形现象相符。因此接触摩擦模型能够用于模拟相对低围压下岩石的峰后特性。

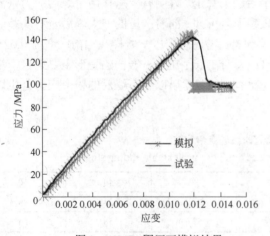

图 3 40MPa 围压下模拟结果
Fig.3 Simulation result at confining pressure of 40 MPa

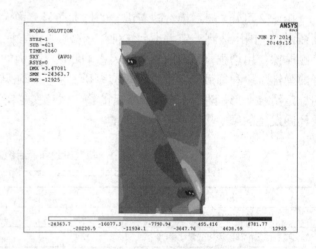

图 4 40MPa 围压下剖面剪应力
Fig.4 Simulation result of the section shear stress at confining pressure of 40 MPa

3 顺层偏压隧道开挖模拟

3.1 工程背景

西部开发省际公路通道重庆至长沙公路设计中的共和隧道是一个近似沿走向布置的深埋隧道，最大埋深达 1200m,存在顺层的偏压地应力。位于单斜构造内，岩层产状为 300°∠31°，岩层层理发育，层面顺直、光滑，节理不发育。隧道线路走向为 231°，与岩层走向交角为 0°~20°，多数地段以小角度相交，为一典型的顺层走向隧道。经测试，共和隧道沿垂层方向的初始应力分量为 18MPa，顺层方向初始应力分量约为 26 MPa，有构造应力存在。在掘进施工中出现了围压大变形的破坏过程。

3.2 计算模型及过程

选取埋深较大，顺层偏压显著的典型开挖段作为模拟对象。计算范围为：顺层方向和垂层方向各取 5 倍隧道跨距，沿开挖方向取 15 m，建立 50 m×50 m×15 m 的计算模型。为了便于加载且不影响结果，在建立模型时对隧道中轴进行了旋转，使岩层水平布置。为了模拟岩层间的顺层滑移特性，并简化计算模型，只考虑层间的接触摩擦作用而忽略了节理的影响。使用 Solid92 单元模拟岩层，岩层间的作用使用接触单元模拟。模型的有限元网格划分如图 5 所示。

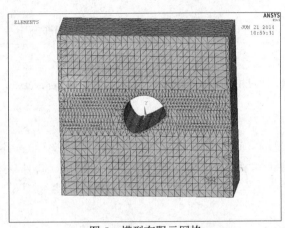

图 5 模型有限元网格
Fig.5 The FEM mesh of the model

计算分为三个步骤：

（1）计算初始地应力文件。通过在隧道轮廓模型上施加全约束模拟原岩未开挖时的状态；分别在岩层的顺层和垂层方向上施加 26 MPa 和 18 MPa 的初始地应力，计算获得模型的初始地应力文件。

（2）施加初始地应力。在上步约束和加载条件下加入初始地应力文件进行计算，消除由于施加初始地应力生成的位移，并使模型岩层获得初始地应力。

（3）隧道开挖计算。对上步计算结果中的隧道轮廓线上的全约束每步 1.5 m 进行解除和计算，模拟隧道每次 1.5 m 进尺的开挖过程，分 11 步将 15 m 隧道开挖完成。

3.3 计算结果

模拟计算结果与现场监测数据进行比较分析见表 3。从表 3 可以看出，数值模拟得到的隧道拱顶最终沉降量和水平收敛与现场实测基本接近，可以反映隧道施工过程中隧道围岩变形特征。

表 3 计算值和实测值比较
Table 3 Comparion between calculated and measured

方 法	最大拱顶沉降量/mm	最大水平收敛/mm
计算值	34.5	56
实测值	30	50

3.3.1 隧道围岩变形情况

围岩变形模拟结果如图 6 所示，隧道开挖后，围压开始向临空方向发生挤入变形，在顺层一侧的拱肩和拱底位置主要表现为沿层面的顺层滑移变形。左拱壁和右拱脚的围岩体随进入围岩距离的增加变形均匀减小，没有突降，围岩相对稳定；顺层一侧拱肩和拱底位置的浅部岩层层面发生滑移后造成大的变形，拱底岩层翘曲，发生底鼓。

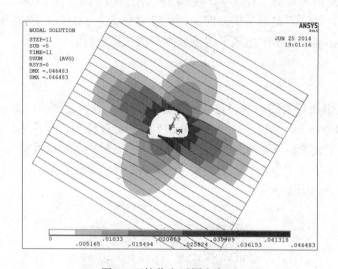

图 6 开挖稳定后围岩变形
Fig.6 Stability deformation of surrounding rock after excavation

3.3.2 结果分析

为了研究岩层发生滑移部位围岩的变形规律，有必要对变形和摩擦行为随进入围岩体深度 r 的变化规律进行分析，如图 7 所示，发生相对滑移的浅部围岩变形量能达到峰值，同时摩擦力得到释放，而进入围岩到一定深度后摩擦力出现峰值，变形量突降到一个稳定的较小的数值。继续深入围岩后摩擦力和位移量都稳定地降低。

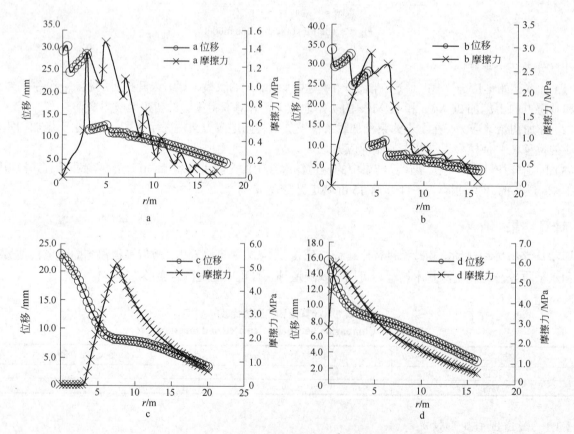

图 7 隧道各部位围岩变形量及摩擦力随进入岩体深度 r 的变化情况
a—右肩部位；b—右拱脚处；c—拱底；d—左拱脚
Fig.7 The change of deformation amount and frictional stress with the depth r into the surrounding rock around the tunnel

造成这种变形的原因是：隧道的开挖卸荷使顺层一侧的拱顶及拱肩和另一侧的拱脚及拱底位置的岩层垂层方向的压力作用在临空面一侧减少，岩层间的摩擦力和黏结力不足以抵抗顺层方向的剪应力，首先在洞壁附近发生相对滑动摩擦，形成很大的滑动位移。随着滑动位移的增大，围岩内部岩层的接触压力得到释放，使深部一定范围内的岩层动摩擦启动，岩层间发生相对滑移的范围进一步扩大，直至达到围岩内部，因层间压力受到的影响较小，岩层不再发生滑移。

4 结论

（1）岩石峰后特性是局部贯穿的破裂面将岩样分裂成为完整块体后发生块体间搓动滑移并最终达到稳定的承载力。试样的峰后变形主要是由弹性的岩石块体间沿着破裂面的摩擦滑移引起的。

（2）接触摩擦模型能够用于模拟相对低围压下岩石的峰后特性。

（3）存在顺层偏压的隧道围岩稳定性受层间的接触力控制，当开挖解除了一部分岩层的层间接触限制后，就会发生层间的相对滑动，进而影响深部岩层的稳定性。

（4）顺层偏压隧道围压变形受到围岩层间接触滑移的控制，滑动量越大，围岩变形越严重。

参 考 文 献

[1] 王水林,王威,吴振君.岩土材料峰值后区强度参数演化与应力-应变曲线关系研究[J].岩石力学与工程学报, 2010, 29(8): 1524~1529.
Wang Shuilin, Wang Wei, Wu Zhenjun. Study of relationship between evolution of post-peak strength parameters and stress-strain curves of geomaterials[J]. Chinese Journal of Rock Mechanics and Engineering, 2010, 29(8)：1524~1529.

[2] 陆银龙,王连国,杨峰.软弱岩石峰后应变软化力学特性研究[J].岩石力学与工程学报, 2010, 29(3)：640~648.
Lu Yinlong, Wang Lianguo, Yang Feng. Post-peak strain softening mechanical properties of weak rock[J]. Chinese Journal of Rock Mechanics and Engineering, 2010, 29(3)：640~648.

[3] 仝兴华,韩建新,李术才,等. 随机分布贯穿裂隙岩体峰后应力-应变关系模型[J]. 中南大学学报(自然科学版), 2013, 04: 1620~1625.
Tong Xinghua, Han Jianxin, Li Shucai, et al. Model for post-peak stress-strain relationship of rock mass with stochastic distribution of penetrative cracks[J]. Journal of Central South University(Science and Technology), 2013, 04: 1620~1625.

[4] 李文婷, 李树忱, 冯现大, 等. 基于 Mohr-Coulomb 准则的岩石峰后应变软化力学行为研究[J]. 岩石力学与工程学报,2011, 30(7): 1461~1466.
Li Wenting, Li Shuchen, Feng Xianda, et al. Study of post-peak strain softening mechanical properties of rock based on mohr-coulomb criterion[J]. Chinese Journal of Rock Mechanics and Engineering, 2011, 30(7): 1461~1466.

[5] 韩建新,李术才,李树忱,等. 基于强度参数演化行为的岩石峰后应力-应变关系研究[J]. 岩土力学, 2013, 02: 342~346.
Han Jianxin, Li Shucai, Li Shuchen, et al. Study of post-peak stress-strain relationship of rock material based on evolution of strength parameters[J]. Rock and Soil Mechanics, 2013,02:342~346.

[6] 张春会,赵全胜, 黄鹂, 等.考虑围压影响的岩石峰后应变软化力学模型[J].岩土力学, 2010, 31(增 2): 193~197.
Zhang Chunhui, Zhao Quansheng, Huang Li, et al. Post-peak strain softening mechanical model of rock considering confining pressure effect[J]. Rock and Soil Mechanics, 2010, 31(S2): 193~197.

[7] 韩昌瑞,张波,白世伟,等. 深埋隧道层状岩体弹塑性本构模型研究[J]. 岩土力学,2008,09:2404~2408.
Han Changrui, Zhang Bo, Bai Shiwei, et al. Research on elastoplastic constitutive model of layered surrounding rock mass of a deep buried tunnel[J]. Rock and Soil Mechanics, 2008,09:2404~2408.

[8] 刘新荣,郭子红,谢应坤,等. 不良地质下偏压隧道支护结构开裂与治理分析[J]. 工程勘察,2010,05:1~5.
Liu Xinrong, Guo Zihong, Xie Yingkun, et al. Analysis on the cracking and the treatment of support structure for asymmetrically loaded tunnel in unfavorable geological conditions[J] Geotechnical Investigation & Surveying, 2010,05:1~5.

[9] 谢壮,何金峰,石钰锋,等. 偏压地形土石交界地层隧道结构内力测试及支护措施研究[J]. 工程勘察,2013,05:23~27.
Xie Zhuang,He Jinfeng,Shi Yufeng, et al. The internal force of the supporting structure and surrounding rock failure analysis in the bias terrain soil-rock tunnel[J]. Geotechnical Investigation & Surveying, 2013,05:23~27.

[10] 姜德义,郑彦奎,任松,等. 地质偏压隧道松动圈探测与初衬开裂原因分析[J]. 中国矿业,2008,01:101~104.
Jiang Deyi, Zheng Yankui, Ren Song, et al. Measuring broken rock zone around unsymmetrical-loading tunnel in geologic and analysis the reason of the liner craks[J]. China Mining Magazine, 2008,01:101~104.

[11] 朱正国,乔春生,高保彬. 浅埋偏压连拱隧道的施工优化及支护受力特征分析[J]. 岩土力学,2008,10:2747~2752.
Zhu Zhengguo, Qiao Chunsheng, Gao Baobin. Analysis of construction optimization and supporting structure under load of shallow multi-arch tunnel under unsymmetrical pressure[J]. Rock and Soil Mechanics, 2008,10:2747~2752.

[12] 刘小军,张永兴. 浅埋偏压隧道洞口段合理开挖工序及受力特征分析[J]. 岩石力学与工程学报,2011,S1:3066~3073.
Liu Xiaojun, Zhang Yongxing. Analysis of reasonable excavation sequence and stress characteristics of portal section of shallow tunnel with unsymmetrical loadings[J]. Chinese Journal of Rock Mechanics and Engineering, 2011,S1:3066~3073.

树脂锚杆锚固体损伤无损检测的实验与数值模拟研究

李青锋[1,2]　朱川曲[1,2]

（1. 湖南科技大学煤矿安全开采技术湖南省重点实验室，湖南湘潭　411201；
2. 湖南科技大学能源与安全工程学院，湖南湘潭　411201）

摘　要　为了分析树脂锚杆在拉拔力作用下锚固段损伤状态及其承载机理，提高树脂锚杆支护在煤矿现场应用的时效性，首先根据煤矿树脂锚杆的围岩环境和受力特点建立了动力学模型，进行树脂锚杆瞬态激振的动力学分析；然后以混凝土试块模拟围岩，并在混凝土试块预留孔中锚固了树脂锚杆进行锚杆拉拔试验，并在拉拔同时采用弹性波无损检测仪进行锚杆无损动力检测；最后采用FLAC数值模拟软件模拟了树脂锚杆锚固段的承载及变形，得到了树脂锚杆在一定载荷和围压作用下动力响应。结果表明，树脂锚杆的锚固损伤是一种渐近式破坏过程，这种渐近式破坏可以通过弹性无损检测方法准确检测锚杆的有效锚固长度，并推断锚杆的实时承载力，从而提高树脂锚杆支护在煤矿现场应用的时效性。

关键词　树脂锚杆　锚固体损伤　弹性波　无损检测

Study on Nondestructive Testing Experimental and Numerical Simulation of Resin Anchor Bolt Anchor Body Injury

Li Qingfeng[1,2]　Zhu Chuanqu[1,2]

(1. School of Mining and Safety Engineering, Hunan University of Science and Technology,
Hunan Xiangtan 411201, China;
2. Hunan Key Laboratory of Coal mining safety technology, Hunan Xiangtan 411201, China)

Abstract　In order to analyze damage state and the mechanism of its bearing of resin bolt anchoring section under the pulling force, and improve the resin bolting applications in the timeliness of the mine site. First, according to surrounding rock environmental and mechanical characteristics of mines resin bolt established kinetic model for the excitation of resin bolt transient dynamic analysis; then, simulate surrounding rock with concrete block, and anchorage resin anchor in reserved hole to conduct pullout tests, while drawing, use elastic wave nondestructive testing instrument for detecting bolt destructive power; finally, use FLAC numerical simulation software to simulate the load and deformation of the resin anchor sector, get dynamic response under some resin bolt load and confining pressure. The results showed that resin bolt anchoring injury is a process of incremental damage, which can detect effective anchorage length accurately by elastic nondestructive testing, and infer real-bearing capacity of the bolt, thereby increasing the resin bolting applications in the timeliness of the mine site.

Keywords　resin bolt, anchorage body injury, elastic wave, nondestructive testing

目前，树脂锚杆支护作为一种主动支护形式已成为煤矿巷道的主要支护形式。但是，随着采深和开采强度的加大，经常发现有树脂锚杆（锚索）锚固失效的情况，而且大部分是树脂锚杆（锚索）黏结失效，为此，相关专家学者在锚固段剪应力分布形态[1~8]、损伤破坏模式[3,7,9]等方面进行了一些卓有成效的工作。但在锚固体损伤后的损伤状态和承载性能等方面的研究仍显不足，进一步研究树脂锚杆锚固体损伤的定性和定量方法与技术非常有必要。

基金项目：国家自然科学基金面上项目（51274096, 51174086）;煤矿安全开采技术湖南省重点实验室开放基金项目（201006）。
作者简介：李青锋（1970—），男，湖南新宁人，副教授。电话：0731-58290280；E-mail: liqingfeng0712@163.com

1 树脂锚杆瞬态激振纵向振动的动力学模型

为准确建立损伤状态树脂锚杆瞬态激振纵向振动的动力学模型，首先在实验室进行树脂锚杆的拉拔试验，一杆径 20mm 的锚杆锚固在围压 2.0MPa 的中空（孔径 30mm）混凝土试块中，所用锚固剂为 2 卷 ϕ 23mm×350mm 的树脂药卷，其拉拔力–位移曲线如图 1 所示。

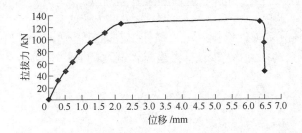

图 1 直径 20mm 锚杆 2.0MPa 围压静载荷–位移曲线图
Fig.1 The static-displacement curve of 20mm diameter bolt under confining pressure 2.0MPa

从图 1 可知，树脂锚杆的拉拔力–位移曲线表现出四个阶段，第一阶段为弹性阶段，锚固体与周边混凝土协同承载变形，拉拔力与位移近似呈比例关系，锚固段切向刚度系数略为恒值 K^0；第二阶段为黏塑性阶段，锚固体与周边混凝土从端部开始出现黏塑性变形，拉拔力与位移呈双曲线关系，处于塑性阶段的锚固段切向刚度系数由 K^0 逐渐降低；第三阶段为塑性流变阶段，处于流变阶段的锚固段出现黏脱滑移，且其切向刚度系数趋近于一较低值 K^1；随着流变的发展，锚固段全长转变为残余应力阶段，也即第四阶段。鉴于此，将锚杆–树脂锚固体对围岩的作用简化为沿锚固长度分布在杆侧的刚度系数（$K_1, K_2, \cdots, K_n$）与阻尼系数（$\eta_1, \eta_2, \cdots, \eta_n$）和杆底的刚度系数 K_b 与阻尼系数 η_b；预紧螺母、托板对围岩的作用简化为刚度系数 K_t 与阻尼系数 η_t，如图 2 所示。杆侧的刚度系数在不同的拉拔力作用下其分布不一样，在较低拉拔力时，树脂锚杆的界面剪切变形处于弹性阶段，锚固完整时 $K_1=K_2=\cdots=K_n=K^0$、$\eta_1=\eta_2=\cdots=\eta_n=\eta^0$；随着拉拔力的增加，锚固前端首先发生塑性变形，此时的 $K_1=K^1$（$K^1<K^0$）、$K_2=\ldots=K_n=K^0$；随着拉拔力的继续增大，锚固前端首先发生流变，其后端则出现塑性变形，此时的 $K_1=0$、$K_2=K^1$（$K^1<K^0$）、$K_3=\cdots=K_n=K^0$；当拉拔力增大到极限拉拔力时，$K_1=K_2=\cdots=K_m=0$、$K_{m+1}=K_{m+2}=\cdots=K_k=K^1$（$K^1<K^0$）、$K_{k+1}=\cdots=K_n=K^0$。对于分布在杆侧的阻尼系数（$\eta_1, \eta_2, \cdots, \eta_n$）随着拉拔力增加的变化关系在后续进行相关分析。由于锚杆的拉拔损伤由锚固起始端向锚固深部发展，在锚杆拉拔未进入塑性流变阶段之前，杆底的刚度系数 K_b 与阻尼系数 η_b 保持不变；而在锚杆拉拔进入塑性流变阶段之后，杆底的刚度系数 K_b 逐渐降低到零。预紧螺母、托板对围岩的作用等价于集中载荷作用于弹性基础，在较低拉拔力时由于围岩壁压密作用而使 K_t 由零逐渐增大，而当围岩壁变形处于弹性变形阶段时 K_t 趋于常值。纵向振动时，波在预紧螺母、托板、围岩三者之界面及杆底、围岩界面主要为波的反射与透射。

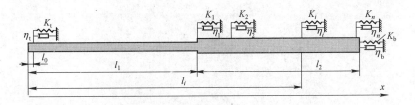

图 2 锚杆受激振动动力学模型
Fig.2 The kinetics model of anchor bolt stimulated vibration

当 $0<x<l_0$、$l_0<x<l_1$ 时，取微元体进行分析可得动力平衡方程为：

$$\frac{E}{\rho} \cdot \frac{\partial^2 u}{\partial x^2} - \frac{\partial^2 u}{\partial t^2} = 0 \tag{1}$$

式中，E 为锚杆杆体弹性模量；ρ 为锚杆杆体密度。

当 $x=l_0$ 时，取 $x=l_0$ 处的微元体进行分析可得动力平衡方程为：

$$\frac{E}{\rho} \cdot \frac{\partial^2 u(x,t)}{\partial x^2} - \frac{K_t}{\rho} \cdot \frac{C}{S} \cdot u(x,t) - \frac{\partial^2 u(x,t)}{\partial t^2} = 0 \tag{2}$$

式中，C 为锚杆杆体截面周长；S 为锚杆杆体截面面积。

当 $l_1 \leqslant x \leqslant l_1+l_2$ 时，取微元体进行分析可得动力平衡方程为：

$$\frac{E_a}{\rho_a} \cdot \frac{\partial^2 u(x,t)}{\partial x^2} - \frac{\eta_i}{\rho_a} \cdot \frac{C_{ai}}{S_{ai}} \cdot \frac{\partial u(x,t)}{\partial t} - \frac{K_i}{\rho_a} \cdot \frac{C_{ai}}{S_{ai}} \cdot u(x,t) - \frac{\partial^2 u(x,t)}{\partial t^2} = 0 \tag{3}$$

式中，E_a 为锚杆–树脂锚固体等效弹性模量；ρ_a 为锚杆–树脂锚固体等效密度；K_i、η_i（$i=1,2,\cdots,n$）为沿锚固长度分布在杆侧的刚度系数与阻尼系数；C_{ai} 为锚固体截面周长；S_{ai} 为锚固体截面面积。

边界条件为：

$$\left.\frac{\partial u(x,t)}{\partial x}\right|_{x=0} = -\frac{Q(t)}{E \cdot S}, \quad \frac{K_b}{E_a} \cdot u(l_1+l_2,t) + \left.\frac{\partial u(x,t)}{\partial x}\right|_{x=l_1+l_2} = 0$$

同时在 $x=l_0$、$x=l_1$ 处满足位移和应变连续条件。显然，上述理论模型采用数学计算方法很难得到理论解，只能通过数值方法求解。

2 受载锚杆动力学特点的实验室研究

为了进一步验证上述理论模型建立的正确性，将直径 20mm、长 1.8m 螺纹钢锚杆锚固在自建的锚杆锚固性能测试平台上进行锚杆拉拔试验，采用锚杆拉拔计施加载荷并测量拉拔力，采用位移百分表测量拉拔位移，如图 3a 所示。实验时，采用 2 卷 ϕ23mm×350mm 的树脂药卷在预留中空孔的 4 个混凝土试块（200mm×200mm×250mm）内锚固螺纹钢锚杆（见图 3b），理论锚固长度为 760mm，实际锚固状态如图 3c 所示；然后对上述混凝土试块施加 2.0MPa 围压后进行拉拔试验，并在不同的拉拔阶段对锚杆进行纵向瞬态激振的动力波测试，测试波形如图 4 所示。

a

b

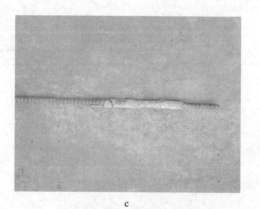

c

图 3 锚固锚杆拉拔实验系统

a—非锚固段及加载量测部分；b—锚固段及围压加载部分；c—锚固位置

Fig.3 The experiment system of anchoring bolt drawing

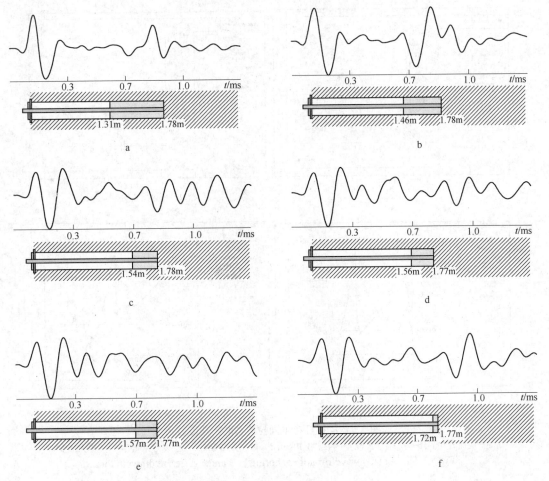

图 4 锚固锚杆动力学波形与锚固分析模型
a—锚固后未加载; b—锚固后拉拔至130kN再卸载后动测; c—卸载后再拉拔至39.5kN后动测;
d—卸载后再拉拔至47.4kN后动测; e—卸载后再拉拔至51.3kN后维持在31.6kN后动测;
f—卸载后再拉拔至锚固力为0kN后动测

Fig.4 The kinetics waveform and anchorage model of anchoring bolt

3 受载锚杆动力学特点的数值模拟

为了分析锚固锚杆在拉拔过程中锚固界面损伤后的动力学参数变化情况，以弹性模型模拟锚杆杆体和树脂锚固体（为了保证锚杆杆体和树脂锚固体间无相对滑移），以应变软化模型模拟树脂锚固体与围岩的黏结界面（模拟厚度 2mm），以摩尔-库仑塑性模型模拟围岩。采用轴对称模型，模型尺寸 2000mm×200mm，锚固孔孔径 30mm，锚固长度 1000mm，锚杆尺寸 20mm×1500mm，围压 0.5MPa，模拟结果如图 5 所示。

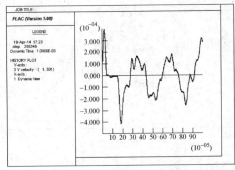

a

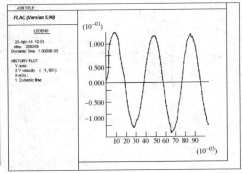

b

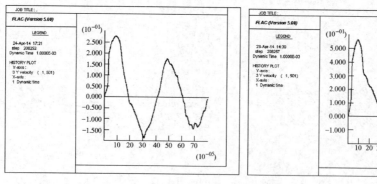
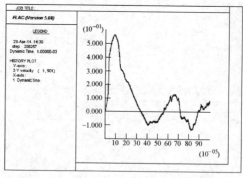

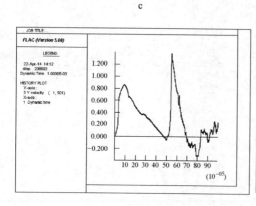
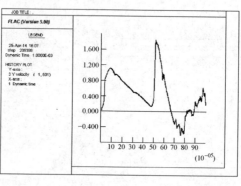

c   d

e   f

图 5 锚固锚杆在不同拉拔力时的速度波形
a—拉拔力 0kN; b—拉拔力 5kN; c—拉拔力 10kN; d—拉拔力 20kN; e—拉拔力 30kN; f—拉拔力 40kN
Fig.5 The velocity waveform of anchoring bolt under different drawing force

数值模拟结果表明：树脂锚杆在不同拉拔力阶段由于锚固段损伤程度不同而导致锚固段反射波形存在较大差异；且随着锚杆拉拔力的增加，有效锚固起始位置的反射波位置后移，即锚固前端由锚固起始位置逐渐产生黏脱滑移，黏结力降低到零，反射波起始位置后移；同时，随着锚杆拉拔力的增加，锚固段的杆侧阻尼系数增加，也即后端反射波能量随拉拔力增加而降低。通过模拟也发现，非在荷锚杆与在荷锚杆波形有较大差异，说明在高频激振波作用下锚杆所受轴向力影响激振响应波首波的形态，也即影响锚杆纵向振动的固有特性。

在上述模拟中围压取固定值 0.5MPa，为探讨围压对锚杆纵向振动的影响，基于上述模型及参数，在围压 3.5MPa 情况下分别进行拉拔力 10kN、40kN 的数值模拟，模拟的结果如图 6 所示。与图 5 相比可知，增大围压减弱了围岩与树脂锚固界面的黏脱滑移损伤，随着拉拔力增大，反射波起始位置后移的速度减缓，进一步说明围岩性质、围压和拉拔力均影响锚杆纵向振动的固有特性。

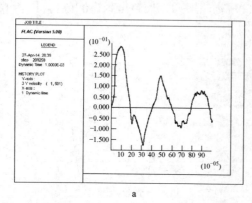
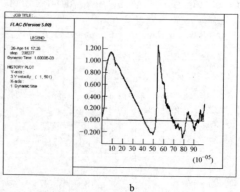

a   b

图 6 围压 3.5MPa 时的速度波形
a—拉拔力 10kN; b—拉拔力 40kN
Fig.6 The velocity waveform when confining pressure 3.5MPa

为探讨非在荷锚杆与在荷锚杆波形差异的原因，将上述模型的围岩、围岩与树脂锚固界面改用弹性模型，采用同样参数条件进行模拟的结果如图 7 所示。与图 5 相比可知，均为弹性模型时增大拉拔力对锚杆波形无较大变化，说明在弹性状态下拉拔力大小不影响锚杆纵向振动的固有特性。

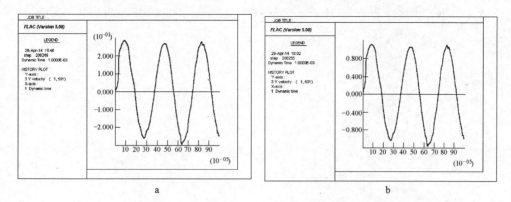

图 7　围压 0.5MPa 弹性模型时的速度波形
a—拉拔力 10kN；b—拉拔力 40kN
Fig.7　The velocity waveform when confining pressure 0.5MPa and elastic model

4　结论

（1）树脂锚杆在围岩压力和预应力作用下的锚固损伤可通过弹性波动力检测手段来很好地检测，通过检测获知锚杆的有效锚固长度并推算锚固极限承载力；由拉拔损伤引起的树脂锚杆锚固极限承载力的降低可通过上述检测方法的实时监测来监控，对有效掌控巷道锚杆的锚固力变化，从而为巷道的大变形破坏提供一种预警方法。

（2）随着锚杆拉拔力的增加，锚固前端由锚固起始位置开始产生黏脱滑移，该段的切向刚度系数逐渐降低到零，反射波位置后移；且随着锚杆拉拔力的增加，锚固段的杆侧阻尼系数增加，锚固末端的反射波能量降低。

（3）增大围压减弱了围岩与树脂锚固界面的黏脱滑移损伤，随着拉拔力增大，反射波起始位置后移的速度减缓；综合说明围岩性质、围压和轴力均影响锚杆纵向振动的固有特性。

参 考 文 献

[1]　尤春安. 全长黏结式锚杆受力分析[J].岩石力学与工程学报, 2000, 19(3): 339~341.
　　You Chun'an. Mechanical analysis on wholly grouted anchor [J]. Chinese Journal of Rock Mechanics and Engineering, 2000, 19(3): 339~341.
[2]　魏新江, 张世民, 危伟. 全长黏结式锚杆抗拔力计算公式的探讨[J].岩土工程学报, 2006, 28(7): 902~905.
　　Wei Xinjiang, Zhang Shimin, Wei Wei. Discussion of formula of pullout resistance for fully grouted anchor [J]. Chinese Journal of Geotechnical Engineering, 2006, 28(7): 902~905.
[3]　朱焕春,荣冠,肖明,等. 张拉荷载下全长黏结锚杆工作机理试验研究[J]. 岩石力学与工程学报, 2002, 21(3): 379~384.
　　Zhu Huanchun, Rong Guan, Xiao Ming, et al. Testing study on working mechanism of full grouting bolt under tensile load[J]. Chinese Journal of Rock Mechanics and Engineering, 2002, 21(3): 379~384.
[4]　刘建庄,张农,韩昌良. 弹性拉拔中锚杆轴力和剪力分布力学计算[J]. 中国矿业大学学报, 2012, 41(3): 344~348.
　　Liu Jianzhuang, Zhang Nong, Han Changliang. Elastic stress distributions: axial and shear stress distributions in an anchor bolt during a pullout test [J]. Journal of china university of mining & technology, 2012, 41(3): 344~348.
[5]　徐景茂, 顾雷雨. 锚索内锚固段注浆体与孔壁之间峰值抗剪强度试验研究[J].岩石力学与工程学报, 2004, 23(22): 3765~3769.
　　Xu Jingmao, Gu Leiyu. Testing study on the peak shear strength between grout and bore wall in the interior bond section of pre-stressed anchorage cable[J]. Chinese Journal of Rock Mechanics and Engineering, 2004, 23(22): 3765~3769.
[6]　王连捷, 王薇, 董诚. 岩土锚固工程中锚固体应力分布的有限元分析[J]. 中国地质灾害与防治学报, 1998, 9(增): 14~19.
　　Wang Lianjie, Wang Wei, Dong Cheng. Stress distribution calculation of grout body in grouted anchor by finite element method [J]. The Chinese journal of geological hazard and control, 1998, 9(sup.): 14~19.
[7]　谷拴成, 叶根飞, 陈弦. 锚杆锚固段极限抗剪强度参数试验[J]. 煤炭科学技术, 2010, 38(6): 37~40.
　　Gu Shuancheng, Ye Genfei, Chen Xian. Experiment on limit shearing strength parameters of bolt anchored section [J]. Coal science and technology, 2010, 38(6): 37~40.

[8] 胡滨, 林健, 姜鹏飞. 锚固剂环形厚度对树脂锚杆锚固性能影响的研究[J]. 煤炭开采, 2011, 16(4): 20~22.
Hu Bin, Lin Jian, Jiang Pengfei. Influence of ring thickness of anchored agent on anchored quality of resin anchored bolt [J]. Coal mining technology, 2011, 16(4): 20~22.

[9] 何思明, 李新坡. 预应力锚杆作用机制研究[J]. 岩石力学与工程学报, 2006, 25(9): 1876~1880.
He Siming, Li Xinpo. Study on mechanism of pre-stressed anchor bolt[J]. Chinese Journal of Rock Mechanics and Engineering, 2006, 25(9): 1876~1880.

煤层气协调开采数值模拟分析

张凤达[1,2]

（1. 中国矿业大学（北京）资源与安全工程学院，北京 100083；
2. 天地科技股份有限公司开采设计事业部，北京 100013）

摘　要　基于淮南矿业集团潘一煤矿地质钻孔资料，运用FLAC3D数值模拟软件对11-2煤层开采引起采场覆岩破坏及应力场时空变化规律进行了分析，为煤层气协调开采提供一定的参考依据。通过对"两淮"矿区的覆岩破坏高度进行拟合计算，提出了潘谢矿区"两带"高度计算公式，验证了数值模拟的可靠性。最后，结合潘一煤矿现场实际抽采效果及数值模拟结果，为煤层气抽采工艺及方法布置提供了一定参考依据。
关键词　煤层气协调开采　FLAC3D　覆岩破坏　应力场

Numerical Simulation Analysis of Coal-bed Methane Coordinated Mining

Zhang Fengda[1,2]

(1. School of Resource and Safety Engineering, China University of Mining and Technology(Beijing), Beijing 100083,China;
2. Department of Coal Mining & Designing，Tiandi Science & Technology Co., Ltd., Beijing 100013,China)

Abstract　Based on the geological drilling data of Panyi coal mine in Huainan mining group, the space-time change law of overlying strata failure and stress field of workface due to 11-2 seam mining was analyzed by numerical simulation software FLAC3D,which provides effective reference for coal-bed methane coordinated mining. The calculation formula of "two zones "height of panxie mine area was put forward by fitting calculation of "LiangHuai " mine area failure height of the overlying strata, which shows the reliability of this model. Finally, the paper provides effective reference for gas extraction technology and method with site actual extracting result of coal-bed methane and numerical simulation results.
Keywords　coal-bed methane coordinated mining, FLAC3D, failure height of the overlying strata, stress field

煤层气协调开采是将煤与瓦斯综合为一个整体的资源进行开发，将采煤与采气两个系统有机地结合起来。通过煤炭的开采为相邻煤层进行卸压，增加了相应的煤层气渗透系数，有利于煤层气的有效抽采。煤层气抽采理论尚未形成一套完整的理论体系，很多参数布置多来自现场经验。煤层气的抽采为煤炭资源的安全回采创造了安全的环境，避免煤与瓦斯突出及瓦斯爆炸事故的发生，实现了煤炭资源的安全高效开采[1~9]。

针对淮南矿业集团潘一煤矿地质资料，通过建立数值模拟模型，分析了两淮矿区"三高一低"的煤层赋存条件下，保护层对煤与瓦斯共采技术的应用效果。同时结合"两淮"矿区覆岩破坏高度拟合公式进行分析比较，结果吻合较好。最后，通过现场资料及数值模拟结果给出煤层气协调开采模型。

1　试验工作面概况

淮南矿业集团潘一煤矿1252（1）工作面回采11-2煤层。地面标高为21.8~22.3m，工作面底板标高为-747.7~802.7m。煤层倾角为5°~11°，平均倾角为6°。工作面倾斜长度为259m，走向长度为1153m。煤层厚度为1.7~3.4m，平均厚度为2.7m。煤层可采系数为1，变异系数为0.1%，煤层结构简单。直接顶为砂质

作者简介：张凤达（1988—），男，河南鹤壁人，博士研究生，主要从事矿山压力与岩层控制方面研究。电话：18811790692；E-mial：zhangfengda369@126.com

泥岩，岩层厚度为 0～8.4m，平均厚度为 2.5m；老顶为中细砂岩，岩层厚度为 0～11.0m，平均厚度为 4.0m。直接底为砂质泥岩，平均厚度为 10.8m。

2 煤层气协调开采数值模拟

为了研究两淮矿区覆岩移动破坏规律，以淮南矿业集团潘一煤矿 1252（1）工作面原型，运用 FLAC3D 数值模拟软件进行模拟分析。模拟工作面沿倾斜方向为 259m，工作面沿推进方向模拟长度为 455m，为了消除边界效应，工作面沿倾斜方向分别留设 200m，在工作面推进方向分别留设 200m。坐标轴进行以下规定：x 轴为工作面推进方向，垂直于工作面推进方向的为 y 轴，z 轴为垂直于工作面平面方向。按照这个规定，计算模型在坐标轴 x、y、z 方向上的长度分别为 855m，656.5m，503m。整个模型垂直方向上共模拟了 23 层岩层，共划分了 581025 个单元体，601656 个节点。模型的四个侧面采用法向约束，顶面为应力和位移自由边界，底边界施加水平及垂直约束。为了比较真实地反映覆岩赋存情况，模型上方按至地表岩体的自重施加垂直方向的载荷。模型采用 Mohr-Column 屈服准则进行判断。

3 模拟结果分析

为了研究两淮矿区煤层气共采时空关系，分别对 11-2 煤层不同推进距离进行了模拟分析。通过分析数值模型不同剖面的垂直应力分布规律分析采场应力场演化规律，并分析了最终覆岩破坏高度，为保护层开采的卸压保护效果及煤层气抽采巷道的布置提供了一定的参考依据。

3.1 围岩应力场分布规律

11-2 煤层自开切眼不断推进，采空区范围逐渐增大，由于老顶未随着工作面推进及时垮落，因此不能将上覆岩层应力有效传递到底板，在采场周围形成支承压力影响区域。工作面推进距离分别取与工作面长度相近的 280m 及工作面推进 455m 并基本稳定状态的两种情况对围岩应力场的时空规律进行分析。

由图 1a 可以看出，随着工作面的推进，采空区中部（$y = 328$m）顶板逐渐垮落并压实，即采空区中部岩体垮落较为充分，而回采巷道（$y = 220$m，436m）顶底板由于煤柱的存在，形成"O"形圈[10]的楔形块体结构，因此采空区中部（$y = 328$m）顶底板卸压程度相对于回采巷道（$y = 220$m，436m）大。由图 1b 可以看出，随着工作面的推进，采空区后方（$x = 250$m）岩体垮落并趋于稳定，围岩卸压程度相对于采场（$x = 460$m）附近大。由图 1c 可以更为直观地看出围岩应力随着工作面的推进垂直应力分布规律，在采空区中部应力卸压范围达到明显，且采场四周存在一定范围明显的应力集中现象。

为了更为直观地认识围岩应力分布规律，针对数值模型的不同剖面进行垂直应力观测，如表 1 所示。

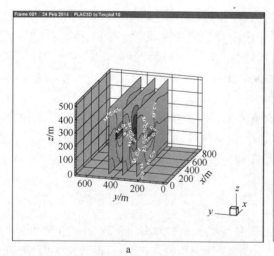
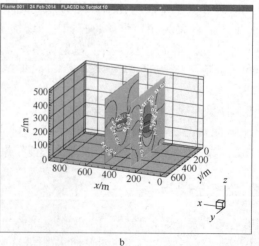

a   b

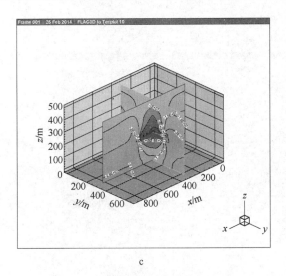

图 1 工作面推进 280m 围岩垂直应力分布图

a—采场侧向支承压力分布规律（$y=220$m，328m，436m）；b—采场超前支承压力分布规律（$x=250$m，460m）；
c—采场垂直应力分布图（$x=340$m，$y=328$m）

Fig.1 Distribution of surrounding rock vertical stsress at the advancing distance of 280m

表 1 围岩支承压力分布范围
Table 1 Distribution range of surrounding rock vertical stress

采场侧向支承压力影响范围/m				采场超前支承压力影响范围/m		
$x=250$		$x=460$		$y=220$	$y=328$	$y=436$
回风巷道	运输巷道	回风巷道	运输巷道	超前支承压力		
29	34	17	22	16	18	16

由表 1 可以看出，由于煤层倾角的影响，工作面回风巷道支承压力影响范围略小于运输巷道。随着工作面回采，采空区"两带"高度发育逐渐趋于稳定，体现采空区后方（$x=250$m）围岩侧向支承压力影响范围较采场附近围岩侧向支承压力增大。围岩沿工作面倾斜方向的超前支承压力影响范围则体现为回采巷道及运输巷道由于侧向煤柱的支承作用，在工作面超前支承压力影响范围比采场中部略小。

11-2 煤层开采引起围岩应力重新分布，分析 13 煤层受到 11-2 煤层采动影响的围岩应力分布规律有助于煤与煤层气协调开采方案的制定。煤层受到 11-2 煤层采动影响的垂直应力分布图，如图 2 所示。

图 2 13 煤层受到 11-2 煤层采动影响的垂直应力分布图
Fig.2 Distribution of 13 coal seam vertical stress with 11-2 coal seam mining influence

从图 2 可以看出，11-2 煤层开采致使 13 煤层相对应的开采空间出现明显的卸压，即增大了煤层的透气性系数，有利于地面钻孔及井下钻孔煤层气抽采，起到了保护层开采的作用。13 煤层相应于 11-2 煤层开采空间均进行了一定程度的卸压，13 煤层受 11-2 煤层采动影响后的应力为 1~20.7MPa。

如图 3 所示，通过分析工作面推进至 450m 并基本稳定时与工作面推进至 280m 的情况进行对比分析，进一步分析说明围岩煤层采动的时空影响规律。通过分析覆岩破坏基本稳定时的塑性区来进一步对高抽巷及底抽巷等煤层气抽采巷道的布置进行指导。

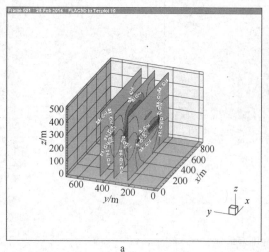
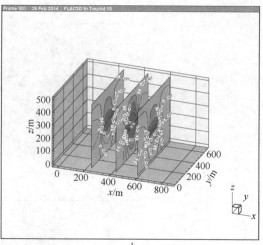
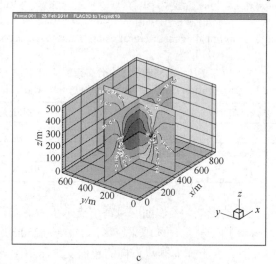

图 3　工作面推进 450m 并基本稳定围岩垂直应力分布图

a—采场侧向支承压力分布规律（$y=220m$，$328m$，$436m$）；b—采场超前支承压力分布规律（$x=250m$，$438m$，$606m$）；
c—采场垂直应力分布图（$x=438m$，$y=328m$）

Fig.3　Distribution of surrounding rock vertical stress at the basic stability of advancing distance of 450m

随着工作面推进至 450m 并基本稳定时，围岩的应力分布规律与工作面推进至 280m 进行对比，分析单煤层回采围岩时空演化规律。采场围岩应力分布规律与工作面推进至 280m 大体一致，但其矿压显现剧烈程度及卸压范围及大小均相比于工作面推进至 280m 的情况有所增加，下面从围岩支承压力影响范围、11-2 煤层的开采对 13 煤层的应力分布规律的影响、采场围岩裂隙场等方面进行了分析。

比较表 1 及表 2 部分数据易知，工作面回采至基本稳定，围岩支承压力分布范围大于工作面回采至 280m，相应剖面（$x=250$）回风巷道及运输巷道侧向支承压力影响范围分别由 29m、34m 增大至 60m、61m。超前支承压力三个剖面（$y=220$、$y=328$、$y=436$）分别由 16m、18m、16m 分别增加至 48m、62m、45m。说明随着时间的推移，工作面岩层垮落，易在停采线、开切眼及侧向煤柱上方形成岩块咬合结构，从而增大了支承压力影响范围。

表 2　围岩支承压力分布范围

Table 2　Distribution range of surrounding rock vertical stress

采场侧向支承压力影响范围/m						采场超前支承压力影响范围/m		
$x=250$		$x=428$		$x=606$		$y=220$	$y=328$	$y=436$
回风巷道	运输巷道	回风巷道	运输巷道	回风巷道	运输巷道	超前支承压力		
60	61	81	83	60	61	48	62	45

通过分析比较不同工作面推进距离，11-2 煤层开采 13 煤层的垂直应力分布有助于掌握煤与煤层气共采的时空规律。因此，分析比较工作面推进至 450m 并基本稳定时，13 煤层的垂直应力分布，如图 4 所示。

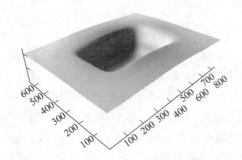

图 4 13 煤层受到 11-2 煤层采动影响的垂直应力分布图
Fig.4 Distribution of 13 coal seam vertical stress with 11-2 coal seam mining influence

比较图 2 和图 4 可以明显看出，工作面回采至 450m 并趋于平衡状态时，及 13 煤层相应于 11-2 煤层开采空间的应力减小程度增加，且范围增大。13 煤层垂直应力由 1~20.7MPa 变化为-1.11~24.1MPa。随着工作面的回采至 450m 并趋于基本稳定状态，13 煤层应力卸压空间增大，并将其相应的应力向四周煤体转移，表现为最小垂直应力减小，但最大垂直应力增加。

3.2 围岩裂隙场分布规律

随着工作面推进，直接顶发生塑形破坏，并随着工作面回采垮落，当工作面推进到一定距离时，老顶达到其强度极限产生裂隙，发生破坏。掌握围岩裂隙场的分布规律，有助于分析煤层气随着工作面回采的运移规律，同时有利于地面钻孔及井下钻场的布置等煤气共采的方案制定。

图 5 可以看出，工作面推进至基本稳定状态时，随着距 11-2 煤层底板距离的增加，分别呈现出拉伸破坏、剪切破坏及未破坏区域。拉伸破坏区域主要是由于开采空间增大，顶板发生拉断并垮落的区域，拉伸破坏区域以外主要是剪切破坏区域。根据剪切破坏区域可以明显看出采动影响下，覆岩破坏区域稳定状态时，以"拱"的形式支承上覆岩层移动。在运输平巷及轨道平巷出现明显的塑性破坏增高区域，整体呈现"马鞍形"破坏，根据拉伸破坏区域及剪切破坏区域可以得出"两带"发育高度为 39~60.3m。

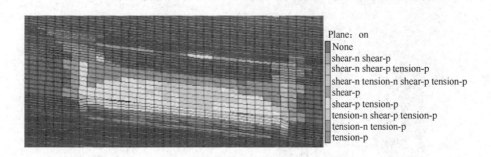

图 5 工作面推进 450m 并基本稳定围岩裂隙场分布图
Fig.5 Distribution of surrounding rock fracture field at the basic stability of advancing distance of 450m

通过潘一煤矿地面钻孔资料得出，综合顶板岩性与力学强度，11-2 煤层覆岩属于中硬岩层[11]。依据《两淮矿区地表移动与覆岩破坏规律研究》中，淮南潘谢矿区进行的不同岩性覆岩破坏高度拟合计算，得出顶板为中硬岩层的导水裂隙带高度计算公式：

$$H_{li} = \frac{100M}{0.92M + 2.90} \pm 11.85 \tag{1}$$

式中　H_{li}——导水裂缝带最大高度，m；
　　　M——累计采厚，m。

11-2 煤层平均厚度为 2.7m，代入式(1)可得覆岩破坏高度预计为 38.3～62m。可以得出数值模拟分析的结果与导水裂隙带高度拟合公式计算的结果相吻合。

4 工程实测研究

潘一煤矿现场主要以保护层卸压开采，并结合地面钻孔及井下底抽巷、高位钻场、顺层钻孔及穿层钻孔等工艺进行煤层气抽采，从而实现了煤层气协调开采。

由图 6 可知，在工作面距地面钻孔 58.2m 的位置开始进行煤层气抽采，在工作面距钻孔 1.12～58.2m 的范围内，瓦斯抽采量为 0.31～1.67m³/min，随之由于采动影响卸压，煤层气抽采量迅速增大至 10.7m³/min，当工作面推过地面钻孔 118.2m 时地面钻孔瓦斯抽采量基本稳定在 6m³/min。从而说明采动影响对"两淮"矿区低透气性煤层的煤层气的抽采起到了至关重要的作用。同时也为"两淮"矿区覆岩移动规律提供了一定的参考依据。

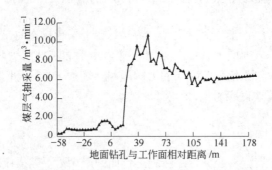

图 6 潘一煤矿地面钻孔煤层气抽采量变化

Fig.6 Quantity change of coal-bed methane drainage of ground drilling hole in Panyi coal mine

由图 7 可知，当工作面推进至 110.8m 时，采动影响至距 13 煤层底板 25m 的底抽巷，煤层气抽采浓度及抽采量迅速增加，尤其是浓度的增加较为明显，由原本的 5.46%增大至 52.99%～84.56%。当工作面推进至 253m 时，煤层气抽采浓度减小并稳定在 27.40%～43.84%，煤层气抽采量增大并稳定在 39.93～68.84m³/min。主要是由于上覆岩层冒落带高度发育至底抽巷高度，从而采空区漏风稀释了煤层气浓度，但增大了煤层气抽采量，为煤层气的抽采时间及位置布置提供一定的参考依据。

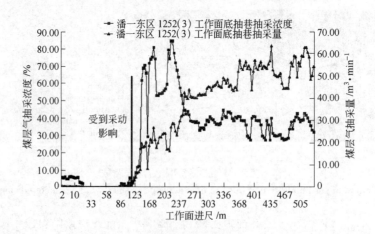

图 7 潘一煤矿 1252（3）底抽巷煤层气抽采量变化

Fig.7 Quantity change of coal-bed methane drainage of bed plate tunnel in 1252（3）mining face of Panyi coal mine

5 结论

（1）工作面推进至 450m 并趋于稳定状态下相比于采场推进至 280m 时的支承压力影响范围得，相应剖面（$x=250$）回风巷道及运输巷道侧向支承压力影响范围分别由 29m、34m 增大至 60m、61m。超前支承压力三个剖面（$y=220$、$y=328$、$y=436$）分别由 16m、18m、16m 增加至 48m、62m、45m。说明随着时间的推移，工作面岩层垮落，易在停采线、开切眼及侧向煤柱上方形成岩块咬合结构，从而增大了支承压力影响范围。

（2）工作面回采至 450m 并趋于平衡状态时，13 煤层相应于 11-2 煤层开采空间的应力减小程度增加，且范围增大。13 煤层垂直应力由 1~20.7MPa 变化为 –1.11~24.1MPa。

（3）在运输平巷及轨道平巷出现明显的塑性破坏增高区域，整体呈现"马鞍形"破坏，根据拉伸破坏区域及剪切破坏区域可以得出"两带"发育高度为 39~60.3m。通过"两淮"矿区覆岩破坏高度回归公式计算"两带"发育高度为 38.3~62m。可以得出数值模拟分析的结果与导水裂隙带高度拟合公式计算的结果相吻合。

（4）通过现场实测数据分析得出，保护层开采有利于煤层气抽采，为煤层气协调开采提供了一定的依据。

参 考 文 献

[1] 王家臣. 煤与瓦斯共采需解决的关键理论问题与研究现状[J].煤炭工程,2011(1):1~3.
Wang Jiachen. Key theoretical issue need to be solved and research status of coal and gas co-mining[J].Coal Engineering, 2011(1):1~3.

[2] 袁亮,薛俊华,张农,等.煤层气抽采和煤与瓦斯共采关键技术现状与展望[J].煤炭科学技术,2013,41(9):6~11.
Yuan Liang, Xue Junhua, Zhang Nong,et al. Development orientation and status of key technology for mine underground coal bed methane drainage as well as coal and gas simultaneous mining[J]. Coal Science and Technology, 2013, 41(9): 6~11.

[3] 谢和平,高峰,周宏伟,等. 煤与瓦斯共采中煤层增透率理论与模型研究[J].煤炭学报,2013,38(7):1101~1108.
Xie Heping,Gao Feng, Zhou Hongwei,et al. On theoretical and modeling approach to mining-enhanced permeability for simultaneous exploitation of coal and gas[J]. 2013,38(7):1101~1108.

[4] 袁亮,郭华,沈宝堂,等.低透气性煤层群煤与瓦斯共采中的高位环形裂隙体[J].煤炭学报,2011,36(3):357~365.
Yuan Liang, Guo Hua, Shen Baotang, et al. Circular overlying zone at long wall panel for efficient methane capture of multiple coal seams with low permeability[J]. Coal Science and Technology, 2011,36(3):357~365.

[5] 程远平,付建华,俞启香. 中国煤矿瓦斯抽采技术的发展[J].采矿与安全工程学报, 2009, 26(2) :127~139.
Cheng Yuanping, Fu Jianhua, Yu Qixiang. Development of gas extraction technology in coal mines of China[J].Journal of Mining & Safety Engineering, 2009,26(2) :127~139

[6] 武华太.煤矿区瓦斯三区联动立体抽采技术的研究和实践[J].煤炭学报,2011,36(8) :1312~1316.
Wu Huatai. Study and practice on technology of three-zones linkage 3D coal bed methane drainage in coal mining area[J]. Journal of China Coal Society,2011,36(8) :1312~1316.

[7] 袁亮.低透高瓦斯煤层群安全开采关键技术研究[J]. 岩石力学与工程学报,2008,27(7):1370~1379.
Yuan Liang. Key technology of safe mining of low permeability and methane-rich seam group[J]. Chinese Journal of Rock Mechanics and Engineering,2008,27(7) :1370~1379.

[8] 袁亮.卸压开采抽采瓦斯理论及煤与瓦斯共采技术体系[J].煤炭学报,2009,34(1) :1~8.
Yuan Liang. Theory of pressure-relieved gas extraction and technique system of integrated coal production and gas extraction[J]. Journal of China Coal Society,2009,34(1):1~8.

[9] 薛俊华.近距离高瓦斯煤层群大采高首采层煤与瓦斯共采[J].煤炭学报,2012,30(10):1682~1687.
Xue Junhua. Integrated coal and gas extraction in mining the first seam with a high cutting height in multiple gassy seams of short intervals[J]. Journal of China Coal Society, 2012,30(10):1682~1687.

[10] 钱鸣高,石平五.矿山压力与岩层控制[M].徐州:中国矿业大学出版社, 2003.
Qian Minggao, Shi Pingwu. Mining pressure and strata control[M].Xuzhou: China University of Mining and Technology Press, 2003.

[11] 煤炭工业部.建筑物、水体、铁路及主要井巷煤柱留设与压煤开采规程[S].北京:煤炭工业出版社,1985.
Ministry of Coal Industry. Buildings, water, railway and main well lane of coal pillar and coal mining regulations[S].Beijing: China Coal Industry Publishing House,1985.

"三软"厚煤层综放工作面护巷煤柱尺寸的数值模拟研究

李金贵[1,2]

（1. 太原理工大学，山西太原　030024；
2. 霍州煤电集团汾源煤业公司，山西霍州　035100）

摘　要　论文针对三软厚煤层综放工作面护巷煤柱尺寸展开研究，采用理论分析与数值模拟两种手段。通过理论计算得到文明煤矿开采 5 号煤层的两综放工作面之间留设煤柱尺寸不小于 19.8m，为进一步验证理论计算的客观性，采用计算机数值模拟了 15m，20m，25m，30m，35m，40m 六种方案，综合煤柱稳定性与支承应力分布，最终确定留设煤柱尺寸为 20~25m。最后与现留设 40m 宽煤柱进行对比，研究结果可提高回采率 7.9%，对于类似矿井具有一定的参考价值。

关键词　三软　厚煤层　护巷煤柱　塑性区　支承应力

留设煤柱一直是煤矿中传统的护巷方法[1]，传统的留区段护巷煤柱的方法是在上区段运输巷和下区段回风巷之间留设一定宽度的煤柱，使下区段巷道避开侧向支承压力峰值区域。煤柱宽度是影响煤柱稳定性和巷道维护的主要因素，影响回采引起的支承压力对巷道的影响程度及煤柱的载荷。

为了使工作面巷道处于良好的维护状态，必须使巷道处于围岩应力降低区域、围岩应力较小区域或原岩应力区，避免处于高应力区。其主要方法有两种：一是采用在本工作面与相邻工作面之间留设较宽大的煤柱的方法来保证本工作面回风或运输巷道的稳定；二是使用窄煤柱将巷道布置在应力较小区域，采用沿空窄煤柱护巷。

回采与开掘巷道在煤柱边缘处会出现数倍于自身重力（γH）的集中应力，而在边缘处煤柱的抗压强度比较低，因此，煤柱边缘部分都遭到不同程度的破坏。对于采准巷道的护巷煤柱，回采空间（采空区侧）和回采巷道在煤柱两侧分别形成一个宽度为 R_0 与 R 的塑性变形区，当煤柱宽度 B 小于煤柱两侧形成的塑性区宽度 R_0 与 R 之和时，也即煤柱两侧形成的塑性区相贯通时，煤柱将失去其稳定性，出现崩塌现象。

文明煤矿属于整合矿井，现布置的首采 5-101 工作面开采 5 号煤层，该煤层具有三软特点，其中煤层的普氏硬度系数 f 最高为 0.19，煤体的硬度直接影响到煤柱宽度，因此合理的留设煤柱宽度对于该矿生产实践具有重要意义。

1　地质及回采情况

5 号煤层赋存于太原组的下部，煤厚 4.60~13.90m，平均 10.50m，属厚煤层，煤层倾角 25°~30°，含 1~2 层夹矸，全井田可采，仅在深部的 T1 号钻孔该煤层有分叉现象，在矿区的其他部分大部为合并。顶板岩性为泥岩或砂质泥岩、粉砂岩，底板岩性为砂质泥岩、泥岩或细粒砂岩。属全井田可采的稳定煤层。

井田内未发现大的断层和陷落柱。影响开采的含水层主要是奥陶系中统岩溶水。奥灰水水位标高为 1393.97m。枯水期涌水量为 120m³/d，来水期涌水量为 250m³/d，无水文孔。正常涌水量为 120m³/d，最大涌水量为 180m³/d。

矿井为低瓦斯矿井，瓦斯相对涌出量为 0.28m³/t，瓦斯绝对涌出量为 1.17m³/min，CO_2 相对涌出量为 2.15m³/t，绝对涌出量为 0.45m³/min。各煤层煤尘具有爆炸性，5 号煤层属Ⅱ级自燃煤层，发火期为 4~6 月。

基金项目：霍州煤电高层专业人才实践工程资助项目，编号 HMGS2012XX。
作者简介：李金贵(1969—)，男，采矿工程师，毕业于山西矿业学院，采矿工程专业，现任霍州煤电集团汾源煤业公司生产矿长，从事煤矿的生产管理工作。电话：13994026610；E-mail: 918695206qq.com

按煤层厚度分类，5 号煤层平均厚度为 10.5m，属于特厚煤层。按煤层倾角分类，5 号煤层倾角 25°～30°，属倾斜厚煤层。5 号煤采用综采放顶煤一次采全厚走向长壁采煤法，设计机采高度为 2.6m，放顶煤厚度为 7.9m。5 号煤层顶底板煤岩物理力学参数见表1。

表1 5号煤层煤岩物理力学参数

岩 性	单向抗压强度/MPa	弹性模量/GPa	泊松比	单向抗拉强度/MPa
基本顶	69	21.5	0.29	4.42
直接顶	28.88	16.15	0.16	2.3
底板	24.13	55.79	0.35	2.88

2 煤柱宽度理论分析

护巷煤柱保持稳定的基本条件是：煤柱两侧产生塑性变形后，在煤柱中央仍处于弹性应力状态，即在煤柱中央保持一定宽度的弹性核。对一次采全厚的综放工作面护巷煤柱，弹性核的宽度取两倍的巷道高度 h 即可，故综放工作面护巷煤柱保持稳定状态的宽度需要满足公式（1）：

$$B \geqslant R_0 + 2h + R \tag{1}$$

对式（1）中的参数具体计算如下：

（1）回采引起的塑性区宽度 R_0。回采工作面推进后，采煤工作面周边煤柱体应力重新分布，从煤柱体边缘到深部，会出现破裂区、塑性区、弹性区和原岩应力区，围岩应力向深部转移。根据极限平衡理论可求得回采工作面周边煤体的塑性区宽度 R_0，见公式（2）：

$$R_0 = \frac{M\lambda}{2\tan\varphi_0} \ln\left(\frac{K\gamma H + \dfrac{C_0}{\tan\varphi_0}}{\dfrac{C_0}{\tan\varphi_0}}\right) \tag{2}$$

式中，M 为煤层开采厚度，10.5m；λ 为侧压系数，$\lambda=\mu/(1-\mu)$，μ 为泊松比，$\lambda=0.22/(1-0.22)=0.282$；$\varphi_0$ 为煤体交界面内摩擦角，取 26.84°；C_0 为煤体交界面黏聚力，取 0.73MPa；K 为回采引起的应力集中系数，按 1.5 进行计算；H 为开采深度，按 300m 考虑；γ 为上覆岩层平均容重，取 25kN/m³。

计算得到回采引起的塑性区宽度为：R_0=6.4m。

（2）掘进引起的塑性区宽度 R。工作面回采巷道沿煤层布置，其开挖后，巷道周边围岩应力重新分布，两侧煤体边缘首先遭到破坏，并逐步向深部扩展和转移，直至弹性区边界。同理，根据极限平衡理论可求得掘进巷道周边煤体的塑性区宽度 R 满足公式（3）：

$$R = \frac{h\lambda}{2\tan\varphi_0} \ln\left(\frac{k\gamma H + \dfrac{C_0}{\tan\varphi_0}}{\dfrac{C_0}{\tan\varphi_0} + \dfrac{P_x}{\lambda}}\right) \tag{3}$$

式中，h 为巷道高度，3.5m；λ 为侧压系数，$\lambda=\mu/(1-\mu)$，μ 为泊松比，$\lambda=0.22/(1-0.22)=0.282$；$\varphi_0$ 为煤体交界面内摩擦角，取 26.84°；C_0 为煤体交界面黏聚力，取 0.73MPa；k 为掘巷引起应力集中系数，取 1.5；H 为巷道埋深，按 300m；γ 为上覆岩层平均容重，取 25kN/m³；P_x 为巷道煤帮支护强度，取 0.1MPa。

计算得到掘巷引起的塑性区宽度为：R=1.9m。

结合公式（1）得到接续工作面相邻巷道掘进期间护巷煤柱保持稳定状态的宽度：

$$B=6.4+2\times3.5+1.9=15.3\text{m}$$

进一步得到相邻两工作面二次采动影响下区段煤柱的宽度计算结果为：

$$B\geqslant 6.4+2\times3.5+6.4=19.8\text{m}$$

由计算可知，护巷煤柱宽度应大于 15.3m，方可避免回采与掘进形成的塑性区连通；区段煤柱宽度应大于 19.8m，方可避免两工作面回采形成的塑性区连通。

3　区段煤柱留设的数值模拟

研究区段煤柱宽度留设数值[2~5]计算步骤如下：(1) 建立数值模型；(2) 根据巷道地质与生产条件，确定模型模拟范围、模型网格、边界条件。为了真实反映巷道围岩变形特征，特别是岩石屈服后的力学行为，而又不使计算速度过慢，计算采用应变软化模型。

模拟采用的各岩层根据 T3 钻孔柱状图建立，如图 1 所示。其中相近的岩层合并考虑。模拟考虑了 60m 的底板，煤层厚度按 10.5m 考虑，煤层倾角 30°。模型上方松散层共 220m 按照等效载荷代替，按下式计算：

$$p = \Sigma H \rho g$$

式中，H 为煤层上方未模拟煤层的厚度，取 220m；ρ 为相应的煤岩层密度，取平均 2500kg/m³；g 为重力加速度，取 9.81m/s²。

累厚/m	层厚/m	柱状	岩性描述
295.92	277.52		无岩芯钻进
303.00	7.08		深灰色砂质泥岩，水平层理，含植物化石，节理发育
307.00	4.00		灰色细砂岩，泥质胶结，夹粉砂岩薄层，节理发育
309.05	2.05		深灰色泥岩，含植物叶片化石，节理发育，岩芯破碎
311.40	2.35		2号煤，粉状
321.50	10.10		深灰色泥岩，破碎，中部夹砂质泥岩薄层，底部1.00m微含炭质
326.20	4.70		5号煤，粉状，夹石为泥岩
327.05	0.85		深灰色泥岩，碎块状，含植物碎片化石
328.00	0.95		煤，粉状
331.00	3.00		深灰色泥岩，水平层理，含植物化石，节理发育，岩芯破碎
343.80	12.80		灰色细砂岩，松软，全层受挤压严重，夹粉砂岩薄层，节理发育
352.00	8.20		深灰色砂质泥岩，水平层理，含菱铁质结合，节理发育
357.50	5.50		灰色细砂岩，钙质胶结，节理发育
370.50	13.00		深灰色泥岩，水平层理，含植物化石及少量黄铁矿，节理发育
371.80	1.30		深灰色泥灰岩，泥质含量高，裂隙发育，含方解石脉
373.75	1.95		深灰色泥岩，水平层理，含植物叶片化石，节理发育
375.10	1.35		4号煤，粉状
379.00	3.90		深灰色泥岩，水平层理，含植物根化石，下部夹粉砂岩薄层
385.00	6.00		灰色细砂岩，钙质胶结，夹粉砂岩条带，节理发育
392.70	7.70		深灰色砂质泥岩，水平层理，含植物碎片化石及少量黄铁矿
395.00	2.30		深灰色石灰岩，隐晶质，含动物碎片化石，裂隙发育
408.00	13.00		5号煤，粉状，夹石1、2为泥岩

图 1　T3 号钻孔柱状图

整个模型 4 个立面均固定法向位移，底面同样固定法向位移。煤岩层物理力学参数按试验室测定数据给定，没有试验数据的岩层属性按岩性的平均取值给定，将煤层按两层建立。所建立的模型如图 2 所示。

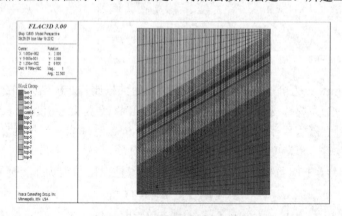

图 2　建立的数值模型

区段煤柱宽度留设采用的方案如下：15m、20m、25m、30m、35m、40m 等共 6 个方案。区段煤柱的破坏状态与区段煤柱应力分布状态如图 3~图 8 所示。

如图 3 所示，当两相邻工作面之间保留 40m 护巷煤柱时，煤柱两侧破坏范围约为 27m，中间 23m 的范围处于弹性状态，应力峰值达到 1.37，且偏向接续工作面一侧。

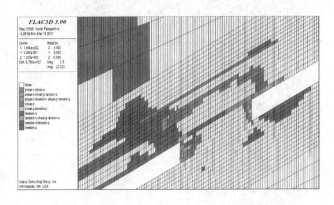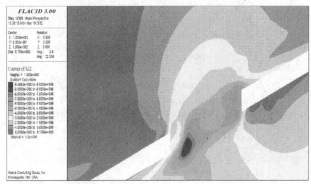

图 3 工作面之间留 40m 煤柱破坏与应力分布状态

如图 4 所示，当两相邻工作面之间保留 35m 护巷煤柱时，煤柱两侧破坏范围约为 20m，中间 15m 的范围处于弹性状态，应力峰值达到 1.38，最大应力值偏向接续工作面一侧。

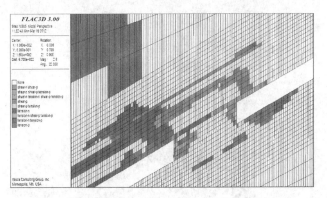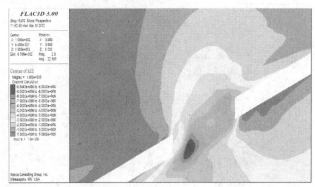

图 4 工作面之间留 35m 煤柱破坏与应力分布状态

如图 5 所示，当两相邻工作面之间保留 30m 护巷煤柱时，煤柱两侧破坏范围约为 20m，中间 10m 的范围处于弹性状态，应力峰值达到 1.41，最大应力值偏向接续工作面一侧。

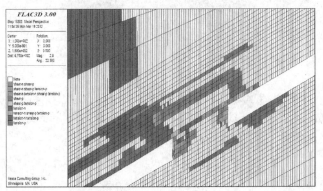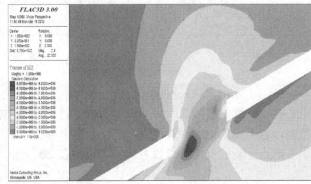

图 5 工作面之间留 30m 煤柱破坏与应力分布状态

如图 6 所示，当两相邻工作面之间保留 25m 护巷煤柱时，煤柱两侧破坏范围约为 22m，中间仅 3m 的范围处于弹性状态，应力峰值达到 1.43，最大应力值偏向接续工作面一侧。

如图 7 所示，当两相邻工作面之间保留 20m 护巷煤柱时，整个护巷煤柱均发生破坏，煤柱中部不存在弹性区，应力峰值达到 1.24，最大应力值偏向接续工作面一侧。

如图 8 所示，当两相邻工作面之间保留 15m 护巷煤柱时，与留设 20m 护巷煤柱相同，整体发生破坏，煤柱中部不存在弹性区，应力峰值达到1.62，同时，最大应力值偏向首采的5-101工作面一侧。

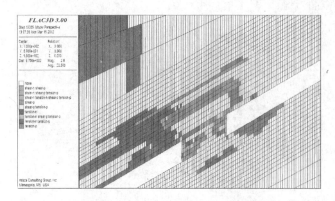 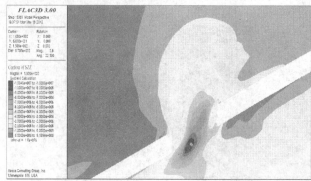

图6　工作面之间留25m煤柱破坏与应力分布状态

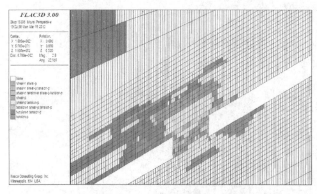 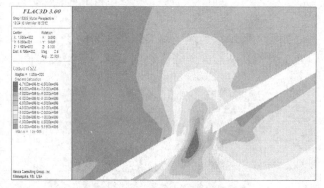

图7　工作面之间留20m煤柱破坏与应力分布状态

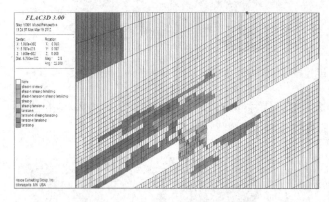 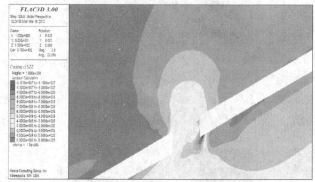

图8　工作面之间留15m煤柱破坏与应力分布状态

综合上述实验现象发现，当煤柱尺寸从大到小时，煤柱破碎区增加，煤柱尺寸为20m时，整个煤柱发生了破坏。煤柱内的支承应力分布随着煤柱尺寸从40m到25m时呈增加趋势，从25m到20m时呈现减小趋势，应力峰值由1.43降低为1.24，当继续减小到15m时，支承应力峰值又增加，达到1.62。

综上分析可知，区段煤柱宽度留设应在20~25m。

4　结论

论文对工作面之间的合理护巷煤柱尺寸展开研究，以理论分析和数值模拟研究两种手段为主，理论计算得出工作面之间区段护巷煤柱为避免相邻两工作面开采造成的塑性区贯通，应大于19.8m，为验证理论计算的合理性，通过计算机数值模拟发现，当煤柱尺寸从40m减小到25m时，中部仍存在弹性区，当留设20m时，整个煤柱处于塑性状态，综合考虑煤柱稳定性与支承应力分布，煤柱尺寸留设的范围在20~25m之间。

结合到该矿具体情况，现该矿5-101工作面与接续5-103工作面长度均为100m，工作面间留设40m宽护巷煤柱，一采区北翼设计3个工作面，需要留设2个区段护巷煤柱，尺寸总计为80m，如按照25m宽煤柱留设，则可提高采区回采率 7.9%。因此，在综合煤柱稳定性与支承应力分布的前提下，认为研究结论对于回采率的提高具有重要意义。

参 考 文 献

[1] 钱鸣高, 石平五. 矿山压力与岩层控制[M]. 徐州: 中国矿业大学出版社, 2003.
[2] 刘波, 韩彦辉. FLAC 原理、实例与应用指南[M]. 北京: 人民交通出版社, 2005.
[3] 萧红飞, 何学秋, 等. 基于 FLAC3D 模拟的矿山巷道掘进煤岩变形破裂力电耦合规律的研究[J]. 岩石力学与工程学报, 2005(5): 85~90.
[4] 彭文斌. FLAC3D 实用教程[M]. 北京: 机械工业出版社, 2007.
[5] 陈育民, 徐鼎平. FLAC/FLAC3D 基础与工程实例[M]. 北京: 中国水利水电出版社, 2008.

富水覆岩采动裂隙导水特性模拟分析

王 文　李化敏　黄祖军　李东印

(河南理工大学能源科学与工程学院，河南焦作　454000)

摘　要　为探讨沁水煤田和顺矿区 15 号煤层覆岩水害特点，利用相似材料模拟与数值模拟方法对工作面采动覆岩导水特性进行研究，分析了垮落带与裂缝带导水通道的分布特征，得出 4 号煤老空水的渗流规律。结果表明：工作面推至 175m 时覆岩主关键层破断，裂缝带发育至 4 号煤老空区，为顶板透水提供了导水通道，导水通道边界的最大流速为 9.70×10^{-4} m/s，并划分了 15 号煤层顶板突水危险区域，为和顺矿区顶板透水事故的预防提供理论依据。

关键词　关键层　导水通道　渗流规律　顶板突水

Mining-induced Fracture Conductivity Characteristics Simulation Studies Under Rich Water Strata

Wang Wen　Li Huamin　Huang Zujun　Li Dongyin

(School of Energy Science and Engineering, Henan Polytechnic University, Henan Jiaozuo 454000, China)

Abstract　To explore the water disasters characteristics of overburden rock of Qin-Shui coal field and No.15 coal seam mining area, using the similar material simulation and numerical simulation methods to studied the working face mining overburden rock conductivity characteristics. Analysis of the distribution of water channel of caving zone and fractured zone, it is concluded that permeability rule of the No.4 coal old empty water. The results show that: the main key strata breakage when the working face up to 175 m, fissure zone development to No.4 old empty area, provides water channel for roof waterproof guide, the largest velocity of 9.70×10^{-4} m/s of water channel border, and dividing No.15 coal seam roof water inrush danger zone, to provide theoretical basis of roof accident prevention of He-Shun coal.

Keywords　critical layer, water channel, permeability rule, roof water inrush

近几年来，针对厚煤层综合机械化开采、工作面快速推进等生产技术条件的出现，进行了大量采动覆岩导水裂缝带高度实测及部分理论研究[1~8]。研究结果表明，覆岩采动裂隙仅在一定高度范围内发育[9]，但随着工作面的推进，对覆岩移动过程中导水裂隙场在不同阶段、不同区域的动态分布及因综采放顶煤覆岩垮落而引起顶板渗流通道的形成规律方面研究得还不够，此外，已有的研究成果均是基于特定的地层条件而进行的，推广应用存在一定的局限性。综放开采与分层开采相比，其一次开采空间较大，直接导致了垮落带与裂缝带高度的不同，进而影响导水通道的分布与裂隙水的渗流规律。采动覆岩导水裂缝带一旦发育至上覆含水层，则会导致含水层的水流入或溃入井下，形成矿井水灾害[10~12]。

本文以山西和顺矿区的某矿井为实例，应用物理模拟与数值软件模拟的方法，研究了综放开采条件下采动覆岩导水裂缝带的产生发展规律，分析了裂隙水的渗流特性，为工作面顶板透水预测及防治提供依据。

1　工程概况

山西和顺矿区某矿井主采煤层为 4 号煤层和 15 号煤层，3 号煤层开采时间较长，存在大量采空区，且有大量积水。矿井主采 15 号煤顶板存在 K2、K3、K4、K7 四层含水层，且矿井 15 号煤层开拓过程中曾多次揭露胶结程度低导水性好的陷落柱。矿井 3 号煤层平均厚度 1.3m，15 号煤层平均厚度 6.0m，15 号煤层和

3号煤层层间距为130m。

15号煤层上覆岩层属中硬偏软岩层，其中硬度较大K2灰岩，中等硬度为砂质泥岩。4号煤层老空区积水及含水层水对15号煤层开采过程中存在安全隐患。图1为煤矿综合柱状图。

图1 矿井综合柱状图

Fig.1 Geogram of the mine

为防止上覆4号煤层老空水及灰岩水等水体通过陷落柱等地质构造及采动裂溃入15号煤层工作面，开展对15号煤层开采顶板覆岩移动规律及渗流特征研究。采用相似模拟试验探讨分析顶板裂隙发育的特征及数值模拟软件进行渗流分析。

2 相似模拟试验分析

2.1 模型及材料选取

以和顺矿区某矿15号煤层首采工作面为模拟实例，沿走向取一剖面，使用4000mm×2500mm×300mm长平面应力模型模拟。模拟岩层以煤系地层为主，对岩层厚度在0.8m以上者采用分层模拟，对于小于0.8m的岩层采用与邻近岩层合并综合模拟。

根据矿井工程地质条件、相似原理与量纲分析，模型几何相似比为1:100，容重相似比为3:5；强度相似比为3:500，时间相似比为1:10。岩层相似材料选取河沙为骨料，配以碳酸钙与石膏，采用云母粉模拟岩层层面。确定模型岩层材料力学参数如表1所示。

表1 模型岩层主要力学参数表

Table 1 Rock mechanics parameters of strata

岩 性	弹性模量/MPa	原型抗压强度/MPa	模型抗压强度/MPa	泊松比	容重/kN·m^{-3}
粗砂岩	210	34.0	0.20	0.22	15.3
细砂岩	214.8	30.0	0.18	0.2	15.5
中粒砂岩	210	39.3	0.24	0.2	15.7
砂 岩	204.6	28.7	0.17	0.21	15.2
砂纸泥岩	79.2	17.3	0.10	0.3	15
煤	15.6	9.6	0.06	0.3	7.9
石灰岩	255	44.6	0.27	0.25	17.4

2.2 试验过程

（1）试验模拟 15 号煤层开采，考虑物理模型的边界效应，在距模型边各 50cm 处作为开挖边界。模拟工作面沿走向自左向右依次推进，在工作面推进过程中观测采动覆岩变形破断及裂隙分布规律，从宏观角度解释采动覆岩的导水特性。

（2）试验中直接顶随采随垮落，垮落带与裂缝带高度不断向上发展。开挖至 165m 时，裂缝带发育至最大高度 132m，离层裂隙到达 4 号煤层底板位置，为 4 号煤层老空水形成可能的通道。相似模拟模型如图 2 所示。

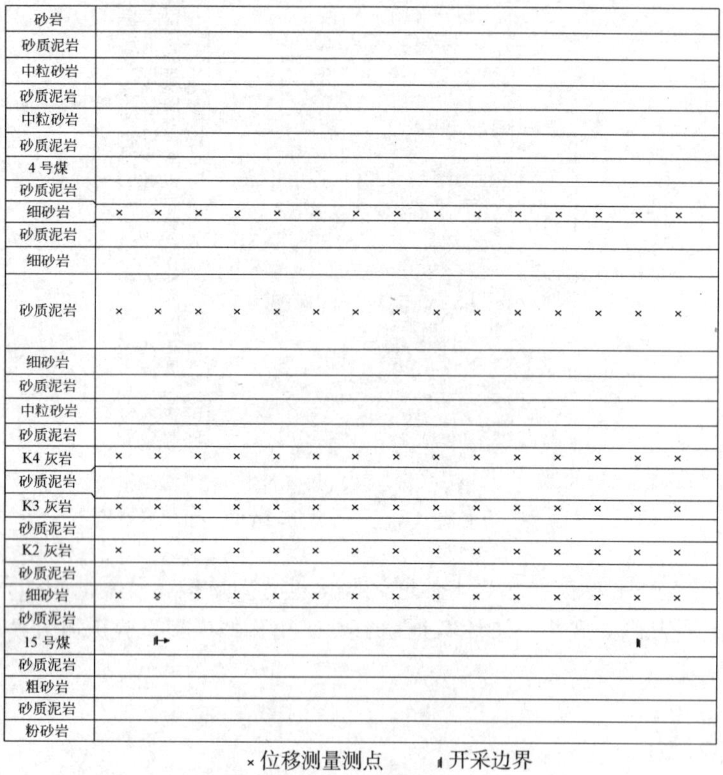

砂岩														
砂质泥岩														
中粒砂岩														
砂质泥岩														
中粒砂岩														
砂质泥岩														
4 号煤														
砂质泥岩														
细砂岩	×	×	×	×	×	×	×	×	×	×	×	×	×	×
砂质泥岩														
细砂岩														
砂质泥岩	×	×	×	×	×	×	×	×	×	×	×			
细砂岩														
砂质泥岩														
中粒砂岩														
砂质泥岩														
K4 灰岩	×	×	×	×	×	×	×	×	×	×	×	×	×	×
砂质泥岩														
K3 灰岩	×	×	×	×	×	×	×	×	×	×	×	×	×	×
砂质泥岩														
K2 灰岩	×	×	×	×	×	×	×	×	×	×	×	×	×	×
砂质泥岩														
细砂岩	×	×	×	×	×	×	×	×	×	×	×	×	×	×
砂质泥岩														
15 号煤	┠→													┃
砂质泥岩														
粗砂岩														
砂质泥岩														
粉砂岩														

× 位移测量测点 ┃ 开采边界

图 2 岩层移动观测点布置图
Fig.2 Observation points layout of strata movement

3 试验结果分析

3.1 覆岩导水通道形成及演化规律

研究区域 15 号煤层上覆岩层岩性中等硬度，一次开采厚度较大，开采后覆岩在垂直方向发育有明显的"三带"特征，垮落带与裂缝带裂隙形成导水通道，覆岩裂缝带发展到 4 号煤层底板位置，为 4 号煤层老空水的渗流提供了条件。

煤层开采上覆岩层周期破断发育形成离层与垂向裂隙，随着工作面的推进上覆岩层运移裂隙出现，在水平与垂直方向上呈现出与周期来压同步的跳跃式发展，前期出现的覆岩裂隙随着岩层的运移不断压实闭合，如图 3 所示。

（1）随着工作面推进，上覆岩层周期性破断，始终在工作面附近（平均两次周期来压范围内）上覆岩层形成贯通裂隙发育区。覆岩裂隙发育区中，垮落带岩石垮落时间短，岩块块体小，排列不规则，水平与垂直方向裂隙发育且张开度大；其上方裂缝带岩块较大，排列整齐，在水平与垂直方向裂隙向上发育时其张开度与贯通度均逐渐减小；水平与垂直裂隙彼此连接贯通即可形成导水通道，导水性会明显增加。

（2）随着工作面推进（123m 以后），裂隙发育区垮落岩块由于其上覆岩层重力及其自重作用逐渐被压实，裂隙闭合，不断演化成局部裂隙闭合区，该裂隙闭合区是伴随覆岩周期性垮落在采空区侧出现，但切眼上方的边界裂隙基本不受其影响。局部裂隙闭合会使得采动覆岩的渗流通道受阻，导水能力在很大程度上弱化甚至消失。

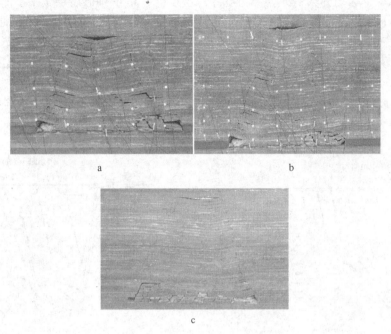

图 3 采动覆岩裂隙分布特征图
a—工作面推进至 116m；b—工作面推进至 123m；c—工作面推进至 165m
Fig.3 Diagram characteristics of overburden fracture by mining dynamic

3.2 导水裂缝带发育特征分析

根据相似模拟实验结果，工作面推进至 165m 时，覆岩裂缝带高度发育至最大值 132m。通过对覆岩裂隙发育过程进行素描分析，如图 4 所示，总结导水裂缝带发育特征如下：

（1）随着工作面的推进，覆岩发育形成"梯形"动态特征导水裂隙面，该裂隙面与老顶周期性垮落相关联，呈周期性变化。工作面推进至 102m 时，覆岩垮落主要形成三个"梯形"导水裂隙面，上部的主要位于切眼上方与工作面上方的裂隙面处，下部分布在切眼与新形成的裂隙面附近，前期形成的工作面侧裂隙面及"梯形"上边界裂隙面则随着工作面的推进而不断被压实闭合。

（2）工作面推进至 165m，导水裂缝带发育至最大高度后，切眼上方的覆岩裂隙面基本稳定，呈现出贯通程度高、张开度大、导水性好的裂隙发育特征；而工作面侧的则由于覆岩垮落不完全、新近垮落岩层尚未被压实，而呈现出贯通程度低、张开度小、导水性差的裂隙发育特征，但工作面侧覆岩下部区域由于垮落岩块尚未被压实，其裂隙发育程度高，导水性好。

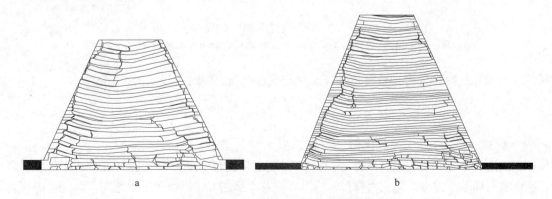

图 4 覆岩垮落裂隙发育特征素描图
a—工作面推进至 102m；b—工作面推进至 165m
Fig.4 Sketch of overlying strata fracture

3.3 采动位移场观测结果分析

相似材料模拟试验位移观测 A 排测点布置在距煤层顶板 6 m 的细砂岩层位中，测点距煤层最近；F 排测点布置在距煤层顶板 125 m 的细砂岩层位中，距煤层最远。对比分析位移测点下沉曲线图，如图 5 所示，可以得出：A 排测点在距切眼 120~130 m 范围内，采空区覆岩的下沉量最大，最大值 5.2 m；因为 A 排测点位于煤层上方 6 m，距离开采煤层较近，而煤层一次采出厚度为 6 m，开采厚度大，煤层采出后，测点所在岩层的运动空间大，垮落后岩层被压实所致。F 排测点在距切眼 120~130 m 范围内，采空区覆岩下沉量最大，最大值 3.8 m；由于上覆岩层距离煤层越远，在采动覆岩"梯形"边界裂隙范围内的岩层，其上部破坏岩层距切眼的水平距离越远所致。

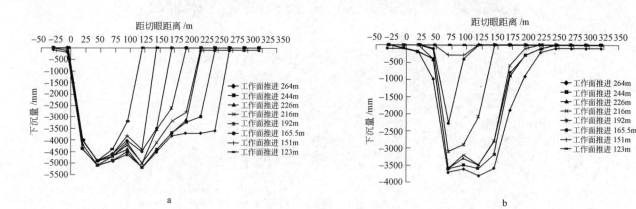

图 5 相似模拟位移观测点下沉曲线图
a—A 排测点下沉曲线图；b—F 排测点下沉曲线图
Fig.5 Subsidence curve of measurement points

3.4 工作面涌水危险区域划分

依据相似模拟实验观测数据，采动覆岩导水裂缝带总高度随工作面推进大致呈 S 形曲线关系，见图 6。

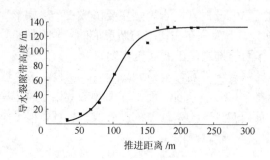

图 6 裂缝带高度与推进距离关系图
Fig.6 Water flowing fractured regression equation curve with 6m mining height

对模拟观测数据进行拟合得到裂缝带发育高度与推进距离之间的关系式为：

$$y = 133/(1+187^{-0.0517x})$$

式中，y 为裂缝带高度，m；x 为工作面推进距离，m。

依据回归方程，当工作面推进至 180 m 左右时，裂缝带发育至最大高度 132 m 到达 4 号煤层老空区底板位置，工作面与切眼上方采动覆岩"梯形"边界裂隙发育贯通，成为优势导水通道，因此可以认为此时为工作面顶板初次透水的危险区域。随着每次周期来压的出现，工作面优势导水裂隙发育贯通都可能因大量涌水而威胁矿井生产。

4 覆岩含水层渗流规律数值模拟

4.1 模拟方案

利用COMSOL计算模型走向长420m，垂高160m，其中开采煤层厚6m，15号煤层首采工作面埋深260m。模型边界条件为：底部与左右两边固定约束，水位位于4号煤老空区内，4号煤层上覆岩层以均布荷载加载在模型的上边界，平均载荷 p=3.2MPa；依据4号煤老空区富水水位情况，设定其水压为固定值，p=0.6MPa，模型左右边界与上边界均为隔水边界，工作面自左向右依次开挖，每步开挖5m。

4.2 模拟结果分析

覆岩中的渗流通道、渗流速度、渗流量与采动裂隙发育特征密切相关。覆岩含水层水在采动裂缝带内的流动过程为：当裂缝带高度首次发育至4号煤老空水时，老空水首先充满采动覆岩裂隙区内岩层离层裂隙，使煤岩层产生膨胀变形而使老空水卸压沿离层裂隙流动；沿着岩层的垂向破断裂隙（穿层的优势导水裂隙）导水通道渗流。在向下渗流过程中，垂向裂隙因岩层间的拉伸与挤压而闭合时，水流会继续沿着岩层间的离层裂隙流动，通过这些离层裂隙补充到优势导水裂隙通道处（贯通裂隙）继续向下层渗流，依次下泄渗流，直至受阻。当上部老空水水量较小时，只能沿层向裂隙流动，并不能直接到达工作空间；如含大量老空水时，就会出现较大的渗流量甚至引发工作面透水事故，模拟结果如图7所示。

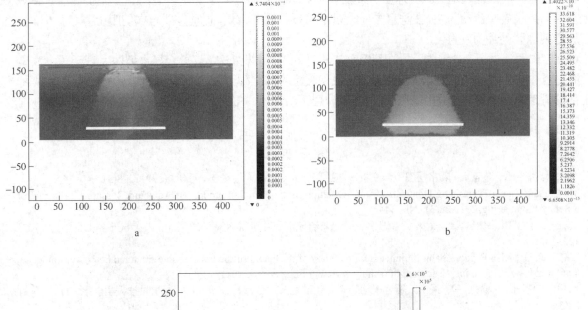

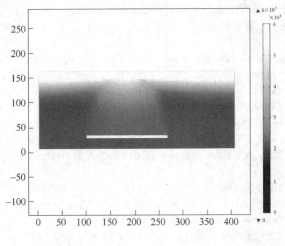

图7 工作面推进至175m采动覆岩渗流特征图
a—采动覆岩裂隙水流速分布；b—采动覆岩渗透率突变范围；c—采动覆岩水力梯度分布
Fig.7 Diagram seepage characteristics of overburden fracture in 175m

(1）随着工作面推进，覆岩周期性垮落与破坏，覆岩的渗透率逐渐增大。当渗透率增大范围连通时，岩层即发生破断垮落，覆岩裂隙水则会沿着渗透率突变增大的区域发生渗流。

（2）随着采空区范围的增大，覆岩裂隙水会沿着导水裂隙流入采空区，切眼上方与工作面上方岩层破断边界处的流速明显大于采空区上部的流速，且随着裂隙水向下流动，其流速逐渐变小。

（3）工作面推进至 175 m 时，覆岩裂隙水已经渗流进入 15 号煤采空区内，覆岩导水裂隙发育至顶板最大高度 133 m 左右，见图 6。推进至 200 m 时，覆岩裂隙水流速最大，最大流速 9.70×10^{-4} m/s，且随着工作面的不断推进，上覆岩层下沉压实，裂隙水流速又逐渐减小并趋于稳定。

5　结论

（1）工作面推进过程中，采动覆岩周期性破断，始终在工作面附近（平均两次周期来压范围内）上覆岩层形成贯通裂隙发育区，发育裂隙彼此贯通形成可能导水通道；工作面后方采空区内前期出现的"梯形"边界裂隙会随着覆岩的不断垮落压实而逐渐闭合，形成局部裂隙闭合区，而切眼上方的边界裂隙则基本不受其影响。

（2）覆岩导水裂缝带发育高度与工作面推进距离呈 S 形曲线关系。当工作面推进至 165~180m 时，裂缝带发育至最大高度到达 4 号煤老空区底板位置，工作面与切眼上方采动覆岩"梯形"边界裂隙发育贯通，为顶板透水提供了可能的导水通道，成为工作面顶板初次透水危险区。随着每次周期来压的出现，工作面优势导水裂隙发育贯通都可能造成大量涌水而威胁矿井生产安全。

（3）覆岩中的渗流通道、渗流速度、渗流量与采动裂隙发育特征密切相关。覆岩 4 号煤老空水在水平方向上以层向离层裂隙流动为主，在垂直方向上以垂向裂隙渗透为主，且垂直裂隙在切眼上方与工作面上方"梯形"边界裂隙区处最为发育。

（4）工作面推进至 165 m 时，覆岩裂隙水渗流进入 15 号煤采空区，覆岩导水裂隙发育至最大高度 132 m 处；推进至 200 m 时，覆岩裂隙水流速最大，且切眼上方与工作面上方岩层破断边界处的流速明显大于采空区上部的流速；随着工作面的不断推进，上覆岩层下沉压实，裂隙水流速又逐渐减小并趋于稳定。

参 考 文 献

[1] 马立强, 张东升, 董正筑. 隔水层裂隙演变机理与过程研究[J]. 采矿与安全工程学报, 2011, 28(3): 340~344.
Ma Liqiang Zhang Dongsheng Dong Zhengzhu. Evolution mechanism and process of Aquiclude Fissures[J]. Journal of Mining &Safety Engineering, 2011,28(3): 340~344.

[2] 贺桂成, 肖富国, 张志军, 等. 康家湾矿含水层下采场导水裂隙带发育高度预测[J]. 采矿与安全工程学报, 2011, 28(1): 122~126.
He Guicheng, Xiao Fuguo, Zhang Zhijun, et al. Prediction of the height of the transmissive fractured belt of a mining stope under aquifer in kangjiawan mine[J]. Journal of Mining & Safety Engineering, 2011, 28(1): 122~126.

[3] 刘超, 李树刚, 许满贵, 等. 采空区覆岩采动裂隙演化过程及其分形特征研究[J]. 湖南科技大学学报(自然科学版), 2013, 28(3).
Liu Chao, Li Shugang, Xu Mangui, et al. Research on mining crack evolution process and its fractal characterization of overlying strata in goaf[J]. Journal of Hunan University of Science & Technology (Natural Science Editon), 2013, 28(3).

[4] 仇圣华, 杨志锡, 刘光照, 等. 煤层开采后覆岩导水裂隙带高度的模拟研究[J]. 煤矿安全, 2013, 44(6): 34~36.
Qiu Shenghua, Yang Zhixi, Liu Guangzhao, et al. Simulation study on the height of water flowing fractured zone after coal seam mining[J], Coal Mine Safity, 2013,44(6): 34~36.

[5] 许家林, 朱卫兵, 王晓振. 基于关键层位置的导水裂隙带高度预计方法[J]. 煤炭学报, 2012, 37(5): 762~769.
Xu Jialin, Zhu Weibing, Wang Xiaozhen. New method to predict the height of fractured water-conducting[J]. Journal of China Coal Society, 2012, 37(5): 762~769.

[6] 黄炳香, 刘长友, 许家林. 采动覆岩破断裂隙的贯通度研究[J]. 中国矿业大学学报, 2010, 39(1): 45~49.
Huang Bingxiang, Liu Changyou, Xu Jialin.Research on through degree of overlying strata fracture fissure induced by mining[J]. Journal of China University of Mining & Technology, 2010, 39(1): 45~49.

[7] 马立强, 张东升, 乔京利, 等. 浅埋煤层采动覆岩导水通道分布特征试验研究[J]. 辽宁工程技术大学学报, 2008, 27(5): 649~652.
Ma Liqiang, Zhang Dongsheng, Qiao Jingli, et al. Physical simulation of water crack distribution characteristics in overlying strata under coal mining conditions[J].Journal of Liaoning Technical University (Natural Science Edition), 2008, 27(5): 649~652.

[8] 肖江, 高喜才, 马岳谭, 等. 富水覆岩采动裂隙渗流相似模拟研究[J]. 2008, 25(1): 50~53.
Xiao Jiang, Gao Xicai, Ma Yuetan et al. Similar simulation of seepage flow in mining induced cracks of water rich overburden

rocks[J]. Journal of Mining & Safety Engineering, 2008, 25(1): 50~53.

[9] 钱鸣高, 缪协兴, 许家林, 等. 岩层控制的关键层理论[M]. 徐州: 中国矿业大学出版社, 2003.
Qian Minggao, Miao Xiexing, Xu Jialin, et al. The critical layer theory of ground control[M].Xuzhou: Journal of China University of Mining & Technology, 2003.

[10] 缪协兴, 刘卫群, 陈占清. 采动岩体渗流理论[M]. 北京: 科学出版社, 2004.
Miao Xiexing, Liu Weiqun, Chen Zhanqing. The seepage theory of mining rock [M]. Beijing: Science Press, 2004.

[11] 朱卫兵, 王晓振, 孔翔, 等. 覆岩离层区积水引发的采场突水机制研究[J]. 岩石力学与工程学报, 2009, 28(2): 306~311.
Zhu Weibing, Wang Xiaozhen, Kong Xiang, et al. Study of mechanism of stope water inrush caused by water accumulation in overburden separation areas[J]. Chinese Journal of Rock Mechanics and Engineering, 2009, 28(2): 306~311.

[12] 孙亚军, 徐智敏, 董青红. 小浪底水库下采煤导水裂隙发育监测与模拟研究[J]. 岩石力学与工程学报, 2009, 28(2): 238~245.
Sun Yajun, Xu Zhimin, Dong Qinghong. Monitoring and simulation research on development of water flowing fractures for coal mining under Xiao Langdi reservoir [J]. Chinese Journal of Rock Mechanics and Engineering, 2009, 28(2): 238~245.

CDEM 数值方法在煤矿采场矿压及岩层运动中的应用

袁瑞甫[1,2]

（1. 河南理工大学能源科学与工程学院，河南焦作 454000；
2. 中国科学院力学研究所，北京 110190）

摘要 基于连续介质力学的离散元方法（CDEM）是一种有限元与离散元相结合的计算方法，能够实现地质材料由连续到非连续的统一计算。利用 CDEM 方法对几个有代表性的岩层移动实例进行了数值模拟和分析，得到以下结论：CDEM 方法能够计算煤岩体从连续变形到非连续破裂、垮落、堆积的整个过程，是分析煤矿采场矿压及覆岩运动规律的有力工具。分析了冲沟发育地层向坡开采和背坡开采条件下的岩层运动、坡体活动及矿压显现特征。向坡开采时由于开采后边坡岩体向坡面倾斜，边坡岩体活动范围和滑移量大。背坡开采时由于覆岩整体向坡面发生倾斜移动，在坡面以上部形成从地表贯穿全部覆岩层的竖向拉伸裂缝，边坡下开采时由于边坡岩体向坡面反向倾斜，边坡岩体滑动量相对较小。

关键词 基于连续介质力学的离散元方法 数值模拟 采场矿压 覆岩运动

Application of CDEM in Ground Pressure and Overburden Movement in Coal Mine

Yuan Ruifu[1,2]

(1. School of Energy Science and Engineering, Henan Polytechnic University, Henan Jiaozuo 454000, China;
2. Institute of mechanics Chinese Academy of Sciences, Beijing, 110190, China)

Abstract Continuum-based Distinct Element Method is a numerical method coupled finite element and discrete element, which can calculate the whole failure process from continuous to discontinuous of geo-material. The CDEM was used to calculate three typical cases of overburden movement, and the following conclusions were archived: CDEM can depict the whole process of continuous deformation, discontinuous fracture, caving and stacking, so it is a new and effective method to analyze overburden movement and ground pressure. The overburden and slope movement and ground pressure were analyzed in the gully stratum. When mining direction was toward the gully, the movement scope and slippage on the slope was bigger because the rock stratum was inclined to the slope in the mining process. When mining direction was back the gully, the tension fracture in vertical direction penetrate the whole rock strata was formed because the whole rock stratum was inclined to slope, but the movement scope and slippage on the slope were relatively small due to the local rock strata above the mining face was reverse inclined to the slope.

Keywords continuum-based distinct element method, numerical simulation, underground pressure, Overburden movement

煤炭资源大面积薄层状赋存的特点决定了煤层采场开采范围大、移动性强，煤层开采后出现顶板大范围垮落，与此相对应，大范围移动的采掘空间形成移动变化的应力场（矿山压力场）。为保证采煤工作正常进行和安全生产，需要掌握不同开采方法及地质条件下的岩层运动规律并把采掘空间及各类巷道围岩内的矿压作用控制在一定范围内。

由于煤岩介质性质的复杂性和工程的不可复制性，数值模拟是矿山压力和岩层运动规律研究的主要手

基金项目：国家自然科学基金委员会与神华集团有限责任公司联合资助项目（U1261207），长江学者和创新团队发展计划资助（IRT1235）。
作者简介：袁瑞甫（1977—），河北定州人，博士，副教授。电话：0391-3987931；E-mail:yrf@hpu.edu.cn

段。目前，用于计算岩土工程的数值模拟软件有很多种，但大多数仅适用于计算岩（煤）体的某一特定状态，如有限元方法及有限差分方法较适用于计算连续体，块体离散元法较适用于计算非连续体，颗粒离散元法较适用于计算散体[1~7]。

煤岩体的破坏是从连续体到非连续体的发展过程，矿山压力及岩层运动规律不但需要研究煤岩体的变形破坏，还要研究破坏后碎块煤岩体的垮落和堆积状态。大多数煤系地层开采后上覆岩层的运动从低位到高位分为垮落带(不规则垮落堆积)、裂隙带(离层、裂隙发育，岩层依次垮落)、弯曲下沉带(岩层连续变形)[8~10]，因此，要求数值方法能够实现模拟煤岩体由连续变形到非连续破裂，最后垮落堆积的整个过程。

S. H. Li、冯春等[11,12]提出了基于连续介质力学的离散元方法（CDEM），根据有限元的刚度矩阵分析得出离散弹簧的刚度及方向，从而将块体离散成为弹簧，通过分析弹簧的断裂情况研究块体的内部破坏特征(如破坏方向、破坏程度等)。陆晶晶[13]利用CDEM对高桩码头结构进行了数值模拟，得出码头结构破坏以及破坏程度的临界荷载，并得到了破坏前后位移的直线型与抛物线型增长方式，说明CDEM方法在对高桩码头结构破坏后的变形分析有着独特的优势。冯春等[14]利用该方法模拟顺层岩质边坡在地震作用下的稳定性，获取震后结构面破裂后的残余强度，利用残余强度求解的安全系数作为评价边坡稳定性的指标，取得了较好的效果。

由于CDEM能够计算岩体从连续到非连续破坏的整个过程，因此，本文利用CDEM进行煤矿采场矿山压力与岩层运动规律方面的模拟计算，并与现场监测和物理模拟结果进行研究对比，以探究CDEM方法在煤矿采场矿压及岩层运动方面的适用性。

1 典型采场矿压及岩层运动模拟

采场矿压取决于距煤层较近的上覆岩层特征及分布情况。一般煤系岩层中，直接位于煤层上方的几层（或一层）岩性接近的岩层称为直接顶，通常由强度较低的泥岩、页岩等组成。位于直接顶之上的厚层坚硬完整的岩层称为基本顶，它是影响采场矿山压力的关键岩层，通常由砂岩、砾岩等强度较高的岩石组成。随着采场向前推进，基本顶达到极限跨距后发生初次垮落，采场支架承受压力增大，称为初次来压，此后基本顶随着采场推进出现周期性垮落，相应的采场出现周期性来压显现[8,9]。

1.1 数值模型

根据常见煤系地层条件，建立二维层状数值模型，采用四边形网格，共含块体3300个，节点7456个，块体采用M-C本构模型，节理采用脆断模型。模型尺寸x=400m，y=120m，共划分10层。模型边界条件：x向边界位移约束，y向底板位移约束，模型各层尺寸、岩性、单元块体及节理力学参数、测线布置等见图1、表1。

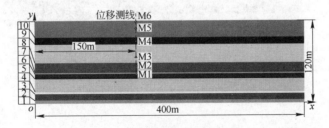

图 1　典型煤系地层数值模型
Fig.1　Numerical model of typical coal measure strata

表 1　图1中各岩层尺寸及单元和节理力学参数
Table 1　Rock stratum size and mechanical parameters in Fig.1

序号	岩性	厚度/m	单元块体力学参数						岩层内节理力学参数					岩层间节理力学参数				
			密度/kg·m^{-3}	弹模/Pa	泊松比	内聚力/Pa	抗压强度/Pa	内摩擦角/(°)	法向刚度/Pa	切向刚度/Pa	内摩擦角/(°)	内聚力/Pa	抗拉强度/Pa	法向刚度/Pa	切向刚度/Pa	内摩擦角/(°)	内聚力/Pa	抗拉强度/Pa
1	石灰岩	5	2680	17.3e9	0.19	9.3e6	1.9e6	30	5e10	5e10	30	9.3e6	1.9e6	5e10	5e10	20	0	0
2	石灰岩	9	2610	17.3e9	0.19	9.3e6	1.9e6	30	5e10	5e10	30	9.3e6	1.9e6	5e10	5e10	20	0	0
3	砂质泥岩	3	2660	37.0e9	0.22	17.0e7	2.7e6	39	5e10	5e10	25	17.0e7	2.7e6	5e10	5e10	20	0	0

续表 1

序号	岩性	厚度/m	单元块体力学参数						岩层内节理力学参数					岩层间节理力学参数				
			密度/kg·m^{-3}	弹模/Pa	泊松比	内聚力/Pa	抗压强度/Pa	内摩擦角/(°)	法向刚度/Pa	切向刚度/Pa	内摩擦角/(°)	内聚力/Pa	抗拉强度/Pa	法向刚度/Pa	切向刚度/Pa	内摩擦角/(°)	内聚力/Pa	抗拉强度/Pa
4	泥岩	19	2410	10.2e9	0.28	2.9e6	0.9e6	30	5e10	5e10	25	2.9e6	0.9e6	5e10	5e10	20	0	0
5	煤层	7	1411	3.3e9	0.30	1.1e6	0.3e6	30	5e10	5e10	35	1.1e6	0.3e6	5e10	5e10	20	0	0
6	泥岩	2	2350	7.3e9	0.31	0.8e6	0.5e6	20	5e10	5e10	35	0.8e6	0.5e6	5e10	5e10	20	0	0
7	粗砂岩	14	2622	10.0e9	0.25	10.0e6	2.9e6	25	5e10	5e10	28	10.0e6	2.9e6	5e10	5e10	20	0	0
8	砂质泥岩	27	2566	8.5e9	0.28	3.0e6	0.7e6	30	5e10	5e10	26	3.0e6	0.7e6	5e10	5e10	20	0	0
9	砂泥	10	2547	16.0e9	0.26	8.2e6	2.5e6	30	5e10	5e10	28	8.2e6	2.5e6	5e10	5e10	20	0	0
10	泥岩	24	2451	1.1e8	0.29	2.2e6	0.8e6	35	5e10	5e10	35	2.2e6	0.8e6	5e10	5e10	20	0	0

1.2 数值计算结果及分析

图 2 和图 3 为 CDEM 计算的基本顶初次垮落和周期性垮落时的结果。由于 CDEM 方法能够对岩体的连续变形、断裂破坏、堆积垮落全过程进行计算，可以很好地描述煤层开挖过程中上覆岩层的全部运动情况，从图中可以看到，煤层开挖后直接顶及下位基本顶与上覆相邻岩层发生离层，随后不规则垮落，由于破碎块体随机堆积和岩石本身的碎胀性，随着顶板垮落范围增加，开挖空出来的体积(采空区)渐渐缩小，基本顶上位岩层开始有规则的断裂垮落，并在煤壁上方形成砌体梁结构。基本顶往上，岩层发生宏观断裂和离层的尺度逐渐减小，与基本顶同步运动，距基本顶较远的高位岩层，则只出现向下弯曲变形，不再出现宏观裂隙。煤层开挖后，在采空区两侧煤体及相邻区域的顶底板岩体中形成应力集中，应力集中位置随煤层开挖持续前移，如图 4 所示。

煤层开挖到 60m 时基本顶初次大范围垮落，继续开挖进入周期性垮落，周期性垮落步距为 20m，与相似覆岩类型矿井现场监测数据基本一致。进入周期来压后，煤壁上方岩层依次折断，形成倒台阶，并在采场上方形成砌体梁结构（图 5）。

采空区上方具有承载能力的坚硬岩层中形成水平应力集中，坚硬岩层的上下分层分别形成压拉应力集中。如图 6a 和图 6b 所示，在初次来压前，水平应力最集中的区域在基本顶（7 号岩层）上分层。当基本顶板初次垮落后，水平应力最大位置发生在高位坚硬砂岩上分层（9 号岩层），并且水平应力集中位置滞后工作面一定距离，随着开挖向移动。由于岩层破断膨胀，在工作面上方的基本顶内也有水平应力集中，帮助基本顶形成砌体梁结构。

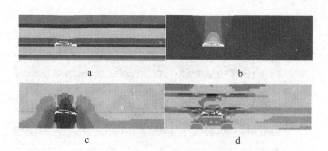

图 2 初次来压（开挖 60m）时覆岩运动及应力分布
a—模型图；b—位移图；c—垂直应力；d—水平应力
Fig. 2 Overburden movement and stress distribution in the initial pressure (excavating distance: 60m)

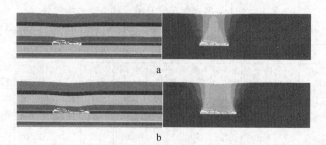

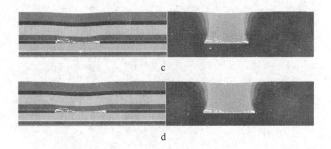

图 3　周期来压时覆岩运动
a—开挖 80m；b—开挖 100m；c—开挖 120m；d—开挖 140m
Fig. 3　Overburden movement in period pressure

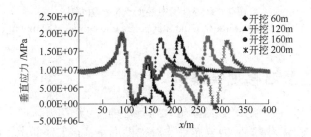

图 4　开挖过程中的煤层底板应力变化
Fig.4　Stress distribution in floor in the process of mining

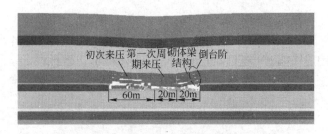

图 5　基本顶形成砌体梁结构
Fig.5　Structure of basic roof after caving

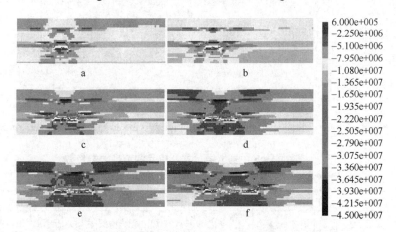

图 6　开挖过程中水平方向应力分布变化
a—开挖 40m；b—开挖 50m；c—开挖 70m；d—开挖 90m；e—开挖 110m；f—开挖 130m；
Fig. 6　Horizontal stress distribution in the process of mining

图 7 为开采过程中各测点的位移变化曲线，可见 CDEM 计算的各岩层变形及运动情况与现场实测结果相似[10,15]。在工作面未开采到测线位置以前，各测点处位移量很小，并且位移变化同步，随着工作面离测线越近，各测点位移量增大。当开采到测线位置时，直接顶测点 M1 首先离层垮落，达到最大位移量 7m，随后上覆岩层依次出现离层、垮落，当工作面推过一定距离以后，各岩层垮落渐渐稳定，然后重新压实，距煤层较近的 2 层岩层由于出现不规则垮落，岩层破碎严重，碎胀系数较大，重新压实后仍留下有一定的膨胀量，数值计算的地表下沉系数约为 0.6。

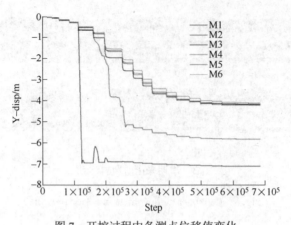

图 7 开挖过程中各测点位移值变化

Fig.7 Displacement of monitor points in the process of mining

2 倾斜煤层采场矿压及岩移规律模拟

赋存在地下的煤层通常有一定的倾角,当倾角大到一定程度,煤层开采时矿压显现和岩移活动规律与水平煤层有较大区别。受倾角影响,围岩应力分布呈非对称拱形特征,工作面上下两侧基本顶垮落后形成的结构特征也不相同[16,17]。

2.1 数值模型

建立二维倾斜层状数值模型,倾角为 15°,采用四边形网格,共含块体 14164 个,节点 14462 个,块体采用 M-C 本构模型,节理采用脆断模型。模型尺寸 x=400m,y=195m,共划分 8 层。模型边界条件:x 向边界位移约束,y 向底板位移约束,模型各层尺寸、岩性,单元块体及节理力学参数、测线布置等见图8、表2。

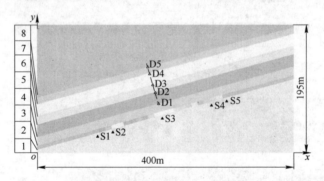

图 8 倾斜煤层数值模型及测点布置

Fig. 8 Numerical model of incline rock stratum and the arrangement of monitor points

表2 图8中各岩层尺寸及单元和节理力学参数

Table 2 Rock stratum size and mechanical parameters in Fig.8

序号	岩性	层厚/m	单元力学参数						岩层内节理力学参数					岩层间节理力学参数				
			密度/kg·m⁻³	弹模/Pa	泊松比	内聚力/Pa	抗压强度/Pa	内摩擦角/(°)	法向刚度/Pa	切向刚度/Pa	内摩擦角/(°)	内聚力/Pa	抗拉强度/Pa	法向刚度/Pa	切向刚度/Pa	内摩擦角/(°)	内聚力/Pa	抗拉强度/Pa
1	砂质岩泥	5~112	2500	7.3e9	0.22	2.3e6	0.9e6	35	5e10	5e10	35	9.3e6	1.9e6	5e10	5e10	20	0	0
2	煤层	5.5	1400	3.3e9	0.30	1.1e6	0.3e6	30	5e10	5e10	30	1.1e6	0.3e6	5e10	5e10	20	0	0
3	砂质岩泥	12	2500	7.3e9	0.22	2.3e6	0.9e6	35	5e10	5e10	35	2.3e6	0.9e6	5e10	5e10	20	0	0
4	泥岩	18	2400	3.3e9	0.3	1.0e6	0.3e6	30	5e10	5e10	30	1.0e6	0.3e6	5e10	5e10	20	0	0
5	砂岩	15	2500	17.3e9	0.25	9.3e6	1.9e6	25	5e10	5e10	25	9.3e6	1.9e6	5e10	5e10	20	0	0
6	石灰岩	18	2500	3.7e9	0.35	17.7e6	7.7e6	39	5e10	5e10	39	17.7e6	7.7e6	5e10	5e10	20	0	0
7	粗砂岩	10	2500	17.3e9	0.25	9.3e6	1.9e6	25	5e10	5e10	25	9.3e6	1.9e6	5e10	5e10	20	0	0
8	砂质泥岩	3.6~110	2500	3.3e9	0.25	2.3e6	0.9e6	29	5e10	5e10	25	9.3e6	1.9e6	5e10	5e10	20	0	0

2.2 数值计算结果及分析

图 9、图 10 为煤层开挖过程中，初次来压及周期来压前后岩层移动及应力分布图。CDEM 计算的岩层垮落及矿压显现与水平煤层相似，不再赘述。由于倾角影响，岩层位移及垮落结构成不对称分布，采场上测覆岩位移量和岩层运动范围明显大于下侧，与现场实测结果相似[18]。煤层基本顶在两侧形成的结构也有明显区别，下侧基本顶由于重力在倾斜方向的分力具有挤压作用，基本顶易于形成稳定结构，上侧岩体在重力作用下垮落后向下堆积，空顶范围更大，岩层不规则垮落带高度要大于下侧，砌体结构形成于基本顶的高位，由于重力分力对岩层具有拉伸作用，基本顶形成的结构稳定性也较下侧差。

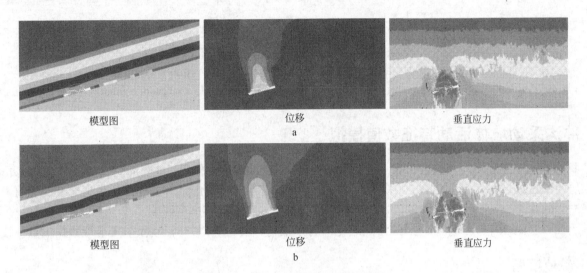

图 9　初次来压前后岩层移动及应力分布
a—初次来压前；b—初次来压后
Fig.9　Overburden movement and stress distribution before and after the first caving

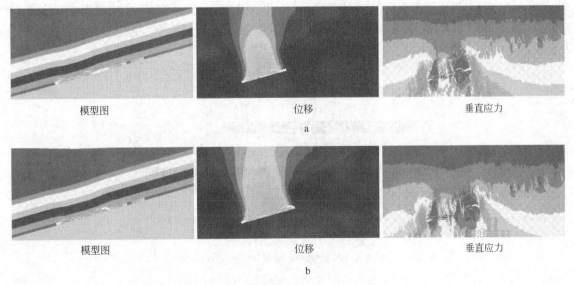

图 10　周期来压前后岩层移动及应力分布
a—周期来压期间；b—周期来压后
Fig. 10　Overburden movement and stress distribution before and after the period caving

图 11 为煤层底板各测点垂直应力变化曲线。S1 测点布置在开切眼后方 5m 底板内，是开挖后应力集中位置，S1 测点的应力随着开挖范围增大而增加，直到煤层开挖达到 120m，上覆岩层充分垮落后达到最大值，应力集中系数达到 2.5。S5 为工作开挖结束位置向外 5m 底板岩层内，在工作面推进离 S5 约 40m 时，应力开始升高，开采结束时达到最大，应力集中系数为 2.1。测点 S2、S3、S4 分别布置工作面开采范围内不同位置的底板岩层中，各自曲线变化也体现了开采过程中矿压的变化规律。图 12 为各岩层开采过程位移变化，与图 7 和文献[10,15]结果类似，体现了岩层变形、离层垮落、堆积和重新压实的过程。

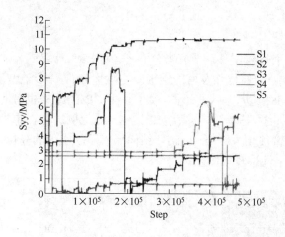
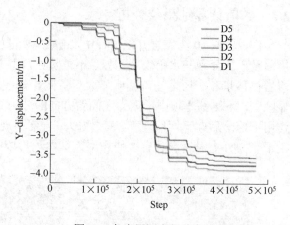

图 11 底板测点垂直应力变化曲线图　　　　　　图 12 各岩层测点位移变化曲线图
Fig. 11 Vertical stress of monitor points in floor monitor line　　Fig. 12 Displacement of monitor points in D-monitor line

3 冲沟采动坡体活动特征数值模拟

我国西北广袤区域地表植被稀疏，水土保持能力弱，受地表水蚀作用，地表沟壑纵横，在此区域开采地下煤层，矿压显现和岩层运动除了与煤岩层性质、结构、开采深度等因素有关外，还受到地表地形的影响。地表冲沟的深度、边坡高度、倾角、方位等都对采场矿压及覆岩运移产生影响。

下面以文献[19]中纳林庙二号井为例，进行冲沟下采动岩层运动、坡体活动及矿压显现规律的数值模拟。

3.1 数值模型

根据文献[19]中所列的地质条件，建立二维数值模型，采用四边形网格，含有块体 13656 个，节点 20020 个，块体采用 M-C 本构模型，节理采用脆断模型。模型总尺寸 $x=240$m，$y=95$m，共划分 11 层，边坡角度 30°，坡底高度 21.5m。模型边界条件：x 向边界（$x=0$m 和 $x=240$m）位移约束，y 向底板位移约束。地层条件为典型西北矿区煤岩系地层，煤岩层强度较中东部矿区煤岩层低，具体模型各层尺寸、岩性、单元块体及节理力学参数、测点布置等见图 13、表 3、表 4。

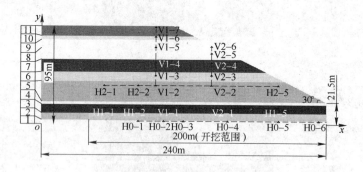

图 13 冲沟边坡覆岩数值模型
Fig.13 Numerical model of gully slope strata

表 3 图 13 中各岩层尺寸及单元和节理力学参数
Table 3 Rock stratum size and mechanical parameters in Fig.13

序号	岩性	层厚/m	单元力学参数						岩层内节理力学参数					岩层间节理力学参数					
			密度/kg·m^{-3}	弹模/Pa	泊松比	内聚力/Pa	抗压强度/Pa	内摩擦角/(°)	法向刚度/Pa	切向刚度/Pa	内摩擦角/(°)	内聚力/Pa	抗拉强度/Pa	法向刚度/Pa	切向刚度/Pa	内摩擦角/(°)	内聚力/Pa	抗拉强度/Pa
1	粉砂岩	4	2580	24e9	0.22	2.6e6	1.9e6	36	5e10	5e10	36	2.6e6	1.9e6	5e10	5e10	36	0	0
2	煤层	6.5	1370	12e9	0.23	1.34e6	0.9e6	30	5e10	5e10	30	1.34e6	0.9e6	5e10	5e10	30	0	0
3	细粒砂岩	8.5	2510	38e9	0.2	2.6e6	1.0e6	35	5e10	5e10	35	2.6e6	1.0e6	5e10	5e10	35	0	0
4	砂质泥岩	2.5	2510	16e9	0.25	1.6e6	0.9e6	32	5e10	5e10	32	1.6e6	0.9e6	5e10	5e10	32	0	0
5	细粒砂岩	20	2600	38e9	0.2	2.6e6	1.0e6	35	5e10	5e10	35	2.6e6	1.0e6	5e10	5e10	35	0	0

续表3

序号	岩性	层厚/m	单元力学参数						岩层内节理力学参数					岩层间节理力学参数				
			密度/kg·m^{-3}	弹模/Pa	泊松比	内聚力/Pa	抗压强度/Pa	内摩擦角/(°)	法向刚度/Pa	切向刚度/Pa	内摩擦角/(°)	内聚力/Pa	抗拉强度/Pa	法向刚度/Pa	切向刚度/Pa	内摩擦角/(°)	内聚力/Pa	抗拉强度/Pa
6	砂质泥岩	9	2510	16e9	0.25	1.6e6	0.9e6	32	5e10	5e10	32	1.6e6	0.9e6	5e10	5e10	32	0	0
7	砂质泥岩	12	2545	23e9	0.22	2.1e6	0.9e6	34	5e10	5e10	34	2.1e6	0.9e6	5e10	5e10	34	0	0
8	泥岩	11	2510	16e9	0.25	1.8e6	0.7e6	32	5e10	5e10	32	1.8e6	0.7e6	5e10	5e10	32	0	0
9	细粒砂岩	8	2600	35e9	0.2	2.6e6	0.8e6	33	5e10	5e10	33	2.6e6	0.8e6	5e10	5e10	33	0	0
10	泥岩	3.5	2500	15e9	0.3	1.5e6	0.5e6	30	5e10	5e10	30	1.5e6	0.5e6	5e10	5e10	30	0	0
11	表土层	10	1810	0.5e9	0.35	0.03e6	0.03e6	13	5e10	5e10	13	0.03e6	0.03e6	5e10	5e10	13	0	0

表4 测点布置
Table 4 Arrangement of monitor points

开挖坐标 x/m	坐标/m		监测内容	隶属测线
	x	y		
V1-1	100	16	垂直位移	V1、H1
V1-2	100	36	垂直位移	V1、H2
V1-3	100	46	垂直位移	V1
V1-4	100	56	垂直位移	V1
V1-5	100	68	垂直位移	V1
V1-6	100	84	垂直位移	V1
V1-7	100	94	垂直位移	V1
V2-1	148	16	垂直位移	V2、H1
V2-2	148	36	垂直位移	V2、H2
V2-3	148	46	垂直位移	V2
V2-4	148	56	垂直位移	V2
V2-5	148	68	垂直位移	V2
V2-6	148	73	垂直位移	V2
H0-1	3.8	85	垂直应力	H0
H0-2	3.8	105	垂直应力	H0
H0-3	3.8	125	垂直应力	H0
H0-4	3.8	165	垂直应力	H0
H0-5	3.8	205	垂直应力	H0
H0-6	3.8	235	垂直应力	H0
H1-1	16	55	垂直位移	H1
H1-2	16	85	垂直位移	H1
H1-5	16	205	垂直位移	H1
H2-1	36	55	垂直位移	H2
H2-2	36	85	垂直位移	H2
H2-5	36	205	垂直位移	H2

3.2 数值计算结果及分析

3.2.1 背沟开采

图14为煤层背沟开采过程中覆岩活动及应力变化规律。在边坡下背向采煤时，由于没有水平约束，边坡向坡沟方向发生倾斜(或者倾倒)，坡面上出现较大裂隙(图14b)，下位覆岩形成较小的拱形结构，稳定性较差，随着采面向前推移，拱形结构消失，原来向坡面倾斜的岩体回转，煤层上方覆岩由于没有水平约束形不成结构拱，发生整体切落（图14c、d）。因此，背沟开采时，在开采初始阶段，会使边坡发生剧烈活动，可能诱发边坡滑坡，由于水平约束作用较小，覆岩很难形成结构拱，采场矿压显现强烈。当采场推过边坡后，矿压及覆岩运动恢复正常(图14e、f)。

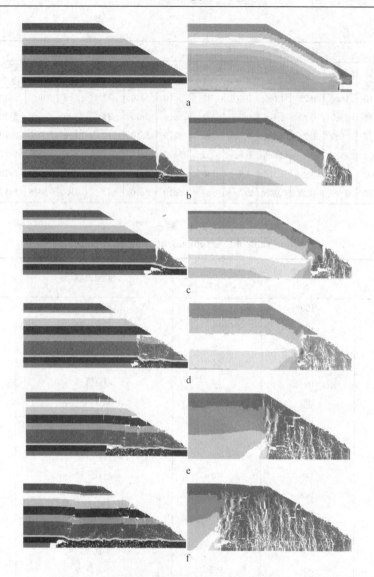

图 14　背沟开采时覆岩运动及垂直应力分布
a—20m; b—40m; c—60m; d—80m; e—120m; f—200m
Fig. 14　Overburden movement and vertical stress distribution when mining direction is back the groove

图 15、图 16 为垂直测线 R1、R2 上各测点的位移曲线。R2 测线为边坡上的测点，可以清楚地看出边坡岩层活动过程，直接顶(3 号岩层)随采随落，产生碎胀，基本顶(5 号岩层)与其上相邻的岩层(6、7 号岩层)同步垮落，与 8 号岩层发生离层。图 17、图 18 为直接顶和基本顶岩层测线 H1、H2 的位移曲线，体现了不同开采阶段直接顶和基本顶的活动情况。

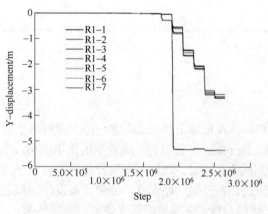

图 15　测线 R1 上各测点位移曲线
Fig.15　Displacement of monitor points in line R1

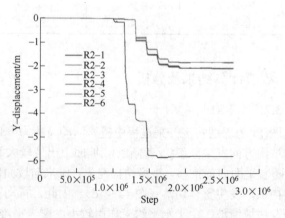

图 16　测线 R2 上各测点位移曲线
Fig.16　Displacement of monitor points in line R2

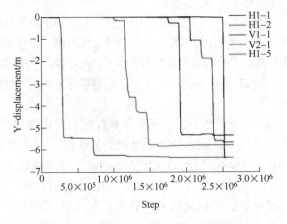
图 17　测线 H1 上各测点位移曲线
Fig.17　Displacement of monitor points in line H1

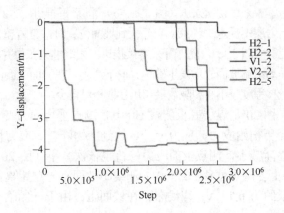
图 18　测线 H2 上各测点位移曲线
Fig.18　Displacement of monitor points in line H2

3.2.2　向坡开采

图 19 为向坡开采覆岩运动及垂直应力变化过程。开采初始阶段的岩层活动和矿压显现与正常煤层开采活动特征基本相似，基本顶以上岩层都经历离层、垮落和重新压实三个过程。开采到 50m 时，基本顶大面

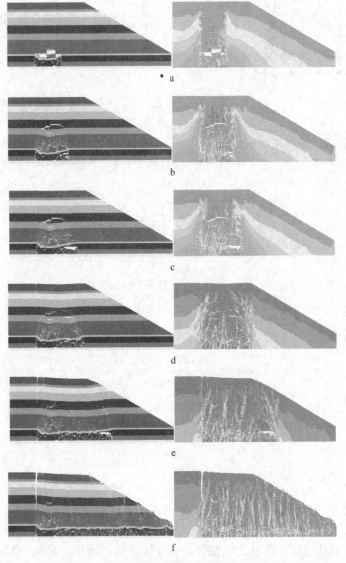

图 19　向坡开采覆岩及边坡活动及应力分布图
a—初次来压前，开挖 40m；b—初次来压后，开挖 50m；c—周期来压前，开挖 60m；d—周期来压后，开挖 80m；
e—坡体上部出现张拉裂缝，开挖 120m；f—最终状态，张拉裂缝贯通
Fig.19　Overburden and slope movement when mining direction towards the groove

积垮落，采场初次来压（图19a、b），随后每推进20~30m，采场经历一次周期来压（图19c、d）。由于坡面存在，坡面岩层不受水平约束，当开采到坡面位置时，覆岩整体向坡面方向发生倾斜移动，在坡体上部出现一条较大的张拉裂缝（图19e），随着开采继续推进，裂缝继续张拉并向下扩展，最终几乎贯穿所有覆岩。开采在坡面下推进时，受采动影响坡面岩体发生破坏并向下滑动，在坡面上会产生几条张拉竖向裂缝（图19f）。与背坡开采相比，坡面向下滑移程度较小，裂隙数量和尺寸也相对较少。

图20是煤层底板测线H0上各测点垂直应力变化曲线。在开采过程中，各测点垂直应力变化规律相似，都经历初始应力、应力上升、达到应力峰值、应力快速下降几个过程。当开采推进到坡面时，由于覆岩厚度逐渐减小，测点上的应力峰值也依次减小（图20中H0-3~H0-6）。图21和图22分别为垂直测线V1和V2上各测点位移曲线，V1测线距坡面有一定距离，各测点位移变化与正常覆岩运动基本相似，最终下沉系数约为0.7。V2测线布置在坡面上，由于一侧临空，坡面岩层位移量较大，活动更为强烈，最终的压实也不充分。

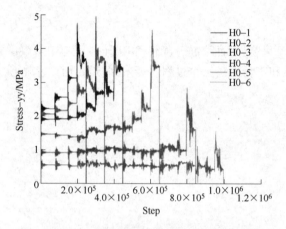

图20 H0测线各测点垂直应力变化曲线
Fig.20 Vertical stress of monitor points on the H0 line

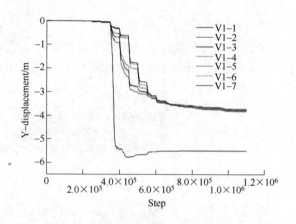

图21 V1测线各测点位移曲线
Fig.21 Displacement of monitor points on the V1 line

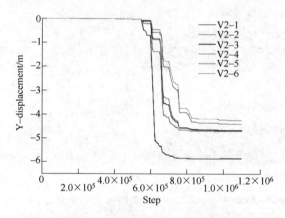

图22 V2测线各测点位移曲线
Fig.22 Displacement of monitor points on the V2 line

4 结论

利用基于连续介质力学的离散元方法（CDEM）对几个有代表性的岩层移动实例进行了数值模拟和分析，得到以下结论：

（1）CDEM方法能够计算煤岩体从连续变形到非连续破裂、垮落、堆积的整个过程，是分析煤矿采场矿压及覆岩运动规律的有力工具。利用CDEM程序，可以计算得到直接顶的离层、不规则垮落，以及由岩块碎胀而充满采空区的过程，形成最下位的垮落带；基本顶规则的断裂、离层垮落，形成裂隙带以及煤壁上方的砌体梁结构。高位岩层随基本顶同步运动，发生连续变形，形成弯曲下沉带。同时，还可以记录煤层开挖过程中煤岩层体内的应力变化情况。

（2）倾斜煤层覆岩运动过程与水平煤层大体相同，但在工作面两端基本顶形成的结构有明显区别，下侧基本顶由于重力在倾斜方向的分力具有挤压作用，基本顶易于形成稳定结构，上侧岩体在重力作用下垮落后向下堆积，空顶范围更大，岩层不规则垮落带高度要大于下侧，砌体结构形成于基本顶的高位，由于重力分力对岩层具有拉伸作用，基本顶形成的结构稳定性也较下侧差。

（3）分析了冲沟发育地层向坡开采和背坡开采条件下岩层运动、坡体活动及矿压显现特征。向坡开采时由于开采后边坡岩体向坡面倾斜，边坡向下滑移量大。在采场推过坡面范围以后，对坡面以上岩层及地表移动影响较小。背坡开采时由于覆岩整体向坡面发生倾斜移动，对在坡面上部形成贯穿全部覆岩层的拉伸裂缝，边坡下开采时由于边坡岩体向坡面反向倾斜，边坡岩体滑动量相对较小。

参 考 文 献

[1] 王卫华, 李夕兵. 离散元法及其在岩土工程中的应用综述[J]. 岩土工程技术, 2005, 19(4): 178~181.
Wang Weihua, Li Xibing. A Review on Fundamentals of Distinct Element Method and Its Applications in Geotechnical Engineering [J]. Geotechnical Engineering Technique, 2005, 19(4): 178~181.

[2] 沈宝堂, 王泳嘉. 边坡破坏机制的离散单元法研究[J]. 东北工学院学报, 1989, 10(4): 349~354.
Shen Baotang, Wang Yongjia. Discrete Element Method for Slope Failure Mechanism [J]. Journal of Northeast University of Technology, 1989, 10(4): 349~354.

[3] 张俊萌, 方从启, 朱俊峰. 桩基下岩溶顶板稳定性有限元阶段分析[J]. 工程地质学报, 2014, 22(1): 78~85.
Zhang Junmeng, Fang Congqi, Zhu Junfeng. Finite Element Phase Analysis of Karst-roof Stability under Pile Foundation [J]. Journal of Engineering Geology, 2014, 22(1): 78~85.

[4] 李德超, 钱建固, 吴世明. 开挖状态下既有托换桩基变形有限元分析[J]. 岩土工程学报, 2012, 34(Supp):238~242.
Li Dechao, Qian Jiangu, Wu Shiming. Numerical analysis of deformation behaviors of underpinning piles during excavation[J]. Chinese Journal of Geotechnical Engineering, 2012, 34(Supp): 238~242.

[5] 周宗红, 侯克鹏, 任凤玉. 分段空场崩落采矿法顶板稳定性分析[J]. 采矿与安全工程学报, 2012, 29(4): 538~542.
Zhou Zonghong, Hou Kepeng, Ren Fengyu. Roof Stability Analysis of Sublevel Open Stope and Caving Mining Method [J]. Journal of Mining & Safety Engineering, 2012, 29(4): 538~542.

[6] 胡戈, 李文平, 刘启蒙. 叠加开采顶板变形破坏离散元模拟研究[J]. 采矿与安全工程学报, 2007, 24(4): 498~501.
Hu Ge, Li Wenping, Liu Qimeng. Discrete Element Simulation of Roof Deformation and Failure by Overlapping Mining [J]. Journal of Mining & Safety Engineering, 2007, 24(4): 498~501.

[7] 古全忠, 史元伟, 齐庆新. 放顶煤采场顶板运动规律的研究[J]. 煤炭学报, 1996, 21(1): 45~50.
Gu Quanzhong, Shi Yuanwei, Qi Qingxin. Rules of Roof Movement in Sub-Level Caving Workings [J]. Journal of China Coal Society, 1996, 21(1): 45~50.

[8] 钱鸣高, 石平五, 许家林. 矿山压力与岩层控制[M]. 徐州: 中国矿业大学出版社, 2010.
Qian Minggao, Shi Pingwu, Xu Jiaolin. Ground Pressure and Rock stratum Control[M]. Xuzhou: China University of Mining and Technology Press, 2010.

[9] 宋振骐. 实用矿山压力控制[M]. 徐州: 中国矿业大学出版社, 1988.
Song Zhenqi. Practical Theory of Ground Pressure Control [M]. Xuzhou: China University of Mining and Technology Press, 1988.

[10] Syd S. Peng. Coal Mine Ground Control [M]. 2008.

[11] Li S H, Zhao M H, Wang Y N, et al. A continuum-based discrete element method for continuous deformation and failure process[C]// WCCM Ⅵ in Conjunction with APCOM 04. Beijing: [s. n.], 2004.

[12] 冯春, 李世海, 姚再兴. 基于连续介质力学的块体单元离散弹簧法研究[J]. 岩石力学与工程学报, 2010, 29(s1): 2690~2705.
Feng Chun, Li Shihai, Yao Zaixing. Study of Block-discrete-spring Method Based on Continuum Mechanics[J]. Chinese Journal of Rock Mechanics and Engineering, 2010, 29(s1): 2690~2705.

[13] 陆晶晶, 刘天苹, 李世海. 基于 CDEM 的高桩码头承载力数值模拟[J]. 水运工程, 2010, 9: 41~47.
Lu Jingjing, Liu Tianping, Li Shihai. Numerical simulation of bearing capacity of high-piled wharf based on CDEM[J]. Port & Waterway Engineering. 2010, 9: 41~47.

[14] 冯春, 李世海, 王杰. 基于 CDEM 的顺层边坡地震稳定性分析方法研究[J]. 岩土工程学报, 2012, 34(4): 717~724.
Feng Chun, Li Shihai, Wang Jie. Stability analysis method for bedding rock slopes under seismic load[J]. Chinese Journal of Geotechnical Engineering, 2012, 34(4): 717~724.

[15] 伊茂森. 神东矿区浅埋煤层关键层理论及其应用研究[D]. 中国矿业大学, 2008.
Yi Maosen. Study and Application of Key Strata Theory in Shallow Seam of Shendong Mining Area[D]. China University of Mining and Technology, 2008.

[16] 伍永平, 解盘石, 王红伟, 等. 大倾角煤层开采覆岩空间倾斜砌体结构[J]. 煤炭学报, 2010, 35(8): 1252~1256.
Wu Yongping, Xie Panshi, Wang Hongwei, et al. Incline masonry structure around the coal face of steeply dipping seam mining [J]. Journal of China Coal Society, 2010, 35(8): 1252~1256.

[17] 陶连金, 常春. 倾斜煤层长壁开岩层运动特征及顶板控制[J]. 湘潭矿业学院学报, 2001, 16(1): 9~13.
Tao Lianjin, Chang Chun. Strata behavior and its control of inclined coal seam face [J]. J. Xiangtan Min. INST, 2001, 16(1): 9~13.

[18] 郭文兵, 柴华彬. 煤矿开采损害与保护[M]. 北京: 煤炭工业出版社, 2008.
Guo Wenbing, Chai Huabin. Coal mining damage and protection [M]. Beijing: China Coal Industry Publishing House, 2008.

[19] 王旭锋. 冲沟发育矿区浅埋煤层采动坡体活动机理及其控制研究[D]. 徐州: 中国矿业大学. 2009.
Wang Xufeng. Study on Mining-induced Slope Activity Mechanism and Its Control of Shallow Coal Seam in Gully-Growth-Wide Mining Area [D]. Xuzhou: China University of Mining & Technology, 2009.

6 开采沉陷与控制

"三软"煤层开采地表沉陷规律及参数研究

郭文兵　白二虎　马晓川

（河南理工大学能源科学与工程学院，河南焦作　454000）

摘　要　为了最大限度解放"三下"压煤，保护地表建（构）筑物，研究分析了郑州矿区"三软"煤层开采所引起的地表移动和变形规律。在郑州矿区各煤矿"三软"煤层开采条件下建立了地表岩移观测站，获取了大量的现场观测数据。通过对现场观测数据进行分析，研究得出了"三软"煤层开采条件下地表移动角量参数及概率积分法预计参数。并分析了地表移动角量参数和概率积分法参数与地质采矿条件之间的关系。研究结果表明："三软"煤层开采的岩层与地表移动规律有自身的特点，具有开采影响范围大、地表移动剧烈、边界角相对较小等特点。

关键词　三软"煤层　岩层移动参数　概率积分法　地表沉陷

Research on Surface Subsidence Parameters and Characteristics of "Three-soft" Coal Seam Mining

Guo Wenbing　Bai Erhu　Ma Xiaochuan

(School of Energy Science and Engineering, Henan Polytechnic University, Henan Jiaozuo 454000, China)

Abstract　In order to protect the surface structures and increase the recovery ratio of coal reserves under structures, the surface subsidence characteristics caused by "three-soft" coal seam mining in Zhengzhou mining district were studied. The surface movement stations were set up over the "three-soft" coalface of the coalmines. And a lot of surveying data were obtained. Based on the data analysis, the surface movement angle parameters and the probability integration method parameters were obtained in the "three-soft" coal mining. And the relationships between the geological and mining conditions and the parameters were also studied. The results demonstrate that the surface subsidence and parameters have its own characteristics such as with large mining influence range, severe surface subsidence and smaller angle of draw.

Keywords　"three-soft" seam, parameters of strata movement, probability-integral method, mining subsidence

煤炭开采所引起的地表沉陷不仅破坏了矿区生态，而且严重损害了地表建（构）筑物[1,2]。岩层与地表移动规律及参数是进行"三下"压煤开采研究、煤矿采动损害与评价的重要依据[3~5]。"三软"煤层是指煤矿开采中遇到的软顶板岩层、软煤层和软底板岩层。由于围岩及上覆岩层性质的特殊性，开采引起的岩层与地表移动规律具有自身的特点[5~7]。河南省郑州矿区属于典型的"三软"不稳定煤层，可以说是我国"三软"煤层区域的代表。"三软"煤层开采引起的地表沉陷在国内外开采沉陷领域的研究还不充分。本文结合"三软"煤层特定的地质采矿条件，以实测资料为基础，采用理论分析、曲线拟合等研究方法，对"三软"煤层开采岩层与地表沉陷规律进行系统分析研究，得出了"三软"煤层矿区开采地表移动规律及参数，为"三软"煤层矿区进行"三下"采煤、减轻采动损害提供了基础数据。

1　地质采矿条件

1.1　矿区概况

郑州矿区是我国典型的"三软"煤层矿区，西起登封市大金店，东到新郑市李粮店，东西走向长70km，南北宽5~36km，面积约1500km^2，包括新密煤田、登封煤田郜成、白坪井田、荥巩煤田三李勘探区。地层以沉积岩系为主，其次为变质岩系，属华北型地层。缺失古生界之上、下奥陶、志留、泥盆、下石炭系和中生界之侏罗、白垩系地层。前寒武系老地层广泛出露于矿区外围山区，勘探区西部、中部有寒武系—三叠系地层零星出露；其他地区基本全被第三、四系所覆盖。地层由老到新依次划分为寒武系、奥陶系、石岩系、二叠系、第三系和第四系。煤层顶板岩性为泥岩、砂质泥岩、砂岩，底板岩性为泥岩、砂质泥岩、灰岩。

1.2 煤层及地质采矿条件

郑州矿区生产矿井主要可采煤层为二$_1$煤层。二$_1$煤层发育较稳定，属全区可采煤层，厚度变化大，平均 7m，倾角 7°~30°，平均 15°，属低到中灰、特低硫、高发热量贫煤、无烟煤。煤层较软，易破碎且片帮容易，煤层直接顶板为泥岩或砂质泥岩，其硬度系数小于 3，底板为砂质泥岩，平均厚为 8m，容许比压 3.7~10.3 MPa，遇水易膨胀而强度变小。

1.3 矿区岩层移动观测站情况

针对郑州矿区"三软"煤层的地质采矿条件，在几个煤矿设置了地表观测站对矿区地表沉陷规律进行观测，得到了大量实测的数据，并对有代表性的观测站进行了分析和总结。观测站的详细情况如表 1 所示。

表 1　地表移动观测站一览表
Table 1　Surface subsidence surveying station

矿名	工作面名称	松散层厚度/m	倾角/(°)	走向长/m	倾斜长/m	采厚/m	采深/m
赵家寨	11206(首采面)	120	6.5	2165	170	6.54	313
超化	11051(首采面)	36.5	10	750	150	4.5	206~232
米村	260061(综放)	—	10	778	105	4.8	367
米村	1302(炮采)	115	10~12.8	750	125	5.9	111~146
裴沟	31071	30	16	1090	125.8	6.9	310.3
大平	13091	20	20	140	140	2.5	280
芦沟	32101	20	11~16	780	100	4	480
老君堂	21081	20	26	546	84.5	2.71	376

2　岩层移动角量参数及规律

2.1 岩层移动角量参数

在分析地表移动观测站实测资料的基础上，通过理论分析、Matlab 曲线拟合等，确定了郑州矿区各岩移观测站的岩层移动角量参数，见表 2。

表 2　地表移动角量参数汇总表
Table 2　Angular parameters of strata movement

矿名	综合移动角/(°)			基岩移动角/(°)			综合边界角/(°)			基岩边界角/(°)			最大下沉角/(°)
	下山	上山	走向	下山	上山	走向	下山	上山	走向	下山	上山	走向	
赵家寨	60.7	61.5	61.5	73.3	75.5	75.5	48.5	51.4	51.4	50.8	56	56	87.4
大平	68.6	70.8	69.7	71	73.4	72.2	—	—	61.7	—	—	63.3	—
超化	58	61	60.2	61	65	64	48.8	57	57	49.6	59.8	59	80.5
米村	62.8	62.8	60.0	—	—	—	47.1	42.4	34.5	—	—	—	87.9
裴沟	61	68	61	63	71.2	63	48.5	60	55	48.9	62	56.2	—

基于大量的现场观测数据及相关研究，分析了岩层移动角量参数与地质采矿条件之间的关系[8-11]。研究得出了开采深度、开采厚度以及地表松散层与岩层移动角量参数之间的关系，可用以下公式描述：

$$\left.\begin{array}{r}\delta_0(\beta_0,\gamma_0)\\ \delta(\beta,\gamma)\end{array}\right\}=a+b\left(\frac{H-h}{m}\right)$$

式中 a，b——矿区实测系数；
　　　H——工作面平均采深，m；
　　　h——松散层厚度，m；
　　　m——煤层采厚，m。

2.2 边界角与地质采矿条件的关系

根据表1、表2回归分析可知，郑州矿区"三软"煤层开采条件下走向、上山、下山综合边界角与开采深度 H、表土层厚度 h 及开采厚度 m 之间的回归函数曲线见图1。

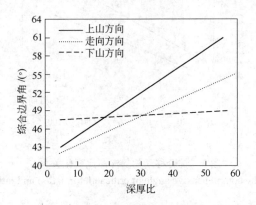

图1　综合边界角随深厚比变化关系
Fig. 1　Relationship between the comprehensive angles of draw and ratio of mining depth to thickness

经分析可知，综合边界角与开采深度 H、表土层厚度 h 及开采厚度 m 之间的回归函数分别为：

$$\delta_0=40.76+0.237\left(\frac{H-h}{m}\right)$$

$$\beta_0=47.25+0.029\left(\frac{H-h}{m}\right)$$

$$\gamma_0=41.09+0.354\left(\frac{H-h}{m}\right)$$

同理，"三软"煤层开采条件下走向、上山基岩边界角与开采深度 H、表土层厚度 h 及开采厚度 m 之间的回归函数曲线见图2。

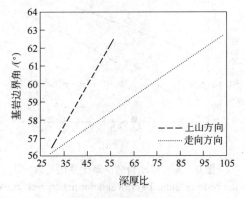

图2　基岩边界角随深厚比变化关系
Fig. 2　Relationship between the bedrock angles of draw and ratio of mining depth to thickness

分析可知，郑州矿区深部开采条件下走向、上山基岩边界角与开采深度 H、表土层厚度 h 及开采厚度 m 之间的回归函数分别为：

$$\delta_0 = 53.50 + 0.089\left(\frac{H-h}{m}\right)$$

$$\gamma_0 = 49.99 + 0.220\left(\frac{H-h}{m}\right)$$

2.3 移动角与地质采矿条件的关系

根据数据回归分析，走向、下山、上山综合移动角与开采深度 H、表土层厚度 h 及开采厚度 m 之间的回归函数曲线见图 3。

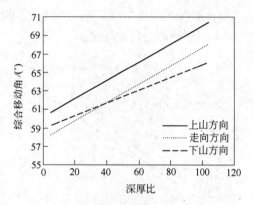

图 3　综合移动角随深厚比变化关系

Fig. 3　Relationship between the comprehensive angle of critical deformation and ratio of mining depth to thickness

分析可知，"三软"煤层开采条件下综合移动角与深厚比之间的回归函数分别为：

$$\delta = 57.88 + 0.097\left(\frac{H-h}{m}\right)$$

$$\beta = 58.93 + 0.069\left(\frac{H-h}{m}\right)$$

$$\gamma = 60.19 + 0.098\left(\frac{H-h}{m}\right)$$

同样可知，走向、下山、上山基岩移动角与开采深度 H、表土层厚度 h 及开采厚度 m 之间的回归函数曲线见图 4。

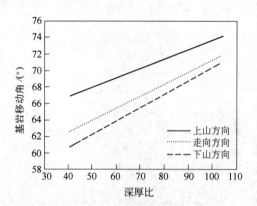

图 4　基岩移动角随深厚比变化关系

Fig. 4　Relationship between the bedrock angle of critical deformation and ratio of mining depth to thickness

基岩移动角与深厚比之间的回归函数分别为：

$$\delta = 56.76 + 0.144\left(\frac{H-h}{m}\right)$$

$$\beta=54.31+0.159\left(\frac{H-h}{m}\right)$$

$$\gamma=62.38+0.111\left(\frac{H-h}{m}\right)$$

3 概率积分法参数及规律

地表移动和变形值的预计是地表沉陷治理研究和"三下"开采方案决策的重要手段[12]。目前普遍采用概率积分法，地表移动变形预计参数的可靠性与预计结果的精确性有直接的关系，基本参数为下沉系数 q、水平移动系数 b、主要影响角正切 $\tan\beta$、拐点偏移距 S 和开采影响传播角 θ 等[13~15]。郑州矿区"三软"煤层开采各个煤矿预计参数如表3所示。

表3 "三软"煤层开采概率积分法参数
Table 3 Parameters for probability-integral method in "three-soft" coal seam mining

矿名	概率积分法参数									
	q	$\tan\beta$	$\tan\beta_1$	$\tan\beta_2$	b	$\theta/(°)$	s_1/H_1	s_2/H_2	s_3/H	s_4/H
赵家寨	0.93	2.38	2.35	2.23	0.3	87.4	0.04	0.08	0.1	0.1
超化	0.79	2.1	1.6	2.4	0.34	83.2	0.09	0.12	—	—
大平	0.82	2.1	—	—	0.3	78	—	—	0.05	0.05
米村	0.85	2.2	2.61	2.57	0.24	—	0.1	0.14		
裴沟	0.78	2.2	2.1	2.3	0.34	80	0.05	0.06	0.08	0.08

3.1 下沉系数特性分析

下沉系数是概率积分法预计地表移动和变形的一个重要参数[16]。根据表3分析结果，得出矿区地表移动下沉系数与深厚比之间的关系，如图5所示。

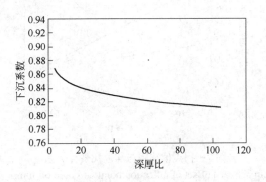

图5 地表下沉系数随深厚比变化关系
Fig. 5 Relationship between surface subsidence factor and ratio of mining depth to thickness

根据回归分析，地表下沉系数与深厚比之间的关系式为：

$$q=1-0.101\left(\frac{H-h}{m}\right)^{0.133}$$

由以上分析可知："三软"煤层开采地表下沉系数随深厚比的增加按幂函数关系减小。

3.2 主要影响角正切

主要影响角正切 $\tan\beta$ 是表征地表移动变形集中程度的参数。根据表3回归分析，得出矿区上山、走向及下山主要影响角正切与深厚比之间的关系如图6所示。

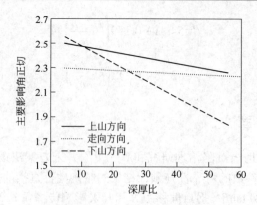

图 6 主要影响角正切随深厚比变化关系
Fig. 6 Relationship between the tangents of major influence angles and ratio of mining depth to thickness

根据回归分析，得到郑州矿区走向、下山及上山主要影响角正切与深厚比之间的关系为：

$$\tan\beta = 2.301 - 0.001\left(\frac{H-h}{m}\right)$$

$$\tan\beta_1 = 2.609 - 0.013\left(\frac{H-h}{m}\right)$$

$$\tan\beta_2 = 2.528 - 0.004\left(\frac{H-h}{m}\right)$$

3.3 拐点偏移距

拐点偏移距的可靠程度关系到开采沉陷的影响区域大小、开采沉陷盆地的形状等。表3用回归分析方法，得出拐点偏移距与深厚比之间的关系，如图7所示。

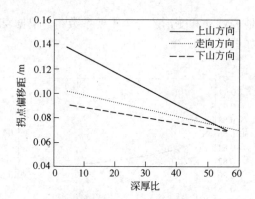

图 7 拐点偏移距与深厚比变化关系
Fig. 7 Relationship between offset of inflection point and ratio of mining depth to thickness

根据回归分析，得到下山、上山及走向方向拐点偏移距与深厚比之间的关系分别为：

$$\frac{S_1}{H_1} = 0.0946 - 0.0008\left(\frac{H-h}{m}\right)$$

$$\frac{S_2}{H_2} = 0.142 - 0.001\left(\frac{H-h}{m}\right)$$

$$\frac{S_3}{H} = \frac{S_4}{H} = 0.1047 - 0.0006\left(\frac{H-h}{m}\right)$$

3.4 开采影响传播角

开采影响传播角 θ 影响地表移动盆地向下山方向的偏移程度。开采影响传播角主要与覆岩岩性、煤层倾角等因素有关。开采影响传播角 θ 随着煤层倾角的增大而减小。根据表 3 分析结果，得出开采影响传播角 θ 与煤层倾角之间的关系如图 8 所示。

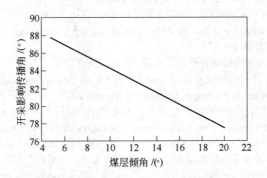

图 8 开采影响传播角随煤层倾角的关系

Fig. 8 Relationship between the mining effect transference angle and ratio of mining depth to thickness

矿区开采影响传播角 θ 与煤层倾角之间的关系式为：

$$\theta = 90 - 0.606\alpha$$

4 结论

（1）在郑州矿区各煤矿"三软"煤层开采建立了地表岩移观测站，获取了大量的现场观测数据，通过理论分析、曲线拟合及回归分析，研究得出了"三软"煤层开采条件下地表移动角量参数。并分析了地表移动角量参数与地质采矿条件的关系。

（2）以实测数据为基础，研究得出了概率积分法预计参数，并分析了概率积分法参数与地质采矿条件的关系。

（3）研究表明："三软"煤层开采的岩层与地表移动规律有自身的特点，开采沉陷具有影响范围大、地表破坏严重、边界角相对较小等特点。研究结果对"三软"煤层进行"三下"采煤、减轻采动损害具有指导意义。

参 考 文 献

[1] 郭文兵. 煤矿开采损害与保护[M]. 北京: 煤炭工业出版社, 2013.
 Guo Wenbing. Mining damages and protection technology[M]. Beijing: China Coal Industry Publishing House, 2013.
[2] 张刚艳, 张华兴, 岳国柱. 煤层开采裂缝的观测与分析[J]. 岩土力学, 2003, 24(S): 414~417.
 Zhang Gangyan, Zhang Huaxing, Yue Guozhu. Observation and analysis of fissures in overburden strata induced by coal mine[J]. Rock and Soil Mechanics, 2003, 24(S): 414~417.
[3] 刘义新, 戴华阳, 姜耀东. 厚松散层矿区采动岩土体移动规律模拟试验研究[J]. 采矿与安全工程学报, 2012, 29(5): 700~706.
 Liu Yixin, Dai Huayang, Jiang Yaodong. Model test for mining-induced movement law of rock and soil mass under thick unconsolidated layers[J]. Journal of Mining & Safety Engineering, 2012, 29(5): 700~706.
[4] 郭麒麟, 乔世范, 刘宝琛. 开采影响下的岩土体移动与变形规律[J]. 采矿与安全工程学报, 2011, 28(1): 109~114.
 Guo Qilin, Qiao Shifan, Liu Baochen. The movement and deformation of soil and rock mass resulted from mining activity[J]. Journal of Mining & Safety Engineering, 2011, 28(1): 109~114.
[5] 吴侃, 靳建明, 戴仔强, 等. 开采沉陷在土体中传递的实验研究[J]. 煤炭学报, 2002, 27(6): 601~603.
 Wu Kan, Jin Jianming, Dai Ziqiang, et al. The experimental study on the transmit of the mining subsidence in soil[J]. Journal of China Coal Society, 2002, 27(6): 601~603.
[6] 康建荣. 地表移动破坏裂缝特征及其控制方法[J]. 岩石力学与工程学报, 2008, 27(1): 59~64.
 Kang Jianrong. Analysis of effect of fissures caused by underground mining on ground movement and deformation[J]. Chinese Journal of Rock Mechanics and Engineering, 2008, 27(1): 59~64.
[7] 刘辉, 何春桂, 邓喀中, 等. 开采引起地表塌陷型裂缝的形成机理分析[J]. 采矿与安全工程学报, 2013, 30(3): 380~384.
 Liu Hui, He Chungui, Deng Kazhong, et al. Analysis of forming mechanism of collapsing ground fissure caused by mining[J]. Journal of Mining & Safety Engineering, 2013, 30(3): 380~384.
[8] 徐乃忠, 葛少华, 林英良, 等. 山东黄河北煤田地表沉陷规律研究[J]. 煤炭科学技术, 2011, 39(6): 97~101.
 Xu Naizhong, Ge Shaohua, Lin Yingliang, et al. Study on Shangdong coalfield surface subsidence law in the north of yellow river[J]. Coal Science and Technology, 2011, 39(6): 97~101.

[9] 滕永海, 王金庄. 综采放顶煤地表沉陷规律及机理[J]. 煤炭学报, 2008, 33(3): 264~267.
Teng Yonghai, Wang Jinzhuang. The Law and mechanism of ground subsidence induced by coal mining using fully-mechanized caving method[J]. Journal of China Coal Society, 2008, 33(3): 264~267.

[10] 张连贵. 兖州矿区综放开采地表沉陷规律[J]. 煤炭科学技术, 2010, 38(2): 89~92.
Zhang Liangui. Surface ground subsidence law of fully-mechanized top coal caving mining in yanzhou mining area[J]. Coal Science and Technology, 2010, 38(2): 89~92.

[11] 谭志祥, 王宗胜, 李运江, 等. 高强度综放开采地表沉陷规律实测研究[J]. 采矿与安全工程学报, 2008, 25(1): 59~62.
Tan Zhixiang, Wang Zongsheng, Li Yunjiang, et al. Field research on ground subsidence rules of intensive fully-mechanized mining by sublevel caving[J]. Journal of Mining & Safety Engineering, 2008, 25(1): 59~62.

[12] 谭志祥, 邓喀中. 综放面地表变形预计参数综合分析及应用研究[J]. 岩石力学与工程学报, 2007, 26(5): 1041~1047.
Tan Zhixiang, Deng Kazhong. Comprehensive analysis and application study on ground deformation prediction parameters of fully-mechanized mining with sublevel caving[J]. Chinese Journal of Rock Mechanics and Engineering, 2007, 26(5): 1041~1047.

[13] 王宁, 吴侃, 秦志峰. 基于松散层厚影响的概率积分法开采预计模型. 煤炭科学技术, 2012, 40(7): 10~12.
Wang Ning, Wu Kan, Qin Zhifeng. Prediction model of mining subsidence with probability integration method based on thickness influences of loose layer[J]. Coal Science and Technology, 2012, 40(7): 10~12.

[14] 米丽倩, 查剑锋, 刘丙方. 概率积分法参数对预计地表下沉的影响度分析[J]. 煤矿开采, 2011, 16(4): 13~16.
Mi Liqian, Zha Jianfeng, Liu Bingfang. Analysis of probability integral parameters' influence on predicting surface subsidence[J]. Coal Mining Technology, 2011, 16(4): 13~16.

[15] Luo Yi, Cheng Jianwei. An influence function method based subsidence prediction program for longwall mining operations in inclined coal mines[J]. Mining Science and Technology, 2009, 19(5): 592~598.

[16] 陈俊杰, 邹友峰, 郭文兵. 厚松散层下下沉系数与采动程度关系研究[J]. 采矿与安全工程学报, 2012, 29(2): 250~254.
Chen Junjie, Zou Youfeng, Guo Wenbing. Study on the relationship between subsidence coefficient and mining degree under a thick alluvium stratum[J]. Journal of Mining & Safety Engineering, 2012, 29(2): 250~254.

基于地表建筑物允许变形的充填量优化计算

姜岩[1]　Axel Preusse[2]　Anton Sroka[3]　姜岳[1]

（1. 山东科技大学测绘科学与工程学院，山东青岛　266590;
2. Institute for Mine Surverying & Mining Subsidence Engineering,
RWTH Aachen University, Aachen 52062, Germany;
3. Institute for Mine Surverying & Geodesy, Freiberg University of
Mining & Technology, Freiberg 09599, Germany）

摘　要　在中国许多矿区大量的煤炭资源被地表建筑物压覆，为了减少地下开采对地表建筑物的损害，充填开采技术得到了应用，初步形成适应不同条件矿井的技术工艺体系与配套的技术装备及特种充填材料。针对井下充填量合理优化设计问题，提出了建筑物下充填开采应综合考虑地质采矿条件、地表移动规律、被保护建筑物允许变形值及工作面的充填能力等因素，建立了带有允许开采厚度、工作面充填率和工作面开采速度的充填量优化计算模型，为建筑物下充填开采设计提供了依据。
关键词　建筑物下压煤　充填开采　优化计算

Optimization Calculation of Underground Backfill Amount Based on Surface Buildings of Allowable Deformation

Jiang Yan[1]　　Axel Preusse[2]　　Anton Sroka[3]　　Jiang Yue[1]

(1. College of Geomatics, Shandong University of Science and Technology, Shandong Qingdao 266590, China;
2. Institute for Mine Surverying & Mining Subsidence Engineering,
RWTH Aachen University, Aachen 52062, Germany;
3. Institute for Mine Surverying & Geodesy,Freiberg University of
Mining & Technology, Freiberg 09599, Germany)

Abstract　Many mines have large amounts of coal resources under surface buildings in China,in order to reduce the damage of underground mining on the surface buildings,the backfill mining technology has applied.There are different technology ,equipment and special backfill materials.According to the backfill amount of optimization problem, it needs to consider geological and mining conditions,the surface movement law,the protected buildings allowable deformation and the efficiency of backfill.An optimization model is established with mining thickness, backfill ratio and mining speed for optimization calculation of buildings under the backfill mining.
Keywords　coal under buildings, backfill mining, optimization calculation

充填开采在国内外许多矿山得到应用，其中在德国和波兰煤矿开采中曾得到大量的应用。德国煤矿从1924年开始应用风力充填，在1960年的德国煤炭产量中，大约有52%来源于使用不同方法的充填开采。从20世纪70年代到90年代的后期，德国煤矿广泛使用机械化风力充填方法，其中一个目的是控制地表下沉，另外的目的是消灭矸石山。工作面平均充填率为57%，平均充实率为45%，冒落开采地表下沉系数为0.9，充填开采地表下沉系数为0.5，减沉率为44%左右。因风力充填需要额外的技术装备，增加了生产成本，风力充填的成本为20~30美元/t，常规的地表沉陷损害赔偿费用为6~8美元/t，风力充填开采一直应用到1997年[1]。波兰从1964年开始在城市中心区大规模开采，一般采用水砂充填开采。2009年全波兰共有117个生产工作面，年产量为7750万吨，30%是从保护煤柱中开采的，其中仅有4个工作面采用充填开采[2]。中国正处在煤炭工业大发展时期，但许多煤炭资源被地面密集建筑物压覆，而无法正常开采，这不仅影响到煤炭资源合理回收，同时影响到矿井生产的正常接续与安全生产，将缩短矿井的服务年限。建筑物下压煤的安全开采，关系到矿井生产的可持续发展，在目前的技术条件下，不得不重新考虑充填开采技术，研究充填工艺与设备及充填材料。为了控制开采引起的地表移动与变形，实现建筑物下安全开采，工作面的充填率决定着控制地表移动与变形的效果，从理论上讲，充填率越高，减缓地表移动与变形的效果越好，但过度的充填会浪费充填材料和增加生产成本。应根据地表建筑物变形的控制目标和地表移动规律，优化确定工作面的充填率，确定经济合理的充填量。

1 允许开采厚度计算

不超过地表建筑物允许变形指标，所对应的最大开采厚度称为允许开采厚度，其值应根据地质采矿条件和地表移动规律及地表被保护建筑物允许变形指标优化计算。

设地表建筑物的允许变形值分别为：
（1）地表最大允许倾斜 Δi；
（2）地表最大允许曲率 Δk；
（3）地表最大允许水平变形 $\Delta \varepsilon$。

为了保护地表建筑物，开采引起的最大变形应不超过其允许变形指标，即：

$$i_{\max}^0 \leqslant \Delta i \qquad K_{\max}^0 \leqslant \Delta k \qquad \varepsilon_{\max}^0 \leqslant \Delta \varepsilon \tag{1}$$

根据式（1）和概率积分法预计公式[3]，可以对应计算出三个开采煤层厚度，分别为：

$$m_i \leqslant \frac{\Delta i H}{q \cos \alpha n_x n_y \tan \beta} \qquad m_k \leqslant \frac{\Delta k H^2}{1.52 q \cos \alpha n_x n_y \tan^2 \beta} \qquad m_\varepsilon \leqslant \frac{\Delta \varepsilon H}{1.52 b q \cos \alpha n_x n_y \tan \beta} \tag{2}$$

式中　q——地表下沉系数；
　　　α——煤层倾角；
　　　n_x, n_y——分别沿走向和倾向的采动系数；
　　　b——地表水平移动系数；
　　　$\tan \beta$——主要影响角正切；
　　　H——开采深度。

则允许开采厚度为：

$$M_e = \min(m_i, m_k, m_\varepsilon) \tag{3}$$

2 充填率计算

2.1 充填率

$$\rho_f = \frac{\text{充填体积}}{\text{采空区体积}} \times 100\% = \frac{M_f}{M_0} \times 100\% \tag{4}$$

式中　M_f——充填体平均法向厚度；
　　　M_0——煤层平均开采法向厚度。

2.2 充填率计算

充填效果受到充填开采工艺图的影响，如图 1 所示，即受充填前顶板下沉量 M_1、充填不接顶间距 M_2、充填体最终压实后的压缩量 M_3 影响，为了保护地表建筑物，三个影响因素应满足如下关系：

$$M_1 + M_2 + M_3 \leqslant M_e \tag{5}$$

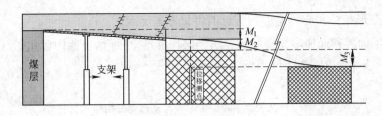

图 1　充填开采顶板下沉量示意图

M_1、M_2 和 M_3 的计算公式如下：

$$M_1 = \rho_0 M_0$$

$$M_2 = (1-\rho_f) M_0$$

$$M_3 = \eta_p \rho_f M_0$$

式中，ρ_0 为充填前顶板下沉率，%；ρ_f 为充填率，%；η_p 为充填体压缩率，%。

允许开采厚度计算公式如下：

$$M_e = \rho_0 M_0 + (1-\rho_f) M_0 + \eta_p \rho_f M_0 \tag{6}$$

则根据允许开采厚度 M_e、充填前顶板下沉率 ρ_0 和充填体压缩率 η_p 设计的充填率计算公式如下：

$$\rho_f = \frac{(1+\rho_0) M_0 - M_e}{(1-\eta_p) M_0} \tag{7}$$

当设计的充填率 ρ_f 大于 1.0 时，说明充填体的压缩率太大，无法满足控制地表移动变形的需要，应该选用压缩率更小的充填材料。

以某矿区建筑物下开采为例，当被保护建筑物允许变形指标按Ⅰ级（水平变形≤2.0mm/m）设计时，工作面充填率要达到 91%；当被保护建筑物允许变形指标按Ⅱ级（水平变形≤4.0mm/m）设计时，工作面充填率要达到 57%，两种保护方案的充填率之差为 34%。因此，有必要针对建筑物的保护需要，来确定合理的工作面充填率，实现安全生产与经济效益最大化。

3　充填开采速度计算

矿山地下开采引起的地表移动和变形是一个时间与空间的过程，地表动态变形随着工作面的推进而发生、发展和消亡，虽然动态变形对建筑物的作用是临时的，但它同样可以使建筑物遭受破坏。工作面推进速度对地表动态变形有很大影响，国内大部分文献都是根据波兰的经验，大量中文文献把"提高开采速度"作为建筑物下采煤的开采措施，主张在建筑物下开采时，要提高开采速度。

根据大量的开采实践和理论研究[4-7]，在建筑物下开采时要针对不同保护等级的建筑物，根据其允许动态变形值确定出与之相适应的最优开采速度，采用匀速连续开采方式，减少地表动态变形对建筑物的影响。2003 年波兰在敏感建筑物下开采，限制开采速度是非常必要的[8]。在建筑物下充填开采设计时，更应该考虑到开采速度问题，在顾及与建筑物抗变形能力相适应的开采速度同时，还要与工作面的充填能力相匹配，以确保工作面的充填效果[9]。当给定建筑物的允许下沉速度 W'_{Gr}、允许水平变形速度 ε'_{Gr} 和充填能力 Q_{Gr} 时，则对应的开采速度（V_W, V_ε, V_f）应满足下列关系式[3]：

$$\left.\begin{array}{l} W'(V_W) \leqslant W'_{Gr} \\ \varepsilon'(V_\varepsilon) \leqslant \varepsilon'_{Gr} \\ Q(V_f) \leqslant Q_{Gr} \end{array}\right\} \tag{8}$$

通过优化计算，可得最优允许开采速度为：

$$V_{\max} = \min\{V_W, V_\varepsilon, V_f\} \tag{9}$$

V_{max} 即为与允许变形指标和充填能力相匹配的优化开采速度。

目前中国尚没有用地表移动速度为指标的建筑物破坏标准,下面给出德国鲁尔矿区建筑物保护等级与动态变形指标,见表1。表中,W'_{Gr} 为下沉速度;ε'_{Gr} 为水平变形速度。

表1 德国建筑物保护等级与动态变形指标[3, 5]

建筑物保护等级	$W'_{Gr}/\mathrm{mm \cdot d^{-1}}$	$\varepsilon'_{Gr}/\mathrm{mm \cdot (m \cdot d)^{-1}}$	保护建筑物的特征说明
0	1	0.005	古迹,化工设备,大型电厂
1	3	0.015	工业设备,纪念碑
2	6	0.030	城市建筑,铁路,管线
3	12	0.060	低层建筑,公路,线路
4	18	0.100	仓库等

4 结论

本文在总结中国、德国及波兰的充填开采经验基础之上,指出建筑物下充填开采应综合考虑地质采矿条件、地表移动规律、地表被保护建筑物的允许变形指标及工作面的充填能力等因素,建立了与允许开采厚度、工作面充填率和工作面开采速度相关的充填率优化计算模型,为确保建筑物下安全开采,避免过度充填浪费充填材料增加生产成本,提供了理论优化计算依据。

参 考 文 献

[1] Preusse, Herzog, Kateloe, The use of pneumatic stowing in Germany considering subsidence aspects, Markscheidewesen[J]. 2003, 110(3), 97~102.

[2] Kowalski, Gruchliik, Die probleme des Oberflaechenschutzes in demSteinkohlenberg in Polen, Schriftenreihe 12. Geokinematischer Tag Heft2011-1 [J]. 2011, 164~178.

[3] Jiang Yan, Axel Preusse, Anton Sroka, Angewandte Bodenbewegungs-und Bergschadenkunde[M]. VGE Verlag, 2006.

[4] Sroka A, On the problem of face advance on the rate for coal mining damage, underground exploitation School [J]. 1993, Suplement, 15~39.

[5] Sroka A. Dunamika eksploatacji Górniczej Z punktu widzenia szkód górniczych, Instytut geospodarki surowcami mineralnymi I energia[M]. Kraków, 1999.

[6] Preusse A, Peng A, Luo S. Effects of face advance on the rate with U.S. and German Longwall Mining Operations, 20th International Conference on Basic Control in Mining [C]. 2001, 140~148.

[7] Jiang Yan. The problem of settlement damage in the mining area of Shandong Province in China, Schriftenreihe 5. Geokinematischer Tag Heft2004-2 [J]. 2004, 85~92.

[8] Knothe St, Popiolek E, Mining pause on the surface deformation process analysis based on the observation Schriftenreihe 4. Geokinematischer Tag Heft2003-1 [J]. 2003, 25~34.

[9] Jiang Yan, Zhang Xiaogang. Study and development of mining settlement damage overview, Schriftenreihe 12. Geokinematischer Tag Heft2011-1 [J]. 2011, 59~67.

文明煤矿地表建筑保护煤柱尺寸的留设

姚建伟[1,2]

(1. 霍州煤电集团汾源煤业公司，山西忻州 035100；2. 河南理工大学，河南焦作 454000)

摘 要 为了保护文明煤矿地表变电所与民宅，采用留煤柱保护法，文中针对合理的煤柱尺寸展开研究。研究中首先按照规程中的方法对煤柱尺寸进行计算，得到需要留设的煤柱尺寸107~156m。随后采用计算机数值模拟对110m、120m、130m、140m、150m展开计算，最终确定煤柱尺寸不小于130m，在此基础上，对5号煤层一采区首采工作面位置进行设计，与35kV变电所距离为164.8m，与住宅距离为186.7m。

关键词 地表 保护煤柱 移动角 数值模拟

文明煤矿位于晋西北黄土高原，植被稀少，地形较为复杂，切割剧烈。井田东部有1条近似南北向的沟谷，当地称为文明沟。在井田内延伸约1000m。井田内大部分为第四系黄土覆盖。谷坡零星出露基岩地层，总体地势为西高东低，南高北低，区内最高点为1686.50m，最低点为1530.7m，最大相对高差为155.8m。

文明煤矿现开采5号煤层，赋存于太原组的下部是本井田的最下一层主要可采煤层，煤厚4.60~13.90m，平均10.50m，属厚煤层，煤层倾角25°~30°，含1~2层夹矸，全井田可采。顶板岩性为泥岩或砂质泥岩、粉砂岩，底板岩性为砂质泥岩、泥岩或细粒砂岩。属全井田可采的稳定煤层。5号煤采用综采放顶煤一次采全厚走向长壁采煤法，设计机采高度2.6m，放顶煤厚度7.9m。

矿井设计首采工作面为5-101工作面，其开采过程中预计会对地表产生影响，距离该工作面164.8m的35kV变电所与186.7m的住宅是需要保护的设施，因此需对工作面开采期间保护煤柱的合理尺寸展开研究。

1 保护煤柱宽度的计算

地下开采会对建筑物产生一系列的影响，由于地下开采导致的地表移动和变形作用于建筑物的基础，会导致建筑物受到附加应力的作用而产生变形和破坏，主要会引起下沉、倾斜、曲率变形、水平变形等。各类建筑物由于结构不同，其承受移动和变形值大小也各不相同。但是，它们都有一定的最大允许变形值。当建筑物因开采引起的变形未超过其最大允许值时，建筑物的损害一般不会太严重，仍可正常使用。但当变形大于其最大允许值时，建筑物将受到损害，严重时甚至倒塌。在开采影响下，产生的各种地表移动与变形对建筑物产生一定的危害，要避免这种危害的产生除了对建筑物采取一定的加固等措施外，一个重要的方面就是进行煤柱留设，让产生地表移动与变形的范围远离地面建筑物。

本次应选用垂直剖面法设计保护煤柱[1]。

经测量及计算，T3钻孔位置与工作面设计变电所侧巷道（上侧巷道）水平距离130m，按30°煤层倾角计算高差75m。根据T3钻孔位置的地面标高1670m，而上侧巷道地面标高1620m，计算高差50m。

变电所标高1580m，外侧点较上侧巷道等高线1620m低40m，同时考虑煤层倾角30°影响，外侧点至上侧巷道处117m水平距离产生的高差为67.55m。

综上，按T3钻孔考虑上侧巷道时需减去75+50=125m，按T3钻孔5号煤顶板累厚395m计，上侧巷道煤层顶板距地表395−125=270m；变电所外侧点距煤层顶板为270−40−67.55=162.45m。T3钻孔柱状图如图1所示。

巷道外侧地面标高点、变电所外侧点和上侧巷道煤层顶板等之间的几何尺寸关系如图2所示。

中硬岩层的岩层移动角γ按70°~75°，取下限70°；软岩的岩层移动角γ按60°~70°，取下限60°。

基金项目：霍州煤电高层专业人才实践工程资助项目，编号HMGS2012XX。
作者简介：姚建伟(1969—)，男，采矿工程师，毕业于山西矿业学院采矿工程专业，现任霍州煤电集团汾源煤业公司矿长，从事煤矿的生产管理工作。
电话：13994029839；E-mail: fenyuankuangzhang@126.com

变电所标高1580m，外侧点较上侧巷道1620m低40m，其水平距离117m，向上侧巷道方向的山坡角度大于15°，约为19°。按"三下"规程计算准则，对于山地地表倾角大于15°，上坡方向移动角应减小5°~10°，下坡方向减2°~3°。所以，上坡方向取下限5°，相应岩层移动角减5°，中硬岩层取65°，软岩层取55°。

累厚/m	层厚/m	柱状	岩 性 描 述
295.92	277.52		无芯钻进
303.00	7.08		深灰色砂质泥岩，水平层理，含植物化石，节理发育
307.00	4.00		灰色细砂岩，泥质胶结，夹粉砂岩薄层，节理发育
309.05	2.05		深灰色泥岩，含植物叶片化石，节理发育，岩芯破碎
311.40	2.35		2号煤，粉状
321.50	10.10		深灰色泥岩，破碎，中部夹砂质泥岩薄层，底部1.00m微含炭质
326.20	4.07		5号煤，粉状，夹石为泥岩
327.05	0.85		深灰色泥岩，碎块状，含植物碎片化石
328.00	0.95		煤，粉状
331.00	3.00		深灰色泥岩，水平层理，含植物化石，节理发育，岩芯破碎
343.80	12.80		灰色细砂岩，松软，全层受挤压严重,夹粉砂岩薄层,节理发育
352.00	8.20		深灰色砂质泥岩，水平层理，含菱铁质结核，节理发育
357.50	5.50		灰色细砂岩，铁质胶结，节理发育
370.50	13.00		深灰色泥岩，水平层理,含植物化石及少量黄铁矿,节理发育
371.80	1.30		深灰色泥岩，泥质含量高，裂隙发育，含方解石脉
373.75	1.95		深灰色泥岩，水平层理，含植物化石，节理发育
375.10	1.35		4号煤，粉状
379.00	3.90		深灰色泥岩，水平层理，含植物化石，下部夹粉砂岩薄层
385.00	6.00		灰色细砂岩，钙质胶结，夹粉砂岩条带，节理发育
392.70	7.70		深灰色砂质泥岩，水平层理，含植物碎片化石及少量行铁矿
395.00	2.30		深灰色石灰岩，隐晶质，含动物碎片化石，裂隙发育
408.00	13.00		5号煤，粉状，夹石1、2为泥岩

图1　T3号钻孔柱状图

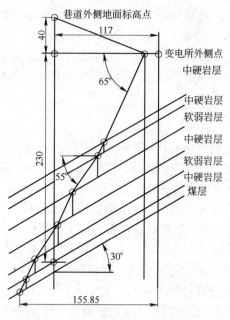

图2　垂直剖面法保护煤柱尺寸留设解算图

煤层及其上覆岩层的分组划分如图2所示，煤层按10.5m（中硬）考虑，其上划分16m（中硬）、22.5m（软岩）、26.5m（中硬）、24m（软岩）、11.08m（中硬）；计110.58m（煤层+详细上覆），之上按62.37m（中硬）考虑，由于变电所处于岩层上，不考虑地表松散层。

变电所按二级防护，围护带宽度取15m。各岩层保护煤柱的划分从15m围护带点处开始计算，15m水平距离产生的高差（煤层倾角30°）为8.66m，最上层中硬岩层按71.03m计算。

据此计算，需要留设的煤柱宽度为：

$$L_0 = 15\text{m}$$

$$L_1 = \frac{71.03 \tan 25°}{1 - \tan 30° \tan 25°} = 45.32\text{m}$$

$$L_2=\frac{11.08\tan 25°}{1-\tan 30°\tan 25°}=7.07\text{m}$$

$$L_3=\frac{24\tan 35°}{1-\tan 30°\tan 35°}=28.2\text{m}$$

$$L_4=\frac{26.5\tan 25°}{1-\tan 30°\tan 25°}=16.91\text{m}$$

$$L_5=\frac{22.5\tan 35°}{1-\tan 30°\tan 35°}=26.44\text{m}$$

$$L_6=\frac{16\tan 25°}{1-\tan 30°\tan 25°}=10.21\text{m}$$

$$L_7=\frac{10.5\tan 25°}{1-\tan 30°\tan 25°}=6.7\text{m}$$

$$L=L_0+L_1+L_2+L_3+L_4+L_5+L_6+L_7=155.85\text{m}$$

若各岩层移动角 γ 按上限来取，则可得以下计算结果：

$$L_0=15\text{m}$$

$$L_1=\frac{71.03\tan 20°}{1-\tan 30°\tan 20°}=32.74\text{m}$$

$$L_2=\frac{11.08\tan 20°}{1-\tan 30°\tan 20°}=5.11\text{m}$$

$$L_3=\frac{24\tan 25°}{1-\tan 30°\tan 25°}=15.30\text{m}$$

$$L_4=\frac{26.5\tan 20°}{1-\tan 30°\tan 20°}=12.22\text{m}$$

$$L_5=\frac{22.5\tan 25°}{1-\tan 30°\tan 25°}=14.34\text{m}$$

$$L_6=\frac{16\tan 20°}{1-\tan 30°\tan 20°}=7.38\text{m}$$

$$L_7=\frac{10.5\tan 20°}{1-\tan 30°\tan 20°}=4.84\text{m}$$

$$L=L_0+L_1+L_2+L_3+L_4+L_5+L_6+L_7=106.93\text{m}$$

则合理的保护煤柱留设宽度应在 107~156m 之间。

若岩层结构按 ZK1 号钻孔选取，ZK1 号钻孔岩层结构如表 1 所示。

表 1 ZK1 号钻孔柱状岩性及厚度表

岩 性	厚度/m	累计/m	备 注
软 岩	177.75	177.75	无岩心
软 岩	60.2	237.95	
中硬岩	11.95	249.9	
煤	12.3	262.2	含 0.6m 夹矸

变电所按二级防护，围护带宽度取 15m。各岩层保护煤柱的划分从 15m 围护带点处开始计算。

煤层及其上覆岩层的分组划分如表 1 所示，煤层按 12.3m（中硬）考虑，其上划分 11.95m（中硬）、60.2m（软岩），计 84.45m，其上 177.75m 按软岩（无岩心）考虑。

中硬岩层的岩层移动角 γ 按 70°~75°，取下限 70°；软岩的岩层移动角 γ 按 60°~70°，取下限 60°。

经测量及计算，ZK1 号钻孔位置与设计变电所围护带外侧角点水平距离 160.53m，按煤层底板等高线考虑其高差约 73m，经反算倾角约为 24.5°（按此计算）。根据 ZK1 号钻孔位置的地面标高 1628.625m，而上侧巷道地面标高 1620m，计算高差 8.625m。变电所标高 1580m，外侧点较上侧巷道等高线 1620m 低 40m。

按 ZK1 号钻孔 5 煤底板累厚 262.2m 计，上侧巷道煤层顶板距地表约 214.6m。巷道外侧地面标高点、变电所外侧点和上侧巷道煤层底板等之间的几何尺寸关系如图 3 所示。

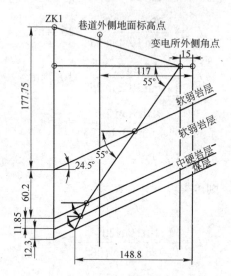

图 3　垂直剖面法保护煤柱尺寸留设解算图

据此计算，需要留设的煤柱宽度为：

$$L_0 = 15\text{m}$$

$$L_1 = \frac{55.97 \tan 35°}{1 - \tan 24.5° \tan 35°} = 57.53\text{m}$$

$$L_2 = \frac{60.2 \tan 35°}{1 - \tan 24.5° \tan 35°} = 61.88\text{m}$$

$$L_3 = \frac{11.95 \tan 25°}{1 - \tan 24.5° \tan 25°} = 7.08\text{m}$$

$$L_4 = \frac{12.3 \tan 25°}{1 - \tan 24.5° \tan 25°} = 7.28\text{m}$$

$$L = L_0 + L_1 + L_2 + L_3 + L_4 = 148.77\text{m}$$

如果按照下限进行计算，软岩按 65°（下限 70°−5°），中硬岩按 70°（75°−5°），需要留设的煤柱宽度为：

$$L_0 = 15\text{m}$$

$$L_1 = \frac{55.97 \tan 25°}{1 - \tan 24.5° \tan 25°} = 33.14\text{m}$$

$$L_2 = \frac{60.2 \tan 25°}{1 - \tan 24.5° \tan 25°} = 35.65\text{m}$$

$$L_3 = \frac{11.95 \tan 20°}{1 - \tan 24.5° \tan 20°} = 5.24\text{m}$$

$$L_4 = \frac{12.3 \tan 20°}{1 - \tan 24.5° \tan 20°} = 5.39\text{m}$$

$$L = L_0 + L_1 + L_2 + L_3 + L_4 = 94.42\text{m}$$

则合理的保护煤柱留设宽度应在 95~149m 之间。

此时能够保证地面变电所的安全。在没有实际观测资料的情况下建议采用第一种计算结论，即合理煤柱留设宽度在107~156m。

2 数值模拟分析

经过前面的理论计算，初步得到了保护煤柱的宽度区间。为了给现场设计提供更加全面可靠的依据，这里以理论留宽为基础，提出不同的煤柱留宽方案，采用计算机模拟分析的方法，对比分析不同宽度的煤柱的围岩应力分布特征，确定煤柱的合理留宽。共模拟了煤柱宽度110m、120m、130m、140m和150m五种方案，工作面长度按100m、区间煤柱按20m考虑。

2.1 模型建立

本次数值模拟采用FLAC^{3D}数值模拟软件[2~5]进行分析。

建立的分析模型四个边界均固定法向位移，底端边界固定垂直位移，顶面为自由面，施加上部岩层等效均布载荷。

模型宽×高=800 m×800m，未模拟岩层按等效载荷代替。煤岩层物理力学参数按试验室测定数据给定，没有试验数据的岩层取该类岩性的平均值。模型中层理弱面用INTERFACE模拟。模型赋存状态如图4所示。

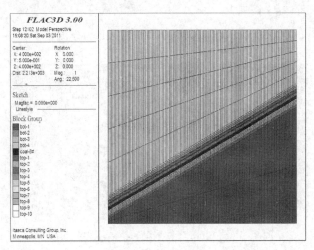

图4 模型赋存状态

2.2 围岩应力分析

图5~图9所示为煤柱宽度从110~150m围岩应力分布情况，是经过3个工作面充分采动后的围岩应力分布图，围岩应力变化明显，主要表现为工作面顶底板应力降低，工作面两端应力增加，远离开采区域的围岩应力受扰动较小，应力变化不大。围岩应力的改变是覆岩垮落、移动的原因，模拟的结果显示应力扰动范围为125~130m，工作面130m外的围岩基本保持为原岩应力。随着煤柱宽度的增加，工作面采深增加，但采深增加较小，应力扰动范围波动不大，通过分析五种方案的模拟结果，应力扰动范围均在125~130m左右，因煤柱宽度增加导致的采深加大不是主要影响因素。

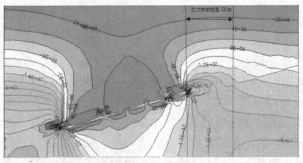

图5 留设110m煤柱采动后围岩应力分布图

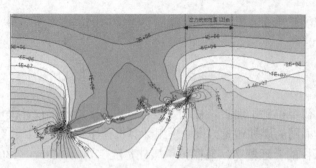

图6 留设120m煤柱采动后围岩应力分布图

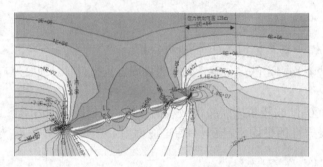

图7 留设130m煤柱采动后围岩应力分布图

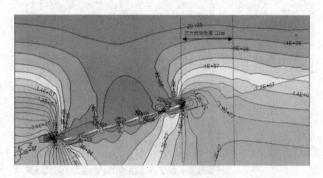

图8 留设140m煤柱采动后围岩应力分布图

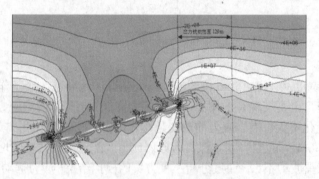

图9 留设150m煤柱采动后围岩应力分布图

2.3 覆岩破坏规律

对不同宽度煤柱下的覆岩破坏进行分析，结果显示煤层充分采动后的影响均可波及到地表，煤柱宽度加大，并不能完全消除开采对周围岩体产生的破坏，而是可以将覆岩移动减小到可控的范围内，为此模拟中监测了煤柱边界处的地表水平及垂直位移。

由图10和图11可以看出，随着煤柱宽度增加，地表水平和垂直位移量逐渐减小，但煤柱宽度到一定值后对地表变形量的控制程度降低，说明煤柱宽度存在一合理值，煤柱宽度达到合理值后继续增加宽度并不能显著控制地表变形量，图中显示煤柱宽度达到130m后，对地表的变形控制达到了较小值。综合以上模拟分析结果,煤柱的留设宽度应为 130m 以上,参照理论计算结果,这一宽度值可靠性适中。

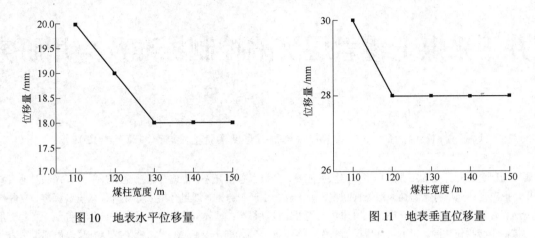

图 10　地表水平位移量　　　　　　　　图 11　地表垂直位移量

3　结论

根据垂直剖面法计算,保护煤柱的留设宽度在 107~156m 之间,数值模拟计算结果显示煤柱宽度不应小于 130m,为保证首采工作面的顺利开采,减少井下投入的工作量,使矿井顺利达产,综合考虑理论计算和数值模拟的结果,考虑一定的安全系数,建议将保护煤柱宽度定为 150m。井田范围内地面村庄、35kV 变电所位置以及首采面设计位置如图 12 所示。

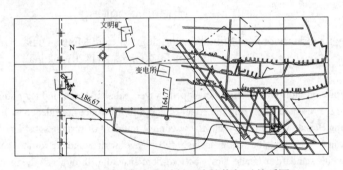

图 12　首采面范围地面主要建筑物相对关系图

从图 12 中可以看出,文明村由于距离较远,仅考虑地面 35kV 变电所的保护煤柱就能满足对文明村保护的要求;而井田北侧有一部分零散的住户,参照 35kV 变电所的保护煤柱留设。

由首采工作面(5-101 综放工作面)的设计与 35kV 变电所和零散住户的相对位置关系可以看出,35kV 变电所与邻近的工作面顺槽巷道最近距离是 164.8m 左右,满足保护煤柱留设的要求;零散住户与首采面开切眼边界保护煤柱的最近距离是 186.7m 左右,满足煤柱留设的要求。

参 考 文 献

[1] 国家煤炭工业局. 建筑物、水体、铁路及主要井巷煤柱留设与压煤开采规程, 2000.
[2] 刘波, 韩彦辉. FLAC 原理、实例与应用指南[M]. 北京: 人民交通出版社, 2005.
[3] 萧红飞, 何学秋, 等. 基于 FLAC3D 模拟的矿山巷道掘进煤岩变形破裂力电耦合规律的研究[J]. 岩石力学与工程学报, 2005(5): 85~90.
[4] 彭文斌. FLAC3D 实用教程[M]. 北京: 机械工业出版社, 2007.
[5] 陈育民, 徐鼎平. FLAC/FLAC3D 基础与工程实例[M]. 北京: 中国水利水电出版社, 2008.

立井下采煤上覆岩层沉陷控制标准及应用研究

唐 海 黄靖龙

（湖南科技大学煤矿安全开采技术湖南省重点实验室，湖南湘潭 411201）

摘 要 为研究立井开拓的工业广场下呆滞煤柱回收，分析了条带开采、协调开采及充填开采等开采法对地表减沉的效果，提出膏体充填开采适合呆滞煤柱回收。基于安全生产为原则，通过分析立井提升设备安装标准、立井结构特征及地表建筑物的保护等级，提出充填开采上覆岩层控制标准：地表沉陷按立井绞车安装标准控制，立井变形以井底构筑物Ⅰ级损伤控制。以五亩冲煤矿为实例，运用该控制标准，用 FLAC^{3D} 模拟了充填开采煤层顶板覆岩运动规律，同时结合概率积分法，提出该矿在距立井井底 100m 下采煤，充填率为 85%时，可实现安全生产。

关键词 膏体充填 岩层沉陷 损伤等级 控制标准 充填率

Study on the Control Standard of Surface Subsidence for Overlying Strata and Its Application under Mine Shaft

Tang Hai Huang Jinglong

(Hunan Key Laboratory of Safe Mining Technology of Coal Mines, Hunan University of Science and Technology, Hunan Xiangtan 411201, China)

Abstract In order to study on dull pillar mining developed by vertical shaft under industry square, a suitable method of paste filling for dull pillar is presented, analyzing the effect of controlling surface subsidence with strip mining, coordinated mining and backfill mining. Based on safety production, the control standard of surface subsidence for overlying strata with paste filling is put forward, which includes the surface subsidence with standard to the hoist installation and shaft deformation monitoring with standard to grade I of bottom-hole structure, through studying on installation standard of hoist equipment, characteristics of shaft's structure and protection level of surface buildings. Using the control standard with Wu Mu Chong coal mine as example, a method of paste filling to filling rate of 85% is proposed, under the station where coal seam ranges bottom hole is over 100 meter, and it can be to safety in mining operations. The movement law of above strata of mining with filling has been simulated using FLAC^{3D} and probability integral method.

Keywords paste filling, surface subsidence, damage grade, control standard, filling rate

随着煤炭资源枯竭，研究回收工业广场煤柱，对延长矿井服务年限、节约资源具有重要的现实意义。长期以来，我国建筑物下压煤开采主要采用条带法、村庄搬迁等方式[1]。条带式开采，控制地表下沉效果较好，地表下沉系数在 0.2~0.3 之间，但资源回收率偏低，仅为 40%~60%；村庄搬迁，牵涉面广、花费大，相对工业广场煤柱回收，性价比低，经济效益低。有学者采用协调开采，研究建筑物下采煤，取得了一定的成果[2~4]。目前建筑物下采煤，多采用矸石或以矸石为骨料制成的膏体进行充填开采[5~8]，不仅可以回收大量呆滞煤炭资源，还可以从源头消除或减少采矿对环境的破坏[9]。还有学者通过对膏体充填开采研究，认为充填开采能否取得成功关键在于控制上覆岩层的主关键层不受破坏[10]，从而达到控制地表沉陷的目的；也有学者认为充填开采时，充填前顶底移近量和充填欠接顶量对岩层控制的影响较大，充填体压缩率影响较小，顶板岩梁所受载荷影响最小[11]。基于前人所取得的研究[10~12]，提高充填体的充填率是减小充填开采地表下沉最有效途径，但提高充填率，必定会提高采矿成本。本文结合五亩冲煤矿现场实际，以现场需要保护的建筑物或构

基金项目：国家重点基础研究发展计划(973)资助项目(2013CB227904)；湖南省科技厅计划项目资助(2014FJ3105)；湖南省国土资源厅科技资助项目(201239)。

作者简介：唐海(1970—)，男，湖南祁阳人，博士，副教授，研究方向：采矿工程。E-mail: tanghai707298@163.com

筑物为对象,选择了控制地表沉陷的采矿法,提出了立井下充填开采的控制标准,并运用该标准,结合FLAC^{3D}和概率积分法分析了煤层顶板覆岩运动规律,得到了保护对象不受损伤的合理充填率。

1 矿井概况

五亩冲煤矿经过40多年的开采,现只剩下工业广场下约180万吨保安煤柱未采,矿井煤炭资源即将枯竭。保安煤柱区位于井田北翼,竹山塘断层以北,铁家冲断层以南,工程地质条件简单,开采无断层影响。煤柱煤层只有一层,厚度约4m,倾角多在15º~25º之间,标高为−160~−320m,走向长约810m,倾斜宽约620m,面积约414611m^2。保安煤柱周边工作面已按全部垮落法全部开采完毕,为延长矿井服务年限,需要对保安煤柱进行开采。保安煤柱范围内除有主、副井及箕斗井等构筑物外,地表还有锅炉房、工人俱乐部、办公楼、职工宿舍以及矿区附近村组居民住宅等大量建筑群。地面建筑物以砖混、砖木结构为主,部分钢混结构;井筒结构为钢混结构,井筒特征如表1所示。

表1 井筒特征
Table 1 Shaft characteristics

井筒类别	井口标高/m	井筒垂深/m	直径/mm		井底标高/m	井筒底部煤层标高/m	井筒装备
			净	荒			
主井	136.7	241.7	6000	7200	−85.0	−236.0	管路、电缆、罐道、罐梁
副井	130.0	230	5000	6200	−100.0	−224.0	电缆、罐道、罐梁
箕斗井	130.0	230.5	6000	7200	−100.5	−220.0	电缆、罐道、罐梁

注:目前该矿主井井筒仅用于排水,不用于提升。

2 采煤方法选择

根据我国建筑物下采煤经验,在研究立井开拓的工业广场下呆滞煤柱回收时,为做到既采出地下煤炭资源又保护好建筑物或构筑物,目前主要采取条带法、协调法和充填法开采。

2.1 条带法

条带开采就是将井下开采工作面划分成一个个长条形,采一条,留一条,保留的条带用于永久支撑上覆岩体,从而减少覆岩沉陷,控制地表的移动和变形,实现对地面建筑物或构筑物以及地下结构的保护[2]。条带法开采,其地表下沉系数一般不大于0.3,在0.2~0.3之间,但条带开采的资源回收率低,采出率在40%~60%之间。

2.2 协调法

协调开采为多工作面联合开采措施,通过在推进方向上合理地布置各工作面间的距离及开采顺序,使不同采面间形成的拉伸区与压缩区相叠加减小地面变形值[2],其地表变形值可减少20%~40%。波兰的卡托维茨城下采煤、我国峰峰煤矿的辛寺庄村下采煤、丰城八一煤矿村庄下开采,均使用了协调开采的技术,获得了较好的效果,英国、前苏联等也采用此法开采了大量的建筑物压煤[14]。

2.3 充填法

目前国内采用的充填开采技术有固体废物(主要是矸石)充填、水砂充填及膏体充填等。固体废物充填,充填材料为破碎后的煤矸石或固体废料,或粉煤灰、黄土等材料。一方面利用井下掘进矸石进行充填采空区,可实现矿井矸石的井下处理;另一方面将地面矸石、粉煤灰、黄土等单一固体废弃物或者几种充填物以合适的比例混合,充填到工作面充填区内,由夯实机进行夯实,置换出煤炭资源,做到了既解放建筑下的煤炭资源又控制了地表沉陷。该充填开采技术,地表下沉系数为0.2~0.3,比全部垮落法管理顶板可减沉60%~70%[15,16];水砂充填,在波兰运用较为成功,我国在抚顺老虎台煤矿、京西门头沟煤矿应用过,采用该充填技术,地表下沉系数在0.10~0.20[17],但水砂充填一般需构筑专门的护壁和隔墙,且存在充填体强度一般不高的问题;膏体充填,将经过破碎、筛分后的煤矸石、电厂粉煤灰或其他用作充填的骨料制成浓度达85%左右的膏体,经管道充填全部采空区,形成以膏体充填为主体的支撑体系,控制地表下沉系数可达 0.01 以下[18]。

五亩冲矿工业广场地面建筑由于前期邻近采区的开采影响,已产生了较大的变形,其充填开采必须要严格控制地面沉降和变形,否则将会和前期采动影响叠加,对地面建筑造成破坏;工业广场中部有一提升立井,其充填开采还必须要严格保障该立井的安全,因此在控制地表变形的同时,还必须严格控制岩层的水平变形,这些情况要求本次充填开采不能采用部分充填和部分减沉技术,必须采用全充填的方式,而且充填要尽量密实,最大限度地减少采动影响,因此,一般的固体废物充填及水砂充填不适合。

高水速凝材料具有高水、速凝、早强等特性,采用高水材料作充填用胶结剂的充填采矿方法"高水充填采矿模式",虽然在不少矿山取得了成功,但是否适合煤层分层开采,还未见公开报道。高水材料价格较高,五亩冲矿煤厚 4m 需要分层开采,需要解放的煤炭储量较小,在经济上不合适。

从上述分析可知,条带法、协调法、一般的固体废物充填及水砂充填不适合五亩冲矿。在煤矿膏体充填方面,中国矿业大学周华强教授领导的课题小组与济宁市太平煤矿合作开展的厚煤层分层膏体充填开采已经取得成功[18],为解决我国煤矿村庄下压煤和控制开采沉陷破坏,提高开采上限,实现固体废物资源利用提供了一个很好的途径。

可见,采用煤矸石、粉煤灰、水泥及速凝剂制成膏体,在五亩冲矿进行充填开采,技术上既先进又合理,另外还考虑了充分利用矿区现有条件(矿山堆积着大量煤矸石,周围火电厂也存在大量粉煤灰),有利于降低充填成本。

3 岩层移动控制标准

工业广场下采煤,需按"三下"开采规程[20],控制地表变形,保护建筑物损坏等级在允许范围之内。为使煤矿开采不扰民,通常按照建筑物损坏等级为Ⅰ级损坏控制地表变形,即地表变形值的水平变形 $\varepsilon \leqslant 2.0$ mm/m,曲率 $k \leqslant 0.2 \times 10^{-3}$m,倾斜 $i \leqslant 3.0$ mm/m[20]。但在工业广场下采煤,不仅是保护地表建筑物不受损坏,还应使矿山的正常生产活动不受干扰,其重要的一环是使立井提升不受影响,关键是绞车房的绞车能正常运转。按"三下"开采规程附表 3-2 中 "当提升绞车的滚筒直径为 5m 时,允许地表变形值 $i \leqslant 6.0$ mm/m;当提升绞车的滚筒直径大于 5m 时,允许地表变形值 $i \leqslant 4.0$ mm/m"的规定,变形要求低于Ⅰ级损坏,但绞车安装标准中规定"轴承座垂直与主轴方向的水平度的允许偏差为 0.5‰",按此要求,相当于"三下"开采规程中的地表变形值的倾斜 $i \leqslant 0.5$ mm/m,远严于建筑物Ⅰ级损坏的控制标准。如按建筑物Ⅰ级损坏控制地表变形,绞车运转受影响,因此,地表沉陷按立井绞车安装标准控制,即地表变形 $i \leqslant 0.5$ mm/m。

研究发现,煤矿开采引起的井筒变形与破坏,主要存在 4 种基本形式[21]:井筒沿轴向的挤压或拉伸变形,该种变形主要是由于岩层在竖直方向上下沉量不相等而引起的;井筒中心线的偏斜和弯曲,该变形是井筒在不同深度上的围岩水平移动值不等所造成的;井壁错动,引起这种现象的原因是采空区上覆岩层严重弯曲而引起的岩层沿层面的错动;径向水平挤压引起的井壁破坏,该种变化主要发生在围岩为软岩时,软岩受压横向膨胀所致。

充填开采实质上就是用充填材料置换煤炭资源。当充填体的强度和弹性模量均大于煤体强度和弹性模量且充填率为 100%时,充填开采将不会引起岩层移动和开采沉陷。但工程实践中采空区顶底板在充填前已下沉,同时,充填体不能全部充满采空区,存在一些欠接顶量,而且充填体受压后有部分量的压缩,因此,充填开采不能消除上覆岩层的变形,但当采空区充填之后,"充填体-煤-岩体"形成共同支撑体系,此时顶板受到的采动影响明显小于传统的垮落采煤方法。实践表明,采用充填法采矿时,顶板岩层移动没有明显的"上三带"分布,即垮落带、裂隙带、弯曲下沉带。因此,充填体上覆顶板岩层为整体移动,有下沉但较为缓和,不至于使上覆岩层发生较大破裂和台阶下沉。

立井井筒纵贯表土及部分基岩如同一巨大的圆管状钢筋混凝土桩"楔"在几百米深的地层中,当采用充填开采时,立井井筒与围岩移动和变形是一致的,因此,井壁不会发生错动和径向水平挤压引起的井壁破坏;正是由于充填体上覆顶板岩层为整体移动,下沉缓和,使得岩层在竖直方向上下沉量相等,不会使井筒沿轴向的挤压或拉伸变形,也不会使井筒中心线发生弯曲变形。

从上述分析可知,当采用充填开采时,若井筒发生变形与破坏,只存在一种形式,即井筒中心线发生偏斜，导致井筒不能正常提升。根据一些国家井筒煤柱开采的经验可知，井筒中心线倾斜的允许值平均为 2mm/m，个别地段倾斜的最大值不允许超过 5mm/m[21]，这与地表建筑物发生Ⅰ级损坏所要求的地表倾斜最大值为 3mm/m 的标准要求较为宽松。有研究表明，井筒最终的下沉和变形量都是随着深度的增加而增加，最大下沉和最大变形均在井筒的底部[22]，只要井筒底部的岩层面倾斜最大值不超过 3mm/m，井筒中心线的偏斜就不会超过 3mm/m。因此，充填开采时，为使井筒不受开采影响，以井筒井底的构筑物最大发生Ⅰ级损坏为标准控制井底岩层面变形。

另据"三下"开采规程，开采井筒底部的保护煤柱时，如井底及其巷道、硐室至煤层的垂距大于裂隙带高度，就可进行井筒煤柱开采[20]，规程要求的是裂隙带不进入井筒或巷道底部，本文提出井筒不开采影响的标准为：井筒底部的岩层面倾斜最大值不超过 3mm/m、井筒井底的构筑物最大发生Ⅰ级损坏。标准隐含的前提是井筒底部岩层面是出现弯曲下沉带，显然标准包含了"三下"开采规程的内容，且比之要求严格、合理。

4 工程运用

在开采五亩冲煤矿立井下的保安煤柱时，为使井筒不受开采影响，井筒底部岩层变形以井底构筑物最大发生Ⅰ级损坏为标准进行控制。

五亩冲煤层覆岩大部分是坚硬的中生界砂砾岩及上古生界的硅质灰岩为主，煤层上山方向岩层移动角 γ 为 80°，下山方向岩层移动角 β 为 75°，走向方向岩层移动角 δ 为 80°，煤层倾角取 20°。五亩冲的主井、副井及箕斗井在地表几乎位于一条直线上，两两相距约 40m。当井筒下采煤时，按概率积分法计算，可求出全部垮落法开采对井筒底部岩面造成影响的煤柱范围，详见表 2。

表 2 影响井筒煤柱尺寸
Table 2 Size of shaft pillar

井筒类别	井底标高/m	井底至煤层间距/m	井筒直径/m	煤柱标高/m	下山方向煤柱走向长度/m	上山方向煤柱走向长度/m
主井	−85.0	151.0	7200	−247.8～−221.4	62.8	53.2
副井	−100.0	124.0	6200	−223.7～−211.9	51.8	43.9
箕斗井	−100.5	119.5	7200	−229.6～−208.2	50.6	42.8

通常概率积分法在预计地表变形方面比较精确，其原因在于预测参数可根据地表下沉曲线实测，而对于岩层内部变形预计，预测参数很难确定，通常采用数值模型来预测岩层内部变形[12]，因此，采用 FLAC^{3D} 模拟五亩冲煤层覆岩的变形规律。五亩冲工业广场保安煤柱平均倾角为 20°，平均厚度 4m。采用单元类型 brick 建立模型。参照表 1 中的井筒标高、表 2 中影响井筒煤柱尺寸范围，并根据五亩冲实际地层岩性建立尺寸为 400m×400m×400m 的数值模型。模型岩性参数如表 3 所示，模型如图 1 所示。

表 3 主要地层及岩性参数
Table 3 Parameters of main strata and rock

煤岩层名称	体积模量/MPa	剪切模量/MPa	内聚力/MPa	内摩擦角/(°)	抗拉强度/MPa
表土层	2.57×10^9	5.14×10^8	8×10^6	27	2×10^6
砂砾石	3.57×10^9	7.14×10^8	12×10^6	30	7×10^6
硅质灰岩	4.9×10^9	9.8×10^9	25×10^6	30	10×10^6
泥岩	2.66×10^{10}	1.22×10^{10}	11×10^6	25.6	46×10^6
细砂岩	3.47×10^{10}	6.85×10^9	12×10^6	24.4	5×10^6
煤	1.65×10^{10}	1.25×10^{10}	8×10^6	30.5	2×10^6
石灰岩	4.8×10^9	9.6×10^9	20×10^6	29	8×10^6

模型中，a、b、c、d 四点位于箕斗井井筒中心线上，分别距煤层顶板为 60m、80m、100m、110m，运用该模型模拟煤层开采。当充填体强度为 1.5MPa、充填率为 85%时，采动结束后，a、b、c、d 下沉值分别为 300mm、2mm、0、0，数值模拟表明，距煤层顶板距离 100m 后的上覆岩层不受开采影响。

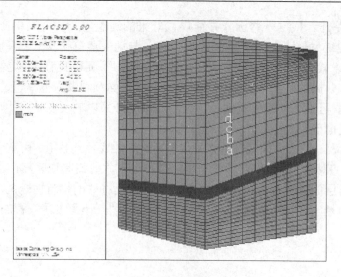

图1 计算模型
Fig.1 Calculation model

由表2可知,主井井底距影响煤柱间距为136.4~162.8m,副井井底距影响煤柱间距为111.9~133.7m,箕斗井井底距影响煤柱间距为107.7~129.1m。可见,煤层与井筒之间的距离均超过100m,因此,采用充填开采时,不会影响井筒的安全。

充填开采对地表变形影响用概率积分法预计。根据五亩冲钻孔地质资料计算出覆岩综合评价系数P为0.46,工作面采用全部垮落法开采,其地表下沉系数:$q_{全}=0.5\times(0.9+P)=0.68$,当充填率为85%时,$q=q_{全}\times(1-0.85)=0.0975$。根据膏体充填材料(强度为1.5MPa)失水收缩及成型后抗压变形测试结果,取地表下沉系数$q=0.1$。通过综合考虑五亩冲覆岩岩性、地质、开采条件等对地表移动变形的影响,取计算预计参数值:下沉系数q为0.1,主要影响角正切$\tan\beta_0$为2.75,影响半径r_0为120m,影响传播角θ_0为74º,水平移动系数b为0.35,其地表预计变形见表4,同理可得出充填率为80%、90%、95%地表变形值。

表4 地表变形预计结果
Table 4 Results of the surface deformation prediction

充填率/%	最大下沉值/mm	最大倾斜/mm·m^{-1}	最大曲率/m	最大水平移动/mm	最大水平变形/mm·m^{-1}
80	105.25	0.88	0.011×10^{-3}	36.84	0.47
85	56.38	0.47	0.0060×10^{-3}	19.735	0.25
90	26.31	0.27	0.0028×10^{-3}	9.21	0.12
95	6.58	0.055	0.00069×10^{-3}	2.30	0.029

从表4中可知,当充填体强度为1.5MPa、充填率大于85%时,地表下沉曲线的最大倾斜$i=0.4$mm/m,小于0.5mm/m,符合立井绞车安装标准控制。

为充分掌握膏体充填岩层内部及地表岩移规律,在首采工作面对应的地表(远离井筒位置的工业广场一隅),设置了地表岩移观测站;在距工作面上方90m的东大巷,设置了底板岩移观测站,从2013年9月1日~2014年4月27日的监测数据分析可知,充填开采后,地面累计最大下沉为30 mm、最大倾斜为0.3mm/m,而东大巷的底板下沉量几乎无变化。实测数据说明,选用膏体充填开采方案适合五亩冲工业广场煤柱回收。

5 结论

(1)条带法、协调法、一般的固体废物充填及水砂充填均为部分减沉技术,不适合立井开拓下工业广场煤柱回收;高水充填投资高,对小储量的呆滞煤炭回收,在经济上不合理;膏体充填,充填材料可就地取材和消除煤矸石,成本低且环保,技术上和经济上均适合立井开拓下工业广场呆滞煤柱回收。

(2)通过分析立井提升设备安装要求、井筒变形与破坏形式、立井结构、井底巷道、硐室及地表建筑物的保护等级，提出充填开采上覆岩层移动的控制标准为：地表变形按立井绞车安装标准控制，即地表变形值的倾斜 $i \leqslant 0.5$ mm/m。岩层内部变形按立井井底构筑物Ⅰ级损伤控制，即立井井底岩面（立井井底底板表面）的水平变形 $\varepsilon \leqslant 2.0$ mm/m，曲率 $k \leqslant 0.2 \times 10^{-3}$ m，倾斜 $i \leqslant 3.0$ mm/m。

（3）当膏体充填体强度为 1.5MPa、充填率为 85%时，采用 FLAC^{3D} 模拟了五亩冲煤矿充填上覆岩层运动规律，概率积分法预计了地表变形。结果表明：距煤层顶板距离 100m 后的上覆岩层下沉为 0，不受开采影响；地表下沉曲线的最大倾斜 $i = 0.47$ mm/m，符合绞车安装标准。

（4）现场实测发现，首采工作面相对应的地表最大下沉为 30 mm，最大倾斜为 0.3mm/m，距工作面顶板 90m 处岩层几乎不下沉，不受开采影响。结果表明，选用强度为 1.5MPa、充填率为 85%的膏体充填方案适合五亩冲工业广场呆滞煤柱回收。

参 考 文 献

[1] 郭惟嘉, 张新国, 史俊伟, 等. 煤矿充填法开采技术研究现状及应用前景[J]. 山东科技大学学报(自然科学版), 2010, 29(4): 24~29.
Guo Weijia, Zhang Xinguo, Shi Junwei, et al. Present situation of research on backfilling mining technology in mines and its application prospect[J]. Journal of Shandong University of Science and Technology(Natural Science), 2010, 29(4): 24~29.

[2] 赵兵朝, 余学义, 尹士献. 建筑群下覆岩加固协调开采减损方法[J]. 西安科技学院学报, 2004, 24(1): 5~8.
Zhao Bingchao, Yu Xueyi, Yin Shixian. Method of reducing damage for bolting overlying strata and harmonic extraction under buildings[J]. Journal of Xi'an University of Science and Technology, 2004, 24(1): 5~8.

[3] 冯涛, 袁坚, 刘金海, 等. 建筑物下采煤技术的研究现状与发展趋势[J]. 中国安全科学学报, 2006, 16(8): 119~123.
Feng Tao, Yuan Jian, Liu Jinhai, et al. Research progress and development trend of mining technology under building[J]. China Safety Science Journal, 2006, 16(8): 119~123.

[4] 严孝文, 陈冉丽, 郝刚. 协调开采在建筑物下采煤中应用的实例[J]. 煤炭科技, 2010, (2): 26~29.
Yan Xiaowen, Chen Ranli, Hao Gang. Applied example of harmonized mining under the buildings[J]. Coal Science & Technology Magazine, 2010, (2): 26~29.

[5] 赵才智, 周华强, 瞿群迪, 等. 膏体充填材料力学性能的初步实验[J]. 中国矿业大学学报, 2004, 33(2): 159~161.
Zhao Caizhi, Zhou Huaqiang, Qu Qundi, et al. Preliminary Test on Mechanical Properties of Paste Filling Material[J]. Journal of China University of Mining & Technology, 2004, 33(2): 159~161.

[6] 王五松. 膏体充填流变特性及工艺研究[D]. 阜新：辽宁工程技术大学, 2004.
Wang Wusong. Study of Rheological Characters and Technologies of Cream-body Fill[D]. Fuxin: Liaoning Technical University, 2004.

[7] 赵才智. 煤矿新型膏体充填材料性能及其应用研究[D]. 徐州：中国矿业大学, 2008.
Zhao Caizhi. Study on coal mine new paste filling material properties and its application[D]. Xuzhou: China University of Mining & Technology, 2008.

[8] 吴金刚, 王公忠, 郭志磊, 等. 矸石膏体充填实验指标确定[J]. 辽宁工程技术大学学报(自然科学版), 2013, 32(8): 1071~1075.
Wu Jingang, Wang Gongzhong, Guo Zhilei, et al. Determination of experiment index on coal gangue paste filling[J]. Journal of Liaoning Technical University(Natural Science), 2013, 32(8): 1071~1075.

[9] 许家林, 钱鸣高. 绿色开采的理念与技术框架[J]. 科技导报, 2007, 25(7): 61~65.
Xu Jialin, Qian Minggao. Concept of Green Mining and Its Technical Framework[J]. Science & Technology Review, 2007, 25(7): 61~65.

[10] 许家林, 钱鸣高, 朱卫兵. 覆岩主关键层对地表下沉动态的影响研究[J]. 岩石力学与工程学报, 2005, 24(5): 787~791.
Xu Jialin, Qian Minggao, Zhu Weibing. Study on influences of primary key stratum on surface dynamic subsidence[J]. Chinese Journal of Rock Mechanics and Engineering, 2005, 24(5): 787~791.

[11] 常庆粮, 周华强, 柏建彪, 等. 膏体充填开采覆岩稳定性研究与实践[J]. 采矿与安全工程学报, 2011, 28(2): 279~282.
Chang Qingliang, Zhou Huaqiang, Bai Jianbiao, et al. Stability Study and Practice of Overlying Strata with Paste Backfilling[J]. Journal of Mining & Safety Engineering, 2011, 28(2): 279~282.

[12] 瞿群迪, 姚强岭, 李学华. 充填开采控制地表沉陷的空隙量守恒理论及应用研究[J]. 湖南科技大学学报(自然科学版), 2010, 25(1): 8~12.
Qu Qundi, Yao Qiangling, Li Xuehua. Research on theory of space conversation for subsidence control in backfilling mining and its application[J]. Journal of Hunan University of Science & Technology(Natural Science Edition), 2010, 25(1): 8~12.

[13] 杜蜀宾. 济宁太平煤矿建筑物下条带开采与充填开采比较研究[D]. 西安: 西安建筑科技大学, 2007.
Du ShuBin. Comparative studies between strip mining and backfilling mining on under-buildings in Jining Taiping colliery[D]. Xi'an: Xi'an University of Architecture & Technology, 2007.

[14] 郭文兵, 邓喀中, 邹友峰. 岩层与地表移动控制技术的研究现状及展望[J]. 中国安全科学学报, 2005, 15(1): 6~10.
Guo Wenbing, Deng Kazhong, Zou Youfeng. Research Progress and Prospect of the Control Technology for Surface and

Overlying Strata Subsidence[J]. China Safety Science Journal, 2005, 15(1): 6~10.

[15] 郭广礼, 缪协兴, 查剑锋, 等. 长壁工作面矸石充填开采沉陷控制效果的初步分析[J]. 中国科技论文在线, 2008, 3(11): 805~809.
Guo Guangli, Miao Xiexing, Zha Jianfeng, et al. Preliminary analysis of the effect of controlling mining subsidence with waste stow for long wall workface[J]. Science Paper Online, 2008, 3(11): 805~809.

[16] 张普田. 煤矿矸石充填开采地表变形规律分析[J]. 矿山测量, 2009(8): 29~30.
Zhang Putian. Analysis on the rule of surface deformation with gangue filling in coal mine[J]. Mine Surveying, 2009(8): 29~30.

[17] 郭振华. 村庄下膏体充填采煤控制地表沉陷的研究[D]. 徐州: 中国矿业大学, 2008.
Guo Zhenhua. Study on surface subsidence with paste filling under village[D]. Xuzhou: China University of Mining & Technology, 2008.

[18] 瞿群迪, 姚强岭, 李学华, 等. 充填开采控制地表沉陷的关键因素分析[J]. 采矿与安全工程学报, 2010, 27(4): 458~462.
Qu Qundi, Yao Qiangling, Li Xuehua, et al. Key Factors Affecting Control Surface Subsidence in Backfilling Mining[J]. Journal of Mining & Safety Engineering, 2010, 27(4): 458~462.

[19] 周华强, 侯朝炯, 孙希奎, 等. 固体废物膏体充填不迁村采煤[J]. 中国矿业大学学报, 2004, 33(2): 154~158.
Zhou Huaqiang, Hou Chaojiong, Sun Xikui, et al. Solid Waste Paste Filling for None-Village-Relocation Coal Mining[J]. Journal of China University of Mining & Technology, 2004, 33(2): 154~158.

[20] 国家煤炭工业局. 建筑物、水体、铁路及主要井巷煤柱留设与压煤开采规程[S]. 北京: 煤炭工业出版社, 2000.
National Coal Industry Bureau. Rules of mining and design of pillar for building, water, railway and main shaft and roadway [S]. Beijing: China Coal Industry Publishing House, 2000.

[21] 隋惠全, 苏仲杰. 立井井筒变形与检测方法的研究[J]. 东北煤炭技术, 1995(6): 21~23.
Sui Huiquan, Su Zhongjie. Study on shaft deformation and its surveying method[J]. Coal Technology of Northeast China, 1995(6): 21~23.

[22] 李英伟, 周华强, 常庆粮, 等. 井筒变形预测与保护措施研究[J]. 金属矿山, 2012(4): 141~143.
Li Yingwei, Zhou Huaqiang, Chang Qingliang, et al. Study on shaft deformation forecast and the protective measures[J]. Metal Mine, 2012(4): 141~143.

"采-充-留"耦合单侧充填开采煤柱失效宽度试验

郭俊廷[1,2]　戴华阳[1]　杨国柱[1]　吕小龙[1]

(1. 中国矿业大学（北京）地球科学与测绘工程学院，北京　100083；
2. 中国矿业大学（北京）资源与安全工程学院，北京　100083)

摘　要　本文介绍了一种岩层移动控制技术的新方法——"采-充-留"耦合开采，讨论了其设计原则和布置形式。为了取得单侧充填开采模式下煤柱最小宽度，通过相似材料模型和数值模拟试验，得到了单侧充填模式下煤柱失效宽度与采深、采厚之间的关系，验证了充留联合支撑体的作用。试验表明，柱旁充填可减小煤柱留设宽度，提高煤柱支撑强度；柱旁充填煤柱失效宽度小于不充填开采煤柱失效宽度的29.8%~33.1%，柱旁单侧充填时煤柱宽度应大于（0.0064~0.0068）MH，才能保证煤柱的稳定。

关键词　"采-充-留"耦合开采　柱充联合支撑体　失效宽度　相似材料模型试验　数值模拟

Coal Pillar Failure Study with Similar Material Model Test of Mining Introduce the Subsidence Control Technology of Caved Mining Coordinately Mixed with Backfill Mining and Setting Pillars

Guo Junting[1,2]　Dai Huayang[1]　Yang Guozhu[1]　Lü Xiaolong[1]

(1. Collage of Geoscience and Surveying Engineering, China University of
Mining & Technology(Beijing), Beijing 100083, China;
2. Faculty of Resources & Safety Engineering, China University of
Mining & Technology(Beijing), Beijing 100083, China)

Abstract　A new strata movement control technology that mining coordinately mixed with caved mining backfill mining and setting pillars is introduced in this paper. The design principle and layout forms have been discussed. In order to achieve the minimum width of coal pillar mining under unilateral filling mode, using similar material test and numerical simulation achieved the relationship between coal pillar failure width and mining height or mining depth, also verify the role of the joint support system of coal pillar and backfill body. The tests showed that backfill next to the coal pillar can reduce the pillar width and enhance the pillar strength. The pillars' failure width of unilateral backfill is 29.8%~33.1% less than pillar with no backfill next to it. So, in order to stabilize coal pillar with unilateral backfill, the pillar width must be greater than (0.0064~0.0068) MH.

Keywords　subsidence control technology of caved mining coordinately mixed with backfill mining and setting pillars(CBP), combined support body of pillar with filling, coal pillar failure width, similar material model test, numerical simulation

1　引言

煤矿开采岩层移动控制的途径主要有部分开采技术和充填开采技术。部分开采技术，如条带开采、房柱式开采的资源回收率较低，其中条带开采回收率一般为40%~60%，房柱式开采回收率一般为50%~70%[1]；20世纪90年代我国煤矿区使用水沙充填开采，后因充填材料来源、生产效率以及生产成本等因素的影响，未能广泛使用[2]。近几十年来发展的膏体、似膏体充填，尤其近年来发展的高水充填开采等对充填材料和工艺进行了大量的研究，但是无论何种方式的充填均存在成本高和控制地表移动可靠性差的问题，且充填与开采交替作业，工作面单产与综采等壁式开采技术相差甚远，难以满足生产要求[3~8]。根据当前我国煤矿"三下"开采及矿区生态环境保护的相关要求,传统的低回收率、高成本和地表损害程度较大的开采措施难以实施。为此,中国矿业大学(北京)在生产及科研实践中提出了一种基于非充分原理既可提高资源回收率、降低充填成本,又可有效控制地表移动的"采-充-留"耦合开采技术[9]。

2 "采-充-留"耦合开采岩层移动控制技术简介

"采-充-留"耦合开采是一种部分开采方法,在被采煤层中留设窄煤柱,煤柱一侧或两侧进行充填开采,然后紧邻充填面进行常规开采,每一组这样顺序布置的工作面为一个开采单元,多个单元依次或协调开采达到既提高煤炭采出率又控制覆岩破坏程度和地表沉陷的目的。目前我国煤矿开采中的部分充填方法主要有:条带充填、宽条带充填全柱开采、充填巷式开采、工作面内条带充填等[10~14]。

试验表明"采-充-留"耦合开采与上述部分充填开采方法的根本区别在于,它以柱充体联合控制岩层移动,充填体作为煤柱至采空区间顶板缓冲变形区,利用单元开采面极不充分开采原理控制地表变形量,从而降低采动损害程度。

"采-充-留"耦合开采是以控制地表移动变形和提高煤炭采出率为目的的开采方法。以开采单元进行设计,开采面极不充分采动,充采面整体形成非充分开采,柱充联合支撑体长期稳定为设计原则。因此,开采面宽度一般取$(0.2\sim0.3)H_0$,充采面整体宽度不超过$(0.6\sim0.8)H_0$,其中H_0为单元平均采深。煤柱宽度根据采出率和柱充体长期稳定性确定。根据煤柱两侧开采方式的不同,可分为单侧"采-充-留"和双侧"采-充-留"两种模式,如图1所示。与全部垮落法开采的主要区别在于,留设了窄煤柱并进行了柱旁充填,对顶板扰动较小,顶板破坏范围减小,地表下沉量大大减小。一般仅用于覆岩中有厚层中硬或硬岩层存在,需要控制地表移动变形的"三下"压煤开采。

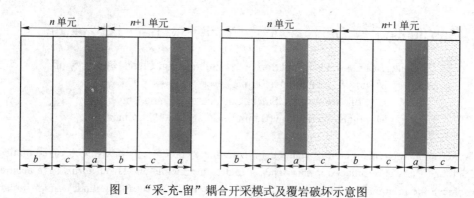

图1 "采-充-留"耦合开采模式及覆岩破坏示意图

a—留设煤柱宽度;b—开采面宽度;c—充填面宽度

Fig. 1 Schematic diagram of overlying strata movement style and the type of mining coordinated with backfill and setting pillars

3 单侧充填模式煤柱失效宽度模型试验研究

煤柱失效宽度是煤柱稳定性判断的重要依据,对于"采-充-留"耦合开采同样如此。如煤柱失效,则会失去其对顶板的支撑作用。因此,任何一种采用支撑体作为抑制覆岩移动的开采方法,其支撑体失效及屈服宽度的研究必不可少。本文通过模型试验,对单侧"采-充-留"耦合开采模式煤柱失效时的宽度进行了模拟,模拟一个单元开采时煤柱失效宽度。

3.1 模型设计

本次试验以唐山矿岳各庄观测站5煤5152、5154、5156、5158、5252、5254、5256、5258工作面地质采矿条件为原型。开采面位置地面钻孔岳8揭露地层岩性和厚度情况及工作面基本信息见表1。

设计"采-充-留"耦合开采单侧开采模式充填70m、开采面80m/150m/320m、留煤柱宽度50m逐步减小至失效,模拟水平煤层开采,采厚2.5m,采深527.5m。模型各层岩性和厚度与钻孔揭露信息相同,见表1。设计模型如图2所示。

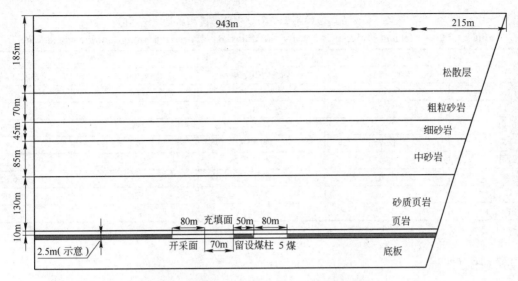

图 2 单侧"采-充-留"耦合开采设计模型
Fig. 2 Designed model of the one-side fill

表 1 岳各庄观测站 5 煤开采工作面基本条件
Table 1 The basic panels' conditions of No.5 coal seam at Yuegezhuang observation

工作面名称	开采时间	平均采深/m	平均采厚/m	倾角/(°)	钻孔揭露地层信息		
					层序	岩性	层厚/m
5152	1966.07~1967.12	532	2.4	4	1	松散层	185
5154	1968.01~1969.03	539	2.1	4.5	2	粗粒砂岩	70
5156	1970.05~1971.12	542	2.4	5	3	细砂岩	45
5158	1972.04~1973.08	534	2.4	2.3	4	中砂岩	85
5252	1969.01~1970.12	532	2.6	4.5	5	砂质页岩	130
5254	1969.01~1970.08	524	2.8	4	6	页岩	10
5256	1971.01~1971.08	524	2.55	2	7	5 煤	2.5
5258	1972.01~1973.04	528	2.5	2	8	砂岩	33
					9	8 煤	10
					10	页岩	20

3.2 相似参数的确定

依据设计的单元开采尺寸和模型架尺寸（1.93m），确定试验模型的几何比例为：

$$\alpha_L=L_Y/L_M=(900+258)/1.93=600$$

根据量纲分析和相似原理可知，力学相似常数 α_F、容重相似常数 α_γ 以及时间相似常数 α_t，应满足式(1)和式(2)：

$$\alpha_F=\alpha_\gamma\alpha_L \tag{1}$$

$$\alpha_t=\alpha_L^{1/2} \tag{2}$$

岩层的平均容重为 25N/cm³，取模型的平均容重为 15N/cm³，则模型容重相似常数 α_γ=0.6。代入式(1)和式(2)可得：力学相似常数 $\alpha_F=\alpha_\gamma\alpha_L$=360，时间相似常数 α_t=24.5。

根据唐山矿 T_2 采区实测岩石力学参数和确定的相似参数，进而可确定本次试验的材料配比。原型与模型单轴抗压强度和容重见表 2。

表2 单侧充填试验模型及原型岩层容重和单轴抗压强度
Table 2　The model and prototype's density and uniaxial compressive strength of the one-side fill

岩层	原型		模型	
	容重/kN·m⁻³	单轴抗压强度/MPa	容重/kN·m⁻³	单轴抗压强度/MPa
松散层	19.0	—	11.40	—
粗粒砂岩	25.2	51.0	15.12	0.14
细砂岩	26.5	90.1	15.90	0.25
中砂岩	25.7	49.2	15.42	0.14
砂质页岩	25.4	42.7	15.24	0.12
页岩	23.0	37.1	13.80	0.10
5煤	13.0	33.0	7.80	0.09
底板	24.9	49.8	14.94	0.14

3.3 相似材料配比

根据确定模型的容重和单轴抗压强度和参考文献[15]中模型试验的研究成果及配比方法，综合确定本次试验的配比参数见表3。相似材料试验模型见图3。

表3 单侧模型相似材料配比（质量比）
Table 3　The similar materials ratio (mass ratio) of one-side fill model

岩层	骨料:胶结材料	石灰:石膏	备注
松散层	1:0	—	
粗粒砂岩	8:1	2:8	
细砂岩	9:1	8:2	
中砂岩	8:1	2:8	松散层加 6%的锯末；水量按分层总重量的 4%。云母粉用量按 0.05g/cm²
砂质页岩	7:1	4:6	
页岩	12:1	2:8	
5煤	13:1	2:8	
底板	8:1	2:8	

注：实验中以中砂和碎云母作为骨料，石灰和石膏作为胶结材料。

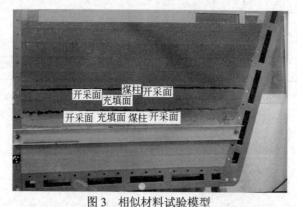

图3　相似材料试验模型
Fig. 3　The model of similar material test

3.4 "采-充-留"耦合开采煤柱失效宽度试验过程

通过改变采深、煤厚、开采面尺寸以及柱旁充填与否，共进行了6次模拟试验，试验过程和步骤相同，各次试验条件如表4所示，试验过程(图4)如下所述：

第 1 次模拟试验过程为：首先开采充填面，按 80%进行充填；然后开采充填体左侧工作面，而后再进行煤柱右侧工作面的开采，等开采完毕，再逐步减小留设煤柱宽度，直至失效，记录其宽度，见表4。

第 2 次模拟试验过程与第 1 次相同。仅把开采面宽度改为原来宽度的 4 倍。

第 3 次和第 4 次试验改变前两次的采深和采厚，其他条件相同。第 5 次与第 1 次一致，第 6 次与第 3

次一致,仅把前面试验中充填面也作为开采面。

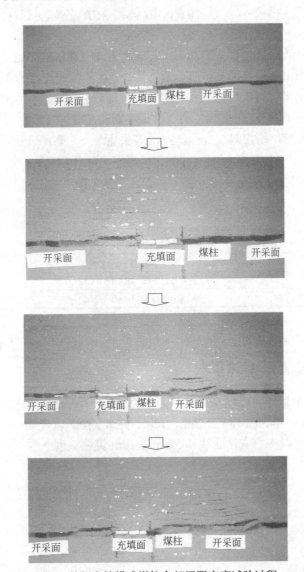

图 4 单侧充填模式煤柱全部屈服宽度试验过程
Fig. 4 The test process of unilateral filling pattern all yield coal pillar width

表 4 煤柱失效试验结果
Table 4 Model test results of coal pillar failure width

试验序号	采深 H/m	采厚 M/m	采宽/m	充填宽/m	目测失效宽度($\hat{Y}$)/m	$\hat{Y}/(MH)$
1	527.5	2.5	80/80	70	8.25	0.0031
2	527.5	2.5	320/320	70	8.5	0.0032
3	600	5.0	80/80	70	17.75	0.0030
4	600	5.0	320/320	70	18.25	0.0030
5	527.5	2.5	150/80	—	10.5	0.0040
6	600	5.0	150/80	—	26.25	0.0044

3.5 试验结果及分析

模型试验结果见表 4。由试验结果可知:

(1) 煤柱失效宽度与多种因素有关,除煤体物理力学性质外还与煤层在地层空间内几何展布形态以及柱旁开采方式有关。柱旁充填时,充填体可承担部分覆岩重量,使煤柱宽度小于不充填开采情况;煤柱失效宽度与采深和采厚均呈正比,采深和采厚越大煤柱失效宽度越大。

(2) 根据条带开采留设煤柱的威尔逊屈服宽度公式计算所得结果均小于 0.01MH，表明煤柱屈服后仍有一定承载能力，柱旁不充填煤柱失效宽度为 (0.008~0.0088)MH，充填时煤柱失效宽度为 (0.006~0.0064)MH，柱旁充填较不充填情况下煤柱宽度减小 29.8%~33.1%。

条带开采设计中，煤柱宽度或强度的计算方法较多，有 A. H. 威尔逊理论、有效区域理论、压力拱理论、核区强度不等理论、大板裂隙理论和极限平衡理论等[1, 16]，上述各种理论有的考虑因素较少，有的公式复杂、参数难确定，因此，表 5 列出了比较常用的煤柱计算理论的经验公式及试验条件下应留设煤柱宽度。条带设计中检验煤柱稳定性时要求核区率大于 65%，那么，煤柱两侧屈服区宽度占煤柱总宽度不大于 35%。根据屈服区宽度 r_p=0.0049MH，计算可得煤厚 2.5m 和 5.0m 开采条件下，需留设煤柱宽度 a=0.0286MH=37.7m 和 75.4m，有别于表 5 计算结果。煤柱稳定性跟煤柱的几何形态（煤厚等因素）有关[1, 16]，因此，根据 A. H. 威尔逊屈服区计算公式和模拟试验柱旁充填与否条件下煤柱宽度关系可知，柱旁单侧充填开采时煤柱最小宽度应大于 (0.0064~0.0068)MH。

表 5 常用煤柱宽度设计理论经验公式

理 论 名 称	计 算 公 式	煤柱宽度/m
A. H. 威尔逊理论[1, 16]	a=0.12H 或 a=0.1H+(9.1~13.7)	63.3 或 66.5
压力拱理论[1, 16]	a=0.75L_{PA}=0.75×3×(H/20+6.1)≈0.13H	68.6

注：表中 a 为煤柱宽度，H 为采深，L_{PA} 为压力拱内宽。

4 煤柱失效宽度的数值模拟试验

为验证相似模拟结果的可靠性和煤柱在开采单元中的作用，采用数值模拟方法模拟采厚 2.5m 条件下煤柱宽度 a 为 50m、40m、30m、20m 和 18m、16m、14m、12m、10m 以及 4~9m 等 15 种方案，取得不同煤柱宽度条件下，直接顶不同位置应力变化曲线和 50m 与 10m 煤柱宽度条件下竖向应力云图，如图 5 和图 6 所示，离散元数值模型如图 7 所示。

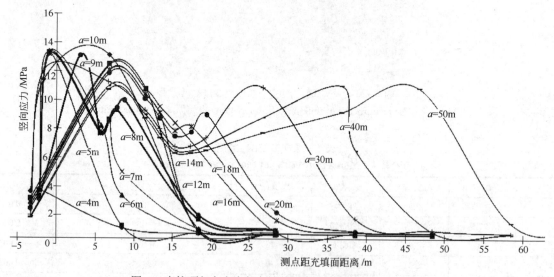

图 5 直接顶竖向应力与充填体距离关系曲线 (M=2.5m)

模型平衡时煤层直接顶竖向应力为 10.8MPa，煤柱宽度由 50m 逐渐减小至 4m 过程中，煤柱上方应力分布由两个峰值的"鞍形"分布逐渐转变为单峰值的曲线形态，且峰值大小一致，略高于原岩应力；左侧峰值高于右侧，是因为煤柱左侧充填体上方顶板未完全破断，充填体上方应力以及其左侧开采面上方应力转移至煤柱，由图 5 和图 6 可知：煤柱宽度小于 9m 后，应力分布峰值转至充填体上方，覆岩应力主要由充填体承担，表明此时煤柱已经历峰后强度，完全失效，当煤厚为 2.5m 时，煤柱失效宽度介于 8m 与 9m 之间，这与模型试验结果一致。此外，根据图 6 中应力分布云图得知，煤柱宽度较大时，覆岩应力主要由煤柱承担，应力近似对称分布；而煤柱宽度较小时，煤柱全部屈服，围岩应力由充填体和屈服煤柱共同承担，应力分布偏向充填体一侧，表明"采-充-留"耦合开采模式下，柱充体联合支撑覆岩，充填体还起到缓和其上方至采空区顶板的应力作用，降低了顶板的采动破坏程度。

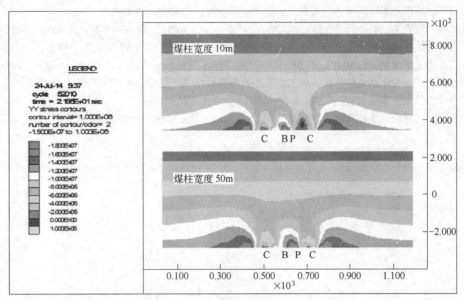

图6 煤柱宽度为10m和50m时竖向应力分布云图
C—采空区；B—充填体；P—煤柱

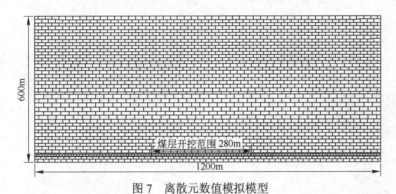

图7 离散元数值模拟模型

5 结论

（1）数值模拟表明，"采-充-留"耦合开采方法具有良好的岩层移动控制作用，充填体与煤柱构建的联合支撑体共同支撑围岩应力，在联合支撑体稳定的条件下，充填体减缓了顶板从充填体至采空区的应力变化幅度，降低了顶板采动破坏程度；开采单元整体形成非充分开采，可以有效控制地表移动变形，减小了采动对地表的损害。

（2）模拟及相似模型试验结果表明，柱旁充填可减小煤柱留设宽度，增强煤柱整体强度；单侧充填开采条件下，煤柱失效宽度为（0.006~0.0064）MH，比无充填条带煤柱宽度的A.H.威尔逊屈服宽度0.01MH和试验所得柱旁无充填开采煤柱失效宽度（0.008~0.0088）MH小，单侧充填开采模式下，煤柱最小宽度应大于（0.0064~0.0068）MH，才能保证支撑体的稳定。

参 考 文 献

[1] 吴立新，王金庄，邢安仕，等. 建(构)筑物下压煤条带开采理论与实践[M]. 徐州：中国矿业大学出版社，1994.
[2] 胡炳南. 我国煤矿充填开采技术及其发展趋势[J]. 煤炭科学技术，2012，40(11)：1~5.
[3] 冯光明. 超高水充填材料及其充填开采技术研究与应用[D]. 徐州：中国矿业大学，2009.
[4] 李法柱，曹忠，李秀山，等. 矸石膏体充填开采围岩演化规律研究[M]. 北京：煤炭工业出版社，2012.
[5] 刘明. 膏体充填开采控制地表沉陷影响因素研究[D]. 青岛：山东科技大学，2008.
[6] 孙希奎，王苇. 高水材料充填置换开采承压水上条带煤柱的理论研究[J]. 煤炭学报，2011，36(6)：909~913.

[7] 许家林,朱卫兵,李兴尚,等. 控制煤矿开采沉陷的部分充填开采技术研究[J]. 采矿与安全工程学报, 2006, 23(1): 6~11.
[8] 缪协兴,张吉雄,郭广礼. 综合机械化固体废物充填采煤方法与技术[M]. 徐州: 中国矿业大学出版社, 2011.
[9] 戴华阳. 煤矿岩层移动控制的"采-充-留"耦合协调开采方法: 中国, CN103437765A[P]. 2013-12-11.
[10] 张华兴,赵有星. 条带开采研究现状及发展趋势[J]. 煤矿开采, 2000(3): 5~7.
[11] 胡炳南,张文海,高庆潮,等. 矸石充填巷式开采永久煤柱试验研究[J]. 煤炭科学技术, 2006, 34(11): 46~48.
[12] 刘鹏亮. 邢东矿充填巷式开采数值模拟与现场实测研究[D]. 北京: 煤炭科学研究总院, 2007.
[13] 马占国. 巷式充填采煤理论与技术[M]. 徐州: 中国矿业大学出版社, 2011.
[14] 张华兴,郭爱国. 宽条带充填全柱开采的地表沉陷影响因素研究[J]. 煤炭企业管理, 2006(6): 56~57.
[15] 李鸿昌. 矿山压力的相似模拟试验[M]. 徐州: 中国矿业大学出版社, 1988.
[16] 吴立新,王金庄,郭增长. 煤柱设计与监测基础[M]. 徐州: 中国矿业大学出版社, 2000.

7 矿山岩石力学基础

卸荷条件下预制裂纹大理岩的破坏过程试验

宋彦琦[1]　李　名[2]　王　晓[3]　郝亮钧[1]　孙　川[2]　周　涛[2]

(1. 中国矿业大学(北京) 理学院，北京　100083；
2. 中国矿业大学(北京)力学与建筑工程学院，北京　100083；
3. 中海油能源发展股份有限公司工程技术分公司，天津　300452)

摘　要　为研究裂隙大理岩的卸荷破坏机理，利用高速相机记录45°单、双预制裂纹大理岩试件卸荷试验过程，分析裂纹的扩展和贯通破坏模式。结果发现：卸载破坏前试件存在损伤积累和裂纹扩展贯通，但在加载曲线上无明显响应；在卸载破坏过程中，拉应力作用越来越明显，直至成为最终破坏的主导原因；单、双裂纹试件裂尖–120°左右极易产生裂纹，且裂纹多以带状形式扩展，与理论值对比发现，剪应力在此方向出现极值；双裂纹试件岩桥区直线贯通明显，破坏前会形成一条完整的裂纹贯通线。

关键词　岩石力学　大理岩　预制裂纹　卸荷　高速相机　破坏过程

Experimental Tests of the Failure Process on Marble Containing Pre-existing Cracks under Unloading Condition

Song Yanqi[1]　Li Ming[2]　Wang Xiao[3]　Hao Liangjun[1]　Sun Chuan[2]　Zhou Tao[2]

(1. School of Science, China University of Mining and Technology, Beijing 100083, China;
2. School of Mechanics & Civil Engineering, China University of
Mining and Technology, Beijing 100083, China;
3. CNOOC Energy Technology & Services Engineering Technology Co., Ltd., Tianjin 300452, China)

Abstract　To study the unloading failure mechanism of cracked marble, unloading tests were conducted on marble with single and two pre-existing cracks at 45° inclined angle. High-speed photography was employed to record the process to analyze the crack initiation, propagation, coalescence and failure mode. The study results show that damage accumulation and crack propagation appeared before the unloading specimens failed, but no obvious response on the loading curve; in the process of unloading, the effect of tensile stress was more and more obvious, eventually becoming the dominant reason of the failure; the zone around –120° from the pre-existing crack tips was easy to generate new cracks(mostly crack bandings), which was nearly consistent with the extremum angle of shear stress; the rock bridge coalescence failure was serious, and a complete coalescence line was generated before failure.

Keywords　rock mechanics, marble, pre-existing crack, unloading, high-speed photography, failure process

加载和卸载时完全不同的应力路径，由此引起的岩体强度、变形和破坏模式也有所不同。大量的工程实例表明，边坡的失稳，巷道和地下洞室中围岩的失稳往往是由开挖卸荷引起某方向的应力和位移的回弹造成的。岩石由于成因和赋存环境的复杂性和恶劣性，其内部往往含有诸多缺陷，如节理、裂隙以及断层等，这些缺陷恰恰诱使岩石在受到外力和环境的影响时失稳和破坏。自20世纪60年代以来，对裂隙岩体强度、变形等力学行为的研究已成为岩土工程领域的前沿方向。对于加载下裂隙岩体的破坏特性，国内外工程界及理论界都做了大量的研究[1~5]。但对于卸载条件下裂隙岩体的研究，还有待进一步加强。

文献[6]进行了裂隙岩体的卸载试验，岩体的变形及破坏强度与其加、卸荷历史密切相关，且卸荷必定引起岩体扩容现象的出现。文献[7]研究了单贯通裂隙岩体卸荷过程的力学特征，结果表明裂隙位置的变化

基金项目：国家重点基础研究发展计划（973）项目（2010CB732002）；中央高校基本科研业务费专项资金项目（2009QS01）。
通信作者：宋彦琦(1969—)，女，辽宁沈阳人，教授，工学博士，博士生导师，从事固体力学理论及工程应用等方面的研究。电话：010-62339012；E-mail: yanqi_song@sina.com

促成岩体变形的递变，特殊位置的裂隙促使岩体的各向导性更加明显；文献[8]进行了两种卸荷路径下裂隙岩体的强度、变形及破坏特征实验，结果表明卸荷下裂隙的扩展是在差异回弹变形引起的拉应力和裂隙面剪应力增大而抗剪强度减小的综合作用下产生的。

基于以上认识，笔者对单、双预制裂纹大理岩试件进行了卸载试验，并用高速相机拍摄了试件的破坏过程，通过对比裂纹的扩展形态总结岩石的卸荷破坏规律，希望能为相关领域的工程研究提供一定的理论依据和参数模型。

1 试验概括

1.1 试验材料和试样准备

试验材料为粗晶大理岩，白色，宏观均匀一致。按照实验仪器的要求将材料加工成 110 mm×110 mm×30 mm 的方形板状试样。采用高速水射流加工裂纹试样，水射流直径为 0.3 mm，裂纹宽度约为 1 mm，裂纹长度为 20 mm，裂纹倾角为 45º，岩桥长度为 33 mm，岩桥倾角为 90º，如图 1 所示。

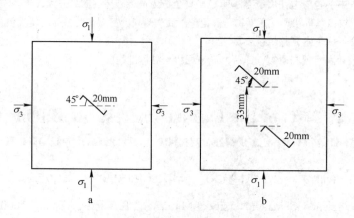

图 1 预制裂纹岩样几何示意
a—单裂纹模型；b—双裂纹模型
Fig.1 Schematic diagram of the prefabricated crack rock sample

1.2 试验设备和试验方案

本试验的单轴压缩试验机为中国矿业大学（北京）深部岩土力学与地下工程国家重点实验室的 MS-500 型深部岩石非线性力学试验系统。高速摄影为中国矿业大学（北京）力学与建筑工程学院 SA-5 型高速相机及配套设备。

首先，将侧压和轴压同时以 0.004 mm/s 的速率加载至 20 MPa；然后，轴压以 0.004 mm/s 的速率继续加载至略高于单轴强度，锁定轴向位移；最后，侧向荷载以 0.8 MPa/s 的速率卸载，直至试件发生整体破坏。

利用高速相机记录试件在卸载中最后 5s 的破坏形态，高速相机的拍摄速度为 1 万张/s。单、双预制裂纹试件编号分别为 1-1 和 1-2。

2 试验结果及分析

2.1 大理岩的主要参数

通过大理岩的常规三轴试验，得到岩石物理力学参数汇总表，如表 1 所示。

表 1 大理岩主要参数
Table 1 Physico-mechanical parameters of marble

密度 ρ/g·cm^{-3}	单轴抗压强度 σ/MPa	弹性模量 E/GPa	泊松比 μ	黏聚力 C/MPa	内摩擦角 φ/(°)
2.8	93	65	0.36	47.8	34.9

2.2 载荷–位移曲线对比分析

对试验所得数据进行处理，分别得到岩样的轴向和侧向荷载–位移曲线，如图 2 所示。

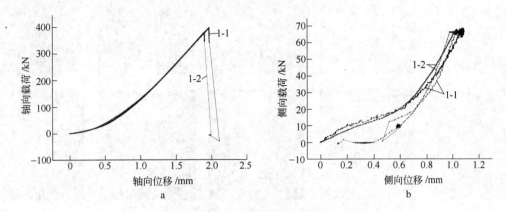

图 2　试件轴向和侧向荷载–位移曲线
a—轴向；b—侧向
Fig.2　Curves of axial and lateral load-displacement for unloading specimens

如图 2a 所示，试件 1-1, 1-2 的载荷–位移各个阶段表现出相似的形态。在加载过程中，初始阶段由于岩石内部结构面的压密致使加载曲线呈上凹型；随后曲线进入较长的弹性阶段；轴向荷载加至接近单轴破坏强度（此时试件表面未出现明显的破坏特征）后位移保载，侧向卸载，轴向出现了应力跌落，直至试件突然的破坏。整个过程未出现明显的塑性变形。破坏时试件 1-1 的轴向荷载由 390 kN 跌落至 341 kN；1-2 由 380 kN 跌落至 345 kN。

如图 2b 所示，试件的侧向载荷位移曲线可以分为 3 个阶段，加载阶段、侧向保载阶段、卸载阶段。试件在加载阶段结束后，侧向位移出现了快速回弹，这是由此阶段，侧向位移即将固定（还未固定），而轴向载荷仍然持续施加所造成的。稳定之后侧向继续卸载，位移继续反向回弹，并且卸载阶段的变形斜率比加载阶段的斜率高。

2.3 试件的卸载破坏过程及分析

试件 1-1 和 1-2 的破坏前后形态如图 3 所示，加载方式为同时将轴压和侧压加载至 66 kN（约 20 MPa）时，侧向位移保载，轴向继续加载至 390 kN（1-2 为 380 kN），此时对轴向位移保载，侧向卸载，直至试件完全破坏。其中加载都为位移加载，速度为 0.004 mm/s，侧向卸载速度为 2.6 kN/s。

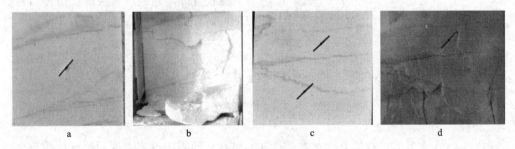

图 3　试件 1-1 和 1-2 破坏前与破坏后对比
a—1-1 破坏前；b—1-1 破坏后；c—1-2 破坏前；d—1-2 破坏后
Fig.3　Specimen 1-1 and 1-2 before and after failure

图 4a~图 4e 为单裂纹试件卸载破坏前约 2.8 s 的主要过程。随着侧压的持续卸载，预制裂纹上下尖端左右两侧均出现了白色的应力集中区。随后预制裂纹下部尖端的左侧开裂，产生 1 条几乎垂直于预制裂纹并向左上方扩展的裂纹。同时，预制裂纹上部尖端右侧在垂直于预制裂纹方向产生 1 条逐渐向下演化的微裂纹（损伤）带（图 4a）。约经过 22 ms 后，预制裂纹下部尖端下方出现 1 块较大剥落区域（图 4b），但对试件其他

部位并没产生明显影响。

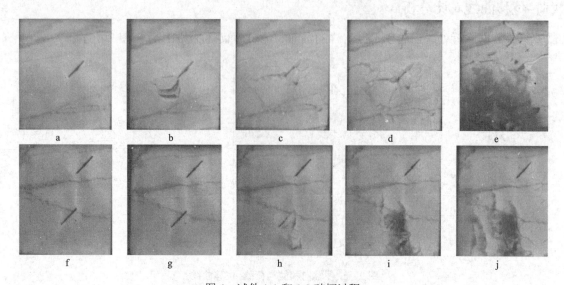

图 4 试件 1-1 和 1-2 破坏过程
a—试件 1-1,1; b—试件 1-1,220; c—试件 1-1,27827; d—试件 1-1,27836; e—试件 1-1,28179; f—试件 1-2,1;
g—试件 1-2,28010; h—试件 1-2,34900; i—试件 1-2,34913; j—试件 1-2,34918
Fig. 4　The failure process of specimen 1-1 and 1-2

随着卸载的持续进行，约 2.7 s 内试件表面并未发生较大变化，只是预制裂纹下部尖端起裂的裂纹沿着剥落区域上部持续扩展至试件左边沿，同时预制裂纹上部尖端右侧产生的微裂纹带也扩展至试件下边沿。之后预制裂纹下部尖端向左扩展出了第 2 条裂纹（图 4c）。随后预制裂纹上、下尖端各产生了 1 条垂直于预制裂纹，并经过几次转折迅速扩展至试件的上下边沿的裂纹（图 4d）。约 34 ms 后，预制裂纹上部尖端右侧又产生了 1 条大致沿预制裂纹方向并向右迅速扩展与试件右边沿贯通的较大裂纹，试件下半部分迅速破坏，大量岩石碎屑高速喷出，试件丧失承载力并完全破坏（图 4e）。实验结束，取出试件后，试件破碎成小片状和粉末状且几乎没有残留较大完整块体。

图 4f~j 为双裂纹试件在卸载破坏前约 3.6 s 的主要过程。如图 4f 所示，此时试件表面并未扩展出明显的新裂纹，但在预制裂纹区域已经形成了左、中、右三条较为明显的带状白色损伤区域：左侧损伤带以下预制裂纹下部尖端为起点向上扩展；中间损伤带为岩桥区域；右侧损伤带以上预制裂纹上部尖端为起点倾斜向下扩展。约 2.8 s 之后，右侧损伤带发展成为一条与试件右边沿相接的反向翼型裂纹（图 4g）。约 0.7 s 后，中间损伤带下部在岩桥下端产生一条向下扩展的裂纹，辗转扩展至试件下边沿（图 4h）。约 1.3 ms 后试件表面沿该裂纹发生爆裂，部分岩石碎屑沿着裂纹喷出，左侧损伤带迅速发展出一条竖直向上扩展的新裂纹（图 4i）。几乎同时，在该裂纹左侧，试件的左下区域产生了数条竖直方向的裂纹，中间损伤带的岩桥区也基本贯通（图 4j）。很快，试件右上部分沿右侧翼裂纹开始破坏，试件的左下区域发生爆裂，伴随大量岩石碎屑的高速喷出，整个试件随之丧失承载能力并完全破坏。

2.4　单、双裂纹试件卸载时裂纹扩展形态及特征对比

将图 4 中试件主要破坏过程的高速摄影图片进行素描，结果如图 5 所示。

通过对比及分析，可以得出如下结论：

（1）试验中发现，在大理岩试件卸载破坏前的较长时间内，预制裂纹尖端就开始有损伤及微裂纹的孕育和发展，从试验现象上各试件最终破坏前以预制裂纹为起点产生的新裂纹都得到了充分的扩展，并最终导致大理石试件的整体破坏，但在图 2 加载曲线上却没有明显的影响。这是因为大理岩内部微裂隙的产生和发展过程是一个损伤产生和积累的过程，相对比较缓慢，而且大理岩具有较高的强度、刚度和硬度，在其内部损伤缺陷发育过程中，难以同步影响试件的加载和变形性能，因此在加载曲线上也就难以出现明显的响应。

（2）在卸载破坏早期，由于围压的作用，试件中的裂纹多以剪切型为主，主要裂纹的扩展方向基本朝向两个对角线方向，伴随有部分竖向的张拉裂纹产生；但随着卸载持续进行，围压作用越来越小，尤其在完全破坏前的最后阶段，多条竖向的张拉裂纹连续出现，直接导致试件的最终破坏。这说明在卸载过程中，尤其

是最后阶段，拉应力在裂纹扩展和试件破坏中起主导作用。

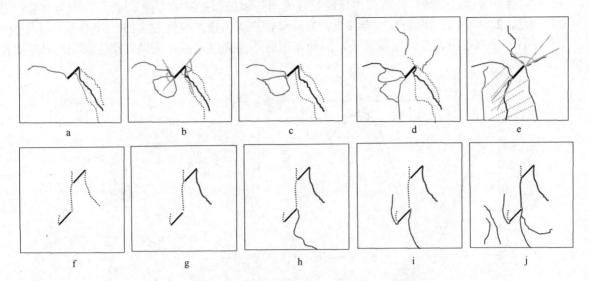

图 5 单、双预制裂纹大理岩裂纹起裂、扩展过程对比
a—试件 1-1,1; b—试件 1-1,220; c—试件 1-1,27827; d—试件 1-1,27836; e—试件 1-1,28179; f—试件 1-2,1;
g—试件 1-2,28010; h—试件 1-2,34900; i—试件 1-2,34913; j—试件 1-2,34918

Fig. 5　Comparison of crack initiation and expansion processes for marble specimen with single and double pre-existing cracks

（3）单、双裂纹试件破坏前都产生了大量的裂纹，但最容易起裂的方位却比较单一，基本与预制裂纹夹角为−120°左右，跟文献[4]中的次生倾斜裂纹（近似反向翼型裂纹）比较相似，翼裂纹和次生裂纹出现较少。新产生的裂纹多会发展成裂纹带的形式。裂纹在扩展过程中其扩展方向会因为试件不同的区域强度、已经起裂的裂纹等因素发生变化，但其大致方向不会变化。

（4）双裂纹试件破坏前的裂纹形态更规则，岩桥发生了明显贯通；单裂纹试件的裂纹分布更复杂，裂纹类型更多，反向翼裂纹、翼裂纹和次生裂纹都会出现。

3 裂纹起裂的力学机制探讨

3.1 裂纹尖端应力场理论

根据断裂力学相关理论[9,10]，相比裂纹尺寸，将试件看成无限大板，裂纹尖端的应力强度因子取：

$$K_{\mathrm{I}} = \sqrt{\pi a}\left(\sigma_1 \sin^2\beta + \sigma_2 \cos^2\beta\right) \tag{1}$$

$$K_{\mathrm{II}} = \sqrt{\pi a}\sin\beta\cos\beta(\sigma_1 - \sigma_2) \tag{2}$$

式中，a 为裂纹的半长；β 为裂纹与主应力的夹角。

将 K_{I}、K_{II} 代入裂纹尖端应力场公式（3），可得裂纹尖端极坐标下的应力场分布：

$$\begin{cases} \sigma_r = \dfrac{1}{2\sqrt{2\pi r}}[K_{\mathrm{I}}(3-\cos\theta)\cos\dfrac{\theta}{2} + K_{\mathrm{II}}(3\cos\theta-1)\sin\dfrac{\theta}{2}] \\ \sigma_\theta = \dfrac{1}{2\sqrt{2\pi r}}\cos\dfrac{\theta}{2}[K_{\mathrm{I}}(1+\cos\theta) - 3K_{\mathrm{II}}\sin\theta] \\ \tau_{r\theta} = \dfrac{1}{2\sqrt{2\pi r}}\cos\dfrac{\theta}{2}(K_{\mathrm{I}}\sin\theta + K_{\mathrm{II}}3\cos\theta-1) \end{cases} \tag{3}$$

式中，σ_r、σ_θ、$\tau_{r\theta}$ 分别为裂纹尖端附近的径向应力，环向应力和剪应力。

3.2 卸载下裂纹尖端应力分布

将试件卸载前后的应力值及其他相关参数代入公式（3）中，得到卸载前后裂纹尖端各角度的应力变化曲线，即裂纹尖端应力值在卸载过程中的包络线（假定卸载过程裂纹未扩展），如图 6 所示。

由图 6 可知,环向拉应力约 90°方向上存在极值(负应力为压力,极值不考虑);剪应力在约–115°、20°和 135°方向存在极值。这些极值方向都可能是裂纹率先起裂和扩展的方向。90°方向上与试验中翼裂纹起裂方向相近,20°与次生共面裂纹方向接近,最易起裂的次生倾斜裂纹与–115°方向接近。并且由图 6 发现,卸载中各应力极值方向存在略微波动,波动范围内都是高应力区,这可以作为新裂纹以带状形式扩展的一个解释。

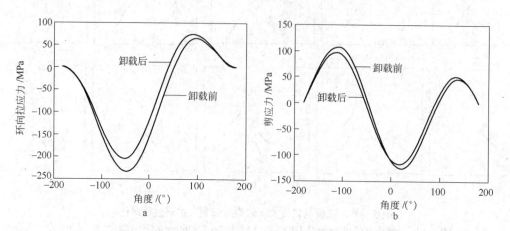

图 6　卸载前后裂尖环向拉应力和剪应力随角度的变化
a—裂尖各角度环向拉应力; b—裂尖各角度剪应力
Fig.6　Curves of hoop tensile stress and shearing stress variation around crack tip with changing angles before and after unloading

4　结论

(1)两试件破坏前的较长时间内预制裂纹尖端就产生损伤和微裂纹的孕育和发展,之后发展成了新裂纹并充分扩展和贯通,并最终导致了岩石的破坏,但在加载曲线上未产生明显的响应。

(2)两试件中与预制裂纹面夹角–120°左右区域,极易产生次生倾斜裂纹,且新裂纹多为带状。双裂纹试件破坏前除岩桥区的直线贯通裂纹外,裂纹尖端的裂纹都为次生倾斜裂纹;单裂纹试件则更复杂,翼裂纹、次生共面裂纹都有产生。

(3)理论上,拉应力在裂纹尖端 90°方向存在极值,剪应力在–115°、20°和 135°方向存在极值。试验中的翼型裂纹角度与理论值 90°,次生倾斜裂纹角度与理论值–115°基本一致。

(4)两试件在卸载破坏早期,裂纹多以倾斜的剪切型裂纹为主,围压越卸越小后,在破坏前的最后阶段,两试件都在左下区域连续出现多条竖向张拉裂纹,拉应力在卸载过程中所起作用越来越明显,直至成为最终破坏的主导原因。

参 考 文 献

[1] Wong R H C, Chau K T. Crack coalescence in a rock-like material containing two cracks[J]. International journal of rock mechanics and mining science, 1998, 35(2): 147~164.
[2] 车法星,黎立云,刘大安. 类岩材料多裂纹体断裂破坏试验及有限元分析[J]. 岩石力学与工程学报, 2000, 19 (3): 295~298. Che Faxing, Li Liyun, Liu Daan. Fracture experiments and finite element analysis for multi cracks body of rock like material[J]. Chinese journal of rock mechanics and engineering, 2000, 19(3): 295~298.
[3] Bobet A. The initiation of secondary cracks in compression[J]. Engineering fracture mechanics, 2000, 66: 187~219.
[4] 张平,李宁,贺若兰,等.动载下两条断续预制裂隙贯通机制研究[J]. 岩石力学与工程学报, 2006, 6 (25): 1210~1217. Zhang Ping, Li Ning, He Ruolan, et al. Mechanism of fracture coalescence between two pre-existing flaws under dynamic loading[J]. Chinese journal of rock mechanics and engineering, 2006, 6 (25): 1210~1217.
[5] ZuoJianping, Wang Zhaofeng, Zhou Hongwei, et al. Failure behavior of a rock-coal-rock combined body with a weak coal interlayer[J]. International journal of mining science and technology, 2013, 23(6): 907~912.
[6] 吴刚,孙钧. 卸荷应力状态下裂隙岩体的变形和强度特性[J]. 岩石力学与工程学报, 1998, 17(6): 615~621. Wu Gang, Sun Jun. Deformation and strength characters of jointed rock mass under unloading stress states[J]. Chinese journal of rock mechanics and engineering, 1998, 17(6): 615~621.
[7] 陈兴周,李建林,朱岳明. 单裂隙卸荷岩体力学特性分析[J]. 水力发电, 2006, 32(10): 35~37. Chen Xingzhou, Li Jianlin, Zhu Yueming. Mechanics characteristic analysis for unloading rock mass with single crack[J]. Water

power, 2006, 32(10): 35~37.
[8] 黄达，黄润秋. 卸荷条件下裂隙岩体变形破坏及裂纹扩展演化的物理模型试验[J]. 岩石力学与工程学报，2010, 19（3）：502~512.
Huang Da, Huang Runqiu. Physical model test on deformation failure and crack propagation evolvement of fissured rocks under unloading[J]. Chinese journal of rock mechanics and engineering, 2010, 19（3）：502~512.
[9] 黎立云，车法星，卢晋福，等. 单压下类岩材料有序多裂纹体的宏观力学性能[J]. 北京科技大学学报，2001, 23(3)：199~203.
Li Liyun,Che Faxing,Lu Jinfu, et al. Macro-mechanical properties of regular cracks body in rock-like materials under uniaxial compression[J]. Journal of university of science and technology Beijing, 2001, 23（3）：199~203.
[10] 范天佑. 断裂理论基础[M]. 北京：科学出版社，2003: 73~100.
Fan Tianyou. Foundations of fracture theory [M]. Beijing: Science Press, 2003: 73~100.

泥岩遇水损伤的微观机理

杨建林[1,2]　王来贵[1]　李喜林[3]　张鹏[1]

(1. 辽宁工程技术大学力学与工程学院，辽宁阜新　123000；
2. 辽宁工程技术大学材料科学与工程学院，辽宁阜新　123000；
3. 辽宁工程技术大学建筑工程学院，辽宁阜新　123000)

摘　要　为研究泥岩遇水内部产生损伤的微观机理，采用粉晶 X 射线衍射、激光共聚焦显微镜、扫描电子显微镜、力学性能测试等手段对泥岩的成分、微观结构、膨胀率和单轴抗压强度等特征进行表征，得到了泥岩遇水后微观结构和力学性质的变化规律，分析了影响泥岩遇水损伤的主要原因。结果表明：泥岩表面的裂纹数目和宽度随浸水时间的增加而增加；泥岩的最大膨胀率为 16.5%；遇水失水后泥岩的单轴抗压强度从 3.51 MPa 降为 1.76 MPa。分析了泥岩遇水损伤的微观过程，泥岩遇水时膨胀性黏土颗粒体积膨胀，失水时体积收缩，导致泥岩内部产生微孔隙、微裂隙等损伤。

关键词　泥岩　水　损伤　微观机理

Research on the Micro-damage-mechanism of Mudstone with Water

Yang Jianlin[1,2]　Wang Laigui[1]　Li Xilin[3]　Zhang Peng[1]

(1. College of Mechanics and Engineering, Liaoning Technical University, Liaoning Fuxin 123000, China;
2. College of Materials Science and Engineering, Liaoning Technical University, Liaoning Fuxin 123000, China;
3. College of Architecture and Engineering, Liaoning Technical University, Liaoning Fuxin 123000, China)

Abstract　Mudstone can soften and breakdown in contact with water. This behaviour is frequently encounter in geotechnical engineering and has a considerable influence on the stability of engineering. By X-ray diffractometer, three-dimensional laser topography measurement instrument, swell test, and mechanical experiments of mudstone, the mudstone was characterized to investigate the change rules of composition, topography, swell, and uniaxial compressive strength of mudstone, respectively. The results show that: The size of cracks increased upon the increase of the soaking times of mudstone. The maximum expansion ration of mudstone is 16.7%. Uniaxial compressive strength decreased from 3.51 MPa to 1.76 MPa when mudstone undergoes a dry-wet cycle. Water molecules enter the space between unit cells of illite clay grains and water films form on the surface of clay grains, when the mudstone is wet. Damges, such as micro-porosity and micro-crack, generate because of the physical and chemical effects of water when mudstone becomes wet.

Keywords　mudstone, water, damage, micro-mechanism

　　泥岩是软岩的一种，天然状态下形状完整、力学性能良好，但遇水后短时间内迅速膨胀、软化、力学性能急剧降低，严重影响了工程的稳定性[1]。许多工程问题的发生与泥岩复杂的组成和力学性质密切相关，如崩塌、滑坡、顶板冒落、底板底鼓等[2~5]。工程问题的发生与泥岩遇水后力学强度降低密切相关，在微观尺度泥岩遇水后内部产生了损伤。

　　许多学者对泥岩遇水后结构的变化过程及机理进行了大量研究。孙晓明等根据工程实践和现场、室内实验结果，结合其他理化、力学指标提出了软岩膨胀性的分级标准[6]；刘长武等从泥岩的微观结构和物质组成入手，结合泥岩遇水后宏观物理、力学性质变化，研究了泥岩遇水崩解软化的机理[7]；郭福利等研究了围压和饱水状态对软岩强度的影响规律，提出了两者对软岩强度的影响机制[8]；康天合等通过不同软岩崩解特性

基金项目：国家自然科学基金资助项目(51274110, 51304106)。
作者简介：杨建林(1980—)，男，博士，讲师。电话：0418-3351741；E-mail：jlyanget@163.com

的对比实验，运用分形理论研究了泥岩的崩解特性，探讨了不同泥岩崩解特性的差异[9]；黄宏伟等研究了不含蒙脱石的泥岩遇水过程中微观结构的变化特征，提出了泥岩软化崩解的原因[10]；刘镇等通过粉砂质泥岩饱水软化实验，提出了软岩饱水软化过程中微观结构演化的临界判据，建立了软岩微观结构和力学特性之间的定量关系[11]；张开智等研究了软岩锚杆强壳体支护结构及参数[12]。目前，从微观角度对泥岩遇水损伤机理方面的研究尚处于初步阶段。

本文以内蒙古伊敏河矿区的粉砂质泥岩为例，利用X射线衍射仪、激光共聚焦显微镜、扫描电子显微镜、自由膨胀率实验和单轴压缩实验分析了泥岩的成分、微观结构、膨胀性和单轴抗压强度等物理力学性质变化规律，讨论泥岩遇水产生损伤的微观机理。

1 实验过程

实验中所用泥岩取自内蒙古伊敏河矿区。

1.1 粉晶X射线衍射实验

为了保证实验样品具有代表性，从大块泥岩上敲下质量为200 g的泥岩块，敲碎后放入玛瑙研钵将其研磨成细粉。利用粉晶X射线衍射仪Shimadzu XRD-6100对粉末试样进行成分分析，所用靶材为Cu靶，加速电压为30 kV，电流为40 mA，滤波片选用Ni，扫描速度为5°/min，步长为0.02°。

1.2 泥岩浸水作用时间实验

选取表面没有宏观裂纹的大块风干泥岩，将大块泥岩切割成四块边长为2 cm的正方体，将它们放在培养皿内，分别标注为1号、2号、3号、4号试样。2号、3号、4号试样分别浸入水中等待3 s、6 s、9 s后取出，在空气中风干48h后利用激光共聚焦显微镜OLYMPUS OLS4000观察试样表面的三维形貌。

1.3 膨胀率测量实验

将泥岩制成含水率为25%、尺寸为$\phi 50\ mm\times 20\ mm$的重塑试样。制取三个试样，在干燥空气中放置48h风干。测试时试样上下两个表面放一块透水石，蒸馏水的高度高于透水石上表面约5 mm。为了减少泥岩与样品腔间的摩擦力，在样品腔内侧涂一层凡士林，将位移传感器放于泥岩上表面中心。

1.4 单轴压缩实验

根据岩石力学的试验标准，单轴压缩试验的试样尺寸采用$\phi 50\ mm\times 100\ mm$的标准试样。所用试样为重塑试样，所用压力为50 MPa，试样含水率为25%，试样的尺寸误差小于±1 mm。试样分成两组，第一组放入温度为105 ℃的干燥箱，干燥12 h；另一组干燥后放入水中浸泡3 s，取出放入密封袋12 h，然后将试样进行干燥处理。每组三个试样，取平均值作为力学强度值。单轴压缩实验在YAW-2000型微机控制电液伺服刚性压力实验机上进行，加载速率为0.008 mm/s。

2 实验结果与分析

2.1 泥岩的成分及表面形貌

图1a为试样的X射线衍射图(XRD)，经过物相分析得出试样的主要成分为石英、钾长石、高岭石、伊利石，图中Q、K、M、I分别代表石英、高岭石、钾长石、伊利石。图1b为样品表面的扫描电子图(SEM)，图中可以看出试样组成颗粒大小约为5 μm，其中的片状物质为黏土颗粒。

2.2 泥岩表面形貌随浸水时间的变化规律

图2为经过不同浸水时间后泥岩表面的三维形貌，放大倍数为108倍，实验过程见1.2节。图2a为风干泥岩的表面形貌，试样表面平整，没有裂纹。图2b为泥岩浸水3s后的表面形貌，尽管试样表面比较平整，但视野区内观察到4条裂纹，裂纹的最大宽度约为95 μm，表明浸水后泥岩内部的微观结构发生变化。图2c

为泥岩浸水 6 s 后的表面形貌,视野区域中有 4 条裂纹,裂纹的宽度增加,最大宽度约为 310 μm。图 2d 为泥岩浸水 9 s 后的表面形貌,视野区域观察到 5 条裂纹,其中一条裂纹的宽度明显大于其余裂纹,最大宽度约为 1030 μm,试样表面变得高低不平。试样在水中浸泡 12 s,取出的过程中崩解为多个碎块。

图 1　泥岩的 X 射线衍射图及表面形貌
a—泥岩的 X 射线衍射图; b—泥岩表面的扫描电子形貌图(3000 倍)
Fig.1　XRD and SEM of mudstone

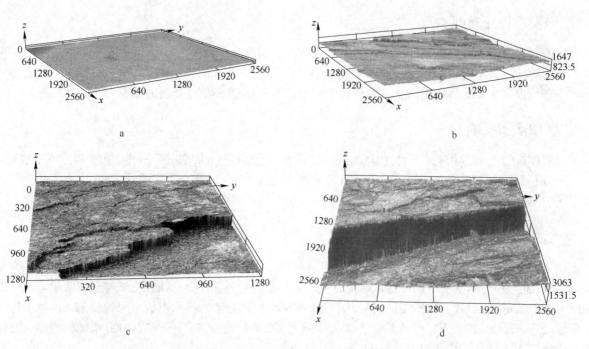

图 2　不同浸水时间后泥岩表面的三维形貌图
a—风干泥岩; b—浸水 3s 后的泥岩表面; c—浸水 6s 后的泥岩表面; d—浸水 9s 后的泥岩表面
Fig.2　Three dimension microstructure of mudstones soaked in water in different time

图 3 为试样表面裂纹的最大宽度 W 与浸水时间 T 之间的关系。泥岩试样浸水后表面形成裂纹,浸水时间小于 6s 时裂纹的宽度随浸水时间的增加而缓慢增大,浸水时间大于 6s 时裂纹宽度随浸水时间的增加急剧增加,试样浸水大约 12s 崩解成多个碎块。本实验表明,泥岩遇水后内部的微观结构发生改变。泥岩浸水后,水逐渐渗入泥岩内部,水在不同区域起到不同的作用。进入泥岩颗粒晶格内部的水称为化学结晶水,能够引起晶格膨胀,在泥岩内部产生次生孔隙[13]。泥岩颗粒表面吸附一层水化膜,水化膜由分子结合水和吸附水两部分构成。紧靠岩粒表面的水称为分子结合水,分子结合水是强结合水,只有在加热到 105 ℃才能消失;吸附水位于分子结合水外面,是水化膜的主要部分,厚度为 5~10 μm,吸附水是弱结合水,泥岩失水时吸附水消失[14]。水化膜引起泥岩的体积膨胀,在泥岩内部产生次生孔隙。能够在泥岩内部孔隙内自由流动的水称为重力水。重力水对矿物颗粒产生冲刷、运移物理作用和溶解、溶蚀化学作用,进一步增加泥岩内部的次生孔隙。

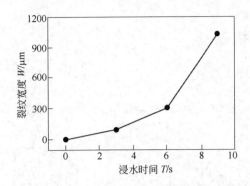

图 3　试样表面裂纹宽度 W 与浸水时间 T 的关系
Fig.3　Relationship between W and T

2.3　泥岩的膨胀性

图 4 为泥岩在水中膨胀性随浸水时间的变化趋势。可以看出，浸入水中前 15 min，膨胀率随时间的增加以线性急剧增加，应变速率为 0.14/min；在 15 min 到 650 min 之间应变随时间增加以线性缓慢增加，应变速率为 0.02/min，经过约 700 min 后达到膨胀稳定状态。泥岩的膨胀率约为 16.5%。这种变化规律可能为：初始时刻结晶水和分子水受到黏土颗粒很强的吸引力，引入晶胞内部或吸附于黏粒表面，泥岩膨胀率随时间的增加变化迅速；随后吸附水受到黏粒表面较小的吸引力，泥岩膨胀率随时间的增加变化缓慢。

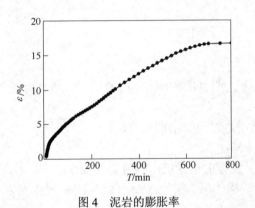

图 4　泥岩的膨胀率
Fig.4　Relationship between swelling ratio and time of mudstone

2.4　改性对泥岩力学强度的影响

表 1 给出了泥岩的单轴抗压强度值，具体实验过程见 1.4 节。干燥泥岩的抗压强度为 3.51 MPa，经过一次遇水-失水后泥岩的抗压强度为 1.76 MPa，强度值降低为原来的 50.1%。单轴压缩强度的降低说明，泥岩遇水后内部产生了微孔隙、微裂缝等微观损伤。

表 1　泥岩试样的力学强度
Table 1　The mechanical strength of samples

状　态	试　样	尺寸/mm×mm	抗压强度/MPa	平均抗压强度/MPa
干　燥	1-1	49.5×100.2	3.32	
	1-2	49.3×100.4	4.11	3.51
	1-3	49.5×99.7	3.09	
遇水失水	2-1	50.9×100.7	2.02	
	2-2	50.5×99.5	1.73	1.76
	2-3	50.4×100.6	1.54	

3 泥岩遇水损伤的微观机理

泥岩遇水损伤的微观机理如图 5 所示。

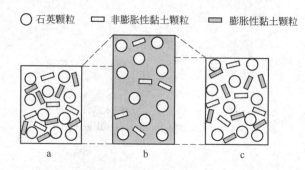

图 5 泥岩遇水损伤微观机理
a—干燥泥岩; b—泥岩遇水; c—泥岩失水
Fig.5 The micro-damage-mechanism of mudstone with water

干燥泥岩主要由石英、膨胀性黏土颗粒和非膨胀性黏土颗粒组成，内部存在微孔隙，见图 5a。泥岩遇水后水分子进入膨胀性黏土颗粒晶胞内部或吸附于膨胀性黏粒表面，引起黏土体积的急剧膨胀，泥岩体积增加，见图 5b。泥岩失水后，膨胀性黏土颗粒表面的吸附水失去，膨胀性黏土颗粒的体积收缩，宏观上泥岩体积收缩，但是总体积仍然大于原来干燥泥岩的体积，泥岩内部产生次生孔隙或微裂隙等损伤，见图 5c，导致泥岩力学强度的降低。

4 结论

本文研究了泥岩遇水后结构和力学强度的变化，讨论了泥岩遇水内部产生损伤的微观机理。得到的主要结论如下：

（1）试样表面的裂纹宽度随浸水时间的增加而增加。

（2）泥岩的最大膨胀率为 16.5%。

（3）经过遇水–失水作用后，泥岩的单轴抗压强度降为原来的 50.1%。

（4）泥岩遇水后膨胀性黏土矿物体积膨胀，失水后体积收缩，导致泥岩内部产生微孔隙、微裂隙等损伤。

参 考 文 献

[1] 何满潮, 景海河, 孙晓明. 软岩工程力学[M]. 北京:科学出版社, 2002: 21~24.
He Manchao, Jing Haihe, Sun Xiaoming. Soft rock engineering mechanics[M]. Beijing: Science Press, 2002: 21~24.

[2] 何满潮, 袁越, 王晓雷, 等. 新疆中生代复合型软岩大变形控制技术及其应用[J]. 岩石力学与工程学报, 2013, 32 (3): 433~441.
He Manchao, Yuan Yue, Wang Xiaolei, et al. Control technology for large deformation of mesozoic compound soft rock in Xinjiang and its application[J]. Chinese Journal of Rock Mechanics and Engineering, 2013, 32(3): 433~441.

[3] 王建国, 王振伟, 王来贵, 等. 受控于软弱结构面的矿山软岩边坡稳定性[J]. 辽宁工程技术大学学报(自然科学版), 2006, 25(5): 686~688.
Wang Jianguo, Wang Zhenwei, Wang Laigui, et al. Soft-rock slope stability of mine controlled by weak structure plane[J]. Journal of Liaoning Technical University(Natural Science) , 2006, 25(5): 686~688.

[4] 王来贵, 赵娜, 刘建军, 等. 岩石(土)类材料拉张破坏有限元法分析[M]. 北京: 北京师范大学出版社, 2011: 1~4.
Wang Laigui, Zhao Na, Liu Jianjun et al. Finite element analysis of tension fracture for rock (geotechnical) materials[M]. Beijing:Beijing normal university Press, 2011: 1~4.

[5] 许强, 黄润秋, 王来贵. 外界扰动诱发地质灾害的机理分析[J]. 岩石力学与工程学报, 2002, 21(2): 280~284.
Xu Qiang, Huang Runqiu, Wang Laigui. Mechanism analysis on geological hazards triggered by external disturbance[J]. Chinese Journal of Rock Mechanics and Engineering, 2002, 21(2): 280~284.

[6] 孙晓明, 武雄, 何满潮, 等. 强膨胀性软岩的判别与分级标准[J]. 岩石力学与工程学报, 2005, 24 (1): 128~132.
Sun Xiaoming, Wu Xiong, He Manchao, et al. Differentiation and grade criterion fo strong swelling soft rock[J]. Chinese Journal of Rock Mechanics and Engineering, 2005, 24 (1): 128~132.

[7] 刘长武, 陆士良. 泥岩遇水崩解软化机理的研究[J]. 岩土力学, 2000, 21(1): 28~31.

Liu Changwu, Lu Shiliang. Research on mechanism of mudstone degradation and softening in water[J]. Rock and Soil Mechanics, 2000, 21(1): 28~31.

[8] 郭福利, 张顶立, 苏洁, 等. 地下水和围压对软岩力学性质影响的实验研究[J]. 岩石力学与工程学报, 2007, 26(11): 2324~2332.
Guo Fuli, Zhang Dingli, Su Jie, et al. Experimental study on influences of groundwater and confining pressure on mechanical behaviors of soft rock[J]. Chinese Journal of Rock Mechanics and Engineering, 2007, 26(11): 2324~2332.

[9] 康天合, 柴肇云, 王栋, 等. 物化型软岩块体崩解特性差异的试验研究[J]. 煤炭学报, 2009, 34 (7): 907~911.
Kang Tianhe, Chai Zhaoyun, Wang Dong, et al. Experimental study on block disintegration difference of physicochemical soft rock[J]. Journal of china coal society, 2009, 34(7): 907~911.

[10] 黄宏伟, 车平. 泥岩遇水软化微观机制研究[J]. 同济大学学报(自然科学版), 2007, 35(7): 866~870.
Huang Hongwei, Che Ping. Research on micro-mechanism of softening and argillitization of mudstone[J]. Journal of Tongji University(Natural Science), 2007, 35(7): 866~870.

[11] 刘镇, 周翠英, 朱凤贤, 等. 软岩饱水软化过程微观结构演化的临界判据[J]. 岩土力学, 2011, 32(3): 661~666.
Liu Zhen, Zhou Cuiying, Zhu Fengxian, et al. Critical criterion for microstructure evolution of soft rocks in softening process[J]. Rock and Soil Mechanics, 2011, 32(3): 661~666.

[12] 张开智, 夏均民, 蒋金泉. 软岩锚杆强壳体支护结构及合理参数研究[J]. 岩石力学与工程学报, 2004, 23(4): 668~672.
Zhang Kaizhi, Xia Junmin, Jiang Jinquan. Structure and application of strong shell-body support in soft rock roadway[J]. Chinese Journal of Rock Mechanics and Engineering, 2004, 23(4): 668~672.

[13] 谭罗荣. 关于黏土岩崩解、泥化机理的讨论[J]. 岩土力学, 2001, 22(1): 1~5.
Tan Luorong. Discussion on mechanism of disintegration and argillitization of clay-rock[J]. Rock and Soil Mechanics, 2001, 22(1): 1~5.

[14] 朱效嘉. 软岩的水理性质[J]. 矿业科学技术, 1996(3/4): 46~50.
Zhu Xiaojia. Characteristics of soft rocks interacting with water[J]. Scientific Technology of Mining, 1996(3/4): 46~50.

不等长双裂隙相互作用下岩石破坏规律研究

马 宁 陈忠辉 朱帝杰 李 博 张闪闪

（中国矿业大学深部岩土力学与地下工程国家重点实验室，北京 100083）

摘 要 采动应力作用下煤岩体中不同尺寸裂隙相互作用、扩展、贯通是煤矿灾害的主要根源。采用 RFPA 软件，模拟单轴压缩条件下裂隙几何参数（倾角、间距、长度）对不等长双裂隙相互作用及岩石破坏的影响规律。结果表明：当裂隙间距为长裂隙长度的 3/4 时，长裂隙对短裂隙的影响作用显著，短裂隙对长裂隙的影响作用较弱；随着短裂隙长度不断减小，不等长双裂隙相互之间影响作用减弱；当裂隙间距不小于长裂隙长度时，裂隙扩展主要取决于裂隙自身参数，相互之间基本不影响；当裂隙倾角为 45°时，裂隙对岩石的破坏影响作用最强。

关键词 不等长双裂隙 数值模拟 裂隙倾角 裂隙间距 裂隙长度

Study on the Law of Rock Failure under Interaction of Unequal Length Double-cracks

Ma Ning Chen Zhonghui Zhu Dijie Li Bo Zhang Shanshan

(State Key Laboratory for Geomechanics & Deep Underground Engineering,
China University of Mining & Technology, Beijing 100083,China)

Abstract The main sources of mine disaster are interaction, propagation and coalescence of cracks with different sizes in the coal and rock mass under mine-induced stress. Study the crack angle, distance and length on the interaction of unequal length double-cracks and rock failure in uniaxial compression with RFPA. On the basis of a large amount of numerical simulation, the dynamic failure process of crack propagation was represented and described, the law of unequal length double-cracks interaction and rock failure was obtained. The results showed that: it has significant effect of long crack to short crack and the short crack has little effect on long crack when the distance between cracks as three-quarters of long crack length. The interaction between unequal length double-cracks decreased along with the short crack length continuously decrease. The propagation of cracks depends on the crack parameters and the interaction between cracks is little when the distance between cracks equal to the long crack length. When the crack angle is 45°,it has more effect to rock failure in uniaxial compression.

Keywords unequal length double-cracks, numerical simulation, crack angle, the distance between cracks, crack length

在构造运动和成岩过程等因素的影响下，实际岩体中存在许多具有不同接触特征及几何尺寸的裂隙和弱面。采矿、隧道、边坡等岩石工程中的岩石介质，在外力作用下的破坏，都是其内部各种尺度裂隙相互作用、扩展、聚集、贯通的宏观表现，它与脆性材料的非均匀性及其内部存在的不同尺寸的裂隙分布有关。因此，研究不等长双裂隙相互作用下岩石破坏的影响规律具有非常重要的理论价值和现实意义。

目前，岩体断裂力学对于均质材料中单一裂隙或规律性排列的等长多裂隙的破坏演化过程及规律给予了一定解释，许多岩石力学研究人员对裂隙的网络裂隙模型及演化进行了大量的研究工作，取得许多研究成果。W.S.Dershowitz 和 H.H.Einstein 对目前的裂隙网络几何模型做了全面总结，注重将裂隙网络模型看成一个系统，强调裂隙各个几何参数之间的关联性[1]。李术才等通过 CT 实时扫描试验获得裂隙随荷载的增加而被压密、翼裂隙扩展、自相似扩展、裂隙汇合贯通、微裂隙扩展，以及裂隙加速扩展、试件崩裂的损伤演化过程，并得到裂隙扩展过程的一些重要参数[2]。杨米加分析了含裂隙岩体内部应力状态的不均匀性及裂隙内部应力随外部荷载变化而发生的主应力偏转等因素对整个含裂隙岩石结构体强度的影响，并进一步推广到多裂隙岩

基金项目：国家自然科学基金项目（51174208），国家重点基础研究发展计划（973 项目）（2013CB227903）。
作者简介：马宁（1988—），女，山东滨州人，硕士研究生，主要从事岩石力学的研究工作。电话：18810544933；E-mail: mnszbd@163.com

石的强度分析[3]。一般认为，岩体断裂机制的研究需依赖于室内、外实验方法[4]，数值模拟方法与解析方法的共同推进，有效的数值模拟方法往往是实验和理论分析的有益补充。唐春安教授利用数值模拟研究了一组右行右阶雁列式裂隙的扩展过程，得出了非均匀性对岩石介质的重要影响，若忽略了岩石非均匀性的影响作用将会掩盖岩石变形与破坏过程中，由于非均匀性所导致的一些特殊现象[5]。黄明利利用数值模拟，以预置于不同岩层中的等长多裂隙为研究对象，通过单轴压缩试验研究预制裂隙在不同岩性的岩石中相互作用及扩展贯通过程的破坏机制[6]。郑欣平利用 RFPA 对含不同裂隙倾角和分布密度的试件在单轴压缩下的破坏模式进行研究，探索了不同裂隙倾角和分布密度对多裂隙类岩石材料断裂破坏模式的影响规律[7]。虽然国内外学者在裂隙岩体破坏方面已有许多研究成果，但是有关不等长双裂隙相互之间扩展演化规律的研究还不成熟。本文将在国内外学者对于裂隙扩展及其导致岩体破坏方面所做的大量实验研究基础之上，采用 RFPA^{2D} 系统对单轴压缩条件下不等长双裂隙相互作用及岩石破坏过程进行数值模拟，探究不等长双裂隙几何参数改变对裂隙扩展演化及岩石破坏的影响规律。

1 模型建立

RFPA（Realistic Failure Process Analysis），是一种能够进行岩石变形和破裂全过程行为（包括裂隙萌生、扩展、贯通乃至破裂、失稳等）研究的数值模拟工具[8]。该软件最大的特点是充分考虑了材料性质的非均匀性、缺陷分布的随机性，并将材料这种性质的统计分布假设结合到有限元法中，对满足给定强度准则的单元进行破坏处理，以便实现非均匀性材料的数值模拟。唐春安教授等利用 RFPA 软件模拟岩体中裂隙扩展演化规律[9~11]，所得结论深受国际岩石力学界的认可。RFPA 模拟结果说明了该系统模拟岩体裂隙扩展及变形破坏特征是可行的。

本文建立平面应力模型，模型尺寸为 0.254m×0.254m，划分 220×220 等面积四节点的四边形网络单元，在试样中部设置两条不等长的预置裂隙（试件中预置裂隙采用空洞单元来表征），基本模型如图1所示。为了充分考虑材料非均匀性对岩石性质的影响，建立细观与宏观介质力学性能的联系，采用 Weibull 分布Φc（m, μ）。其中 m 定义为材料（岩石）介质的均匀性系数，反映材料的均匀程度，随着 m 的增加，岩石介质的性质越均匀。本模型中，选取 m=5，弹性模量 47500MPa，泊松比 0.25，密度 2500kg/m³，单轴抗压强度 85MPa。由于岩石类脆性材料的压拉比大于1，因此本文采用修正后的 Coulomb 准则作为单元破坏的强度依据。单元破坏准则中压拉比为10，摩擦角为30°。采用应力加载方式进行单轴压缩试验，设置单步增量为 0.05MPa，首先对每一步给定的应力增量进行应力计算，根据破坏准则来检查模型中是否具有破坏单元。若没有破坏单元，再增加一个应力增量进行应力计算；若有破坏单元，则根据单元的剪或拉破坏状态进行刚度退化处理，再重新进行当前步的应力计算，重复以上过程直到整个试样产生宏观破坏为止。

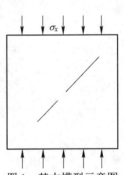

图1 基本模型示意图
Fig.1 Schematic diagram of the basic model

2 数值模拟及结果讨论

2.1 不同长度裂隙之间相互扩展破坏演化规律

在目标试件对角线位置设置一条 45°倾角裂隙，长度取 2a（a=0.015m）。在该裂隙共线方向，设置裂隙长度 L 分别为 0.5a、a、1.5a、2a 的 45°倾角裂隙，裂隙间距 H=1.5a，进行模拟计算。图2给出了四组不等长斜裂隙在施加相同初始应力值后的应力分布，图中以单元亮度表示应力大小，越亮表示该单元的应力越大。由图可清晰地看到，裂隙尖端为应力集中区，且两条裂隙的岩桥区域应力值最大，因此裂隙均从应力值最大的端部开始起裂。

通过观察模拟结果可得裂隙扩展的基本特点是以预置裂隙（原生裂隙）端部为突破口产生翼裂隙。翼裂隙从原生裂隙的两端起裂后沿一弯曲路径很快趋于加载方向并缓慢生长，当翼裂隙扩展到一定长度后保持稳定（长度小于 2a）。随着应力值的不断增加，在岩桥内部产生一个张性破坏的次生裂隙，其与端部产生的翼裂隙搭接，导致岩桥失稳贯通，岩桥贯通后两裂隙外端部迅速扩展，试件破裂。

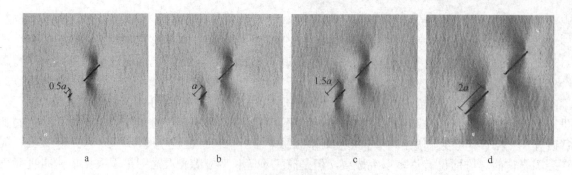

图 2 不同长度裂隙分布及初始加载情况(最大剪应力图)
a—$L=0.5a$; b—$L=a$; c—$L=1.5a$; d—$L=2a$
Fig.2 Initial loading conditions in different crack length

众所周知,声发射[12]作为岩石内部单元破坏的一种信息,是岩石内部产生局部微破裂时发出的弹性波。RFPA 在计算过程中可将每一步的单元破坏数统计下来,根据声发射率与单元破坏的数量成正比[13],将声发射曲线与每一步裂隙扩展破坏图对应分析。如图 3 所示,短裂隙长度为 1.5a,试件所加应力值为 4~5.25MPa 时,裂隙维持原则,随后裂隙处于稳定起裂阶段,随着加载的不断进行,8.75MPa 后裂隙迅速扩展,声发射能量突变,加载到 14.5MPa 时裂隙贯通破坏。这些声发射的应用结果对于进一步研究由裂隙扩展导致的岩石破坏过程有重要意义。

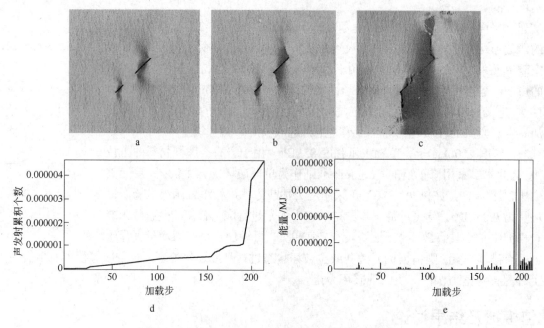

图 3 短裂隙长度 $L=a$ 时裂隙扩展及声发射曲线图
a—1Step; b—175Step; c—210Step; d—声发射累计个数-加载步曲线; e—声发射能量-加载步曲线
Fig.3 Crack propagation and AE graph when the short crack length is a

当短裂隙长度 $L=0.5a$~a 时,两裂隙扩展演化模式类似,但长裂隙的扩展破坏程度比短裂隙明显;当短裂隙长度 $L=1.5a$~$2a$ 时,两条裂隙的扩展演化模式及破坏程度类似。如图 4 所示,短裂隙的起裂初始应力值随着裂隙长度的增加而减小,而其对长裂隙连带整个岩石试样的破坏影响作用逐渐增强;但短裂隙长度的改变对长裂隙起裂初始应力值的影响不明显。

2.2 裂隙间距对不等长斜裂隙扩展破坏规律的影响

在目标试件对角线中部设置两条长度分别为 $2a$、a ($a=0.015$m)的无偏置裂隙,裂隙角均为 45°,两裂隙间距 H 分别取 $0.5a$、a、$1.5a$、$2a$、$2.5a$,进行模拟计算。

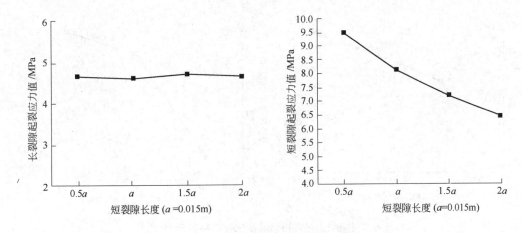

图 4 短裂隙与长裂隙起裂应力值
Fig.4 Initiation stress values of short crack and long crack

当 $H=0\sim0.5a$ 时，短裂隙对长裂隙连同整个岩体的破坏影响作用显著，裂隙内端部产生的翼裂隙直接导致两裂隙岩桥区贯通，试件破裂。当 $H=a\sim1.5a$ 时，长裂隙的翼裂隙扩展长度大于短裂隙。随着应力值的不断增加，在岩桥内部产生一个张性破坏的次生裂隙，其与端部产生的翼裂隙搭接，导致岩桥贯通，裂隙扩展模式参照图 5a~c。当 $H=2a\sim2.5a$ 时，随着应力的不断增加，岩桥内部因应力集中加剧，裂隙内端部产生与翼裂隙方向相反的新的次生裂隙，次生裂隙与翼裂隙迅速扩展导致试件破裂，岩桥区域不发生贯通。两裂隙的扩展演化模式相同，程度不同且互不影响，岩石试件在两裂隙的共同作用下破裂，裂隙扩展模式参照图 5d~f。这与裂隙间距改变对两条等长裂隙相互之间的影响规律类似[14]。无论裂隙长度是否相等，都存在一个裂隙间距界限值，当大于这个界限值后，裂隙的扩展过程主要取决于裂隙自身参数，相互之间影响作用很弱，裂隙分别扩展，共同控制试件破坏。

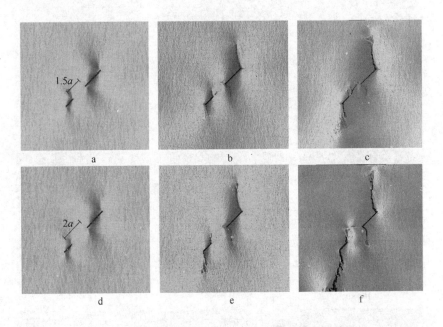

图 5 裂隙间距分别为 1.5a、2a 时裂隙扩展破坏情况
$H=1.5a$: a—1Step; b—220Step; c—223Step;
$H=2a$: d—1Step; e—230Step; f—243Step;
Fig.5 Propagation and destruction of crack when its length is 1.5a or a

如图 6 所示，随着两条裂隙间距的不断增长，岩石试件在外力作用下达到破坏时的极限应力值变大。且当间距大于一定值时，两裂隙岩桥区域不贯通，短裂隙对长裂隙连同整个岩体的破坏影响作用逐渐减弱，直至相互之间不受影响。

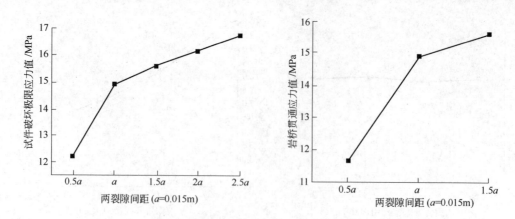

图 6 裂隙间距对岩桥贯通及试件破坏的影响
Fig.6 The distance between cracks on the rock bridge and failure

2.3 裂隙倾角对不等长斜裂隙扩展破坏规律的影响

在目标试件中设置长度分别为 $2a$、a（a=0.015m）的共线裂隙。控制其他参数不变，裂隙倾角 β 值分别取为 0°、30°、45°、60°、90°，进行模拟计算。

如图 7 所示，当 β=0°时，长裂隙端部产生沿加载方向扩展的翼裂隙，短裂隙保持稳定，随着应力值的增加，岩桥贯通，在试件中部形成一条水平贯通通道，随后贯通通道在受压作用下闭合，试件在长裂隙产生的翼裂隙的扩展作用下破裂。当 β=30°时，两条裂隙均发生扩展，但长裂隙的扩展演化程度比短裂隙明显，随着应力值增加，初始裂隙闭合，裂隙贯通，试件破坏。当 β=60°时，随着应力值的增加，初始裂隙不闭合，岩桥贯通后翼裂隙迅速扩展破坏[15]。

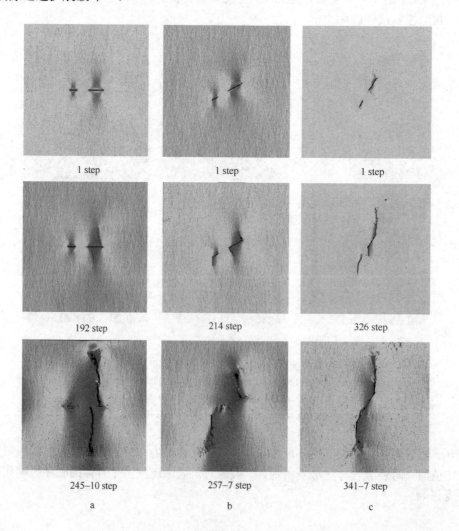

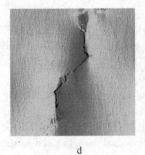 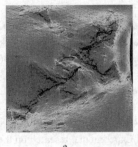 

图 7　裂隙倾角改变时裂隙扩展演化模式(最大剪应力图)
a—$\beta=0°$; b—$\beta=30°$; c—$\beta=60°$; d—$\beta=45°$-210step; e—无损伤岩体试件破坏面; f—$\beta=90°$
Fig.7　The propagation and evolution of crack when the crack angle is changed

由图 8 可知,当预制裂隙倾角为 45°时,其与无损伤试件的最大剪应力破坏面角度相同,裂隙处抗剪能力减小,导致整个试件抗压强度降低,此时,试件在预制裂隙的作用下所能承受的最大极限应力值最小。随着裂隙倾角逐渐倾向于试件受力方向,试件剪应力值明显增大,其破坏强度逐渐增强,试件破坏时的极限应力值增大。当预制裂隙倾角 $\beta=90°$时,岩石试件受初始裂隙的影响作用很弱,随着应力值的增加,试件中逐渐出现一些微小裂隙,在这些损伤的共同作用下,试件达到最大抗压强度发生破坏,破坏强度与无损伤岩体试件受压后的破坏强度基本相同。

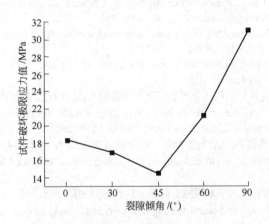

图 8　裂隙倾角改变时试件破坏极限应力值
Fig.8　The limit stress of rock when the crack angle is changed

3　结论

通过大量的数值模拟试验和分析,得到以下结论:

(1)当裂隙间距为长裂隙长度的 3/4 时,长裂隙对短裂隙的影响作用显著,短裂隙对长裂隙的影响作用较弱。因此对含不等长双裂隙岩石试件破坏起主导作用的是长裂隙,看做主控裂隙。不等长双裂隙相互作用控制着岩石试件破坏。

(2)当裂隙间距与长裂隙的长度一定时,随着短裂隙的长度逐渐减小,其对长裂隙扩展演化及岩石试件破坏的影响程度减弱。

(3)随着裂隙间距的增加,短裂隙对长裂隙连同整个试样的破坏影响程度逐渐减弱。当间距不小于试件中最长裂隙长度时,裂隙扩展演化主要取决于自身参数,相互之间基本不受影响。短裂隙的扩展演化模式与长裂隙的类似,但影响程度较弱。

(4)当裂隙倾角与无损伤试件最大剪应力破坏面角度相同时,裂隙对试件的破坏影响作用最大,极限应力值最小。当裂隙倾角与试件的受力方向相同时,试件的破坏强度接近于完整试件无初始缺陷时的破坏强度。

参 考 文 献

[1]　Dershowitz W S, Einstein H H. Characterizing rock joint geometry with joint system models,Rock Mechanics and Rock

Engineering[J],1988,21(3):21~51.

[2] 李术才,李廷春,王刚,等.单轴压缩作用下内置裂隙扩展的 CT 扫描试验[J].岩石力学与工程学报,2007,26(3):484~492.
Li Shucai, Li Tingchun,Wang Gang,et al.CT real-time scanning tests on rock specimens with artificial initial crack under uniaxial conditions[J]. Chinese Journal of Rock Mechanics and Engineering,2007,26(3):484~492.

[3] 杨米加,贺永年.破裂岩石的力学性质分析[J]. 中国矿业大学学报, 2011, 30(1):9~13.
Yang Mijia, He Yongnian. Analysis of properties of broken rock[J]. Journal of China University of Mining & Technology, 2011, 30(1): 9~13.

[4] 陈庆敏,张农,赵海云,等.岩石残余强度与变形特性的试验研究[J].中国矿业大学学报, 1997, 26(3):42~45.
Chen Qingmin, Zhang Nong, Zhao Haiyun,et al.Experimental research on the residual strength and deformation of rock[J].Journal of China University of Mining & Technology, 1997, 26(3): 42~45.

[5] 唐春安,黄明利,张国民,等.岩石介质中多裂纹扩展相互作用及其贯通机制的数值模拟[J].地震,2011,21(2): 53~58.
Tang Chun'an, Huang Mingli, Zhang Guomin, et al. Numerical simulation on propagation, interaction and coalescence of multi-cracks in rocks[J]. EARTHQU AKE, 2011, 21(2): 53~58.

[6] 黄明利,冯夏庭,王水林.多裂纹在不同岩石介质中的扩展贯通机制分析[J].水力学报,2002,23(2): 142~146.
Huang Mingli, Feng Xiating,Wang Shuilin. Numerical simulation of propagation and coalescence processes of multi-crack in different rock media[J]. Rock and Soil Mechanics, 2002, 23(2): 142~146.

[7] 郑欣平, 曹平, 蒲成志.类岩材料多裂隙体在单轴压缩下的数值模拟[J].科学通报,2012,57(13): 1106~1111.
Zheng Xinping, Cao Ping, Pu Chengzhi. Numerical simulation on rock-similar material with multi-fractures under uniaxial compression[J].Chinese Science Bulletin,2012,57(13):1106~1111.

[8] 唐春安,赵文.岩石破裂全过程分析软件系统RFPA^{2D}[J]. 岩石力学与工程学报, 1997, 16(5): 507~508.
Tang Chun'an, Zhao Wen. RFPA^{2D} system for rock failure process analysis[J]. Chinese Journal of Rock Mechanics and Engineering, 1997, 16(5): 507~508.

[9] Zhu W C, Tang C A. Numerical simulation of Brazilian disk rock failure under static and dynamic loading [J]. International Journal of Rock Mechanics and Mining Sciences, 2006, 43: 236~252.

[10] Yang Y F,Tang C A, Xia K W. Study on crack curving and branching mechanism in quasi-brittle materials under dynamic biaxial loading [J]. International Journal of Fracture, 2012, 177: 53~72.

[11] Tang C A, Yang Y F. Crack branching mechanism of rock-like quasi-brittle materials under dynamic stress[J]. Journal of Central South University ,2012,19: 3273~3284.

[12] 李庶林,尹贤刚,王泳嘉,等.单轴受压岩石破坏全过程声发射特征研究[J].岩石力学与工程学报,2004, 23(15):2499~2503.
Li Shulin,Yin Xiangang, Wang Yongjia,et al.Studies on acoustic emission characteristics of uniaxial compressive rock failure[J]. Chinese Journal of Rock Mechanics and Engineering, 2004, 23(15): 2499~2503.

[13] 唐春安.岩石声发射规律数值模拟初探[J].岩石力学与工程学报, 1997, 16(4): 368~374.
Tang Chun'an. Numerical simulation of AE in rock failure[J]. Chinese Journal of Rock Mechanics and Engineering, 1997, 16(4): 368~374.

[14] 李廷春,吕海波,王辉.单轴压缩载荷作用下双裂隙扩展的 CT 扫描试验[J].岩土力学,2010,31(1):9~14.
Li Tingchun,Lü Haibo, Wang Hui.CT real-time scanning tests on double cracks propagation under uniaxial compression[J].Rock and Soil Mechanics, 2010, 31(1): 9~14.

[15] 王金龙,林率英,吴玉山,等.脆性岩石的损伤与裂隙扩展[J].岩土力学,1990,1(3):1~8.
Wang Jinlong, Lin Shuaiying, Wu Yushan,et al.Damage and Cracks propagation in brittle rock[J]. Rock and Soil Mechanics, 1990, 1(3):1~8.

基于 CT 数字体散斑法的岩石内部三维应变场测量

毛灵涛[1,2]　刘海洲[2]　牛慧雅[2]
邓淋升[2]　周开渊[2]　张　毅[2]

(1. 煤炭资源与安全开采国家重点实验室（中国矿业大学），北京　100083
2. 中国矿业大学（北京）力学与建筑工程学院，北京　100083)

摘　要　岩石内部结构构成天然的体散斑，可以作为变形的信息载体。利用数字体散斑法工业 CT 结合测量了单轴压缩下红砂岩和煤岩样内部三维变形。利用工业 CT 对单轴加载不同阶段的岩样进行原位扫描，获取不同载荷下的数字体图像。初始状态体图像为参考体图像，不同载荷下的体图像为变形体图像，分别利用两步傅里叶变换的数字体散斑法获取不同载荷下试件内部的变形场，继而求解得出三维应变场，通过应变分析揭示岩样内部变形及应变局部的产生及演化过程。

关键词　岩样　三维应变场　数字体散斑法　工业 CT　单轴压缩

3D Deformation Measurement in Rocks Using Digital Volumetric Speckle Photography with CT

Mao Lingtao[1,2]　Liu Haizhou[2]　Niu Huiya[2]　Deng Linsheng[2]
Zhou Kaiyuan[2]　Zhang Yi[2]

(1. State Key Laboratory of Coal Resources and Safe Mining, (China University of
Mining & Technology), Beijing 100083, China;
2. School of Mechanics & Civil Engineering, China University of
Mining & Technology, Beijing 100083, China)

Abstract　The structures in the rocks form natural speckle structures, which can be seen as carriers of deformation. By using Digital Volumetric Speckle Photography (DVSP) combined with Industrial computed tomography (ICT), the interior deformation fields of red sand stone and coal sample under uniaxial compression were measured, respectively. By ICT in-situ scanning, digital volumetric images of rock samples under different loading were acquired. The volumetric image of initial status was defined as the reference images, and the other images as deformed images. By using DVSP, in which two-step 3D FFT are performed, the internal deformation fields of rocks in different loading were obtained, and the strain fields were calculated. Based on the strain analysis, the onset and evolution of deformation and strain localization is indicated.

Keywords　rocks, 3D strain fields, digital volumetric speckle photography, industrial computed tomography, uniaxial compression

通过实验观测岩石破裂或局部化演变过程是岩石力学研究的一个重要内容。在众多实验方法中，二维数字散斑相关法(Digital Image Correlation, DIC) 具有全场性、非接触性和对实验条件要求简单等特点，已被广

基金项目：国家重点基础研究发展计划（973 计划）基金资助项目（2010CB732002）；国家自然科学基金资助项目(51374211)；中国矿业大学（北京）"大学生创新训练计划"。
作者简介：毛灵涛（1974—），男，新疆石河子人，副教授。电话：010-82386706；E-mail:mlt@cumtb.edu.cn

泛应用于观测岩石变形局部化与破坏过程[1~3]。但是，二维数字散斑相关法仅能观测试件表面变形信息，岩石为非均质材料，只通过试件表面变形信息还不能全面反映试件内部变形破坏的特点。计算机层析技术 CT 在岩石力学中的应用，能够无损地观测岩样内部结构的变形，通过 CT 数或灰度值反映煤岩样在不同状态下内部结构的变化规律[4~7]。CT 数和灰度值都反映的是物体内部密度的变化，不能直接定量分析物体内部变形及应变分布情况。

近年来，数字体相关法（Digital Volumetric Correlation）利用高精度工业 CT 获取的岩样数字体图像，测量内部变形及应变场成为研究的一个热点。文献[8,9]分别利用该方法获得了泥岩和砂岩在受载条件下内部三维变形及应变场。DVC 法精度高，但由于在空间域进行三维相关性搜索，计算量大，效率低。数字体散斑法(Digital Volumetric Speckle Photography, DVSP)通过两步三维傅里叶变换，在频率域进行相关搜索，具有计算速度快、效率高的特点。本文将工业 CT 与数字体散斑法结合，分别对单轴压缩红砂岩及煤岩样内部变形场进行测量，分析煤样内部三维应变场的变化。

1 数字体散斑法(DVSP)基本原理

利用 Micro-CT 获取物体变形前后的数字体图像，分别定义为参考体图像和变形体图像。将参考体图像与变形体图像分成若干大小如 32×32×32 体素(Voxels)的子体块（Subset），相对应的子块构成一个"斑对"，$h_1(x,y,z)$ 和 $h_2(x,y,z)$ 分别表示变形前后相应子体块的光学复振幅，则有：

$$h_2(x,y,z) = h_1[x-u(x,y,z), y-v(x,y,z), z-w(x,y,z)] \tag{1}$$

式中，u、v、w 分别为子块体在 x、y、z 三个方向上的位移，对变形前后的子块体分别进行第一步三维傅里叶变换，则有：

$$\begin{aligned}
H_1(f_x, f_y, f_z) &= \mathfrak{I}\{h_1(x,y,z)\} \\
&= |H(f_x, f_y, f_z)| \exp[j\phi(f_x, f_y, f_z)] \\
H_2(f_x, f_y, f_z) &= \mathfrak{I}\{h_2(x,y,z)\} \\
&= |H(f_x, f_y, f_z)| \\
&\quad \cdot \exp\{j[\phi(f_x, f_y, f_z) - 2\pi(uf_x + vf_y + wf_z)]\}
\end{aligned} \tag{2}$$

式中，f_x、f_y、f_z 分别为 x、y、z 三个方向上的频率，$H_1(f_x,f_y,f_z)$ 为 $h_1(x,y,z)$ 的傅里叶函数，$H_2(f_x,f_y,f_z)$ 为 $h_2(x,y,z)$ 的傅里叶函数，$\mathfrak{I}$ 表示傅里叶变换。在频率域中，对上述两个三维散斑体进行数值干涉，如下式：

$$\begin{aligned}
F(f_x, f_y, f_z) &= H_1(f_x, f_y, f_z) H_2^*(f_x, f_y, f_z) \\
&= |H(f_x, f_y, f_z)|^2 \exp[j2\pi(uf_x + vf_y + wf_z)]
\end{aligned} \tag{3}$$

对式(3)进行第二次傅里叶变换，有：

$$\begin{aligned}
G(\xi, \eta, \zeta) &= \mathfrak{I}\{F(f_x, f_y, f_z)\} \\
&= \bar{G}(\xi-u, \eta-v, \zeta-w)
\end{aligned} \tag{4}$$

上式表示峰值点位于 (u,v,w) 的扩展脉冲函数。对所有的子块体形成的"斑对"进行上述两步傅里叶变换。通过定位脉冲函数的极值点位置，就可以得到每一对子块体的位移矢量。

本方法忽略了子块体内部的变形。由于数字体图像的离散特性，由式(4)得到的位移值为整体素值。为了获得更高的精度，可进行亚体素精度插值。围绕着极值点所处整体素坐标点，选择 3×3×3 体素所构成的块体，可利用三维线性、多义线或三次插值来获得亚体素精度。本文采用三维多义线插值获取亚体素精度。

2 实验设备及装置

图 1 为实验所用的微焦点工业 CT 系统及加载装置。X 射线穿过被测物体，由探测器接收衰减后的信号，试件在扫描过程中做 360°旋转，每一角度由探测器获取相应的信号，通过数学变换获得二维的重构图像。CT 的定量描述是 CT 数，将 CT 数按一定的线性比例转换为灰度值即为 CT 图像。由于材料的线性衰减系数与材料密度有近似的对应关系，所以 CT 图像近似反映了物质内部密度的变化。设备中的 X 射线为锥束，每扫描一圈，得到射线区域内试件的多层 CT 图像，每层图像具有一定扫描厚度，具有厚度的每个像素称为体素（Voxel），通过一系列二维 CT 图像，可得到试件的三维数字体图像。

单轴加载装置采用电机加载，配有载荷传感器及光栅位移计分别测量载荷及上压盘的位移值，加载速度为 0.18mm/min。加载腔体采用 PC 材料，以减小对射线的吸收。在单轴加载实验中，装置放置在转台上，分阶段进行加载，每一阶段加载后，维持载荷进行扫描，扫描时装置与转台一起转动，从而实现原位扫描。

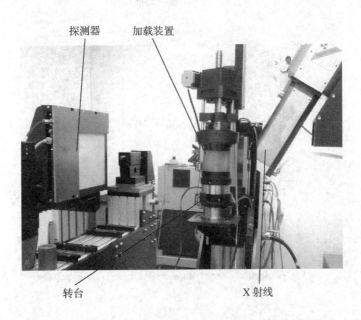

图 1　CT 系统与加载装置
Fig.1　CT system and devices

3 DVSP 法的应用

3.1 红砂岩单轴压缩内部变形测量

红砂岩试件尺寸为ϕ25mm×50mm。将试件置于单轴加载装置中，放在转台上，进行单轴加载至破坏，整个加载扫描过程分为 8 步。初始状态为第 1 步扫描，第 2、3、4、5、6、7 和 8 步分别对应的载荷为 2.15MPa、4.31MPa、6.47MPa、8.83 MPa、10.78 MPa、11.86 MPa 和峰后 6.93MPa，每步加载后，通过结构的自锁保持载荷，对试件进行原位扫描，扫描时间为 20min。试件的应力-应变曲线如图 2 所示。

以第 1 步所得数字体图像为参考体图像，分别以第 2~6 步所得数字体图像为变形体图像，应用 DVSP 法测量试件内部的变形，计算区域为中部 40mm，体图像大小为 570×570×900 体素。限于篇幅，下面仅选取部分图像及结果。图 3 所示分别为第 6 步和第 7 步试件沿 x 方向 12.50mm 处的剖面图像，在试件破坏前，从灰度图中难以直观地看出试件内部结构的变化。

图 4 所示为峰值第 6 步 x=12.5mm 剖面的 u、v 和 w 场的变形等值分布图及最大主应变。可以看出，岩样主要产生轴向沿 z 方向的压缩变形。从 v 场位移分布来看，试件内部存在正负位移值，说明在位移值为 0 的区域内已产生了微裂隙，试件将会从此处开始破坏。在试件下部先产生高应变区域,说明试件从下部开始

向上破坏。

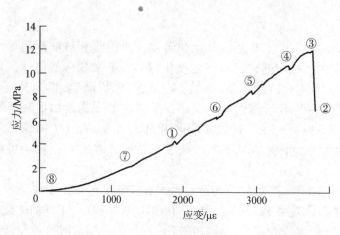

图 2　应力-应变曲线
Fig.2　Stress–strain curve

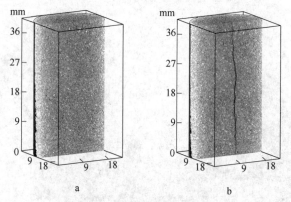

图 3　不同阶段试件的剖面图像
a—第 6 步；b—第 7 步
Fig.3　Section images of the coal sample at different steps

3.2　煤岩样单轴压缩内部变形测量

煤岩样尺寸为 19mm×19mm×40mm。整个加载扫描过程分为 7 步。初始状态为第 1 步扫描，第 2、3、4、5、6 和 7 步分别对应的载荷为 11.08MPa、16.62MPa、20.77MPa、24.65 MPa、26.59MPa 和破坏后，每步加载后，对试件进行原位扫描，扫描时间为 20min。试件的应力-应变曲线如图 5 所示。图 6 为第 6 步及试件破坏后沿 x=9.5mm 处的剖面图，图 7 为相应截面的变形等值图。相比较红砂岩，煤岩样内部结构不均匀，导致内部变形也不均匀。整体呈现轴向受压。试件最终破裂面的位置对应着高应变区。

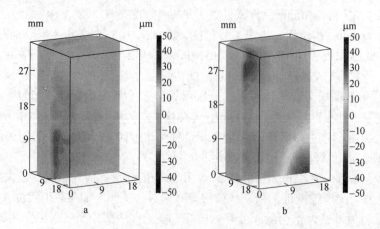

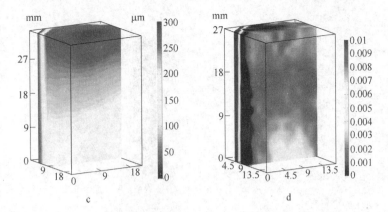

图 4 沿 x=12.5mm 剖面的变形等值图
a—u 场; b—v 场; c—w 场; d—最大主应变
Fig.4　Deformation contours along x=12.5mm

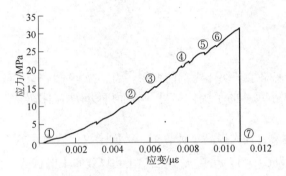

图 5　应力-应变曲线
Fig.5　Stress-strain curve

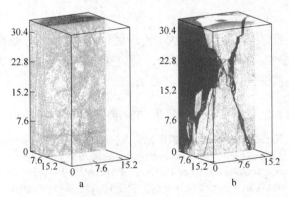

图 6　不同阶段试件的剖面图像
a—第 6 步; b—第 7 步
Fig.6　Section images of the coal sample at different steps

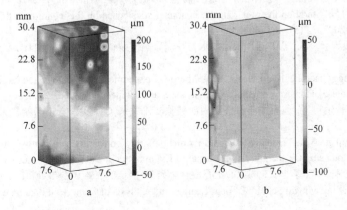

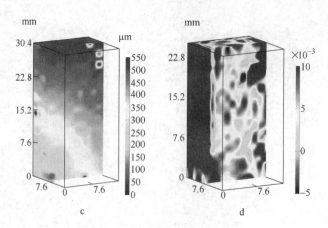

图 7　沿 $x=9.5$mm 剖面的变形等值图
a—u 场; b—v 场; c—w 场; d—位移矢量场
Fig.7　Deformation contours along $x=9.5$mm

4　讨论

DVSP 法在获取位移时，忽略了子块体内部的变形，为了减小子块体内部变形造成的测量误差，一方面在满足一定精度条件下，选取小尺寸的子块体；另一方面可以增加扫描次数，对每相邻两次的体图像采用 DVSP 法进行测量。

DVSP 由于采用了 FFT 运算，大大提高了计算效率。如子块体搜索区域为 n 个体素，DVSP 的计算复杂度为 $O(2n^3 \lg n)$，而 DVC 法为 $O(n^6)$，足可见 DVSP 在计算效率上的优势，而且随着搜索区域的增加，这一优势就更加明显。

5　结论

通过 CT 扫描获取岩石内部结构图像，其天然结构可以作为散斑结构，承载岩石内部变形信息，利用数字体散斑法（DVSP）可以测量岩石内部三维变形场，通过变形场与应变场能够直观反映岩石变形破坏的特征，为定量分析岩石细观损伤演变提供了实验研究方法。

参 考 文 献

[1] 宋义敏, 马少鹏, 杨小彬, 等. 岩石变形破坏的数字散斑相关方法研究[J]. 岩石力学与工程学报, 2011, 30(1): 170~175.
　　Song Yimin, Ma Shaopeng, Yang Xiaobin, et al. Experimental investigation on failure of rock by digital speckle correlation methods[J]. Chinese journal of rock mechanics and engineering, 2011, 20(1): 170~175.

[2] 刘招伟, 李元海. 含孔洞岩石单轴压缩下变形破裂规律的实验研究[J]. 工程力学, 2010, 27(8): 133~139.
　　Liu Zhaowei, Li Yuanhai. Experimental investigation on the deformation and crack behavior of rock specimen with a hole undergoing uniaxial compressive load[J]. Engineering Mechanics, 2010, 27(8): 133~139.

[3] Tuong Lam Nguyen, Stephen A Hall, Pierre Vacher, et al. Fracture mechanisms in soft rock: Identification and quantification of evolving displacement discontinuities by extended digital image correlation[J]. Tectonophysics, 2011, 503: 117~128.

[4] 杨更社, 刘慧. 基于 CT 图像处理技术的岩石损伤特性研究[J]. 煤炭学报, 2007, 32(5): 463~468.
　　Yang Gengshe, Liu Hui. Study on the rock damage characteristics based on the technique of CT image processing[J]. Journal of China coal society, 2007, 32 (5): 463~468.

[5] 赵阳升, 孟巧荣, 康天合, 等. 显微 CT 试验技术与花岗岩热破裂特征的细观研究[J]. 岩石力学与工程学报, 2008, 27(1): 28~34.
　　Zhao Yangsheng, Meng Qiaorong, Kang Tianhe, et al. Micro-CT experimental technology and meso-investigation on thermal fracturing characteristics of granite [J]. Chinese journal of rock mechanics and engineering, 2008, 27(1): 28~34.

[6] 毛灵涛, 安里千, 王志刚, 等, 煤样力学特性与内部裂隙演化关系 CT 实验研究[J]. 辽宁工程技术大学学报, 2010, 29(3): 408~411.
　　Mao Lingtao, An Liqian, Wang Zhigang, et al. Experimental study on relationship between coal mechanical characteristics and interior crack evolution using CT technique[J]. Journal of Liaoning technical university(natural science), 2010, 29(3): 408~411.

[7] 孙华飞, 鞠杨, 行明旭, 等. 基于 CT 图像的土石混合体破裂-损伤的三维识别与分析[J]. 煤炭学报, 2014, 39(3): 452~459.
　　Sun Huafei, Ju Yang, Xing Mingxu, et al. 3D identification and analysis of fracture and damage in soil-rock mixtures based on CT

image processing[J]. Journal of China coal society, 2014, 39(3): 452~459.
[8] Lenoir N, Bornert M, et al. Volumetric digital image correlation applied to X-ray microtomography images from triaxial compression tests on argillaceous rock[J]. Strain, 2007, 43: 193~205.
[9] Charalampidou E-M, Hall S A, Stanchits S. Characterization of shear and compaction bands in a porous sandstone deformed under triaxial compression. Tectonophysics, 2011, 503: 8~17.

岩石蠕变损伤模型

魏 霞[1,2,3] **万 玲**[1,2,3] **齐正磐**[1,2,3]

(1. 重庆大学(重庆)航空航天学院,重庆 400044;
2. 重庆大学煤矿灾害动力学与控制国家重点实验室,重庆 400044;
3. 重庆大学非均质材料力学重庆市重点实验室,重庆 400044)

摘 要 通过引入损伤理论和 Kachanov 损伤演化规律,并结合耗散材料的不可逆热力学理论基础,提出一种可反映岩石加速蠕变过程的黏弹塑性损伤体元件模型;将其与能描述衰减与稳定蠕变阶段的 Burgers 元件模型进行串联复合,构建出可反映岩石蠕变全过程尤其是加速蠕变特点的岩石损伤模型;通过与试验曲线的对比分析,该模型不仅能较好地模拟岩石从减速到加速的蠕变全过程,而且物理意义清晰、计算简便,可以很好地描述岩石的蠕变特性。
关键词 损伤因子 不可逆热力学 蠕变方程 曲线拟合

Damage Creep Model of Rock

Wei Xia[1,2,3] **Wan Ling**[1,2,3] **Qi Zhengpan**[1,2,3]

(1. College of Aerospace Engineering, Chongqing University(Chongqing),
Chongqing 400044,China;
2. State Key Laboratory of Coal Mine Disaster Dynamics and Control,
Chongqing University(Chongqing), Chongqing 400044, China;
3. Key Laboratory of Heterogeneous Material Mechanics,Chongqing University(Chongqing),
Chongqing 400044, China)

Abstract On the theoretical basis of continuum damage mechanics and irreversible thermodynamics, an elastic-plasticity damage cell model, which can describe the accelerated rock creep process, was developed by introducing the damage theory and the law of damage proposed by Kachanov.Connected with Burgers cell model, which can preferably simulate the linear or the decelerated and steady creep stage, a rock creep model was obtained. The model reflected the rock deformation process from primary to accelerated creep, and its parameters are few and easy to be determined. Finally, it was shown that the model is reasonable and feasible after a comparison between the model and the experimental curves.
Keywords damage factor, irreversible thermodynamics, creep equation, curve fitting

岩石作为边坡、地下硐室围岩的介质,建筑物的基础,其力学特征及稳定性直接影响结构和建筑物的安全。工程实践与研究表明:在许多情况下岩土工程的破坏与失稳不是在开挖完成或工程完工后立即发生,而是随着时间的推移,岩体的变形与应力不断调整、变化与发展[1]。岩石蠕变与岩土工程设计施工的关系最为密切,同时岩石流变是岩土工程围岩变形失稳的重要原因之一,开展岩石流变特性研究,深入探讨岩石流变损伤及其失效规律,对于岩土工程建设及其稳定性评估具有十分重大的现实意义和经济价值[2,3]。

本文从损伤理论和耗散材料的不可逆热力学出发,考虑损伤因子对材料系数的影响,得出蠕变系数的损伤体模型,然后将损伤体与 Burgers 体串联提出一种新的元件组合模型,并进行理论推导得到蠕变本构方程;再对这种新型损伤模型进行单轴压缩试验验证,并模拟蠕变的全过程,包括减速、稳定和加速蠕变阶段,而且给出材料系数变化的物理意义及原因,从而有效地解释了蠕变机理。

基金项目:国家自然科学基金资助项目(项目编号:11372363)。
作者简介:魏霞(1988—),女,湖南人,研究生。电话:023-65103597, E-mail: 20122002002t@cqu.edu.cn
通信作者:万玲(1963—),女,重庆人,教授。电话:023-65103597, E-mail:lhwan@cqu.edu.cn

1 蠕变损伤模型与本构方程

1.1 建立损伤模型

岩石蠕变模型研究是岩石流变力学理论研究的重要组成部分,也是当前岩石力学研究中的难点和热点之一。近年来,一些新的理论和方法逐渐被采用,岩石蠕变模型研究也得到了一定程度的发展[4~7]。

损伤模型由3种最基本的黏、弹、塑性模型元件构成,如图1所示。

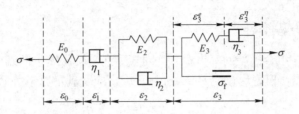

图1 岩石蠕变损伤模型

Fig.1 The creep damage model of rock

上图中的 E_0、η_1、E_2 和 η_2 为 Burgers 体,后面的 E_3、η_3 和 σ_f 为损伤体,Burgers 体和损伤体串联后构成蠕变模型。以下三点是新建立损伤模型的出发点和推导蠕变方程的理论基础。

（1）岩石蠕变试验表明[8],当应力 $\sigma<\sigma_f$ 时,岩石蠕变速率逐渐减小,最后趋近于零,称之为衰减蠕变;当应力 $\sigma>\sigma_f$ 或者 σ 接近于 σ_f 时,蠕变包括三个阶段,减速蠕变、稳定蠕变和加速蠕变。由此可知,当应力 $\sigma \geq \sigma_f$ 时损伤体产生效应;而当应力 $\sigma<\sigma_f$ 时,损伤体不产生效果,模型退化为 Burgers 体。

（2）彭向和等的研究把岩石作为一种耗散材料,从不可逆热力学角度出发,可以将其在应力作用下的响应分为可逆变形机制和不可逆变形机制。本文中可逆变形机制由 E_0 描述,而损伤体旨在表征不可逆变形机制中的损伤效应。其中 E_3 表示不可逆变形机制对应随机内部结构中的能量,η_3 对应于贮存在岩石内部非均匀组织结构、界面和微裂纹等微缺陷所导致的微应力场中的能量。这说明 E_3 和 η_3 都是必要的,而以往的元件模型中总是忽略了不可逆变形机制中的 E_3。

（3）大量工作表明材料系数受损伤因子的影响[10],因此上述损伤模型中的 E_3 和 η_3 都是关于损伤因子和时间的函数。下面给出 E_3 和 η_3 的具体表达式。Rabotnov[11]给出了蠕变应变方程和损伤方程:

$$\dot{\varepsilon} = \frac{A\sigma^n}{(1-D)^m} \tag{1}$$

$$\dot{D} = \frac{B\sigma^n}{(1-D)^m} \tag{2}$$

式中,A、B、m 和 n 是材料常数,式(1)、式(2)分别是应变 ε 和损伤因子 D 关于时间的导数,$t=0$ 时,$D=0$,蠕变过程中 σ 恒定不变。

对式(2)进行积分运算并消去积分常数,有:

$$D = 1-[1-(m+1)B\sigma^n t]^{\frac{1}{m+1}} \tag{3}$$

对于黏性元件有:

$$\dot{\varepsilon} = \frac{\sigma}{\eta} \tag{4}$$

将式(4)代入式(1)得到 η 关于 D 的函数关系式:

$$\eta = \frac{(1-D)^m}{A\sigma^{n-1}} \tag{5}$$

将式(3)代入式(5)并联系到文章的损伤模型,有:

$$\eta_3 = \frac{[1-(m+1)B\sigma^n t]^{\frac{m}{m+1}}}{A\sigma^{n-1}} \tag{6}$$

根据损伤因子 D 的基本定义和式(3)并联系到文章的损伤模型,有:

$$E_3 = E(t) = E(0)(1-D) = E[1-(m+1)B\sigma^n t]^{\frac{1}{m+1}} \tag{7}$$

式中,$E=E(0)$ 表示 E_3 在 $t=0$ 时的值,也是材料常数。

1.2 损伤模型蠕变本构方程推导

基于 1.1 中的论述和元件组合模型的基本概念,对模型在单轴压缩下的蠕变方程进行推导。

(1) 当应力 $\sigma<\sigma_f$ 时,损伤模型退化为 Burgers 体,应力应变满足以下关系:

$$\sigma = E_0\varepsilon_0 = \eta_1\dot{\varepsilon}_1 = E_2\varepsilon_2 + \eta_2\dot{\varepsilon}_2$$

$$\varepsilon = \varepsilon_0 + \varepsilon_1 + \varepsilon_2$$

得到蠕变本构方程:

$$\varepsilon(t) = \varepsilon_B = \frac{\sigma}{E_0} + \frac{\sigma}{\eta_1}t + \frac{\sigma}{E_2}\left[1-\exp\left(-\frac{E_2}{\eta_2}t\right)\right] \tag{8}$$

(2) 当应力 $\sigma \geq \sigma_f$ 时,损伤体产生效应,应力应变关系式为:

$$\sigma = E_0\varepsilon_0 = \eta_1\dot{\varepsilon}_1 = E_2\varepsilon_2 + \eta_2\dot{\varepsilon}_2 = \sigma_3$$

$$\sigma_3 = \sigma_f + E_3\varepsilon_3^e = \sigma_f + \eta_3\dot{\varepsilon}_3^\eta$$

$$\varepsilon = \varepsilon_0 + \varepsilon_1 + \varepsilon_2 + \varepsilon_3^e + \varepsilon_3^\eta$$

得到蠕变本构方程:

$$\varepsilon(t) = \varepsilon_B + \varepsilon_S \tag{9a}$$

$$\varepsilon_S = \frac{\sigma - \sigma_f}{E[1-(m+1)B\sigma^n t]^{\frac{1}{m+1}}} + \frac{A(\sigma-\sigma_f)}{B\sigma}\left\{1-[1-(m+1)B\sigma^n t]^{\frac{1}{m+1}}\right\} \tag{9b}$$

最后由式(3)可得到 $D=1$ 时,$T=t=\dfrac{1}{(m+1)B\sigma^n}$,根据损伤因子定义可知此时的时间 T 即为材料最终破坏所需的时间。把 T 代入式(9b)中,可将其化简为:

$$\varepsilon_S = \frac{\sigma-\sigma_f}{E\left(1-\dfrac{t}{T}\right)^{\frac{1}{m+1}}} + \frac{A(\sigma-\sigma_f)}{B\sigma}\left[1-\left(1-\frac{t}{T}\right)^{\frac{1}{m+1}}\right] \tag{10}$$

式(9a)和式(10)就构成了情况(2)的蠕变本构方程。式(10)中 σ 为外加轴向压力,临界应力 σ_f 和 T 由试验确定,其他均为材料参数。

2 实验验证与结果分析

2.1 蠕变模型验证

泥岩试件的试验条件为:围压为零,轴向压力分别为 3MPa、4MPa、5MPa,根据蠕变试验数据和蠕变本构方程,并利用 Matlab 曲线拟合工具箱对试验数据进行拟合,得到蠕变方程中的参数由表 1 给出。

表1 泥岩受压下材料参数
Table 1 The resulting material parameter of claystone under compression

E_0/GPa	η_1/GPa·s	E_2/GPa	η_2/GPa·s	m	E/GPa	AB^{-1}
1.83	302.51	8.14	20.61	0.0017	1.87	0.10

图2是泥岩试件在三种轴向不同压应力的试验数据和理论数据对比图。

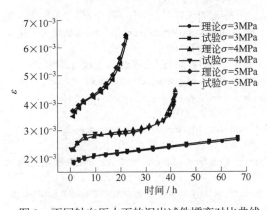

图2 不同轴向压力下的泥岩试件蠕变对比曲线
Fig.2 Creep curves of claystone under different axial compression

2.2 试验结果分析

表2是泥岩试件在3种轴向压力下的试验结果。

表2 实验结果及其参数
Table 2 Some parameters and experimental results

σ/MPa	3	4	5
T/h	试件未被破坏	39	24
σ_f/MPa		3.96	

结合图2和表2得到，当σ=3MPa时，单轴压缩试验67h，试件未被破坏，这符合$\sigma<\sigma_f$时，泥岩试件蠕变为衰减蠕变，不出现加速蠕变过程。而当σ=4MPa、5MPa时，出现加速蠕变过程，并且试件被破坏。由此可知，数值计算模拟与实验结果比较吻合，本文的组合模型能够比较精确地模拟蠕变的全过程，这表明了文章所建损伤模型的正确性。

3 结论

（1）从耗散材料的不可逆热力学角度出发，考虑损伤因子对材料参数的影响而得到的损伤体结构，很好地解释了损伤因子与材料参数之间的关系，既能够从损伤力学出发去解释蠕变机理，同时能够从元件组合模型出发进行数值计算。

（2）把Burgers体与损伤体结合，得到能够模拟蠕变全过程的元件组合模型并推导出其在单轴压缩条件下的本构方程。

（3）通过对泥岩试件的单轴压缩试验所得的数据，并利用Matlab对实验数据进行拟合，得出相应的材料参数，通过试验数据和理论数据的对比分析，最终验证了该组合模型以及蠕变本构方程的正确性。

参 考 文 献

[1] Fujii Y, Kiyama T. Cricumferential strain behavior during creep tests of brittle rocks[J]. International Journal of Rock Mechanics & Mining Sciences, 999 (36): 323~337.

[2] 张尧，熊良宵. 岩石流变力学的研究现状及其发展方向[J]. 地质力学学报,2008, 14 (3), 274~285.
Zhang Rao，Xiong Liangxiao. Rock rheological mechanics: present state of research and its direction of development[J]. Journal

of Geomechanics, 2008, 14 (3), 274~285.
- [3] 孙钧. 岩石流变力学及其工程应用研究的若干进展[J].岩石力学与工程学报, 2007, 26(6):1018~1106
  Sun Jun. Rock rheological mechanics and its advance in engineering applications [J].Chinese Journal of Rock Mechanics and Engineering, 2007, 26(6):1018~1106.
- [4] Guijun Wang. A new constitutive creep-damage model for salt rock and its characteristics[J]. International Journal of Rock Mechanics & Mining Sciences, 2004, 41(3).
- [5] Shao J F, Chau K T, Feng X T. Modeling of anisotropic damage and creep deformation in brittle rocks[J].International Journal of Rock Mechanics & Mining Sciences, 2006(43): 582~592.
- [6] 杨春和,陈锋,义金.盐岩蠕变损伤关系研究[J].岩石力学与工程学报, 2002, 21 (11) : 1602~1604.
  Yang Chunhe, Chen Feng, Yi Jin. Investigation on creep damage constitutive theory of salt rock [J].Chinese Journal of Rock Mechanics and Engineering, 2002, 21 (11) : 1602~1604.
- [7] 佘成学. 岩石非线性黏弹塑性蠕变模型研究[J]. 岩石力学与工程学报, 2009, 28(10):2007~2011.
  She Chengxue.Research on nonlinear viscoelasto-plastic creep model of rock [J].Chinese Journal of Rock Mechanics and Engineering, 2009, 28(10):2007~2011.
- [8] 谢和平,陈忠辉.岩石力学[M].北京:科学出版社,2004.
  Xie Heping, Chen Zhonghui. Rock Mechanics [M]. Beijing: Science Press, 2004.
- [9] 万玲.岩石类材料粘弹塑性损伤本构模型及其应用[D].重庆:重庆大学,2004.
  Wan ling. A Visco-Elastoplastic Damage Constitutive Model of Rock and Rock-Like Materials and Applications[D]. Chongqing: Chongqing University, 2004.
- [10] Peng X, Balendra R. Application of a physically based constitutive model to metal forming analysis [J]. Journal of Materials Processing Technology, 2004, 145: 180~188.
- [11] Rabotnov Y N. On the equations of state for creep [P]. Applied Mechanics, 19.

采动裂隙宽度与岩体变形关系探讨

张广伟[1,2]　李凤明[1]　李树志[2]

(1. 中国煤炭科工集团有限公司煤炭科学研究总院，北京　100013；
2. 中煤科工集团唐山研究院有限公司，河北唐山　063012)

摘　要　为了研究采动裂隙与岩体变形间的关系，分析了采动覆岩的破裂机理，在此基础上导出了采动裂隙发育宽度与岩体变形之间的关系式，并基于概率积分法简化了采动裂隙宽度计算公式，分析了不同地质采矿条件下采动裂隙的发育特征。研究结果表明：岩层越坚硬，岩体破裂距越大，采动裂隙发育宽度越大，导水性越好，且裂缝宽度与岩体破裂距近似呈正比；采动裂隙宽度随着岩体距煤层顶板距离的增大而减小，且近似呈指数函数关系；采动裂隙宽度随着煤层开采尺寸的增加先增大当达到最大值后开始减小并最终稳定在某一数值；采动裂隙发育宽度与开采厚度近似呈线性关系。

关键词　采动裂隙　宽度　岩体变形　概率积分法

Relationship between the Width of Mining-induced Fissures and Deformation of Rock Stratum

Zhang Guangwei[1,2]　Li Fengming[1]　Li Shuzhi[2]

(1. China Coal Research Institute, China Coal Technology and Engineering Group Corp., Beijing 100013, China;
2. China Coal Technology Engineering Group Tangshan Research Institute., Hebei Tangshan 063012, China)

Abstract　In order to study the relationship between the width of mining-induced fissures and the deformation of rock stratum, the law of failure of overburden rock stratum is analyzed. On the basis of that, the formula is put forward to calculate the width of mining-induced fracture, and then the formula is simplified by using the prediction method based on the probability integral and the change law of width of mining-induced fissures is analyzed under different geological and mining conditions. The results showed that the rock stratum is more harder and the rupture distance is more longer, the width of mining-induced fissures is more bigger, and the relationship between them are direct proportional. And with the increase of length from rock stratum to coal seam, the width decrease gradually by a negative exponential function. Instead, with the increase of mining size of coal seam, the width increases at first then decreases after reaches the maximum value and finally reaches a stable value. And the width of mining-induced fissures is proportional to the mining thickness.

Keywords　mining-induced fissures, width, deformation forecasting, the rupture distance

煤炭资源的大规模开发在为国民经济建设做出巨大贡献的同时，也带来了一些灾害问题，如长期的地下开采在地表产生了大量的采空区和地裂缝，进而引发了一系列地质环境问题，特别是地裂缝的存在容易引发水土流失，使地表潜水位降低，严重影响了人们正常的生产和生活。因此，对采动裂隙发育机理、破坏特征和影响因素的分析就成为国内外专家学者的重要研究方向。文献[1]通过相似材料模型试验得到了采动裂隙发育存在极限深度的结论，并根据表土层的力学特征运用弹性力学理论构建了计算裂缝发育深度的预计模型。文献[2,3]利用实测裂缝分别分析了裂缝的发育深度和分布特征。文献[4]根据实例分析了岩性特征对采动裂隙出现位置的影响。文献[5]分析了厚松散层厚坚硬岩层条件下采动裂隙的发育特征，并对影响裂缝发育的主要因素进行了分析。文献[6]通过实测裂缝成因分析修正了地表移动变形预测模型。文献[7]通过对断

基金项目：国家科技支撑计划课题（2012BAC13B03）。
作者简介：张广伟(1981—)，男，江苏徐州人，在读博士，主要从事开采损害防治与岩层移动规律研究等方面的科研工作，在国内外期刊及会议公开发表论文 10 余篇。电话：15830541918；E-mail：zhgw0405@163.com

层条件下实测裂缝发育尺寸的分析,得出断层是控制裂缝发育的重要因素。文献[8]研究了断层条件下台阶裂缝的发育形态,并给出了计算台阶裂缝落差和宽度的估算公式。文献[9,10]通过山区实测资料分析了采动裂隙对地表移动变形的影响,对采动裂隙的形成机制和发育过程进行了分析。文献[11]通过相似材料模型试验,利用"O"形圈理论,将采动裂隙发育模型简化动态的梯台,计算了覆岩不同垮落条件对梯台发育高度的影响。文献[12]通过利用弹性薄板理论和关键层理论计算采动岩层下沉量,在此基础上计算了岩层间的空隙率,并将其与采动裂隙发育相联系,得到了与实测导水裂隙形态相似的结果。文献[13]阐述了不同地质采矿条件对采动裂隙影响的一般规律,并根据开采沉陷学和岩石力学理论给出了采动裂隙的开采累积效应表征指标。文献[14]通过计算覆岩变形前后的拉伸量,研究了导水裂隙与岩层拉伸率之间的关系。文献[15]通过有限元数值模拟试验分析了采深、采厚、开采尺寸和松散层厚度对采动裂隙的影响,给出了定性的影响。尽管国内外学者已取得较为丰硕的成果,但在采动裂隙宽度计算方法与影响因素的分析方面还有等进一步的深入。

本文根据采动裂隙的发育机理构建了采动裂隙宽度的计算模型,并根据开采沉陷学和矿压理论,对计算公式进行了简化,在此基础上对影响裂缝发育宽度的主要影响因素进行了分析。

1 采动裂隙的发育机理

地下开采使上覆岩层受到扰动产生扰曲变形,当扰动应力超过岩体的抗拉或抗剪极限时,岩体中开始产生裂缝,这种采动裂隙随着开采而不断的萌生、扩展、演化,最终在岩层中产生一系列纵横交错的裂缝。

由于地层形成条件的不同,岩体具有明显的层状特性。矿山开采实践表明,上覆岩层受采动影响后其破裂具有一定的规律,即顶板初次垮落前,覆岩以两端固支的岩梁形式弯曲,当扰曲达到一定程度时岩层中萌生裂缝,随着开采的持续进行裂缝宽度不断扩大,距顶板较近的岩层还会因采动裂隙过大而断裂冒落。之后,覆岩开始产生周期性的破断。由此可以看出岩层以岩梁的形式产生扰曲变形,进而破裂,又因采动应力场的周期性来压而具有一定的周期性特征。因此,可以假设采动裂隙的出现与岩层的破裂类似也具有周期性特征,即各岩层采动裂隙的间隔与岩梁的破裂距相同。每当岩梁的扰曲变形超过极限变形,即采动应力超过岩体的抗拉或抗剪极限时,采动裂隙开始出现。

2 采动裂隙发育宽度计算公式推导

由上面的叙述可知,采动裂隙是由岩梁的扰曲沉陷和岩梁间的相对移动产生的,其宽度可由岩梁的沉陷量和水平移动量共同确定,计算模式如图1所示。

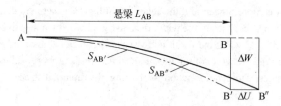

图1 采动裂隙宽度计算模式示意图
Fig.1 The calculation model of width of mining-induced fissures

由图1可以看出,岩梁L_{AB}因沉陷造成的岩梁变形曲线为$S_{AB'}$,但实际上岩梁不仅存在竖直方向的沉陷变形ΔW,同时存在水平方向的移动,即B点的终止位置不是在其正下方的B'点而是在B"点,该点与B点相比存在一个水平移动量ΔU,即岩梁的最终变形曲线为$S_{AB''}$,因此裂缝的宽度W_f,即可由岩梁变形后曲线长度$S_{AB''}$与原岩梁长度L_{AB}的差值得出。可由以下公式表示:

$$W_f = S_{AB''} - L_{AB} \tag{1}$$

式中,W_f代表相对岩梁间的采动裂隙宽度;L_{AB}代表破裂前岩梁长度;$S_{AB''}$代表受采动影响后岩梁变形曲线长度。

根据开采实践,岩层的扰曲和移动基本符合基于随机介质的概率积分法预测模型,即岩梁的扰曲度和移动量可由岩层的沉陷变形和水平移动确定。

一般来说,当采深较大或采厚较小时,受采动影响岩梁的挠曲沉陷和水平移动量相对于岩梁的破裂距(即主生裂缝间隔)较小,为计算方便,公式1可简化为下面的公式:

$$W_\mathrm{f} = \sqrt{(L_{AB} + \Delta u)^2 + (\Delta W)^2} - L_{AB} \tag{2}$$

3 不同地质采矿条件下采动裂隙特征

开采实践表明,不同的地质采矿条件下地表及岩体采动裂隙的发育宽度是不同的,一般来讲,矿体开采厚度越大,开采范围越广,矿体赋存深度越浅,地表及岩体中的采动裂隙宽度越大,导水性也越强,对矿山及地质环境的灾害性影响程度也越大。

为了分析不同地质采矿条件对岩层采动裂隙发育宽度的影响规律,分别计算并分析了不同采深、采厚、开采尺寸和岩性条件下岩体采动裂隙的发育宽度。下面将分别叙述。

3.1 采深对采动裂隙发育宽度的影响特征

矿体赋存深度对岩层采动裂隙发育宽度的影响可以用岩层距矿体顶板距离的远近来表示,即不同层位岩层采动裂隙发育宽度的变化。为此,采用概率积分法预测程序(预计参数分别为:下沉系数取 0.7;水平移动系数取 0.3;主要影响正切上下山均取 1.6;开采影响传播系数取 0.6;不考虑拐点偏移距)计算了某水平煤层开采工作面,采厚 3 m、走向长度 400 m、倾向长度 200 m、开采深度 500 m 条件下不同层位岩层的沉陷变形值,并采用公式(2)计算了采动裂隙最大发育宽度(裂缝间距均取 10 m)。不同层位岩层采动裂隙最大发育宽度计算统计见表 1。

表1 不同层位岩层采动裂隙最大发育宽度计算一览表
Table 1 The largest width of fissures in different rock stratum

岩层距煤层顶板距离/m	岩层最大沉陷量/mm	最大裂缝宽度/mm
50	2099.87	295
60	2098.23	252
70	2091.12	216
80	2074.3	182
90	2045.5	170
100	2005.31	163
150	1706.69	167
200	1372.55	135
300	855.79	72
400	551.92	37
500	378.09	21

根据表 1 中的数据绘制了采动裂隙发育宽度与岩层层位的关系曲线,详见图 2。

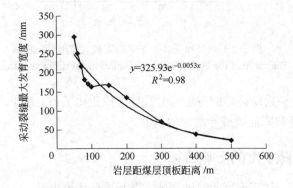

图 2 不同层位岩层采动裂隙最大发育宽度
Fig.2 The curve of the largest width of fissures in different rock stratum

由图 2 可以看出，不同岩层采动裂隙发育最大宽度随着距煤层顶板距离的增加而减小，且近似呈负指数函数关系。这是因为距煤层顶板较近的岩层受采动影响剧烈，采动应力大，导致岩层变形严重，裂缝发育宽度大，严重时裂缝将贯穿岩层，甚至使岩层断裂、冒落。而随着岩层距煤层顶板距离的增加，采动应力衰减较快，距离煤层顶板较远的岩层，受采动扰动相对较轻，岩层变形量小，裂缝的萌生、扩展、演化比较缓慢，产生的采动裂隙往往难以贯穿整个岩层，一般可在岩层中自行尖灭。

3.2 采厚对采动裂隙发育宽度的影响特征

以距煤层顶板 300 m 处岩层为例，分别计算了开采厚度为 1~30 m 时该岩层采动裂隙最大发育宽度，详见表 2。

表 2 不同采厚条件下采动裂隙发育最大宽度计算统计表
Table 2 The largest width of fissures in the same rock stratum under different mining thickness

采厚/m	最大裂缝宽度/mm	采厚/m	最大裂缝宽度/mm
1	23.8	16	381.8
2	47.7	17	405.7
3	71.5	18	429.7
4	95.3	19	453.5
5	119.2	20	477.5
6	143.2	21	501.4
7	167.0	22	525.3
8	190.8	23	549.1
9	214.6	24	573.1
10	238.6	25	597.0
11	262.4	26	621.0
12	286.3	27	644.9
13	310.2	28	668.8
14	334.1	29	692.7
15	357.9	30	716.7

利用表 2 中的数据，绘制了采动裂隙随开采厚度变化曲线，详见图 3。

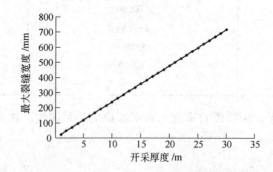

图 3 不同采厚条件下采动裂隙最大宽度变化曲线
Fig.3 The curve of the largest width of fissures under different mining thickness

由图 3 可以看出，岩层中采动裂隙的宽度与开采厚度成正比关系。对于水体下采煤来说，通过降低开采厚度可以达到缩小裂缝宽度和降低裂缝导水性的目的。

3.3 开采范围对采动裂隙宽度的影响特征

一般来讲，开采尺寸对岩体变形有明显的影响，当开采尺寸较小时，由于开采不充分，岩层受采动影响后变形较小，相应的采动裂隙宽度也较小。为了研究不同开采尺寸条件下采动裂隙宽度的变化情况，分别计算了倾向充分、走向长度从 10 m 到 500 m 变化时的采动裂隙宽度。详见表 3。

表 3 不同开采尺寸采动裂隙宽度计算统计表
Table 3 The largest width of fissures under different mining size

开采尺寸/m	最大裂缝宽度/mm	最大裂缝深度/m
10	10.50	0.70
50	50.11	3.34
100	86.62	5.77
150	98.03	6.54
200	89.43	5.96
250	68.81	4.59
300	53.81	3.59
350	51.15	3.41
400	50.92	3.39
450	50.85	3.39
500	50.92	3.39

利用表 3 中的数据，绘制了采动裂隙随开采尺寸的变化曲线，详见图 4。

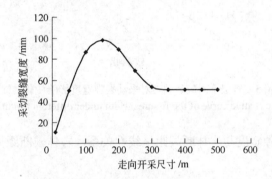

图 4 开采尺寸对采动裂隙宽度影响曲线
Fig.4 The influence curve of width of mining-induced fissures by mining size

由图 4 可知，采动裂隙发宽宽度随开采尺寸的增大先增大后减小，当达到最大值后逐渐减小到一个稳定的数值。

3.4 破裂距对采动裂隙发育宽度的影响特征

由于地质构造的复杂性，岩层的物理力学性质往往存在较大的差异，导致不同类型的岩层有着不同的破裂距离，一般来讲，坚硬岩层的破裂距离要大于软弱岩层的破裂距离。开采实践现场观测表明，坚硬岩层产生的裂缝宽度往往较软弱岩层要大，且导水裂隙发育高度也比软弱岩层的要大。

为了分析岩体破裂间距对采动裂隙发育宽度的影响，计算了采深 300 m、采厚 3 m 条件下，地表岩体采动裂隙随破裂距的变化值，详见表 4。

表 4 岩体不同破裂距采动裂隙发育宽度计算值统计表
Table 4 The fissures width under different the rupture distance

破裂间距/m	最大裂缝宽度/mm	破裂间距/m	最大裂缝宽度/mm
1	7.5	16	117.7
2	15.0	17	124.7
3	22.5	18	131.7
4	30.0	19	138.6
5	37.5	20	145.5
6	44.9	21	152.3
7	52.3	22	159.0

续表 4

破裂间距/m	最大裂缝宽度/mm	破裂间距/m	最大裂缝宽度/mm
8	59.7	23	165.6
9	67.1	24	172.2
10	74.5	25	178.7
11	81.8	26	185.1
12	89.1	27	191.4
13	96.3	28	197.6
14	103.5	29	203.9
15	110.6	30	210.0

利用表 4 中的数据，绘制了采动裂隙随岩层破裂间距的变化曲线，详见图 5。

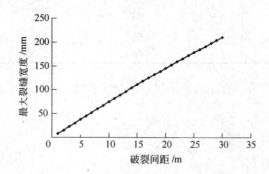

图 5　岩层不同破裂间距对采动裂隙宽度影响变化曲线
Fig.5　The change curve of the fissures width under different rupture distance

由图 5 可以看出，采动裂隙宽度与岩体断裂距呈线性关系，岩体破断距离越大，采动裂隙宽度也越大，反之越小。

4　结论与建议

本文分析研究了采动裂隙发育机理和裂缝宽度计算公式，并根据开采沉陷预测理论对计算公式进行了简化，分析了采动裂隙主要影响因素，主要结论如下：

（1）岩体采动裂隙宽度随着距煤层顶板距离的增加而减小，二者近似呈负指数函数关系。

（2）采动裂隙发育宽度随着开采厚度的增大而增大，二者之间近似呈正比关系。

（3）采动裂隙发育宽度随开采尺寸的增大而增大，但当开采尺寸大于某一临界值时，最大宽度不再变化。

（4）采动裂隙宽度受岩性影响较为明显，岩层越坚硬裂缝分布间隔越大，裂缝宽度越大；岩性越软弱裂缝分布间隔越紧密，裂缝宽度越小。

参 考 文 献

[1] 吴侃, 周鸣, 胡振琪. 开采引起的地表裂缝深度和宽度预计[J]. 阜新矿业学院学报(自然科学版), 1997, 16(6): 549~552.
　　Wu Kan, Zhou Ming, Hu Zhenqi. The prediction of ground fissure depth and width by mining[J]. Journal of Fuxin Mining Institute, 1997, 16(6): 549~552.
[2] 王宗胜, 李亮, 郑辉, 等. 地表裂缝深度实测研究[J]. 煤矿现代化, 2011(6): 39~41.
　　Wang Zongsheng, Li Liang, Zheng Hui, et al. Experimental study on the depth of ground fissures[J]. Coal Mine Modernization, 2011 (6): 39~41.
[3] 王惠亮. 浅谈西曲矿采空塌陷地表裂缝的分布特征[J]. 采矿技术, 2006, 6(3): 358~359.
　　Wang Huiliang. The distribution characteristics of ground fissures of mining subsidence in Xiqu coal mine[J]. Mining Technology, 2006, 6(3): 358~359.
[4] 郭文兵, 柴一言, 李德海. 地层岩性与地表裂缝发育范围的影响关系[J]. 中州煤炭, 1998(1): 4~6.
　　Guo Wenbing, Chai Yiyan, Li Dehai. The influence relation of stratum lithology and the development area of ground fissures [J]. Zhong Zhou Coal, 1998(1): 4~6.
[5] 刘智, 肖民. 厚松散层厚坚硬岩层下地表裂缝形成机理分析[J]. 煤, 2011, 20(8): 58~60.

Liu Zhi, Xiao Min. Research on the formation mechanism of ground fissures under thick unconsolidated layers and hard-and-thick strata[J]. Coal, 2011, 20(8): 58~60.

[6] 李亮, 吴侃, 张舒, 等. 万年矿地表异常裂缝成因分析及预测模型修正[J]. 煤炭工程, 2009, 3(51): 51~53.
Li Liang, Wu Kan, Zhang Shu, et al. Analysis on abnormal cracking cause in surface ground of Wannian mine and prediction model amended[J]. Coal Engineering, 2009, 3(51): 51~53.

[7] 周全杰, 常兴民. 受断层影响地表裂缝的成因及特征分析[J]. 焦作工学院学报, 1999, 18(4): 248~250.
Zhou Quanjie, Chang Xingmin. Analysis of the ground fissure's feature and it's causes of formation influenced by the fault [J]. Journal of Jiaozuo Institute of Technology, 1999, 18(4): 248~250.

[8] 郭文兵. 断层影响下地表裂缝发育范围及特征分析[J]. 矿业安全与环保, 2000, 27(2): 25~27.
Guo Wenbing. Analysis of the characteristics and distribution of ground fissures by the fault [J]. Mining Safety & Enviromental Protection, 2000, 27(2): 25~27.

[9] 康建荣. 山区采动裂缝对地表移动变形的影响分析[J]. 岩石力学与工程学报, 2008, 27(1): 59~64.
Kang Jianrong, Analysis of effect of fissures caused by underground mining on ground movement and deformation [J]. Chinese Journal of Rock Mechanics and Engineering, 2008, 27(1): 59~64.

[10] 王晋丽, 康建荣. 山区采煤地裂缝的成因分析及预测[J]. 山西煤炭, 2007, 27(3): 7~9.
Wang Jinli, Kang Jianrong. Origin analysis of surface cracks induced with mining and its forecast under mountain area[J]. Shanxi Coal, 2007, 27(3): 7~9.

[11] 林海飞, 李树刚, 成连华, 等. 覆岩采动裂隙带动态演化模型的实验分析[J]. 采矿与安全工程学报, 2011, 28(2): 298~303.
Lin Haifei, Li Shugang, Cheng Lianhua,et al. Experimental analysis of dynamic evolution model of mining—induced fissure zone in overlying strata[J]. Journal of Mining & Safety Engineering, 2011, 28(2): 298~303.

[12] 宋颜金, 程国强, 郭惟嘉. 采动覆岩裂隙分布及其空隙率特征[J]. 岩土力学, 2011, 32(2): 533~536.
Song Yanjin, Cheng Guoqiang, Guo Weijia. Study of distribution of overlying strata fissures and its porosity characteristics[J]. Rock and Soil Mechanics, 2011, 32(2): 533~536.

[13] 朱国宏, 连达军. 开采沉陷对矿区地表裂缝的采动累积效应分析[J]. 中国安全生产科学技术, 2012, 8(5): 47~51.
Zhu Guohong, Lian Dajun. Analysis on mining-induced cumulative effective of surface cracks in mining areas[J]. Journal of Safety Science and Technology, 2012, 8(5): 47~51.

[14] 高延法, 黄万朋, 刘国磊, 等. 覆岩导水裂缝与岩层拉伸变形量的关系研究[J]. 采矿与安全工程学报, 2012, 29(3): 301~306.
Gao Yanfa, Huang Wanpeng, Liu Guolei,et al. The relationship between permeable fractured zone and rock stratum tensile deformation[J]. Journal of Mining & Safety Engineering, 2012, 29(3): 301~306.

[15] 刘爱军, 郭俊廷, 景胜强, 等. 地表采动裂缝发育与开采条件的关系数值模拟[J]. 矿业工程研究, 2013, 28(3): 10~14.
Liu Aijun, Guo Junting, Jing Shengqiang,et al. Numerical simulation of the relationship of surface mining cracks development and mining conditions[J]. Mineral Engineering Research, 2013, 28(3): 10~14.

高压水射流钻切煤岩效率的相似试验研究

刘佳亮[1,2]　司鹄[1]　薛永志[1]　周维[1]

(1. 重庆大学煤矿灾害动力学与控制国家重点实验室，重庆　400044；
2. 重庆交通大学交通土建工程材料国家地方联合工程实验室，重庆　400074)

摘　要　基于相似理论，以水泥、河砂、添加剂（丁腈橡胶粉、聚苯乙烯颗粒）等为原料，构造煤岩相似材料。通过单轴压缩试验，获得水灰比、灰砂比、养护时间、添加剂体积比等配置参数对煤岩相似材料物理力学特性的影响特性，并基于正交设计得到满足相似条件的煤岩相似材料配比方案。进一步研究高压水射流钻切煤岩相似材料的破坏特性，结果表明：比能随着泵压的提高而显著减小，并逐渐趋近于一个固定值；在靶距小于 4mm 时，比能变化较小，随着靶距的增大比能明显降低，当靶距大于 7.5mm 时比能则急剧增加；比能随着横移速度、切割次数的增大呈先减后增的趋势。从最低能耗角度获得高压水射流钻切煤岩的最佳参数，研究结果对高压水射流技术在矿业工程中应用提供了技术支撑。

关键词　煤岩　高压水射流　相似模拟　正交设计

Similar Experimental Study on the High Pressure Water Jet Efficiency of Drilling and Cutting Coal Rock

Liu Jialiang[1,2]　Si Hu[1]　Xue Yongzhi[1]　Zhou Wei[1]

(1. State Key Laboratory of Coal Mine Disaster Dynamics and Control,
Chongqing University, Chongqing 400044, China;
2. National & Local Joint Engineering Laboratory of Traffic Civil Engineering Materials,
Chongqing Jiaotong University, Chongqing 400074, China)

Abstract　According to principle of similitude, using cement, river sand and admixtures (nitrile rubber powder and polystyrene) as raw materials, it constructs coal rock similar material. Based on the orthogonal design, comparing unit weight, compressive strength, Poisson's ration, elastic modulus of coal rock prototype to coal rock similar model's, it obtains the proportion parameters to make coal rock similar material, meeting the similar relation. Furthermore, it experiments on the failure characteristics of high pressure water jet drilling and cutting coal rock similar material. The results show that with the increase of pump pressure, the special energy decreases, and it tends to a fixed value gradually. When the stand-off distance is less than 4mm, the special energy changes little, as the stand-off distance increasing continually the special energy decreases significantly, when it is more than 7.5mm the special energy will increase dramatically. The specific energy decreases firstly and then increases with the traverse speed, cutting times increasing. From the point of minimum energy, the optimum parameters for water jet drilling and cutting coal rock are obtained. Experimental results can provide technical supports for high pressure water jet technology applied to mining engineering.

Keywords　coal rock, high pressure water jet, similar experiment, orthogonal design

　　高压水射流钻切煤岩最优参数的研究需要大量的煤岩材料，要耗费大量的人力、物力等，最重要的是，往往受节理、裂隙等结构面的影响，煤岩块的性质与真实煤岩体差别很大[10]，给实际研究带来了一定的困难。相似材料与模型试验方法得到日益广泛的应用[11~15]，可为解决以上问题提供新的途径。近年来，许多学者从事该方面的研究，取得了较大的进展，如韩涛等为研究地下结构与富水多孔岩体的相互作用问题，根

基金项目：国家自然科学基金资助（51274259）；重庆交通大学交通土建工程材料国家地方联合工程实验室开放基金（LHSYS-2013-009）。
作者简介：刘佳亮（1985—），男，博士。E-mail: liujialianghappy@163.com
通信作者：司鹄（1964—），女，教授，博导。E-mail: sihu@cqu.edu.cn

据模型试验相似理论,研制出了一种多孔介质固-液耦合相似材料,该材料由中粗砂、水泥、透水混凝土增强剂和水按一定配比均匀拌和压制而成;杨永明等根据真实岩石的孔隙结构分布统计特征,采用水泥砂浆和添加剂相似材料模拟孔隙岩石,制作了岩石孔隙物理模型;胡盛斌等采用水泥砂浆材料和充填材料模拟含缺陷岩石,对含孔洞、柔性充填物及刚性充填物试样进行了低周疲劳试验等,以上研究方法和成果,为煤岩相似材料研制提供了有效技术途径。本文即通过相似材料与模型试验方法配制煤岩相似材料,来实现基于最低比能的高压水射流钻切煤岩参数优选研究。

1 煤岩相似材料研究

1.1 相似模型设计

通过单轴压缩试验来实现原型与模型的对比,可用 $\sigma = E\varepsilon$ 描述,故选择的相关参数有单向应力 σ、弹性模量 E、泊松比 μ、几何尺寸 l、容重 γ。根据 π 定理,可得各参数的相似关系为:

$$C_\sigma = C_E, C_E = C_\gamma C_l, C_\mu = 1 \quad (1)$$

选择模拟煤岩的物理力学参数参照文献[16],基于煤岩体与煤岩块物理力学特性的差异性[10],相似关系式及几何相似比($C_l=1$)等确定煤岩相似模型物理力学参数的理论值如表1所示。

表1 煤岩相似模型物理力学参数理论值
Table 1 Physical and mechanical parameters of coal rock prototype and theoretical value

煤岩相似模型	物理力学参数					
	容重/kN·m^{-3}	抗压强度/MPa	弹性模量/GPa	泊松比	内聚力/MPa	内摩擦角/(°)
	14.30	5.2	0.70	0.30	2.0	32

1.2 煤岩相似材料制备

由于水泥砂浆取料方便,易加工,材料力学性能和岩石类材料相似,采用水泥砂浆作为主要模拟材料。聚苯乙烯颗粒、丁腈橡胶粉质量轻、强度低、内有空气层,与实际孔隙相的物理力学性质近,来模拟煤岩的孔隙部分。通过改变水灰比、灰砂比、养护时间、添加剂体积比等配置参数来改善和调节煤岩相似模型的比重和力学特性,制作含孔隙结构煤岩相似模型,实现对高压水射流冲击煤岩的相似模拟。

为了快速科学地得到与原型相似的模型,首先采用单因素轮换法则测定各个因素对模型的力学特性影响趋势,以此来确定各个因素配置参数的大致取值范围,然后采用正交设计试验法合理安排多因素、多水平试验,获得煤岩相似材料制作的合理配比方案。首先在保持灰砂比为1.3、添加剂体积比为15%、养护时间为14d的情况下,改变水灰比为0.40、0.45、0.50、0.55,分别制作4组不同水灰比的煤岩相似模型,然后对4组模型分别进行单轴压缩力学试验,煤岩相似模型物理力学参数与水灰比的关系如图1所示。

从试验结果可以看出,随着水灰比的增加,含水量增加使得容重逐渐增大,煤岩相似模型抗压强度、弹性模量呈现先增后减的趋势,泊松比随着水灰比增大呈先减后增的变化趋势。在水灰比从0.40增加到0.55过程中,煤岩相似模型的抗压强度变化范围在4.2~6.5MPa之间;弹性模量变化范围在0.45~0.92GPa之间;泊松比变化范围在0.25~0.32之间,参考表1可知各参数理论值均在区间范围内,故可以认为水灰比∈[0.40,0.55]为合理区间范围。同样的方法,确定灰砂比、养护时间、添加剂体积比的合理取值范围,如表2所示。

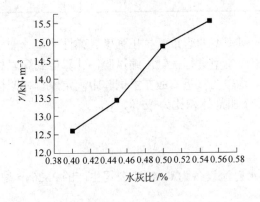
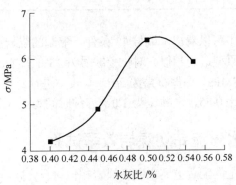

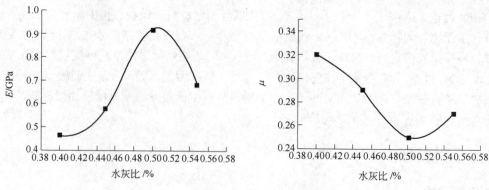

图 1 水灰比对物理力学参数影响
Fig.1 The influence of water cement ratio on physical and mechanical parameter

表 2 配置参数取值范围
Table 2 Range of proportioning parameters

项 目	配 置 参 数			
	水灰比	灰砂比	养护时间	添加剂体积比
范 围	[0.40,0.55]	[1.0,1.9]	[11d,21d]	[11%,23%]

得到各个配置参数的合理取值范围后，采用正交设计试验确定最优的配比方案。试验包括水灰比、灰砂比、养护时间、添加剂体积比 4 个因素，每个因素有 4 个水平，故采用 $L16(4^5)$ 正交表。正交试验结果如表 3 所示。

表 3 正交设计试验结果
Table 3 Orthogonal design experiment results

编 号	物理力学参数			
	容重/kN·m^{-3}	抗压强度/MPa	弹性模量/GPa	泊松比
1	15.23	5.2	0.55	0.30
2	12.58	4.2	0.46	0.32
3	11.68	4.0	0.41	0.37
4	10.36	3.6	0.38	0.40
5	12.25	3.8	0.40	0.39
6	10.89	3.1	0.32	0.42
7	15.76	7.5	1.23	0.20
8	12.21	4.8	0.49	0.32
9	11.35	3.3	0.37	0.40
10	11.86	4.1	0.45	0.33
11	12.83	3.9	0.41	0.39
12	15.33	6.0	0.75	0.26
13	14.62	5.7	0.67	0.27
14	15.84	6.5	0.85	0.25
15	10.95	3.3	0.36	0.41
16	12.05	3.5	0.37	0.41

从表 3 中可以看出，编号 13 条件下配制的煤岩相似模型的容重、抗压强度、弹性模量、泊松比等物理参数与煤岩原型最为相似。对试验编号为 13 的煤岩相似模型进行三轴压缩试验，计算得到煤岩相似模型的内聚力为 1.8MPa，内摩擦角为 29°，与表 1 进行对比，均较为接近。故在本试验中确定煤岩相似模型的配置参数为水灰比 0.55，灰砂比为 1.0，养护时间为 21d，添加剂体积比为 15%。

2 高压水射流钻切煤岩效率试验

按照确定的配置方案来制备煤岩相似材料，高压水射流设备为 OMAX 公司生产的 2626xp 型钻切设备。

在分析高压水射流钻切煤岩相似材料的效率时,采用钻切破碎单位体积物料所消耗的能量,即比能来评定高压水射流钻切效率,比能可以由式(2)给出:

$$比能(J/cm^3) = \frac{水射流功率消耗(J)}{物料破碎体积（cm^3）} \tag{2}$$

泵压是实现高压水射流钻切破碎的能量来源,是影响射流破岩效率最主要的独立参数之一。在保持靶距为3mm、射流直径为1mm以及冲蚀时间为5s条件下,对煤岩相似材料进行不同泵压下射流钻孔试验。

图2表示比能和泵压之间的关系曲线,从该曲线的变化趋势可以推测出高压水射流冲击煤岩相似材料时,随着泵压的不断减小,比能会越来越大,且存在某一特定压力,当泵压小于该极限压力时,比能将趋于无穷大。根据比能的定义可知此时煤岩相似模型的破碎体积为零,即只会产生弹塑性应变而不会实质性破坏。在泵压在210.3~270.5MPa之间时,比能随着泵压的提高而显著减小,因为在此泵压范围射流压力与煤岩相似材料的破坏强度相差不大,射流冲击煤岩相似材料的能量能够充分利用,转化率较高。当泵压大于270.5MPa时,由于高压水射流的射流压力已远大于煤岩相似材料的破坏强度,射流会有部分能量得不到充分利用,能量转化率会逐步降低,比能会逐渐趋近于一个固定的最小值。从图2中可以估算出在本试验条件下当泵压大于270.5MPa时,比能约为26J/cm³。

在保持泵压为233.4MPa、射流直径为1mm以及冲蚀时间为5s条件下,对煤岩相似材料进行不同靶距下射流钻切试验。图3表示比能和射流靶距之间的关系曲线,可以看出比能随靶距的增大呈先减小后增大的趋势,其变化主要分3个阶段:在靶距从1mm增大到4mm过程中,射流比能的变化量ΔSE很小,约为4J/cm³,因为在此阶段射流结构变化不大,破碎效率较高,但射流的收敛性较好,使煤岩相似材料的破碎范围有限,比能会保持在一个相对较高的水平。随着靶距的增大,射流作用范围会逐渐扩大,使破碎体积增大,比能明显降低。当靶距$L=7.5mm$时,比能降到最低值。随着靶距继续增大比能则呈线性急剧增加,表明射流破煤效率在骤降。因为靶距增大到一定程度时,虽然射流作用范围较大,但射流与周围空气介质的能量交换过程变长,使射流能量耗损严重,煤岩相似材料的破碎体积逐渐减小,使比能急剧增加。

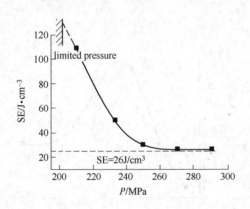
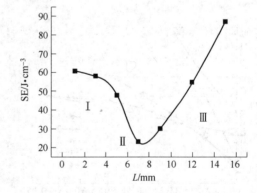

图2 泵压和比能关系曲线　　　　　图3 靶距和比能关系曲线
Fig.2 Relation curve of pump pressure and special energy　Fig.3 Relation curve of stand-off distance and special energy

保持泵压为233.4MPa,靶距为3mm,射流直径为1mm的不变条件下,对煤岩相似材料进行不同横移速度下水射流切割试验。图4为不同横移速度下煤岩相似材料切割深度及宽度变化曲线,可以看出随着喷嘴横移速度的增大,切割宽度仅有极小的变化;切割深度随着横移速度的提高,开始有明显的下降,后减小趋势不断降低,最终稳定在某一切割深度。煤岩相似材料在较高的横移速度下仍能发生破碎,说明在高压水射流的作用下,煤岩相似材料发生初始破坏是在极短的时间内完成的,但初始破坏的进一步发展需要射流冲击时间的不断累积。随着射流横移速度的增大,切割深度在降低,单位时间内射流的切割面积却变化不大,故破碎体积在减小,但横移速度越大所消耗的能量也越小,因此会存在一个最佳横移速度,使比能值最小,比能与横移速度的关系如图5所示,可以得到横移速度为5.5mm/s时为最小比能下的横移速度,高压水射流钻切效率最高。

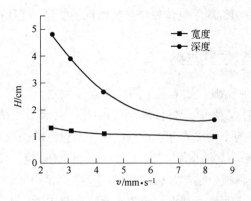
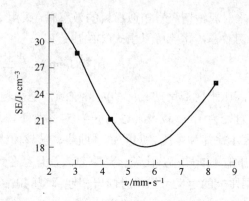

图 4　横移速度与切割深度及宽度关系曲线
Fig.4　Relation curve of depth and width with transverse speeds

图 5　比能随横移速度变化曲线
Fig.5　Relation curve of special energy and transverse speeds

在保证消耗相等能量（36kJ）的前提下，利用高压水射流分 1、2、3、5、7 次对煤岩相似材料进行切割，研究基于最低比能的最佳切割次数。随着切割次数的增加，割缝宽度变化不大，切割深度变化如图 6 所示，可以看到切割次数为 3 次时，切割深度达到最大值为 12mm。对图 6 中切割次数为 7 次的切割情况进行分析，可以发现在最初切割的几次内（2~4 次）切割次数对切割深的影响比较显著，此后，随着切割次数的增加，切割深度虽然会有所增加，但幅度很小，根据其变化趋势，可以推知当切割次数大于 7 次后，切割深度基本不再发生变化，因为当煤岩达到一定的切深时，由于射流内部结构变化及外部因素的影响，射流能量耗损较大，与煤岩相似材料接触时能量已几乎不能形成破碎。

图 7 为消耗相等能量下最终切割深度随切割次数变化曲线，可以看到切割次数在 1~4 次时，切割深度呈现持续增加的变化趋势，切割次数大于 4 次时，切割深度开始下降。在消耗相等能量下，切割次数较大或者较小，都不能使射流能量得到充分转化，即会存在一个最佳切割次数对应的切割深度最大，此时比能值最小。从图 7 可以得出，在本试验条件下达到最小比能的切割次数为 4 次，所以在一定范围内提高高压水射流的切割次数是降低比能的有效方式。

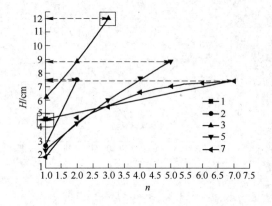
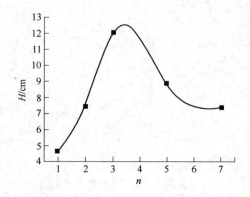

图 6　切割次数与切割深度关系曲线
Fig.6　Relation curve of cutting depth and cutting times

图 7　不同切割次数下的最终切割深度
Fig.7　Relation curve of final cutting depth and cutting times

3　结论

（1）通过对比煤岩原型和煤岩相似模型的容重、抗压强度、泊松比、弹性模量等基本物理力学参数，基于正交设计试验，获得了满足相似条件的煤岩相似模型配比方案。

（2）高压水射流冲击煤岩相似材料存在一个极限压力，当泵压小于该压力时，比能会无限大。在泵压在 210.3~270.5MPa 之间时，比能会随着泵压的提高而显著减小，当泵压大于 270.5MPa 时，比能逐渐趋近于一个固定值，在本试验条件下估算得到该比能固定值为 26J/cm^3。

（3）高压水射流比能随靶距呈先减小后增大趋势，在本试验条件下其变化主要分 3 个阶段：在靶距从 1mm 增大到 4mm 过程中，射流比能的变化很小，约为 4J/cm^3；后随着靶距的增大，射流比能明显降低，在

靶距 L=7.5mm 时，比能降到最低值；当靶距继续增大比能则急剧增加，射流破煤会效率骤降。

（4）比能随着横移速度的增大呈先减后增的趋势，在本试验条件下得到横移速度为 5.5mm/s 时为最小比能下的横移速度。在消耗相等能量条件下，切割次数为 1~4 次时，切割深度呈现持续增加的变化趋势，切割次数大于 4 次时，最终切割深度开始下降，达到最低比能的切割次数为 4 次。

参考文献

[1] Thomas J K. An overview of waterjet fundamentals and applications[M]. St.Louis: Waterjet Technology Association, 2005: 2~4.

[2] Wang Liang, Chen Yunping, Wang Lei, et al. Safety line method for the prediction of deep coal-seam gas pressure and its application in coal mines[J]. Safety Science, 2012, 50(3): 523~529.

[3] 姜文忠. 低渗透煤层高压旋转水射流割缝增透技术及应用研究[D]. 北京：中国矿业大学, 2009: 1~4.
Jiang Wenzhong. Research on theory of slotting and enhancing permeability by high pressure rotational jetting in low permeability coal seam and its application [D]. Beijing: China University of Mining and Technology, 2009: 1~4.

[4] 廖华林, 李根生, 李敬彬, 等. 径向水平钻孔直旋混合射流喷嘴流场特性分析[J]. 煤炭学报, 2012, 37(11): 1895~1900.
Liao Hualin, Li Gensheng, Li Jingbin, et al. Flow field study on integrating straight and swirling jets for radial horizontal drilling[J]. Journal of China Coal Society, 2012, 37(11): 1895~1900.

[5] 李晓红, 杨晓峰, 卢义玉, 等. 水射流辅助硬质合金钻头切割岩石过程的刀具温度分析[J]. 煤炭学报, 2010, 35(5): 844~849.
Li Xiaohong, Yang Xiaofeng, Lu Yiyu, et al. Application of drilling in roof or floor with high pulse pressure water jet to improve gas drainage[J]. Journal of China Coal Society, 2010, 35(5): 844~849.

[6] 葛兆龙, 卢义玉, 周东平, 等. 空化水射流声震效应促进瓦斯解吸实验的规律及机理研究[J]. 煤炭学报, 2011, 36(7): 1150~1155.
Ge Zhaolong, Lu yiyu, Zhou Dongping, et al. Analysis of industry safety management model[J]. Journal of China Coal Society, 2011, 36（7）: 1150~1155.

[7] 崔谟慎, 孙家骏. 高压水射流技术[M]. 北京：煤炭工业出版社, 1993: 48~49.
Cui Moshen, Sun Jiajun. The Water jet technology[M]. Beijing: China Coal Industry Publishing House, 1993: 48~49.

[8] 常宗旭, 邵保平, 赵阳升, 等. 煤岩体水射流破碎机理[J]. 煤炭学报, 2008, 33(9): 983~987.
Chang Zongxu, Xi Baoping, Zhao Yangsheng, et al. Mechanical of breaking coal by water jet[J]. Journal of China Coal Society, 2008, 33(9): 983~987.

[9] 韩涛, 杨维好, 杨志江, 等. 多孔介质固液耦合相似材料的研制[J]. 岩土力学, 2011, 32(5): 1411~1417.
Han Tao, Yang Weihao, Yang Zhijiang, et al. Development of similar material for porous medium solid-liquid coupling[J]. Rock and Soil Mechanics, 2011, 32(5): 1411~1417.

[10] 杨永明, 鞠杨, 王会杰. 孔隙岩石的物理模型与破坏力学行为分析[J]. 岩土工程学报, 2010, 32(5): 736~744.
Yang Yongming, Ju Yang, Wang Huijie. Physical model and failure analysis of porous rock[J]. Journal of Geotechnical Engineering, 2010, 32(5): 736~744.

[11] 胡盛斌, 邓建, 马春德, 等. 循环荷载作用下含缺陷岩石破坏特征试验研究[J]. 岩石力学与工程学报, 2009, 28(12): 2490~2495.
Hu Shengbin, Deng Jian, Ma Chunde, et al. Experimental study of failure characteristics of rock containing flaw under cyclic loading[J]. Journal of Rock Mechanics and Engineering, 2009, 28(12): 2490~2495.

[12] 史俊伟, 朱学军, 孙熙正. 巨厚砾岩诱发冲击地压相似材料模拟试验研究[J]. 中国安全科学学报, 2013, 23(2): 117~122.
Shi Junwei, Zhu Xuejun, Sun Xizheng. Similar material simulation test research on rock burst induced by overlying thick conglomerate strate movement[J]. China safety science Journal, 2013, 23(2): 117~122.

[13] 王永强, 张继春. 基于相似试验的尾矿库溃坝泥石流预测分析[J]. 中国安全科学学报, 2012, 22(12): 70~75.
Wang Yongqiang, Zhang Jichun. Tailings dam-break debris flow prediction analysis based on similar tests[J]. China safety science Journal, 2012, 22(12): 70~75.

[14] 张宁, 李术才, 吕爱钟, 等. 拉伸条件下锚杆对含表面裂隙类岩石试样加固效应试验研究[J]. 岩土工程学报, 2011, 33(5): 769~776.
Zhang Ning, Li Shucai, Lü Aizhong, et al. Experimental study on reinforced effect of bolts on 3D surface fractured rock under uniaxial tensionr[J]. Journal of Rock Mechanics and Engineering, 2011, 33(5): 769~776.

[15] 姜德义, 任涛, 陈结. 含软弱夹层盐岩型盐力学特性试验研究[J]. 岩石力学与工程学报, 2012, 31(9): 1797~1803.
Jiang Deyi, Ren Tao, Chen Jie. Experimental study of mechanical characteristics of molded salt rock with weak interlayer[J]. Journal of Rock Mechanics and Engineering, 2012, 31(9): 1797~1803.

[16] 李志刚, 付胜利, 乌效鸣, 等. 煤岩力学特性测试与煤层气井水力压裂力学机理研究[J]. 石油钻探技术, 2000, 28(3): 10~13.
Li Zhigang, Fu Shengli, Wu Xiaoming, et al. Research on mechanical property test and mechanism of hydraulic fracture of gas well in coal beds[J]. Petroleum Drilling Techniques, 2000, 28(3): 10~13.

8 国外论文摘要

In Situ Assessment of Roof Bolt Performance
——A New Load Monitoring Technology

Hani Mitri[1,2] Wenxue Chen[2]

(1. McGill University, Montreal, Canada;
2. Henan Polytechnic University, Henan Jiaozuo, China)

Abstract Knowing the loading on the roof bolt in a coal mine roadway is critical for the safe and cost effective operation of the mine in both room-and-pillar and longwall systems. For example, in a retreat longwall system, it is important to have a better understanding of the load distribution on the roadway sup ort as the coal panel is mined out in retreat. Much research on this subject involved theoretical and numerical modelling studies as well as field measurement with extensometers and hollow cylinder load cells. This paper describes a new technology of a roof bolt load cell known as the U-Cell that has the potential to serve as a robust, mine safety tool that can be deployed under routine operating conditions in underground coal mines. The U-cell is a coupler load cell device that can be screwed onto the threaded end of a roof bolt prior to installation. It measures the axial load at the head of the bolt. This load cell is interfaced with wireless data acquisition system. Guidelines are presented for the interpretation of results based on data obtained from field trials. Successful field installations demonstrate the viability and practicality of the U-Cell and, moreover, provide a reliable tool for mine design and safety.

Performance of Chock Shield Supports in Longwall Mining
——A Case Study

S Jayanthu[1] Lalit Kumar. D[2] Samarth S[3] Sukanth.T[4]

(1. Professor; 2. Dy General manager-SCCL; 3. Project Officer;
4. PhD- Research Scholar- Mining Eng. Department,
National Institute of Technology, Rourkela-563 117-Odisha-India)

Abstract This paper presents evaluation of chock shield supports while extraction of retreating Longwall Sub-panels 3D/1 & 3D/2 at GDK 10A Incline of Adriyala Project Area of Singareni Collieries Company Ltd. During extraction of panel 3 D2, the Mean Load Density (MLD – ton/m^2) in the MG, middle &TG zone are 65, 66 & 65t/m^2 respectively. This is an evidence that the supports which have a designed capacity of 105 t/m^2 after cut is adequate for the existing geo-mining condition with satisfactory performance. To minimize cavity formation and spalling at the face, it is recommended to give full setting to the front legs. This will minimize exposed unsupported spans ahead of the supports. To avoid excessive load on the front legs of powered supports and spalling at the face it is also suggested to advance the supports immediately after cutting and to reduce the unsupported span to as minimum as possible.

Keywords chock shield support, longwall panel, underground coal mining

A Method for the Design of Gateroad Roof Support with Case Studies

Lawrence William[1]　Collins Enwere[2]　Arthur Dybowicz[3]

(1. Geowork Engineering, Emerald, Australia;
2. Senior Geotechnical Engineer, Kestrel Mine, Emerald, Australia;
3. Senior Geotechnical Engineer, Gregory Crinum Mine, Emerald, Australia)

Abstract　In an underground coal mine, adequate roof support is required to maintain strata integrity, contribute to uninterrupted production, and ensure safety. Cost and rate of production pressures necessitate optimised support densities. There are statutory requirements for an engineered design within a risk-managed framework. A method is demonstrated that is currently being utilised in underground longwall mines in the Bowen Basin, Queensland to design and specify roof support for gateroad development, and longwall retreat in the maingate (headgate) beltroad.

　The design method optimises primary and secondary support densities to immediate roof lithology, strength, depth and panel orientation. It can be used to predict and plan roof support requirements. An additional beneficial outcome is that one design input parameters is an understanding and quantification of immediate roof competency. It is possible to develop and utilise a comprehensive empirical roof support design method based on relevant mining experience, to satisfy operational and statutory requirements. The foundation of the design method is a large database of Bowen Basin roof support experience.

Numerical Modelling Methodolgy for Design of Coal Mine Roof Support

Lawrence William

(Geowork Engineering, Emerald, Australia)

Abstract　With modern software numerical modelling design appears easy and enticing. While there is no uniquely correct modelling outcome, wide variation in observed outcomes suggest that insufficient thought and understanding is given to model setup, actual numerical calculations, and adoption of sound geomechanics principles. A methodology is demonstrated for the numerical modelling design of coal mine roof support. Used appropriately numerical modelling is a sound tool to design roof support and anticipate strata conditions with changing environments. It can define mechanisms that may be important to understand, which affect support selection and strategy. They are complementary to and should not replace available analytical or empirical methods.

Field Monitoring of Roof Strata and Longwall Overburden in Underground Coal Mines

Baotang Shen Hua Guo Xun Luo

(CSIRO Earth Science and Resource Engineering, Pullenvale, Brisbane, Australia)

Abstract Monitoring of rock mass movement, stress change and seismic response has always been an important means to understand the rock mass reaction to mining activities. This paper summarises several field monitoring studies conducted recently by CSIRO in underground coal mines for various purposes including roadway stability, subsidence control, integrated coal-gas extraction, and prevention of dynamic weighting. These studies demonstrate the important role that geotechnical monitoring can play in mine safety, environmental control and optimal mining engineering.

Keywords monitoring, displacement, stress, seismicity, roadway stability, strata movement

Soviet Experience of Underground Coal Gasification Focusing on Subsurface Subsidence

Y.G. Derbin & J. Walker[1] D. Wanatowski[2] A.M. Marshall[3]

(1. University of Nottingham, Ningbo, China;
2. University of Nottingham, Ningbo, China; University of Nottingham, Nottingham, United Kingdom;
3. University of Nottingham, Nottingham, United Kingdom)

Abstract Global coal mining activity is increasing due to demands for cheap energy and the availability of large coal deposits around the world; however, the risks associated with conventional coal mining activities remain relatively high. Underground coal gasification (UCG), also known as in-situ coal gasification (ISCG) is a promising alternative method of accessing energy resources derived from coal. UCG is a physical–chemical-geotechnical method of coal mining that has several advantages over traditional mining. The advantages of UCG include its applicability in areas where conventional mining methods are not suitable and that it reduces hazards associated with working underground. Additionally, the product of coal gasification, syngas, is easy to handle and can be used as fuel. The method can be combined with carbon underground storage by the injection of CO_2 into former UCG voids. The main disadvantages of UCG are the possibility of underground water pollution and surface subsidence. This work is focused on the latter issue.

A Through understanding of subsidence issues is a crucial step to implement UCG on a wide scale. Scientists point out the scarce available data on strata deformations resulting from UCG. The former Soviet Union countries have a long history of developing the science related to UCG and experimenting with its application. However, the Soviet development occurred in relative isolation and this makes a modern review of the Soviet experience valuable. There are some literature sources dealing with Soviet UCG projects; however, they are either not up-to-date or do not focus on aspects that are of particular importance to ground subsidence, including geological profiles, strata physical-mechanical properties, thermal properties of geomaterials, temperature spreading. The goal of this work is to increase the knowledge on these aspects in the English-speaking science community.

Comprehensive Yieldable Support System in Deep Mine

Yajie Wang　Li Tan　Dongyin Chen

(Jennmar (Jining) Mine Roof Support Corp. Jining, China)

Abstract　Mine entry support has encountered more and more difficulties as the mining goes deeper and deeper. In order to find a solution, a new support methodology, the comprehensive yieldable support system, is developed in this study. The key factors for a deep mine entry support design are analyzed based on the elasticity and plasticity theory. A four-dimensional working point for support design is proposed. A diagram is developed for entry support design. Also, a series of yieldable support products are developed based on the four-dimensional working point. Through a case study in a coal mine, this new design method and products are proven to be a safer support, cost effective and fast development system.

Analysis of Blasting Damage in Adjacent Mining Excavation

Nick Yugo[1]　Woo Shin[2]

(1. M.Eng, Sr. Mine Engineer; 2. PhD, P.Eng, Technical Services Superintendent, Yukon Zinc Corporation)

Abstract　Yukon Zinc is a wholly-owned subsidiary of Jinduicheng Molybdenum and operates the Wolverine mine located approximately 280km north east of Whitehorse, Yukon, Canada as shown in Figure 1. The mine recovers ore from a polymetallic volcanogenic massive sulfide (VMS) deposit consisting of two ore zones on either side of a largely barren saddle zone. The Wolverine and Lynx ore zones each consist of multiple lenses with numerous faults cross-cutting faults. Current mining faces are accessed by a ramp extending over 200m vertically at a grade of -15%.

The ore is relatively competent massive sulfide rock with an average GSI of ~40. The ore however, is highly fractured and faulted in some zones reducing its competence. The hanging wall (HW) is of very poor competency, consisting of argillite, which is graphitic in many regions. The HW has a GSI <20 and ~10 when encountered in graphitic form. The hanging wall has a tendency to exhibit "chimney" failure where a drift back may unravel in excess of 100% of its drilled height, especially when not blasted carefully. In contrast, the footwall (FW) is a somewhat more stable rhyolite with typical GSI ratings between 20 – 30. Nevertheless, due to the presence of clay minerals, it is very susceptible to swelling and washing out in the presence of water.

The relatively shallow dip of the ore, around 35°, precludes the use of conventional horizontal mining such as room and pillar as well as conventional vertical methods such as long hole stoping. Rather, overhand and, more recently, underhand, cut-and-fill mining is employed. Production headings are generally driven 4.5mW×4.6mH at a grade of +2%. When the end of the ore body is reached, paste pipes are installed and one wall is retreat slashed. After slashing, a cemented tailings backfill (CTB) is pumped from the mill into the stope behind a shotcrete arch barricade. After filling, mining is carried out beside, over or under the paste.

The relatively heavy ground support requirements are dictated by the aforementioned poor ground conditions. Primary support consists of 8' regular and 12' super inflatable rock bolts with respective capacities of 12 tonnes and 24 tonnes. In addition, steel fiber reinforced shotcrete is used prior to bolting in some headings, while regular shotcrete is sometimes applied after bolting. Shotcrete is generally used for intersections, the main ramp, hanging wall exposure and wet footwall exposure. In cases where excavation widths exceed 10m or ground movement is observed, 18' connectible inflatable bolts and/or steel sets may be installed.

Prior to the start of vibration monitoring, instrumentation in use or previously used on site includes multipoint extensometers to measure movement at critical pillars, tilt meters to measure movement of steel arches at the main ramp and load cells to record loading at the shotcrete barricades. A recent addition to the instrumentation program is vibration monitoring carried out with a Blastmate III with a triaxial geophone. Vibration monitoring was introduced following a small scale wedge failure at the 1150 level which will be discussed in the next section.

3D Time Dependant Numerical Model for Simulation of Soft Floors in European Mining Situation

Dariusz Wanatowski[1,2]　Alec Marshall[1]　Rod Stace[1]　Yudan Jia[1]
Yang Geng[1]　Raveed Aslam[1]　LinTao Yang[1]

(1. University of Nottingham, Nottingham, United Kingdom;
2. University of Nottingham, Ningbo, China)

Abstract　European coal mines experience more roof closure, floor heave and side squeeze than most other coal mines from around the world due to the necessity to mine at great depths and the low material strength properties of the strata in which mining takes place. The weak strata surrounding the coal seams become increasingly vulnerable to degradation over time, especially when they are exposed to weathering by air and water. The consequences of such degradation are significant increases in the risk and uncertainty of mining, the costs of providing adequate support and an ultimate reduction in the mine's productivity.

Between 2010 and 2013, a research project entitled "Geomechanics and Control of Soft Mine Floors and Sides" (acronym GEOSOFT) funded by the EU Research Fund for Coal and Steel (RFCS) has been concentrating upon mitigating the effects of mining within soft rock strata. The research partners have come from the UK, Spain and Poland and include industry representatives, consultants and research bodies.

The University of Nottingham took the task of modelling time-dependent effects in soft mine floors and sides using FLAC3D. Since a detailed 3D modelling of mining situations including creep is always computationally intensive and challenging, a uniaxial creep laboratory test on a soft rock sample has been simulated and validated by analytical solution before simulating deformations of a real coal mine. The classic creep approach with Burger visco-plastic creep has been chosen as the constitutive model.

After validation of the numerical model, a generic 3D creep model has been developed to simulate a simplified roadway structure of a European coal mine with soft sidewall and floor in a hydrostatic ground stress field. Daw Mill Colliery in the UK was chosen as the prototype of the numerical model. The multi-leaved Warwickshire Thick Seam incorporating particularly weak sides and floor geology was worked at this colliery.

The Mohr-Coulomb failure criterion was chosen for rocks in the 3D creep model. Rock properties required for modelling (including Young's modulus, cohesion, friction angle and tensile strength) were based on the laboratory tests data on soft rock samples collected from Daw Mill Colliery. Time dependent (creep) reference data for various types of rock were also taken from Goodman (1989). In order to take into account the scale effect and discontinuities (cracks, bedding and joints) in the rock mass, the stiffness and strength properties of the rock obtained from intact rock samples in laboratory were reduced in the numerical model. Different stiffness and strength properties based on different Geological Strength Index (GSI) were also employed for coal to take into account long term weathering effects.

The results obtained from FLAC3D modelling were compared with in-situ measurements of floors and side wall deformations. A reasonably good match was obtained.

Selection of Pumpable Cribs for Longwall Gate and Bleeder Entries

Alan A. Campoli[1]　Jennmar[2]

(1. Vice President Special Projects; 2. 258 Kappa Drive, Pittsburgh, PA 15238)

Abstract　Pumpable crib support for longwall gates and ventilation bleeder entries is becoming more prevalent in United States coal mines. The pumpable crib selection and spacing design has been greatly refined by the full scale testing conducted at the National Institute for Occupational Safety and Health (NIOSH) Mine Roof Simulator. The peak load on 24, 27, 30 and 36 inch diameter J-Cribs is on average 300, 400, 450 and 650 kips, respectively. Standard J-Crib have a useful deformation of approximately 8 inches. The maximum useful deformation can be extended to 18 to 20 inches with exterior reinforcement layer or an interior double wall, for all four J-Crib diameters. J-Crib diameter is primarily a limited by a maximum 4.5:1 height to diameter aspect ratio. Spacing is controlled by immediate roof stability, anticipated pillar deformation, and roof bolting practice. Approximately 500000 J-Cribs have been successfully placed in 18 different United States longwall coal mines. The selection and spacing of the J-Crib utilized to date is summarized for each mine.

Current Geotechnical Issues in Open Cut Mining of Desert Area in Mongolia

Akihiro Hamanaka[1]　Tsedendorj Amarsaikhan[2]　Naoya Inoue[3]
Takashi Sasaoka[4]　Hideki Shimada[5]　Kikuo Matsui[6]

(1. Doctor Course Student, Kyushu University, Japan;
2. Doctor Course Student, Kyushu University, Japan;
3. Master Student, Kyushu University, Japan;
4. Assistant Professor, Kyushu University, Japan;
5. Associate Professor, Kyushu University, Japan;
6. Professor, Kyushu University, Japan)

Abstract Development of open cut coal mining in Mongolia is dramatically advanced due to increasing not only domestic but also export demand; from 5 million tons in 2000 to 25 million tons in 2012. However, several geotechnical and environmental issues have occurred such as slope slide, failures and collapses in highwall/lowwall and dumping/stock piles since the geotechnical investigation and data are insufficient.

Especially, the geotechnical investigation and data are insufficient in main coal deposits. This is main cause of current problems such as slope slides, failures and collapses occurred at most open pit coal mines. In order to develop an appropriate mine design, these investigations have been conducted. In addition, the geological data has to be collected and urgent issues for further coal mine development were discussed.

Dumping operation is one of the important works in open cut mines. Overburden is stripped in order to expose and extract coal seams and waste soil/rock is backfilled as internal and/or external waste rock dumping. Design of waste rock dumping must be considered carefully because failure of dumps directly affects the resource recovery, mine safety and mining cost.

This paper describes the current conditions of Narynsukhait open pit coal mine and then discusses its geotechnical issues, and the design of stable waste rock dumping in open cut mining of desert area in Mongolia based on numerical analysis.

Support of Solving the Problems of Abandoned Mining Areas in Germany by Improvement of the University Education

Michael Hegemann

(Professor, University of Applied Science Georg Agricola, Bochum, Germany)

Abstract Since thousands of years mining operations take place on Earth. In this case a distinction is possible between a relatively short phase of exploration, a long production phase and a very long to "eternal" post phase. In historic times usually little is cared about the last phase, but consequences of mining activities can occur often after a long time.

While sufficient qualified personnel will be trained for the first two phases, thoughts of the education for the post mining phase exist only marginally. In this process knowledge of various fields are necessary like exploration, collection of information, pre protection, and final protection. In Germany is given more prominence to the aspect of sustainable use and development of mining areas, there are also new chances given by post mining areas.

Therefore a master's course has been approved at the University of Applied Science Georg Agricola in Bochum, Germany, in 2013, which is to fulfil the diverse requirements of a post mining engineer. The contents of the master course are described in headwords.

In 2013 the master's programme started with 25 students, a continuous new enrollment is expected for the future. The training will be optimized through international contacts and projects.

Study on Surface Subsidence due to Longwall Mining Operation under Weak Geological Condition in Indonesia

Hiroshi Takamoto[1] Takashi Sasaoka[2] Hideki Shimada[3] Jiro Oya[4]
Akihiro Hamanaka[5] Kikuo Matsui[6]

(1. Project Manajor, Gerbang Daya Mandari, Samarinda, Indonesia;
2. Assistant Professor, Kyushu University, Japan;
3. Associate Professor, Kyushu University, Japan;
4. Project Engineer, Gerbang Daya Mandari, Samarinda, Indonesia;
5. Doctor Course Student, Kyushu University, Japan;
6. Professor, Kyushu University, Japan)

Abstract Subsidence analysis and prediction with taking measured data have been conducted worldwide to be applied to local strata and mining conditions. Underground coal mines apply analysis and prediction method which is most suitable to their mines respectively. However there was no study based on the measured data of subsidence induced by underground mining in Indonesia. This paper analyzes the subsidence based on measured data in Balikpapan coal bearing formation in Indonesia.

The Gate-raod Support in Yunjialing Mine under Soft Strata and Deep Cover

Yonghui Chen[1] Yajie Wang[2] Bin Zhao[3]

(1.Vice Mine Supervisor Yunjialing Mine, Handan Mining Group;
2. PH.D, General Manager;
3. Senior Ground Control Engineer Jennmar China)

Abstract Yunjialing mine is operating in typical "soft" strata conditions. As the mine goes deeper, the gate-road support has been getting more and more difficult. The major problems include: (1) Roof deflection, the roof deflects more than 500mm within a month period. (2) Rib to rib convergence, the rib to rib converges more than 1000mm within a month period. (3) Floor heave, the floor heave is as much as 1000mm within a month. (4) Cable Broken, 80% of cable bolts are broken as the gate-road deforms. The gate-road has to be re-cut and maintained several times during the life time of the gate-road.

To solve the ground control problems, Jennmar China and mine management has conducted a project "Gate-road Support Deign under Soft Rock and Deep Cover". In this paper, the history of entry support in Yunjialing Mine is reviewed. The support system is modified based on a new design methodology "Yieldable Design System". The results have shown that the gate-road support has been greatly improved after the modification of design and practice of new products.

Development of Ground Strain Predictions due to Longwall Mining in the Illinois Basin

Michael Karmis [1] Zacharias Agioutantis [2] Daniel Barkley [3]

(1. Virginia Center for Coal and Energy Research, Virginia Tech., USA;
2. Department of Mining Engineering, University of Kentucky, USA;
3. Illinois Department of Natural Resources, Office of Mines and Minerals, USA)

Abstract Mechanized longwall mining has been used in the Illinois Basin since the early 1970's. In the last decade, larger and more efficient longwall equipment have resulted in increased panel widths and higher daily panel advance rates. The prediction and control of surface deformations due to underground mining are very important in the permitting, planning, and monitoring of these coal mining operations. This paper utilizes horizontal movement data, recently measured in longwall operations in Illinois, to validate and update the ground movement prediction module available in the Surface Deformation Prediction System (SDPS) software package for the current mining conditions in the Illinois basin.

Rock Characterization while Drilling and Application of Roof Bolter Drilling Data for Evaluation of Ground Conditions

Jamal Rostami[1] Sair Kahraman[2] Ali Naeimipour[1] Craig Collins[3]

(1. Pennsylvania State University, Department of Energy and Mineral Eng., USA;
2. Hacettepe University, Mining Engineering Department, Turkey;
3. J.H. Fletcher, Huntington, WV, USA)

Abstract Despite the recent advances in mine health and safety, roof collapse and instabilities are still one of the leading causes of injury and fatality in underground mining operations. Improving safety and optimum design of ground support requires good and reliable ground characterization. While many geophysical methods have been developed for ground characterizations, their accuracy is insufficient for customized ground support design for underground workings. The actual measurements on the samples of the roof and wall strata from the exploration boring is reliable but the related holes are far apart, thus unsuitable for design purposes. The best source of information could be the geological back mapping of the roof and walls, but this is both disruptive to mining operations, and provided information is only from rock surface. Interpretation of the data obtained from roof bolt drilling can offer a good and reliable source of information that can be used for ground characterization for use in ground support design and evaluation. This paper offers a brief review of the mine roof characterization methods, followed by introduction and discussion of the roof characterization methods by instrumented roofbolters. Abriefoverview of the results of the preliminary study and initial testing on an instrumented drills and summary of the suggested improvements will be discussed in this paper.

A Holistic Examination of the Geotechnical Design of Longwall Shields and Associated Mining Risks

Russell Frith

(Mine Advice Pty Ltd)

Abstract This paper examines the design of longwall shields, focusing on some of those aspects that are critical to either their success or failure during longwall extraction.

The driver for the paper is the recognition that in many instances, longwall shields are assessed and designed along similar lines to that of roadway ground support systems, namely according to typical or normal geotechnical conditions. However the paper will contend that for longwall shields, this is inappropriate as unlike roadway ground support systems, longwall shields cannot be supplemented with additional or secondary support in localised areas of adverse geotechnical conditions. In other words, the longwall shield needs to be designed according to what are judged to be worst case or adverse geotechnical conditions, the outcome being that a well-designed shield will be significantly over-rated for the majority of its working life. However it will be argued that the additional capital cost of such shield design can be readily justified as a prudent risk-based outcome that is essential to minimising future business risks due to strata instability on the longwall face.

Shield geometry will be discussed including such relevant factors as leg angle, inclination of the top caving shield, canopy ratio, operating height range and tip to face distance, these all being well established longwall shield design considerations and most importantly, areas whereby inadequate design can render a longwall shield as highly ineffective. The issue of tip to face distance will be considered in detail, in particular the extent by which it is an important geotechnical design consideration, the conclusion being reached that in fact it is not.

The critical importance of maximising set to yield ratio within practical operating limits will be justified, the wisdom of this having been subject to questioning in more recent technical literature.

Overall the aim of the paper is to provide industry with a set of suggested guidelines for future use when designing longwall shields and hopefully to initiate discussion on a subject that unlike roadway ground support design is not well covered in its entirety in the published technical literature.

Update: Analysis and Case Study of Impact-Resistant (IR) Steel Sets for Underground Roof Fall Rehabilitation

Dakota Faulkner[1]　Jinrong Kevin Ma[2]　John C. Stankus[3]

(1. R&D/Mechanical Engineer;
2. Ph.D., P.E., Senior Ground Control Research Engineer;
3. Ph.D., President, Keystone Mining Services, LLC, Pittsburgh, PA, 15238)

Abstract　Unexpected roof falls often occur in the entries or intersections of active mining sections in underground mines. For large roof falls (greater than 20 ft in height), it becomes dangerous and impractical to clean up the rock debris and re-bolt the newly exposed roof strata. To help mine operators rehabilitate the roof fall areas in a quick, safe, and economic manner, Jennmar Corporation and Keystone Mining Services, LLC (KMS) designed, tested, and developed various impact-resistant (IR) steel set designs, as initially detailed in the proceedings of the 30th International Conference on Ground Control in Mining (ICGCM). Since then, the IR steel sets have been successfully installed in more than 100 roof falls in 43 different coal mines. Significant data has been obtained from these installations, enabling further refinement to and improvement on the design.

　This paper (1) updates drop test results of the IR lagging panel, (2) presents a case study of the performance of IR arch sets installed 56 months ago at a roof fall rehabilitation site, (3) demonstrates capacity evaluation of the IR steel set, and (4) outlines a preliminary applicability evaluation guideline of the IR steel set for a given roof fall condition. Field evaluation and structural numerical analysis indicate that impact capacity of the system is significantly higher than that of the IR lagging panel, as originally determined. It is concluded that, when evaluating the applicability of an IR steel set, ground control engineers should consider the IR lagging and steel set as an entire system and make a reasonable engineering decision based on actual roof fall geotechnical conditions.